“十三五”国家重点出版物出版规划项目

岩石力学与工程研究著作丛书

周期性饱水砂泥岩颗粒混合料工程特性研究

王俊杰　邱珍锋　杨　洋　吴　晓　付泓锐　著

本书为国家自然科学基金面上项目“周期性饱水砂泥岩混合料的劣化机理及其演化过程(No.51479012)”研究成果。

科 学 出 版 社

北　京

内 容 简 介

当砂泥岩颗粒混合料用作大型水库库岸等涉水工程的建筑填料时，必然因库水位升降变化经受周期性饱水作用，其劣化效应可能引起沿岸结构物发生变形、开裂甚至失稳。如何在涉水工程中利用好砂泥岩颗粒混合填料，已成为亟待解决的关键科学问题。本书通过系列室内试验和理论分析，提出了周期性饱水室内模拟试验方法，查明了周期性饱水作用下砂泥岩颗粒混合料的强度与变形特性，揭示了周期性饱水劣化机理和劣化演化过程，并构建了劣化本构模型。该研究成果为解决砂泥岩颗粒混合料在涉水工程中的利用问题提供了理论支撑，具有重要的理论意义和工程价值。

本书可供水利、土木、交通工程领域的研究人员、工程技术人员及研究生参考使用。

图书在版编目(CIP)数据

周期性饱水砂泥岩颗粒混合料工程特性研究 / 王俊杰等著. —北京：科学出版社，2020.10

(岩石力学与工程研究著作丛书)

“十三五”国家重点出版物出版规划项目

ISBN 978-7-03-066314-6

Ⅰ. ①周… Ⅱ. ①王… Ⅲ. ①泥岩-配合料-研究 Ⅳ. ①TU521

中国版本图书馆 CIP 数据核字(2020)第196618号

责任编辑：刘宝莉 / 责任校对：杨 赛
责任印制：徐晓晨 / 封面设计：陈 敬

科 学 出 版 社 出版
北京东黄城根北街 16 号
邮政编码: 100717
http://www.sciencep.com

北京捷迅佳彩印刷有限公司 印刷
科学出版社发行 各地新华书店经销

*

2020 年 10 月第 一 版 开本：720 × 1000 1/16
2021 年 4 月第二次印刷 印张：25
字数：504 000

定价：180.00 元

(如有印装质量问题，我社负责调换)

《岩石力学与工程研究著作丛书》编委会

《岩石力学与工程研究著作丛书》序

随着西部大开发等相关战略的实施，国家重大基础设施建设正以前所未有的速度在全国展开：在建、拟建水电工程达 30 多项，大多以地下硐室(群)为其主要水工建筑物，如龙滩、小湾、三板溪、水布垭、虎跳峡、向家坝等水电站，其中白鹤滩水电站的地下厂房高达 90m、宽达 35m、长 400 多米；锦屏二级水电站 4 条引水隧道，单洞长 16.67km，最大埋深 2525m，是世界上埋深与规模均为最大的水工引水隧洞；规划中的南水北调西线工程的隧洞埋深大多在 400～900m，最大埋深 1150m。矿产资源与石油开采向深部延伸，许多矿山采深已达 1200m 以上。高应力的作用使得地下工程冲击地压显现剧烈，岩爆危险性增加，巷(隧)道变形速度加快、持续时间长。城镇建设与地下空间开发、高速公路与高速铁路建设日新月异。海洋工程(如深海石油与矿产资源的开发等)也出现方兴未艾的发展势头。能源地下储存、高放核废物的深地质处置、天然气水合物的勘探与安全开采、CO_2 地下隔离等已引起高度重视，有的已列入国家发展规划。这些工程建设提出了许多前所未有的岩石力学前沿课题和亟待解决的工程技术难题。例如，深部高应力下地下工程安全性评价与设计优化问题，高山峡谷地区高陡边坡的稳定性问题，地下油气储库、高放核废物深地质处置库以及地下 CO_2 隔离层的安全性问题，深部岩体的分区碎裂化的演化机制与规律，等等。这些难题的解决迫切需要岩石力学理论的发展与相关技术的突破。

近几年来，863 计划、973 计划、“十一五”国家科技支撑计划、国家自然科学基金重大研究计划以及人才和面上项目、中国科学院知识创新工程项目、教育部重点(重大)与人才项目等，对攻克上述科学与工程技术难题陆续给予了有力资助，并针对重大工程在设计和施工过程中遇到的技术难题组织了一些专项科研，吸收国内外的优势力量进行攻关。在各方面的支持下，这些课题已经取得了很多很好的研究成果，并在国家重点工程建设中发挥了重要的作用。目前组织国内同行将上述领域所研究的成果进行了系统的总结，并出版《岩石力学与工程研究著作丛书》，值得钦佩、支持与鼓励。

该丛书涉及近几年来我国围绕岩石力学学科的国际前沿、国家重大工程建设中所遇到的工程技术难题的攻克等方面所取得的主要创新性研究成果，包括深部及其复杂条件下的岩体力学的室内、原位实验方法和技术，考虑复杂条件与过程(如高应力、高渗透压、高应变速率、温度-水流-应力-化学耦合)的岩体力学特性、变形破裂过程规律及其数学模型、分析方法与理论，地质超前预报方法与技术，工程地质灾害预测预报与防治措施，断续节理岩体的加固止裂机理与设计方法，灾害环境下重大工程的安全性，岩石工程实时监测技术与应用，岩石工程施工过程仿真、动态反馈分析与设计优化，典型与特殊岩石工程(海底隧道、深埋长隧洞、高陡边坡、膨胀岩工程等)超规范的设计与实践实例，等等。

岩石力学是一门应用性很强的学科。岩石力学课题来自于工程建设，岩石力学理论以解决复杂的岩石工程技术难题为生命力，在工程实践中检验、完善和发展。该丛书较好地体现了这一岩石力学学科的属性与特色。

我深信《岩石力学与工程研究著作丛书》的出版，必将推动我国岩石力学与工程研究工作的深入开展，在人才培养、岩石工程建设难题的攻克以及推动技术进步方面将会发挥显著的作用。

钱七虎

2007 年 12 月 8 日

《岩石力学与工程研究著作丛书》编者的话

近20年来，随着我国许多举世瞩目的岩石工程不断兴建，岩石力学与工程学科各领域的理论研究和工程实践得到较广泛的发展，科研水平与工程技术能力得到大幅度提高。在岩石力学与工程基本特性、理论与建模、智能分析与计算、设计与虚拟仿真、施工控制与信息化、测试与监测、灾害性防治、工程建设与环境协调等诸多学科方向与领域都取得了辉煌成绩。特别是解决岩石工程建设中的关键性复杂技术疑难问题的方法，973计划、863计划、国家自然科学基金等重大、重点课题研究成果，为我国岩石力学与工程学科的发展发挥了重大的推动作用。

应科学出版社诚邀，由国际岩石力学学会副主席、岩土力学与工程国家重点实验室主任冯夏庭教授和黄理兴研究员策划，先后在武汉市与葫芦岛市召开《岩石力学与工程研究著作丛书》编写研讨会，组织我国岩石力学工程界的精英们参与本丛书的撰写，以反映我国近期在岩石力学与工程领域研究取得的最新成果。本丛书内容涵盖岩石力学与工程的理论研究、试验方法、试验技术、计算仿真、工程实践等各个方面。

本丛书编委会编委由75位来自全国水利水电、煤炭石油、能源矿山、铁道交通、资源环境、市镇建设、国防科研领域的科研院所、大专院校、工矿企业等单位与部门的岩石力学与工程界精英组成。编委会负责选题的审查，科学出版社负责稿件的审定与出版。

在本丛书的策划、组织与出版过程中，得到了各专著作者与编委的积极响应；得到了各界领导的关怀与支持，中国岩石力学与工程学会理事长钱七虎院士特为丛书作序；中国科学院武汉岩土力学研究所冯夏庭教授、黄理兴研究员与科学出版社刘宝莉编辑做了许多烦琐而有成效的工作，在此一并表示感谢。

“21世纪岩土力学与工程研究中心在中国”，这一理念已得到世人的共识。我们生长在这个年代里，感到无限的幸福与骄傲，同时我们也感觉到肩上的责任重大。我们组织编写这套丛书，希望能真实反映我国岩石力学与工程的现状与成果，希望对读者有所帮助，希望能为我国岩石力学学科发展与工程建设贡献一份力量。

《岩石力学与工程研究著作丛书》
编辑委员会
2007年11月28日

前 言

砂岩与泥岩互层结构地层的分布很广，在这些地区的工程建设中，采用爆破、机械开挖等施工方法开采的土石料多为砂岩颗粒和泥岩颗粒的混合料(本书称为砂泥岩颗粒混合料)。这种就地取材的砂泥岩颗粒混合料是各类填方工程(如机场、道路等)建设中常用的建筑填料，有时甚至是唯一的建筑填料。一般而言，砂泥岩颗粒混合料易于开采、易于压密，且具有良好的工程特性，是良好的建筑填料。

当砂泥岩颗粒混合料被用作大型水库库区的涉水工程建筑填料时，特别是填筑于库水位变化影响范围内时，库水位的升降变化必然使得库岸砂泥岩颗粒混合料经受周期性饱水作用。周期性饱水作用将劣化砂泥岩颗粒混合料，使得砂泥岩颗粒混合料的强度及变形特性发生变化，严重时可能引起结构物发生变形、开裂甚至失稳。如何在库岸等涉水工程建设中科学合理地利用砂泥岩颗粒混合料，已成为亟待解决的关键科学问题。

本书在国家自然科学基金面上项目“周期性饱水砂泥岩混合料的劣化机理及其演化过程(51479012)”的资助下，利用自主研发的土体饱水-疏干循环三轴压缩试验系统、单轴压缩试验系统和静止侧压力系数测试系统等开展系列试验研究，查明了周期性饱水砂泥岩颗粒混合料的强度及变形特性，揭示了周期性饱水砂泥岩颗粒混合料的劣化机理和劣化演化过程，建立了能够描述周期性饱水砂泥岩颗粒混合料劣化的数学模型。主要内容包括：砂泥岩颗粒混合料室内试验周期性饱水方法、静止侧压力系数特性、压缩变形特性、抗剪强度特性、劣化机理、劣化演化过程及劣化过程数学模型。

本书共 9 章，由重庆交通大学王俊杰和邱珍锋、中国电建集团华东勘测设计研究院有限公司杨洋、安徽省城建设计研究总院股份有限公司吴晓、国家电投国核电力规划设计研究院重庆有限公司付泓锐共同撰写，由王俊杰统稿。重庆交通大学梁越、刘明维和张慧萍参与了本书的部分研究工作，研究生靳松洋和黄诗渊参与了本书的插图绘制等工作。本书撰写过程中引用了很多学者的科研成果，在此一并表示感谢！

限于作者水平，书中难免存在不足之处，敬请读者批评指正。

前言

目　录

第1章 绪 论

砂岩与泥岩互层结构地层的分布很广。以重庆地区为例，形成于三叠系上统、侏罗系和白垩系下统的砂岩与泥岩互层结构地层的总厚度达 2294～6440m[1]。对砂岩与泥岩互层结构地层采用爆破、机械开挖施工时，形成的土石料通常为砂岩颗粒和泥岩颗粒的混合料(本书称为砂泥岩颗粒混合料)，将其作为建筑填料时，很难也没有必要把砂岩颗粒和泥岩颗粒完全分开。在各类填方工程建设中，砂泥岩颗粒混合料是常用的建筑填料。然而，在涉水工程尤其是水下及水位变幅区域的填方工程中，砂泥岩颗粒混合料常被设计人员限制使用。主要原因是砂泥岩颗粒混合料中的泥岩颗粒在库水的作用下容易发生软化甚至泥化，使得砂泥岩颗粒混合料的长期强度降低、变形增大，严重时可能导致涉水边坡、沿岸结构物等发生变形、变位、开裂甚至失稳现象。如何在库岸等涉水工程建设中科学合理地利用砂泥岩颗粒混合料，已成为亟待解决的关键科学问题。

鉴于此，本书通过系统的试验研究和理论分析，查明了周期性饱水作用下砂泥岩颗粒混合料的强度及变形特性，揭示了周期性饱水作用的劣化机理和劣化演化过程，并构建了描述劣化过程的数学模型，为解决砂泥岩颗粒混合料在涉水工程中的利用问题提供了理论支撑。

1.1 周期性饱水作用的研究现状

大型水库的库水位随水库调度呈周期性的上升、下降变化，使得库岸岩土体经受周期性的饱水作用。在周期性饱水作用下，库岸岩土体的物理、力学等性质将可能发生变化。

1. 周期性饱水作用对土体强度及变形特性的影响

周期性饱水作用(为便于说明，这里也包括干湿循环作用)的室内试验模拟方法通常有控制吸力法和饱和-干燥法两种。控制吸力法通过改变土体吸力实现土体经受的干湿循环作用，用于研究干湿循环作用对非饱和土体强度及变形特性的影响；饱和-干燥法通过浸水、风干等手段实现土体经受的周期性饱水作用，用于研究周期性饱水作用对饱和土体强度及变形特性的影响。有关干湿循环作用对非饱和土体强度及变形特性影响的研究较多[2~4]，但由于非饱和土的干湿循环作用不同于本书研究的周期性饱水作用，在此不再赘述。

土石坝上游坝体堆石料在水库蓄水运行后经受周期性饱水作用，其强度及变形特性可能受周期性饱水作用影响。殷宗泽[5]、王海俊等[6]的研究表明，周期性饱水作用下堆石料的变形与围压成正比；张丙印等[7]、孙国亮等[8]认为，湿冷-干热循环作用对堆石料的变形特性也存在影响；Araei 等[9]研究了堆石料在干燥和饱水两种状态下的三轴强度及变形特性；Wang[10]关注了堆石料的强度及变形特性对土石坝心墙抗水力劈裂性能的影响问题。可见，周期性饱水作用的影响不容忽视。

大型水库的库岸土体可能因库水位变化经受周期性饱水作用。李维树等[11]研究了三峡水库蓄水对库区土石混合体直剪强度特征参数的弱化效应；Jia 等[12]、Lane 等[13]通过模型试验和理论分析，研究了库水位动态变化对库岸土质边坡稳定性的影响。

2. 周期性饱水作用劣化土体的机理

饱水劣化是涉水岸坡岩土体长期效应研究中的基本问题之一。通常认为页岩遇水崩解的两大机理为气致崩解和胶体物质消散。气致崩解机理认为，岩土体失水干燥后吸力提高，岩土体孔隙中充满空气，当干燥岩土体浸水时，由于吸力作用，水很快沿孔隙渗入，岩土体内空气被挤压，导致内部气压上升，以致颗粒骨架沿最弱面发生破裂而逐渐崩解。一些学者从气致崩解角度揭示了干湿循环作用对非饱和土体的影响机理[14~16]。依据胶体物质消散机理，岩土体中胶结物质受水的物理、化学作用，不但导致颗粒接触部位润滑、颗粒表面软化，而且使颗粒矿物成分发生水化、溶解、碳酸化和氧化等，进而导致崩解。有学者基于胶体物质消散揭示了堆石料的劣化机理，特别当黏土矿物遇水时，颗粒表面形成的水膜夹层可能导致裂隙[7]。

饱水作用使颗粒间的摩擦力减小，进而可能引起颗粒的重新排列，使颗粒间接触面积、接触应力得到调整。在此过程中，很可能伴随有颗粒破碎现象[17]。颗粒破碎可能是周期性饱水作用劣化土体的机理之一。土体在受荷过程中的颗粒破碎问题，以及颗粒破碎对土体强度及变形特性的影响问题，是近年来的研究热点[18~21]。研究表明，粗粒料在受荷过程中的颗粒破碎问题不容忽视[22, 23]，颗粒破碎将导致粗颗粒土体的抗剪强度降低[24, 25]，长期饱水粗粒料的颗粒破碎更加明显[26]。

对于砂泥岩颗粒混合料，其物质组成与已有研究的粗粒料有较大区别。砂岩颗粒和泥岩颗粒的物理、力学和水理性质相差较大，使其在受荷过程中的颗粒破碎问题具有特殊性。泥岩颗粒的破碎可能先于砂岩颗粒，颗粒破碎对土体强度及变形特性的影响也有其特殊性。

3. 周期性饱水作用劣化土体的过程

周期性饱水作用对土体的劣化过程研究包括两个方面：一是周期性饱水作用下土体材料劣化特征的演化过程；二是周期性饱水作用下土体劣化过程中的累积效应计算方法。

在周期性饱水作用下，土石坝上游坝体堆石料可能产生物理、化学、力学三方面的劣化。物理变化特征是颗粒间变润滑[27]、颗粒表层发生软化、热胀和冷缩[8, 28]、材料强度降低，也可能使颗粒接触点处产生颗粒破碎，以增大接触面积[29]。化学变化特征是颗粒的矿物成分产生溶解、碳酸化和氧化等[30]。水力作用使细颗粒可能发生移运、重分布、流失等现象，以致在某些部位出现宏观孔隙通道[31]。

周期性饱水作用下，土体材料在宏观上表现为强度和变形特征的变化，原有的本构关系不一定适用，有必要研究周期性饱水作用下的土体本构模型。殷宗泽[5]引入流变概念，采用双曲线公式拟合周期性饱水作用下堆石料变形增量与周期性饱水次数之间的关系，建立了堆石料劣化本构模型；张丙印等[7]在试验研究的基础上，建立了可描述堆石料冷湿-干热耦合循环劣化变形的计算模型；米占宽等[32, 33]用堆石料风化前、后的应力-应变关系研究了堆石料劣化对土石坝受力变形特征的影响；Yao 等[34]、Sheng 等[35]、Sun 等[36]在剑桥模型的基础上，将土体材料颗粒破碎作为模型变量之一，建立了土体材料的劣化本构模型；孙海忠等[37]建立了粗粒土的颗粒破碎弹塑性本构模型。对于砂泥岩颗粒混合料，由于其物质组成的特殊性，在周期性饱水作用下的劣化过程可能有别于堆石料。

1.2　砂泥岩颗粒混合料工程特性的研究现状

王俊杰等[38]将重庆地区代表性的弱风化砂岩、泥岩块体破碎，再配制成砂泥岩颗粒混合料、纯砂岩颗粒料和纯泥岩颗粒料作为试验材料，然后通过大量室内试验，在研究砂岩和泥岩的物理和力学特性基础上，系统研究了砂泥岩颗粒混合料的工程特性，包括压实特性、单向压缩变形特性、三轴强度变形特性、静止侧压力系数、各向异性渗透特性和固结-渗透耦合特性。

1. 压实特性

纯砂岩颗粒料、纯泥岩颗粒料和砂泥岩颗粒混合料的压实特性(如最大干密度和最优含水率)均受土料颗粒级配特征(如平均粒径、砾粒含量、不均匀系数和曲率系数等)的影响，颗粒破碎特征(如平均颗粒相对破碎率)也受土料颗粒级配特征的影响。

泥岩颗粒含量、击实功大小对砂泥岩颗粒混合料的压实特性和颗粒破碎也存在影响。

2. 单向压缩变形特性

砂泥岩颗粒混合料的压缩曲线特征(如压缩系数 $a_{v1\text{-}2}$、压缩模量 $E_{s1\text{-}2}$ 和压缩指数 I_c 等)与试验土料的颗粒级配特征、泥岩颗粒含量及试样的干密度和含水率等均有关。饱和试样的压缩系数明显大于非饱和试样，压缩模量明显小于非饱和试样，压缩指数略大于非饱和试样。

3. 三轴强度变形特性

砂泥岩颗粒混合料的三轴应力-应变曲线形态有硬化型和弱软化型两种，没有出现显著的应变软化现象。土料中的颗粒粒径、砾粒含量及颗粒级配曲线特征等对不同围压下的偏应力峰值、线性抗剪强度指标、非线性抗剪强度指标等均存在影响；泥岩颗粒含量及湿化作用对不同围压下的偏应力峰值、线性抗剪强度指标、非线性抗剪强度指标等均存在影响。试样的干密度和含水率对线性抗剪强度指标、非线性抗剪强度指标等均存在显著影响。

4. 静止侧压力系数

采用不同颗粒级配、泥岩颗粒含量的砂泥岩颗粒混合料，制备不同干密度、含水率试样后测得的静止侧压力系数 K_0 为 0.250～0.378。试验土料的颗粒级配曲线特征、泥岩颗粒含量均对静止侧压力系数存在影响，试样的干密度和含水率也对静止侧压力系数存在影响。

5. 各向异性渗透特性

土料颗粒级配不同时，渗透系数的各向异性系数(即水平渗透系数与垂直渗透系数的比值)为 1.20～2.46；泥岩颗粒含量不同时，渗透系数的各向异性系数为 1.20～2.47；试样干密度不同时，渗透系数的各向异性系数为 1.20～2.56。渗透系数的各向异性系数受土料平均粒径、砾粒含量、不均匀系数、曲率系数、泥岩颗粒含量的影响，试样干密度对渗透系数的各向异性系数也存在影响。

6. 固结-渗透耦合特性

渗透系数随固结压力的增大均呈非线性减小变化。在试验土料的泥岩颗粒含量相同、试样干密度相同的条件下，试验土料的颗粒级配特征对不同固结压力下试样的渗透系数存在影响。

土样渗透试验后，压缩性有所增大，且土料的颗粒级配特征、泥岩颗粒含量和试样的干密度等对试样的压缩特性变化存在影响。

在周期性饱水作用下，砂泥岩颗粒混合料的工程特性可能发生变化，本书对此开展专门研究。

1.3 本书主要内容

本书抓住周期性饱水作用对砂泥岩颗粒混合料的劣化这一核心关键，围绕周期性饱水作用劣化砂泥岩颗粒混合料的机理及过程，研究周期性饱水作用下砂泥岩颗粒混合料的工程特性。主要研究内容如下：

(1) 周期性饱水作用下砂岩和泥岩的力学特性。

(2) 砂泥岩颗粒混合料试样的周期性饱水模拟方法。

(3) 周期性饱水砂泥岩颗粒混合料的静止侧压力系数及压缩变形特性。

(4) 周期性饱水砂泥岩颗粒混合料的直剪强度及变形特性。

(5) 周期性饱水砂泥岩颗粒混合料的疏干状态三轴强度及变形特性。

(6) 周期性饱水砂泥岩颗粒混合料的饱水状态三轴强度及变形特性。

(7) 周期性饱水砂泥岩颗粒混合料的劣化机理及劣化演化过程。

(8) 周期性饱水砂泥岩颗粒混合料的劣化过程数学模型。

参考文献

[1] 重庆地质矿产勘查开发总公司. 重庆地质图(比例尺 1∶500 000)[Z]. 重庆: 重庆长江地图印刷厂, 2002.

[2] Sun W J, Sun D A. Coupled modeling of hydro-mechanical behaviour of unsaturated compacted expansive soils[J]. International Journal for Numerical and Analytical Methods in Geomechanics, 2012, 36(8): 1002-1022.

[3] Wang M W, Li J, Ge S, et al. Moisture migration tests on unsaturated expansive clays in Hefei, China[J]. Applied Clay Science, 2013, 79: 30-35.

[4] Madhusudhan B N, Kumar J. Damping of sands for varying saturation[J]. Journal of Geotechnical and Geoenvironmental Engineering, 2013, 139(9): 1625-1630.

[5] 殷宗泽. 高土石坝的应力与变形[J]. 岩土工程学报, 2009, 31(1): 1-14.

[6] 王海俊, 殷宗泽. 干湿循环作用对堆石长期变形影响的试验研究[J]. 防灾减灾工程学报, 2012, 32(4): 488-493.

[7] 张丙印, 孙国亮, 张宗亮. 堆石料的劣化变形和本构模型[J]. 岩土工程学报, 2010, 32(1): 98-103.

[8] 孙国亮, 张丙印, 张其光, 等. 不同环境条件下堆石料变形特性的试验研究[J]. 岩土力学, 2010, 31(5): 1413-1419.

[9] Araei A A, Tabatabaei S H, Razeghi H R. Cyclic and post-cyclic monotonic behavior of crushed conglomerate rockfill material under dry and saturated conditions[J]. Scientia Iranica, 2012, 19(1): 64-76.

[10] Wang J J. Hydraulic Fracturing in Earth-Rock Fill Dams[M]. Singapore: John Wiley & Sons Singapore Pte. Ltd., 2014.

[11] 李维树, 丁秀丽, 邬爱清, 等. 蓄水对三峡库区土石混合体直剪强度参数的弱化程度研究[J]. 岩土力学, 2007, 28(7): 1338-1342.

[12] Jia G W, Zhan L T, Chen Y M, et al. Performance of a large-scale slope model subjected to rising and lowering water levels[J]. Engineering Geology, 2009, 106(1-2): 92-103.

[13] Lane P A, Griffiths D V. Assessment of stability of slopes under drawdown conditions[J]. Journal of Geotechnical and Geoenvironmental Engineering, 2000, 126(5): 443-450.

[14] 张家俊, 龚壁卫, 胡波, 等. 干湿循环作用下膨胀土裂隙演化规律试验研究[J]. 岩土力学, 2011, 32(9): 2729-2734.

[15] 陈正汉, 方祥位, 朱元青, 等. 膨胀土和黄土的细观结构及其演化规律研究[J]. 岩土力学, 2009, 30(1): 1-11.

[16] 张芳枝, 陈晓平. 反复干湿循环对非饱和土的力学特性影响研究[J]. 岩土工程学报, 2010, 32(1): 41-46.

[17] Coop M R, Sorensen K K, Freitas B T. Particle breakage during shearing of a carbonate sand[J]. Geotechnique, 2004, 54(3): 157-163.

[18] Casini F, Viggiani G M B, Springman S M. Breakage of an artificial crushable material under loading[J]. Granular Matter, 2013, 15(5): 661-673.

[19] Jamei M, Guiras H, Chtourou Y, et al. Water retention properties of perlite as a material with crushable soft particles[J]. Engineering Geology, 2011, 122: 261-271.

[20] Karimpour H, Lade P V. Time effects relate to crushing in sand[J]. Journal of Geotechnical and Geoenvironmental Engineering, 2010, 136(9): 1209-1219.

[21] Zhou W, Chang X L, Zhou C B. Creep analysis of high concrete-faced rockfill dam[J]. International Journal for Numerical Methods in Biomedical Engineering, 2010, 26(11): 1477-1492.

[22] 魏松, 朱俊高, 钱七虎, 等. 粗粒料颗粒破碎三轴试验研究[J]. 岩土工程学报, 2009, 31(4): 533-538.

[23] 高玉峰, 张兵, 刘伟, 等. 堆石料颗粒破碎特征的大型三轴试验研究[J]. 岩土力学, 2009, 30(5): 1237-1240, 1246.

[24] 刘汉龙, 秦红玉, 高玉峰, 等. 堆石粗粒料颗粒破碎试验研究[J]. 岩土力学, 2005, 26(4): 562-566.

[25] Chen X B, Zhang J S. Grain crushing and its effects on rheological behavior of weathered granular soil[J]. Journal of Central South University of Technology, 2012, 19: 2022-2028.

[26] 王光进, 杨春和, 张超, 等. 粗粒含量对散体岩土颗粒破碎及强度特性试验研究[J]. 岩土力学, 2009, 30(12): 3649-3654.

[27] 岑威钧, Erich B, Sendy F T. 考虑湿化效应的堆石料Gudehus-Bauer亚塑性模型应用研究[J]. 岩土力学, 2009, 30(12): 3808-3812.

[28] 孙国亮, 孙逊, 张丙印. 堆石料风化试验仪的研制及应用[J]. 岩土工程学报, 2009, 31(9): 1462-1466.

[29] 魏松, 朱俊高. 粗粒料三轴湿化颗粒破碎试验研究[J]. 岩石力学与工程学报, 2006, 25(6): 1252-1258.

[30] 刘新荣, 傅晏, 郑颖人, 等. 水岩相互作用对岩石劣化的影响研究[J]. 地下空间与工程学报, 2012, 8(1): 77-82, 88.

[31] Yan Z L, Wang J J, Chai H J. Influence of water level fluctuation on phreatic line in silty soil model slope[J]. Engineering Geology, 2010, 113(1-4): 90-98.

[32] 米占宽, 李国英, 陈生水. 基于破碎能耗的粗颗粒料本构模型[J]. 岩土工程学报, 2012, 34(10): 1801-1810.

[33] 米占宽, 李国英. 堆石料劣化及其对大坝安全运行影响的研究[J]. 岩土工程学报, 2008, 30(11): 1588-1593.

[34] Yao Y P, Yamamoto H, Wang N D. Constitutive model considering sand crushing[J]. Soils and Foundations, 2008, 48(4): 601-608.

[35] Sheng D, Yao Y P, Carter J P. A volume-stress model for sands under isotropic and critical stress states[J]. Canadian Geotechnical Journal, 2008, 45(11): 1639-1645.

[36] Sun D A, Huang W X, Sheng D, et al. An elastoplastic model for granular materials exhibiting particle crushing[J]. Key Engineering Materials, 2007, 340-341(2): 1273-1278.

[37] 孙海忠, 黄茂松. 考虑颗粒破碎的粗粒土临界状态弹塑性本构模型[J]. 岩土工程学报, 2010, 32(8): 1284-1290.

[38] 王俊杰, 方绪顺, 邱珍锋. 砂泥岩颗粒混合料工程特性研究[M]. 北京: 科学出版社, 2016.

第 2 章　周期性饱水砂岩和泥岩的力学特性

砂泥岩颗粒混合料是砂岩颗粒和泥岩颗粒的混合物，其工程特性很大程度上取决于砂岩和泥岩的力学性质，因此研究砂岩和泥岩在周期性饱水作用下的力学特性对揭示周期性饱水砂泥岩颗粒混合料的工程特性是有价值的。

周期性饱水作用对岩石的劣化问题逐渐引起人们的重视[1~4]。刘长武等[5]探讨了泥岩遇水崩解软化的机理。Logan 等[6]、Hawkins 等[7]、崔承禹等[8]、Dyke 等[9]认为，岩石在饱水-疏干作用下，矿物质的崩解导致岩石力学特性的变化。Logan 等[6]的研究发现，砂岩在浸泡水之后，摩擦系数降低了近 15%。Burshtein[10]在研究富含黏土矿物砂岩的强度特性时，发现富含黏土矿物的砂岩仅需 1.5%的含水量即可使得单轴抗压强度降低 50%。

本章选取重庆地区代表性的弱风化砂岩和泥岩试样，通过室内吸水性试验和单轴压缩试验，研究了周期性饱水作用对砂岩和泥岩的吸水性、强度特性及变形特性的影响。

2.1　砂岩和泥岩的物理力学性质

在砂岩、泥岩广泛分布地区，砂岩和泥岩不仅是工程的良好地基，也常用作建筑材料，人们对其物理、力学特性的研究较多[11~20]。岩石的物理、力学性质受多种因素决定和影响，主要的决定性因素包括岩石的成因、类型，以及岩石矿物成分、结构和构造等，重要的影响因素有水的作用、风化作用和温度等，测试条件(如应力状态、围压大小、试样尺寸、加载速率)对岩石的力学特性也有较大的影响。

通常描述岩石物理性质的指标包括质量指标(如比重、密度、重度)、孔隙性指标(如孔隙率、孔隙比)和水理性质指标(如含水率、吸水率、饱水率、饱水系数)等。描述岩石强度性质的指标包括单轴抗压强度、三轴抗压强度、抗拉强度、点荷载强度和抗剪强度等，描述岩石变形性质的指标包括弹性模量、泊松比等。王俊杰等[21]以重庆地区侏罗系中统沙溪庙组(J_{2s})弱风化砂岩和泥岩样本为研究对象，通过室内试验并结合重庆地区大量工程试验资料，研究了其主要的物理力学性质。

1. 物理性质

(1) 比重。泥岩为 2.71～2.79，砂岩为 2.62～2.75。

(2) 天然密度。泥岩为 2.44～2.65g/cm^3，砂岩为 2.32～2.63g/cm^3。

(3) 饱和密度。泥岩为 2.52～2.72g/cm^3，砂岩为 2.40～2.71g/cm^3。

(4) 孔隙比。泥岩为 0.08～0.14，砂岩为 0.05～0.22。

(5) 天然含水率。泥岩为 1.96%～5.04%，砂岩为 1.17%～5.16%。

(6) 饱水率。泥岩为 2.98%～5.12%，砂岩为 1.54%～8.24%。

2. 力学性质

(1) 天然状态单轴抗压强度。泥岩为 1.30～37.7MPa，砂岩为 4.31～80.30MPa。

(2) 饱水状态单轴抗压强度。泥岩为 0.624～19.30MPa，砂岩为 2.86～59.90MPa。

(3) 弹性模量。泥岩为 0.14～20.19GPa，砂岩为 0.14～20.19GPa。

(4) 软化系数。泥岩为 0.29～0.98，砂岩为 0.24～0.95。

(5) 崩解性。砂岩的耐崩解指数[22] (SI_2 和 SI_5) 变化范围均为 99.4%～99.9%，平均耐崩解指数为 99.66%，几乎不崩解。泥岩的耐崩解指数 SI_2 变化范围为 0.942～0.997，耐崩解指数 SI_5 变化范围为 0.582～0.913，泥岩具有较强的崩解性。SI_2 和 SI_5 分别为粒径大于 2mm 和 5mm 砾粒的耐崩解指数。

2.2　周期性饱水试验方法

2.2.1　试样特征

据《水利水电工程岩石试验规程》(SL 264—2001)[23]要求，砂岩和泥岩试样均采用标准尺寸，试样均为形状规则的圆柱体，试样尺寸为 50mm×100mm。砂岩和泥岩均取自侏罗系中统沙溪庙组，砂岩为浅灰色，泥岩为紫红色。其中，砂岩属微风化，试样表面未发现裂隙；泥岩属弱风化，试样表面存在少量细小的裂隙，试样中含有少量杂质。试样经磨石机磨平，满足不平整度误差小于 0.02mm 和直径误差在试样高度上小于 0.3mm 的要求。

在周期性饱水试验前，对砂岩、泥岩试样各取两组进行物理参数试验，得到了砂岩和泥岩的天然含水率、天然密度、干密度等物理参数，结果如表 2.1 所示。

表 2.1　砂岩、泥岩物理参数

岩石名称	天然含水率/%	天然密度/(g/cm^3)	干密度/(g/cm^3)
砂岩	1.41	2.46	2.43
泥岩	1.75	2.42	2.37

2.2.2 试验设备及辅助装置

周期性饱水试验过程中的 1 个周期为试样从干燥状态→饱水状态→疏干状态的过程。经过切割和磨平的岩石试样先经干燥，再进行饱水和疏干为试样的第 1 个周期。

采用抽真空饱和法对试样进行饱水，饱水装置如图 2.1 所示。先将试样放置在真空缸中；然后抽真空至负大气压值，接着使水流缓慢流入真空缸中，注意在该过程中应保持气压为负大气压值；待水淹没试样后，保持缸内气压为负大气压值 12h，此时试样已经达到饱水状态。

图 2.1　真空抽气饱水装置

采用 101-2 型电热鼓风干燥器对试样进行疏干，如图 2.2 所示。试样放入干燥箱后，将温度设置为 60℃，保持 8h，再将温度设为 20℃，并开启除湿干燥功能，4h 后将试样取出，此时试样含水率已经小于 0.1%。

图 2.2　101-2 型电热鼓风干燥器

邱珍锋等[18]对泥岩崩解特性的研究表明，泥岩颗粒物质成分及胶结物质比较特殊，弱风化块体泥岩崩解性较强，遇水易崩解。周期性饱水试验过程中，饱水过程难免造成试样表面有颗粒剥落，以致试样形状改变，单轴压缩试验过程中容易造成试样受力不均而导致试验失败。因此，研制了适用于崩解性岩石周期性饱水试验的保护装置[24]，如图 2.3 所示。该装置由三瓣孔洞模、透水石及箍环组成，三瓣孔洞模上设计有梅花形错位布置的孔洞，并在试样顶部和底部放置透水石，保证试样能够完全浸泡在水中而不会有颗粒剥落，且弹性箍环并不限制试样在饱水和失水过程中的变形。经过周期性饱水作用的试样，其力学特性采用 RMT-150C 岩石力学试验系统测试，如图 2.4 所示。

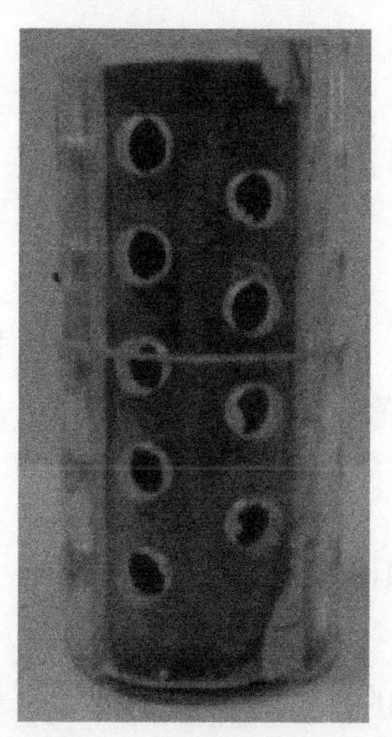

图 2.3　适用于崩解性岩石周期性饱水试验的保护装置

图 2.4　RMT-150C 岩石力学试验系统

2.2.3　试验方案

为了研究周期性饱水砂岩、泥岩的劣化规律，对砂岩分别进行了干燥状态、饱水状态和 1 次、5 次、10 次、15 次、20 次、40 次饱水-疏干循环共 8 组单轴压缩试验，对每组试验取 3 个试样，共 24 个砂岩试样。每组试验中，单轴抗压强度和弹性模量均取三个试样的平均值。

在泥岩的周期性饱水试验过程中发现，在循环 12 次以上后，弱风化泥岩试样周边产生剥落，不能继续循环。因此，仅进行了干燥状态、饱水状态及 1 次、5 次、10 次、12 次饱水-疏干循环的单轴压缩试验。泥岩周期性饱水试验中，有些试样已经破坏，已破坏的试样均未进行单轴压缩试验。

2.2.4　周期性饱水试验步骤

周期性饱水试验过程分为以下四个步骤：

(1)将自然状态下试样称重，记录试验数据，然后将试样置于干燥箱中，将温度恒定为60℃，保持8h，再将温度设为20℃，并开启除湿干燥功能，4h后将试样取出，此时试样含水率已经小于0.1%，称取试样质量。

(2)将试样竖直放置于真空缸中，抽真空至负大气压值之后，接着使水流缓慢流入真空缸中，在该过程中保持气压为负大气压值；待水淹没试样后，保持缸内气压为负大气压值 12h，此时试样已经达到饱水状态，将试样取出后，拭干试样表面的水分并称重。

(3)重复步骤(1)和(2)直到达到循环次数即可进行单轴压缩试验。

(4)干燥状态单轴压缩试验的试样只需进行步骤(1)即可进行试验，饱水状态单轴压缩试验的试样需进行步骤(1)和(2)。

2.3　周期性饱水砂岩和泥岩的吸水特性

2.3.1　岩石吸水率计算方法

根据《水利水电工程岩石试验规程》（SL 264—2001）[23]，吸水性试验可在饱水-疏干循环作用过程中完成，试样在饱水和疏干后进行称重。岩石周期性饱水过程中的吸水率 w_s 计算公式为

$$w_s = \frac{m_s - m_d}{m_d} \times 100\% \tag{2.1}$$

式中，w_s 为岩石的吸水率；m_s 为岩样饱水后的总质量，g；m_d 为岩样疏干后的总质量，g。

2.3.2　吸水性试验结果

不同周期性饱水次数下对砂岩和泥岩试样进行称重，采用式(2.1)计算砂岩和泥岩的吸水率，试验结果如表 2.2 所示。

表 2.2　吸水率试验结果

周期性饱水次数	砂岩吸水率/%	周期性饱水次数	泥岩吸水率/%
0	2.21	0	1.98
1	2.75	1	2.63
5	2.63	5	3.39
10	3.02	10	3.67
15	3.02	12	3.87
20	3.32	—	—
40	3.37	—	—

从表 2.2 可以看出，砂岩和泥岩吸水率随着周期性饱水次数的增大而增大，第 1 次饱水使砂岩吸水率增大了 0.54%，使泥岩吸水率增大了 0.65%。傅晏等[25]在研究砂岩的干湿循环过程中，认为第 1 次饱水试验对砂岩的含水率影响较大，含水率提高了 15.04%。吸水率是岩石内部裂隙大小与分布的外在表现，吸水率增大预示着岩石试样中裂隙增大或者增多。

2.3.3　周期性饱水作用对岩石吸水率的影响

图 2.5 和图 2.6 分别为砂岩和泥岩吸水率与 lg(N+1) 的关系。

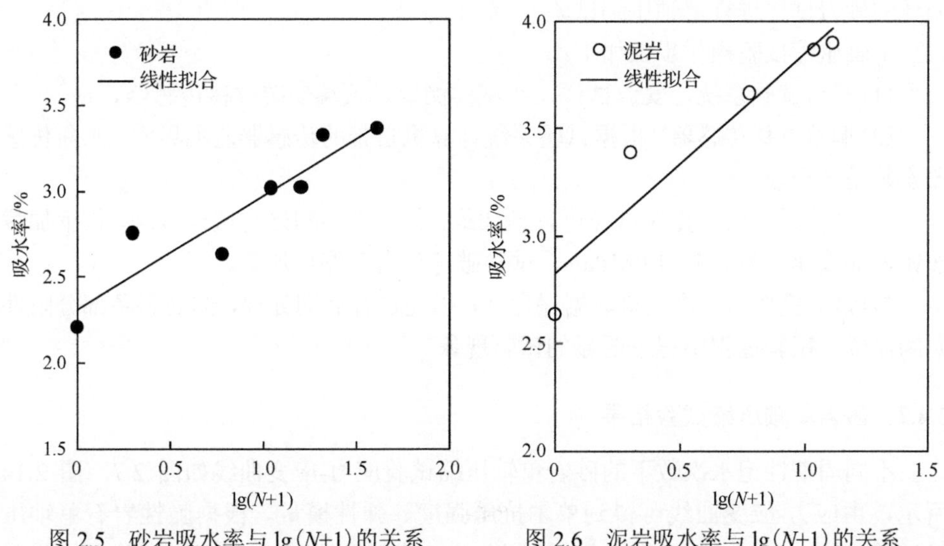

图 2.5　砂岩吸水率与 lg(N+1) 的关系　　图 2.6　泥岩吸水率与 lg(N+1) 的关系

从图 2.5 和图 2.6 可以看出，吸水率与 lg(N+1) 可拟合为线性关系，拟合公式为

$$\begin{cases} w_s(N)=0.659\lg(N+1)+2.313, & R^2=0.864 \\ w_m(N)=1.024\lg(N+1)+2.829, & R^2=0.899 \end{cases} \tag{2.2}$$

式中，$w_s(N)$ 和 $w_m(N)$ 分别为砂岩和泥岩的第 N 次饱水-疏干循环条件下的吸水率，%；N 为饱水-疏干循环次数，对于砂岩，$0<N\leqslant 40$，对于泥岩，$0<N\leqslant 12$。

式 (2.2) 中的斜率具有一定的物理意义，表示吸水率的变化速率。从式 (2.2) 可以看出，泥岩吸水率与 lg(N+1) 的线性关系斜率 (1.024) 比砂岩大 (0.659)，说明饱水-疏干循环条件下，泥岩吸水率的变化幅度比砂岩大。吸水率与岩石中的裂隙发育情况有对应的联系，说明了周期性饱水泥岩的裂隙发育速度比砂岩大。傅晏等[25]对微风化砂岩进行了周期性饱水的吸水率试验研究，得到砂岩吸水率与

lg(*N*+1)的线性关系斜率为 0.323，比本章弱风化砂岩和泥岩的小，可认为周期性饱水岩石的吸水率变化速率与岩石的风化程度和力学性质有关，风化程度低的岩石吸水率变化速率小。

2.4 周期性饱水砂岩单轴压缩力学特性

2.4.1 砂岩单轴压缩试验

对饱水状态、疏干状态及 1 次、5 次、10 次、15 次、20 次及 40 次饱水-疏干循环的砂岩试样进行单轴压缩试验。

单轴压缩试验操作步骤如下：

(1) 开启试验系统，安放试样，在试样侧壁及顶端安装位移传感器。

(2) 调整位移传感器，根据试验系统计算机自带的传感器监测界面，判断传感器安装是否合理。

(3) 试验系统软件先对试样进行预加载，使压力头刚好与试样接触，按下加载按钮，加载速率为 0.5～1.0MPa/s，试样破坏后自动停止加载。

(4) 试验完成后，将试验数据保存好，以便进行后期处理，同时将各部分附件归回原位。试验过程中记录明显的试验现象。

2.4.2 砂岩单轴压缩试验结果

不同周期性饱水次数下的砂岩单轴压缩试验应力-应变曲线如图 2.7～图 2.14 所示，由应力-应变曲线可得到单轴抗压强度、弹性模量。根据脆性岩石单轴压缩试验应力-应变曲线，可将试验过程分为 5 个阶段[26~28]：裂隙压密阶段、弹性阶段、裂隙稳定扩展阶段、裂隙加速扩展阶段和应变软化阶段。在裂隙压密阶段，初期加载使岩石试样天然裂隙或孔隙闭合，应力-应变曲线为非线性。在弹性阶段，应力-应变曲线近似为一条直线，该阶段大部分变形可随卸载而恢复，弹性阶段的变形受试验环境和条件的影响比较小[29]，因此在该阶段内取得的弹性模量值也较为稳定、合理。规范规定，弹性模量取为应力-应变曲线弹性阶段的直线段斜率，即

$$E=\frac{\sigma_b-\sigma_a}{\varepsilon_b-\varepsilon_a} \tag{2.3}$$

式中，ε_a 和 ε_b 分别为弹性阶段起始点和终点的轴向应变；σ_a 和 σ_b 分别为弹性阶段起始点和终点的轴向应变对应的轴向应力；E 为弹性模量。

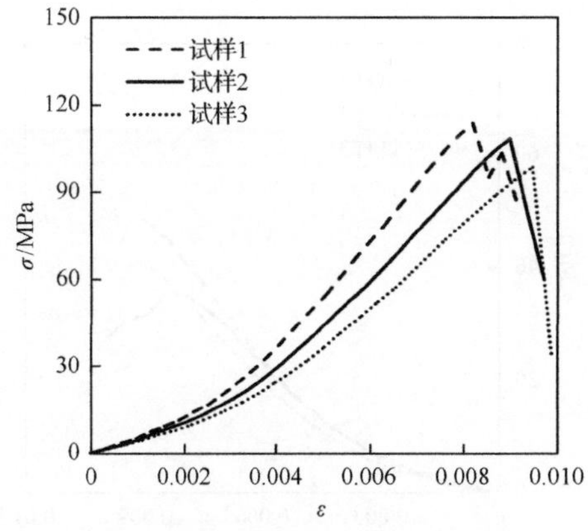

图 2.7　疏干状态砂岩单轴压缩试验应力-应变曲线

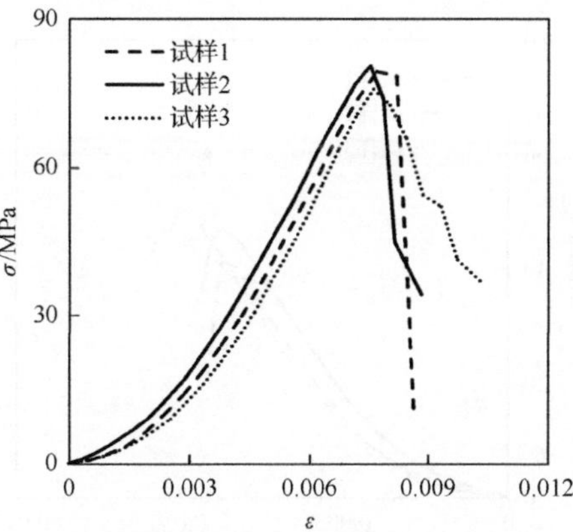

图 2.8　饱水状态砂岩单轴压缩试验应力-应变曲线

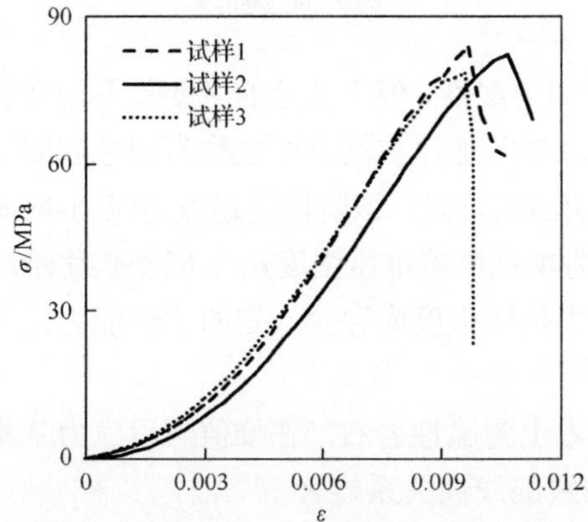

图 2.9　循环 1 次砂岩单轴压缩试验应力-应变曲线

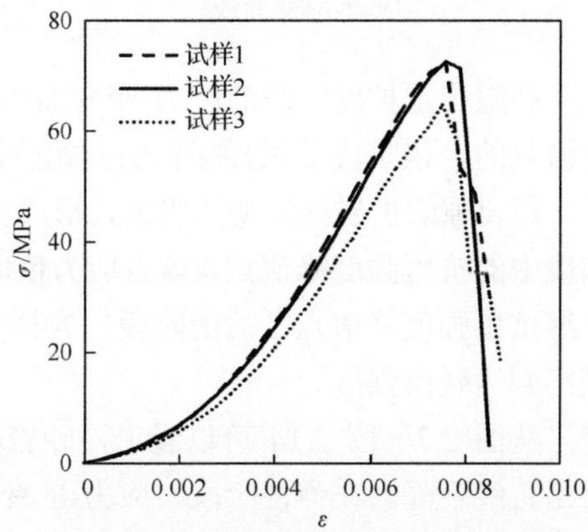

图 2.10　循环 5 次砂岩单轴压缩试验应力-应变曲线

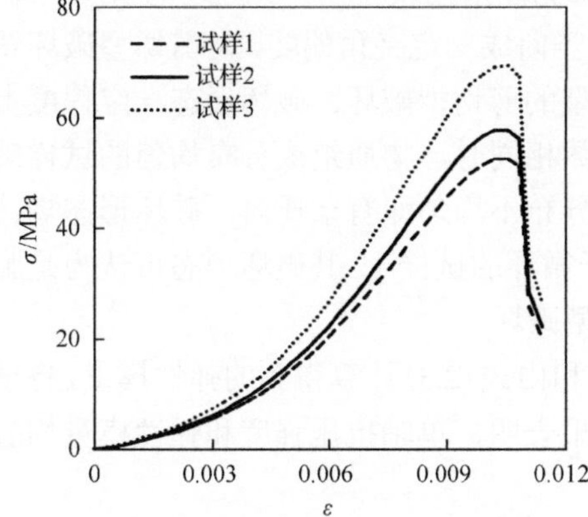

图 2.11　循环 10 次砂岩单轴压缩试验应力-应变曲线

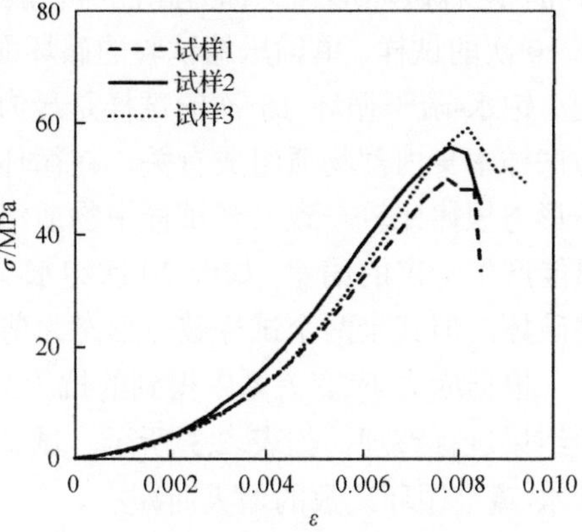

图 2.12　循环 15 次砂岩单轴压缩试验应力-应变曲线

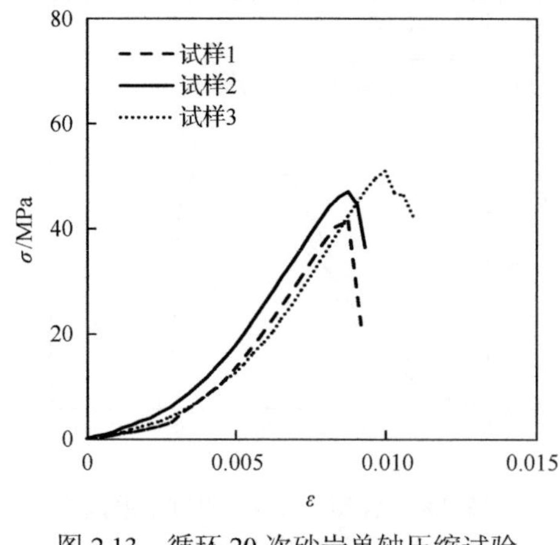

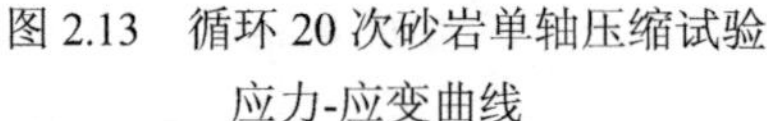

图 2.13　循环 20 次砂岩单轴压缩试验应力-应变曲线

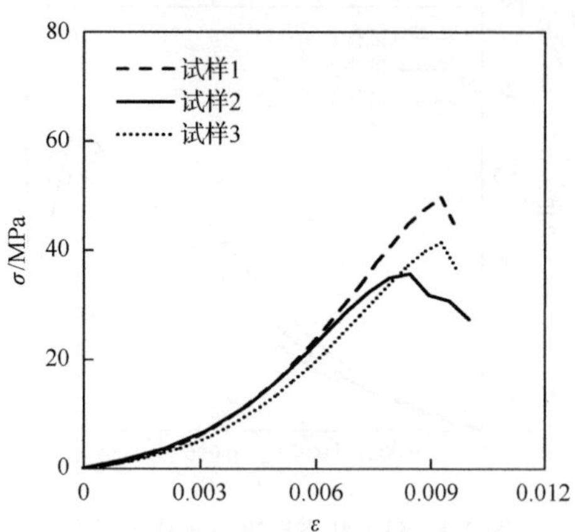

图 2.14　循环 40 次砂岩单轴压缩试验应力-应变曲线

裂隙稳定扩展阶段的应力-应变曲线近似为线性，但大部分的应变是不随卸载而恢复的，该阶段是试样损伤的开始阶段。裂隙加速扩展阶段也称为塑性屈服阶段，是裂隙的扩展逐渐变成贯通，形成剪切面的阶段，该阶段的终点是应力-应变曲线中的抗压强度峰值点，该点应力值取为单轴压缩抗压强度 σ_c。应变软化阶段是继抗压强度峰值点之后的阶段，岩样失去抗压强度尚存余一定的承载能力，并最终到达残余强度。

从图 2.7～图 2.14 可以看出，砂岩基本上为脆性岩石，在峰值点后应力基本上是直线下降。在弹性阶段，应力-应变曲线的线性关系显著。

部分砂岩试样单轴压缩试验破坏形态如图 2.15～图 2.19 所示。可以看出，饱水-疏干循环 5 次试样的单轴压缩破坏形态基本上是劈裂破坏，破坏面几乎为竖向分布，这种破坏形式又称为脆性劈裂破坏或脆性张拉破坏[25, 27]。经过饱水-疏干循环 10 次的试样，单轴压缩试验的破坏面与竖向成一定夹角偏转，向剪切型破坏转变，饱水-疏干循环 15 次的试样是最为典型的剪切型破坏。破坏形态一定程度上与试样本身内部物质组成有关，在循环次数相同时，物质组成分布均匀的试样破坏形态规律比较一致。当试样中物质组成分布不均匀即有杂质时，破坏形态规律可能产生一定的偏差，如经 20 次饱水-疏干循环的试样 1，其破坏形态可认为是脆性破坏，但其余两个试样破坏形态为剪切型破坏。

根据应力-应变关系中得到的抗压强度和由式(2.3)计算得到的弹性模量，将试验结果进行整理，如表 2.3 所示。试验结果表明，单轴抗压强度和弹性模量均随饱水-疏干循环次数的增大而减小。

图 2.15　循环 5 次砂岩试样单轴压缩试验破坏形态

图 2.16　循环 10 次砂岩试样单轴压缩试验破坏形态

图 2.17　循环 15 次砂岩试样单轴压缩试验破坏形态

图 2.18　循环 20 次砂岩试样单轴压缩试验破坏形态

图 2.19　循环 40 次砂岩试样单轴压缩试验破坏形态

表 2.3　砂岩单轴压缩试验结果

试样编号		抗压强度/MPa	平均抗压强度/MPa	弹性模量/GPa	平均弹性模量/GPa
疏干	试样 1	113.87	106.97	19.13	16.45
	试样 2	108.45	106.97	16.18	16.45
	试样 3	98.59	106.97	14.04	16.45
饱水	试样 1	79.35	78.69	15.13	15.05
	试样 2	80.68	78.69	14.45	15.05
	试样 3	76.04	78.69	15.57	15.05
循环 1 次	试样 1	83.94	81.57	15.26	14.06
	试样 2	82.24	81.57	12.12	14.06
	试样 3	78.52	81.57	14.79	14.06
循环 5 次	试样 1	72.46	70.03	14.47	13.87
	试样 2	72.74	70.03	14.39	13.87
	试样 3	64.90	70.03	12.75	13.87
循环 10 次	试样 1	52.66	60.03	7.95	8.90
	试样 2	57.92	60.03	8.43	8.90
	试样 3	69.51	60.03	10.31	8.90
循环 15 次	试样 1	50.61	55.17	9.84	10.63
	试样 2	55.68	55.17	10.58	10.63
	试样 3	59.21	55.17	11.47	10.63
循环 20 次	试样 1	41.45	46.59	8.46	8.40
	试样 2	47.15	46.59	8.54	8.40
	试样 3	51.17	46.59	8.21	8.40
循环 40 次	试样 1	49.70	42.30	8.68	7.37
	试样 2	35.79	42.30	6.61	7.37
	试样 3	41.41	42.30	6.81	7.37

2.4.3　周期性饱水对砂岩单轴压缩力学特性的影响

文献[30]～[35]在研究砂岩受干湿循环、化学腐蚀、冻融循环等周期性劣化规律时，采用了干燥状态的力学指标作为基础指标，并采用劣化度作为评价周期性的物理、化学和力学作用对砂岩力学指标的影响程度。汤连生等[36]提出了损伤度的概念来描述化学作用时效性对岩石的劣化规律，即

$$D(t) = 1 - \frac{S(t)}{S(0)} \tag{2.4}$$

式中，$S(t)$为经 t 时间后的力学指标；$S(0)$为初始力学指标。这两种表示方法本质是一致的。

本章采用总劣化度来描述周期性饱水对砂岩的劣化效应，将干燥状态作为初始状态，将经饱水-疏干循环的力学指标损失的百分比作为总劣化度，如表 2.4 所示。

表 2.4　砂岩单轴压缩试验劣化分析

序号	循环次数	平均抗压强度/kPa	平均弹性模量/GPa	总劣化度/%		阶段劣化度/% $(\Delta D_i = D_i - D_{i-1})$		阶段内平均劣化度/% $\left(\frac{\Delta D_i}{N_i - N_{i-1}}\right)$	
				$\frac{\sigma_{c0} - \sigma_{ci}}{\sigma_{c0}}$	$\frac{E_0 - E_i}{E_0}$	σ_c	E	σ_c	E
1	0(干燥)	106.97	16.45	0	0	0	0	0	0
2	1	81.57	14.06	23.74	14.53	23.74	14.53	23.74	14.53
3	5	70.03	13.87	34.53	15.68	10.79	1.15	2.70	0.29
4	10	60.03	8.90	43.88	45.90	9.35	30.22	1.87	6.04
5	15	55.17	10.63	48.42	35.38	4.54	−10.52	0.91	−2.10
6	20	46.59	8.40	56.45	48.94	8.03	13.56	1.61	2.71
7	40	42.30	7.37	60.46	55.20	4.01	6.26	0.20	0.31

从表 2.4 中的阶段内平均劣化度可以看出，第 1 次循环使砂岩单轴抗压强度(损失 23.74%)和弹性模量(损失 14.53%)均损失较大，第 1 次循环损失量在 20 次循环的劣化总量中所占的比例较大。文献[36]~[38]也发现了该规律，无论是周期性饱水循环、冻融循环还是荷载循环等，第 1 次循环过程中试样的损伤是最严重的，随后的循环对岩石的劣化效应逐渐减小。

周期性饱水砂岩的平均单轴抗压强度及平均弹性模量与 $\lg(N+1)$的关系分别如图 2.20 和图 2.21 所示。

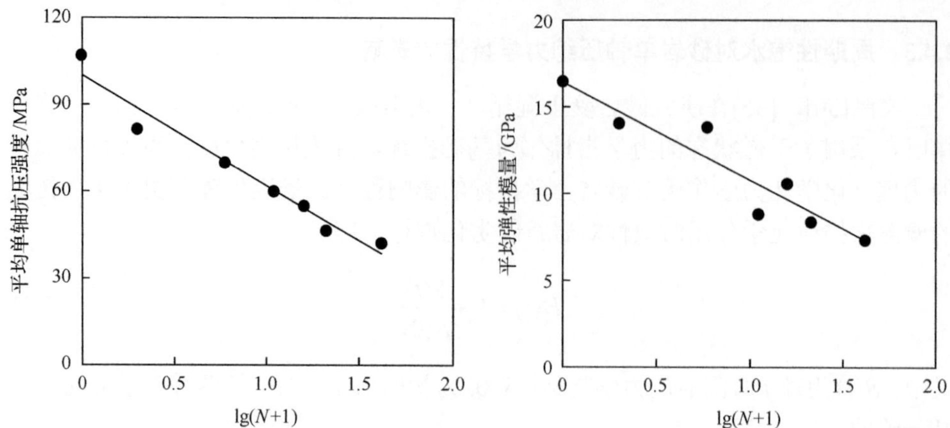

图 2.20　砂岩平均单轴抗压强度与 lg(N+1)的关系　图 2.21　砂岩平均弹性模量与 lg(N+1)的关系

从图 2.20 和图 2.21 可以看出，平均单轴抗压强度和平均弹性模量均随着 lg(N+1)的增大而减小。假设周期性饱水砂岩的劣化效应是连续的，可采用线性方程拟合两者的关系：

$$\sigma_s(N) = -38.29\lg(N+1) + 100.30, \quad R^2 = 0.96 \tag{2.5}$$

$$E_s(N) = -5.63\lg(N+1) + 16.41, \quad R^2 = 0.89 \tag{2.6}$$

式中，$\sigma_s(N)$ 为周期性饱水 N 次砂岩的平均单轴抗压强度；$E_s(N)$ 为周期性饱水 N 次砂岩的平均弹性模量；N 为循环次数，$0 < N \leqslant 40$。

图 2.22 和图 2.23 分别为周期性饱水砂岩的单轴抗压强度总劣化度和弹性模量总劣化度与 lg(N+1)的关系。

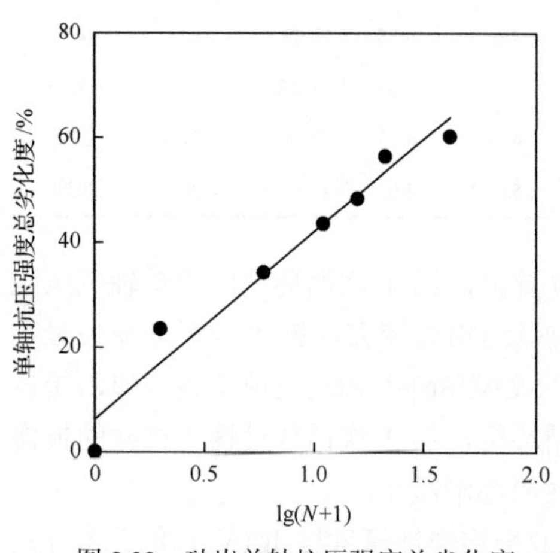

图 2.22　砂岩单轴抗压强度总劣化度与 lg(N+1)的关系

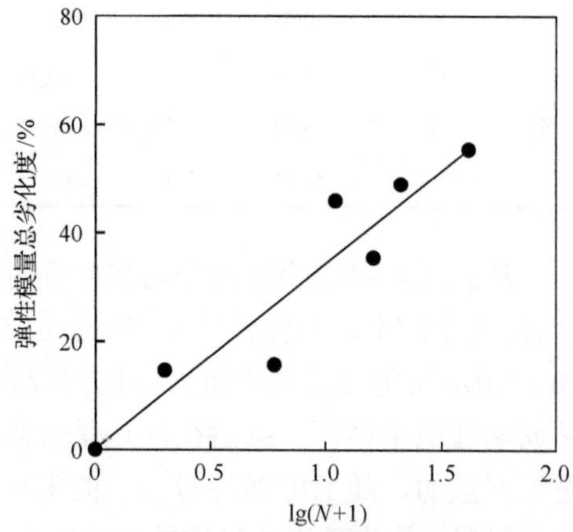

图 2.23　砂岩弹性模量总劣化度与 lg(N+1)的关系

从图 2.22 和图 2.23 可以看出，单轴抗压强度总劣化度和弹性模量总劣化度均随 lg(N+1)的增大呈线性增大的趋势，拟合方程为

$$D_{s\sigma}(N)=35.80\lg(N+1)+6.20,\quad R^2=0.96 \tag{2.7}$$

$$D_{sE}(N)=35.80\lg(N+1)+6.20,\quad R^2=0.89 \tag{2.8}$$

式中，$D_{s\sigma}(N)$为周期性饱水 N 次砂岩的单轴抗压强度总劣化度；$D_{sE}(N)$为周期性饱水 N 次砂岩的弹性模量总劣化度。

根据唯象损伤力学宏观理论，周期性饱水岩石的损伤即本章所述的总劣化度。因此，周期性饱水砂岩的单轴抗压强度和弹性模量的损伤演化方程分别为式(2.7)和式(2.8)。对式(2.7)和式(2.8)求导，得到周期性饱水砂岩的单轴抗压强度和弹性模量的劣化速率为

$$D'_{s\sigma}(N)=\frac{15.55}{N+1} \tag{2.9}$$

$$D'_{sE}(N)=\frac{14.91}{N+1} \tag{2.10}$$

式中，$D'_{s\sigma}(N)$和$D'_{sE}(N)$分别为周期性饱水砂岩的单轴抗压强度和弹性模量的劣化速率。

由式(2.9)和式(2.10)可以看出，劣化速率与饱水-疏干循环次数成反比，即循环次数越小，周期性饱水砂岩的劣化速率越大。

2.5　周期性饱水泥岩单轴压缩力学特性

2.5.1　泥岩单轴压缩试验及试验结果

对泥岩进行了干燥状态、饱水状态和 1 次、5 次、10 次及 12 次饱水-疏干循环的单轴压缩试验，应力-应变曲线如图 2.24～图 2.29 所示。

从泥岩单轴压缩应力-应变曲线中可以看出，泥岩的压缩试验结果比砂岩的要离散些，究其原因可能是泥岩试样中含有少量的杂质，且裂隙比砂岩多。在裂隙压密阶段，初期加载时，泥岩应力-应变曲线基本呈线性，而砂岩应力-应变曲线呈反弧形式，这可能是由泥岩和砂岩的内部成分决定的。泥岩由黏土矿物、蒙脱石和高岭石等[39, 40]通过泥质胶结组成，砂岩一般由石英、长石、云母和微量矿物磷灰石等[16]组成，这导致砂岩和泥岩的裂隙强度不同，泥岩裂隙强度低，容易被压缩，宏观表现是裂隙压密阶段比较短，在试验过程中很难将其准确测试出来。但部分泥岩试样应力-应变曲线的压密反弧段比较明显，如图 2.24 中干燥状态试样、图 2.28 中循环 10 次的试样 3、图 2.29 中循环 12 次的试样 1 和试样 2。

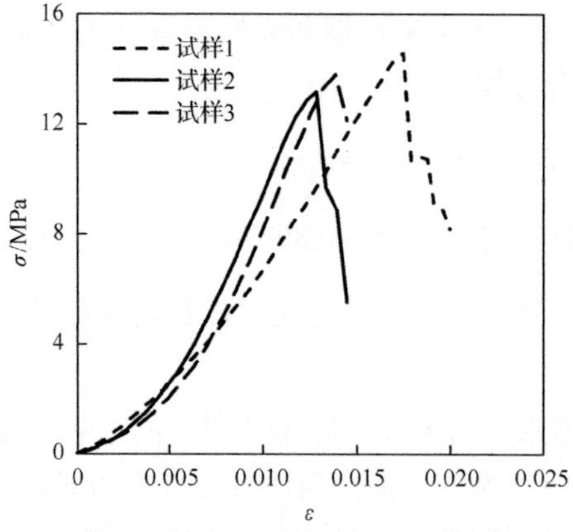

图 2.24　干燥状态泥岩单轴压缩试验应力-应变曲线

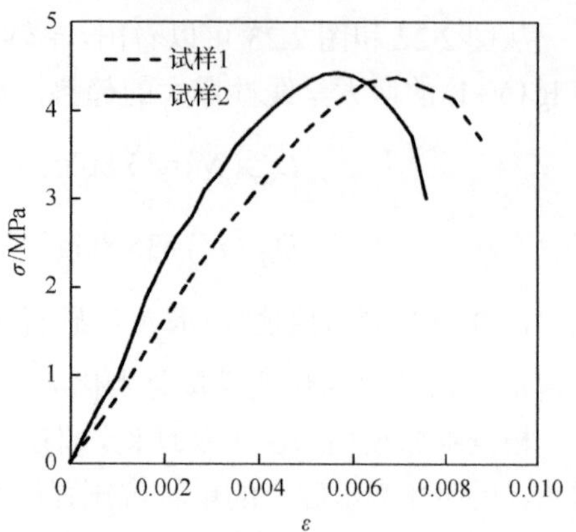

图 2.25　饱水状态泥岩单轴压缩试验应力-应变曲线

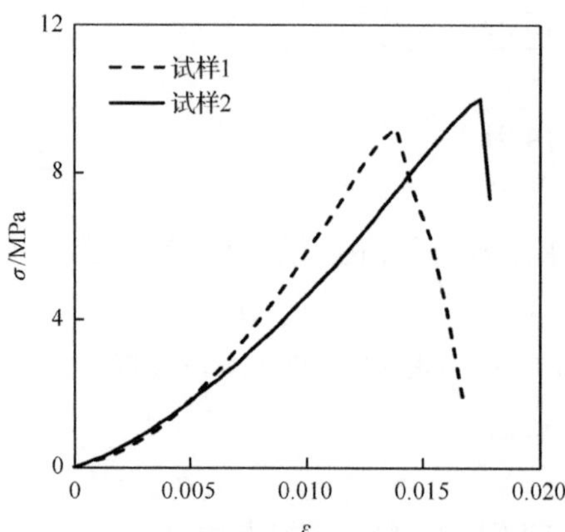

图 2.26　循环 1 次泥岩单轴压缩试验应力-应变曲线

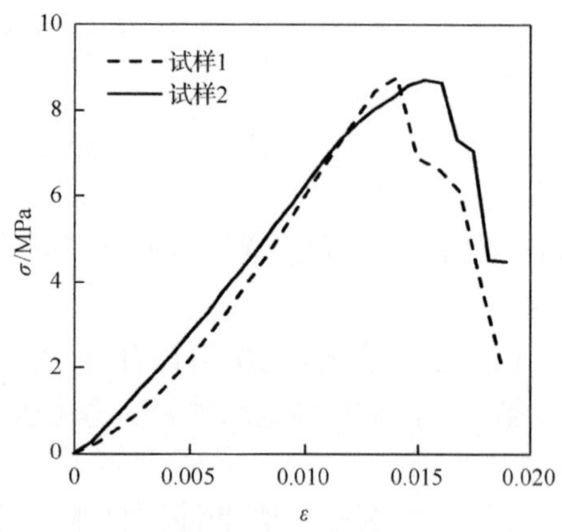

图 2.27　循环 5 次泥岩单轴压缩试验应力-应变曲线

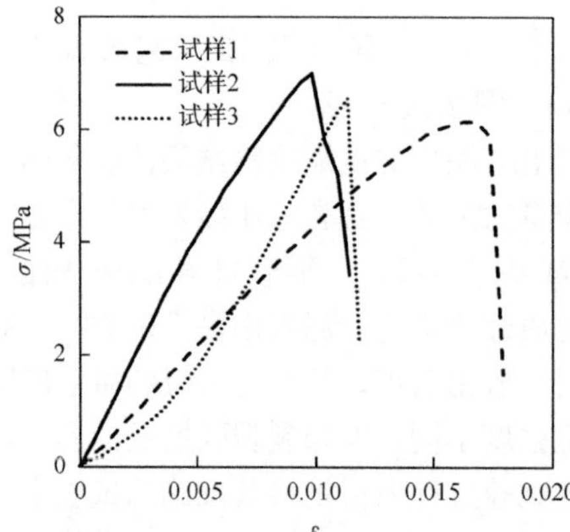

图 2.28　循环 10 次泥岩单轴压缩试验应力-应变曲线

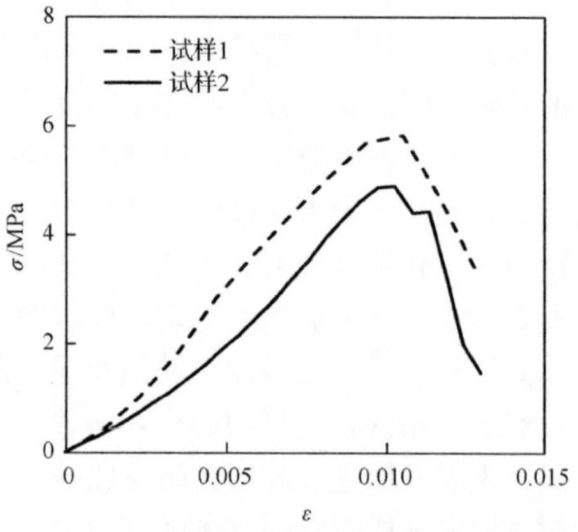

图 2.29　循环 12 次泥岩单轴压缩试验应力-应变曲线

总体而言，在周期性饱水作用下，泥岩的单轴压缩应力-应变曲线表现出脆性破坏特性，峰值强度后，应力-应变曲线基本上表现出垂直下降的趋势。饱水状态泥岩可能受水的影响，单轴压缩应力-应变曲线相对平滑，峰值强度附近未表现出“直上直下”的形态。

周期性饱水泥岩试样单轴压缩试验破坏形态如图 2.30～图 2.34 所示。可以看出，试样破坏形态基本上是脆性劈裂破坏，破坏面大多数呈现竖向分布，循环 5 次、10 次及 12 次的试样破裂面有一定的偏转，属于由劈裂型破坏向剪切型破坏的过渡阶段[27]。

图 2.30　饱水状态泥岩试样单轴压缩试验破坏形态

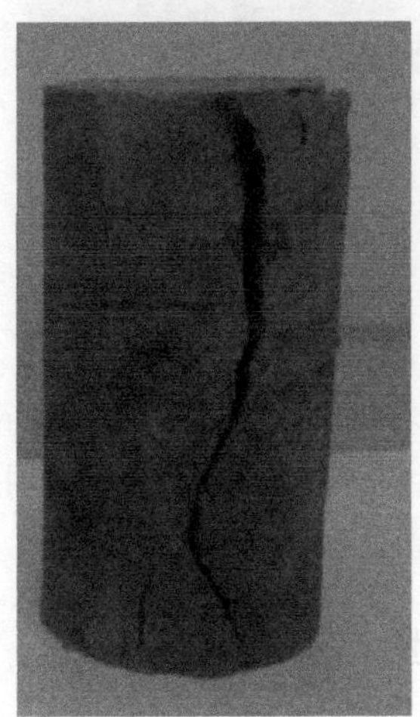
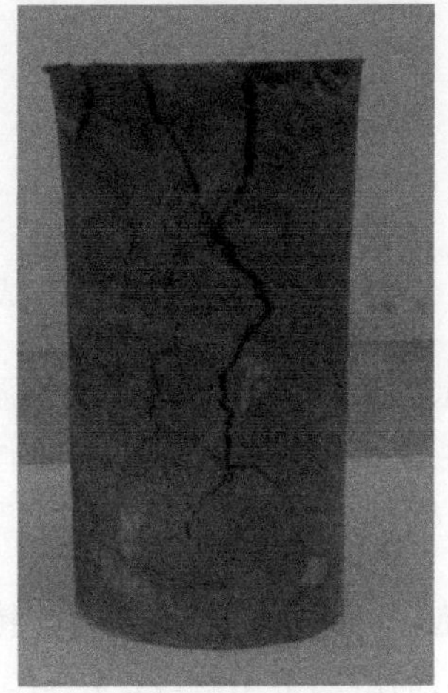

图 2.31　循环 1 次泥岩试样单轴压缩试验破坏形态

图 2.32 循环 5 次泥岩试样单轴压缩试验破坏形态

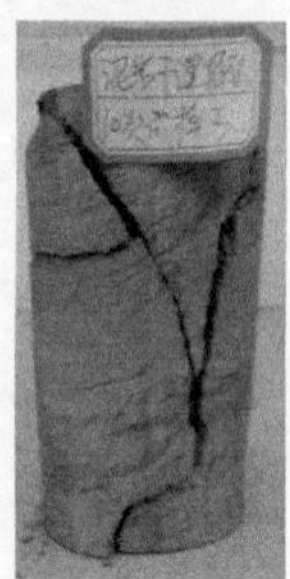

图 2.33 循环 10 次泥岩试样单轴压缩试验破坏形态

图 2.34 循环 12 次泥岩试样单轴压缩试验破坏形态

周期性饱水泥岩的弹性模量和抗压强度试验结果如表 2.5 所示。可以看出，第 1 次周期性饱水对泥岩产生的劣化作用非常明显，泥岩单轴抗压强度(降低 30.59%)和弹性模量(降低 44.36%)的降低幅度均比砂岩大。

2.5.2 周期性饱水对泥岩单轴压缩力学特性的影响

周期性饱水泥岩的平均单轴抗压强度和平均弹性模量分别如图 2.35 和图 2.36 所示。

表 2.5　泥岩单轴压缩试验结果

序号	循环次数	平均抗压强度/kPa	平均弹性模量/GPa	总劣化度/%		阶段劣化度/% ($\Delta D_i=D_i-D_{i-1}$)		阶段内平均劣化度/% $\left(\dfrac{\Delta D_i}{N_i-N_{i-1}}\right)$	
				$\dfrac{\sigma_{c0}-\sigma_{ci}}{\sigma_{c0}}$	$\dfrac{E_0-E_i}{E_0}$	σ_c	E	σ_c	E
1	0(干燥)	13.86	1.33	0	0	0	0	0	0
2	1	9.62	0.74	30.59	44.36	30.59	44.36	30.59	44.36
3	5	8.75	0.74	36.87	44.36	6.28	0	1.57	0
4	10	6.58	0.65	52.53	51.13	15.66	6.77	3.13	1.35
5	12	5.37	0.65	61.26	51.13	8.73	0	4.37	0

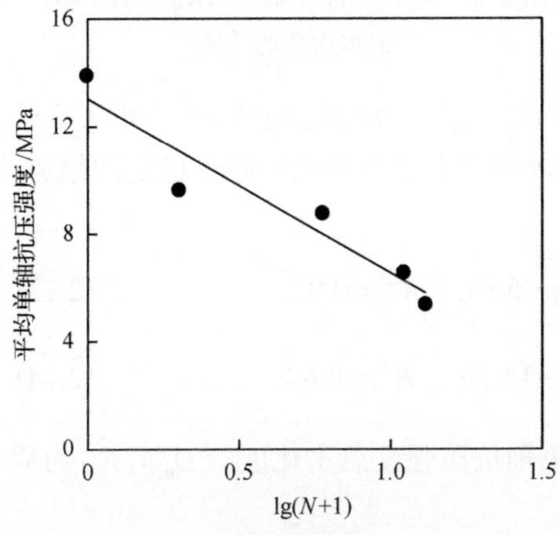

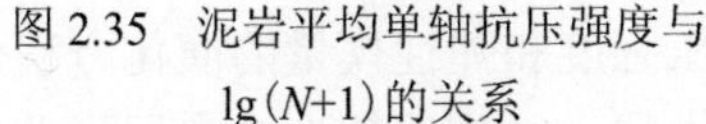

图 2.35　泥岩平均单轴抗压强度与 lg(N+1)的关系

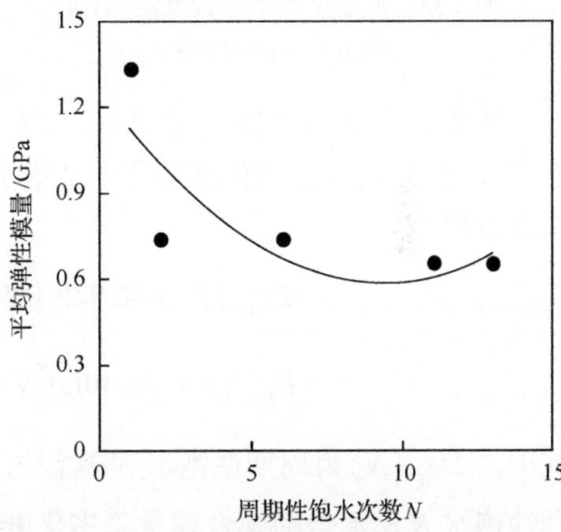

图 2.36　泥岩平均弹性模量与周期性饱水次数的关系

从图 2.35 和图 2.36 可以看出，平均单轴抗压强度随 lg(N+1)的增大而减小，平均弹性模量随着周期性饱水次数的增大基本呈现先减小后趋于稳定的趋势。假设周期性饱水泥岩的劣化效应是连续的，采用以下拟合公式分析其与周期性饱水次数的关系：

$$\sigma_m(N) = -6.50\lg(N+1) + 13.04,\quad R^2 = 0.91 \tag{2.11}$$

$$E_m(N) = -0.01\lg(N+1) - 0.14N + 1.26,\quad R^2 = 0.63 \tag{2.12}$$

式中，$\sigma_m(N)$为周期性饱水 N 次泥岩的平均单轴抗压强度；$E_m(N)$为周期性饱水 N 次泥岩的平均弹性模量；N 为周期性饱水次数，$0<N\leqslant 12$。

周期性饱水泥岩的单轴抗压强度和弹性模量的总劣化度如图 2.37 和图 2.38 所示。

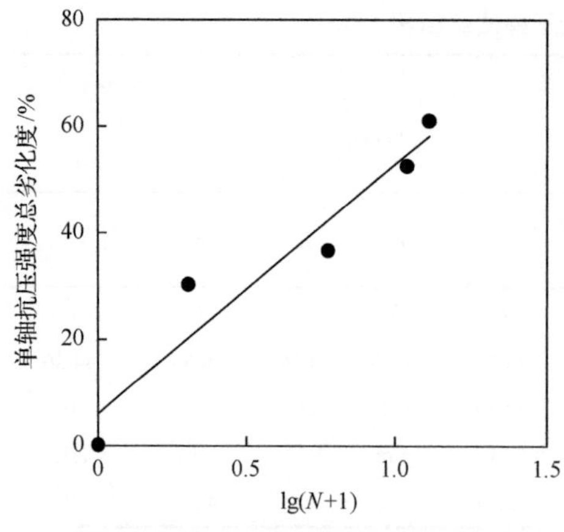

图 2.37　泥岩单轴抗压强度总劣化度与 lg(N+1)的关系

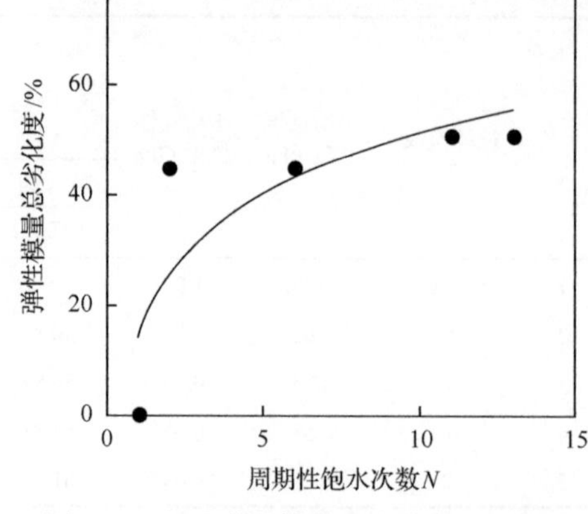

图 2.38　泥岩弹性模量总劣化度与周期性饱水次数的关系

从图 2.37 和图 2.38 可以看出，单轴抗压强度总劣化度随 lg(N+1)的增大呈线性增大，弹性模量总劣化度随周期性饱水次数的增大呈先增大后趋于稳定的趋势，拟合方程为

$$D_{\mathrm{m}\sigma}(N)=46.92\lg(N+1)+5.91,\quad R^2=0.92 \tag{2.13}$$

$$D_{\mathrm{m}E}(N)=16.40\lg(N+1)+14.36,\quad R^2=0.68 \tag{2.14}$$

式中，$D_{\mathrm{m}\sigma}(N)$为周期性饱水 N 次泥岩的单轴抗压强度总劣化度；$D_{\mathrm{m}E}(N)$为周期性饱水 N 次泥岩的弹性模量总劣化度。

因此，泥岩周期性饱水循环过程中单轴抗压强度和弹性模量的演化方程分别为式(2.13)和式(2.14)。对式(2.13)和式(2.14)求导，得到周期性饱水泥岩的单轴抗压强度和弹性模量的劣化速率为

$$D'_{\mathrm{m}\sigma}(N)=\frac{20.38}{N+1} \tag{2.15}$$

$$D'_{\mathrm{m}E}(N)=\frac{7.12}{N+1} \tag{2.16}$$

式中，$D'_{\mathrm{m}\sigma}(N)$和$D'_{\mathrm{m}E}(N)$分别为周期性饱水泥岩的单轴抗压强度和弹性模量的劣化速率。

2.6　周期性饱水砂岩和泥岩的劣化效应

傅晏等[25, 30]认为，周期性饱水对岩石的劣化作用是逐步增加的，整个过程中，

水对岩石的劣化作用不断累积，采用增量的形式评价每次周期性饱水对岩石的劣化作用是比较合理的。

式(2.9)、式(2.10)、式(2.15)和式(2.16)中劣化速率表达式的系数表示该曲线上升或下降的快慢，系数越大，表示该指标的劣化速率越大。周期性饱水砂岩的单轴抗压强度及弹性模量劣化速率系数分别为 15.55%和 14.91%；周期性饱水泥岩的单轴抗压强度及弹性模量劣化速率系数分别为 20.38%和 7.12%。

砂岩和泥岩的劣化速率不一致，且力学指标之间的劣化速率表明砂岩颗粒和泥岩颗粒的劣化具有显著的差异，将导致周期性饱水砂泥岩颗粒混合料的劣化规律复杂化。因此，为了科学合理地利用砂泥岩颗粒混合料，有必要开展周期性饱水砂泥岩颗粒混合料的劣化规律研究。

2.7　本 章 小 结

本章对砂岩进行了干燥状态、饱水状态和 1 次、5 次、10 次、15 次、20 次、40 次饱水-疏干循环的吸水性试验和单轴压缩试验，对泥岩进行了干燥状态、饱水状态和 1 次、5 次、10 次、12 次饱水-疏干循环的吸水性试验和单轴压缩试验，得到了周期性饱水砂岩和泥岩的吸水特性、单轴抗压强度及弹性模量的劣化规律。结果表明，周期性饱水作用下，泥岩吸水率的变化幅度比砂岩大，且第 1 次周期性饱水对吸水率的影响较大。周期性饱水砂岩和泥岩的单轴抗压强度及弹性模量均随着循环次数的增大而减小，并最终趋于稳定。

采用总劣化度对周期性饱水砂岩和泥岩的单轴抗压强度及弹性模量进行定量描述，结果表明，随着循环次数的增加，泥岩的单轴抗压强度总劣化度及劣化速率比砂岩的大，泥岩的弹性模量总劣化度及劣化速率比砂岩的小。这种差异劣化可能造成周期性饱水砂泥岩颗粒混合料的劣化规律复杂化，因此有必要开展周期性饱水砂泥岩颗粒混合料的力学特性及其劣化规律研究。

参 考 文 献

[1] Mugridge S, Young H R. Disintegration of shale by cyclic wetting and drying and frost action[J]. Canadian Journal of Earth Sciences, 2011, 20(4): 568-576.

[2] Nandi A. Effect of physico-chemical factors on the disintegration behavior of calcareous shale[J]. Journal of Sports Medicine & Physical Fitness, 1969, 9(4): 236-276.

[3] Smeck N E, Wilding L P. Quantitative evaluation of pedon formation in calcareous glacial deposits in Ohio[J]. Geoderma, 1980, 24(1): 1-16.

[4] Terzaghi K, Peck R B, Mesri G. Soil Mechanics in Engineering Practice[M]. New York: John Wiley & Sons, 1995.

[5] 刘长武, 陆士良. 泥岩遇水崩解软化机理的研究[J]. 岩土力学, 2000, 21(1): 28-31.

[6] Logan J M, Blackwell M I. The influence of chemically active fluids on the frictional behavior of sandstone[J]. Transactions, American Geophysical Union, 1983, 64(2): 836-837.

[7] Hawkins A B, Maconnell B J. Sensitivity of sandstone strength and deformability to changes in moisture-content[J]. Quarterly Journal of Engineering Geology and Hydrogeology, 1992, 25(2): 115-130.

[8] 崔承禹, 邓明德, 耿乃光. 在不同压力下岩石光谱辐射特性研究[J]. 科学通报, 1993, (6): 528-541.

[9] Dyke G G, Dobereiner L. Evaluating the strength and deformability of sandstones[J]. Quarterly Journal of Engineering Geology and Hydrogeology, 1991, 24(1): 123-134.

[10] Burshtein L S. Effect of moisture on the strength and deformability of sandstone[J]. Soviet Mining Science, 1969, 5(5): 573-576.

[11] Huang S, Xia K. Effect of heat-treatment on the dynamic compressive strength of Long you sandstone[J]. Engineering Geology, 2015, 191: 1-7.

[12] 刘杰, 胡静, 李建林, 等. 动载作用下砂岩变形速率及能量毫秒级模拟研究[J]. 岩土力学, 2014, 35(12): 3403-3414.

[13] 单仁亮, 杨昊, 郭志明, 等. 负温饱水红砂岩三轴压缩强度特性试验研究[J]. 岩石力学与工程学报, 2014, 33(s2): 3657-3664.

[14] 李明, 茅献彪, 曹丽丽, 等. 高温后砂岩动力特性应变率效应的试验研究[J]. 岩土力学, 2014, 35(12): 3479-3487.

[15] Zhang L Y, Mao X B, Liu R X, et al. Meso-structure and fracture mechanism of mudstone at high temperature[J]. International Journal of Mining Science and Technology, 2014, 24(4): 433-439.

[16] Jiang Z X, Liu L A. A pretreatment method for grain size analysis of red mudstones[J]. Sedimentary Geology, 2014, 241(1-4): 13-21.

[17] Zhang D, Chen A Q, Xiong D H, et al. Effect of moisture and temperature conditions on the decay rate of a purple mudstone in southwestern China[J]. Geomorphology, 2013, 182: 125-132.

[18] 邱珍锋, 杨洋, 伍应华, 等. 弱风化泥岩崩解特性试验研究[J]. 科学技术与工程, 2014,(12): 266-269.

[19] 吴道祥, 刘宏杰, 王国强. 红层软岩崩解性室内试验研究[J]. 岩石力学与工程学报, 2010, 29(s2): 4173-4179.

[20] 胡瑞林, 殷跃平. 三峡库区紫红色泥岩的崩解特性研究[J]. 工程地质学报, 2004, 12(z1): 61-64.

[21] 王俊杰, 方绪顺, 邱珍锋. 砂泥岩颗粒混合料工程特性研究[M]. 北京：科学出版社, 2016.

[22] 赵明华, 刘晓明, 苏永华. 含崩解软岩红层材料路用工程特性试验研究[J]. 岩土工程学报, 2005, 27(6): 667-671.

[23] 中华人民共和国水利部. 水利水电工程岩石试验规程(SL 264—2001)[S]. 北京：中国水利水电出版社, 2001.

[24] 邱珍锋, 张宏伟. 一种适用于崩解性岩石干湿循环试验的装置: ZL201520223012.0[P]. 2015.7.22.

[25] 傅晏, 王子娟, 刘新荣, 等. 干湿循环作用下砂岩细观损伤演化及宏观劣化研究[J]. 岩土工程学报, 2017, 39(9): 1653-1661.

[26] 郭中华, 朱珍德, 杨志祥, 等. 岩石强度特性的单轴压缩试验研究[J]. 河海大学学报(自然科学版), 2002, 30(2): 93-96.

[27] 王子娟, 刘新荣, 傅晏, 等. 酸性环境干湿循环作用对泥质砂岩力学参数的劣化研究[J]. 岩土工程学报, 2016, 38(6): 1152-1159.

[28] Cai M, Kaiser P K, Tasaka Y, et al. Generalized crack initiation and crack damage stress thresholds of brittle rock masses near underground excavations[J]. International Journal of Rock Mechanics and Mining Sciences, 2004, 41(5): 833-847.

[29] 尤明庆. 岩石试样的杨氏模量与围压的关系[J]. 岩石力学与工程学报, 2003, 22(1): 53-60.

[30] 傅晏, 刘新荣, 张永兴, 等. 水岩相互作用对砂岩单轴强度的影响研究[J]. 水文地质工程地质, 2009, 36(6): 54-58.

[31] 刘新荣, 傅晏, 王永新, 等. 水-岩相互作用对库岸边坡稳定的影响研究[J]. 岩土力学, 2009, 30(3): 613-616, 627.

[32] 姚华彦, 张振华, 朱朝辉, 等. 干湿交替对砂岩力学特性影响的试验研究[J]. 岩土力学, 2010, 31(12): 3704-3708.

[33] 王伟, 刘桃根, 吕军, 等. 水岩化学作用对砂岩力学特性影响的试验研究[J]. 岩石力学与工程学报, 2012, 31(s2): 3607-3617.

[34] 王亚坤, 张文慧, 陈涛, 等. 干湿循环效应对风化泥岩性质影响的试验研究[J]. 公路工程, 2013, 38(2): 94-98.

[35] 徐光苗, 刘泉声, 彭万巍, 等. 低温作用下岩石基本力学性质试验研究[J]. 岩石力学与工程学报, 2006, 25(12): 2502-2508.

[36] 汤连生, 张鹏程, 王思敬. 水-岩化学作用的岩石宏观力学效应的试验研究[J]. 岩石力学与工程学报, 2002, 21(4): 526-531.

[37] 薛晶晶, 张振华. 干湿交替中砂岩强度与波速关系的试验研究[J]. 三峡大学学报(自然科学版), 2011, 33(3): 51-54.

[38] 张慧梅, 杨更社. 岩石冻融循环及抗拉特性试验研究[J]. 西安科技大学学报, 2012, 32(6): 691-695.

[39] 谭罗荣. 关于黏土岩崩解、泥化机理的讨论[J]. 岩土力学, 2001, 22(1): 1-5.

[40] 刘晓明, 赵明华, 苏永华, 等. 红层软岩崩解性的灰色关联分析[J]. 湖南大学学报(自然科学版), 2006, 33(4): 16-20.

第 3 章　砂泥岩颗粒混合料周期性饱水试验方法

对位于大型水库水位变幅区域的填方体，周期性饱水作用使填料容易发生软化，强度降低、变形增大。为了查明周期性饱水作用对砂泥岩颗粒混合料强度及变形特性的影响，开展相关室内试验研究是必要的。本书拟采用的室内试验包括三轴压缩试验、单向压缩试验(含单向压缩流变试验)、静止侧压力系数试验、直接剪切试验等。在试验研究中，如何实现对试样的周期性饱水作用是本章研究的重点。

目前，周期性饱水试验方法尚无规范可循，导致周期性饱水试验方法不统一、周期性饱水幅度不清楚。研究库岸填料周期性饱水作用应该首先考虑填料的渗透特性，然后基于此提出合理的试验方法。本章基于砂泥岩颗粒混合料的各向异性渗透试验结果，开展室内试验中试样的周期性饱水方法研究。

3.1　砂泥岩颗粒混合料的渗透特性

文献[1]～[8]利用自主研发的层状粗粒土体各向异性渗透系数测试系统，将不同颗粒级配、不同泥岩颗粒含量的砂泥岩颗粒混合料制备成不同密实度的层状试样，试验研究了垂直层面、平行层面的渗透特性，分析了制样引起的试样各向异性渗透特性，并探讨了渗透特性具有各向异性的机理。本节简述主要研究结论，详细内容见文献[1]。

3.1.1　试样制备及试验方案

砂泥岩颗粒混合料的制作步骤如下：

(1)人工破碎。将弱风化砂岩、泥岩块体进行人工破碎，形成最大粒径为 60mm 的颗粒料。

(2)粒组筛分。将破碎颗粒料筛分成 10 组颗粒粒径组，分别为 60～40mm、40～20mm、20～10mm、10～5mm、5～2mm、2～1mm、1～0.5mm、0.5～0.25mm、0.25～0.075mm 和小于 0.075mm 的颗粒。

(3)粒组混合。按照设计的颗粒级配、砂岩颗粒与泥岩颗粒的比例进行混合，形成砂泥岩颗粒混合料。

试验土料中，最大颗粒的粒径为 60mm，选取了如图 3.1 所示的 5 种颗粒级配曲线。

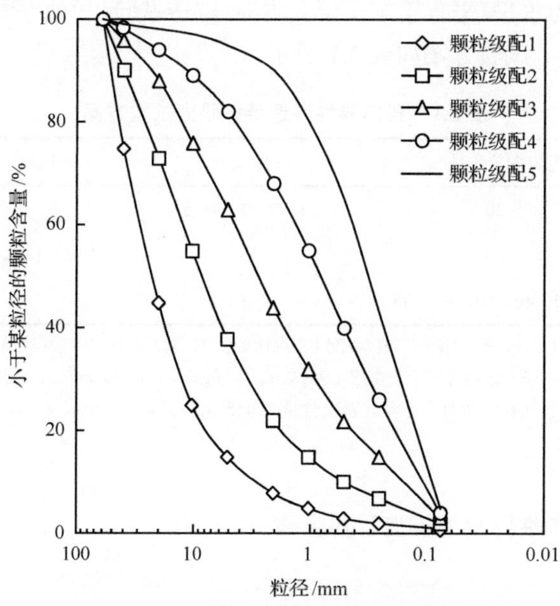

图 3.1　试验土料的颗粒级配曲线

为了分析试样干密度和颗粒级配等对砂泥岩颗粒混合料各向异性渗透特性的影响，对试样干密度、孔隙率和混合料比重的计算方法进行了如下规定。

(1) 试样干密度计算公式为

$$\rho_d = \frac{m_d}{V} \tag{3.1}$$

式中，ρ_d 为试样干密度，g/cm^3；m_d 为试样干质量，g；V 为试样体积，cm^3。

(2) 孔隙率计算公式为

$$n = 1 - \frac{\rho_d}{\rho_w G_s} \tag{3.2}$$

式中，n 为孔隙率；G_s 为颗粒比重，砂岩颗粒比重取为 2.69，泥岩颗粒比重取为 2.72。

(3) 颗粒比重计算公式为

$$G_{s\text{-eff}} = S_1 G_{s\text{-sand}} + S_2 G_{s\text{-mud}} \tag{3.3}$$

式中，$G_{s\text{-}eff}$为砂泥岩颗粒混合料的等效比重；$G_{s\text{-}sand}$和$G_{s\text{-}mud}$分别为砂岩和泥岩的颗粒比重；S_1和S_2分别为砂岩和泥岩颗粒质量占总质量的比例。

渗透试验分为水平(平行于击实层面方向)渗透试验、垂直(垂直于击实层面方向)渗透试验两种，试验方案如表 3.1 所示。

表 3.1　各向异性渗透特性研究试验方案

试样编号	泥岩颗粒含量/%	颗粒级配	试样干密度/(g/cm³)
A1～A5	20	1、2、3、4、5	1.90
B1～B5	20	3	1.95、1.90、1.85、1.80、1.75
C1～C6	0、20、40、60、80、100	3	1.90

注：(1) 试样编号 A1～A5 分别对应于颗粒级配 1、颗粒级配 2、颗粒级配 3、颗粒级配 4 和颗粒级配 5。
(2) 试样编号 B1～B5 分别对应于干密度 1.95g/cm³、1.90g/cm³、1.85g/cm³、1.80g/cm³、1.75g/cm³。
(3) 试样编号 C1～C6 分别对应于泥岩颗粒含量为 0(砂岩颗粒料)、20%、40%、60%、80%和 100%(泥岩颗粒料)。

3.1.2　渗透系数和临界水力梯度计算方法

1. 渗透系数

基于达西定律，采用常水头渗透试验方法测试砂泥岩颗粒混合料各向异性渗透系数。渗透系数计算公式为

$$k=\frac{QL}{AHt} \tag{3.4}$$

式中，k为渗透系数，cm/s；H为测压管或孔压传感器压差，cm；Q为时间t内的流量，cm^3；A为试样横截面面积，cm^2；L为试样长度，cm；t为测试时间，s。

2. 临界水力梯度

若某级水头下渗流出的流体出现了细颗粒，且下级水头下渗流出的水体变浑浊，即细颗粒的跳动或者被水流带出即认为是已经达到了临界水力梯度。临界水力梯度i_{cr}计算公式为

$$i_{cr}=\frac{i_1+i_2}{2} \tag{3.5}$$

式中，i_{cr}为临界水力梯度；i_1为渗流流体出现细颗粒时的水力梯度；i_2为渗流流体出现细颗粒时的前一级水力梯度。

3.1.3　水平渗透特性

试验测得的各试样在水平方向的渗透系数 k_h 和临界水力梯度 $i_{cr\text{-}h}$ 如表 3.2 所示。可以看出，砂泥岩颗粒混合料水平方向的渗透系数为 0.39×10^{-2}～57.3×10^{-2}cm/s，平均值为 9.83×10^{-2}cm/s；水平方向临界水力梯度为 0.053～1.873，平均值为 0.605。

表 3.2　水平方向渗透试验结果

试样编号	$k_h/(10^{-2}$cm/s)	$i_{cr\text{-}h}$	试样编号	$k_h/(10^{-2}$cm/s)	$i_{cr\text{-}h}$	试样编号	$k_h/(10^{-2}$cm/s)	$i_{cr\text{-}h}$
A1	57.30	0.053	B1	2.59	1.233	C1	11.30	0.150
A2	25.70	0.129	B2	6.04	0.804	C2	6.04	0.804
A3	6.04	0.804	B3	6.44	0.447	C3	6.81	0.215
A4	0.62	0.760	B4	6.95	0.366	C4	6.37	0.277
A5	0.39	1.873	B5	7.78	0.304	C5	6.02	0.229
						C6	0.91	1.225

注：渗透系数为 20℃时的渗透系数值，下同。

从表 3.2 可以看出，水平方向的渗透系数和临界水力梯度的大小与试验土料的颗粒级配特征、泥岩颗粒含量有关，也与试样的干密度有关。

3.1.4　垂直渗透特性

试验测得的各试样在垂直方向的渗透系数 k_v 和临界水力梯度 $i_{cr\text{-}v}$ 如表 3.3 所示。可以看出，砂泥岩颗粒混合料垂直方向的渗透系数为 0.16×10^{-2}～24.1×10^{-2}cm/s，平均值为 5.4×10^{-2}cm/s；垂直方向临界水力梯度为 0.149～2.545，平均值为 0.661。

表 3.3　垂直方向渗透试验结果

试样编号	$k_v/(10^{-2}$cm/s)	$i_{cr\text{-}v}$	试样编号	$k_v/(10^{-2}$cm/s)	$i_{cr\text{-}v}$	试样编号	$k_v/(10^{-2}$cm/s)	$i_{cr\text{-}v}$
A1	24.10	0.154	B1	1.93	0.622	C1	5.80	0.467
A2	14.60	0.149	B2	5.05	0.400	C2	5.05	0.400
A3	5.05	0.400	B3	2.52	0.765	C3	4.93	0.417
A4	0.29	1.208	B4	3.55	0.465	C4	4.76	0.475
A5	0.16	2.545	B5	5.28	0.254	C5	2.44	0.325
						C6	0.94	1.535

从表 3.3 可以看出，垂直方向的渗透系数和临界水力梯度的大小与试验土料的颗粒级配特征、泥岩颗粒含量有关，也与试样的干密度有关。

3.1.5 各向异性渗透特性

1. 渗透系数的各向异性特性

为了评价渗透系数的各向异性程度，毛昶熙[9]采用渗透系数比值的对数值作为各向异性系数。该评价指标尤其适用于各向异性特性明显的情况，如各向异性系数大于 10 时，这种方式可以合理有效地对各向异性特性进行分析。砂泥岩颗粒混合料的各向异性渗透试验结果(见表 3.2 和表 3.3)表明，水平渗透系数与垂直渗透系数的比值在 1.346～2.946，平均值约为 2.0。对于这种情况，直接采用渗透系数的比值，而不是比值的对数值，分析渗透系数的各向异性可能更加合适。因此，本章定义渗透系数的各向异性系数[5]为

$$\alpha_{\mathrm{k}}=\frac{k_{\mathrm{h}}}{k_{\mathrm{v}}} \tag{3.6}$$

式中，k_{v} 为垂直渗透系数，cm/s；k_{h} 为水平渗透系数，cm/s；α_{k} 为渗透系数的各向异性系数，当水平渗透系数比垂直渗透系数大时，$\alpha_{\mathrm{k}}>1$。

2. 临界水力梯度的各向异性特性

表 3.2 和表 3.3 表明，总体而言，水平方向的临界水力梯度比垂直方向的临界水力梯度小，存在各向异性特征。垂直方向的临界水力梯度与水平方向的临界水力梯度的比值在 0.500～3.110，平均值为 1.519。为了探究临界水力梯度各向异性特征的规律，将临界水力梯度的各向异性系数定义为[5]

$$\beta_{\mathrm{i}}=\frac{i_{\mathrm{cr\text{-}v}}}{i_{\mathrm{cr\text{-}h}}} \tag{3.7}$$

式中，$i_{\mathrm{cr\text{-}v}}$ 为垂直临界水力梯度；$i_{\mathrm{cr\text{-}h}}$ 为水平临界水力梯度；β_{i} 为临界水力梯度的各向异性系数，当垂直临界水力梯度比水平临界水力梯度大时，$\beta_{\mathrm{i}}>1$(与渗透系数的各向异性系数有区别)。

3.2 砂泥岩颗粒混合料室内试验试样制备方法

3.2.1 三轴压缩试验试样的制备方法

三轴压缩试验试样为圆柱体，试样直径为 101mm，高度为 200mm。试样的制备过程可分为试验土料闷料和试样制作两部分。

1) 闷料

取用一份已配比完成的砂岩颗粒和泥岩颗粒试样原料置于塑料圆盆中，采用

木质搅拌勺将试样土料搅拌均匀。随后将土料平铺在盆底部，并使用搅拌勺在中心部位挖取一部分放于四周，使贴紧盆内壁的部分土料高度略高于中心部位土料。按试验要求含水率计算出所需加水量，采用精度为 0.01g 的电子计量称量取所需的脱气水，将水量均匀、缓慢地喷洒到土料上。此时采用搅拌勺缓慢拌合土料，直到试样土料颜色均匀一致。用切土刀将搅拌勺上的黏滞土料削刮至土料中，并将塑料盆覆上保鲜膜以防止水分蒸发，静置于室内 12h，使土料充分湿润。

2) 制样

将三瓣模内侧、钢质底座及塑料卡槽清理干净；用软质毛刷将钢质底座及三瓣模内部均匀地涂抹上凡士林或者润滑油，并将三瓣模按照其背部的数字标记“1-1”、“2-2”、“3-3”依次安放在钢质底座上方，用塑料卡槽固定好；将上部卡槽与下部卡槽对应放置，将周围三根钢质螺丝杆卡进顶部卡槽相应位置，并锁定螺丝。试样击实筒组装过程如图 3.2 所示。

图 3.2　击实筒组装过程

将土料分为 3 等份，依次将试样分 3 层击实，击实前将已击实的土料刨毛，使每层击实土料颗粒接触良好，防止出现击实不均匀现象。

将橡皮膜套在承膜筒内，两端翻出筒外；用洗耳球从吸气孔吸气，使膜贴紧承膜筒内壁。首先，将三瓣模上部卡槽卸去，使用刮土刀沿三瓣模间隙将三瓣模轻轻松动，缓慢地将三瓣模取出，防止扰动试样。然后，将承膜筒套住试样，放气，并在试样上方放置经饱水的滤纸和透水石。最后，将承膜筒及试样倒置，卸去钢质底座及卡槽，同样在试样上端放置滤纸和透水石。

3.2.2　非三轴压缩试验试样的制备方法

本书室内试验除了三轴压缩试验外，尚有单向压缩试验(含单向压缩流变试验)、静止侧压力系数试验、直接剪切试验等，这些试验试样的制备方法相同，简述如下。

用闷料处理后的试验土料进行制样，如图 3.3 所示。先在击实器内分层击实土料，并达到要求的高度；将 4 个环刀刃口朝下均匀放置在击实土料表面，再把环刀压入击实土中；拆除击实器侧壁，取出试样。

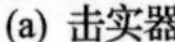
(a) 击实器

(b) 环刀取样

图 3.3　制样

3.3　三轴压缩试验试样的周期性饱水试验方法

王海俊等[10, 11]在研究堆石体流变时提出一个循环周期为试样干燥→饱和→干燥的过程，本书也采用类似过程作为饱水循环的一个周期。

对于三轴试验试样饱和标准，《土工试验规程》(SL 237—1999) [12]和彭凯等[13]、程展林等[14]采用了某段时间内流出和流入的水量相等来判别试样饱和与否。在湿化试验研究中，在水头 1m 情况下通水 1h[15~17]即可认为粗粒料已经达到饱和状态。在堆石料的湿化试验研究中，程展林等[14]和朱俊高等[18]对细颗粒含量少的粗粒料采用 1m 水头通水 30min 即认为试样已经饱和。然而，浸泡法并不适用于周期性饱水试验，特别是单线法周期性饱水试验。试验过程中可能导致试样破坏和扰动，并且这种方法不能用于研究应力水平下周期性饱水的变形规律。

砂岩颗粒和泥岩颗粒的物理、力学和水理特性均有较大的差别，砂泥岩颗粒混合料与堆石料在压实、非饱和三轴剪切、饱和三轴剪切等过程中的颗粒破碎特性具有显著差异[19~21]，导致砂泥岩颗粒混合料达到饱和的程度与饱和时间也不同于一些堆石料。因此，有必要对周期性饱水试验的饱水-疏干进行定量化、规范化。

3.3.1　周期性饱水试验方法原理

目前周期性饱水试验、干湿循环试验等试验方法均没有规范可循，特别是在三轴仪上进行周期性饱水试验的研究鲜有报道。周期性饱水试验或者干湿循环试验中对试样进行饱水和疏干的试验方法尚不统一。饱水试验中，采用浸水饱和法的居多，但浸水时间不统一，有浸水 5min、30min、1h、4h、5h、8h、12h、24h、3d 和 3.5d 等，还有学者采用抽真空饱和、水蒸气增湿等。据各向异性渗透特性试验研究，本书周期性饱水试验的饱和方法采用水头饱和法，试验水头为 1m；并采用垂直渗透方法，常水头水流由底部通过反压进口(试验不再需要反压)进入三轴试验试样，然后由顶部试样帽流出。

对于疏干方法，现有研究成果中的方法更是各式各样，有自然风干、电吹风、灯照及对试样进行加热、通气等。这些方法中尚未给出一个干燥的具体标准，干燥到何种程度，也就是周期性饱水幅度并不清楚。在周期性饱水试验中，明确了饱水幅度的试验结果才是有参考价值的，即掌握饱和到何种程度、干燥到何种程度。本书中，疏干方法采用自行研制的一种压力、温度可控的气体加热装置，即一种适用于土体三轴试验的气体加热装置[22]。在 GDS 三轴仪原有的饱和土试验的基础之上，提出了一种适用于 GDS 三轴仪进行加速土体干燥的装置，拓宽了 GDS 原有的试验范围，使 GDS 三轴仪做某一围压下的土体周期性饱水试验成为可能。配合 GDS 三轴仪，试样疏干试验原理如图 3.4 所示。

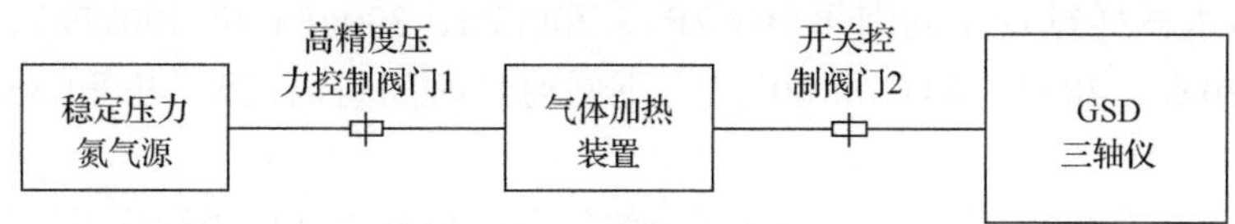

图 3.4　试样疏干试验原理图

通过高精度压力控制阀门 1 控制的稳定氮气源给气体加热装置恒压供气，气体加热装置通过多级加热的方式控制位于装置内部的气体，被加热的氮气通过开关控制阀门 2 向 GDS 三轴仪提供稳定压力的干燥且温度适宜的气体。

气体加热装置结构如图 3.5 所示。在该装置线路中，还增加了温控开关，可设定为当温度高于某一温度时，开关打开，电路断开；当温度低于某一温度时，

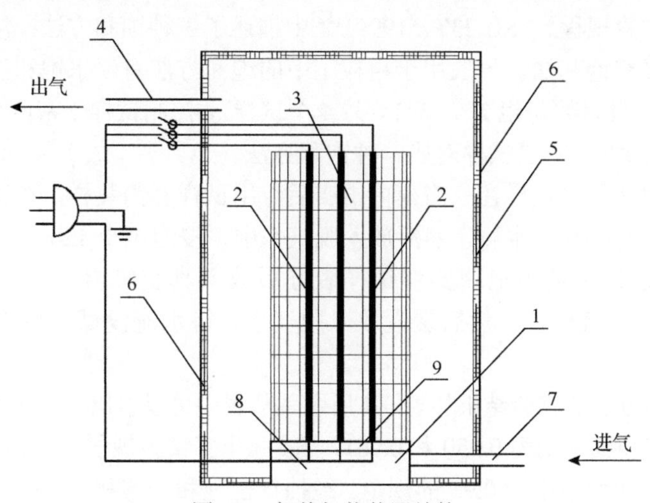

图 3.5　气体加热装置结构

1. 进气疏气装置；2. 发热管；3. 铁丝网；4. 出气保温管道；5. 隔热石棉；6. 有机玻璃外壁；7. 进气管道；8. 储气室；9. 底座

开关关闭，电路接通。采用该温控开关，即可对试验所需的气体温度进行控制。为了保证试样能够快速疏干，且不损坏试样及试验仪器中的塑胶制品，试验过程中气体温度恒定为 40℃。

3.3.2 周期性饱水试验方法优化

为了验证周期性饱水试验方法，设计了三组试验。

(1)采用规范中所述的两种试样饱和法，测试饱水试样的饱和度，用于与本书试验饱水方法结果进行对比。

(2)三轴仪中饱水试验。采用常水头饱和法进行了不同围压(100kPa、200kPa、300kPa 和 400kPa)、不同通水时间(1h、2h、4h 和 8h)下的饱水试验。

(3)三轴仪中疏干试验。在常水头饱水试验后，在三轴仪上再进行疏干试验，对饱水试样进行不同围压(100kPa、200kPa、300kPa 和 400kPa)、不同气体温度(20℃、40℃、60℃和 80℃)、不同通气时间(1h、2h、4h 和 8h)下的疏干试验。

每个试样经饱和或干燥后，取其上部、中部和下部试样进行称重、烘干、再称重，测得其含水率、饱和度，取含水率或者饱和度平均值作为该试样的饱和度。试样饱和度计算公式[23]为

$$S_{\mathrm{r}}=\frac{\text{土体中水的体积}}{\text{土体中孔隙的体积}}=\frac{V_{\mathrm{w}}}{V_{\mathrm{v}}}=\frac{V_{\mathrm{w}}}{nV} \tag{3.8}$$

式中，n 为土体孔隙率；V 为试样初始体积；V_{w} 为水的体积；V_{v} 为孔隙的体积。

《土工试验规程》(SL 237—1999)[12]中描述了三种饱和方法：浸水饱和法、毛管法和抽真空饱和法。一般用于粗粒土中的饱和方法有浸水饱和法和抽真空饱和法。准备 2 组试样(每组 2 个试样，共 4 个试样)，控制试样干密度为 1.90g/cm^3，制样含水率为 8%，每组试样对应一种饱和方法。

浸水饱和法是将试样在三瓣模内击实后，用试样套筒装样，在试样的顶部和底部各放一张滤纸和透水石，然后放入脱气水中，浸泡至少 12h。

抽真空饱和法是用饱和器将试样装好后放入真空缸内，盖上缸盖后，将缸内抽气至负大气压值，然后缓慢放入脱气水，待水淹没试样后静置一段时间即可。

两种饱和方法的试验结果如表 3.4 所示。从表中可以看出，经浸水饱和法饱和的两个试样饱和度分别为 0.950 和 0.961，满足《土工试验规程》(SL 237—1999)[12]要求的试样饱和度不小于 0.95 的规定。经抽真空饱和法饱和的两个试样饱和度都为 0.956，均达到规范要求。

表 3.4　规范规定饱和方法的试验结果

饱和方法			盆/g	盆+湿土/g	盆+干土/g	干土/g	水/g	含水率/%	饱和度	平均饱和度
浸水饱和法	试样 1	上	71.19	369.65	332.79	261.60	36.86	14.09	0.946	0.950
		中	71.16	424.44	380.23	309.07	44.21	14.30	0.977	
		下	90.02	465.65	415.58	325.56	50.07	15.38	0.927	
	试样 2	上	71.19	374.64	336.9	265.71	37.74	14.20	0.928	0.961
		中	71.16	429.13	382.41	311.25	46.72	15.01	0.972	
		下	90.02	467.23	417.91	327.89	49.32	15.04	0.983	
抽真空饱和法	试样 3	上	71.19	403.19	362.89	291.7	40.3	13.82	0.903	0.956
		中	71.16	482.48	429.14	357.98	53.34	14.90	0.969	
		下	90.02	365.71	329.25	239.23	36.46	15.24	0.996	
	试样 4	上	71.19	412.19	370.01	298.82	42.18	14.12	0.923	0.956
		中	71.16	473.45	422.01	350.85	51.44	14.66	0.954	
		下	90.02	374.73	337.25	247.23	37.48	15.16	0.991	

1) 三轴仪中饱水试验

采用前述的三轴仪中常水头饱和法，对试样(制样干密度为 1.90g/cm^3，含水率为 8%)进行饱水试验，试验结果如表 3.5 所示。

表 3.5　三轴仪中常水头饱和法试验结果

围压/kPa	通水时间/h	位置	盒质量/g	试样总质量/g	烘干后质量/g	水质量/g	干土质量/g	含水率/%	饱和度	平均饱和度
100	1	上	47.20	371.80	343.70	28.10	296.50	9.48	0.65	0.68
		中	71.20	301.20	280.60	20.60	209.40	9.84	0.68	
		下	46.20	441.90	405.10	36.80	358.90	10.25	0.70	
	2	上	62.80	342.70	311.40	31.30	248.60	12.59	0.87	0.86
		中	44.50	377.90	340.60	37.30	296.10	12.60	0.87	
		下	60.40	370.30	336.90	33.40	276.50	12.08	0.83	
	4	上	71.00	334.90	305.40	29.50	234.40	12.59	0.86	0.86
		中	61.43	382.40	346.90	35.50	285.47	12.44	0.85	
		下	61.68	372.30	337.20	35.10	275.52	12.74	0.88	
	8	上	61.93	362.20	327.50	34.70	265.57	13.07	0.90	0.92
		中	62.18	352.10	317.80	34.30	255.62	13.42	0.92	
		下	62.43	342.00	308.10	33.90	245.67	13.80	0.95	

续表

围压/kPa	通水时间/h	位置	盒质量/g	试样总质量/g	烘干后质量/g	水质量/g	干土质量/g	含水率/%	饱和度	平均饱和度
200	1	上	62.90	276.40	258.50	17.90	195.60	9.15	0.63	0.66
		中	46.10	325.70	301.10	24.60	255.00	9.65	0.66	
		下	71.00	381.90	353.60	28.30	282.60	10.01	0.69	
	2	上	68.70	385.00	349.50	35.50	280.80	12.64	0.87	0.88
		中	68.70	386.60	351.40	35.20	282.70	12.45	0.86	
		下	61.80	342.40	310.00	32.40	248.20	13.05	0.90	
	4	上	60.40	296.30	269.30	27.00	208.90	12.92	0.89	0.88
		中	47.20	286.20	260.10	26.10	212.90	12.26	0.84	
		下	45.00	393.10	352.70	40.40	307.70	13.13	0.90	
	8	上	60.40	317.80	288.60	29.20	228.20	12.80	0.88	0.89
		中	62.80	311.90	284.40	27.50	221.60	12.41	0.85	
		下	71.00	395.80	357.10	38.70	286.10	13.53	0.93	
300	1	上	62.72	248.23	233.15	15.08	170.43	8.85	0.61	0.66
		中	61.72	258.95	241.46	17.49	179.74	9.73	0.67	
		下	61.33	318.55	294.57	23.98	233.24	10.28	0.71	
	2	上	71.01	482.37	437.35	45.02	366.34	12.29	0.84	0.85
		中	70.91	342.03	312.31	29.72	241.40	12.31	0.85	
		下	47.10	331.54	300.16	31.38	253.06	12.40	0.85	
	4	上	70.82	304.64	278.42	26.22	207.60	12.63	0.87	0.85
		中	45.93	388.96	351.08	37.88	305.15	12.41	0.85	
		下	46.98	431.70	390.08	41.62	343.10	12.13	0.83	
	8	上	71.02	322.68	294.90	27.78	223.88	12.41	0.85	0.86
		中	46.08	265.14	240.20	24.94	194.12	12.85	0.88	
		下	47.08	271.60	246.50	25.10	199.42	12.59	0.86	
400	1	上	44.51	215.68	200.72	14.96	156.21	9.58	0.66	0.68
		中	46.23	272.84	252.52	20.32	206.29	9.85	0.68	
		下	61.02	251.62	234.07	17.55	173.05	10.14	0.70	
	2	上	70.70	214.89	198.36	16.53	127.66	12.95	0.89	0.84
		中	62.59	240.23	220.17	20.06	157.58	12.73	0.87	
		下	59.65	281.58	259.56	22.02	199.91	11.01	0.76	
	4	上	44.88	234.41	213.36	21.05	168.48	12.49	0.86	0.85
		中	46.15	297.19	269.93	27.26	223.78	12.18	0.84	
		下	68.59	260.24	239.11	21.13	170.52	12.39	0.85	
	8	上	60.68	242.89	222.90	19.99	162.22	12.32	0.85	0.85
		中	44.89	355.90	321.45	34.45	276.56	12.46	0.86	
		下	68.61	398.92	362.38	36.54	293.77	12.44	0.85	

图 3.6 给出了三轴仪中常水头饱和法试验中各试样的平均饱和度与通水时间的关系。从图中可以看出，试样的饱和度随着通水时间的增加而增大，但通水超过 2h 后，饱和度增加缓慢；围压越大，试样的饱和度越小。通水 1～2h，饱和度增大幅度比较大。从试验结果还可以看出，在通水 2h 后，围压 100kPa、200kPa、300kPa 和 400kPa 下的试样饱和度分别为 0.86、0.87、0.85 和 0.84，而通水 8h 后试样饱和度分别为 0.92、0.89、0.86 和 0.85，增大幅度分别为 6.98%、2.30%、1.18%和 1.19%，增大幅度较小。

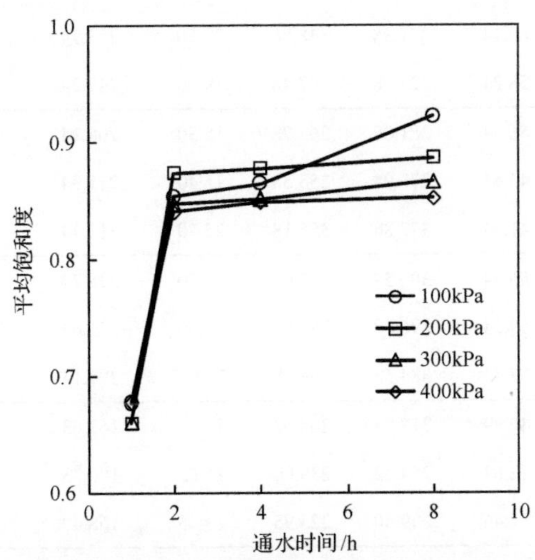

图 3.6　试样平均饱和度与通水时间的关系

在通水时间超过 2h 后，虽然试样饱和度与规范要求的饱和度有一定差距，但继续饱和会造成试验成本增加，且增加幅度与试样饱和度增加幅度不一致，考虑到试验成本及试验的可操作性，本书将试样饱水方法确定为通水 2h。

2) 三轴仪中疏干试验

针对目前周期性饱水中试样干燥方法不统一、饱水幅度不清楚等问题，本章进行了试样饱水后通气疏干试验，通气时控制气体温度为 40℃(前期进行的大量试验结果表明，维持通气温度为 40℃时压力室温度变化比较小)，气体压力恒定为 10kPa，该气体压力与水头(1m)压力值相同，防止由于压力值不同造成试样应力状态改变。试验结果如表 3.6 所示。

图 3.7 和图 3.8 给出了三轴仪中通气疏干试验中各试样的平均含水率、平均饱和度与通气时间的关系。从图 3.7 和图 3.8 可以看出，随着通气时间的增加，试样平均含水率和平均饱和度均减小；在通气时间相同的情况下，围压越小，试样的饱和度越小；通气 8h 后，试样中的水分均未疏干，100kPa、200kPa、300kPa 和 400kPa

表 3.6　三轴仪中试样通气疏干试验结果

围压/kPa	通气时间/h	位置	盒质量/g	试样总质量/g	烘干后质量/g	水质量/g	干土质量/g	含水率/%	平均含水率/%	平均饱和度
100	1	上	59.34	261.18	245.98	15.20	186.64	8.14	7.98	0.55
		中	42.54	310.48	290.58	19.90	248.04	8.02		
		下	67.44	366.68	345.08	21.60	277.64	7.78		
	2	上	65.14	369.78	348.98	20.80	283.84	7.33	7.72	0.53
		中	65.14	371.38	348.88	22.50	283.74	7.93		
		下	58.24	327.18	307.48	19.70	249.24	7.90		
	4	上	56.84	281.08	265.78	15.30	208.94	7.32	7.28	0.50
		中	43.64	270.98	255.58	15.40	211.94	7.27		
		下	41.44	377.88	355.18	22.70	313.74	7.24		
	8	上	56.84	300.58	285.08	15.50	228.24	6.79	6.88	0.47
		中	59.24	296.68	280.88	15.80	221.64	7.13		
		下	67.44	384.58	364.58	20.00	297.14	6.73		
200	1	上	40.99	217.99	204.62	13.37	163.63	8.17	8.04	0.55
		中	42.67	254.62	239.00	15.62	196.33	7.96		
		下	57.46	239.40	225.95	13.45	168.49	7.98		
	2	上	67.14	199.67	190.04	9.63	122.90	7.84	7.44	0.51
		中	59.03	225.01	213.65	11.36	154.62	7.35		
		下	56.09	266.36	252.34	14.02	196.25	7.14		
	4	上	41.32	219.19	206.84	12.35	165.52	7.46	7.23	0.50
		中	42.59	281.97	266.01	15.96	223.42	7.14		
		下	65.03	245.02	233.09	11.93	168.06	7.10		
	8	上	57.12	227.67	216.38	11.29	159.26	7.09	7.05	0.48
		中	41.33	340.68	320.93	19.75	279.60	7.06		
		下	65.05	383.70	362.86	20.84	297.81	7.00		
300	1	上	43.64	362.58	338.18	24.40	294.54	8.28	8.16	0.56
		中	67.64	291.98	275.08	16.90	207.44	8.15		
		下	42.64	433.68	404.58	29.10	361.94	8.04		
	2	上	59.24	327.48	308.88	18.60	249.64	7.45	7.50	0.51
		中	40.94	362.68	340.08	22.60	299.14	7.55		
		下	56.84	355.08	334.28	20.80	277.44	7.50		

续表

围压/kPa	通气时间/h	位置	盒质量/g	试样总质量/g	烘干后质量/g	水质量/g	干土质量/g	含水率/%	平均含水率/%	平均饱和度
300	4	上	67.44	319.68	302.88	16.80	235.44	7.14	7.27	0.50
		中	57.87	367.18	345.98	21.20	288.11	7.36		
		下	58.12	357.08	336.68	20.40	278.56	7.32		
	8	上	67.44	319.68	303.88	15.80	236.44	6.68	7.12	0.49
		中	57.87	367.18	345.98	21.20	288.11	7.36		
		下	58.12	357.08	336.68	20.40	278.56	7.32		
400	1	上	59.16	237.01	223.63	13.38	164.47	8.14	7.96	0.55
		中	58.16	247.73	233.94	13.79	175.78	7.85		
		下	57.77	307.33	289.05	18.28	231.28	7.90		
	2	上	67.45	467.15	437.83	29.32	370.38	7.92	7.87	0.54
		中	67.35	326.81	307.79	19.02	240.44	7.91		
		下	43.54	316.32	296.64	19.68	253.10	7.78		
	4	上	67.26	289.42	273.90	15.52	206.64	7.51	7.50	0.51
		中	42.37	373.74	350.56	23.18	308.19	7.52		
		下	43.42	416.48	390.56	25.92	347.14	7.47		
	8	上	67.46	307.46	291.38	16.08	223.92	7.18	7.40	0.51
		中	42.52	249.92	235.48	14.44	192.96	7.48		
		下	43.52	256.38	241.48	14.90	197.96	7.53		

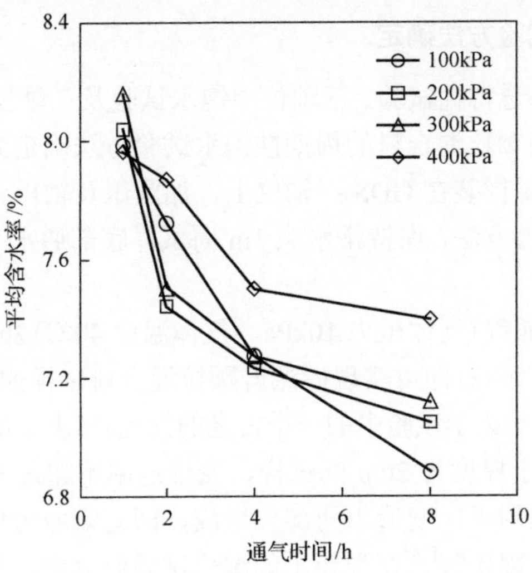

图 3.7　试样平均含水率与通气时间的关系

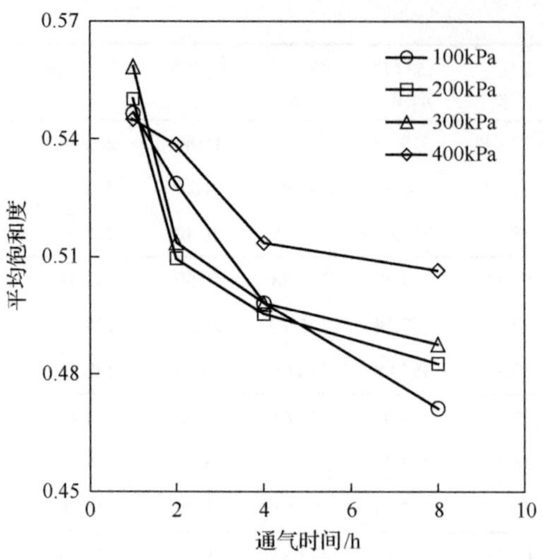

图 3.8　试样平均饱和度与通气时间的关系

围压下试样平均含水率分别为 6.88%、7.05%、7.12%和 7.40%，均比制样含水率 8%小。通气 2h 后，100kPa、200kPa、300kPa 和 400kPa 围压下试样平均含水率分别为 7.72%、7.44%、7.50%和 7.87%，平均值为 7.63%，与制样含水率非常接近。通气 2h 后，100kPa、200kPa、300kPa 和 400kPa 围压下试样平均饱和度分别为 0.53、0.51、0.51 和 0.54，与试样通水 2h 后的饱和度有一定的差距，可作为周期性饱水的疏干界限。因此，本书将试样疏干方法确定为通气（气体压力 10kPa、气体温度 40℃）2h。

3.3.3　周期性饱水试验方法确定

根据各向异性渗透特性试验、三轴仪中饱水试验及三轴仪中周期性饱水-疏干试验结果，将砂泥岩颗粒混合料的周期性饱水试验方法确定为：

(1) 将准备好的试样装在 GDS 三轴仪上，加围压及轴压到一定应力水平。

(2) 采用垂直渗透方法，保持常水头 1m 向试样底部通水 2h 使试样饱水（并未饱和）。

(3) 从试样顶部通气（气体压力 10kPa、气体温度 40℃）2h 使试样疏干。

(4) 重复步骤(2)、(3)即可实现砂泥岩颗粒混合料试样的周期性饱水。

变形稳定标准是土力学试验中的一个古老的问题。《土工试验规程》（SL 237—1999）[12]中规定，对于厚度为 2cm 的试样，变形速率不超过 0.005mm/h 即可认为变形稳定。在荷载作用下，变形由两部分组成，即有效应力增加造成的主固结和应力不变的次固结。魏松等[24]在粗粒土的湿化试验研究中，将主固结变形定义为停机变形，即试验中需要将试样剪切到某个应力状态，然后停止剪切一段时间，但停机后试样仍然存在一定的变形，这部分变形认为是“停机变形”。

经大量的试验研究，提出停机变形与停机时间存在对数形式关系，并将停机时间定为 60min。同样，王海俊等[10,11]在研究干湿循环对堆石体的变形影响时，将停机时间也定为 60min。停机变形稳定时间与试验的材料、渗透系数、停机应力状态等有关，在围压较小时，停机变形基本在 10～20min 完成[24]。本书所涉及的试验围压为 100～400kPa，由于围压小，将停机时间定为 30min 是基本合理的。

3.4　单向压缩和静止侧压力系数试验试样的周期性饱水试验方法

单向压缩和静止侧压力系数试验中，试样的周期性饱水方法类似，试验过程分为饱水和疏干两个部分。

1) 试样饱水方法

打开试验系统(详见图 4.2)的陶土板底侧进水及排水控制调节系统的进水阀门和透水石底侧进水及排水控制调节系统的进水阀门，这样就从压力室的底部向试样通入具有压力的脱气水。同时，打开压力室气压控制调节系统的排气阀门，使试样内部及压力室内的气体在脱气水的水压推动作用下从压力室气压控制调节系统的排气阀门中排出。为了加快饱水过程，还可以同时打开试样顶部进水系统的阀门，从试样顶部向试样通入水头压力 1m 的脱气水。试验过程中，施加于试样底端和顶端的水压力不大于施加于试样的轴向压力。

本书采用常水头饱和法对砂泥岩混合料试样进行饱和：常水头向上渗透，保持常水头 1m 的常水头饱水法[25]。

2) 试样疏干方法

打开试验系统的压力室气压控制调节系统的进气阀门，将压力气体通入压力室。同时，打开陶土板底侧进水及排水控制调节系统的排水阀门，使压力室水体及试样内部的水在自重及气体压力推动下在试样内部自上而下渗透，并从与圆盘形陶土板相连的陶土板底侧进水及排水控制调节系统的排水阀门排出。为了加快疏干过程，还可以打开透水石底侧进水及排水控制调节系统的排水阀门，使压力室水体及试样内部的重力水在压力气体的推动下同时从环形透水石底部的透水石底侧进水及排水控制调节系统的排水阀门排出。但是，透水石底侧进水及排水控制调节系统的排水阀门需在疏干过程完成前关闭，并先于陶土板底侧进水及排水控制调节系统的排水阀门关闭。

另外，一旦发现透水石底侧进水及排水控制调节系统的排水阀门排气，即刻关闭该阀门。如果不及时关闭透水石底侧进水及排水控制调节系统的排水阀门，该阀门会一直排气，水分因没有足够的驱动力而残留在试样内排不出去。关闭透水石底侧进水及排水控制调节系统的排水阀门后，由于陶土板不透气，试样中的水分会在气压驱动下从陶土板下方的陶土板底侧进水及排水控制调节系统的排水阀门中排出，达到较好的疏干效果。试验过程中，施加于试样顶端的气体压力不大于施加于试样的轴向压力。

针对砂泥岩颗粒混合料的疏干过程，研制了有效的疏干方法[25]，向试样内部通入温度为40℃、压力为10kPa的氮气，通气2h后，试样的含水率接近8%，基本接近制样含水率。本书也采用了这种疏干方法对试样进行排水疏干。

3.5　直接剪切试验试样的周期性饱水试验方法

在直接剪切试验前，先对试样进行周期性饱水处理，具体操作步骤如下：

(1)选用如图3.9所示的叠式饱和器，先在饱和器底层放入滤纸、透水石，再将包含在环刀内的试样放在滤纸之上，随后再在试样上放入滤纸、透水石，依次放置多个试样，最后锁定。

图3.9　叠式饱和器

(2)在对饱水后和一定浸泡时间后的砂泥岩颗粒混合料试样进行直剪试验之前，将装置好的试样放入水箱，然后在水箱里注入脱气水，直至淹没叠式饱和器，最后盖上水箱盖，放置。在一定的浸泡时间后，将试样拿出。

(3)周期性浸泡的试样操作试验，其一个周期为试样从非饱和状态到饱和状态再到非饱和状态的过程。首先，选取非饱和试样，将放置好试样的叠式饱和器放入真空缸内；然后，在缸盖周围涂抹一层凡士林，盖上缸盖，对真空缸进行抽气操作；随后，停止抽气，通过引水管向水缸中通脱气水，静置一段时间，借助大气压力，从而使试样达到饱和状态；最后，将浸泡后的试样采用电热鼓风干燥器对试样进行从饱和状态再到非饱和状态操作，打开阀门开关，静置一段时间，直至试样达到一定的含水率。

3.6 本 章 小 结

本章首先通过各向异性渗透试验，测试了砂泥岩颗粒混合料的各向异性渗透特性，基于此提出了三轴压缩试验、单向压缩试验、静止侧压力系数试验和直接剪切试验中试样的周期性饱水方法。

(1) 利用自主研发的土体各向异性渗透系数测试系统，试验研究了不同颗粒级配、不同泥岩颗粒含量、不同密实度的砂泥岩颗粒混合料试样的渗透特性，结果表明，击实试样的渗透特性具有明显的各向异性。平行方向的渗透系数更大，约为垂直方向渗透系数的 2 倍，但是平行方向的临界水力梯度较小。

(2) 在试验研究的基础上，提出了三轴剪切试验中试样在一定应力状态下的周期性饱水方法，即垂直渗透饱水方法，保持常水头 1m 向试样底部通水 2h 使试样饱水；疏干方法为从试样顶部通气(气体压力 10kPa、气体温度 40℃)2h 使试样疏干。

(3) 基于试验研究，提出了单向压缩试验及静止侧压力系数试验中试样的周期性饱水方法，即从压力室的底部向试样通入具有压力的脱气水，顶部排气，直至试样饱水；疏干方法为从压力室的顶部向试样通入压力气体，底部排水，直至试样疏干。

(4) 基于试验研究，提出了直接剪切试验试样的周期性饱水方法，即把装有试样的叠式饱和器放入充水真空缸内，通过抽气法使试样饱水；疏干方法为把试样放入电热鼓风干燥器内，通过恒温干燥法使试样疏干。

参 考 文 献

[1] 王俊杰, 方绪顺, 邱珍锋. 砂泥岩颗粒混合料工程特性研究[M]. 北京: 科学出版社, 2016.

[2] Wang J J, Zhang H P, Zhang L, et al. Experimental study on self-healing of crack in clay seepage barrier[J]. Engineering Geology, 2013, 30(1): 86-101.

[3] 邱珍锋, 卢孝志, 伍应华. 考虑颗粒形状的粗粒土渗透特性试验研究[J]. 南水北调与水利科技, 2014, 12(4): 102-106.

[4] Wang J J, Qiu Z F. Anisotropic hydraulic conductivity and critical hydraulic gradient of a crushed sandstone-mudstone particle mixture[J]. Marine Georesources & Geotechnology, 2017, 35(1): 89-97.

[5] Qiu Z F, Wang J J. Experimental study on the anisotropic hydraulic conductivity of a sandstone-mudstone particle mixture[J]. Journal of Hydrologic Engineering, 2016, 20(11): 04015029.

[6] Qiu Z F, Wang J J. Closure to "anisotropic hydraulic conductivity and critical hydraulic gradient of a crushed sandstone-mudstone particle mixture"[J]. Marine Georesources & Geotechnology, 2018, 36(6): 640-642.

[7] 王俊杰, 卢孝志, 邱珍锋, 等. 粗粒土渗透系数影响因素试验研究[J]. 水利水运工程学报, 2013, (6): 16-20.

[8] 王俊杰, 邱珍锋, 马伟. 层状土体各向异性渗透系数测试系统及测试方法: ZL201210530675.8[P]. 2015.1.6.

[9] 毛昶熙. 渗流计算分析与控制[M]. 北京: 中国水利水电出版社, 2003.

[10] 王海俊, 殷宗泽. 堆石料长期变形的室内试验研究[J]. 水利学报, 2007, 38(8): 914-919.

[11] 王海俊, 殷宗泽. 堆石流变试验及双屈服面流变模型的研究[J]. 岩土工程学报, 2008, 30(7): 959-963.

[12] 中华人民共和国水利部. 土工试验规程(SL 237—1999)[S]. 北京: 中国水利水电出版社, 1999.

[13] 彭凯, 朱俊高, 王观琪. 堆石料湿化变形三轴试验研究[J]. 中南大学学报(自然科学版), 2010, 41(5): 1953-1960.

[14] 程展林, 左永振, 丁红顺, 等. 堆石料湿化特性试验研究[J]. 岩土工程学报, 2010, 32(2): 243-247.

[15] 殷宗泽, 赵航. 土坝浸水变形分析[J]. 岩土工程学报, 1990, 12(2): 1-8.

[16] 李广信. 堆石料的湿化试验和数学模型[J]. 岩土工程学报, 1990, 12(5): 58-64.

[17] 刘祖德. 土石坝变形计算的若干问题[J]. 岩土工程学报, 1983, 5(1): 1-13.

[18] 朱俊高, ALsakran M A, 龚选, 等. 某板岩粗粒料湿化特性三轴试验研究[J]. 岩土工程学报, 2013, 35(1): 170-174.

[19] Wang J J, Zhang H P, Liu M W. Compaction behaviour and particle crushing of a crushed sandstone particle mixture[J]. European Journal of Environmental and Civil Engineering, 2014, 5(18): 567-583.

[20] Wang J J, Qiu Z F, Deng W J, et al. Effects of mudstone particle content on shear strength of a crushed sandstone-mudstone particle mixture[J]. Marine Georesources & Geotechnology, 2016, 34(4): 395-402.

[21] Wang J J, Zhang H P, Tang S C, et al. Effects of particle size distribution on shear strength of accumulation soil[J]. Journal of Geotechnical and Geoenvironmental Engineering, 2013, 139(11): 1994-1997.

[22] 邱珍锋, 曹智, 张宏伟. 一种适用于土体三轴试验的气体加热装置: ZL2015201164579[P]. 2015.8.19.

[23] Fumagalli E. Tests on cohesionless material for rockfill dams[J]. Journal of the Soil Mechanics and Foundation Division, 1969, 95(1): 313-333.

[24] 魏松, 朱俊高. 粗粒土料湿化变形三轴试验研究[J]. 岩土力学, 2007, 28(8): 1609-1614.

[25] Tang S C, Wang J J, Qiu Z F, et al. Effects of wet-dry cycle on the shear strength of a sandstone-mudstone particle mixture[J]. International Journal of Civil Engineering, 2019, 17(6): 921-933.

第 4 章　静止侧压力系数及压缩变形特性

压缩变形特性是土体的主要工程特性之一。在周期性饱水作用下，由于水的劣化作用，砂泥岩颗粒混合料的压缩性有所增强。对于填筑在大型水库岸边的砂泥岩颗粒混合料，周期性饱水作用是一个长期的过程。在这个长期作用过程中，土体所发生的变形主要由三部分组成：一是土体本身的固结变形；二是周期性饱水的劣化变形；三是土体的流变变形。对于砂泥岩颗粒混合料的压缩变形特性，文献[1]通过室内单向压缩试验进行了系统的研究，本章不再赘述。本章重点研究砂泥岩颗粒混合料的流变特性及周期性饱水压缩变形特性。另外，静止侧压力系数是填方工程中普遍关心且比较重要的参数，本章也对其进行了研究。

4.1　单向压缩流变特性

4.1.1　试验仪器

侧限压缩试验也称为固结试验，试验方法简单描述为试样在轴向应力作用下发生轴向变形、约束侧向变形，测试其应力-应变曲线。压缩仪一般包括一个上端敞口的容置腔，试验时将盛有试样的环刀置于容置腔(刚性护环)中，由于金属环刀及刚性护环的限制，试样在轴向应力作用下只能发生轴向变形，而无侧向变形。在试样上下放置的透水石是试样受压后排出孔隙水的两个界面。压缩过程中轴向压力通过刚性板施加给试样，试样产生的压缩量可通过百分表量测。常用的压缩仪均不具有气密性，不足之处在于无法模拟被测土体的饱水-疏干循环过程。因此，有必要研制一种气密性较好的侧限压缩仪以进行砂泥岩颗粒混合料的周期性饱水试验研究。

本章提出了一种能够实现土体周期性饱水的压缩试验系统，主要包括轴向加荷系统和压力室。压力室包括压力室圆筒、顶盖和底座，顶盖和底座的内部均安装有管道系统，压力室圆筒、顶盖和底座相结合处具有气密性，设置了 O 型橡胶密封圈。底座的上方安放陶土板和环形透水石，底座内部的管道系统包括透水石底侧进水及排水控制调节系统、陶土板底侧进水及排水控制调节系统和陶土板底侧气压控制调节系统，试验设备如图 4.1 所示。

(a) 陶土板(水气系统)　(b) O型橡胶圈　(c) 环形透水石

(d) 装配透水石　(e) 刚性垫板　(f) 压力室及顶盖(排水进气系统)

图 4.1　周期性饱水压缩试验装置细部

顶盖内部的管道系统包括压力室顶部进出气系统和压力室顶部进水系统。试验时，试样安放在陶土板和环形透水石上，试样上安放试样加载板，轴向加荷系统的传力装置穿过顶盖后与试样加载板相接触。

试验仪器中，与传统压缩仪的区别之处在于：第一，压力室底部和顶盖分别设置了密封圈；第二，顶盖及底板分别设置了排水及进水控制系统；第三，底板有陶土板和环形透水石。以上几点能够保证试验设备完成周期性饱水室内试验。

周期性饱水压缩试验系统结构如图 4.2 所示[2]。试验过程中，先安放好试样，再在试样上放透水石，然后在透水石上放试样加载板，最后安装顶盖和轴向加荷系统。如图 4.2 所示，轴向加荷系统的部件进入压力室内，需要在结合处加装密封件，以保证关闭所有阀门后压力室内部具有气密性。

环形透水石和陶土板的侧面与底座的结合处气密。底座内部的管道系统均包括若干具有阀门的管路，通过阀门的开闭来控制压力室与外界的水气连通。透水石底侧进水及排水控制调节系统在压力室内的出口在环形透水石下方；陶土板底侧进水及排水控制流变试验采用自主研制的土体饱水-疏干循环压缩试验方法及其装置完成，该仪器主要由试样容器、制样设备、加载系统、测量及数据采集系统和饱水-疏干循环系统等组成，如图 4.3 所示。轴向荷载采用重力杠杆砝码加载，最大可加载 2500kPa，轴向位移采用位移传感器测量，量程为 0～15mm。

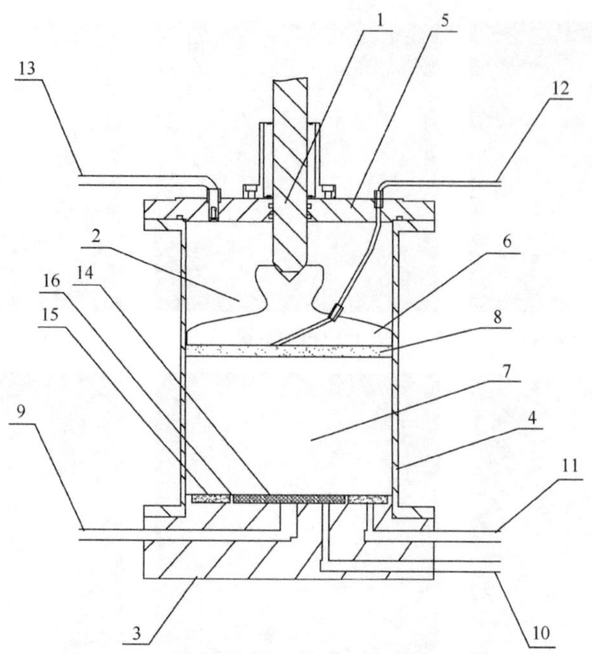

图 4.2 周期性饱水压缩试验系统结构

1.轴向加荷系统；2.压力室；3.底座；4.压力室圆筒；5.顶盖；6.试样加载板；7.试样；8.试样顶部透水石；9.陶土板底侧进水及排水控制调节系统；10.陶土板底侧气压控制调节系统；11.透水石底侧进水及排水控制调节系统；12.压力室顶部进水系统；13.压力室顶部进出气系统；14.陶土板；15.环形透水石；16.隔离带

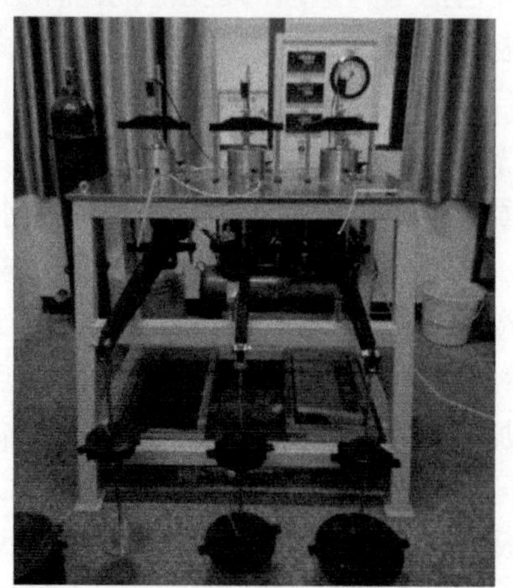

图 4.3 周期性饱水压缩试验系统

4.1.2 流变试验方法

1) 试验土料

将采集的弱风化砂岩和泥岩块体分别进行破碎后筛分，分别获得粒径为 5～2mm、2～1mm、1～0.5mm、0.5～0.25mm、0.25～0.075mm 和小于 0.075mm 的砂岩颗粒、泥岩颗粒，然后再按照一定颗粒分布曲线、砂岩颗粒和泥岩颗粒比例混合形成砂泥岩颗粒混合料。王俊杰等[1]对砂泥岩混合料的压实特性进行了研究，可为流变试样制备方法提供参考。

流变试验试样为直径 100mm、高 30mm 的圆柱体，试样干密度取为 1.80g/cm^3，制样含水率为 8%。颗粒级配曲线如图 4.4 所示，最大粒径为 5mm，平均粒径 d_{50}=0.83mm，不均匀系数为 25.56，曲率系数为 1.16。各粒组颗粒含量如表 4.1 所示。

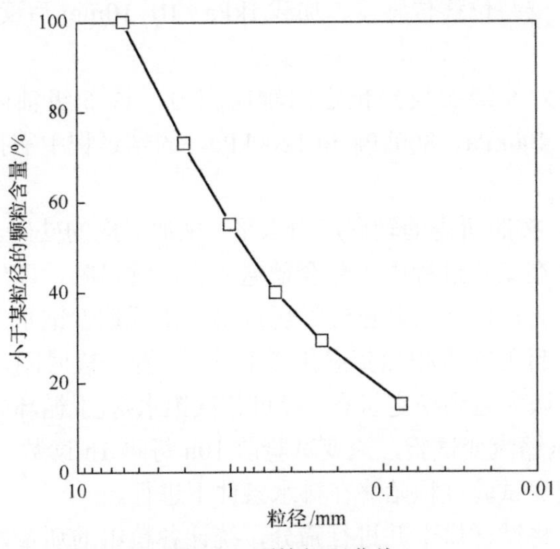

图 4.4　颗粒级配曲线

表 4.1　试样各粒组颗粒含量

粒径/mm	颗粒含量/%
5～2	27
2～1	18
1～0.5	15
0.5～0.25	11
0.25～0.075	14
< 0.075	15

2) 试验方案

砂泥岩颗粒混合料应用在涉水工程中时，常会受到湿化作用发生变形。考虑到湿化对变形的影响，为保证流变试验的准确性，试验开始时先对试样进行一次饱水-疏干循环，再进行流变试验。共进行了砂泥岩颗粒混合料配合比(砂岩颗粒质量 : 泥岩颗粒质量) 为 8 : 2、6 : 4、4 : 6、2 : 8 条件下的 4 组压缩流变试验，轴向应力分别为 100kPa、200kPa、400kPa、800kPa、1200kPa 和 1600kPa。每组试验结束后，对试样进行了干燥、筛分，以便研究流变过程中的颗粒破碎特性。

3) 试样安装

装样前，将试样筒内侧的传压板表面清理干净，并且用软质毛刷将底座和试样筒内侧涂抹润滑油。随后，把试样放置在试样筒上方，用推土器将试样推进试样筒中，再将透水板和加压帽放置在试样上方。试样从下往上依次为滤纸、试样、滤纸、透水板、加压帽。

装样完成后，调节杠杆的位置，使杠杆的中轴线与平衡锤中轴线一致，随后固定杠杆的高度，安装位移传感器。加载 1kPa 预压 10min 后读表清零。

4) 试验步骤

(1) 加载。分为 6 级加载到预定的轴向应力，该 6 级轴向应力为 50kPa、100kPa、200kPa、400kPa、800kPa 和 1200kPa，固结过程中需打开下部排水阀门进行排水固结。

(2) 数据记录。按照所需的轴向应力水平，施加对应的砝码。由于涉水砂泥岩颗粒混合料填方体在填筑过程中难免会遭遇风吹雨淋日晒，即经历湿化过程而发生变形，因此填筑完成前认为其已经经历过第一次周期性饱水。试验前，先进行一次周期性饱水，目的在于扣除其湿化变形[3]。静置一段时间，当变形速率不超过 0.005mm/h 时，认为达到稳定状态。经过初次饱水-疏干循环并达到变形稳定的试样进行 4.5d 的压缩流变试验，流变试验前 10h 每隔 1h 读数一次，之后每隔 6h 读数一次，整个流变试验过程始终在排水条件下进行。

试验完毕后，将试样烘干并进行筛分，统计各粒组的质量，与试验前的各粒组质量进行分析比较。

4.1.3　流变试验结果

将试验结果整理为轴向应变与时间的关系，如图 4.5～图 4.8 所示。

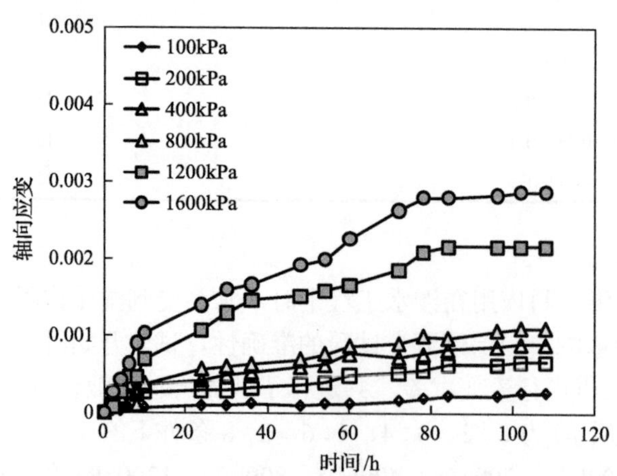

图 4.5　轴向应变-时间关系(泥岩颗粒含量 20%)

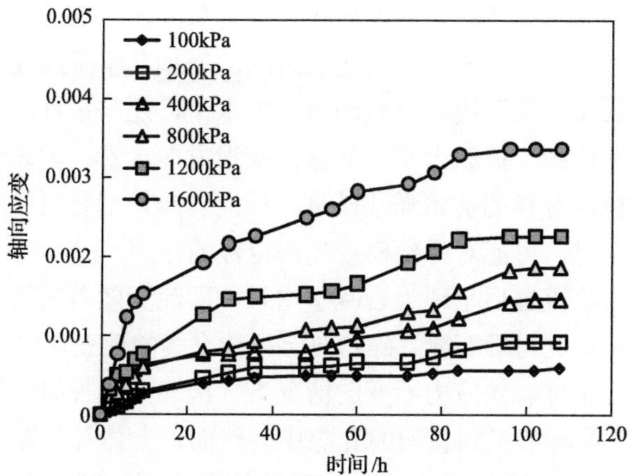

图 4.6　轴向应变-时间关系(泥岩颗粒含量 40%)

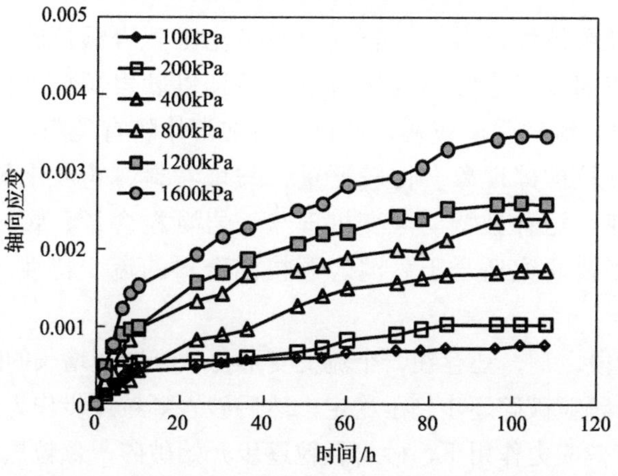

图 4.7　轴向应变-时间关系(泥岩颗粒含量 60%)

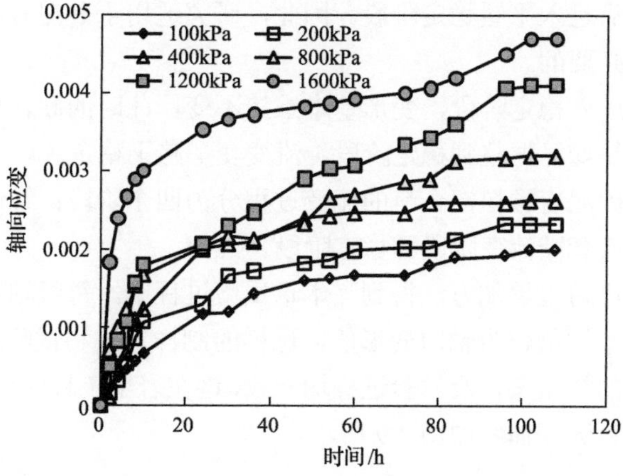

图 4.8　轴向应变-时间关系(泥岩颗粒含量 80%)

从图 4.5～图 4.8 可以看出，砂泥岩颗粒混合料的压缩流变随着时间的增加而增大。加载短时间内，流变轴向应变随着时间的增加几乎呈线性增长，这一线性增长阶段的时间长短不仅取决于试验轴向应力水平，还与试样中的泥岩颗粒含量有关，并不是单纯依赖于荷载大小。从弹性变形方面上看，泥岩颗粒含量的大小决定了砂泥岩颗粒混合料的初始弹性模量，砂泥岩颗粒混合料中的泥岩颗粒较为软弱，在含量一定时，可能对弹性模量起决定性的作用。

流变线性增长阶段过后呈现为衰减型增长，即流变随着时间的增加而增长，增长速率逐步减小。这与堆石料、碎石料、粗粒土等的流变现象类似。出现这一现象的原因在于，土体有效应力不变的情况下，构成土体骨架的颗粒发生移动、破碎、重排列[4]，重新填充到骨架的孔隙中。然而，土体骨架颗粒调整到一定位置，可认为是暂时的平衡位置，此时，颗粒的重排列、破碎现象减弱，逐步趋于稳定。

对于砂泥岩颗粒混合料，泥岩颗粒的劣化比砂岩颗粒的大，两者劣化规律并不一致，初期以泥岩颗粒劣化为主，后期以砂岩颗粒劣化为主。泥岩颗粒的崩解性较强、颗粒强度较弱，颗粒表面常常伴随有裂隙，且棱角分明，因此泥岩颗粒的颗粒破碎现象会比较严重，与堆石料、粗粒土等相比，具有其独特的流变机理，这种独特的流变机理与泥岩颗粒含量、颗粒强度等因素有关。因此，有必要研究适合于砂泥岩颗粒混合料的流变特性计算方法和流变模型。

在衰减型阶段之后，还存在一个流变变形再次衰减型增长的阶段。这一阶段可能是由于泥岩颗粒破碎逐步趋于稳定，然后砂岩颗粒逐步作为土体骨架中的主要承担者，在有效应力作用下，砂岩颗粒逐步开始破碎，颗粒重新排列，进而使流变在这一阶段逐步增大。这一现象与粗粒土、堆石料等具有很大的差异性，不再是衰减阶段之后进入平缓稳定阶段。因此，研究适用于砂泥岩颗粒混合料的流变模型是非常有必要的。

最后，流变进入稳定阶段，变形基本维持不变。此时的砂岩和泥岩颗粒的颗粒破碎、重排列等均已调整到稳定阶段，流变变形趋于稳定。

因此，可将砂泥岩颗粒混合料的流变过程分为四个阶段：线性流变阶段、衰减流变阶段、再次衰减流变阶段和稳定阶段。

总流变变形可通过累加方法得到。本章试验过程中，每级轴向应力下均采用三个试样，取其平均值作为轴向变形值，试样的制样方法和试验方法均一致，因此假定这些试样的初始条件及试验过程均一致，这在岩土工程中也是基本合理的。砂泥岩颗粒混合料流变曲线如图 4.9 所示。

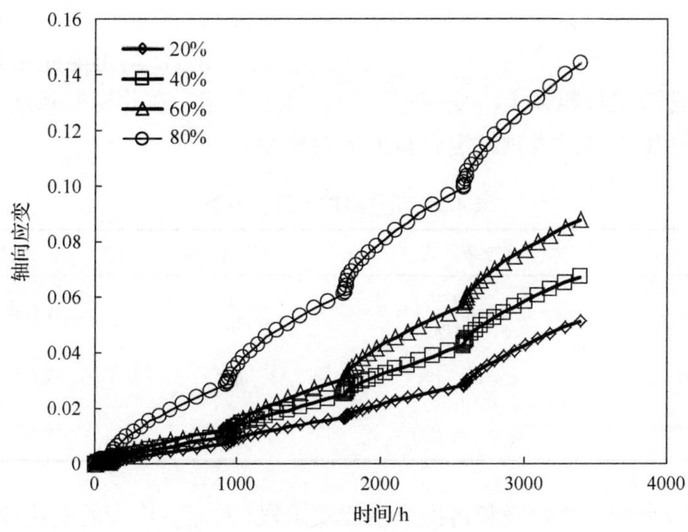

图 4.9　砂泥岩颗粒混合料流变曲线

在整个加载过程中，每级压力下的轴向应变均有所增长，且增长速率比较快。曹光栩等[5]在研究碎石料的干湿循环变形过程中总结了干湿循环变形和流变变形，与之对比可以看出，砂泥岩颗粒混合料的流变变形比碎石料的干湿循环变形大，说明砂泥岩颗粒混合料中泥岩颗粒对变形的影响占主导作用。

从总体规律上看，流变过程中变形并不会无限制增长，而是逐渐趋于稳定，因此认为流变产生的变形与流变的应力路径有关，前期的应力水平对流变的影响规律具有较大的影响。这种累计变形的处理方式对流变分析而言并不合理，是值得商榷的。

4.1.4　分段流变计算模型

目前的流变研究成果认为流变变形发展规律可分为以下两种：

(1) 衰减型流变。即当流变开始时，流变应变随时间的增加而呈现线性增长，但线性增长阶段过后，流变应变速率逐步减小，最后流变应变趋于稳定。

(2) 加速型流变。即当流变过程进入衰减流变阶段后，又会出现一段加速流变的阶段。

曹光栩等[5]在研究碎石料的流变时，仅发现了第一类流变结果，并对粗粒土流变模型进行了总结，有幂函数、指数函数、双曲线函数、对数函数等。通过对比分析，认为双曲线函数是最适合碎石料的流变模型。

其中，指数函数在前段时间内预测的流变应变值偏大，在后段时间内预测的流变应变值偏小；幂函数在前段时间内预测的流变应变增长速率较大，后段时间内预测的流变应变值偏小；双曲线和对数函数对碎石料的拟合情况均较好。但是对于砂泥岩颗粒混合料的这种特殊流变形式，这几种方法均不能完全表达该变化过程，本章选取三种粗粒土流变模型，如表 4.2 所示，在此模型基础上对其进行改进，提出适用于砂泥岩颗粒混合料的流变模型。

表 4.2 部分粗粒土流变模型

流变模型	数学表达式	最终流变量	适用土料
双曲线函数	$\varepsilon_1=\dfrac{t}{a+bt}$	$\dfrac{1}{b}$	碎石料、粗粒土
幂函数	$\varepsilon_1=a(1-t^b)$	$-abt^{b-1}$	堆石料、粗粒土
指数函数	$\varepsilon_1=\varepsilon_{1f}(1-e^{bx})$	$-b\varepsilon_{1f}e^{bx}$	堆石料、粗粒土

为了分析衰减流变阶段和再次衰减流变阶段，对流变应变的变化速率(流变应变之差与时间的比值)与时间的关系进行分析，如图 4.10～图 4.13 所示。

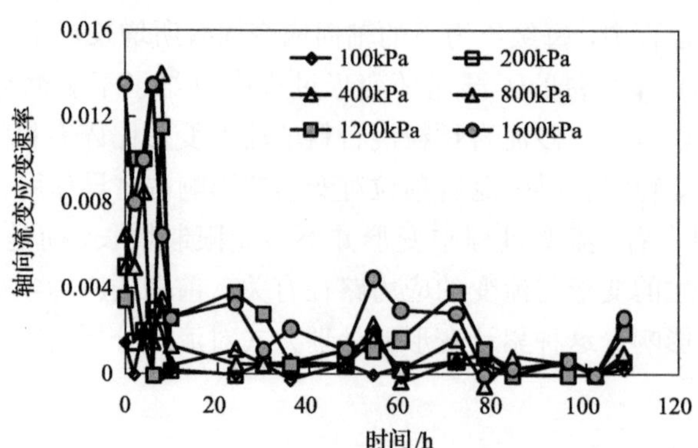

图 4.10 轴向流变应变速率-时间关系(泥岩颗粒含量 20%)

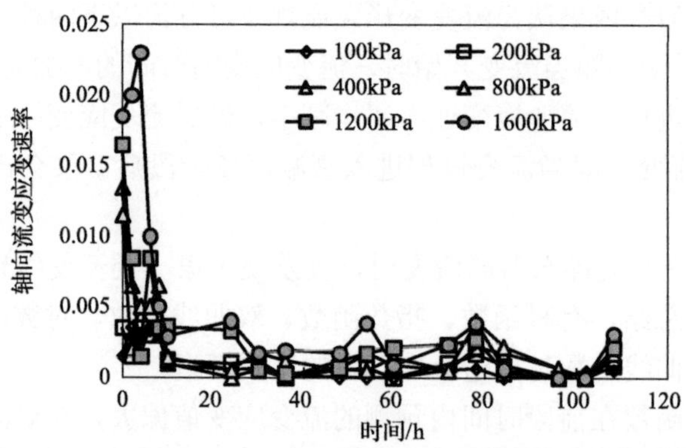

图 4.11 轴向流变应变速率-时间关系(泥岩颗粒含量 40%)

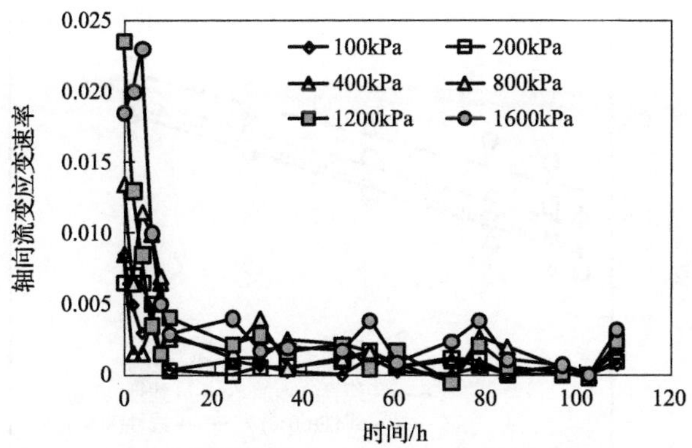

图 4.12　轴向流变应变速率-时间关系(泥岩颗粒含量 60%)

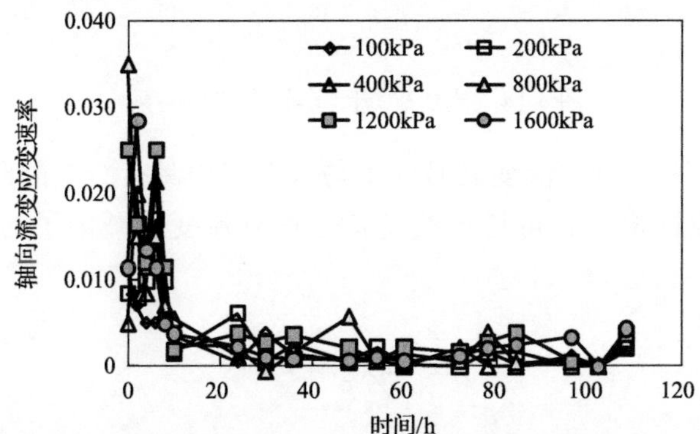

图 4.13　轴向流变应变速率-时间关系(泥岩颗粒含量 80%)

从图 4.10～图 4.13 可以看出，轴向流变应变速率随着时间的增长先增大后逐渐减小，在时间为 50～60h 时，轴向流变应变速率较小。且在此后的一段流变过程中，其轴向流变应变速率再次增大，然后逐渐减小。因此，前半段时间是流变的衰减阶段，此后为再次衰减阶段，但并不能完全按照时间来划分。为了划分衰减流变阶段与再次衰减流变阶段，尝试采用流变变形量与总流变量的关系来划分。将衰减流变阶段和再次衰减流变阶段的应变值提取出来，将衰减流变阶段的流变量与总流变量之比定义为流变衰减因子α，即

$$\alpha=\frac{\varepsilon_{1c}}{\varepsilon_{1f}} \tag{4.1}$$

式中，α 为流变衰减因子；ε_{1c} 为衰减流变应变，可通过流变曲线得到；ε_{1f} 为流变总应变。

不同泥岩颗粒含量、不同轴向应力下的流变衰减因子如图 4.14 所示。

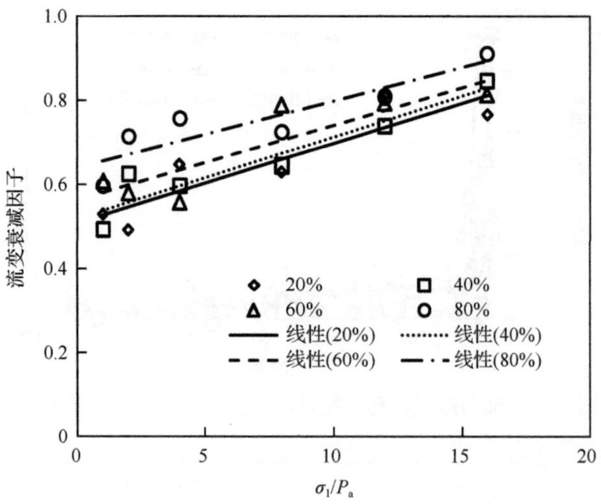

图 4.14 流变衰减因子-轴向应力关系

从图 4.14 可以看出，流变衰减因子与轴向应力具有一定的联系，随着轴向应力的增大呈线性增长。可通过线性拟合得到流变衰减因子与轴向应力的关系为

$$\alpha=m_\alpha \frac{\sigma_1}{P_a}+n_\alpha \tag{4.2}$$

式中，α 为流变衰减因子；σ_1 为轴向应力，kPa；P_a 为大气压，kPa；m_α 和 n_α 为拟合参数，与土料性质有关，取值如表 4.3 所示。

表 4.3 拟合参数 m_α、n_α 及 R^2

泥岩颗粒含量/%	m_α	n_α	R^2
20	0.019	0.513	0.81
40	0.019	0.521	0.89
60	0.018	0.565	0.79
80	0.016	0.642	0.81

从表 4.3 可以看出，拟合参数 m_α 与泥岩颗粒含量的关系并不显著，基本维持不变，泥岩颗粒含量从 20%变化到 80%时，m_α 值从 0.019 减小到 0.016，平均值为 0.018，变化不大。因此，认为拟合参数 m_α 不随泥岩颗粒含量的变化而变化。拟合参数 n_α 随着泥岩颗粒含量的增大而增加，如图 4.15 所示。

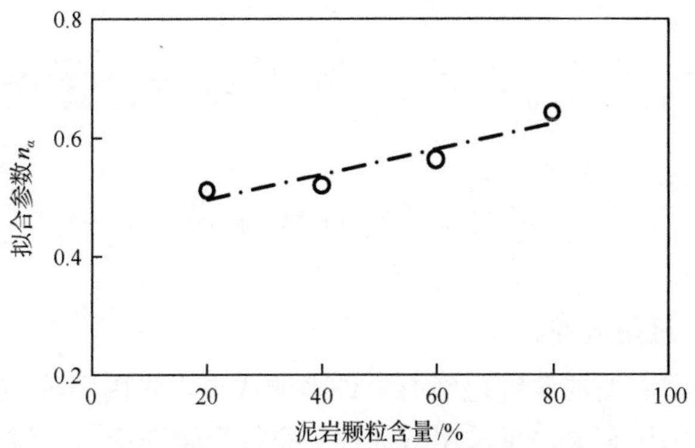

图 4.15　拟合参数 n_α 与泥岩颗粒含量的关系

采用线性函数拟合参数 n_α 与泥岩颗粒含量 M 的关系，即

$$n_\alpha = m_1 M + n_1 \tag{4.3}$$

式中，m_1 和 n_1 为拟合参数，取值分别为 0.0022 和 0.4525。

综合以上分析，可得到流变衰减因子与泥岩颗粒含量和轴向应力的关系，即

$$\alpha = m_\alpha \frac{\sigma_1}{P_\mathrm{a}} + m_1 M + n_1 \tag{4.4}$$

式中，m_α、m_1 和 n_1 为拟合参数，与土料性质有关，本章取值分别为 0.018、0.0022 和 0.4525。

通过四阶段流变过程及流变衰减因子的分析，对现有的粗粒土流变模型进行改进，引入流变衰减因子，将流变模型改为分段模型，本章称为分段流变模型。具体何种粗粒土流变模型能够适应砂泥岩颗粒混合料的流变特性，目前并不清楚，因此将流变衰减因子代入之后再进行检验。

流变衰减因子具体运用步骤如下：

(1) 粗粒土流变模型中，当流变应变尚未达到再次衰减流变阶段时，流变应变 $\varepsilon_{1\mathrm{i}}$ 按照粗粒土流变模型进行计算。

(2) 判断流变应变是否达到再次衰减流变阶段的临界值 $\varepsilon_{1\mathrm{c}}$。

(3) 达到再次衰减流变阶段时，重新计算再次衰减流变应变 $\varepsilon_{2\mathrm{i}}$，此时的流变参数也重新拟合，流变时间重新开始计算。

因此，分段流变模型的流变总应变计算式为

$$\varepsilon_1 = \begin{cases} \varepsilon_{1\mathrm{i}}, & \varepsilon_1 \leqslant \varepsilon_{1\mathrm{c}} \\ \varepsilon_{1\mathrm{i}} + \varepsilon_{2\mathrm{i}}, & \varepsilon_1 > \varepsilon_{1\mathrm{c}} \end{cases} \tag{4.5}$$

式中，ε_1 为流变总应变；ε_{1i} 为衰减阶段流变应变；ε_{2i} 为再次衰减阶段流变应变；ε_{1c} 为流变阶段与衰减阶段的临界流变应变，可通过衰减流变因子和流变极限应变进行计算，即

$$\varepsilon_{1c}=\left(m_{\alpha}\frac{\sigma_1}{P_a}+m_2M+n_2\right)\varepsilon_{1f} \tag{4.6}$$

式中，ε_{1f} 为流变极限应变。

对于流变极限应变的研究已经有了许多的成果，张丙印等[6]提出了堆石料的流变极限应变与围压有关，可采用双曲线关系拟合轴向应力与流变极限应变的关系。曹光栩等[5]认为，流变的极限应变(试验时间内的总应变)与轴向应力呈指数关系，并对粗粒土的试验数据进行了拟合，拟合程度较高。

本章将所有试验结果进行总结分析，流变极限应变(试验时间内的总应变)与轴向应力的关系如图 4.16 所示。

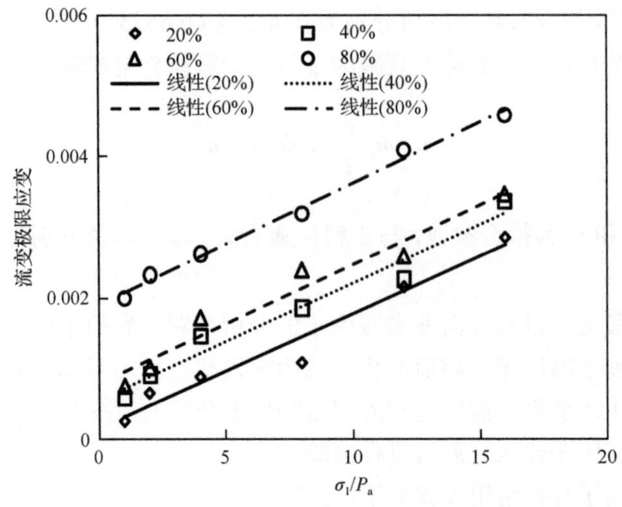

图 4.16　流变极限应变-轴向应力关系

从图 4.16 可以看出，流变极限应变随着轴向应力的增大而增大，可采用线性关系进行拟合，即

$$\varepsilon_{1f}=m_f\frac{\sigma_1}{P_a}+n_0 \tag{4.7}$$

式中，m_f 和 n_0 为拟合参数，与土料性质有关，取值如表 4.4 所示。

表 4.4　拟合参数 m_f、n_0 及 R^2

泥岩颗粒含量/%	m_f	n_0	R^2
20	0.0163	0.0164	0.96
40	0.0165	0.0571	0.96
60	0.0168	0.0798	0.96
80	0.0172	0.1711	0.99

从表 4.4 可以看出，拟合参数 m_f 与泥岩颗粒含量的关系并不显著。泥岩颗粒含量从 20%变化到 80%时，m_f 值从 0.0163 增加到 0.0172，平均值为 0.0167，数值变化较小。因此，认为拟合参数 m_f 不随泥岩颗粒含量的变化而变化。拟合参数 n_0 随着泥岩颗粒含量的增大而增加，如图 4.17 所示。

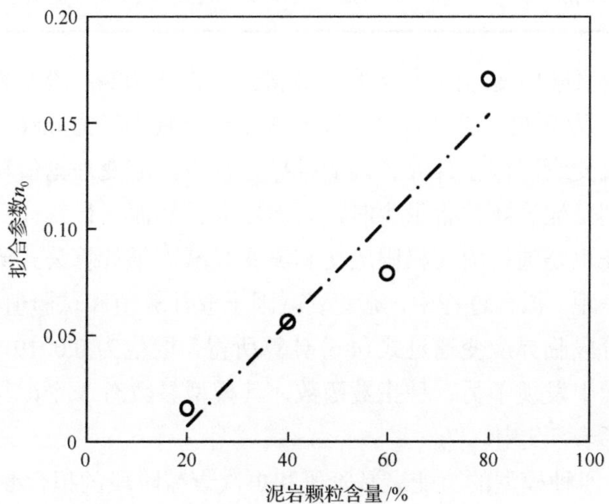

图 4.17　拟合参数 n_0 与泥岩颗粒含量的关系

采用线性函数拟合参数 n_0 与泥岩颗粒含量的关系，即

$$n_0 = m_0 M + n_{f0} \tag{4.8}$$

式中，m_0 和 n_{f0} 为拟合参数，取值分别为 0.0024 和 0.0406。

综上所述，可得到流变极限应变与泥岩颗粒含量和轴向应力的关系，即

$$\varepsilon_{1f} = m_f \frac{\sigma_1}{P_a} + m_0 M + n_{f0} \tag{4.9}$$

式中，m_f、m_0 和 n_{f0} 为拟合参数，本章取值分别为 0.0167、0.0024 和 0.0406。

采用分段流变模型计算方法，选取表 4.2 中的三种流变模型，对试验过程中的一条典型曲线(泥岩颗粒含量 20%、轴向应力 1200kPa)进行拟合分析，参数取值情况如表 4.5 所示。

表 4.5　分段流变模型及参数取值

流变模型	数学表达式	ε_{1f}	a_{1i}	b_{1i}	c_{1i}	a_{2i}	b_{2i}	c_{2i}	R_1^2	R_2^2
双曲线函数[5]	$\varepsilon_1=\dfrac{t}{a+bt}$	—	138.800	3.258	—	62.6	30.25	—	0.99	0.94
幂函数[5]	$\varepsilon_1=a(1-t^b)$	—	–0.054	0.350	—	0.028	0.250	0.253	0.93	0.35
指数函数 1[6]	$\varepsilon_1=\varepsilon_{1f}(1-e^{bx})$	0.0024	—	–0.024	—	—	–0.044	—	0.97	0.45
指数函数 2	$\varepsilon_1=ae^{-bt}+c$	—	–0.229	0.024	0.237	–0.031	0.251	0.300	0.99	0.99

其中，流变极限应变通过式(4.9)计算得到，为 0.0024；流变衰减因子通过式(4.4)计算得到，为 0.72，通过试验曲线查得流变衰减因子为 0.86，两者有一定差距，这是由于流变衰减因子计算公式的推导过程中，流变理论值与试验值具有一定的误差，特别是泥岩颗粒含量少时，误差较大。然而，最终计算的再次衰减流变阶段临界应变也是通过流变极限应变和流变衰减因子计算公式所得，也与试验值存在一定的差距。拟合过程中，流变衰减因子取计算值和试验值的平均值 0.79。再次衰减流变阶段临界应变通过式(4.6)计算所得，取值为 0.0019。另外，在拟合试验数据的过程中发现了另一种指数函数，其模型参数有 3 个，与试验数据拟合较好，也列入了表 4.5 中。

从表 4.5 中四种模型的流变衰减阶段和再次衰减阶段的拟合参数及 R^2 值可以看出，两参数流变模型(即指数函数 1、双曲线函数和幂函数)中，双曲线函数对砂泥岩颗粒混合料的流变特性拟合较好。指数函数 2 能够很好地描述砂泥岩颗粒混合料的流变特性，特别是再次衰减流变阶段，能够捕捉到衰减流变阶段与再次衰减流变阶段的两段性衰减过程。

数据拟合情况如图 4.18 和图 4.19 所示。可以看出，双曲线函数及指数函数 2 能够较好地描述两阶段衰减的流变特性。而且，双曲线函数模型再次衰减流变阶段的轴向应变预测值比试验值大，容易过度估计流变量而造成不必要的浪费，而指数函数 2 模型能够较好地拟合试验值，且在极限流变应变中也有较高的拟合程度。

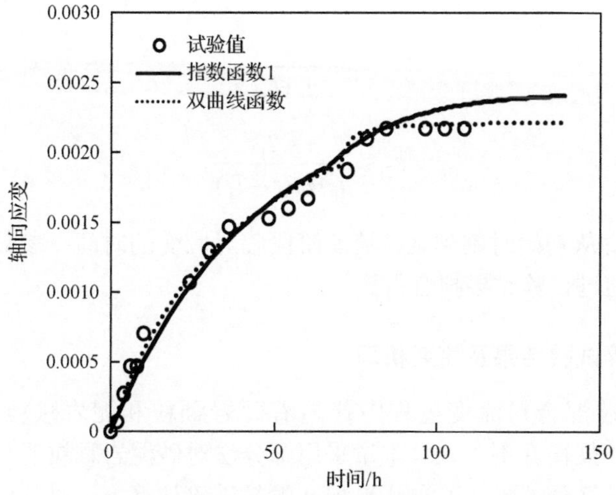

图 4.18　指数函数 1 与双曲线函数预测值与试验值对比

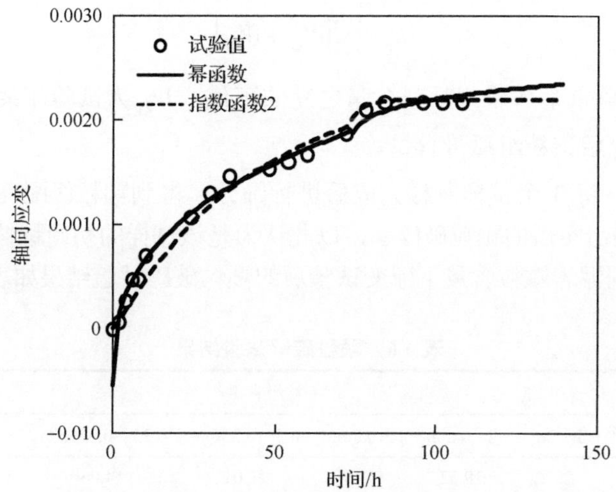

图 4.19　幂函数与指数函数 2 预测值与试验值对比

因此，砂泥岩颗粒混合料的分段流变模型可总结为

$$\varepsilon_1 = \begin{cases} \varepsilon_{1\mathrm{i}}, & \varepsilon_1 \leqslant \varepsilon_{1\mathrm{c}} \\ \varepsilon_{1\mathrm{i}} + \varepsilon_{2\mathrm{i}}, & \varepsilon_1 > \varepsilon_{1\mathrm{c}} \end{cases} \tag{4.10}$$

$$\varepsilon_{1\mathrm{f}} = m_{\mathrm{f}} \frac{\sigma_1}{P_{\mathrm{a}}} + m_0 M + n_{\mathrm{f}0} \tag{4.11}$$

$$\varepsilon_{1\mathrm{c}} = \left(m_\alpha \frac{\sigma_1}{P_{\mathrm{a}}} + m_2 M + n_2 \right) \varepsilon_{1\mathrm{f}} \tag{4.12}$$

式中，

$$\varepsilon_{1i}=\frac{t}{a_t+b_t t} \tag{4.13}$$

$$\varepsilon_{2i}=\frac{t-T_1}{a_t+b_t(t-T_1)} \tag{4.14}$$

式中，T_1 为流变从初始时刻到衰减流变阶段临界应变的时间；参数 a_t、b_t 与轴向应力有关，可通过试验结果拟合得到。

4.1.5　颗粒破碎试验结果及流变机理

砂泥岩颗粒混合料流变过程中伴随着砂岩颗粒和泥岩颗粒的颗粒破碎现象，且两者破碎规律并不一致。本章采用筛分法对砂泥岩颗粒混合料压缩流变后的试样进行颗粒筛分试验，并采用 Marsal 颗粒破碎计算方法对试样颗粒级配差异进行描述，颗粒破碎率计算公式为

$$B_g=\sum\left|W_{ki}+W_{kf}\right| \tag{4.15}$$

式中，B_g 为试验前后各粒组质量含量之差的正值；W_{ki} 为试验前某粒组的质量含量；W_{kf} 为试验后该粒组质量含量。

在试验前，将 3 个试样制样完成后进行筛分，得到颗粒级配曲线，并通过式(4.15)计算得到击实后的颗粒破碎率，以此认为是该试样的初始颗粒破碎率，不同轴向应力、不同泥岩颗粒含量下流变试验后的颗粒破碎试验结果如表 4.6 所示。

表 4.6　颗粒破碎试验结果

泥岩颗粒含量/%	轴向应力/kPa	粒组含量/%						颗粒破碎率/%
		5～2mm	2～1mm	1～0.5mm	0.5～0.25mm	0.25～0.075mm	< 0.075mm	
20	100	25.22	19.52	15.19	11.01	14.06	15.00	3.56
	200	24.93	19.43	15.28	11.56	14.11	15.00	4.45
	400	24.66	19.25	15.34	11.31	14.32	15.01	4.57
	800	24.12	17.55	15.22	13.66	14.40	15.05	6.66
	1200	23.91	16.24	15.43	14.55	14.55	15.32	9.70
	1600	23.36	15.92	15.82	14.43	14.88	15.59	11.44
40	100	25.13	18.78	15.94	11.13	14.09	15.00	3.81
	200	24.35	18.36	16.36	11.80	14.13	15.00	5.30
	400	24.23	17.77	14.74	13.10	15.15	15.02	6.53
	800	24.98	17.69	13.88	13.18	15.23	15.09	6.95
	1200	24.00	15.38	14.01	13.56	17.17	15.88	13.22
	1600	22.47	15.09	13.76	13.44	17.62	16.01	15.75

续表

泥岩颗粒含量/%	轴向应力/kPa	粒组含量/%						颗粒破碎率/%
		5～2mm	2～1mm	1～0.5mm	0.5～0.25mm	0.25～0.075mm	< 0.075mm	
60	100	25.43	19.08	15.72	10.53	14.24	15.00	4.08
	200	24.98	19.57	16.09	9.79	14.55	15.02	6.46
	400	23.76	18.43	17.26	10.82	14.68	15.05	6.84
	800	24.00	16.68	16.44	11.92	15.88	15.08	8.64
	1200	22.78	15.77	15.02	12.31	17.39	16.73	12.90
	1600	21.21	14.26	15.77	13.14	18.74	16.88	19.06
80	100	24.32	19.08	15.88	11.50	14.19	15.03	5.36
	200	23.58	19.57	16.23	11.25	14.26	15.11	6.84
	400	22.12	18.43	18.21	10.95	15.12	15.17	9.86
	800	21.39	16.68	15.38	13.50	17.69	15.36	13.86
	1200	19.76	15.77	14.79	14.40	18.74	16.54	19.36
	1600	18.37	14.26	14.23	14.92	20.93	17.29	26.28

颗粒破碎率与轴向应力的关系如图 4.20 所示。砂泥岩颗粒混合料的颗粒破碎率随轴向应力的增大而增大，且与泥岩颗粒含量有关，泥岩颗粒含量越大，颗粒破碎越严重。魏松等[7]在研究粗粒料的湿化变形试验中，发现粗粒料固结的颗粒破碎率与围压呈幂函数关系。本章采用幂函数关系对砂泥岩颗粒混合料的颗粒破碎率与轴向应力的关系进行拟合，关系式为

$$B_{\mathrm{g}}=a_{B_{\mathrm{g}}}\left(\frac{\sigma_1}{P_{\mathrm{a}}}\right)^{b_{B_{\mathrm{g}}}} \tag{4.16}$$

式中，$a_{B_{\mathrm{g}}}$ 和 $b_{B_{\mathrm{g}}}$ 为拟合参数，取值如表 4.7 所示。

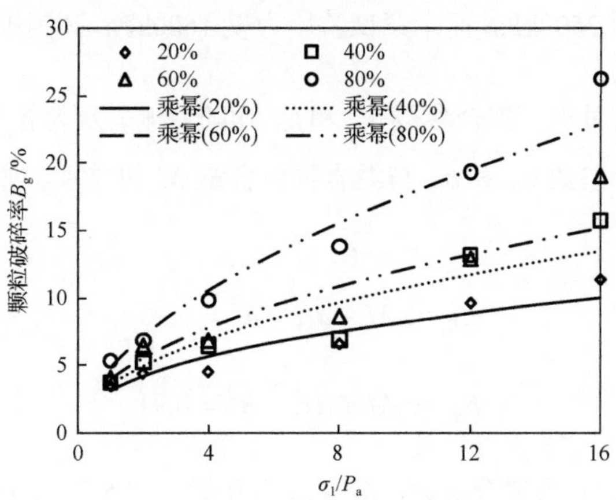

图 4.20　颗粒破碎率与轴向应力的关系

表 4.7 拟合参数 a_{B_g} 、b_{B_g} 及 R^2

泥岩颗粒含量/ %	a_{B_g}	b_{B_g}	R^2
20	3.21	0.41	0.91
40	3.60	0.48	0.89
60	4.01	0.48	0.90
80	4.86	0.56	0.97

从 R^2 值来看，颗粒破碎率与轴向应力的幂函数关系显著。傅华等[8]在粗粒料颗粒破碎影响因素的研究中发现，颗粒破碎与应力水平、颗粒强度(母岩岩性)、级配、试验方法、颗粒的磨圆度等有关，且颗粒破碎率随着围压的增大而增大。魏松等[9]在研究粗粒料的颗粒破碎时也发现了类似规律，并提出了颗粒破碎率随着围压的增大呈幂函数增长。蔡正银等[10]采用分维理论研究粗粒土的颗粒破碎规律，认为颗粒破碎率与围压和初始分维数有关，并建立了颗粒破碎率与分维数、围压、密度等的关系。赵晓菊等[11]对粗粒土的颗粒破碎问题进行了研究，颗粒破碎率随着围压的增大而增大，认为在应力较高时，颗粒间的接触应力、咬合力等增大，而细颗粒含量多的粗粒土中，细颗粒能够完全填充于试样孔隙中，导致其内部由细颗粒和粗颗粒共同承担，接触面积增大，接触应力减小，最终颗粒破碎率减小；而细颗粒含量少的土料中，粗颗粒间的接触应力逐步增大，颗粒棱角破碎严重，其颗粒破碎率比细颗粒含量多的试样大。

刘汉龙等[12]对江苏宜兴抽水蓄能电站筑坝堆石料进行了颗粒破碎试验研究，认为颗粒破碎率与围压呈双曲线关系。这种双曲线关系描述了在高围压情况下，颗粒破碎率随着围压的增大呈现平缓增加的变化趋势，其增加幅度减小速度比幂函数快，但在低围压情况下，这两种函数关系的变化趋势基本一致。刘汉龙等研究的试验围压达到 2500kPa，而本章试验压力仅 1600kPa，高围压下可能出现差异，这也是基本合理的。

从表 4.7 可以看出，拟合参数 a_{B_g} 和 b_{B_g} 均随着泥岩颗粒含量的增大而增大。采用线性关系拟合参数 a_{B_g} 和 b_{B_g} 与泥岩颗粒含量 M 的关系，如图 4.21 所示，拟合关系式为

$$a_{B_g}=c_1M+d_1,\quad R^2=0.96 \tag{4.17}$$

$$b_{B_g}=c_2M+d_2,\quad R^2=0.91 \tag{4.18}$$

式中，c_1、d_1、c_2、d_2 为拟合参数，分别取为 0.027、2.577、0.002 和 0.372。

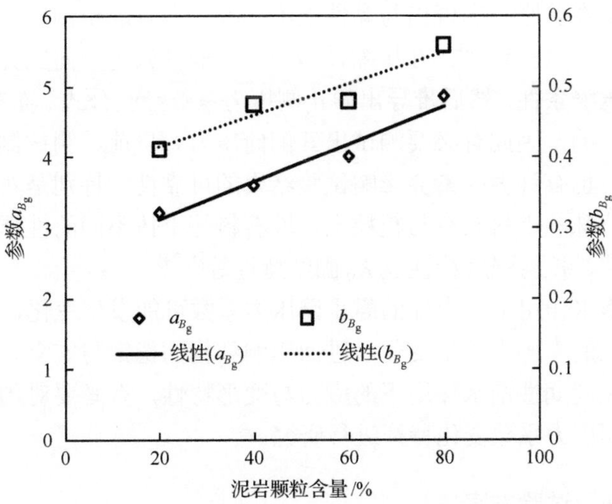

图 4.21　拟合参数 a_{B_g} 和 b_{B_g} 与泥岩颗粒含量的关系

将式(4.17)和式(4.18)代入式(4.16)，可得颗粒破碎率与泥岩颗粒含量的关系，即

$$B_g = (c_1 M + d_1)\left(\frac{\sigma_1}{P_a}\right)^{c_2 M + d_2} \tag{4.19}$$

4.2　静止侧压力系数

静止侧压力系数 K_0 在岩土工程变形计算中逐步受到重视，如边坡、挡土墙的土压力、基坑隆起变形、桩身侧摩阻力、深厚覆盖层的变形、土石坝施工期的地应力场及变形计算等[13]均需要测得准确的 K_0 值。黏土及砂土的静止侧压力系数研究成果丰硕[14]，但对于粗粒土的静止侧压力系数研究尚处于探索阶段[15]。

土体静止侧压力系数与许多土体本身的强度参数有关，而强度参数又与土颗粒形状、土体颗粒级配曲线、密实度、含水率、应力水平及大粒径颗粒含量等有关[16]。从已有的研究成果上看，至少有以下几种因素对土体静止侧压力系数影响较大：土体类型[17]、固结程度和状态[18]、应力状态[19]、孔隙水压力[20]、颗粒形状[21]。

文献[22]在研究深厚覆盖层土石坝应力-变形分析中提出，深厚覆盖层地基是处于 K_0 固结状态的，其固结条件对土石坝应力和变形的影响不可忽略，并对双江口坝基覆盖层三种不同的砂卵石料进行了 K_0 固结的三轴剪切试验，将试验结果与前人研究成果进行对比，认为现有的剪胀方程并不适合粗粒土的剪胀特性，基于试验结果提出了一个新的剪胀方程，并对其合理性进行了检验。对于粗粒土的 K_0

固结特征，不仅在剪胀上表现出与黏性土不一致，而且静止侧压力系数的计算方法也与黏性土有明显差异[23]。在压缩试验中，一般都假定轴向应力和孔隙水压力维持为一维的压缩条件，然后推导出静止侧压力系数经验公式。而在固结试验中，侧向是被限制住的，因此有必要测试出其侧向压力。目前，测试侧向压力主要是通过固结试验，也有许多因素会影响试验结果的可靠性，特别是对于砂泥岩颗粒混合料，这种特殊的土料具有与粗粒土、堆石料等土体不同的性质，如颗粒破碎性质、渗透特性、抗剪强度特性及 K_0 固结特性等[1, 24]。

在周期性饱水作用下，土体的静止侧压力系数可能发生变化，这可能引起作用于护岸挡墙上的土压力发生变化，进而影响结构的稳定与安全。为了能够科学评价库岸土体在周期性饱水作用下的应力与变形特性，有必要对周期性饱水作用下的土体静止侧压力系数变化特征进行研究。

4.2.1 试验方法及试验方案

土体的静止侧压力系数的确定方法目前主要分为直接法和间接法[25]。直接法即通过试验的方式测试试样的土压力值，进而通过公式计算得到试样的静止侧压力系数；间接法则是通过大量的试验数据，总结归纳与静止侧压力系数有关的参数，如塑性指数、泊松比、有效内摩擦角、超固结比等。在没有试验资料和相关参考资料的情况下，土体静止侧压力系数常常采用经验值或经验公式进行计算。在实际工程中，由于受土体的物理化学性质、应力历史及应力状态等因素的影响，由经验公式计算得到的值并不准确。因此，采用试验的方法测定土体静止侧压力系数更具可靠性。

试验方法分为室内试验法和原位试验法。室内试验法由于操作简单、测试方便，一般优先考虑，主要有压缩仪法和三轴仪法。但是对于粗颗粒较大的试样，一般选择现场试验进行测试，主要有扁铲侧胀试验、原位应力铲试验、旁压试验和载荷试验等。尽管计算静止侧压力系数的方法很多，且各有优缺点，但这些方法大都是计算土体在某级荷载作用下变形稳定后的静止侧压力系数值，而对土体变形过程中静止侧压力系数值的探讨较少，要获得周期性饱水作用下试样静止侧压力系数的变化规律，室内试验是较为方便、有效的途径。

1. 试验仪器

传统的试验方法存在以下不足：

(1) 由于侧压力仪容器尺寸的限制，只适用于颗粒粒径较小的土体。

(2) 试验过程中，土体在饱水状态下进行固结，无法测得土体在周期性饱水作用下固结的静止侧压力系数。

(3) 试验中需先对环刀中试样进行饱水，再将饱水试样从环刀推入侧压力仪容器内，在饱水状态下容易变形，因此试样的扰动较大。

周期性饱水作用下，库岸土体的固结规律不同于普通饱水状态下的土体固结，如果利用传统方法进行测量，无法测定周期性饱水作用下的土体静止侧压力系数值。

鉴于此，采用自行研制的土体周期性饱水静止侧压力系数试验仪器，该仪器由压力室、反力架、轴力加载系统、测试条件保障系统、数据采集系统等组成，具体构造如图 4.22 所示。

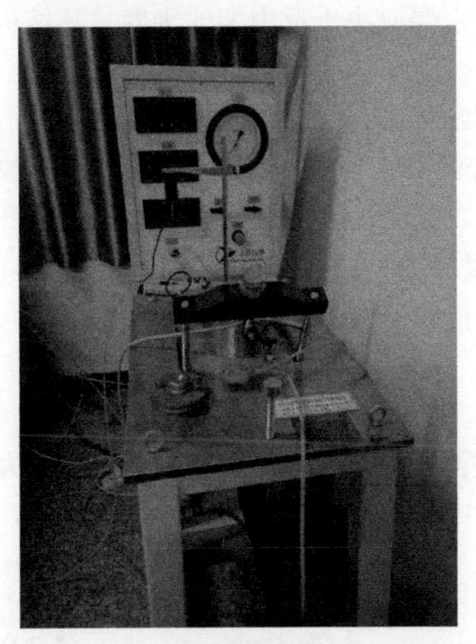

(a) 试验仪器实物图

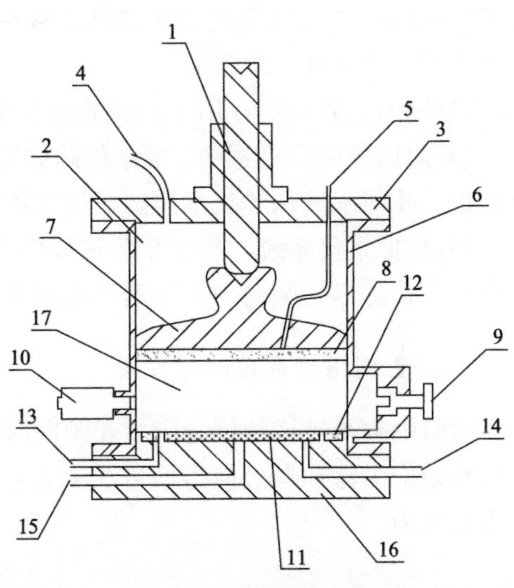

(b) 压力室部分的结构示意图

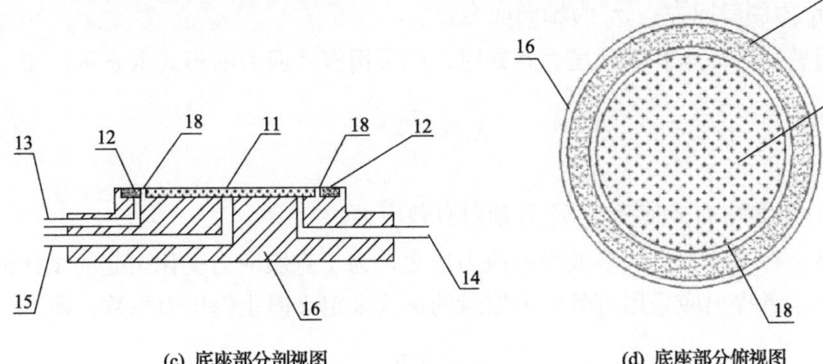

(c) 底座部分剖视图　　(d) 底座部分俯视图

图 4.22　试验仪器构造

1.轴向加荷系统；2.压力室；3.顶盖；4.压力室顶部进出气系统；5.压力室顶部进水系统；6.压力室圆筒；7.试样加载板；8.试样顶部透水石；9.土压力传感系统；10.水压力传感系统；11.陶土板；12.环形透水石；13.透水石底侧进出水系统；14.陶土板气压控制调节系统；15.陶土板底侧进出水系统；16.底座；17.试样；18.隔离带

该静止侧压力系数试验仪器及试验方法已获得国家发明专利授权[26]，主要构成如下：

(1) 压力室。用于盛装试样，是整个装置系统的核心部件，具备试样测试和试验环境条件的保持功能，其结构包括底板、陶土板、陶土板压圈、环形透水石、顶部透水石、上下进水口、排气孔阀、排水孔、传力压盖、压力室壁筒、压力室顶盖、直线轴承座、中心杆、侧向力传感器、侧向压力传感器、排气帽等。

(2) 反力架。用于支撑整个装置系统，是测试过程中轴向力的主要承载体，测试过程中轴向力的稳定施加和轴向位移的确定主要取决于反力架的刚度，其结构包括基架、侧立杆、顶横梁。

(3) 轴力加载系统。用于向试验过程中提供均衡稳定可控制的轴向加载力。

(4) 测试条件保障系统。用于保障装置系统的测试条件，包括高强度精密螺纹丝杠机、孔隙水滚珠丝杠水压缸、气压控制器、控制程序等。

(5) 数据采集系统。用于采集试验中需要采集的数据，包括轴力测量传感器、位移轴向传感器、侧向力传感器、孔隙水压力传感器等。

2. 静止侧压力系数计算方法

试验中测得试样的侧向应力和轴向应力，静止侧压力系数 K_0 可以采用总应力法、有效应力法和有效应力增量法来表示。其中，总应力法是由太沙基提出的，计算公式为

$$K_0 = \frac{\sigma_h}{\sigma_v} \tag{4.20}$$

式中，σ_h 为侧向应力；σ_v 为轴向应力。

毕肖普认为，当孔隙水压力存在时，应采用有效应力的形式来表示，即

$$K_0 = \frac{\sigma_h'}{\sigma_v'} \tag{4.21}$$

式中，σ_h' 为侧向有效应力；σ_v' 为轴向有效应力。

任何一种土体都有或多或少的应力历史，为了克服应力变化引起的试样侧向变形，有学者提出应采用有效应力增量的形式来定义静止侧压力系数，即

$$K_0 = \frac{\Delta\sigma_h'}{\Delta\sigma_v'} \tag{4.22}$$

式中，$\Delta\sigma_h'$ 为侧向有效应力增量；$\Delta\sigma_v'$ 为轴向有效应力增量。

综上所述，总应力法和有效应力法均可以直接测出任何状态下土体的静止侧压力系数，而在轴向应力和侧向应力同时发生变化时，有效应力增量法则可以有

效测得其静止侧压力系数。在常规侧压力系数试验中，以轴向应力为横坐标、侧向应力为纵坐标做出曲线，曲线的斜率即为该试样的静止侧压力系数。

3. 试验方案

K_0固结试验的试样尺寸与流变试验一致，直径为 100mm，高度为 30mm，试样干密度取 1.80g/cm^3，含水率为 8%；试验土料最大颗粒粒径为 5mm，平均粒径 d_{50}=0.83mm，不均匀系数为 25.56，曲率系数为 1.16，泥岩颗粒含量为 20%，颗粒级配曲线见图 4.4 或表 4.1。

为研究周期性饱水作用对砂泥岩颗粒混合料静止侧压力系数的影响，考虑了不同轴向应力作用、不同循环次数等因素，试验方案如表 4.8 所示。

表 4.8　静止侧压力系数试验方案

试验方案编号	轴向应力/kPa	轴向应力与大气压之比	循环次数
1	50	0.5	1～20
2	100	1	1～20
3	200	2	1～20
4	400	4	1～20
5	800	8	1～20
6	1200	12	1～20
7	1600	16	1～20

试验时，首先对砂泥岩颗粒混合料试样按快速固结方法加载至试验方案预定的轴向应力水平，待试样达到变形稳定，试验前先对试样进行一次周期性饱水，目的在于扣除其湿化变形。将试样静置一段时间，当变形速率不超过 0.005mm/h 时，认为达到稳定状态，进而开始周期性饱水试验。

4.2.2　试验结果及分析

1) 快速固结试验静止侧压力系数

在标准固结试验中，规范中要求每级应力的稳定标准时间为 24h，周期非常长，现有试验仪器很难完成。在现实工程中，快速固结试验法运用非常广泛，克服了标准固结试验中试验时间较长的缺点，其规定在各级荷载下固结时间为 1h，在加载完成后应测量并记录 1h 内的变形数据，认为试验稳定标准为变形速率不超过 0.005mm/h。试验结果表明，快速固结方法测出的结果能满足工程需要，极大地提高了试验效率。

图 4.23～图 4.26 分别给出了加载至 400kPa、800kPa、1200kPa 及 1600kPa 的试验曲线。

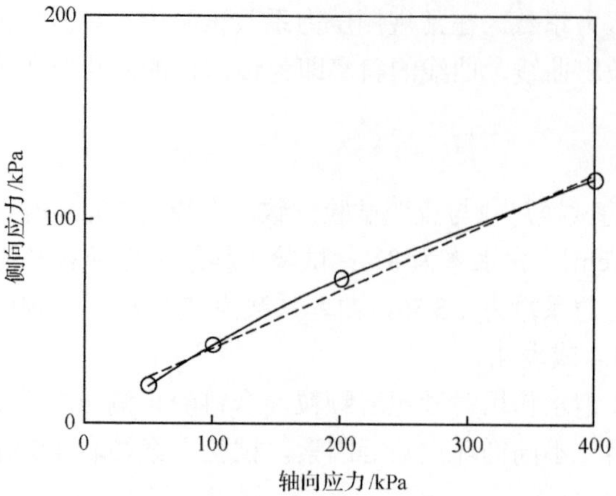

图 4.23　轴向应力-侧向应力关系曲线(最大轴向应力 400kPa，有效应力增量法)

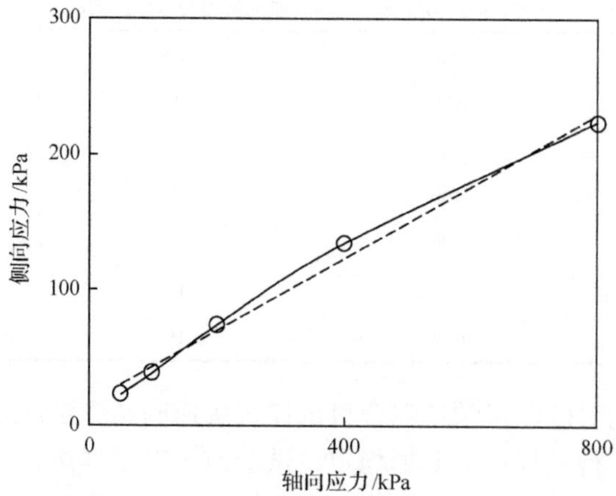

图 4.24　轴向应力-侧向应力关系曲线(最大轴向应力 800kPa，有效应力增量法)

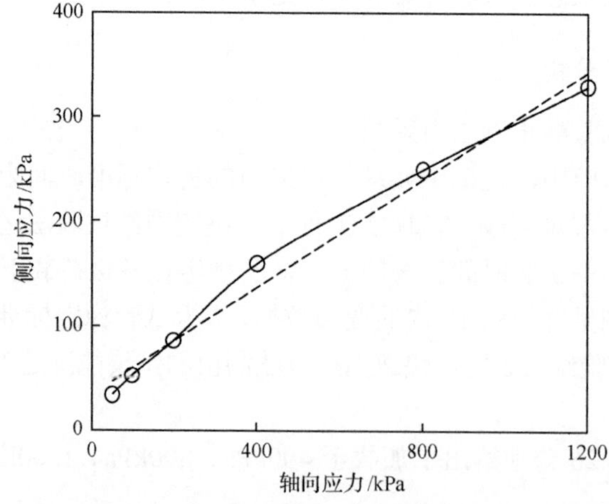

图 4.25　轴向应力-侧向应力关系曲线(最大轴向应力 1200kPa，有效应力增量法)

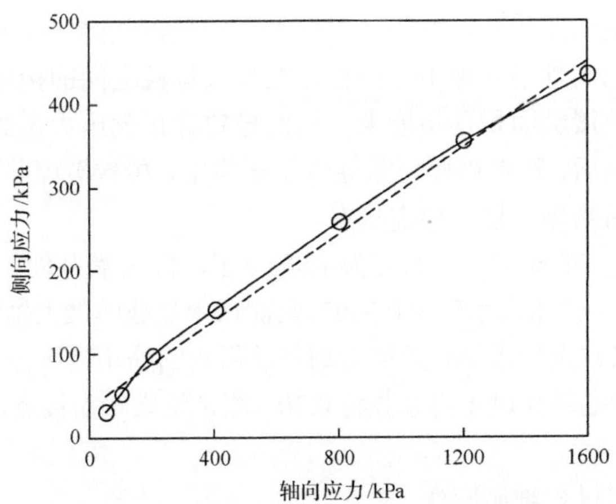

图 4.26　轴向应力-侧向应力关系曲线(最大轴向应力 1600kPa，有效应力增量法)

从图 4.23～图 4.26 可以看出，轴向应力-侧向应力关系曲线均有一定程度的弯曲，曲线的斜率逐渐减小，说明在加载过程中静止侧压力系数并不是一个常数。在不同轴向应力作用下，静止侧压力系数会发生改变，轴向应力越大，静止侧压力系数越小。

根据有效应力增量法，可通过曲线拟合得到线性关系式，四种不同轴向应力作用下的静止侧压力系数分别为 0.286、0.266、0.258、0.258，相差较小。

采用总应力法，可得到任意荷载作用下的静止侧压力系数。图 4.27 为不同轴向应力作用下的静止侧压力系数。

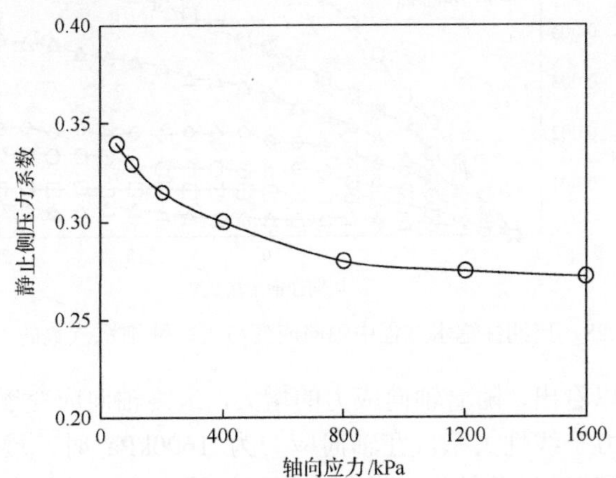

图 4.27　不同轴向应力作用下的静止侧压力系数(总应力法)

从图 4.27 可以看出，随轴向应力的增大，静止侧压力系数逐渐变小，最终趋于一个定值 0.27，总体数值在 0.272～0.34。说明轴向应力对静止侧压力系数会产生影响，因此可认为，位于不同深度的土体静止侧压力系数并不是定值。这可能是砂泥岩颗粒混合料的颗粒之间组成的骨架作用，这种骨架作用在应力作用下与其颗粒排列有一定的关系。在大的应力水平下，颗粒破碎比较严重，大颗粒破碎成小颗粒逐步填充到骨架孔隙中，而小颗粒与大颗粒之间的接触增加，使得与侧向应力测试系统的接触面积逐步增大，从而导致静止侧压力系数逐步减小。在应力水平达到一定值后，颗粒破碎现象逐步趋于稳定，颗粒破碎并不会无限制增长，使得静止侧压力系数逐步趋于稳定状态。

根据 Wang 等[27]的研究，干密度为 1.80g/cm^3，含水率为 8%，且砂、泥岩颗粒比例为 8∶2 时，静止侧压力系数为 0.3397，其测试中加载的最大轴向应力为 400kPa。对照本章试验结果，发现采用有效应力增量法得到的静止侧压力系数为 0.286，而采用总应力法得到的静止侧压力系数为 0.30，测试结果较为接近，可以验证本章试验结果基本合理。

2) 周期性饱水过程轴向应变

图 4.28 为在 7 种不同轴向应力条件下周期性饱水过程中轴向应变与周期性饱水次数的关系。可以看出，试样的轴向应变随周期性饱水次数的增加逐渐增加，试验前期，轴向应变增速较快，随着周期性饱水次数的逐渐增加，轴向应变增速逐渐变缓，最终趋于平稳。

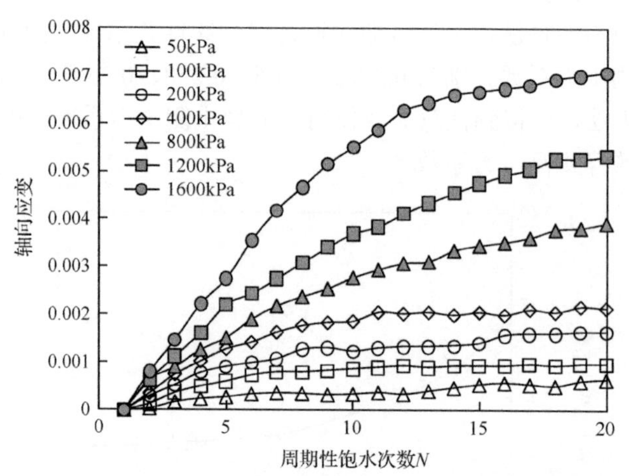

图 4.28　周期性饱水过程中轴向应变与周期性饱水次数的关系

从图 4.29 可以看出，随着轴向应力的增大，最终轴向应变逐渐增大，最终轴向应变与轴向应力呈线性关系。在轴向应力为 1600kPa 时，最终轴向应变达到 0.0073。对比前面流变试验结果，发现在周期性饱水引起的轴向应变大于流变引起的轴向应变。

3) 周期性饱水过程静止侧压力系数

在周期性饱水作用下，试样的轴向应力加载至试验方案设计值后即进行周期性饱水过程，在试验过程中轴向应力并未发生改变。采用式(4.21)对各时刻的静止侧压力系数进行计算，即在每次周期性饱水后进行侧向应力读数，然后与此时的轴向应力一起计算静止侧压力系数。表 4.9 为静止侧压力系数试验结果。

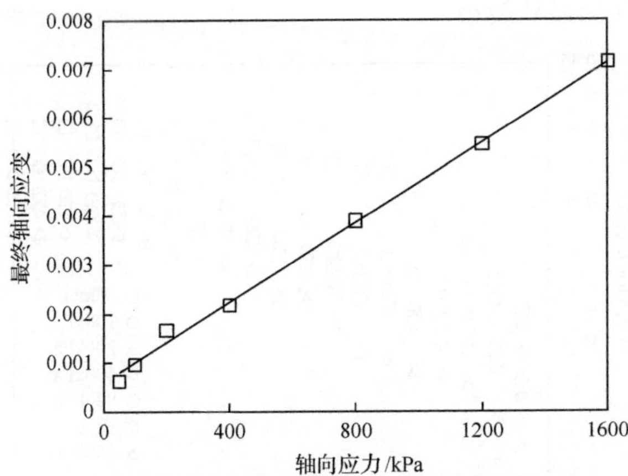

图 4.29　最终轴向应变与轴向应力的关系

表 4.9　静止侧压力系数试验结果

周期性饱水次数	不同轴向应力下的静止侧压力系数						
	50kPa	100kPa	200kPa	400kPa	800kPa	1200kPa	1600kPa
1	0.36	0.36	0.36	0.35	0.34	0.33	0.31
2	0.37	0.36	0.36	0.35	0.35	0.34	0.32
3	0.38	0.37	0.36	0.35	0.35	0.35	0.33
4	0.39	0.37	0.36	0.35	0.36	0.35	0.34
5	0.41	0.37	0.36	0.36	0.36	0.36	0.34
6	0.41	0.38	0.37	0.37	0.36	0.36	0.34
7	0.41	0.38	0.38	0.38	0.37	0.37	0.35
8	0.41	0.38	0.38	0.38	0.38	0.37	0.36
9	0.41	0.39	0.38	0.38	0.38	0.37	0.37
10	0.42	0.41	0.38	0.39	0.38	0.38	0.37
11	0.42	0.41	0.39	0.39	0.39	0.39	0.38
12	0.42	0.41	0.40	0.39	0.39	0.39	0.38
13	0.42	0.41	0.41	0.39	0.39	0.39	0.38
14	0.43	0.42	0.41	0.39	0.40	0.40	0.38
15	0.43	0.41	0.41	0.40	0.40	0.40	0.39
16	0.43	0.41	0.41	0.40	0.40	0.40	0.39
17	0.43	0.42	0.41	0.40	0.40	0.40	0.39
18	0.43	0.42	0.41	0.40	0.40	0.40	0.39
19	0.43	0.41	0.41	0.40	0.40	0.40	0.39
20	0.43	0.42	0.41	0.40	0.40	0.40	0.39

图 4.30 为不同轴向应力下静止侧压力系数与周期性饱水次数的关系。可以看出，在经过周期性饱水作用后，静止侧压力系数变大。在不同的轴向应力下，随

着周期性饱水次数的增加，静止侧压力系数均先增大后趋于稳定。此外，轴向应力越大，静止侧压力系数越小。

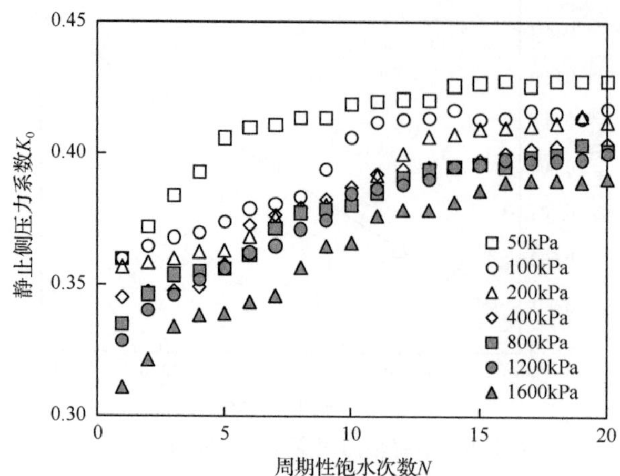

图 4.30　静止侧压力系数与周期性饱水次数的关系

在周期性饱水作用下，当轴向应力为 50kPa 时，试样的静止侧压力系数变化范围为 0.36～0.43；当轴向应力为 100kPa 时，静止侧压力系数变化范围为 0.36～0.42；当轴向应力为 200kPa 时，静止侧压力系数变化范围为 0.36～0.41；当轴向应力为 400kPa 时，静止侧压力系数变化范围为 0.35～0.40；当轴向应力为 800kPa 时，静止侧压力系数变化范围为 0.34～0.40；当轴向应力为 1200kPa 时，静止侧压力系数变化范围为 0.33～0.40；当轴向应力为 1600kPa 时，静止侧压力系数变化范围为 0.31～0.39。因此，静止侧压力系数的平均变化幅度在 0.06 左右。

根据图 4.30 中散点的分布规律，采用对数函数拟合静止侧压力系数与周期性饱水次数的关系，拟合公式为

$$K_0^N = a_{K_0} \ln N + b_{K_0} \tag{4.23}$$

式中，N 为周期性饱水次数；K_0^N 为 N 次周期性饱水作用下的静止侧压力系数；a_{K_0} 和 b_{K_0} 分别为拟合参数。

各轴向应力水平下的拟合参数如表 4.10 所示。R^2 都大于 0.83，拟合程度较好。

表 4.10　静止侧压力系数试验拟合参数

轴向应力/kPa	a_{K_0}	b_{K_0}	R^2	轴向应力/kPa	a_{K_0}	b_{K_0}	R^2
50	0.0239	0.3612	0.9708	800	0.0251	0.3257	0.9662
100	0.0242	0.345	0.8710	1200	0.0268	0.3197	0.9624
200	0.0242	0.3367	0.8325	1600	0.0304	0.2994	0.9463
400	0.0249	0.3287	0.9158				

从表 4.10 可以看出，拟合参数 a_{K_0}、b_{K_0} 均随轴向应力的改变而改变，可近似用线性关系进行拟合，即

$$a_{K_0}=0.0004\frac{\sigma_1}{P_a}+0.0234 \tag{4.24}$$

$$b_{K_0}=-0.003\frac{\sigma_1}{P_a}+0.3497 \tag{4.25}$$

拟合参数 a_{K_0} 和 b_{K_0} 与轴向应力的关系如图 4.31 和图 4.32 所示。可以看出，拟合参数 a_{K_0}、b_{K_0} 与轴向应力拟合程度较好。

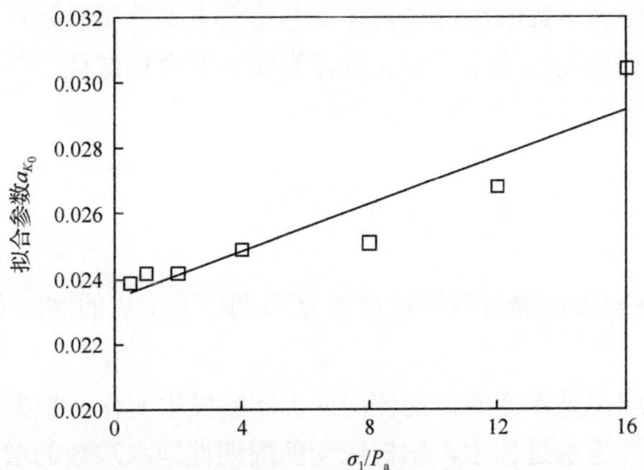

图 4.31　拟合参数 a_{K_0} 与轴向应力的关系

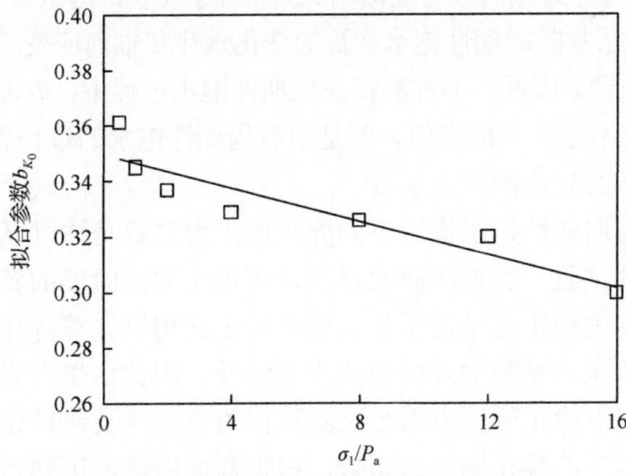

图 4.32　拟合参数 b_{K_0} 与轴向应力的关系

将式(4.24)和式(4.25)代入式(4.23)，可得周期性饱水作用下不同轴向应力的静止侧压力系数的经验公式，即

$$K_0^N = \left(0.0004\frac{\sigma_1}{P_a} + 0.0234\right)\ln N - 0.003\frac{\sigma_1}{P_a} + 0.3497 \tag{4.26}$$

标准形式为

$$K_0^N = \left(m\frac{\sigma}{P_a} + n\right)\ln N + \alpha\frac{\sigma}{P_a} + \beta \tag{4.27}$$

式中，m、n、α 和 β 为模型参数，可通过试验结果拟合得到。

4.2.3　静止侧压力系数计算方法的讨论

试验研究侧压力系数的关键是其计算方法[28]。本章试验是在快速固结试验基础上，对试样进行周期性饱水。定义砂泥岩颗粒混合料试样在任意时刻的静止侧压力系数为

$$K_0^N = \frac{\sigma_3^N}{\sigma_1} \tag{4.28}$$

式中，σ_3^N 为砂泥岩颗粒混合料经过第 N 次周期性饱水后的侧向应力，kPa；σ_1 为轴向应力，kPa。

其中，轴向应力是不变的，而侧向应力不断发生变化。根据前面轴向应变结果可知，在周期性饱水过程中，轴向应变随周期性饱水次数的增加呈对数增大的趋势，最终趋于稳定，即说明试样在逐渐发生变形。由于试样的侧向是完全约束的，试样发生变形后导致侧向应力逐渐增大，进而导致静止侧压力系数也随之增大。此外，静止侧压力系数随周期性饱水次数的变化规律和轴向应变随周期性饱水次数的变化规律基本一致。因此，不难解释在周期性饱水过程中，砂泥岩颗粒混合料的静止侧压力系数并不是一个恒定值，而是随着周期性饱水的过程逐步增大。

1) 常规状态下的静止侧压力系数

常规状态下与周期性饱水作用下的静止侧压力系数是通过试验测定的，但是此试验并不是常规试验，类似的研究很少，可用于对比验证的资料数据较少。前人在砂土和黏土的试验中总结出了相关的经验公式用以计算静止侧压力系数，对于粗粒土的静止侧压力系数的经验公式少有涉及，因此这里着重分析常规状态下和周期性饱水作用下静止侧压力系数试验数据的合理性及计算经验公式。

对于常规状态下的静止侧压力系数，根据前面所述，可知本章测试值基本合理。邱珍锋等[29]对砂泥岩颗粒混合料的强度及变形进行了大量的试验，可以得到不同应力水平下非线性抗剪强度指标中的有效内摩擦角。然而，有效内摩擦角是三轴压缩试验得出的结果，不同围压对应的测试数据有所差异，而本章是单轴侧

限压缩试验得出的结果，轴向应力对应的静止侧压力系数也有所不同。因此，为了使有效内摩擦角和静止侧压力系数相匹配，取围压 100kPa、200kPa 和 400kPa 下的有效内摩擦角测试值(53.64°、50.98°、48.80°)对应轴向应力 100kPa、200kPa 和 400kPa 下的静止侧压力系数(0.33、0.32、0.30)。

Jâky[30]提出的公式最为简单，只需要有效内摩擦角即可计算出静止侧压力系数。而 Abdelhamid 等[31]、Mesri 等[32]、Simpson[33]和 Federico 等[34]的经验公式需要建立在 Terzaghi 等[35]提出的激发角的基础上，通过激发角和有效内摩擦角的经验关系，进而求得静止侧压力系数。

采用上述学者的经验公式，计算得到了不同的静止侧压力系数值，如表 4.11 所示。可以看出，Jâky、Abdelhamid 等经验公式计算的值较小，均不适合砂泥岩颗粒混合料。Mesri 等、Simpson、Federico 等经验公式计算的值逐渐增大，较为相近。总体而言，Federico 等经验公式更适用于砂泥岩颗粒混合料。

表 4.11　不同经验公式计算的静止侧压力系数

轴向应力/kPa	本章试验	Jâky[30]	Abdelhamid 等[31]	Mesri 等[32]	Simpson[33]	Federico 等[34]
100	0.33	0.19	0.12	0.26	0.27	0.28
200	0.32	0.22	0.15	0.28	0.29	0.30
400	0.30	0.25	0.17	0.30	0.31	0.32

结合表 4.11 可以看出，本章试验得到的静止侧压力系数随着轴向应力的增大而逐渐降低；而基于经验公式，随着围压的增大，有效内摩擦角逐渐减小，使得公式计算得出的静止侧压力系数逐渐增大。二者完全相反。在轴向应力(围压)越大时，试验测得的静止侧压力系数越小，而经验公式计算得到的静止侧压力系数越大，经验公式准确度更低。认为土体的各个参数随围压会发生差异，导致经验公式估算的结果并不准确，对于表层土体，采用经验公式计算的静止侧压力系数与试验值更为接近，就目前而言，采用 Federio 等经验公式结合 Terzaghi 公式的经验算法对表层或覆盖层土体静止侧压力系数的估算是基本合理的。

然而，这其中也存在由于侧限压缩试验与三轴压缩试验中试样密度不同的变化而产生的差别，在侧限压缩试验中，试样密度随着压力的增加而逐步增加，而三轴压缩试验中并非如此，试样可能会发生剪胀作用而使得总体密度下降，从而导致本章采用三轴压缩试验结果用于经验公式中计算得到的静止侧向压力系数偏小。

2) 周期性饱水作用下的静止侧压力系数

在周期性饱水作用下，随着周期性饱水次数的增加，不同轴向应力下的静止侧压力系数试验值均逐渐增大，呈对数增大趋势。从表 4.10 的拟合参数可以看出，轴向应力越大，静止侧压力系数随周期性饱水次数增加的速度就越快，在高轴向应力下，静止侧压力系数变化较为显著，变化幅度在 0.1 左右。根据试验拟合公式，可以得到不同周期性饱水次数下的静止侧压力系数。结合邱珍锋等[29]的研究，随着周期性饱水次数的增加，有效内摩擦角逐渐减小，则静止侧压力系数逐渐增大，与试验规律大致相同。因此，采用有效内摩擦角随周期性饱水次数变化的拟合公式：

$$\varphi_N' = -1.036\ln(N+1) + 57.91 - \left[-1.713\ln^2(N+1) + 4.597\ln(N+1) + 10.05\right]\lg\frac{\sigma_3}{P_a} \tag{4.29}$$

式中，φ_N' 为砂泥岩颗粒混合料经过第 N 次周期性饱水后的有效内摩擦角，°。

依据 Terzaghi 等[35]的研究，静止侧压力系数可通过莫尔圆分析得到，即

$$K_0 = \frac{1-\sin\varphi_{\text{mb}}'}{1+\sin\varphi_{\text{mb}}'} \tag{4.30}$$

式中，φ_{mb}' 为有效内摩擦角。

式(4.29)代入式(4.30)，得到

$$K_0^N = \frac{1-\sin\left\{-0.663\ln(N+1)+37.062-\left[-1.096\ln^2(N+1)+2.942\ln(N+1)+6.432\right]\lg\frac{\sigma_3}{P_a}\right\}}{1+\sin\left\{-0.663\ln(N+1)+37.062-\left[-1.096\ln^2(N+1)+2.942\ln(N+1)+6.432\right]\lg\frac{\sigma_3}{P_a}\right\}} \tag{4.31}$$

根据上述公式，可得出间接计算法计算的静止侧压力系数，如表 4.12 和图 4.33 所示。为便于分析，表中同时给出了本章试验(即直接测试法)结果。

表 4.12 两种方法得出的静止侧压力系数

周期性饱水次数	不同围压下的静止侧压力系数(间接计算法)			不同轴向压力下的静止侧压力系数(直接测试法)		
	100kPa	200kPa	400kPa	100kPa	200kPa	400kPa
1	0.25	0.28	0.31	0.36	0.36	0.35
5	0.30	0.29	0.32	0.37	0.36	0.36
10	0.33	0.29	0.32	0.41	0.38	0.39
15	0.34	0.29	0.31	0.41	0.41	0.40
20	0.35	0.29	0.31	0.42	0.41	0.40

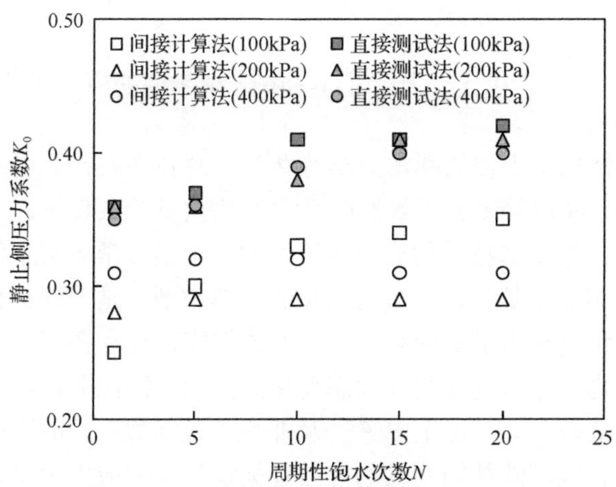

图 4.33　两种方法得出的静止侧压力系数

从图 4.33 可以看出，直接测试法得到的静止侧压力系数随周期性饱水次数的增大而增大，而间接计算法得到的值有所差异，在高围压下，静止侧压力系数随周期性饱水次数的变化不明显。

两种方法得到的数据存在明显差异，直接法的实测值均大于间接法的计算值，产生这种差异的原因有以下几种可能：①三轴压缩试验和 K_0 固结试验原理的差异及试样的尺寸效应；②Federico 等经验公式[34]原本就是针对压缩性黏土总结出来的，不一定适用于砂泥岩颗粒混合料。

根据 Wang 等[27]的测试数据，当砂岩颗粒与泥岩颗粒的比值为 8∶2 且含水率为 8%时，未进行周期性饱水作用的砂泥岩颗粒混合料的静止侧压力系数约为 0.286。因此，认为采用间接计算法得到的结果偏低，采用直接测试法得到的结果更为合理。

纠永志等[36]对 K_0 的试验和估算公式进行了探讨[36]，但基本上是针对砂土、黏土等，对砂泥岩颗粒混合料的研究较为罕见，且周期性饱水对其静止侧压力系数的影响也难以找到试验对照。

将试验结果与部分学者推荐的公式的计算结果进行了对比分析，认为现有的静止侧压力系数的估算公式能够估算常规状态下砂泥岩颗粒混合料的静止侧压力系数，而对于砂泥岩颗粒混合料在周期性饱水过程中的静止侧压力系数计算值偏小。在涉水填方工程及库岸工程中，涉水填方工程的填料经过周期性饱水作用后，静止侧压力系数不断增大，在土压力计算中会产生一定的影响，试验结果表明，周期性饱水会使静止侧压力系数增大，增大幅度在 0.1 左右，也就是说，对于 10m 深的土层(容重为 20kN/m^3)，其总静止侧压力的误差为 100kN。因此，对于周期性饱水过程中砂泥岩颗粒混合料的静止侧压力系数的估算还需要进一步的探讨，目前建议采用直接测试法。

4.3 单向压缩变形特性

压缩变形特性也是土体的基本力学特性[37]，总体而言，其受土体类型、含水率、土体结构和密实度等多种因素影响[38]。在室内试验条件下，一维侧限压缩试验[39]是研究土体压缩变形特性的有效手段，因而被很多学者用于研究土体的压缩变形特性[40]。非饱和土是工程中最为常见的土体类型，是一种三相的多孔松散介质。三相之间不仅具有力学效应复杂多变的收缩膜，还存在固、液与气、固之间的电化学作用与物理作用及其物理性态变化的影响，因此非饱和土的力学特性通常比饱和土要复杂得多[41]。邵生俊等[42]从非饱和土客观存在的固结变形变化及固结变形稳定时固、气、液共同构成的等效骨架承担压缩应力出发，通过压缩、固结试验揭示了非饱和土固结过程的等效骨架相应力与等效流体相应力的变化规律、瞬时压缩变形特性及等效固结系数，将复杂的非饱和土固结问题简化成较为简单的两相耦合作用问题，在此基础上对非饱和土建立了一种实用的一维等效固结分析方法。非饱和土遇水后由于水的作用而发生的附加变形称为湿化变形。湿化变形的概念源于土石坝等水利工程中，指粗粒料在一定应力状态下浸水，由于颗粒之间受水的润滑作用及矿物颗粒遇水会软化等原因，颗粒会发生相互滑移、破碎与重新排列，从而产生变形，并且使土体中应力出现重分布的现象[43]。土体在湿化作用下，其变形、强度等特性可能会发生显著变化[44]。

4.3.1 试验方法及试验方案

周期性饱水试验的轴向应力分为 7 级加载，即 50kPa、100kPa、200kPa、400kPa、800kPa、1200kPa 和 1600kPa，固结过程中保持试样下部的排水阀打开，进行排水固结。在 100kPa 及更高的轴向应力时，对其进行分步加载，直至加载到目标值。每级荷载施加 1h 后读取轴向变形值，最后一级荷载除需读取加载 1h 后的轴向变形值，还要读取变形稳定时的轴向变形值，直到变形稳定为止(试样变形变化速率不大于 0.005mm/h)。为了消除流变的影响，扣除流变变形，统一采用静置 24h 为试样变形稳定标准，待变形稳定后才能开始后续的周期性饱水压缩试验。

试验土料与前面流变试验一致，试验方案如表 4.13 所示。

表 4.13 周期性饱水压缩试验方案

序号	轴向应力/kPa	试样个数	序号	轴向应力/kPa	试样个数
1	50	3	5	800	3
2	100	3	6	1200	3
3	200	3	7	1600	3
4	400	3			

4.3.2　试验结果及分析

对泥岩颗粒含量为 20%的砂泥岩颗粒混合料进行了不同轴向应力下的周期性饱水压缩试验，饱水次数为 20 次。每次试验均采用 3 个相同的试样进行平行试验，将试验误差较大的结果剔除，对其余的试验结果取平均值，得到不同轴向应力下的砂泥岩颗粒混合料周期性饱水变形(已经扣除了初始流变的影响)，结果如图 4.34 所示。

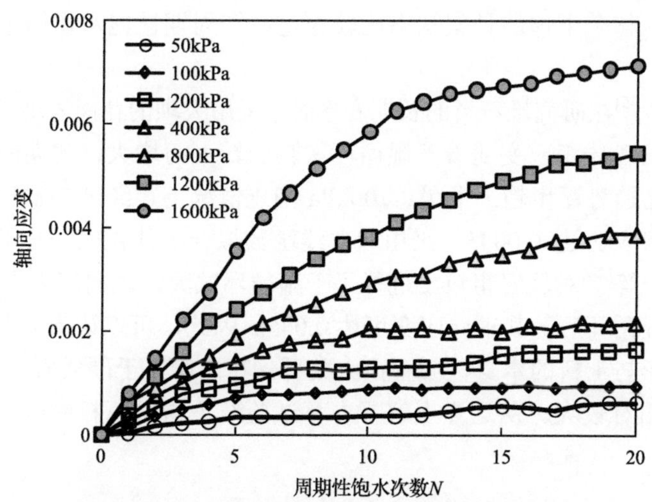

图 4.34　周期性饱水轴向应变与周期性饱水次数的关系

从图 4.34 可以看出，周期性饱水所产生的轴向应变与周期性饱水次数和轴向应力存在一定的关系。在相同周期性饱水次数下，随着轴向应力的增大，周期性饱水轴向应变也越大；在某级轴向应力下，周期性饱水轴向应变随着饱水次数的增大而呈现先增长后趋于平缓的趋势，从图 4.34 中 800kPa、1200kPa 和 1600kPa 的三条曲线可以看出，随着轴向应力的增大，应变趋于稳定所需要的周期性饱水次数越少。这就说明在填方工程中，底部的砂泥岩颗粒混合料填方体更容易在前几次周期性饱水内达到变形稳定状态，而上部的填方体达到变形稳定状态所需要的时间较长，这也使砂泥岩颗粒混合料填方工程中的工后沉降变形计算变得复杂。

通过周期性饱水对砂泥岩颗粒混合料的劣化机理可知，环境因素对砂泥岩颗粒混合料产生风化作用。堆石料、碎石料、粗粒土等在周期性饱水过程中也会产生风化，这种风化变形也是不可忽略的。张丙印等[6]在研究堆石料的干湿循环劣化变形中，提出了劣化应变包括湿化应变、干湿循环劣化应变及颗粒破碎产生的应变等。湿冷-干热循环试验中，在轴向应力为 1400kPa 时，堆石料经历 70 次湿冷-干热循环后的轴向应变可达到 0.078，经历 20 次循环后的轴向应变约为 0.045，在干湿循环 20 个周期后，轴向应变达到 0.003。本章试验并未达到如此之大的应变，原因是在本章试验过程中，记录周期性饱水变形前已经将该试样进行了考虑湿化作用的流变试验，即扣除了流变应变，但张丙印等[6]试验方法并未扣除流变应变。还有另一个重要的原因，即在流变过程中，砂泥岩颗粒混合料颗粒破碎较快，在流变前半段过程中，砂泥岩颗粒混合料中的泥岩颗粒破碎比较严重，容易达到稳定状态，而流变后半段过程中砂岩颗粒的破碎比较少，因此变形达到稳定阶段后，整个土体的骨架状态比较稳定，在周期性饱水作用下可能产生的变形就小。

王海俊等[45]在研究堆石料的长期变形时，采用大坝的花岗岩堆石料进行干湿循环试验，发现体积应变随着干湿循环次数的增大而增大，初期的变形速率比后期快，变化趋势逐步趋于平缓。100kPa 围压情况下，经过 7 次干湿循环后，堆石料的体积应变达 0.0045。采用双曲线函数拟合了体积应变与干湿循环次数的关系。张丹等[46]对软岩粗粒土进行了干湿循环试验，轴向应力为 180kPa 时，经过 4 次干湿循环后，其轴向应变可达 0.045。因此，可以认为周期性饱水作用下的轴向变形与土料的本身性质有很大关系，花岗岩属于硬质岩，其变形较小，而软岩变形相对较大。从这点上解释本章试验结果与堆石料的区别也是基本合理的。

4.3.3　周期性饱水压缩变形计算方法

对于周期性饱水轴向变形的计算方法，现有指数型函数[6]、双曲线函数[47]、对数函数[5]等。对于不同类型的土料，各方法拟合效果并不相同。这三种模型的表达式如表 4.14 所示。

表 4.14　周期性饱水轴向变形计算方法

模型	表达式	适用土料
指数函数	$\varepsilon_1^N=\varepsilon_{\mathrm{fw}}(1-\mathrm{e}^{\beta N})$	堆石料
双曲线函数	$\varepsilon_1^N=\dfrac{N}{a+bN}$	堆石料
对数函数	$\varepsilon_1^N=c_{\mathrm{w}}\ln N+d_{\mathrm{w}}$	灰岩碎石料

针对本章的试验，采用三种方法对其进行拟合，拟合参数取值如表 4.15 所示，拟合效果如图 4.35～图 4.37 所示。

表 4.15　周期性饱水砂泥岩颗粒混合料轴向变形计算方法

模型	参数	轴向应力						
		50kPa	100kPa	200kPa	400kPa	800kPa	1200kPa	1600kPa
指数函数	ε_{fw}	0.063	0.096	0.167	0.217	0.390	0.546	0.714
	β	0.115	0.252	0.172	0.224	0.142	0.132	0.159
	R^2	0.92	0.99	0.97	0.99	0.99	0.98	0.98
双曲线函数	a	129.500	32.010	26.550	16.080	18.440	15.030	9.075
	b	10.490	8.397	4.814	3.686	1.609	1.057	0.880
	R^2	0.93	0.98	0.98	0.98	0.99	0.99	0.98
对数函数	c_w	0.019	0.027	0.046	0.062	0.124	0.180	0.246
	d_w	0.001	0.022	0.026	0.042	0.009	–0.012	–0.001
	R^2	0.90	0.95	0.98	0.96	0.96	0.96	0.97

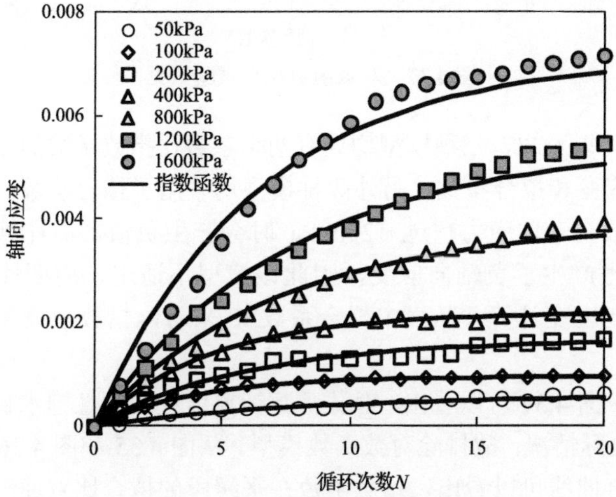

图 4.35　指数函数拟合试验数据

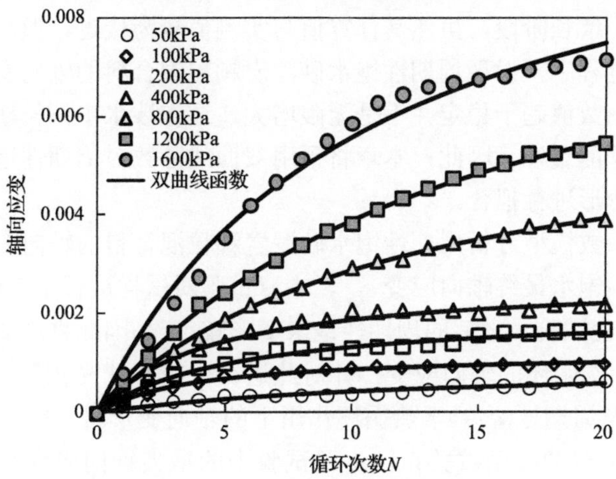

图 4.36　双曲线函数拟合试验数据

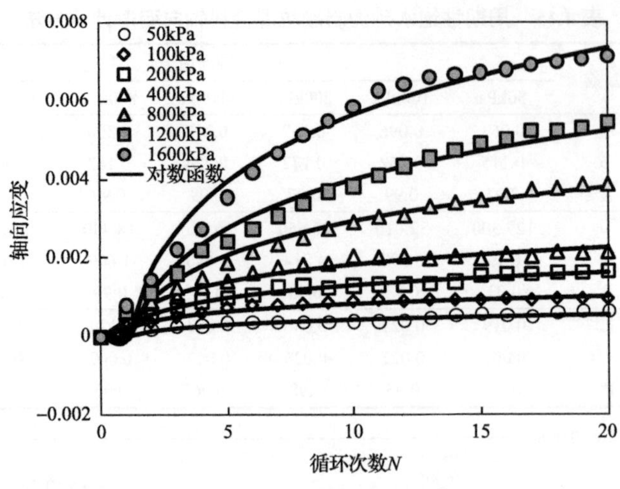

图 4.37　对数函数拟合试验数据

从表 4.15 可以看出，三种模型均只有两个参数，指数函数的参数包括周期性饱水最终轴向应变和拟合参数，另外两种模型均采用了拟合参数。拟合参数中，对数函数的参数在轴向应力超过 1200kPa 时会产生负值，而计算结果在前几次周期性饱水中也产生了负轴向应变，因此该模型不适用于周期性饱水砂泥岩颗粒混合料的轴向应变计算。从表中拟合系数 R^2 来看，指数函数和双曲线函数拟合程度较好。

从图 4.35～图 4.37 可以看出，对数函数计算值在周期性饱水初期会产生应变负值，不符合实际情况，故排除对数函数模型。从图 4.35 和图 4.36 中轴向应力为 1600kPa 的拟合曲线可以看出，指数函数在平缓段的拟合比双曲线函数要更趋于平缓，计算值比实测值小，但双曲线函数的计算值比实测值大，且在末端并不趋于平缓，尚处于增长阶段，虽然其计算值与实测值较为接近，但其变化趋势与实际不符。试验过程中，发现周期性饱水砂泥岩颗粒混合料的轴向变形逐步增大且最终趋于平缓，数值趋于稳定并不是无限增大，这在涉水工程长期变形的设计计算中应引起足够的重视。因此，本章将采用双曲线函数对周期性饱水砂泥岩颗粒混合料的轴向变形进行拟合。

采用指数函数模型分析周期性饱水砂泥岩颗粒混合料的轴向变形时，其参数中包含了周期性饱水最终轴向应变 $\varepsilon_{\mathrm{fw}}$，本章试验对试样进行了 20 次周期性饱水(之前进行了流变试验，之后的周期性饱水变形较小)，因此将周期性饱水最终轴向应变取为 20 次循环的轴向应变，并对此进行分析。曹光栩等[5]在研究堆石料的周期性饱水及周期性湿冷-干热循环作用下的轴向变形时，提出其最大轴向应变与轴向应力呈双曲线函数关系。本章试验中的最大轴向应变与轴向应力的关系如图 4.38 所示。

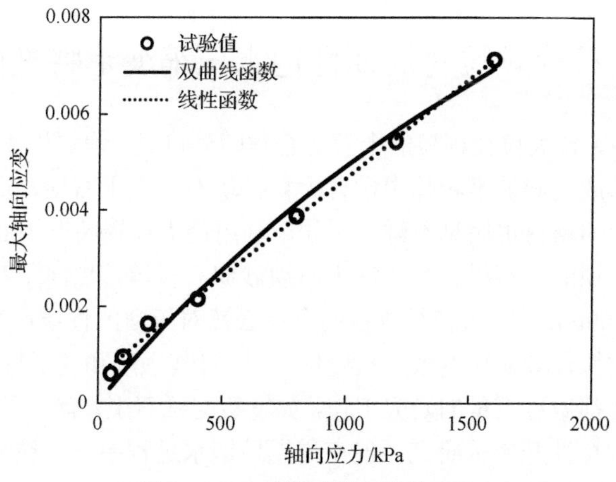

图 4.38　三种模型拟合结果对比

图 4.38 中，20 次循环的最终轴向应变可分别采用线性函数及双曲线函数进行拟合，拟合方程为

$$\varepsilon_{\mathrm{fw}}=\frac{\sigma_1}{a_{\mathrm{w}}+b_{\mathrm{w}}\sigma_1},\quad R^2=0.98 \tag{4.32}$$

$$\varepsilon_{\mathrm{fw}}=a_{\mathrm{w}}+b_{\mathrm{w}}\sigma_1,\quad R^2=0.99 \tag{4.33}$$

式中，$\varepsilon_{\mathrm{fw}}$ 为周期性饱水砂泥岩颗粒混合料的最终轴向应变(循环 20 次)；a_{w} 和 b_{w} 为拟合参数，对于双曲线函数，两个参数取值分别为 1567 和 0.463，对于线性拟合，两个参数取值分别为 0.0004 和 0.059。

两个方程的拟合程度均较高，但从极限角度分析，在应力无穷大时，土体并不能被无穷压缩，即轴向应变不能无限制增大，而是趋于某一个稳定的值。因此，从这个角度上来看，双曲线函数更适用于预测周期性饱水砂泥岩颗粒混合料最大轴向应变。因此，本章选取双曲线函数作为周期性饱水砂泥岩颗粒混合料最大轴向应变预测模型是基本合理的。

综合以上分析，将最大轴向应变预测模型与周期性饱水砂泥岩颗粒混合料的轴向变形模型联立，可得到周期性饱水砂泥岩颗粒混合料的轴向变形计算模型，即

$$\begin{cases}\varepsilon_1^N=\varepsilon_{\mathrm{fw}}(1-\mathrm{e}^{\beta N})\\ \varepsilon_{\mathrm{fw}}=\dfrac{\sigma_1}{a_{\mathrm{w}}+b_{\mathrm{w}}\sigma_1}\end{cases} \tag{4.34}$$

式中，ε_1^N 为周期性饱水砂泥岩颗粒混合料的轴向应变；β 为拟合参数，与轴向应力有关。

4.4 大粒径颗粒对周期性饱水压缩变形特性的影响

在自然界中，含大粒径颗粒的土石混合体随处可见，崩塌堆积、泥石流堆积、冰碛物堆积等形成的斜坡堆积体中常含大粒径块石，在土石坝、堤防等填筑工程中，大颗粒粒径的填料也屡见不鲜。例如，利用最大粒径超过 1000mm 的水利工程有小浪底堆石坝的堆石料、石头河土石坝砂卵石料等，黑河土石坝的堆石料最大粒径超过了 800mm[48]。大粒径颗粒的存在必然对填料的性质产生较大影响。关于颗粒材料中大粒径颗粒粒度效应(含量、尺寸)对其强度和变形特性的影响规律，国内外不少学者都做过大量的研究工作，如宽级配砾石土，有学者对其压实特性、强度特性等工程特性开展了研究。但在周期性饱水过程中，大粒径颗粒的存在是否会影响砂泥岩颗粒混合料的压缩变形，值得进一步研究。

对于土石填料，常见的有两种结构，如图 4.39 所示。前者为基底结构，也称悬浮-密实结构，后者为骨架结构，也称密实-骨架结构。本章以掺大粒径颗粒砂泥岩颗粒混合料为对象，主要研究大粒径颗粒处于悬浮状态的试样在周期性饱水过程中的压缩变形。

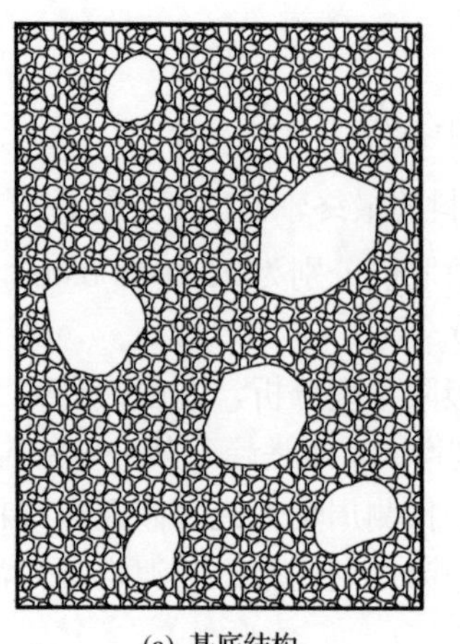

(a) 基底结构

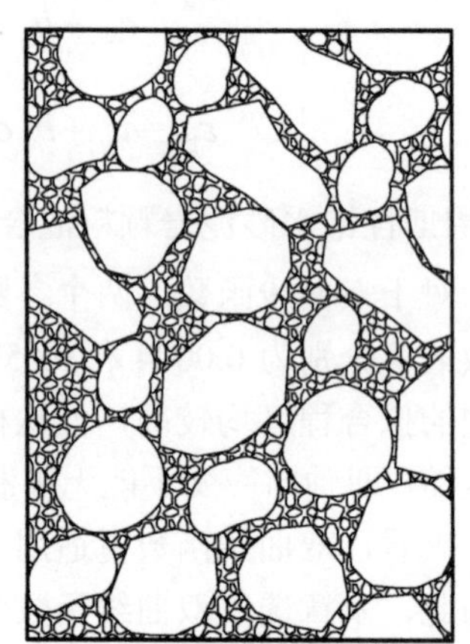

(b) 骨架结构

图 4.39 掺大粒径颗粒的两种分布结构形态

4.4.1 试验方法及试验方案

试验仪器仍采用自行研制的土体周期性饱水压缩试验仪，试样尺寸为直径 100mm、高 30mm。根据《土工试验规程》(SL 237—1999) [49]中粗粒土的渗透及渗透变形试验规定，室内试验试样尺寸应大于试样粒径 D_{85} 的 5 倍，因此在室内试验中，大粒径颗粒需要经过相应的处理。常用的方法主要以下四种：

(1)剔除法。该方法简单、使用方便，但因剔除了部分大粒径颗粒，使细颗粒含量增大，大粒径颗粒由剩余的小于允许最大粒径的颗粒所代替。

(2)等量替代法。该方法按比例等量替换大粒径颗粒，优点是代替后的级配仍保持原来的粗颗粒含量，细颗粒含量和性质不变，但存在大粒径缩小、级配范围变小、均匀性增大等缺点。

(3)相似级配法。该方法的优点是保持颗粒级配的几何形状相似，不均匀系数不变；缺点是全部颗粒的粒径皆被缩小，使粗颗粒含量变小，细颗粒含量增大，从而性质发生变化。相似级配法虽然可保持原始级配不均匀系数及曲率系数不变，但是使得细颗粒含量增大，一般认为对材料的工程性质影响较大。

(4)混合法。该方法先用相似级配法按适宜的比尺缩小粒径，使大粒径颗粒含量小于 40%，再用等量替代法缩制试样。

为考虑大粒径颗粒对周期性饱水砂泥岩颗粒混合料压缩变形的影响，本章采用等量替代法，在砂泥岩颗粒混合料试样(砂岩：泥岩为 8：2)制备过程中掺入不同粒径、不同含量的圆形钢珠。试验方案如表 4.16 所示，试验方案 1～4 中掺入的大粒径颗粒体积含量在 0.89%～0.97%，可认为其体积含量近似一致，具体掺入颗粒个数分别为 12 颗、8 颗、6 颗、4 颗。试验方案 2、5、6、7 中掺入的大粒径颗粒尺寸一致，具体掺入颗粒个数分别为 3 颗、5 颗、8 颗、11 颗。

表 4.16　掺入的大粒径颗粒试验方案

试验方案编号	大粒径颗粒粒径/mm	大粒径颗粒体积含量/%	轴向应力/kPa	试样个数
1	7	0.91	400、800、1200	3
2	8	0.91	400、800、1200	3
3	9	0.97	400、800、1200	3
4	10	0.89	400、800、1200	3
5	8	0.34	400、800、1200	3
6	8	0.57	400、800、1200	3
7	8	1.25	400、800、1200	3

试验前，把筛分好的土料进行风干，按设计的级配(同前面)及混合比配土。为便于装样，对试样按设计含水率加入一定量的水，拌合均匀后分 3 层加入试样容器并逐层击实，其中大粒径颗粒均匀添加至试样。为保证试样与仪器上下各部位之间接触良好，应施加 1kPa 的预压应力，然后对变形读数清零。

试验时，对砂泥岩颗粒混合料试样，按快速固结方法加载至设计的轴向应力，分别为 400kPa、800kPa 和 1200kPa。在试样达到变形稳定后(剔除试样在荷载作用下的流变变形)，开始对试样进行周期性饱水试验。

4.4.2 大粒径颗粒粒径的影响

通过对试验方案 1～4 进行试验，得到周期性饱水作用下不同粒径大粒径颗粒试样的轴向应变试验结果，如表 4.17 所示。

表 4.17 周期性饱水作用下试样的轴向应变试验结果(不同大粒径颗粒)

循环次数	不同大粒径颗粒粒径下的轴向应变/10^{-2}											
	7mm			8mm			9mm			10mm		
	400kPa	800kPa	1200kPa	400kPa	800kPa	1200kPa	400kPa	800kPa	1200kPa	400kPa	800kPa	1200kPa
1	0.24	0.32	0.55	0.45	0.60	0.93	0.17	0.33	0.52	0.35	0.41	0.63
2	0.25	0.33	0.55	0.47	0.61	0.95	0.17	0.33	0.53	0.36	0.43	0.67
3	0.27	0.34	0.57	0.47	0.61	0.95	0.18	0.34	0.54	0.37	0.45	0.70
4	0.26	0.35	0.59	0.49	0.62	0.96	0.18	0.35	0.54	0.37	0.49	0.72
5	0.27	0.37	0.61	0.49	0.63	0.97	0.19	0.35	0.56	0.38	0.53	0.74
6	0.27	0.41	0.64	0.50	0.70	1.04	0.20	0.42	0.64	0.39	0.56	0.76
7	0.28	0.43	0.68	0.51	0.71	1.06	0.21	0.43	0.66	0.41	0.58	0.79
8	0.29	0.45	0.72	0.55	0.72	1.12	0.23	0.43	0.67	0.43	0.62	0.83
9	0.33	0.46	0.77	0.56	0.74	1.15	0.26	0.47	0.73	0.46	0.67	0.88
10	0.34	0.50	0.78	0.59	0.78	1.16	0.29	0.51	0.77	0.50	0.72	0.94
11	0.35	0.54	0.81	0.61	0.80	1.19	0.35	0.52	0.79	0.56	0.77	0.99
12	0.36	0.58	0.83	0.66	0.82	1.24	0.37	0.55	0.81	0.59	0.80	1.04
13	0.40	0.59	0.84	0.70	0.90	1.28	0.41	0.63	0.87	0.63	0.84	1.08
14	0.46	0.64	0.88	0.75	0.94	1.30	0.48	0.67	0.92	0.71	0.88	1.10
15	0.48	0.69	0.91	0.77	0.96	1.34	0.50	0.71	0.93	0.73	0.89	1.17
16	0.53	0.71	0.91	0.79	0.97	1.37	0.51	0.74	0.95	0.75	0.91	1.20
17	0.56	0.74	0.96	0.80	1.00	1.38	0.55	0.76	1.01	0.78	0.93	1.23
18	0.59	0.76	0.97	0.80	1.02	1.39	0.61	0.78	1.02	0.82	0.98	1.23
19	0.60	0.77	0.99	0.83	1.02	1.43	0.61	0.79	1.07	0.82	0.98	1.27
20	0.60	0.77	1.00	0.84	1.04	1.45	0.61	0.79	1.09	0.83	0.98	1.28

图 4.40～图 4.42 给出了掺入不同粒径大粒径颗粒的试样在周期性饱水作用下的轴向应变曲线。可以看出，在三种轴向应力水平下，随着周期性饱水次数的增加，试样的轴向应变均逐渐增加，其中，首次循环时的变形最大，该过程的变形即为试样的初次浸水变形(湿化变形)，湿化变形量与掺入大粒径颗粒的粒径有关，其大小顺序为 8mm＞10mm＞9mm＞7mm。

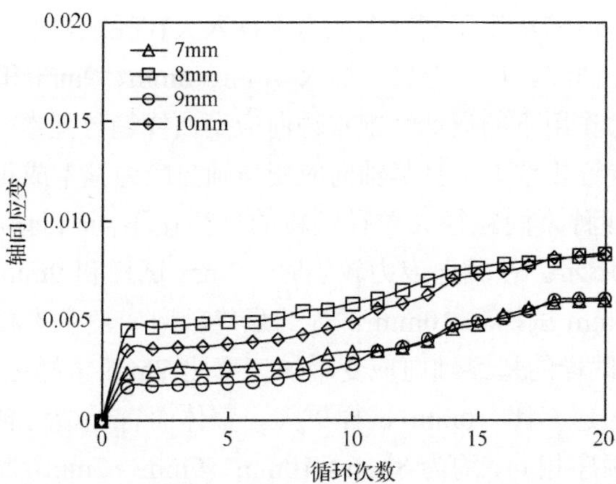

图 4.40　掺入不同粒径大粒径颗粒试样的周期性饱水轴向应变曲线(轴向应力 400kPa)

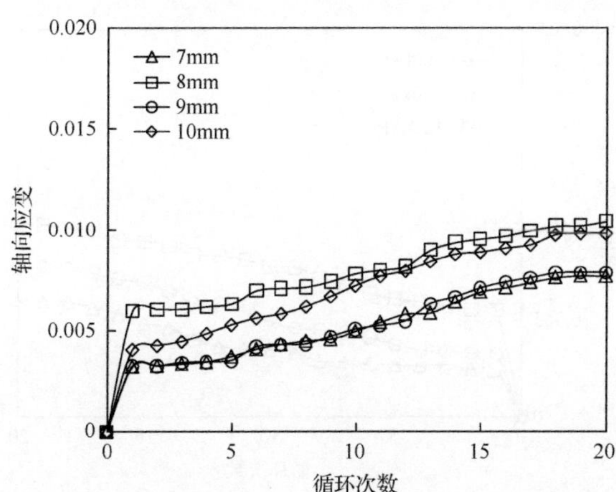

图 4.41　掺入不同粒径大粒径颗粒试样的周期性饱水轴向应变曲线(轴向应力 800kPa)

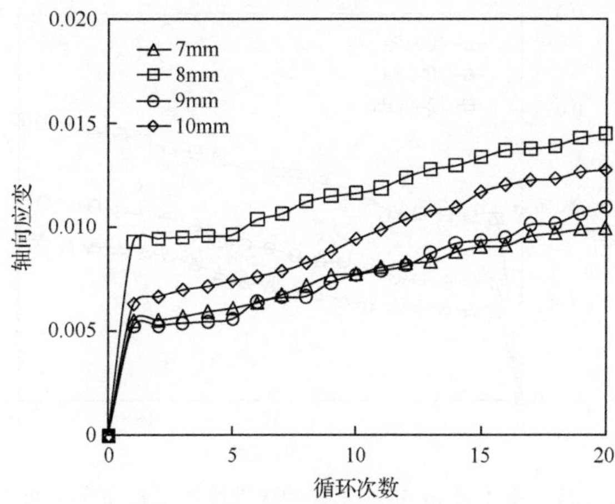

图 4.42　掺入不同粒径大粒径颗粒试样的周期性饱水轴向应变曲线(轴向应力 1200kPa)

图 4.43～图 4.46 给出了不同轴向应力下掺入大粒径颗粒的试样在周期性饱水作用下的轴向应变曲线。可以看出，掺入 7mm、8mm、9mm 和 10mm 钢珠的试样在三种轴向应力作用下的周期性饱水轴向应变曲线趋势基本一致，均随循环次数的增加呈台阶状逐步增大，且其轴向应变与轴向应力基本成正比。

整理得到掺四种不同粒径大粒径颗粒的试样在不同轴向应力下的最终轴向应变，如图 4.47 所示。在轴向应力较小时，7mm 试样和 9mm 试样的最终轴向应变基本相同，8mm 试样和 10mm 试样的最终轴向应变基本相同，随着轴向应力的增大，9mm 试样的最终轴向应变增加速率比 7mm 试样更大，8mm 试样的最终轴向应变增加速率比 10mm 试样更大。整体而言，最终轴向应变大小顺序与湿化变形大小顺序相同，均为 8mm＞10mm＞9mm＞7mm，四种试样湿化变形在 0.004～0.015。

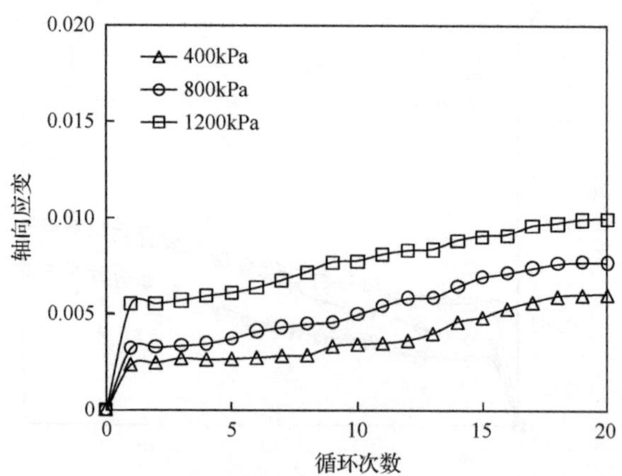

图 4.43　掺入 7mm 钢珠试样的周期性饱水轴向应变曲线

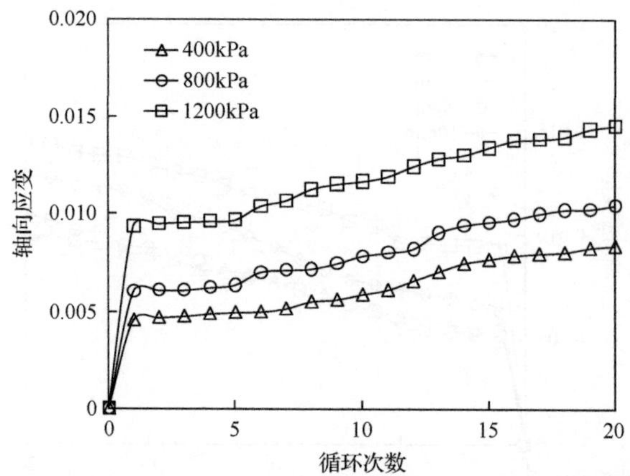

图 4.44　掺入 8mm 钢珠试样的周期性饱水轴向应变曲线

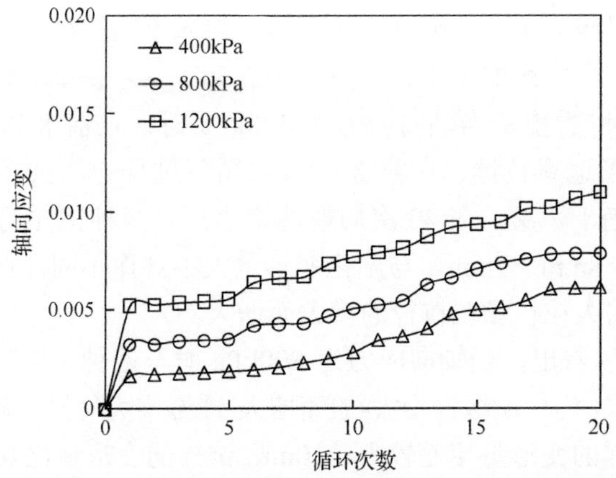

图 4.45　掺入 9mm 钢珠试样的周期性饱水轴向应变曲线

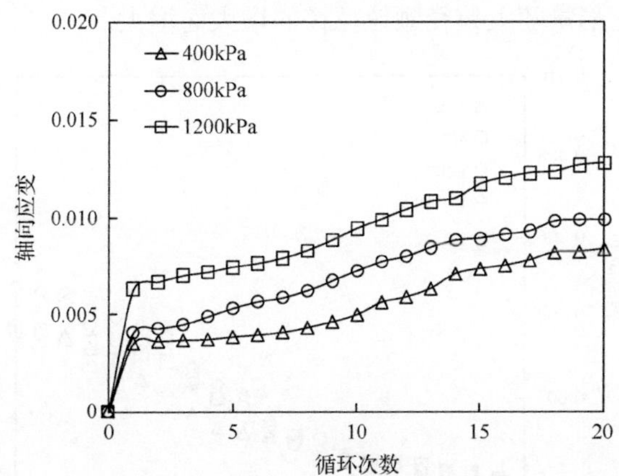

图 4.46　掺入 10mm 钢珠试样的周期性饱水轴向应变曲线

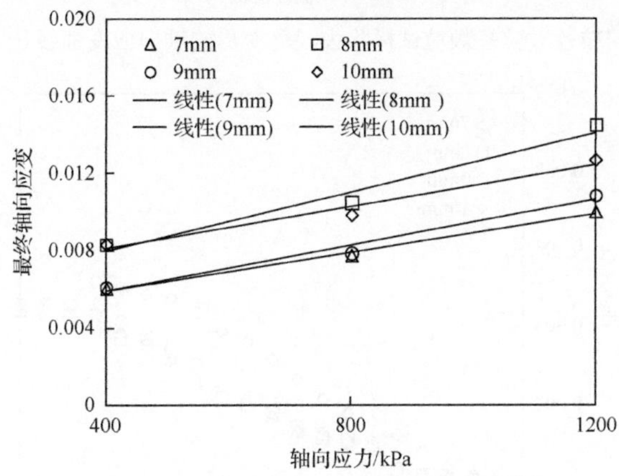

图 4.47　掺入不同粒径大粒径颗粒的试样最终轴向应变

由于湿化变形的存在，周期性饱水中的第 1 次循环为湿化变形，单独由周期性饱水引起的变形应从第 2 次循环开始分析。掺入不同粒径大粒径颗粒试样除去湿化变形的轴向应变曲线如图 4.48～图 4.50 所示。

从图 4.48 可以看出，当轴向应力为 400kPa 时，在前 8 次循环过程内，四种试样的轴向变形速率较慢，在第 8～15 次循环过程中，试样的轴向变形速率逐步增加，随后趋于平缓。在 20 次周期性饱水后，四种试样的变形量大小顺序为 10mm＞9mm＞8mm＞7mm，与湿化变形量大小规律不同，周期性饱水引起的轴向应变随掺入的大粒径颗粒粒径的增大而增大。

从图 4.49 可以看出，当轴向应力为 800kPa 时，四种试样的周期性饱水变形曲线规律基本一致，均呈现缓慢增大-加速增大-缓慢增大的发展趋势。其中，7mm、8mm 和 9mm 试样的变形量相差较小，10mm 试样的变形量比其他 3 组试样的变形量大。四种试样的变形量大小顺序为 10mm＞9mm＞8mm＞7mm，与 400kPa 时的规律一致，变形量随大粒径颗粒粒径的增大而增大。

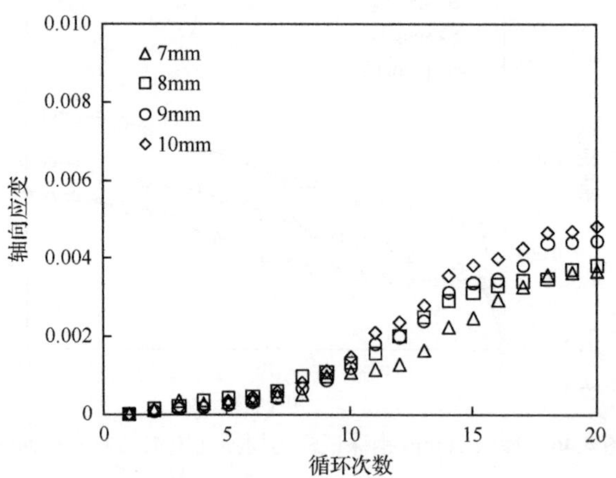

图 4.48　掺入不同粒径大粒径颗粒试样除去湿化变形的轴向应变曲线(轴向应力 400kPa)

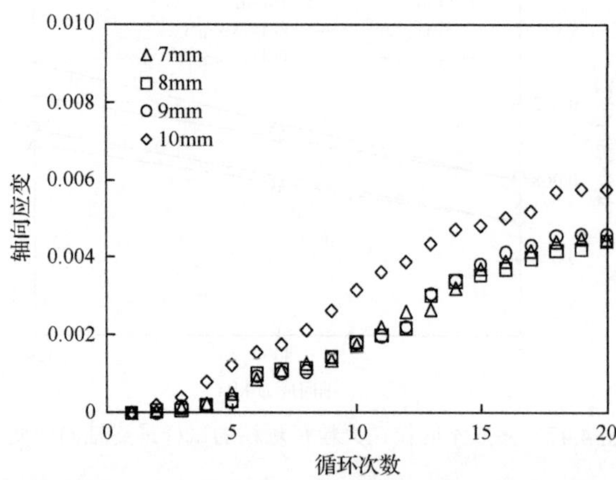

图 4.49　掺入不同粒径大粒径颗粒试样除去湿化变形的轴向应变曲线(轴向应力 800kPa)

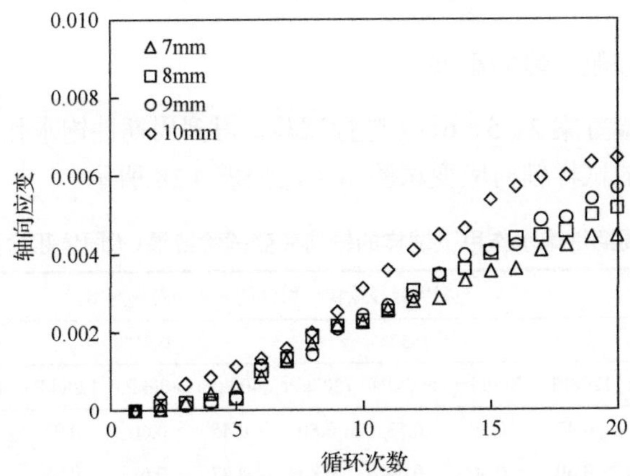

图 4.50 掺入不同粒径大粒径颗粒试样除去湿化变形的轴向应变曲线(轴向应力 1200kPa)

从图 4.50 可以看出，当轴向应力为 1200kPa 时，四种试样的周期性饱水变形曲线规律基本一致，均呈现缓慢增大-加速增大-缓慢增大的发展趋势。在循环次数为 9 次时，四种试样的变形量基本相同，随着循环次数的继续增加，四种试样的变形速率发生改变，10mm 试样变形速率最快，7mm 试样变形速率最慢，最终变形量大小顺序为 10mm＞9mm＞8mm＞7mm，与 400kPa 和 800kPa 时的规律一致，变形量随大粒径颗粒粒径的增大而增大。

除去湿化变形量，将后 19 次周期性饱水引起的轴向应变进行统计分析，如图 4.51 所示。

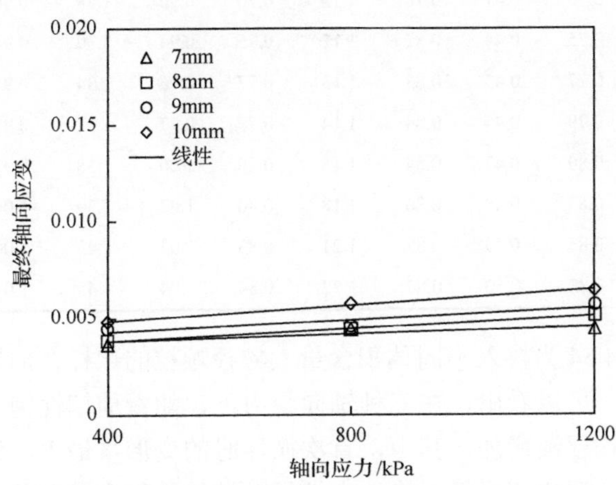

图 4.51 除去湿化变形后的最终轴向应变(不同粒径大粒径颗粒)

从图 4.51 可以看出，周期性饱水引起的变形量较小，在三种轴向应力下的轴向应变均在 0.005 左右，比湿化变形量小。四种试样的最终轴向应变随轴向应力的增大而增大，增速相差不大。

4.4.3 大粒径颗粒含量的影响

通过对试验方案 2、5、6、7 进行试验，得到周期性饱水作用下掺不同体积含量大粒径颗粒的试样轴向应变试验结果，如表 4.18 所示。

表 4.18 周期性饱水作用下试样的轴向应变试验结果(不同体积含量大粒径颗粒)

循环次数	不同大粒径颗粒体积含量下的轴向应变/10^{-2}											
	0.34%			0.57%			0.91%			1.25%		
	400kPa	800kPa	1200kPa	400kPa	800kPa	1200kPa	400kPa	800kPa	1200kPa	400kPa	800kPa	1200kPa
1	0.19	0.37	0.47	0.30	0.53	0.80	0.45	0.60	0.93	0.57	0.74	0.97
2	0.20	0.37	0.50	0.30	0.54	0.83	0.47	0.61	0.95	0.57	0.74	1.02
3	0.20	0.38	0.54	0.33	0.56	0.84	0.47	0.61	0.95	0.58	0.78	1.09
4	0.21	0.41	0.55	0.33	0.57	0.85	0.49	0.62	0.96	0.61	0.80	1.14
5	0.21	0.42	0.58	0.33	0.58	0.87	0.49	0.63	0.97	0.65	0.83	1.18
6	0.22	0.47	0.59	0.34	0.60	0.91	0.50	0.70	1.04	0.69	0.86	1.26
7	0.23	0.49	0.59	0.34	0.63	0.92	0.51	0.71	1.06	0.71	0.92	1.35
8	0.23	0.50	0.62	0.34	0.66	0.99	0.55	0.72	1.12	0.77	0.96	1.42
9	0.24	0.50	0.64	0.36	0.67	1.01	0.56	0.74	1.15	0.84	1.14	1.62
10	0.24	0.51	0.64	0.38	0.69	1.03	0.59	0.78	1.16	0.87	1.15	1.66
11	0.26	0.52	0.65	0.39	0.71	1.04	0.61	0.80	1.19	0.88	1.17	1.71
12	0.27	0.53	0.66	0.40	0.73	1.07	0.66	0.82	1.24	0.88	1.19	1.76
13	0.28	0.53	0.70	0.41	0.78	1.10	0.70	0.90	1.28	0.90	1.20	1.80
14	0.32	0.56	0.75	0.44	0.82	1.12	0.75	0.94	1.30	0.94	1.22	1.87
15	0.33	0.57	0.77	0.45	0.83	1.13	0.77	0.96	1.34	0.95	1.23	1.90
16	0.34	0.57	0.79	0.45	0.84	1.14	0.79	0.97	1.37	0.95	1.25	1.94
17	0.36	0.57	0.80	0.47	0.84	1.15	0.80	1.00	1.38	0.97	1.25	1.98
18	0.38	0.58	0.83	0.49	0.86	1.18	0.80	1.02	1.39	1.00	1.28	2.02
19	0.38	0.58	0.83	0.49	0.87	1.21	0.83	1.02	1.43	1.00	1.29	2.06
20	0.40	0.59	0.83	0.50	0.87	1.22	0.84	1.04	1.45	1.01	1.31	2.09

图 4.52～图 4.54 为掺入不同体积含量大粒径颗粒的试样在周期性饱水作用下的轴向应变曲线。可以看出，在三种轴向应力下，随着周期性饱水次数的增加，试样的轴向应变均逐渐增加，其中，首次循环时的变形量最大，该过程的变形为试样的湿化应变，湿化变形量与掺入大粒径颗粒的体积含量有关，其大小顺序为1.25%＞0.91%＞0.57%＞0.34%，即大粒径颗粒体积含量越小，周期性饱水下的劣化变形量越小。

图 4.55～图 4.58 为不同轴向应力下掺入大粒径颗粒试样在周期性饱水作用下的轴向应变曲线。

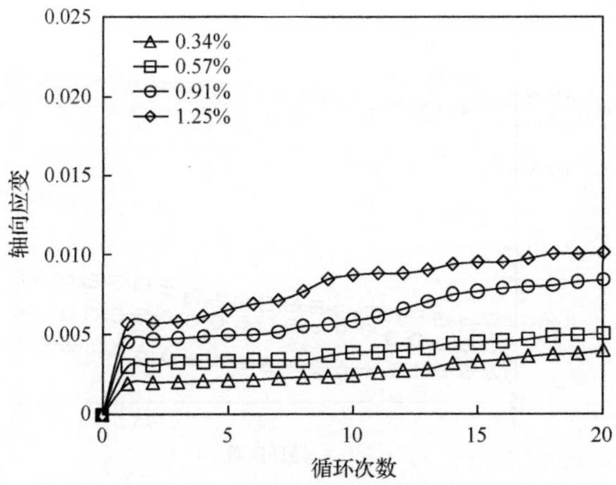

图 4.52　掺入不同体积含量大粒径颗粒试样的轴向应变曲线(轴向应力 400kPa)

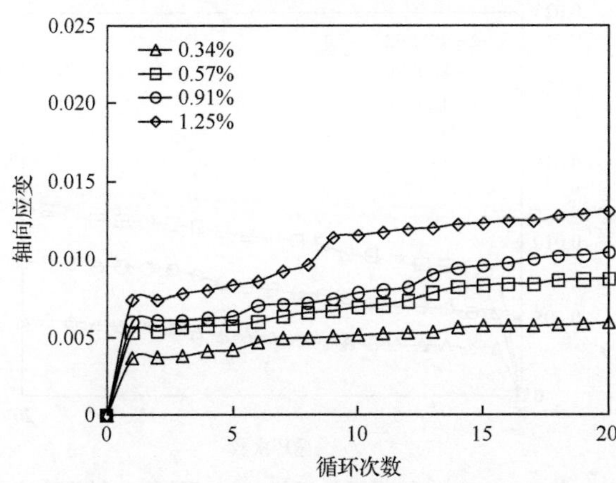

图 4.53　掺入不同体积含量大粒径颗粒试样的轴向应变曲线(轴向应力 800kPa)

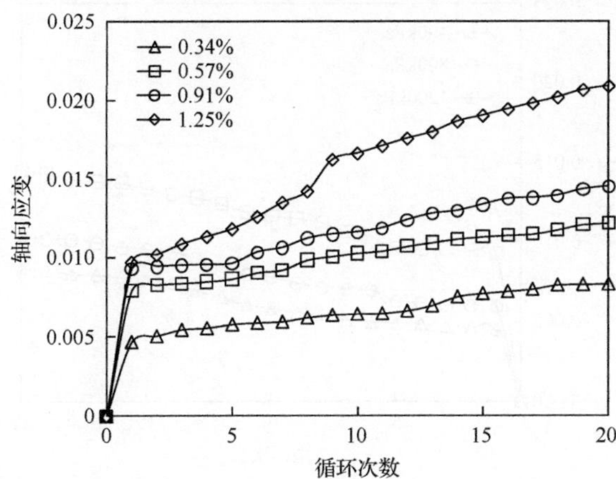

图 4.54　掺入不同体积含量大粒径颗粒试样的轴向应变曲线(轴向应力 1200kPa)

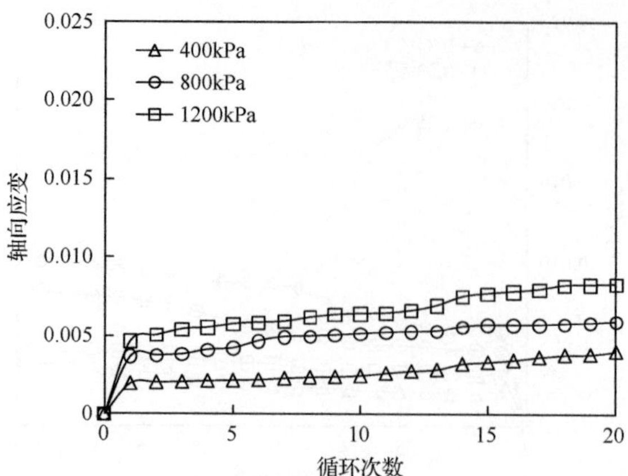

图 4.55　掺入 0.34%大粒径颗粒试样的周期性饱水轴向应变曲线

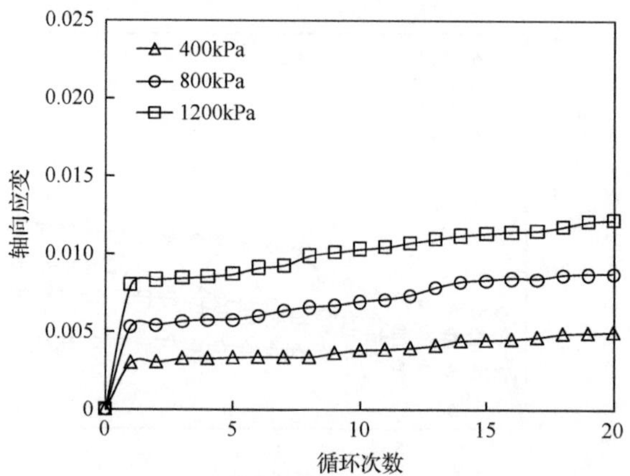

图 4.56　掺入 0.57%大粒径颗粒试样的周期性饱水轴向应变曲线

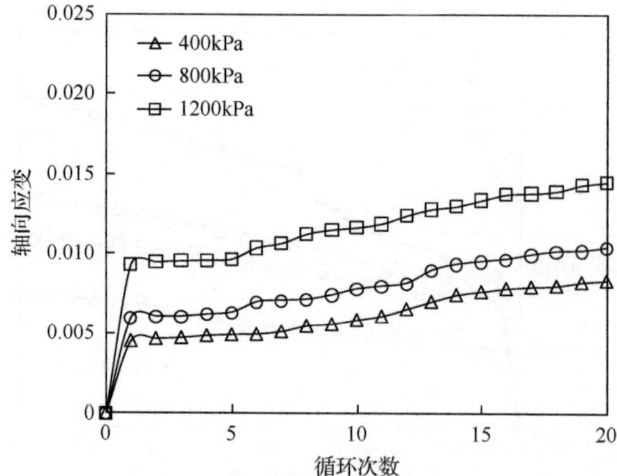

图 4.57　掺入 0.91%大粒径颗粒试样的周期性饱水轴向应变曲线

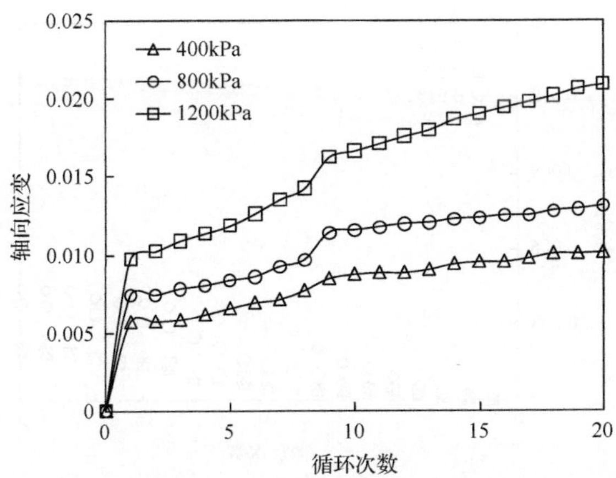

图 4.58　掺入 1.25%大粒径颗粒试样的周期性饱水轴向应变曲线

当大粒径颗粒体积含量为 0.34%时，从图 4.55 可以看出，三种轴向应力下的湿化变形量基本一致，随着循环次数的增大，高轴向应力下试样的变形量比低轴向应力下更大。当大粒径颗粒体积含量为 0.57%、0.91%、1.25%时，湿化变形量均随轴向应力的增大而增大。

图 4.59 为三种轴向应力下周期性饱水砂泥岩颗粒混合料的最终轴向应变。可以看出，周期性饱水作用下，砂泥岩颗粒混合料试样最终轴向应变随轴向应力的增加呈线性增大关系，其中，大粒径颗粒体积含量越大，增速越大。

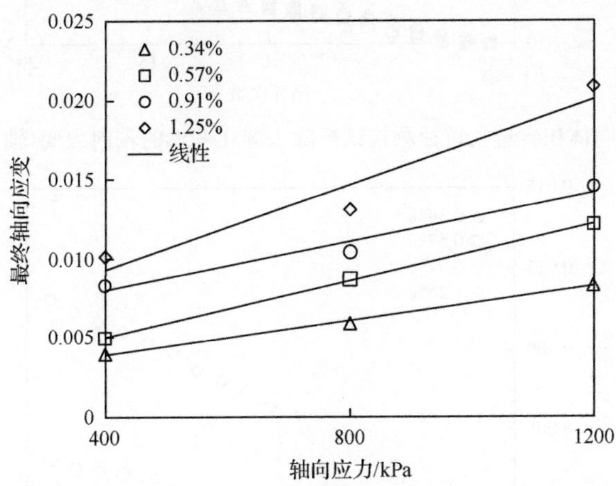

图 4.59　周期性饱水砂泥岩颗粒混合料的劣化最终轴向应变(不同体积含量大粒径颗粒)

为了解周期性饱水引起的变形量，将湿化变形量扣除，由周期性饱水引起的变形应从第 2 次循环开始分析，如图 4.60～图 4.62 所示。除去湿化变形的最终轴向应变如图 4.63 所示。

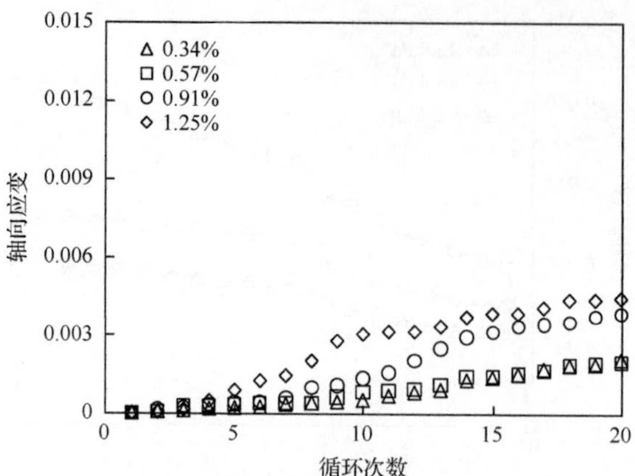

图 4.60　掺入不同体积含量大粒径颗粒试样除去湿化变形的轴向应变(轴向应力 400kPa)

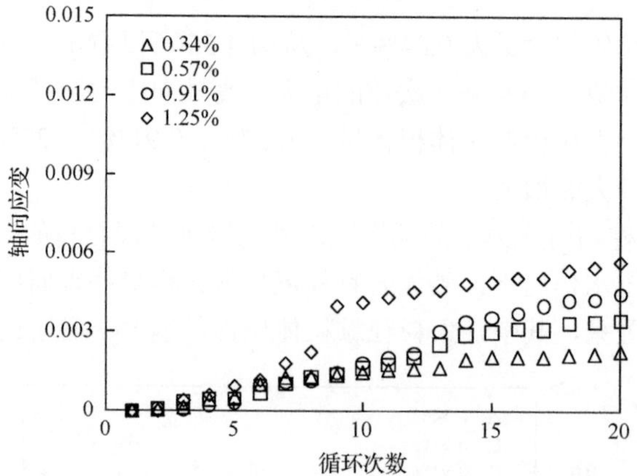

图 4.61　掺入不同体积含量大粒径颗粒试样除去湿化变形的轴向应变(轴向应力 800kPa)

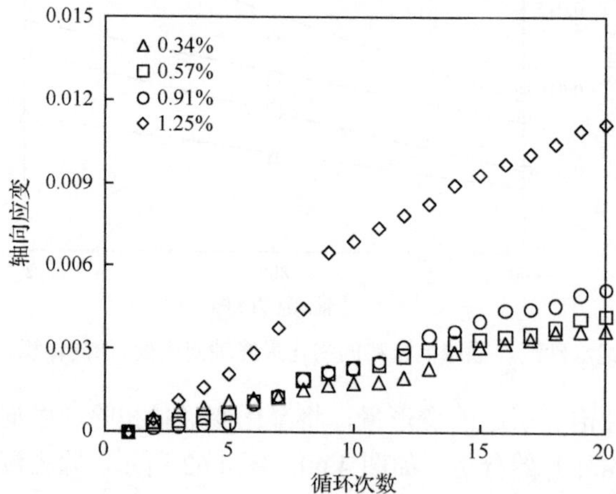

图 4.62　掺入不同体积含量大粒径颗粒试样除去湿化变形的轴向应变(轴向应力 1200kPa)

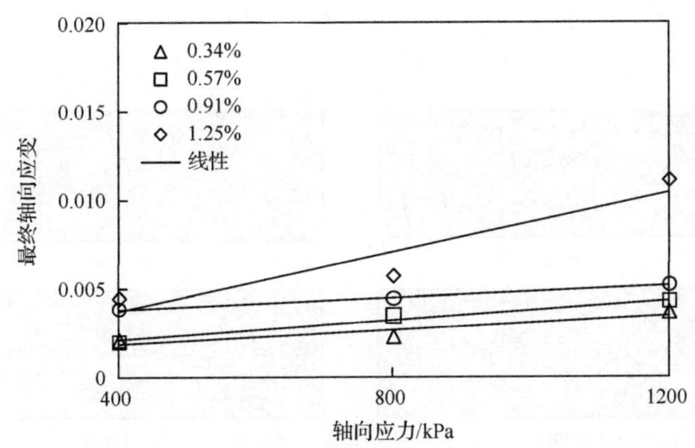

图 4.63　除去湿化变形的最终轴向应变(不同体积含量大粒径颗粒)

从图 4.60～图 4.63 可以看出，当轴向应力为 400kPa 时，试样的轴向应变规律类似，均呈现缓慢增大-加速增大-缓慢增大的发展趋势。大粒径颗粒体积含量为 0.57%和 0.34%的试样轴向应变基本一致。大粒径颗粒体积含量为 0.91%的试样在 9 次循环后的轴向应变增速逐渐变大，大粒径颗粒体积含量为 1.25%的试样在 5 次循环后的轴向应变开始逐步增大。在 20 次周期性饱水后，四种试样的轴向应变大小顺序为 1.25%＞0.91%＞0.57%＞0.34%，其规律与湿化变形规律一致，均是大粒径颗粒体积含量越大，变形越大。

当轴向应力为 800kPa 时，试样的轴向应变规律与 400kPa 时类似，但是数值上开始产生明显区别。大粒径颗粒体积含量为 1.25%的试样在 5 次循环后的轴向应变开始逐步增大，在第 9 次循环时发生骤变，而其他三种试样在 10 次循环前轴向应变基本一致，在 10 次循环后才开始出现差距。在 20 次周期性饱水后，四种试样的轴向应变大小顺序为 1.25%＞0.91%＞0.57%＞0.34%，其规律与 400kPa 时的规律一致，均是大粒径颗粒体积含量越大，变形越大。

当轴向应力为 1200kPa 时，试样的轴向应变规律与 800kPa 时类似，但大粒径颗粒体积含量为 1.25%的试样变形量开始就比其他三种试样大得多。其他三种试样在 7 次循环前轴向应变基本一致，在 7 次循环后，变形量差距逐渐拉大。在 20 次周期性饱水后，四种试样除去湿化变形后的轴向应变在 0.002～0.012，其大小顺序为 1.25%＞0.91%＞0.57%＞0.34%，其规律与 400kPa 和 800kPa 时的规律一致，均是大粒径颗粒体积含量越大，变形越大。大粒径颗粒体积含量为 1.25%的试样在高轴向应力下的轴向应变明显比其他三种大。

4.4.4　室内试验大粒径的尺寸效应

1) 钢珠作为大粒径颗粒的合理性

经历了 20 次周期性饱水后，掺入不同粒径钢珠试样的变形由大到小的顺序为

10mm＞9mm＞8mm＞7mm，试样周期性饱水作用下的变形量随着颗粒粒径的增大而增大。掺入不同粒径大粒径颗粒试样的结构如图 4.64 所示。

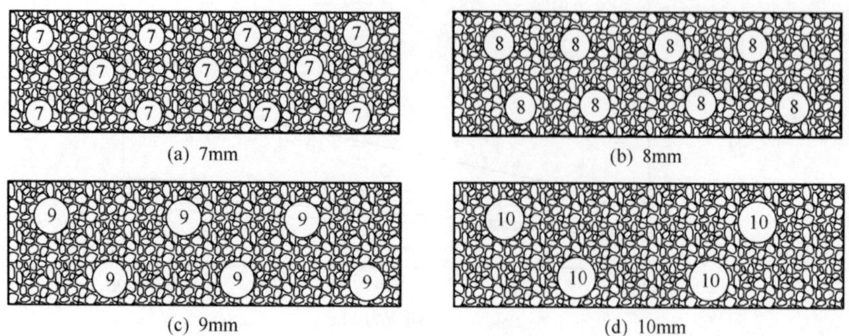

图 4.64　掺入不同粒径大粒径颗粒试样的结构

根据粗粒土、堆石料等的大粒径研究成果，粒径越大，大粒径的颗粒破碎越大，导致最终应变越大。而本章所采用的粗颗粒为钢珠，并不会产生颗粒破碎，且变形也将被忽略。因此，大粒径钢珠颗粒对周期性饱水轴向应变的影响并非颗粒破碎。

本章试样主要是由 5～2mm 和 2～1mm 粒组的颗粒参与组成土体的骨架，假设大粒径颗粒周边排满了一圈砂泥岩细颗粒，如图 4.65 所示。

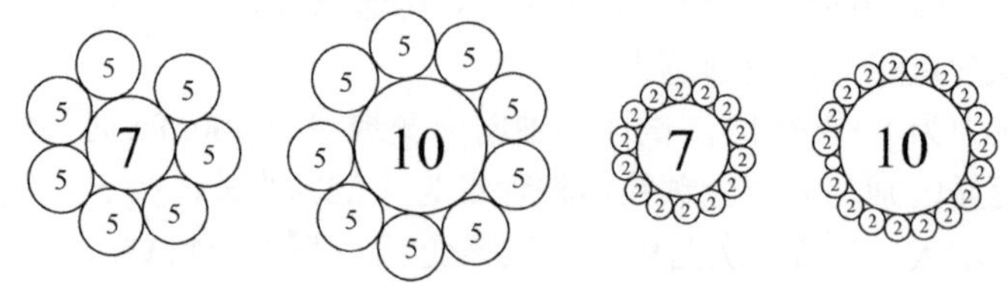

图 4.65　大粒径颗粒影响范围示意图

若周围全部为 5mm 颗粒，则 7mm 的大粒径颗粒最多能接触 7 个，而 10mm 的大粒径颗粒最多能接触 9 个；若周围全部为 2mm 颗粒，则 7mm 的大粒径颗粒最多能接触 14 个，而 10mm 的大粒径颗粒最多能接触 18.5 个。对于一个试样，7mm 和 10mm 的大粒径颗粒分别能影响 168 个和 74 个，说明大粒径颗粒越大，其与周边的砂泥岩细颗粒接触的颗粒越少。因此，大粒径颗粒越大的试样中，形成的颗粒骨架中有更多 5～2mm、2～1mm 粒组的颗粒。

周期性饱水作用下，一定压力下的颗粒接触点存在较高的接触应力，颗粒棱角断裂、接触点应力屈服导致颗粒发生破碎，而大部分初步产生颗粒破碎的颗粒粒径均在 1～5mm，恰恰这部分颗粒也是土体骨架的主要组成部分。

因此，在本章的大粒径试样中，大粒径颗粒粒径越大，所形成的颗粒骨架中含 1～5mm 的颗粒就越多，产生的颗粒破碎也就越严重。此外，大粒径颗粒粒径越大，所形成的土体骨架中粗颗粒越多，孔隙越大，颗粒接触侧向约束力变小，破碎后形成的较细颗粒更易发生移动，细颗粒在破碎后重排列重分布的空间更大。最终，周期性饱水作用下，大粒径颗粒粒径越大，砂泥岩颗粒混合料的变形就越大。

采用刚性大粒径颗粒代替粗粒土、堆石料中的大粒径颗粒，作为试验研究大粒径颗粒的尺寸效应，其中会存在一定的问题，例如：①刚性颗粒的弹性模量比粗粒土颗粒大很多，造成变形不够真实；②粗粒土颗粒会产生颗粒破碎，但刚性颗粒并不能发生破碎；③粗粒土颗粒表面是粗糙的、棱角分明的，而刚性颗粒是圆形且表面光滑。钢珠作为大粒径颗粒掺入试样以研究大粒径颗粒的尺寸效应，对以上三个方面均需要做更进一步的研究。但从本章试验得出的变形规律与粗粒土、堆石料的变形规律基本一致。因此，可认为在周期性饱水作用下，本章采用四种粒径的钢珠掺入砂泥岩颗粒混合料中进行试验是基本合理的。

2) 大粒径颗粒体积含量的影响分析

在 20 次周期性饱水作用下，试样发生的变形不可忽视，在同一轴向应力作用下，大粒径颗粒体积含量越大，轴向应变越大，大粒径颗粒粒径越大，轴向应变越大。从图 4.51 可以看出，在 1200kPa 的轴向应力作用下，20 次循环作用并未使试样达到变形稳定，此时试样变形速率还处在发展中，随着循环次数的继续增加，试样将会继续发生变形。对于大粒径颗粒体积含量为 0.34%、0.57%、0.91%的试样，周期性饱水引起的轴向应变在 0.003 左右，而对于大粒径颗粒体积含量为 1.25%的试样，周期性饱水引起的轴向应变达到 0.012。

宽级配砾石土中掺入大粒径颗粒量越多，对试样整体力学性质都有显著的提高。然而本次试验发现，试样的湿化变形量和由周期性饱水作用产生的变形量随大粒径颗粒体积含量的增加而增大，也就是说，试验整体强度越大的试样反而在周期性饱水作用下的变形越大。

掺入不同体积含量大粒径颗粒试样的结构如图 4.66 所示。4 种结构中，大粒径颗粒均为悬浮状，砂泥岩颗粒为密实状，其中砂泥岩颗粒整体成为试样的骨架结构。本次试验为模拟刚度较大的砾石，大粒径颗粒采用钢珠替代，即不可破碎，其与砂泥岩细颗粒光滑接触，摩擦系数很小。

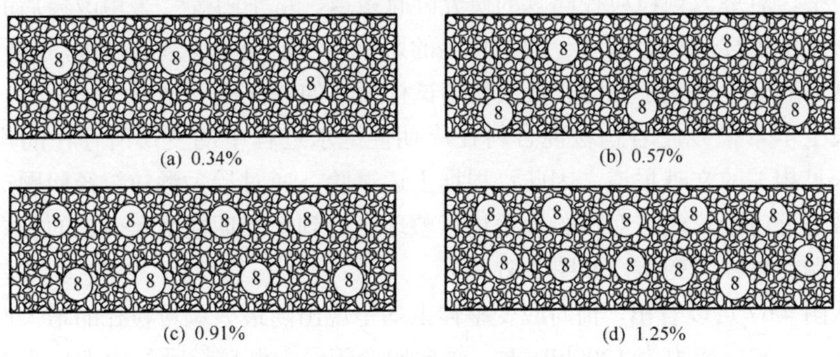

(a) 0.34%　(b) 0.57%　(c) 0.91%　(d) 1.25%

图 4.66　掺入不同体积含量大粒径颗粒试样的结构

试验初期，由于加载作用，试样内部孔隙被逐渐压密。原本存在初始缺陷的砂岩颗粒和泥岩颗粒的细微裂缝等缺陷逐渐扩大，同时，在周期性饱水作用下，这些缺陷逐渐被继续放大。在周期性饱水作用下，由于水的润滑作用，砂泥岩细颗粒与大粒径颗粒间的摩擦系数逐渐降低，即约束力逐渐降低，且泥岩颗粒在水的作用下崩解、泥化的速率较快，使得泥岩颗粒破碎后形成的细颗粒与大粒径颗粒间的实际接触面积逐渐变大，进一步减小了颗粒间的接触力。大粒径颗粒体积含量越大，其与砂泥岩细颗粒之间的接触面积就越大，进而导致大粒径颗粒周围细颗粒间的约束力越小，在周期性饱水作用下，破碎后的细颗粒就越容易滑移，试样的变形越大。

3) 大粒径颗粒的尺寸效应

广义上，砂泥岩颗粒混合料属于粗粒土范畴，在粗粒土的土工试验中，其力学性质常需要考虑最大颗粒粒径和试样尺寸的影响，即尺寸效应。鉴于此，学者们进行了研究，但大多数都是基于直剪试验、三轴试验等强度试验进行的。

贾宁等[50]对国内外土工直剪试验中的试样尺寸进行了对比，国内外对最大颗粒粒径与试样高度的比值持不同意见，大多在 1/10～1/5。Aqil 等[51]指出填筑材料的抗剪强度随着填筑材料平均粒径的增大而增大。Lutenegger 等[52]对不同砂土进行了直剪试验，指出最大颗粒粒径与剪切盒长度的比值不得超过 1/50。张祺等[53]通过改变剪切盒内高精度球形玻璃珠粒径、剪切盒厚度和长度的比例关系来观察体系剪切应力与试样边界条件的关系，发现直剪试验存在明显的尺寸效应，建议现行的直剪试验标准应当修正为剪切盒长度大于 35 倍最大颗粒粒径，且剪切盒长度要大于 2 倍剪切盒厚度。

郭庆国[54]通过对 8 种不同的材料进行三轴试验，得出试样最大颗粒粒径与试样直径的比值为 1/5。司洪洋[55]通过统计分析，得出试样最大颗粒粒径与试样直径的比值在 1/16～1/3，最优为 1/5。

综上所述，在直剪试验和三轴试验中，尺寸效应各不相同，在土体的侧向压缩试验中，对最大颗粒粒径问题的研究鲜有报道。雷华阳等[56]采用改装后的压缩仪，研究了试样尺寸对吹填土固结特性的影响，发现随着荷载的增大，其固结系数先增大后减小再趋于稳定，最大值随试样尺寸的变化而变化。

关于本章中砂泥岩颗粒混合料在周期性饱水过程中的变形所存在的尺寸效应，未见相关的文献报道。因此，根据上述试验，应对最大颗粒粒径问题产生的尺寸效进行讨论。通过对试验数据进行整理，得到了周期性饱水引起的轴向应变随最大颗粒粒径的变化，如图 4.67 所示。

从图 4.67 可以看出，轴向应变整体上均呈现出随最大颗粒粒径的增大而增大的趋势。在轴向应力为 1200kPa 时，轴向应变随最大颗粒粒径的增大呈线性增大

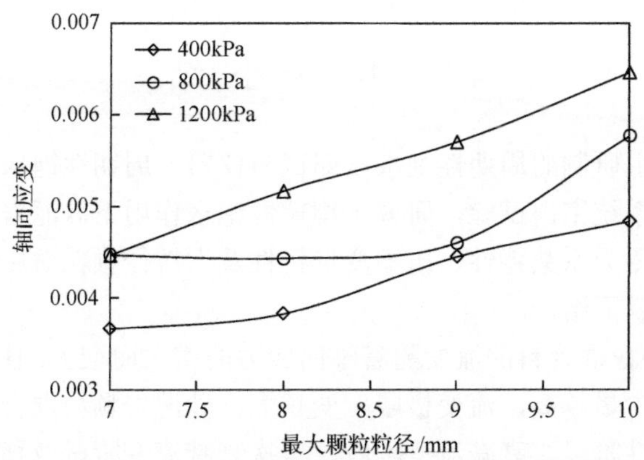

图 4.67　周期性饱水引起的轴向应变随最大颗粒粒径的变化

趋势，而在轴向应力为 400kPa 和 800kPa 时，曲线发生不同程度的转折。在轴向应力较小时，直径 7mm 和 8mm 试样的轴向应变基本不变，而在轴向应力较大时，产生了较为明显的尺寸效应。

将横坐标改成试样高度与最大颗粒粒径的比值(本章称为粒径比)，可得到周期性饱水引起的轴向应变与粒径比的关系，如图 4.68 所示。

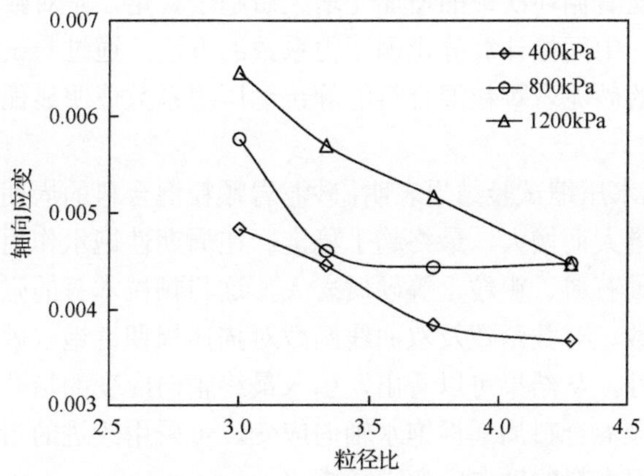

图 4.68　周期性饱水引起的轴向应变与粒径比的关系

从图 4.68 可以看出，本章的粒径比为 3～4.4，在高轴向应力下，尺寸效应明显，仅得到了最大颗粒粒径大于 7mm 后会产生尺寸效应，即试验高度与最大颗粒粒径的比值小于 4.3 时会产生尺寸效应。在低轴向应力下，当粒径比大于 3.7 时，轴向应变保持不变，认为试验结果是可靠的，不随试样高度的变化而变化，可认为是消除了尺寸效应。然而，本章采用的四种大粒径颗粒均会产生一定的尺寸效应，尚不清楚其极限值的范围。因此，在高轴向应力下进行周期性饱水试验，应尽可能增大试样的尺寸。

4.5 本 章 小 结

本章利用自主研制的周期性饱水压缩试验仪器、周期性饱水静止侧压力系数试验仪器，通过系统室内试验，研究了周期性饱水作用下砂泥岩颗粒混合料的流变特性、静止侧压力系数特性、压缩变形特性及大粒径颗粒对压缩变形特性的影响等问题，得到以下结论：

(1) 砂泥岩颗粒混合料的流变随着轴向应力的增大而增大，且与泥岩颗粒含量有关，泥岩颗粒含量越高，流变极限应变越大；砂泥岩颗粒混合料的流变可分为四个阶段，即线性阶段、衰减流变阶段、再次衰减流变阶段及稳定阶段。根据试验结果，采用不同的流变模型对其进行拟合分析，最终认为，双曲线函数及指数函数 2 的分段流变模型可以很好地描述砂泥岩颗粒混合料的两阶段衰减流变特征。

(2) 周期性饱水快速固结试验中，采用有效应力增量法计算得到四种轴向应力作用下的静止侧压力系数为 0.258～0.286，总应力法计算得到四种轴向应力下的静止侧压力系数为 0.272～0.34。砂泥岩颗粒混合料的静止侧压力系数随轴向应力的增大而减小，随着循环次数的增加先增大后趋于稳定，呈对数增大趋势。提出了周期性饱水过程中间接计算静止侧压力系数的方法，通过与试验实测值比较发现，该方法计算的砂泥岩颗粒混合料的静止侧压力系数值明显偏低，因此建议采用直接测试法。

(3) 周期性饱水压缩试验结果表明，砂泥岩颗粒混合料的周期性饱水轴向应变随着循环次数的增大而增大，最终趋于稳定。在周期性饱水作用下，砂泥岩颗粒混合料的变形比堆石料、粗粒土等硬质岩大，这与颗粒本身的强度特性有关。分别研究了指数函数、对数函数及双曲线函数对描述周期性饱水砂泥岩颗粒混合料轴向应变的适用性，从结果可以看出，引入最终轴向应变的指数函数模型更适用于描述砂泥岩颗粒混合料周期性饱水轴向应变，可采用改进的指数函数对周期性饱水砂泥岩颗粒混合料的轴向应变进行描述。

(4) 大粒径颗粒粒径与体积含量对砂泥岩颗粒混合料周期性饱水作用变形存在影响，在周期性饱水过程中，大粒径颗粒粒径对湿化变形影响的顺序为 8mm＞10mm＞9mm＞7mm，大粒径颗粒体积含量对湿化变形影响的顺序为 1.25%＞0.91%＞0.57%＞0.34%。周期性饱水引起的变形量随着循环次数的增加呈现缓慢增大-加速增大-缓慢增大的变化规律。在 400kPa、800kPa、1200kPa 三种轴向应力下，周期性饱水变形量比湿化变形量更小，均在 0.005 左右，且随着轴向应力的增加，试样的应变也逐渐增大，但增幅较小。周期性饱水变形量随大粒径颗粒粒径的增大而增大，随大粒径颗粒体积含量的增大而增大。在高轴向应力下，尺寸效应明显；在低轴向应力下，当粒径比大于 3.7 时，可消除尺寸效应。

参 考 文 献

[1] 王俊杰, 方绪顺, 邱珍锋. 砂泥岩颗粒混合料工程特性研究[M]. 北京：科学出版社, 2016.

[2] 王俊杰, 刘明维, 邓弟平, 等. 土体饱水-疏干循环压缩试验方法及其装置: ZL201210513371.0[P]. 2014.8.13.

[3] 杨洋, 王俊杰, 张钧堂, 等. 砂泥岩颗粒混合料的流变特性试验研究[J]. 重庆交通大学学报(自然科学版), 2017, 3(36): 64-69.

[4] 孙钧. 岩土材料流变及其工程应用[M]. 北京: 中国建筑工业出版社, 1999.

[5] 曹光栩, 宋二祥, 徐明. 山区机场高填方地基工后沉降变形简化算法[J]. 岩土力学, 2011, 32(s1): 1-6.

[6] 张丙印, 孙国亮, 张宗亮. 堆石料的劣化变形和本构模型[J]. 岩土工程学报, 2010, 32(1): 98-103.

[7] 魏松, 朱俊高. 粗粒料湿化变形三轴试验中几个问题[J]. 水利水运工程学报, 2006,(1): 19-23.

[8] 傅华, 凌华, 蔡正银. 粗颗粒土颗粒破碎影响因素试验研究[J]. 河海大学学报(自然科学版), 2009, 37(1): 75-79.

[9] 魏松, 朱俊高, 钱七虎, 等. 粗粒料颗粒破碎三轴试验研究[J]. 岩土工程学报, 2009, 31(4): 533-538.

[10] 蔡正银, 李小梅, 关云飞, 等. 堆石料的颗粒破碎规律研究[J]. 岩土工程学报, 2016, 38(5): 923-929.

[11] 赵晓菊, 凌华, 傅华, 等. 级配对堆石料颗粒破碎及力学特性的影响[J]. 水利与建筑工程学报, 2013, 11(4): 175-178, 202.

[12] 刘汉龙, 秦红玉, 高玉峰, 等. 堆石粗粒料颗粒破碎试验研究[J]. 岩土力学, 2005, 26(4): 562-566.

[13] Chu J, Gan C L. Effect of void ratio on K_0 of loose sand[J]. Géotechnique, 2004, 54(4): 285-288.

[14] Lee J, Lee D, Park D. Experimental investigation on the coefficient of lateral earth pressure at rest of silty sands: Effect of fines[J]. Geotechnical Testing Journal, 2014, 37(6): 1-13.

[15] 褚福永, 朱俊高, 王平, 等. K_0固结条件下粗粒土变形及强度特性研究[J]. 岩土力学, 2012, 33(6): 1625-1630.

[16] Fukagawa R, Ohta H. Effect of some factors on K_0-value of a sand[J]. Soils and Foundations, 1988, 28(4): 93-106.

[17] Levenberg E, Garg N. Estimating the coefficient of at-rest earth pressure in granular pavement layers[J]. Transportation, 2014, 1(1): 21-30.

[18] Hanna A, Al-Romhein R. At-rest earth pressure of overconsolidated cohesionless soil[J]. Journal of Geotechnical and Geoenvironmental Engineering, 2008, 134(3): 408-412.

[19] Tian Q, Xu Z, Zhou G, et al. Coefficients of earth pressure at rest in thick and deep soils[J]. Mining Science and Technology, 2009, 99(2): 252-255.

[20] Yan W M, Chang J. Effect of pore water salinity on the coefficient of earth pressure at rest and friction angle of three selected fine-grained materials[J]. Engineering Geology, 2015, 193: 153-157.

[21] Yun T S, Lee J, Lee J, et al. Numerical investigation of the at-rest earth pressure coefficient of granular materials[J]. Granular Matter, 2015, 17(4): 413-418.

[22] 朱俊高, 蒋明杰, 沈靠山, 等. 粗粒土静止侧压力系数试验[J]. 河海大学学报(自然科学版), 2016, 44(6): 491-497.

[23] Orr T L L, Cherubini C. Use of the ranking distance as an index for assessing the accuracy and precision of equations for the bearing capacity of piles and at-rest earth pressure coefficient[J]. Canadian Geotechnical Journal, 2003, 40(6): 1200-1207.

[24] Wang J J, Zhang H P, Tang S C, et al. Effects of particle size distribution on shear strength of accumulation soil[J]. Journal of Geotechnical and Geoenvironmental Engineering, 2013, 139(11): 1994-1997.

[25] 王俊杰, 郝建云. 土体静止侧压力系数定义及其确定方法综述[J]. 水电能源科学, 2013, 31(7): 111-114.

[26] 王俊杰, 赵迪, 梁越, 等. 土体饱水-疏干循环静止侧压力系数测试方法及其装置: ZL 201210513417.9[P]. 2014.6.18.

[27] Wang J J, Yang Y, Bai J, et al. Coefficient of earth pressure at rest of a saturated artificially mixed soil from oedometer tests[J]. KSCE Journal of Civil Engineering, 2018, 22(5): 1691-1699.

[28] ASTM Standard D2435M-11. Standard test method for one-dimensional consolidation properties of soils using incremental loading. Annual book of ASTM standards[S]. West Conshohocken: ASTM International, 2011.

[29] 邱珍锋, 卢孝志, 伍应华. 考虑颗粒形状的粗粒土渗透特性试验研究[J]. 南水北调与水利科技, 2014, 12(4): 102-106.

[30] Jâky J. The coefficient of earth pressure at rest[J]. Journal of the Society of Hungarian Architects and Engineers, 1944, 7(4): 355-358.

[31] Abdelhamid M S, Krizek R J. At rest lateral earth pressures of a consolidating clay[J]. Journal of Geotechnical Engineering Division, 1976, 102(7): 721-738.

[32] Mesri G, Hayat T M. The coefficient of earth pressure at rest[J]. Canadian Geotechnical Journal, 1993, 30(3): 647-666.

[33] Simpson B. Retaining structures: Displacement and design[J]. Géotechnique, 1992, 42(4): 541-576.

[34] Federico A, Elia G, Murianni A. The at-rest earth pressure coefficient prediction using simple elasto-plastic constitutive models[J]. Computers and Geotechnics, 2009, 36(2): 187-198.

[35] Terzaghi K, Peck R B. Soil Mechanics in Engineering Practice[M]. 3rd ed. New York: John Wiley & Sons, 1996.

[36] 纠永志, 黄茂松. 超固结软黏土的静止土压力系数与不排水抗剪强度[J]. 岩土力学, 2017, 38(4): 951-957.

[37] Akbas S O, Kulhawy F H. Axial compression of footings in cohesionless soils. I: Load-settlement behavior[J]. Journal of Geotechnical and Geoenvironmental Engineering, 2009, 135(11): 1562-1574.

[38] Fakhimi A, Hosseinpour H. Experimental and numerical study of the effect of an oversize particle on the shear strength of mined-rock pile material[J]. Geotechnical Testing Journal, 2011, 34(3): 131-138.

[39] Santagata M, Bobet A, Johnston C T, et al. One-dimensional compression behavior of a soil with high organic matter content[J]. Journal of Geotechnical and Geoenvironmental Engineering, 2008, 134(1): 1-13.

[40] Cavalieri K M V, Arvidsson J, Silva A P D, et al. Determination of precompression stress from uniaxial compression tests[J]. Soil & Tillage Research, 2008, 98(1): 17-26.

[41] Fredlund D G, Xing A, Fredlund M D, et al. The relationship of the unsaturated soil shear strength to the soil-water characteristic curve[J]. Canadian Geotechnical Journal, 1996, 33(3): 440-448.

[42] 邵生俊, 王婷, 于清高. 非饱和土等效固结变形特性与一维固结变形分析方法[J]. 岩土工程学报, 2009, 31(7): 1037-1045.

[43] 程展林, 左永振, 丁红顺, 等. 堆石料湿化特性试验研究[J]. 岩土工程学报, 2010, 32(2): 243-247.

[44] 殷宗泽. 高土石坝的应力与变形[J]. 岩土工程学报, 2009, 31(1): 1-14.

[45] 王海俊, 殷宗泽. 堆石料长期变形的室内试验研究[J]. 水利学报, 2007, 38(8): 914-919.

[46] 张丹, 李广信, 张其光. 软岩粗粒土增湿变形特性研究[J]. 水力发电学报, 2009, 28(2): 52-55.

[47] 王海俊, 董卫军, 田志军, 等. 椭圆-抛物线双屈服面流变模型的应用与研究[J]. 水力发电学报, 2017, 36(1): 96-103.

[48] 汪小刚, 刘祖德, 陆士强. 超粒径颗粒粒度效应对基底材料力学特性的影响[J]. 岩土工程学报, 1993, 15(5): 1-10.

[49] 中华人民共和国水利部. 土工试验规程(SL 237—1999)[S]. 北京: 中国水利水电出版社, 1999.

[50] 贾宁, 王洪播, 金永军, 等. 国内外土工直接剪切试验方法对比[J]. 勘察科学技术, 2014, (s1): 12-14.

[51] Aqil U, Tatsuoka F, Uchimura T. Strength and deformation characteristics of recycled concrete aggregate as a backfill material[J]. Soils and Foundations, 2005, 45(5): 53-72.

[52] Lutenegger A J, Cerato A B. Specimen size and scale effects of direct shear box tests of sands[J]. ASTM Geotechnical Testing Journal, 2006, 29(6): 507-516.

[53] 张祺, 厚美瑛. 直剪颗粒体系的尺寸效应研究[J]. 物理学报, 2012, 61(24): 348-353.

[54] 郭庆国. 无凝聚性粗粒土的压实特性及压实参数[J]. 大坝观测与土工测试, 1984,(1): 41-49.

[55] 司洪洋. 粗颗粒土石料的定名与粗度系数[J]. 水利水运科学研究, 1981,(1): 73-77.

[56] 雷华阳, 贺彩峰, 仇王维, 等. 尺寸效应对吹填软土固结特性影响的试验研究[J]. 天津大学学报(自然科学与工程技术版), 2016, 49(1): 73-79.

第 5 章　直剪强度及变形特性

评价土体的抗剪强度是岩土工程领域的重要内容。研究土体抗剪强度的方法很多，主要有现场试验[1~3]、室内试验[4~7]和数值仿真[8~11]三类。其中，室内试验方法主要有三轴剪切试验[12~14]和直接剪切试验[15~17]，本章采用室内直接剪切试验方法进行研究。

抗剪强度是土体的重要力学指标之一，其主要影响因素有土体的颗粒分布特征、密实度或孔隙率、含水率或水的作用、应力状态或应力历史等[18~22]。对于填筑于大型水库库岸的砂泥岩颗粒混合料，由于库水位升降变化引起的周期性饱水作用，其抗剪强度的影响因素更多且更复杂，因此对其开展研究是有价值的。

本章基于室内直剪试验结果，探讨试验土料的颗粒级配与泥岩颗粒含量、试样的干密度与含水率、试验的浸泡时间、周期性浸泡次数及往复剪切次数等对砂泥岩颗粒混合料抗剪强度特性的影响。考虑到直剪试验试样的周期性饱水过程不是直接在直剪仪中进行的，经过周期性饱水后的试样需要人工安装到直剪仪后才可进行试验，为了减少装样过程对试样的扰动，本章周期性饱水试样在疏干状态下进行剪切试验研究。

5.1　试验土料及试验方案

5.1.1　试验土料及试样特征

影响土体抗剪强度特性的因素众多，本章考虑土体的颗粒分布、试样特征及试验条件三个方面，研究砂泥岩颗粒混合料的抗剪强度特性。土体的颗粒分布主要涉及颗粒级配和泥岩颗粒含量；试样特征主要涉及试样干密度和含水率；试验条件主要涉及浸泡时间、周期性浸泡次数和往复剪切次数。

采用 5 种不同的颗粒级配，即颗粒级配 1、2、3、4 和 5。颗粒级配的具体情况如表 5.1 和图 5.1 所示。

各颗粒级配曲线的特征粒径及特征值如表 5.2 所示。表中，d_{10}、d_{20}、d_{30}、d_{50}和 d_{60} 为粒径分布曲线上小于某粒径的颗粒含量分别为 10%、20%、30%、50%和60%时所对应的粒径。

根据我国《土的工程分类标准》(GB/T 50145—2007)[23]和美国 ASTM 标准 D2487-11[24]规定，颗粒级配 1 和 2 为级配良好，颗粒级配 3、4 和 5 为级配不良好。

表 5.1　直剪试验土料颗粒级配表

粒径/mm	小于某粒径的颗粒含量/%				
	颗粒级配 1	颗粒级配 2	颗粒级配 3	颗粒级配 4	颗粒级配 5
2	100	100	100	100	100
1	46	62	74	85	95
0.5	20	35	48	70	88
0.25	10	15	33	50	70
0.075	4	5	4	4	4

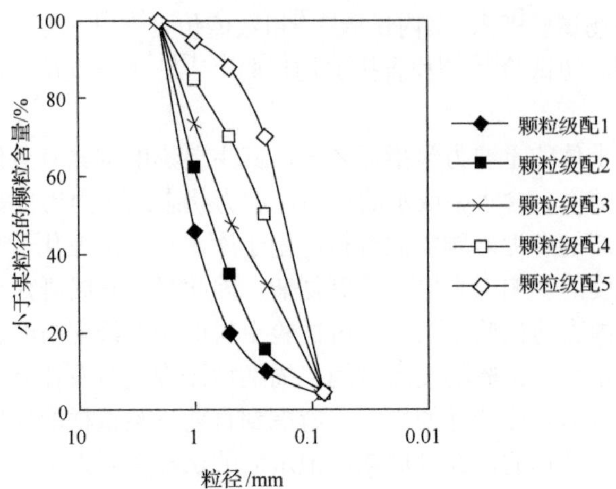

图 5.1　直剪试验土料颗粒级配曲线

表 5.2　颗粒特征粒径及颗粒级配曲线特征值

颗粒级配	特征粒径/mm					特征值	
	d_{10}	d_{20}	d_{30}	d_{50}	d_{60}	C_c	C_u
1	0.260	0.500	0.660	1.050	1.300	1.289	5.000
2	0.140	0.300	0.430	0.730	0.950	1.390	6.786
3	0.095	0.165	0.220	0.520	0.680	0.749	7.158
4	0.087	0.120	0.160	0.250	0.360	0.817	4.138
5	0.083	0.108	0.130	0.185	0.210	0.970	2.530

结合工程实践和室内试验的要求，选取 6 个砂泥岩颗粒含量配比，即砂岩颗粒与泥岩颗粒的质量比为 10 : 0、8 : 2、6 : 4、4 : 6、2 : 8 和 0 : 10。若以泥岩颗粒含量表示，分别为 0%、20%、40%、60%、80%和 100%。

圆柱形试样直径为 61.8mm、厚度为 20mm。试样干密度、含水率对直剪试验强度指标有影响，为研究其影响，采用四种不同的试样干密度，即 1.75g/cm^3、1.80g/cm^3、1.85g/cm^3 和 1.90g/cm^3；采用五种不同的含水率，即 4%、8%、10%、12%和 16%。

5.1.2　试验仪器及试验方案

1) 试验仪器

直剪试验采用的试验仪器为 DZ-4 型应变式直剪仪，如图 5.2 所示。

图 5.2　DZ-4 型应变式直剪仪

往复剪切试验采用由 ZJ 型应变控制式直剪仪改装的往复剪切试验仪，如图 5.3 所示。

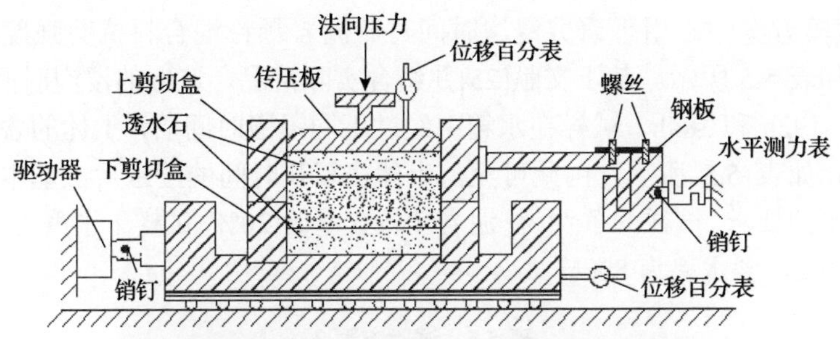

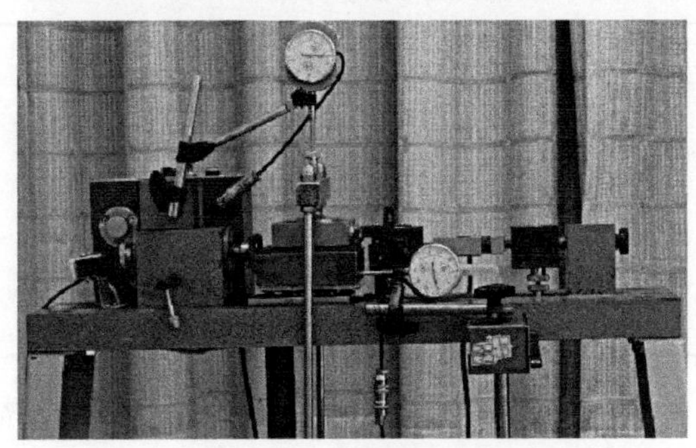

图 5.3　往复剪切试验仪

2) 试验方案

(1) 试验方案 1。用于研究试验土料颗粒分布、试样特征对砂泥岩颗粒混合料抗剪强度特性的影响，具体如表 5.3 所示。为了与试验方案 2 的饱水状态相区别，这里试样含水状态称为天然状态。

表 5.3 试验方案 1

序号	试样个数	颗粒级配	泥岩颗粒含量/%	试样干密度/(g/cm^3)	含水率/%
1	20	1、2、3、4、5	20	1.80	8
2	24	2	0、20、40、60、80、100	1.80	8
3	16	2	20	1.75、1.80、1.85、1.90	8
4	20	2	20	1.80	4、8、10、12、16

(2) 试验方案 2。用于研究砂泥岩颗粒混合料在饱水状态下的抗剪强度特性，具体如表 5.4 所示。

表 5.4 试验方案 2

序号	试样个数	颗粒级配	泥岩颗粒含量/%	试样干密度/(g/cm^3)	含水率/%
1	20	1、2、3、4、5	20	1.80	8
2	24	2	0、20、40、60、80、100	1.80	8
3	16	2	20	1.75、1.80、1.85、1.90	8

(3) 试验方案 3。用于研究浸泡时间对砂泥岩颗粒混合料抗剪强度特性的影响，具体如表 5.5 所示。基于文献[25]并结合实际情况，选取的浸泡时间为 24h、48h、96h、192h 和 384h。试样在水箱中经过不同浸泡时间后，土体的含水率与饱和度的变化如表 5.5 所示。由此可见，土体在较长时间的浸水后，基本上能够达到土体饱水的要求。试样的条件为：泥岩颗粒含量为 20%，试样干密度为 1.8g/cm^3，颗粒级配为 2，含水率为 8%。

表 5.5 试验方案 3

浸泡时间/h	含水率/%	饱和度/%
24	20.7	93.7
48	20.1	91.6
96	21.3	95.7
192	20.8	94.1
384	20.6	93.3

(4) 试验方案 4。用于研究浸泡次数对砂泥岩颗粒混合料抗剪强度特性的影

响，如表 5.6 所示。浸泡、疏干方法和时间对试样的饱和度有显著影响[26~28]，为了确定浸泡、疏干标准，首先将试样进行抽气浸泡试验，选取抽气浸泡时间为 1h、2h、4h 和 6h 等，最终得出浸泡后的含水率分别为 17.1%、19.6%、21.5%和 21.6%，饱和度分别为 79.7%、89.3%、96.4%和 96.4%，据此选取抽气浸泡时间为 4h；然后把抽气浸泡 4h 后的试样放入烘箱中进行加热除水操作，分别加热 0.5h、1h、2h、3h 等，得出加热除水后的试样含水率分别为 12.7%、7.8%、0.197%和 0.185%，饱和度分别为 61.4%、39.6%、1.07%和 1.00%，据此确定的疏干方法为控制温度 105～110℃不变，时间为 1h。

表 5.6　试验方案 4

序号	试样个数	浸泡次数	试样干密度/(g/cm^3)	含水率/%	颗粒级配	泥岩颗粒含量/%
1	16	1、3、10、30	1.80	8	2	20
2	12	10	1.80	8	2	0、20、100

(5) 试验方案 5。用于研究往复剪切荷载作用下砂泥岩颗粒混合料抗剪强度特性，如表 5.7 所示。由于含水率对土体的抗剪强度特性有着很大的影响[29]，因此将含水率作为唯一的变量，对砂泥岩颗粒混合料试样进行往复剪切试验。具体试验方案为：试验土料的泥岩颗粒含量为 20%、颗粒级配为 2，试样的干密度为 1.8g/cm^3，含水率为 4%、8%、10%、12%和 16%共 5 种。

表 5.7　试验方案 5

序号	试样个数	试样干密度/(g/cm^3)	含水率/%	颗粒级配	泥岩颗粒含量/%
1	20	1.80	4、8、10、12、16	2	20

5.1.3　试验数据分析方法

根据梁越等[30]针对砂泥岩颗粒混合料压缩变形特性的研究，对不同试样干密度条件下的应力-应变关系进行数据整理分析，得到在不同试样干密度增量条件下，轴向应变增量与轴向应力的关系，如表 5.8 所示。

表 5.8　不同试样干密度增量条件下轴向应变增量与轴向应力的关系

试样干密度增量/(g/cm^3)	轴向应变增量/10^{-2}			
	轴向应力 50kPa	轴向应力 100kPa	轴向应力 200kPa	轴向应力 400kPa
0.1	−0.020	0.230	−0.057	−0.927
0.2	0.027	−0.140	−1.910	−3.720
0.3	0.010	−0.180	−1.970	−4.250

从表 5.8 可以看出，试样干密度每增加 0.1g/cm^3，不同轴向应力条件下的轴向应变增量均在 0.05 以内，大多数都不超过 0.01；同理，在同一轴向应力条件下，试样干密度增量在 0.1～0.3g/cm^3 变化时，轴向应变增量也均在 0.05 以内。因此，轴向应力产生的轴向应变增量对试验压缩变形特性的影响不大。

根据张钧堂等[25]的研究，土体在剪切过程中的竖向位移变化是由颗粒摩擦、翻滚以及剪切盒错动等引起的，竖向位移与其他变量的关系是土体抗剪强度特性间接反映出的一种表示方式，对砂泥岩颗粒混合料抗剪强度特性的影响不大。

5.2　天然状态砂泥岩颗粒混合料抗剪强度特性

颗粒分布主要通过颗粒级配和泥岩颗粒含量两种因素展开讨论，试样特征主要通过试样干密度和含水率两种因素表现。因此，通过分别改变砂泥岩颗粒混合料的颗粒级配、泥岩颗粒含量、试样干密度、含水率等因素，探讨颗粒分布及试样特征对天然状态砂泥岩颗粒混合料抗剪强度特性的影响。具体的试验方案如表 5.3 所示。

5.2.1　颗粒级配对天然状态抗剪强度特性的影响

1) 剪应力-剪切位移关系

图 5.4～图 5.8 给出了试验测得的天然状态砂泥岩颗粒混合料在不同颗粒级配条件下的剪应力-剪切位移关系。

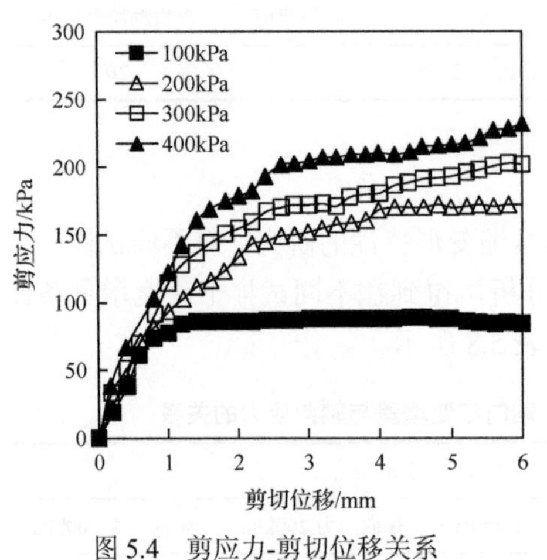

图 5.4　剪应力-剪切位移关系

（颗粒级配 1，天然状态）

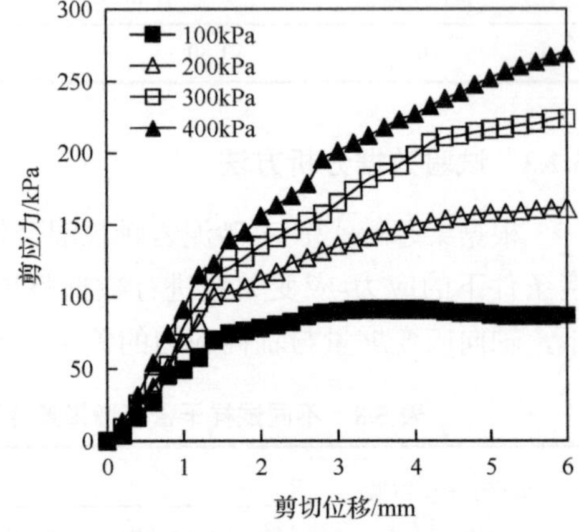

图 5.5　剪应力-剪切位移关系

（颗粒级配 2，天然状态）

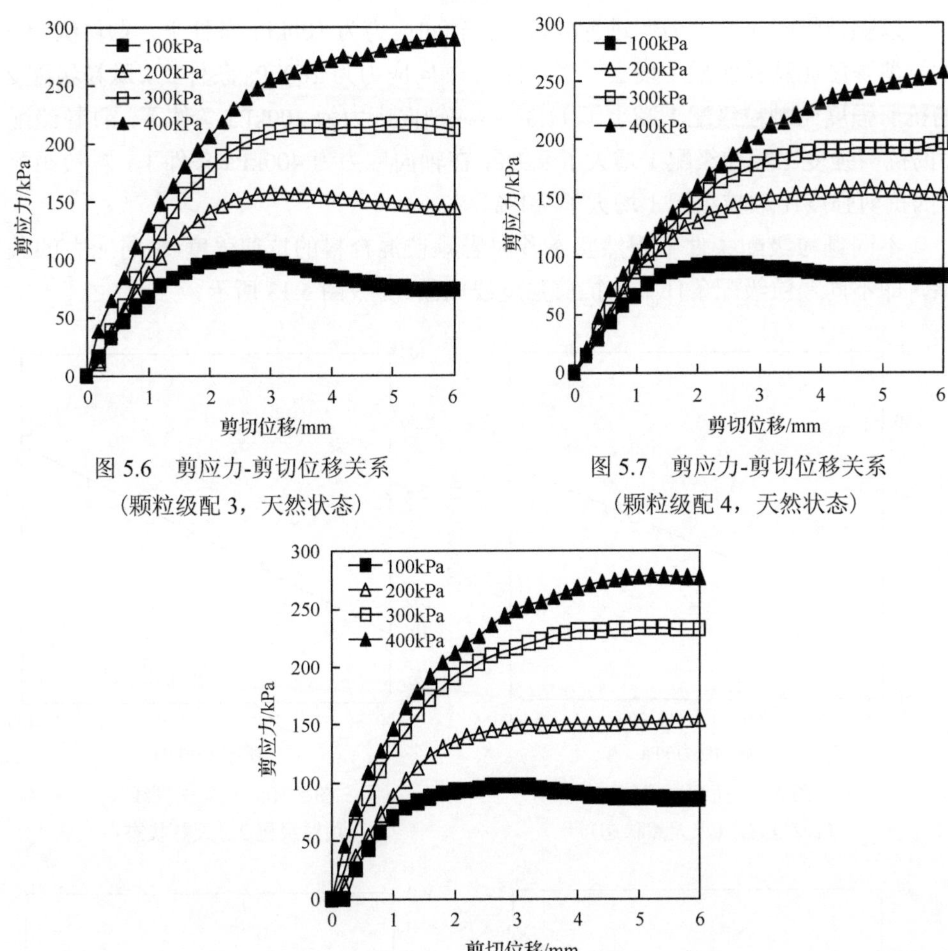

图 5.6　剪应力-剪切位移关系
（颗粒级配 3，天然状态）

图 5.7　剪应力-剪切位移关系
（颗粒级配 4，天然状态）

图 5.8　剪应力-剪切位移关系（颗粒级配 5，天然状态）

2）抗剪强度线

根据图 5.4～图 5.8，得出不同颗粒级配条件下，不同轴向应力下的抗剪强度，如表 5.9 所示。

表 5.9　不同轴向应力作用下天然状态的抗剪强度（不同颗粒级配条件下）

颗粒级配	抗剪强度/kPa			
	轴向应力 100kPa	轴向应力 200kPa	轴向应力 300kPa	轴向应力 400kPa
1	87.95	169.17	180.43	211.74
2	90.84	150.02	198.31	226.80
3	85.28	154.11	212.69	271.23
4	85.28	154.30	190.91	232.19
5	90.21	150.58	230.16	267.51

以颗粒级配 1 和 2 为例进行分析。在轴向应力为 100kPa 条件下，颗粒级配 2 的抗剪强度比颗粒级配 1 增大了 3.3%；在轴向应力为 200kPa 条件下，颗粒级配 2 的抗剪强度比颗粒级配 1 减小了 11.3%；在轴向应力为 300kPa 条件下，颗粒级配 2 的抗剪强度比颗粒级配 1 增大了 9.9%；在轴向应力为 400kPa 条件下，颗粒级配 2 的抗剪强度比颗粒级配 1 增大了 7.1%。

不同颗粒级配条件下天然状态砂泥岩颗粒混合料的抗剪强度-轴向应力的关系，即不同颗粒级配条件下的抗剪强度线如图 5.9～图 5.13 所示。

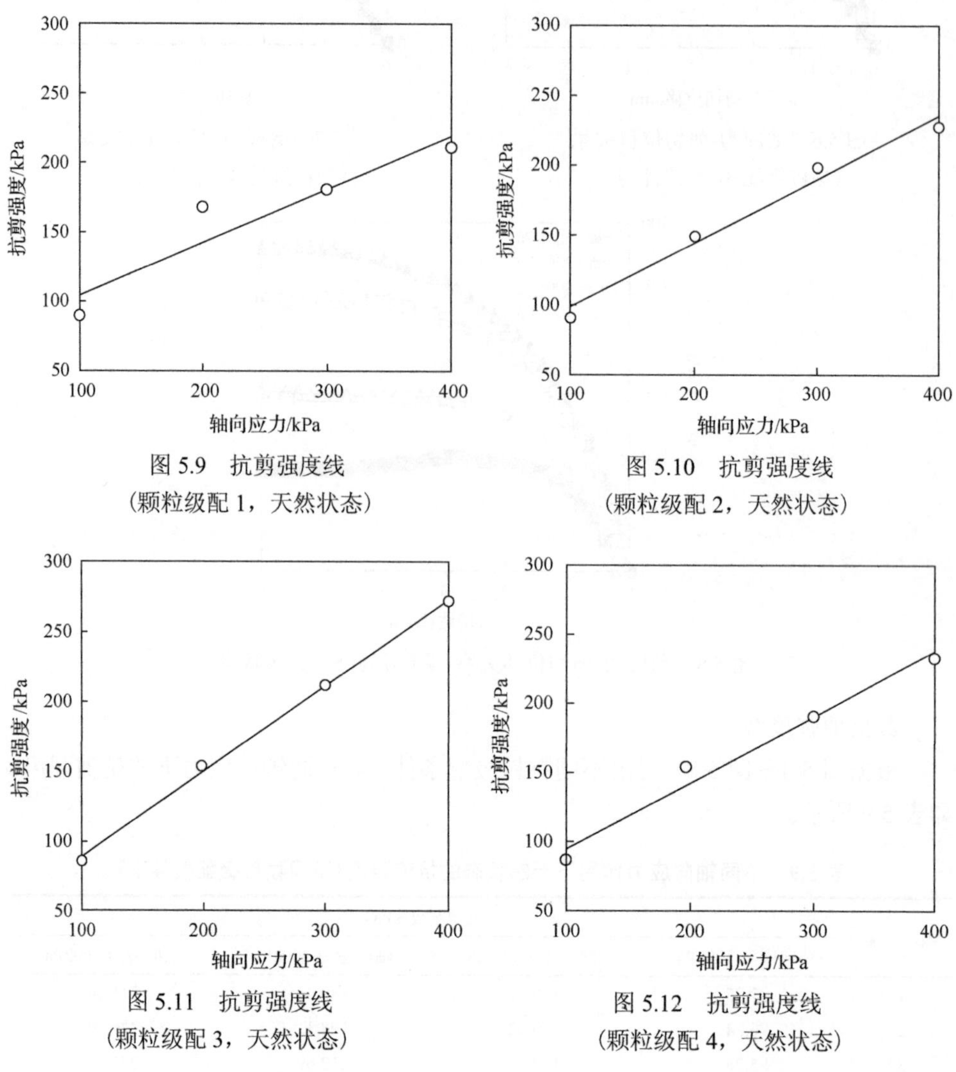

图 5.9　抗剪强度线
（颗粒级配 1，天然状态）

图 5.10　抗剪强度线
（颗粒级配 2，天然状态）

图 5.11　抗剪强度线
（颗粒级配 3，天然状态）

图 5.12　抗剪强度线
（颗粒级配 4，天然状态）

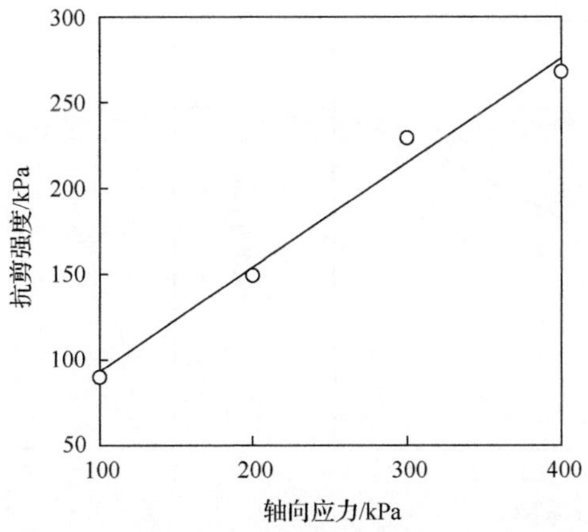

图 5.13　抗剪强度线(颗粒级配 5，天然状态)

3) 颗粒级配对黏聚力的影响

根据图 5.9～图 5.13 中的拟合直线，得出颗粒级配分别为 1、2、3、4 和 5 时，砂泥岩颗粒混合料的黏聚力分别为 66.668kPa、52.234kPa、26.724kPa、46.336kPa 和 31.749kPa。为反映不同颗粒级配条件下砂泥岩颗粒混合料黏聚力的差异性，考虑选取特征粒径 d_{50}、d_{60} 和特征值 C_c、C_u 作为颗粒级配量化指标，研究砂泥岩颗粒混合料的黏聚力与颗粒级配量化指标的规律。

天然状态下黏聚力与 d_{50}、d_{60}、C_c、C_u 的关系如图 5.14～图 5.17 所示。从图 5.14 和图 5.15 可以看出，砂泥岩颗粒混合料的黏聚力与特征粒径 d_{50}、d_{60} 呈二次函数关系，即黏聚力随着特征粒径 d_{50}、d_{60} 的增加呈先减小后增大的趋势。

从图 5.16 可以看出，砂泥岩颗粒混合料的黏聚力与曲率系数 C_c 呈二次函数关系，即黏聚力随着曲率系数 C_c 的增加呈先增大后减小的趋势。

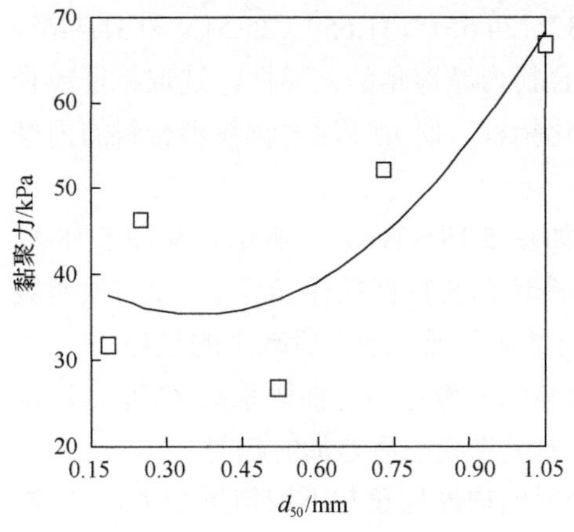

图 5.14　黏聚力与 d_{50} 的关系(天然状态)

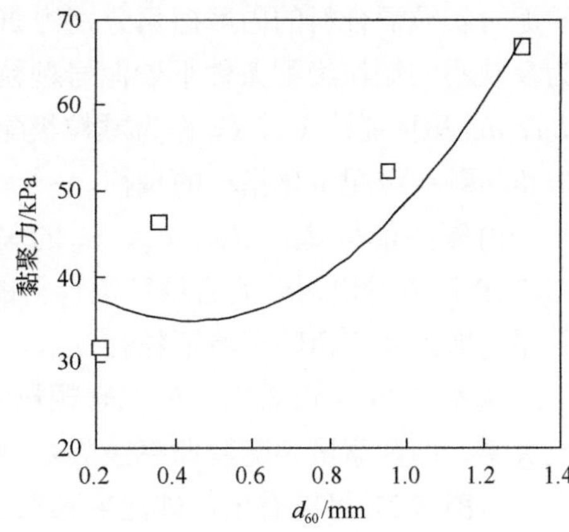

图 5.15　黏聚力与 d_{60} 的关系(天然状态)

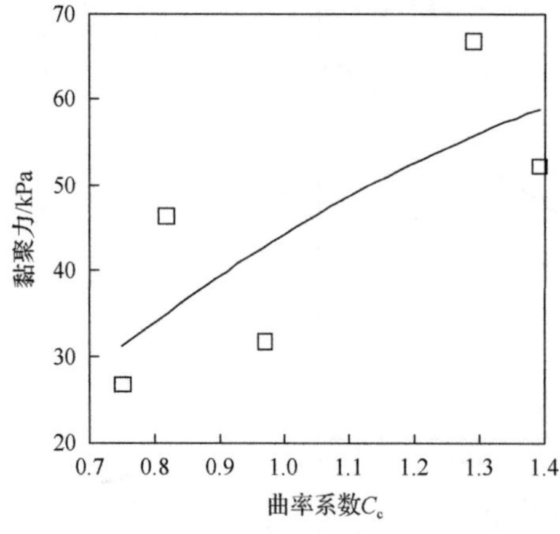

图 5.16 黏聚力与 C_c 的关系(天然状态)

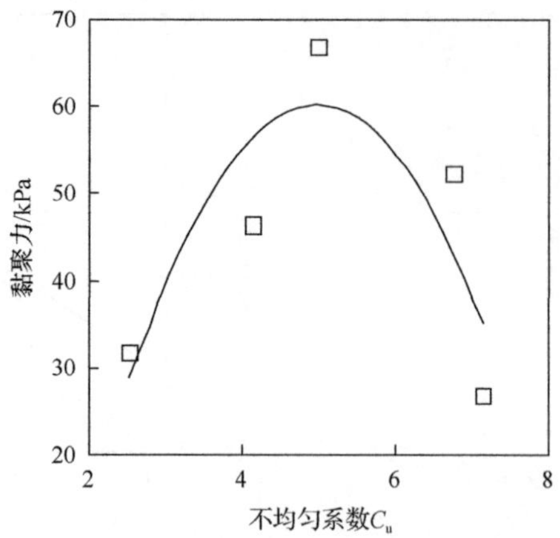

图 5.17 黏聚力与 C_u 的关系(天然状态)

从图 5.17 可以看出，砂泥岩颗粒混合料的黏聚力与不均匀系数 C_u 呈二次函数关系，即黏聚力随着不均匀系数 C_u 的增加呈先增大后减小的趋势。

出现以上现象的原因主要与颗粒级配中不同粒径组的颗粒含量有关。当粗颗粒(本章中定义粗颗粒粒径为 0.5～2mm)含量较大时，试样主要是由粗颗粒组成，从而使粗颗粒成为砂泥岩颗粒混合料骨架的主要组成部分。在试验过程中，粗颗粒的移动会影响土体骨架的松动，粗颗粒的大量存在势必会增大土体的黏聚力，但试验后期，粗颗粒棱角逐渐被磨平后，即锁合结构被破坏后，土体会发生剪切破碎的现象，颗粒与颗粒之间会重新排列，从而形成新的锁合结构，砂泥岩颗粒的黏聚力又会出现新的变化趋势。

4) 颗粒级配对内摩擦角的影响

根据图 5.9～图 5.13 中的拟合直线，得出颗粒级配分别为 1、2、3、4 和 5 时，砂泥岩颗粒混合料的内摩擦角分别为 20.937°、24.551°、31.650°、25.515°和 31.446°。为反映不同颗粒级配条件下砂泥岩颗粒混合料内摩擦角的差异性，选取特征粒径 d_{50}、d_{60} 和特征值 C_c、C_u 作为颗粒级配量化指标，研究砂泥岩颗粒混合料的内摩擦角与颗粒级配量化指标的规律。

内摩擦角与 d_{50}、d_{60}、C_c、C_u 的关系如图 5.18～图 5.21 所示。从图 5.18 和图 5.19 可以看出，砂泥岩颗粒混合料的内摩擦角与特征粒径 d_{50}、d_{60} 呈二次函数关系，即内摩擦角随着特征粒径 d_{50}、d_{60} 的增加呈现先增大后减小的趋势。

从图 5.20 可以看出，砂泥岩颗粒混合料的内摩擦角与曲率系数 C_c 呈二次函数关系，即内摩擦角随着曲率系数 C_c 的增加呈先减小后增加的趋势。

从图 5.21 可以看出，砂泥岩颗粒混合料的内摩擦角与不均匀系数 C_u 呈二次函数关系，即内摩擦角随着不均匀系数 C_u 的增加呈先减小后增大的趋势。

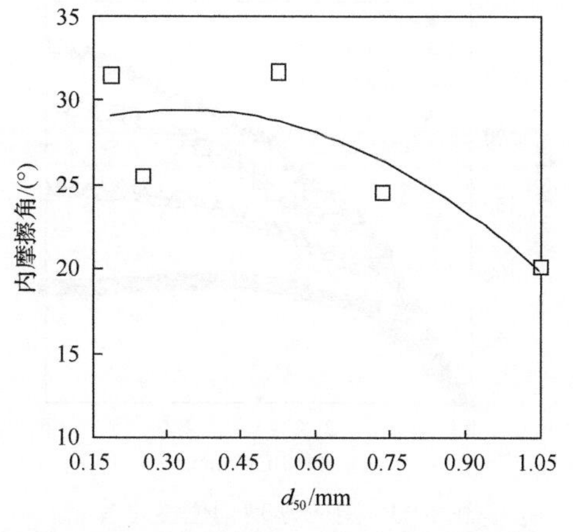

图 5.18　内摩擦角与 d_{50} 的关系(天然状态)

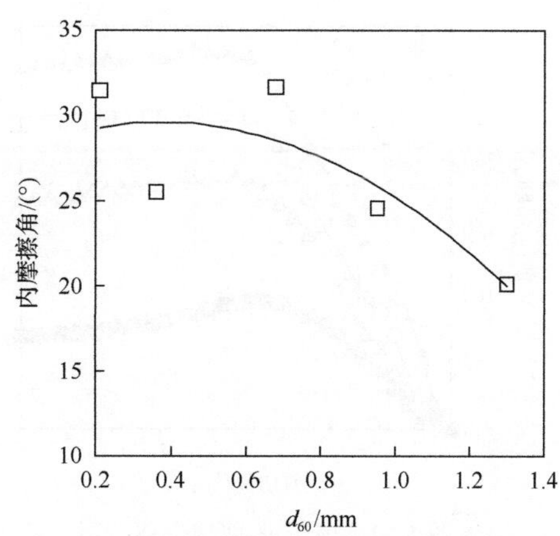

图 5.19　内摩擦角与 d_{60} 的关系(天然状态)

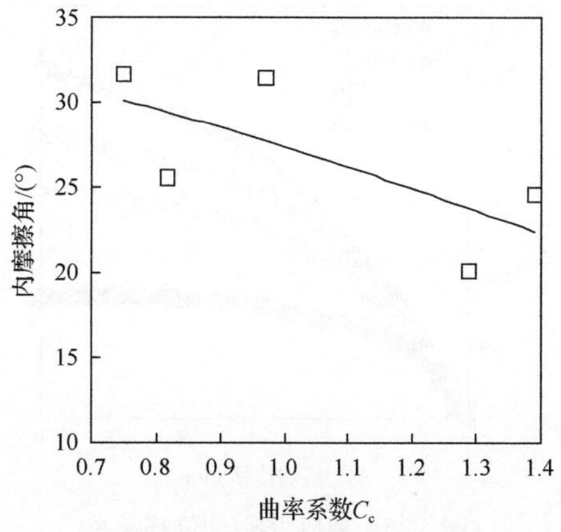

图 5.20　内摩擦角与 C_c 的关系(天然状态)

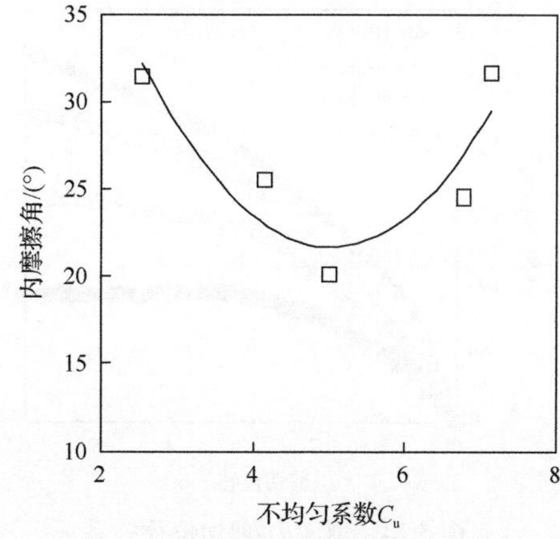

图 5.21　内摩擦角与 C_u 的关系(天然状态)

出现以上现象的原因主要与颗粒之间的粗糙程度有关。颗粒的粗糙程度对内摩擦角的变化起到决定性的作用，它与颗粒的成分、性质、形状等因素有关。在不同的颗粒级配条件下，颗粒的粗糙程度也各不相同，且试样经过一定时间的剪切，颗粒之间的摩擦与重分布现象也导致内摩擦角与颗粒级配特征值呈现以上现象。

5.2.2　泥岩颗粒含量对天然状态抗剪强度特性的影响

1) 剪应力-剪切位移关系

不同泥岩颗粒含量条件下砂泥岩颗粒混合料的剪应力-剪切位移关系如图 5.22～图 5.27 所示。

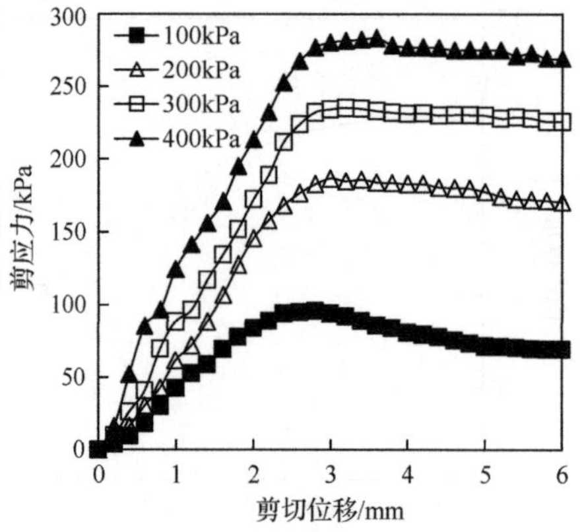

图 5.22 剪应力-剪切位移关系
(泥岩颗粒含量为 0%，天然状态)

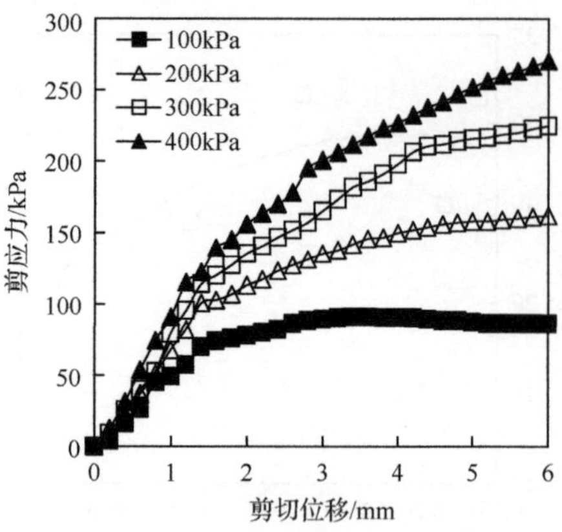

图 5.23 剪应力-剪切位移关系
(泥岩颗粒含量为 20%，天然状态)

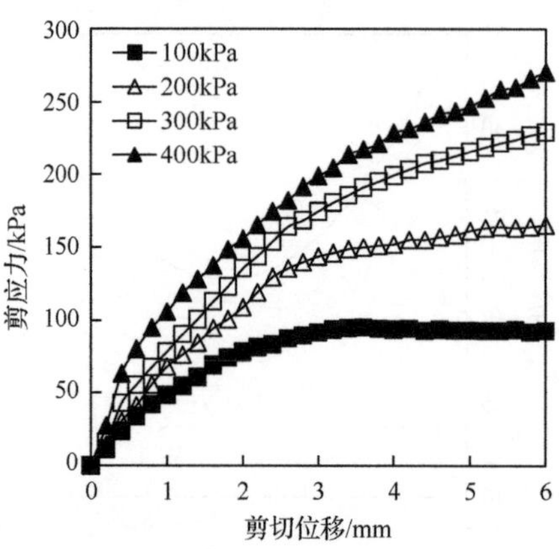

图 5.24 剪应力-剪切位移关系
(泥岩颗粒含量为 40%，天然状态)

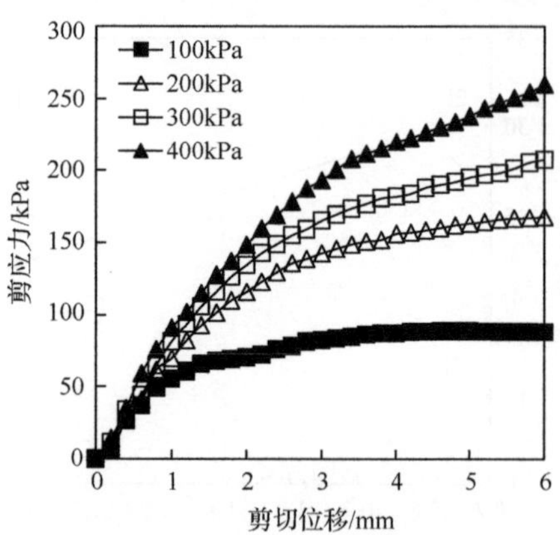

图 5.25 剪应力-剪切位移关系
(泥岩颗粒含量为 60%，天然状态)

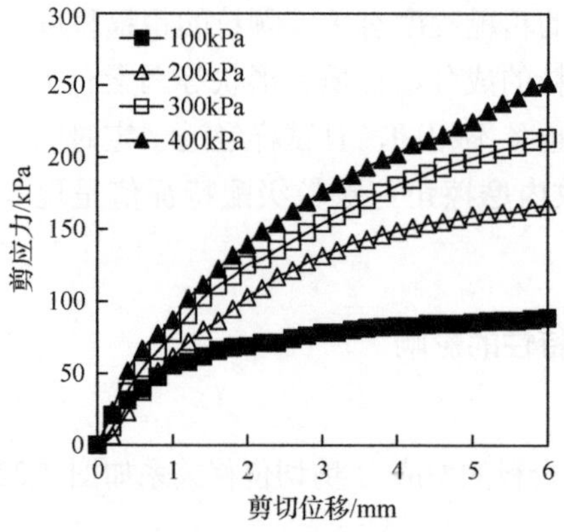

图 5.26 剪应力-剪切位移关系
(泥岩颗粒含量为 80%，天然状态)

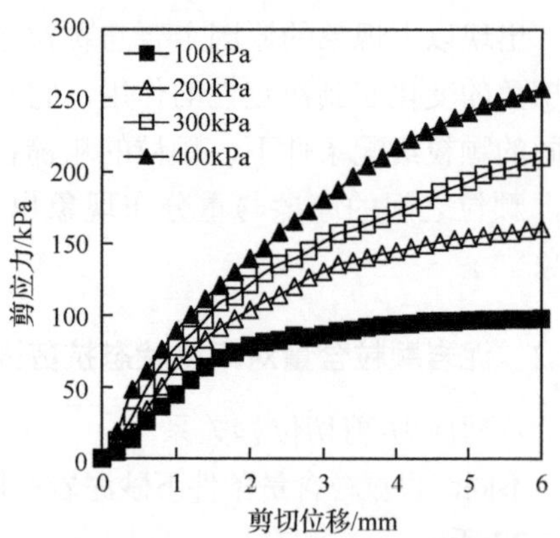

图 5.27 剪应力-剪切位移关系
(泥岩颗粒含量为 100%，天然状态)

从图 5.22～图 5.27 可以看出，在不同泥岩颗粒含量条件下，剪应力均呈现随剪切位移的增加逐渐增加的趋势，但是有部分异样点存在。造成该现象的原因，一方面是试验误差；另一方面与砂泥岩颗粒混合料中的泥岩颗粒含量有着密切关系。在剪切位移为 2mm 以后，泥岩颗粒含量分别为 20%、40%、60%和 80%时，剪应力随着剪切位移的增加使砂泥岩颗粒混合料最终处于一种应变硬化的状态；在泥岩颗粒含量为 0%和 100%时，剪应力随着剪切位移的增加逐渐趋于稳定。

2) 抗剪强度线

结合图 5.22～图 5.27，得出不同泥岩颗粒含量条件下，不同轴向应力对应的抗剪强度，如表 5.10 所示。

表 5.10　不同轴向应力作用下天然状态的抗剪强度(不同泥岩颗粒含量条件下)

泥岩颗粒含量/%	抗剪强度/kPa			
	轴向应力 100kPa	轴向应力 200kPa	轴向应力 300kPa	轴向应力 400kPa
0	93.76	182.90	231.19	271.99
20	90.63	150.02	198.31	226.80
40	93.50	152.07	199.13	228.47
60	87.34	156.18	181.87	220.11
80	82.41	148.98	180.63	202.45
100	83.71	113.88	151.59	217.50

以泥岩颗粒含量为 0%与 100%为例进行分析。在轴向应力为 100kPa 条件下，泥岩颗粒含量为 100%时的抗剪强度比泥岩颗粒含量为 0%减小约 10.7%；在轴向应力为 200kPa 条件下，泥岩颗粒含量为 100%时的抗剪强度比泥岩颗粒含量为 0%时减小约 37.7%；轴向应力为 300kPa 条件下，在泥岩颗粒含量为 100%时的抗剪强度比泥岩颗粒含量为 0%时减小了约 34.4%；轴向应力为 400kPa 条件下，泥岩颗粒含量为 100%时的抗剪强度比泥岩颗粒含量为 0%时减小了约 20%。

在泥岩颗粒含量分别为 0%、20%、40%、60%、80%和 100%条件下，砂泥岩颗粒混合料的抗剪强度线如图 5.28～图 5.33 所示。可以看出，随着泥岩颗粒含量的逐渐增加，在较大的轴向应力条件下，抗剪强度也较大。

3) 泥岩颗粒含量对黏聚力的影响

根据图 5.28～图 5.33 中的拟合直线，得出泥岩颗粒含量分别为 0%、20%、40%、60%、80%和 100%时，砂泥岩颗粒混合料的黏聚力分别为 49.214kPa、52.234kPa、55.302kPa、55.375kPa、55.677kPa 和 31.895kPa。通过对比分析，黏聚力在泥岩颗粒含量 100%条件下最小，比泥岩颗粒含量 0%条件下减小 35.2%。

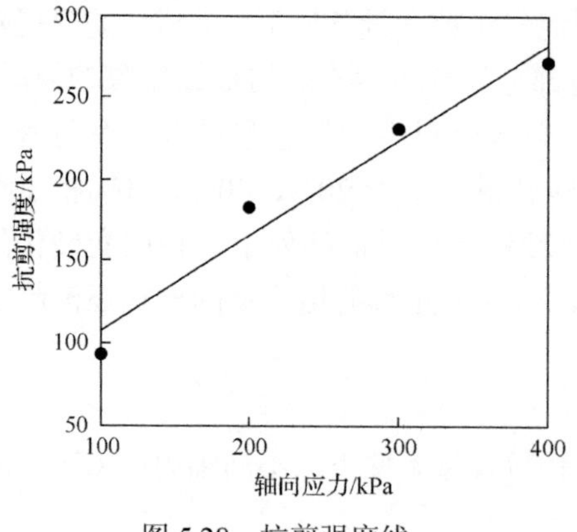

图 5.28　抗剪强度线
（泥岩颗粒含量为 0%，天然状态）

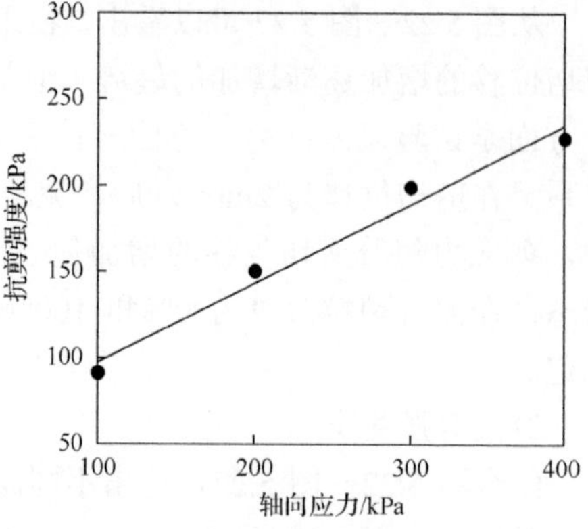

图 5.29　抗剪强度线
（泥岩颗粒含量为 20%，天然状态）

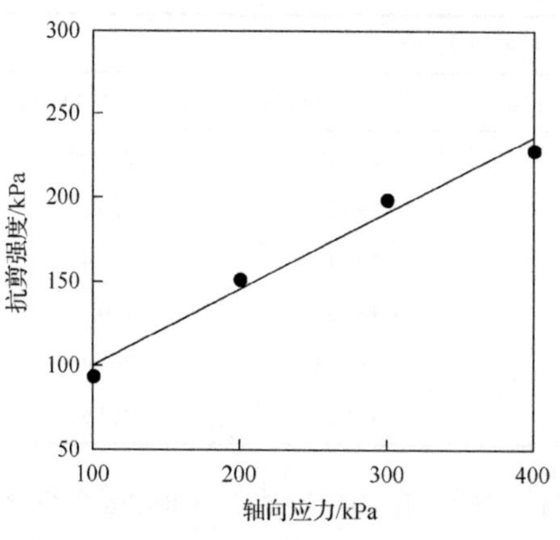

图 5.30　抗剪强度线
（泥岩颗粒含量为 40%，天然状态）

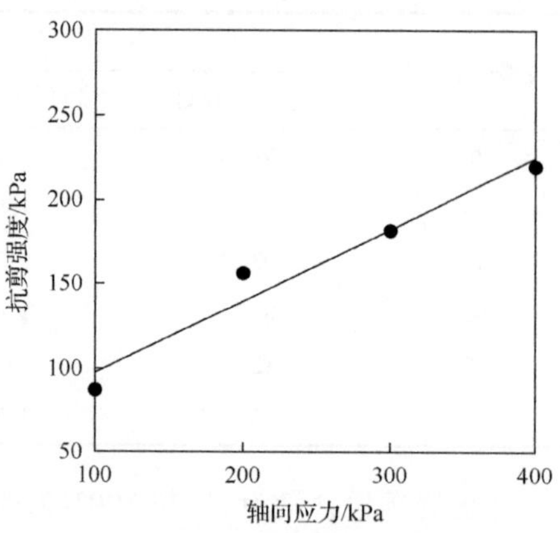

图 5.31　抗剪强度线
（泥岩颗粒含量为 60%，天然状态）

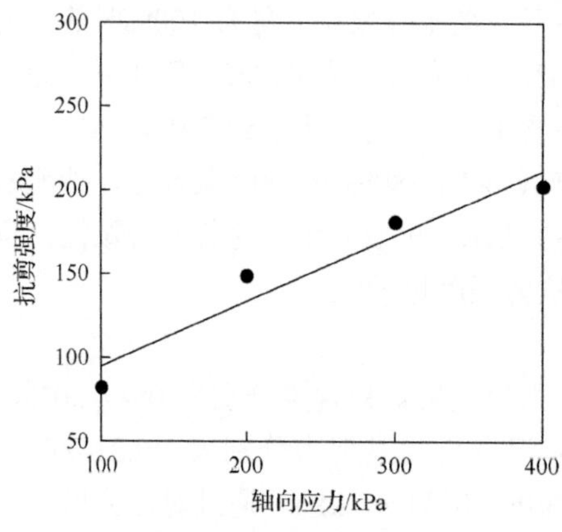

图 5.32　抗剪强度线
（泥岩颗粒含量为 80%，天然状态）

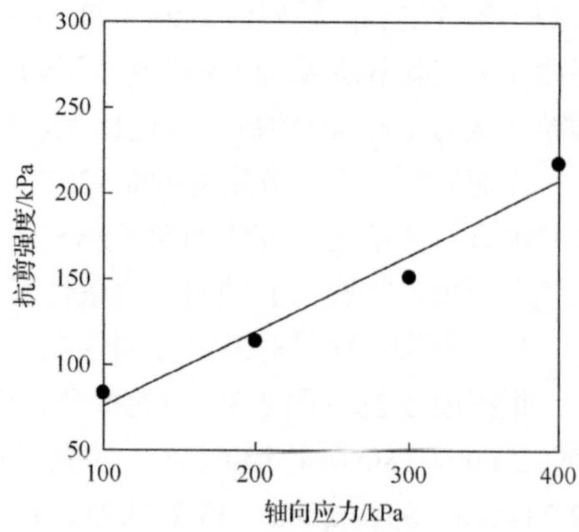

图 5.33　抗剪强度线
（泥岩颗粒含量为 100%，天然状态）

黏聚力与泥岩颗粒含量的关系如图5.34所示。可以看出，随着泥岩颗粒含量的增加，黏聚力呈现先增加后减小的趋势，拟合曲线大体上满足二次函数的特点，即在工程实践中，可以描述为随着泥岩颗粒含量的增加，黏聚力出现先增加后减小的趋势。

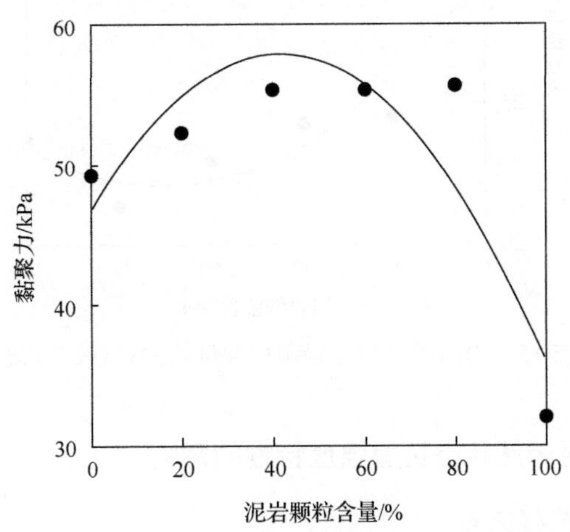

图5.34　黏聚力与泥岩颗粒含量的关系(天然状态)

出现以上现象的原因主要是：砂泥岩颗粒混合料主要由砂岩颗粒与泥岩颗粒混合而成，砂岩颗粒硬度比泥岩颗粒大，因此砂岩颗粒的强度较大。随着泥岩颗粒含量的增加，在直剪过程中，砂岩颗粒被磨平，泥岩颗粒破碎成细颗粒，咬合力会出现先紧实后疏松的情况，进而导致黏聚力出现先增大后减小的情况。

4)泥岩颗粒含量对内摩擦角的影响

根据图5.28～图5.33中的拟合直线，得出泥岩颗粒含量分别为0%、20%、40%、60%、80%和100%时，砂泥岩颗粒混合料的内摩擦角分别为30.242°、24.551°、24.323°、22.977°、21.395°和23.706°。通过对比分析，内摩擦角在泥岩颗粒含量100%条件下较小，比泥岩颗粒含量0%条件下减小21.6%。

内摩擦角与泥岩颗粒含量的关系如图5.35所示。可以看出，随着泥岩颗粒含量逐渐增加，砂泥岩颗粒混合料的内摩擦角总体上先减小的趋势。

砂泥岩颗粒混合料在试样干密度、含水率、颗粒级配等保持不变的条件下，随着泥岩颗粒含量的逐渐增加，在颗粒之间的摩擦主要是由砂岩颗粒之间的摩擦逐渐转换为泥岩颗粒之间的摩擦，且泥岩颗粒的粗糙度较小。因此，出现随着泥岩颗粒含量的逐渐增加，内摩擦角逐渐降低的现象。

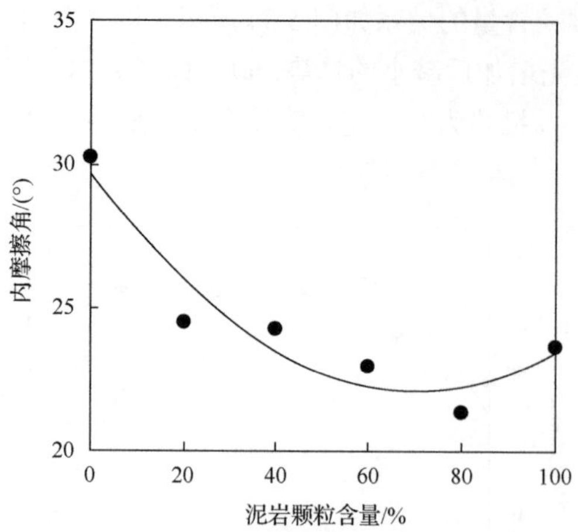

图 5.35　内摩擦角与泥岩颗粒含量的关系(天然状态)

5.2.3　试样干密度对天然状态抗剪强度特性的影响

1) 剪应力-剪切位移关系

不同试样干密度条件下，砂泥岩颗粒混合料的剪应力-剪切位移关系如图 5.36～图 5.39 所示。

从图 5.36～图 5.39 可以看出，砂泥岩颗粒混合料试样干密度在 1.75g/cm³、1.80g/cm³、1.85g/cm³ 和 1.90g/cm³ 时，在剪切位移逐渐增加的过程中，剪应力整体上均呈现出逐渐增加并趋于稳定的趋势。从某一段来说，如剪切位移 0～2mm 内的变化趋势较为明显，即随着剪切位移的逐渐增加，剪应力出现增加较大的现象。

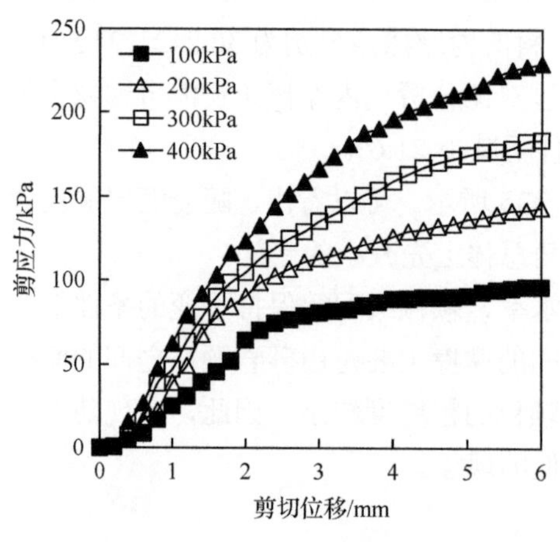

图 5.36　剪应力-剪切位移关系
(试样干密度为 1.75g/cm³，天然状态)

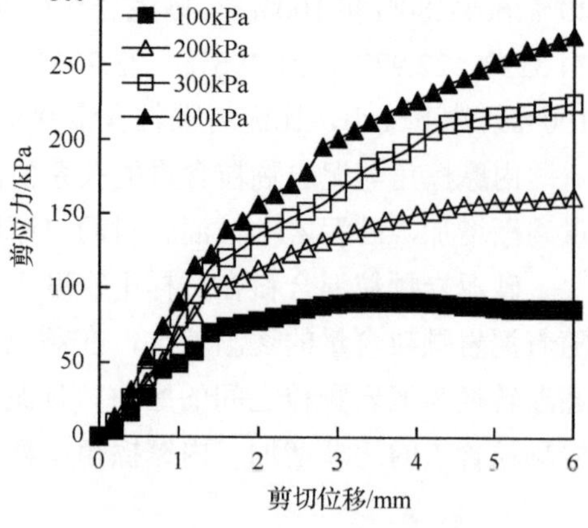

图 5.37　剪应力-剪切位移关系
(试样干密度为 1.80g/cm³，天然状态)

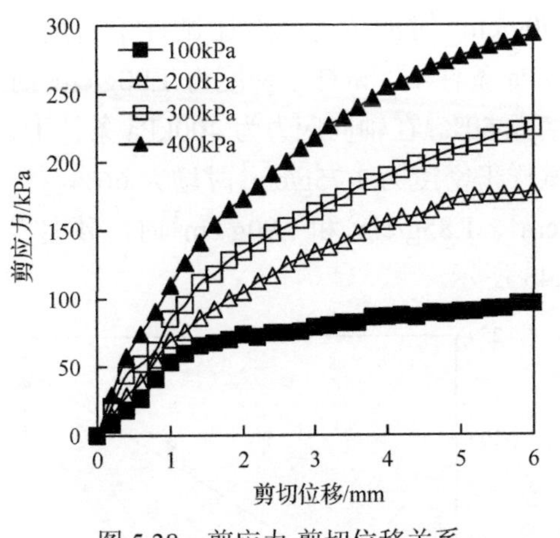

图 5.38　剪应力-剪切位移关系
（试样干密度为 1.85g/cm³，天然状态）

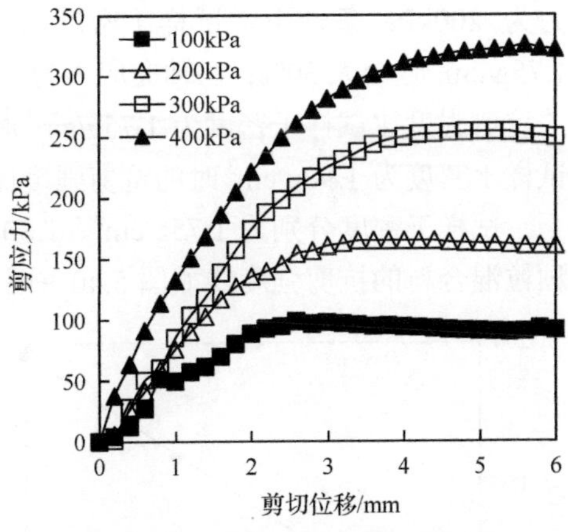

图 5.39　剪应力-剪切位移关系
（试样干密度为 1.90g/cm³，天然状态）

当剪切位移为 2～6mm 时，在试样干密度为 1.75g/cm³ 的条件下，可以看出剪应力随着剪切位移的增加逐渐增加的过程，即砂泥岩颗粒混合料处于一种应变硬化的状态。同理，试样干密度为 1.80g/cm³ 和 1.85g/cm³ 的条件下也出现相似的情况，但是在轴向应力为 100kPa 和 200kPa 时，即砂泥岩颗粒混合料处于较低的轴向应力的条件下，随着剪切位移的逐渐增加，剪切力最终增加的趋势不是很明显，甚至有些点还有变小的趋势。在试样干密度为 1.90g/cm³ 的条件下，剪切力整体也呈现出随着剪切位移的增加逐渐增大最后又趋于稳定的趋势。

2) 抗剪强度线

结合图 5.36～图 5.39，得出不同试样干密度条件下，不同轴向应力作用下的抗剪强度，如表 5.11 所示。

表 5.11　不同轴向应力作用下天然状态的抗剪强度（不同试样干密度条件下）

试样干密度/(g/cm³)	抗剪强度/kPa			
	轴向应力 100kPa	轴向应力 200kPa	轴向应力 300kPa	轴向应力 400kPa
1.75	88.78	126.38	159.06	196.12
1.80	90.83	150.02	198.31	226.80
1.85	86.52	156.18	190.07	254.68
1.90	97.62	164.40	253.99	325.68

从表 5.11 可以看出，抗剪强度随着试样干密度的增大逐渐增加，以试样干密度为 1.75g/cm³ 和 1.90g/cm³ 为例进行分析。在轴向应力为 100kPa 条件下，试样干密度为 1.90g/cm³ 时的抗剪强度比试样干密度为 1.75g/cm³ 时增大 10%；在轴向应

力为 200kPa 条件下，试样干密度为 1.90g/cm^3 时的抗剪强度比试样干密度为 1.75g/cm^3 时增大 30%；在轴向应力为 300kPa 条件下，试样干密度为 1.90g/cm^3 时的抗剪强度比试样干密度为 1.75g/cm^3 时增大 60%；在轴向应力为 400kPa 条件下，试样干密度为 1.90g/cm^3 时的抗剪强度比试样干密度为 1.75g/cm^3 时增大 66%。

试样干密度分别为 1.75g/cm^3、1.80g/cm^3、1.85g/cm^3 和 1.90g/cm^3 时，砂泥岩颗粒混合料的抗剪强度线如图 5.40～图 5.43 所示。

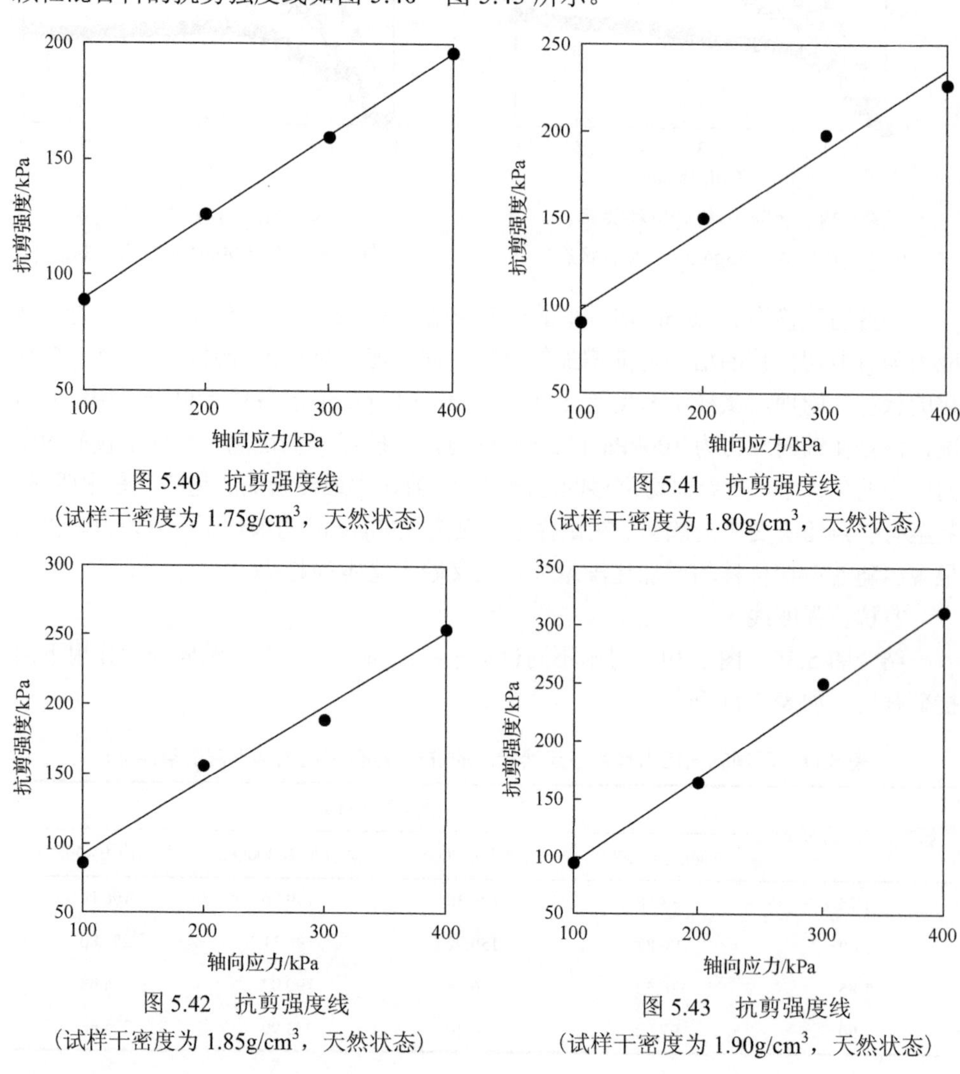

图 5.40　抗剪强度线
（试样干密度为 1.75g/cm^3，天然状态）

图 5.41　抗剪强度线
（试样干密度为 1.80g/cm^3，天然状态）

图 5.42　抗剪强度线
（试样干密度为 1.85g/cm^3，天然状态）

图 5.43　抗剪强度线
（试样干密度为 1.90g/cm^3，天然状态）

3）试样干密度对黏聚力的影响

根据图 5.40～图 5.43 中的拟合直线，得出试样干密度分别为 1.75g/cm^3、1.80g/cm^3、1.85g/cm^3 和 1.90g/cm^3 时，砂泥岩颗粒混合料的黏聚力分别为

53.905kPa、52.234kPa、37.264kPa 和 20.701kPa。试样干密度为 1.90g/cm^3 时的黏聚力比试样干密度为 1.75g/cm^3 时降低约为 61.6%。

黏聚力与试样干密度的关系如图 5.44 所示。可以看出，随着试样干密度的增加，砂泥岩颗粒混合料的黏聚力几乎呈线性减小的趋势。

4) 试样干密度对内摩擦角的影响

根据图 5.40～图 5.43 中的拟合直线，得出试样干密度分别为 1.75g/cm^3、1.80g/cm^3、1.85g/cm^3 和 1.90g/cm^3 时，砂泥岩颗粒混合料的内摩擦角分别为 19.53°、24.55°、28.30°和 36.35°。试样干密度为 1.90g/cm^3 时的内摩擦角比试样干密度为 1.75g/cm^3 时增加约 86.1%。

内摩擦角与试样干密度的关系如图 5.45 所示。可以看出，随着试样干密度的逐渐增加，砂泥岩颗粒混合料的内摩擦角呈现逐渐增加的趋势。

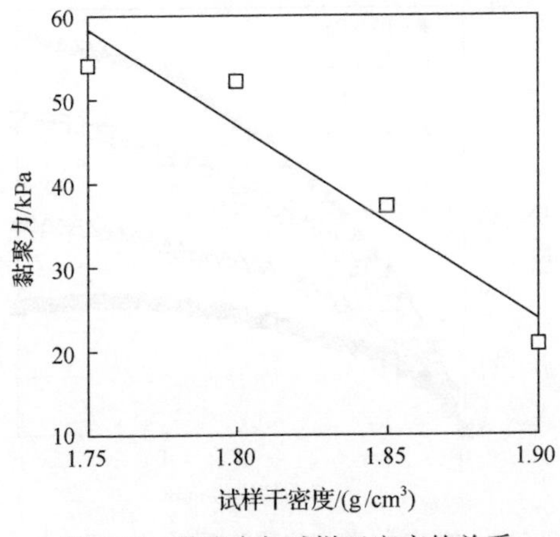

图 5.44　黏聚力与试样干密度的关系（天然状态）

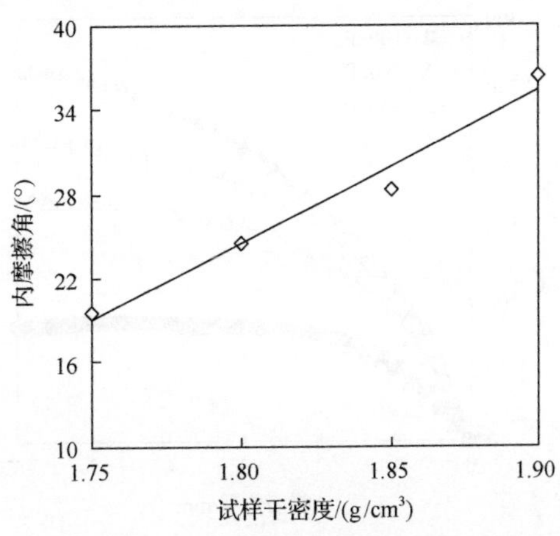

图 5.45　内摩擦角与试样干密度的关系（天然状态）

5.2.4　含水率对天然状态抗剪强度特性的影响

1) 剪应力-剪切位移关系

不同含水率下砂泥岩颗粒混合料的剪应力-剪切位移关系如图 5.46～图 5.50 所示。

从图 5.46～图 5.50 可以看出，砂泥岩颗粒混合料的含水率分别为 4%、8%、10%、12%和 16%时，随着剪切位移的增加，剪应力整体上均呈现逐渐增加的趋势。但在含水率为 4%和 10%时，最终剪应力呈现出趋于稳定的现象，含水率为 10%时最为明显。

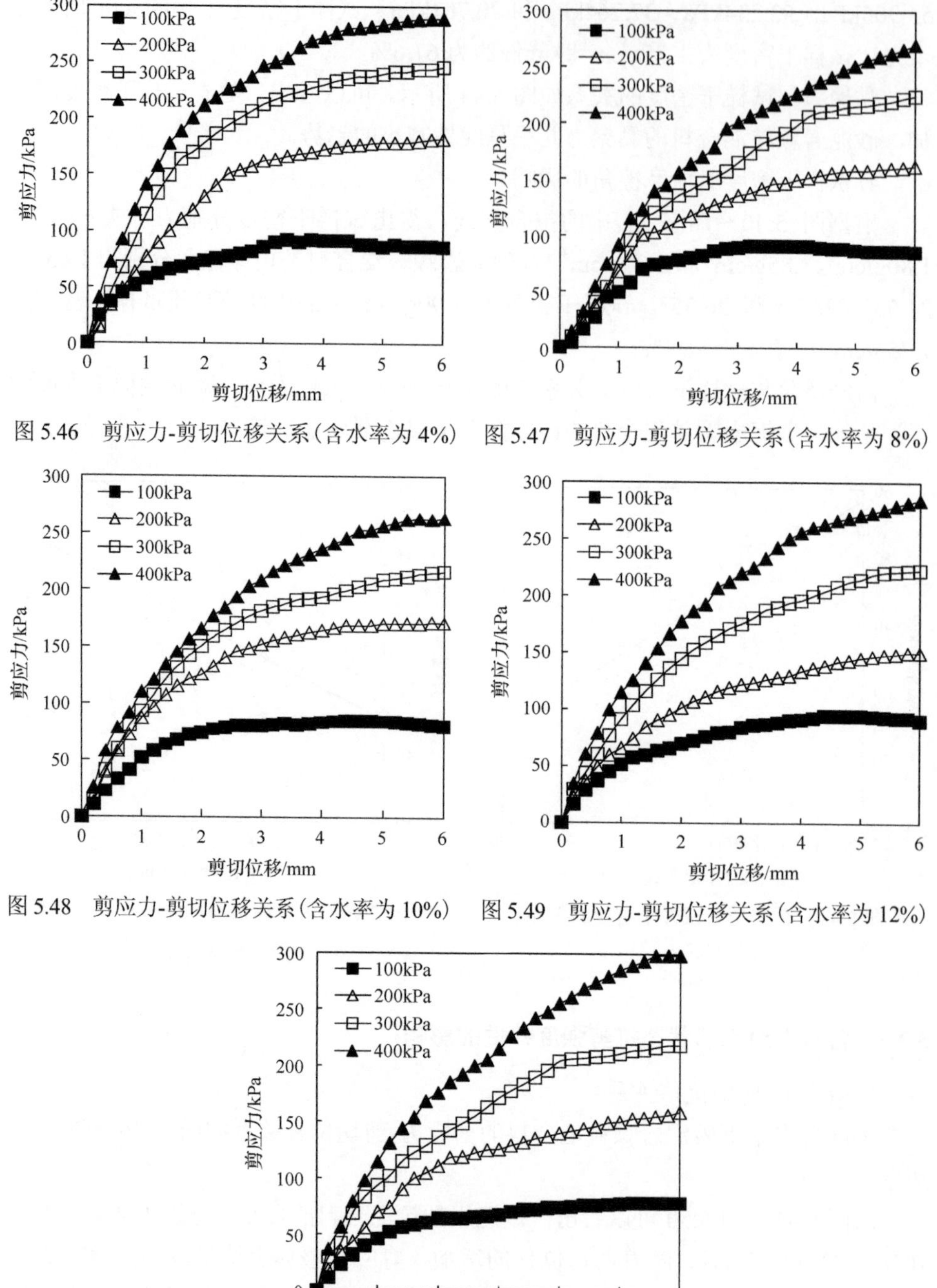

图 5.46　剪应力-剪切位移关系（含水率为 4%）

图 5.47　剪应力-剪切位移关系（含水率为 8%）

图 5.48　剪应力-剪切位移关系（含水率为 10%）

图 5.49　剪应力-剪切位移关系（含水率为 12%）

图 5.50　剪应力-剪切位移关系（含水率为 16%）

2) 抗剪强度线

结合图 5.46～图 5.50，得出不同含水率条件下，不同轴向应力作用下的抗剪强度，如表 5.12 所示。

表 5.12　不同轴向应力作用下的抗剪强度(不同含水率条件下)

含水率/%	抗剪强度/kPa			
	轴向应力 100kPa	轴向应力 200kPa	轴向应力 300kPa	轴向应力 400kPa
4	92.25	148.51	205.57	242.34
8	90.83	150.02	198.31	226.80
10	81.23	159.19	191.17	241.91
12	91.45	133.58	196.25	255.64
16	75.01	140.77	204.47	255.61

以轴向应力 100kPa 为例，与含水率为 4%时的抗剪强度相比，含水率为 8%时的抗剪强度减小了 1.5%；含水率为 10%时的抗剪强度减小了 11.9%；含水率为 12%时的抗剪强度减小了 0.87%；含水率为 16%时的抗剪强度减小约为 18.7%。

不同含水率条件下砂泥岩颗粒混合料的抗剪强度线如图 5.51～图 5.55 所示。可以看出，一般在较大的轴向应力条件下，抗剪强度会随着含水率的增加而增大。

3) 含水率对黏聚力的影响

根据图 5.51～图 5.55 中的拟合直线，得出含水率分别为 4%、8%、10%、12%和 16%时，砂泥岩颗粒混合料的黏聚力分别为 45.333kPa、52.234kPa、39.871kPa、30.429kPa 和 17.585kPa。

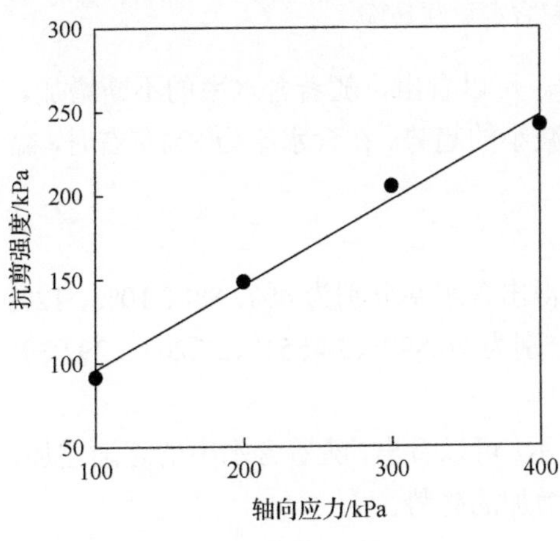

图 5.51　抗剪强度线(含水率为 4%)

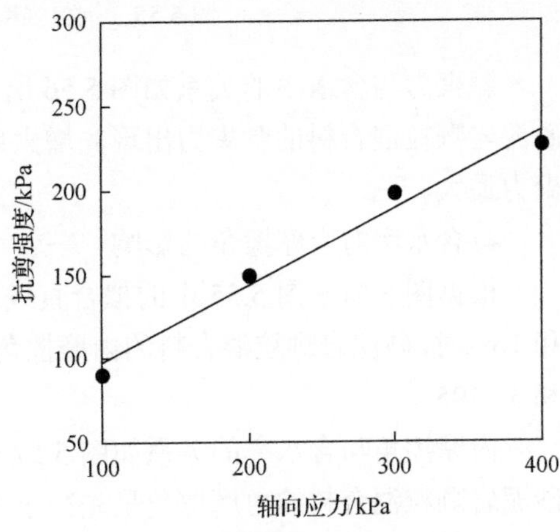

图 5.52　抗剪强度线(含水率为 8%)

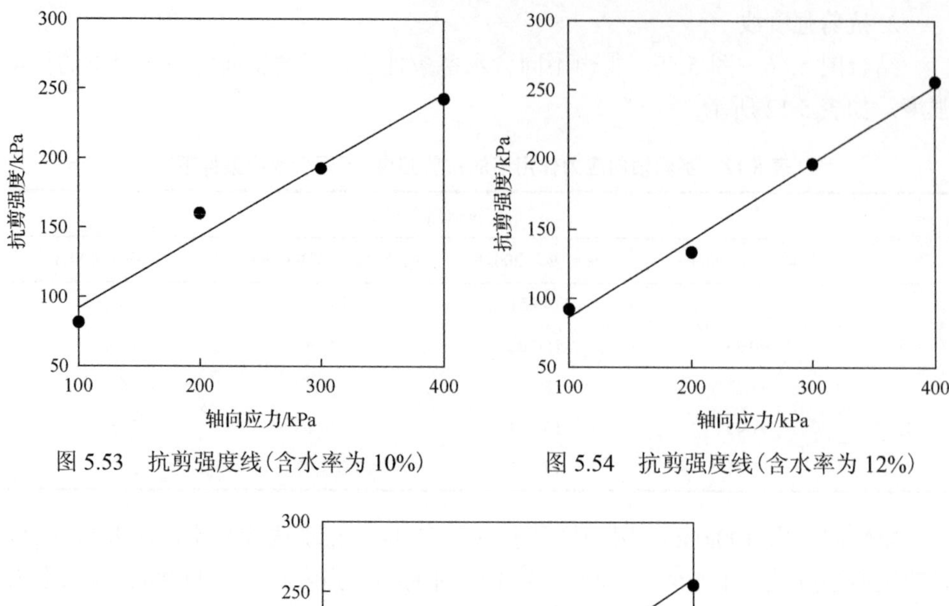

图 5.53　抗剪强度线(含水率为 10%)

图 5.54　抗剪强度线(含水率为 12%)

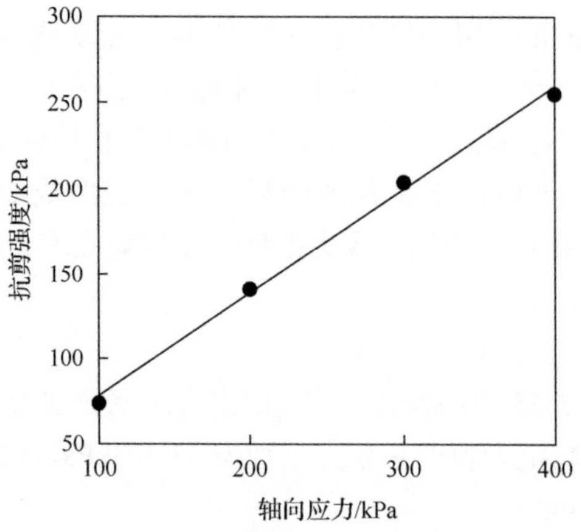

图 5.55　抗剪强度线(含水率为 16%)

黏聚力与含水率的关系如图 5.56 所示。可以看出，随着含水率的不断增加，砂泥岩颗粒混合料的黏聚力出现先增大后减小的趋势。在含水率为 8%左右时，黏聚力最大。

4) 含水率对内摩擦角的影响

根据图 5.51～图 5.55 中的拟合直线，得出含水率分别为 4%、8%、10%、12%和 16%时，砂泥岩颗粒混合料的内摩擦角分别为 26.899°、24.551°、27.203°、29.039°和 31.195°。

内摩擦角与含水率的关系如图 5.57 所示。可以看出，随着含水率的逐渐增加，砂泥岩颗粒混合料的内摩擦角呈先减小再增加的趋势。

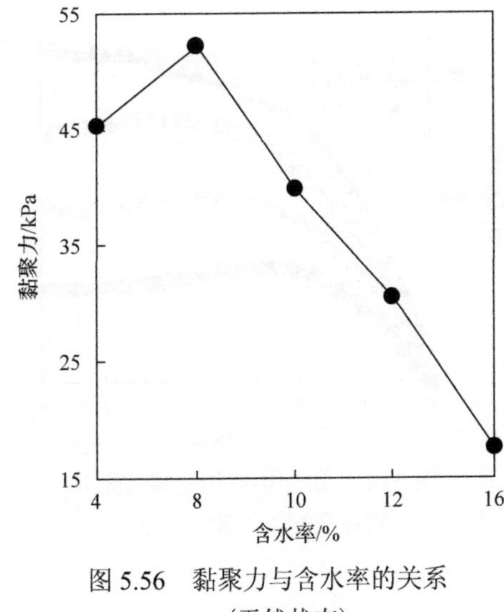

图 5.56　黏聚力与含水率的关系
（天然状态）

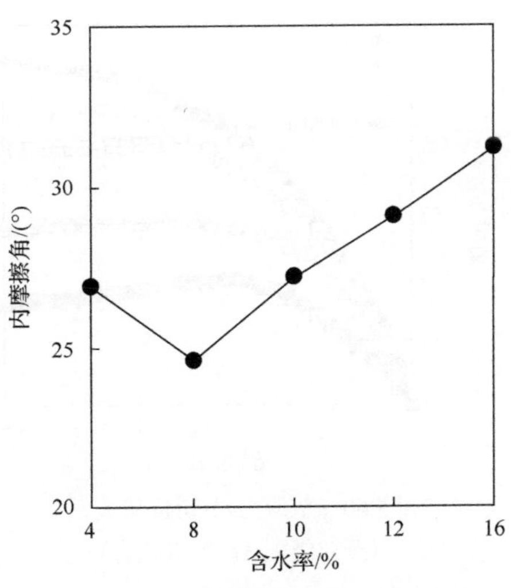

图 5.57　内摩擦角与含水率的关系
（天然状态）

5.3　饱水状态砂泥岩颗粒混合料抗剪强度特性

5.3.1　颗粒级配对饱水状态抗剪强度特性的影响

1）剪应力-剪切位移关系

不同颗粒级配条件下，饱水状态砂泥岩颗粒混合料的剪应力-剪切位移关系如图 5.58～图 5.62 所示。

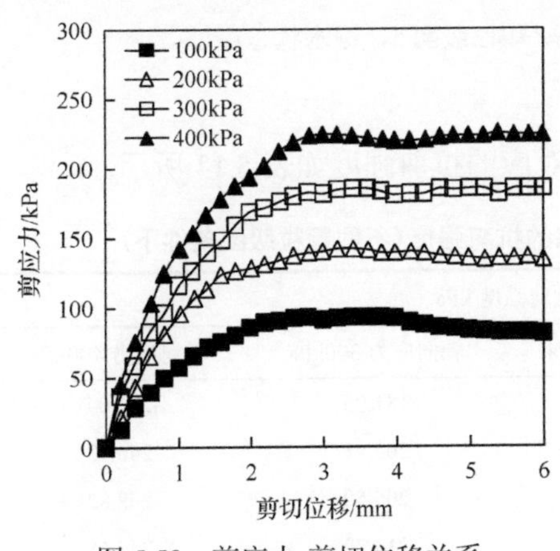

图 5.58　剪应力-剪切位移关系
（颗粒级配 1，饱水状态）

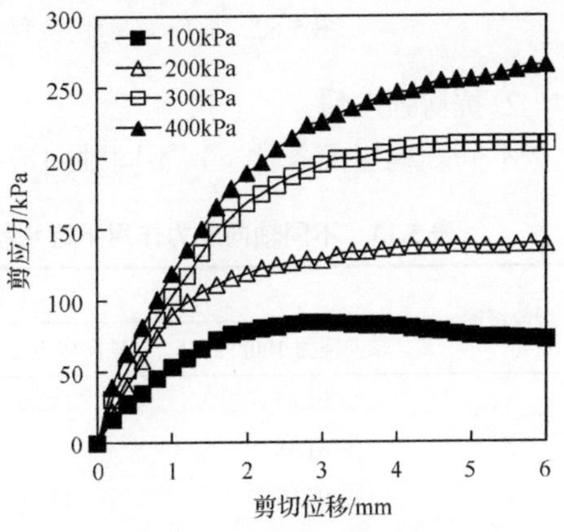

图 5.59　剪应力-剪切位移关系
（颗粒级配 2，饱水状态）

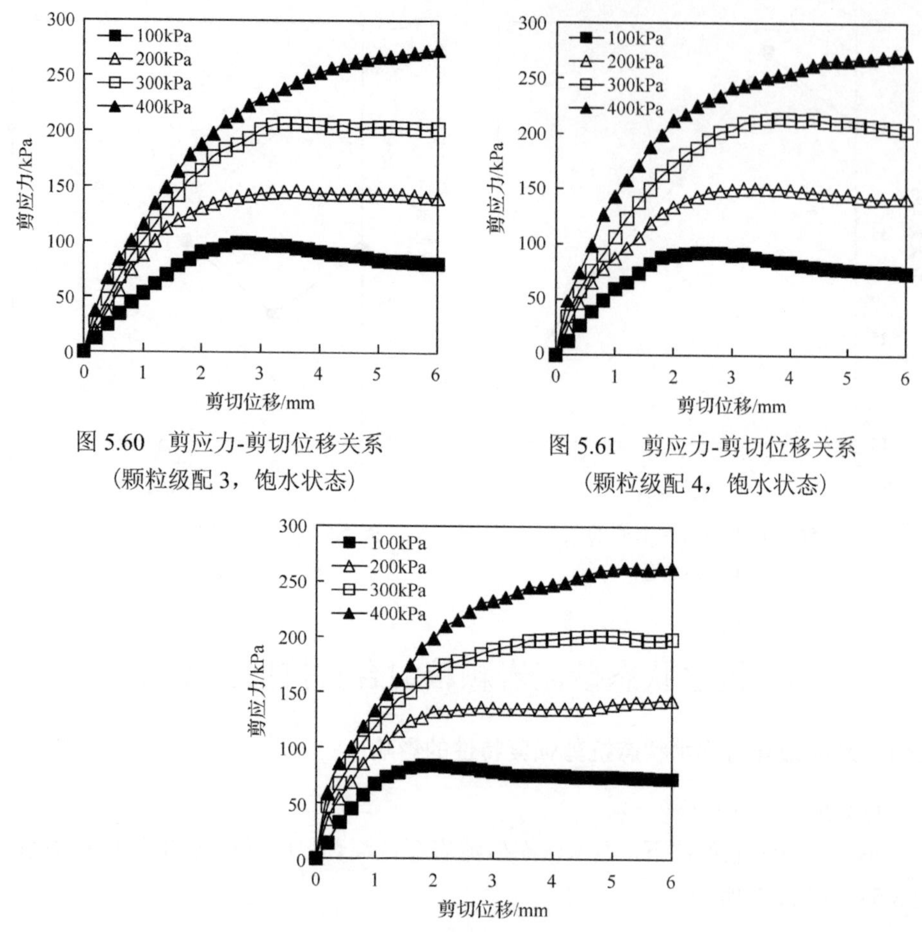

图 5.60　剪应力-剪切位移关系（颗粒级配 3，饱水状态）

图 5.61　剪应力-剪切位移关系（颗粒级配 4，饱水状态）

图 5.62　剪应力-剪切位移关系（颗粒级配 5，饱水状态）

2）抗剪强度线

不同颗粒级配条件下，不同轴向应力对应的抗剪强度如表 5.13 所示。

表 5.13　不同轴向应力作用下饱水状态的抗剪强度（不同颗粒级配条件下）

颗粒级配	抗剪强度/kPa			
	轴向应力 100kPa	轴向应力 200kPa	轴向应力 300kPa	轴向应力 400kPa
1	91.65	142.03	181.05	221.04
2	81.58	136.64	205.91	246.13
3	90.83	143.14	205.50	252.82
4	84.26	148.91	213.72	254.68
5	75.62	135.52	198.31	247.25

不同颗粒级配条件下砂泥岩颗粒混合料的抗剪强度线如图 5.63～图 5.67 所示。

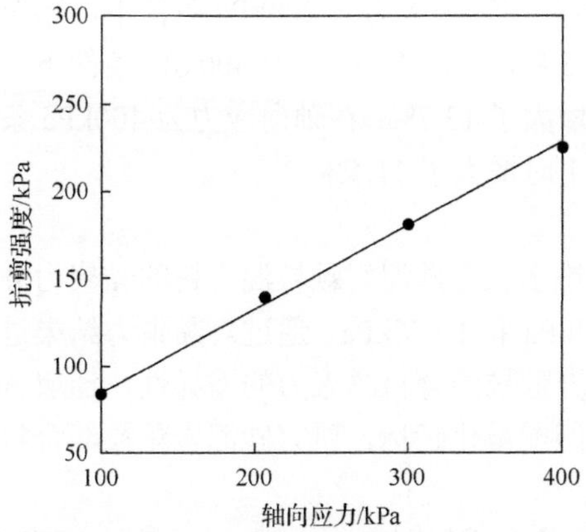

图 5.63　抗剪强度线(颗粒级配 1，饱水状态)

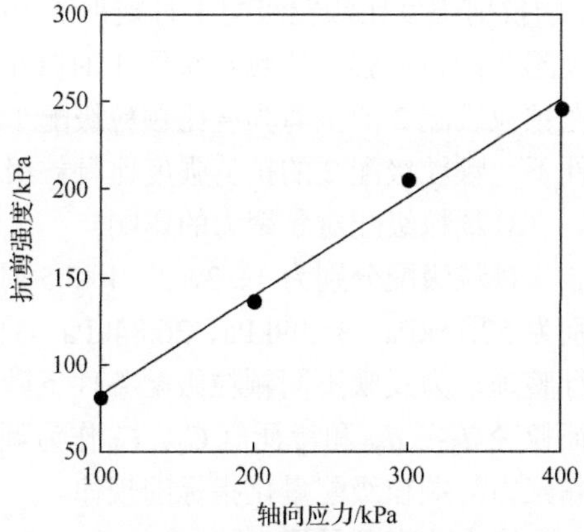

图 5.64　抗剪强度线(颗粒级配 2，饱水状态)

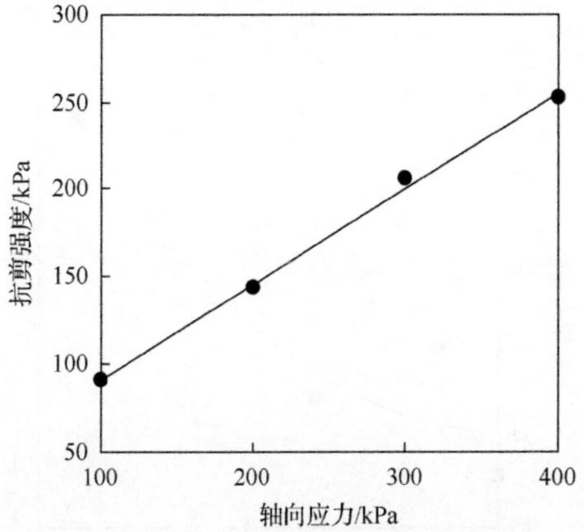

图 5.65　抗剪强度线(颗粒级配 3，饱水状态)

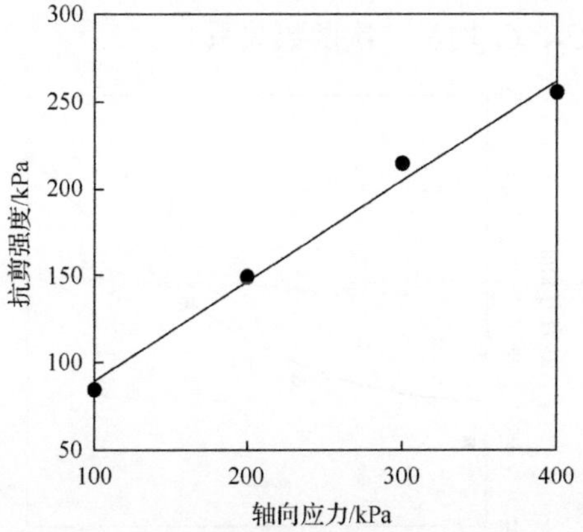

图 5.66　抗剪强度线(颗粒级配 4，饱水状态)

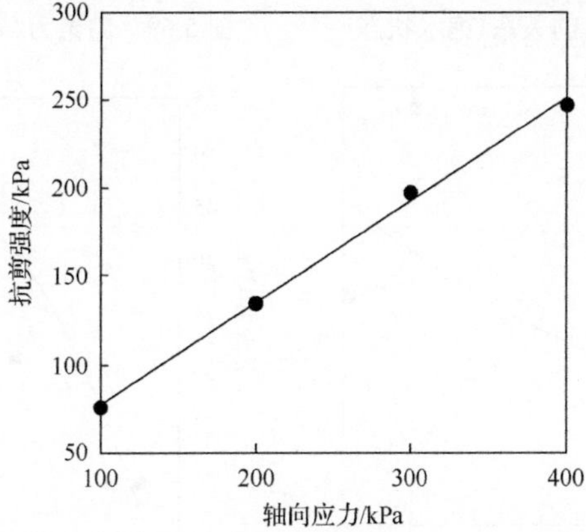

图 5.67　抗剪强度线(颗粒级配 5，饱水状态)

选取颗粒级配 1 和 2 进行对比分析。在轴向应力为 100kPa 条件下，颗粒级配

2 的抗剪强度比颗粒级配 1 时减小了 10.9%；在轴向应力为 200kPa 条件下，颗粒级配 2 的抗剪强度比颗粒级配 1 时减小了 3.8%；在轴向应力为 300kPa 条件下，在颗粒级配 2 的抗剪强度比颗粒级配 1 时增大了 13.7%；在轴向应力为 400kPa 条件下，颗粒级配 2 的抗剪强度比颗粒级配 1 时增大了 11.4%。

3) 颗粒级配对黏聚力的影响

颗粒级配分别为 1、2、3、4 和 5 时，饱水状态砂泥岩颗粒混合料的黏聚力分别为 52.15kPa、35.99kPa、26.84kPa、31.37kPa 和 19.76kPa。通过对黏聚力结果进行整理，为反映不同颗粒级配条件下砂泥岩颗粒混合料黏聚力的差异性，选取特征粒径 d_{50}、d_{60} 和特征值 C_c、C_u 作为颗粒级配量化指标，研究砂泥岩颗粒混合料黏聚力与颗粒级配量化指标的规律。

饱水状态下黏聚力与 d_{50}、d_{60}、C_c、C_u 的关系如图 5.68～图 5.71 所示。可以看出，在饱水状态下，砂泥岩颗粒混合料的黏聚力与特征粒径 d_{50}、d_{60} 和特征值 C_c、C_u 均呈二次函数关系。

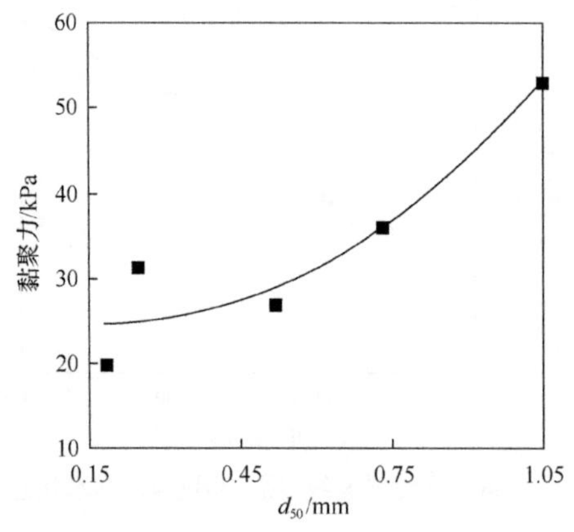

图 5.68　黏聚力与 d_{50} 的关系(饱水状态)

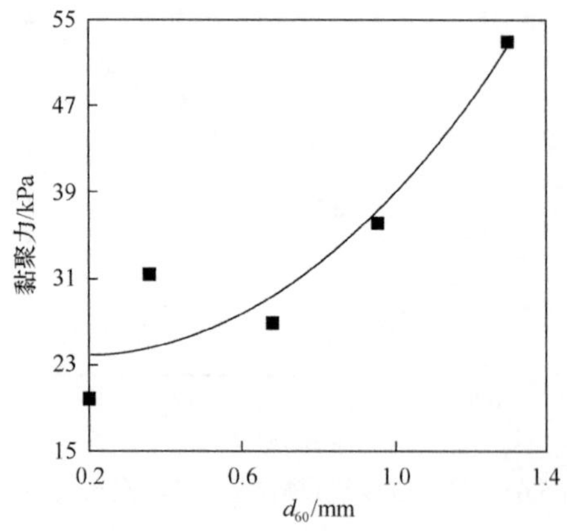

图 5.69　黏聚力与 d_{60} 的关系(饱水状态)

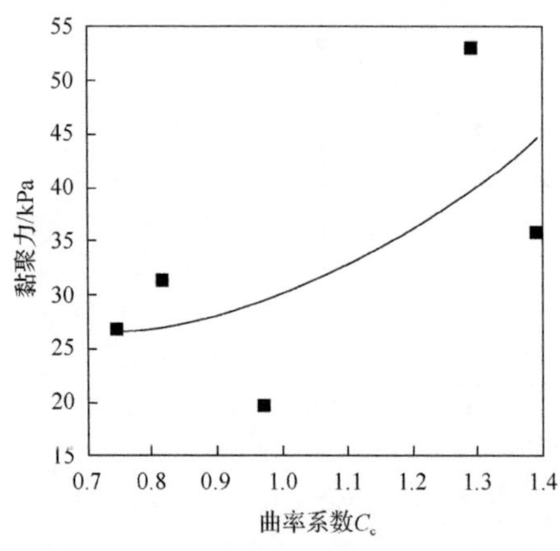

图 5.70　黏聚力与 C_c 的关系(饱水状态)

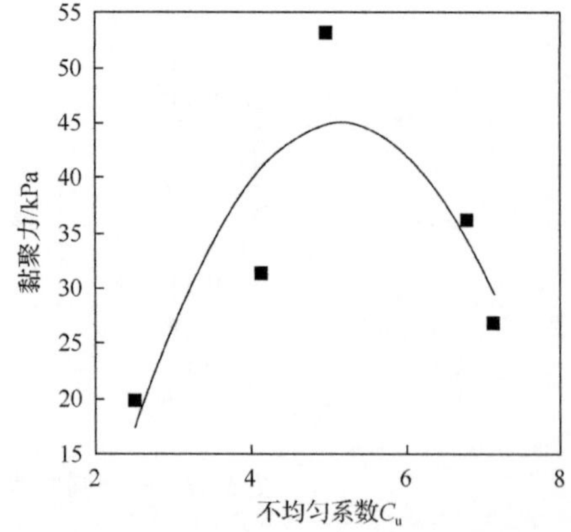

图 5.71　黏聚力与 C_u 的关系(饱水状态)

4) 颗粒级配对内摩擦角的影响

颗粒级配分别为 1、2、3、4 和 5 时，饱水状态砂泥岩颗粒混合料的内摩擦角分别为 23.13°、28.74°、29.38°、29.95°和 30.02°。为反映不同颗粒级配条件下砂泥岩颗粒混合料内摩擦角的差异性，也选取特征粒径 d_{50}、d_{60} 和特征值 C_c、C_u 作为颗粒级配量化指标，研究砂泥岩颗粒混合料内摩擦角与颗粒级配量化指标的规律。

饱水状态下内摩擦角与 d_{50}、d_{60}、C_c、C_u 的关系如图 5.72～图 5.75 所示。可以看出，在饱水状态下，砂泥岩颗粒混合料的内摩擦角与特征粒径 d_{50}、d_{60} 和特征值 C_c、C_u 均呈二次函数关系。

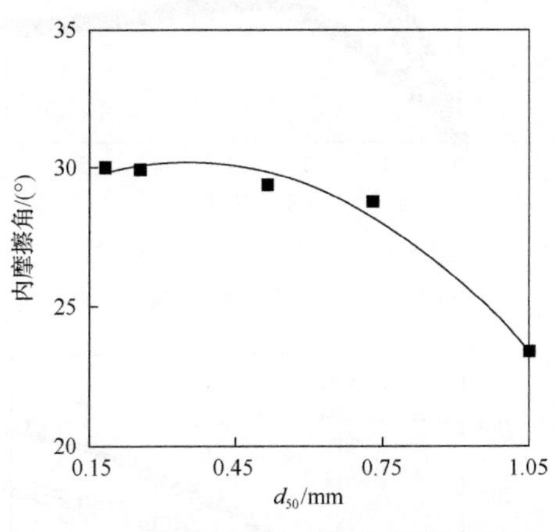

图 5.72　内摩擦角与 d_{50} 的关系(饱水状态)

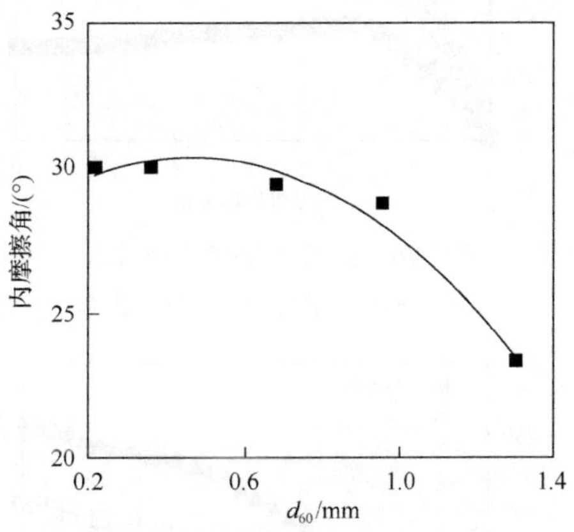

图 5.73　内摩擦角与 d_{60} 的关系(饱水状态)

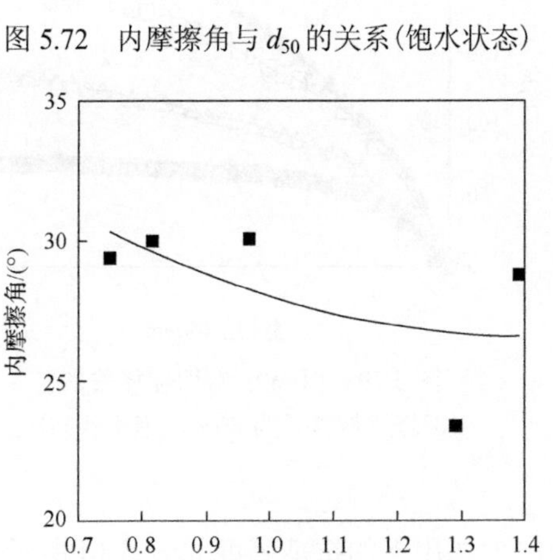

图 5.74　内摩擦角与 C_c 的关系(饱水状态)

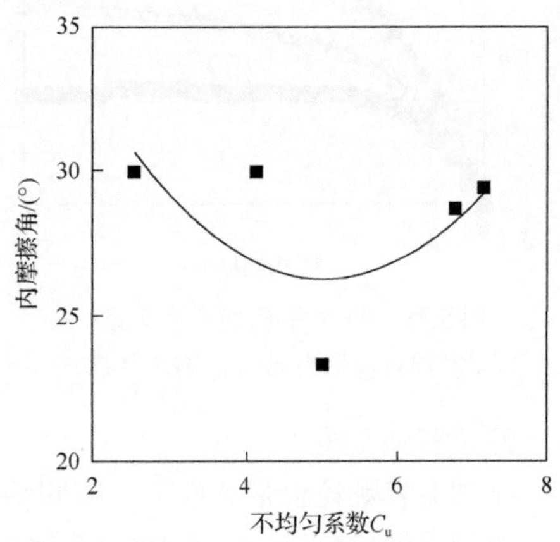

图 5.75　内摩擦角与 C_u 的关系(饱水状态)

5.3.2　泥岩颗粒含量对饱水状态抗剪强度特性的影响

1) 剪应力-剪切位移关系

不同泥岩颗粒含量条件下，饱水状态砂泥岩颗粒混合料的剪应力-剪切位移关系如图 5.76～图 5.81 所示。可以看出，剪应力整体上均随剪切位移的增大而增大，最后趋于稳定。

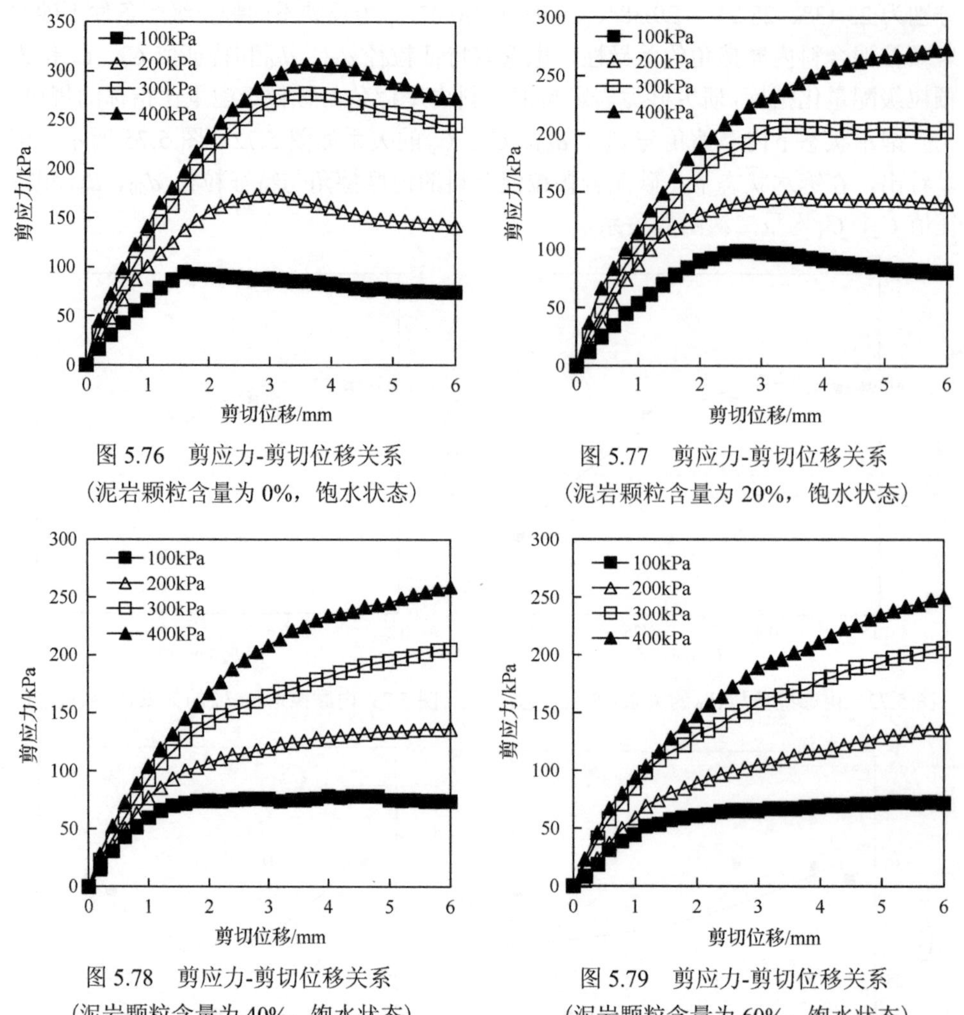

图 5.76　剪应力-剪切位移关系
（泥岩颗粒含量为 0%，饱水状态）

图 5.77　剪应力-剪切位移关系
（泥岩颗粒含量为 20%，饱水状态）

图 5.78　剪应力-剪切位移关系
（泥岩颗粒含量为 40%，饱水状态）

图 5.79　剪应力-剪切位移关系
（泥岩颗粒含量为 60%，饱水状态）

2) 抗剪强度线

不同泥岩颗粒含量条件下，不同轴向应力作用下的抗剪强度如表 5.14 所示。

以泥岩颗粒含量 0%与 100%为例进行分析。在轴向应力为 100kPa 条件下，泥岩颗粒含量为 100%时的抗剪强度比泥岩颗粒含量为 0%时减小约 26.9%；在轴向应力为 200kPa 条件下，在泥岩颗粒含量为 100%时的抗剪强度比泥岩颗粒含量为 0%时减小约 26.2%；在轴向应力为 300kPa 条件下，泥岩颗粒含量为 100%时的抗剪强度比泥岩颗粒含量为 0%时减小了约 35.8%；在轴向应力为 400kPa 条件下，泥岩颗粒含量为 100%时的抗剪强度比泥岩颗粒含量为 0%时减小了约 28.2%。

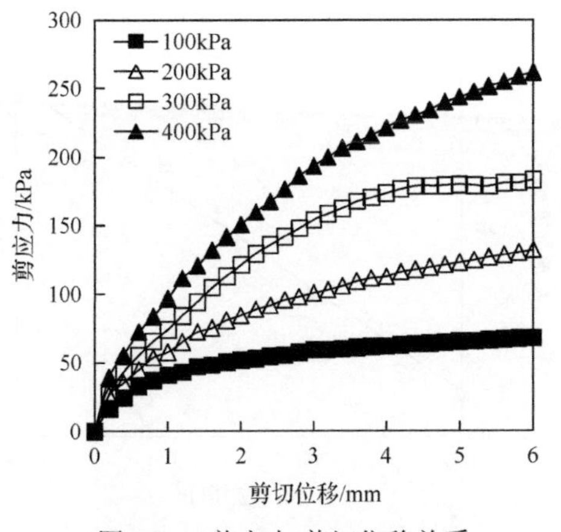

图 5.80　剪应力-剪切位移关系
（泥岩颗粒含量为 80%，饱水状态）

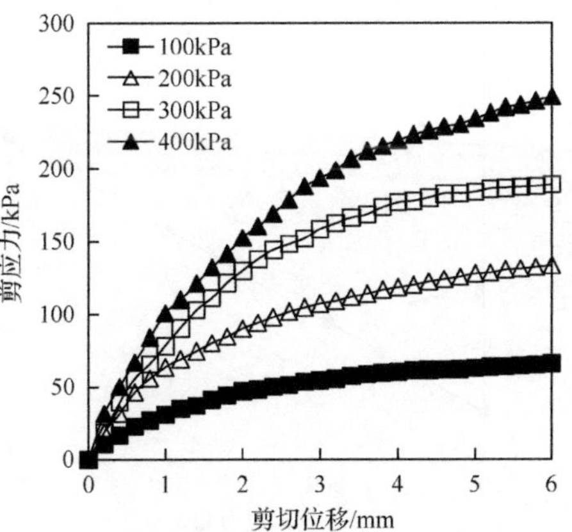

图 5.81　剪应力-剪切位移关系
（泥岩颗粒含量为 100%，饱水状态）

表 5.14　不同轴向应力作用下饱水状态的抗剪强度值（不同泥岩颗粒含量条件下）

泥岩颗粒含量/%	抗剪强度/kPa			
	轴向应力 100kPa	轴向应力 200kPa	轴向应力 300kPa	轴向应力 400kPa
0	82.41	159.87	275.16	305.62
20	90.83	143.14	205.50	252.82
40	78.09	129.20	180.84	234.23
60	69.25	119.16	178.79	213.79
80	62.06	112.84	173.65	221.22
100	60.21	118.05	176.73	219.36

不同泥岩颗粒含量条件下饱水状态砂泥岩颗粒混合料的抗剪强度线如图 5.82～图 5.87 所示。

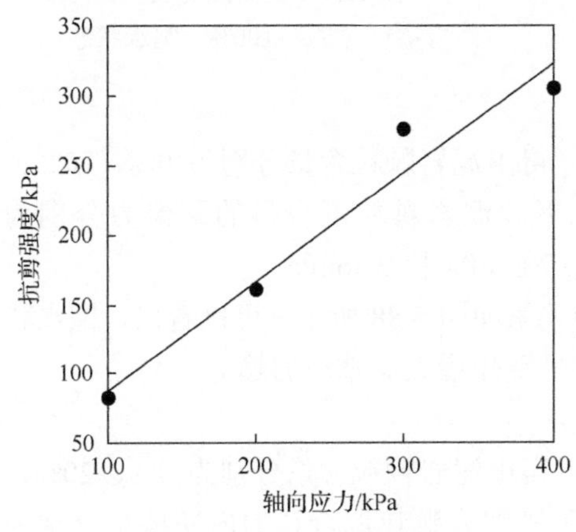

图 5.82　抗剪强度线
（泥岩颗粒含量为 0%，饱水状态）

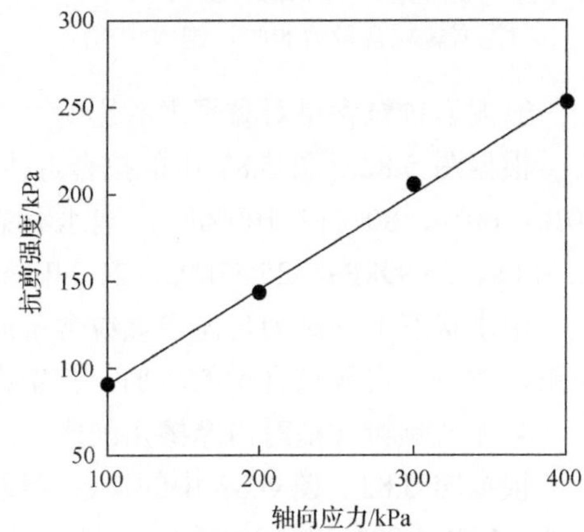

图 5.83　抗剪强度线
（泥岩颗粒含量为 20%，饱水状态）

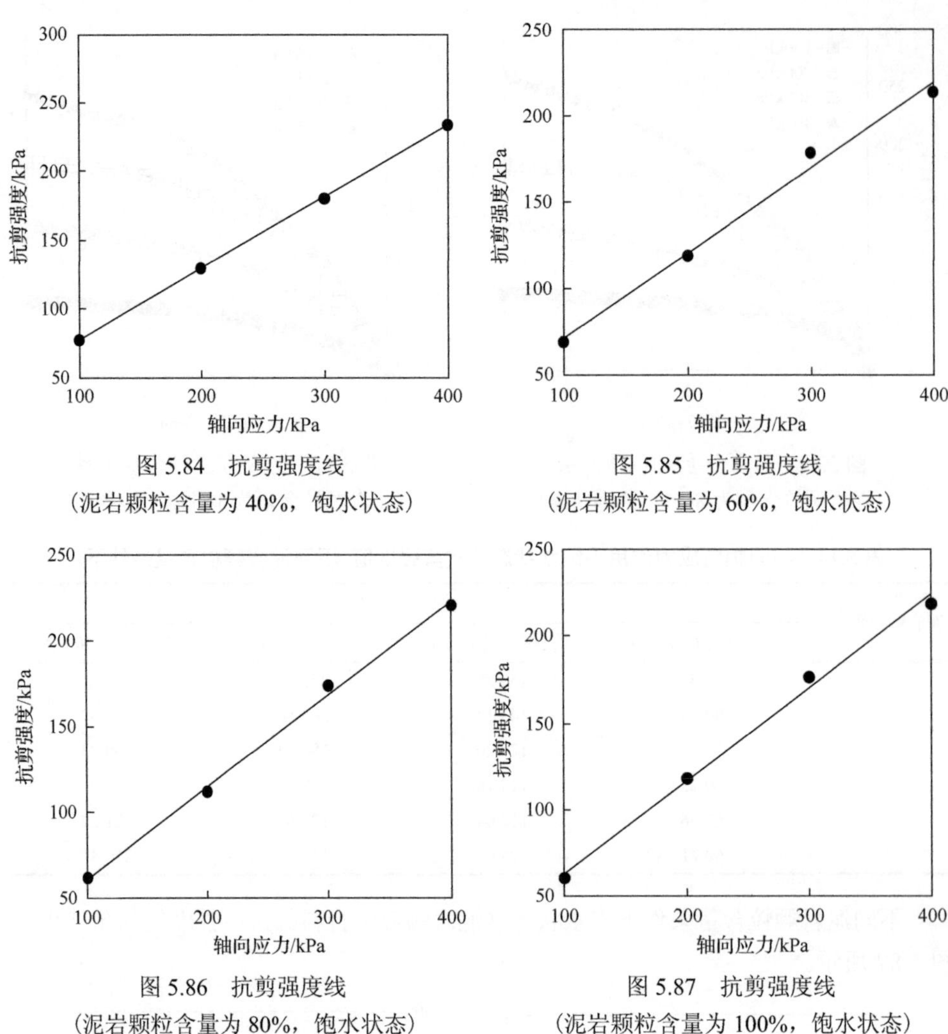

图 5.84　抗剪强度线
（泥岩颗粒含量为 40%，饱水状态）

图 5.85　抗剪强度线
（泥岩颗粒含量为 60%，饱水状态）

图 5.86　抗剪强度线
（泥岩颗粒含量为 80%，饱水状态）

图 5.87　抗剪强度线
（泥岩颗粒含量为 100%，饱水状态）

3) 泥岩颗粒含量对黏聚力的影响

根据图 5.82～图 5.87 中的拟合直线，得出泥岩颗粒含量分别为 0%、20%、40%、60%、80%和 100%时，饱水状态下砂泥岩颗粒混合料的黏聚力分别为 9.53kPa、35.99kPa、25.57kPa、21.94kPa、7.87kPa 和 9.56kPa。

饱水状态下黏聚力与泥岩颗粒含量的关系如图 5.88 所示。可以看出，饱水状态下，随着泥岩颗粒含量的增加，黏聚力呈现先增大后减小的趋势。

4) 泥岩颗粒含量对内摩擦角的影响

根据图 5.82～图 5.87 中的拟合直线，得出泥岩颗粒含量分别为 0%、20%、40%、60%、80%和 100%时，饱水状态下砂泥岩颗粒混合料的内摩擦角分别为 38.13°、28.74°、27.48°、26.25°、28.29°和 28.20°。

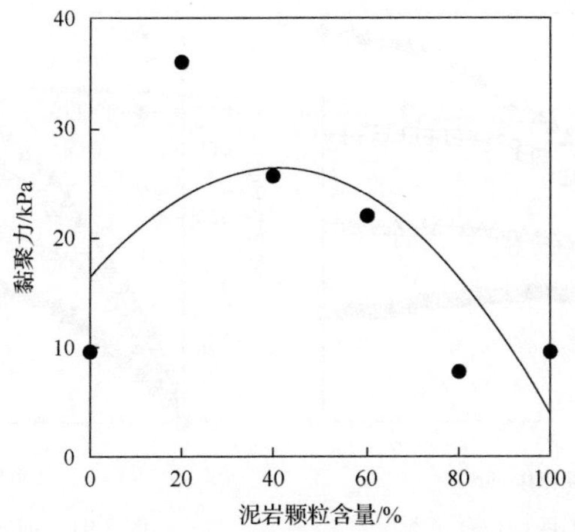

图 5.88　黏聚力与泥岩颗粒含量的关系(饱水状态)

饱水状态下内摩擦角与泥岩颗粒含量的关系如图 5.89 所示。可以看出，饱水状态下，随着泥岩颗粒含量逐渐增加，砂泥岩颗粒混合料的内摩擦角呈现先减小后增加的趋势。

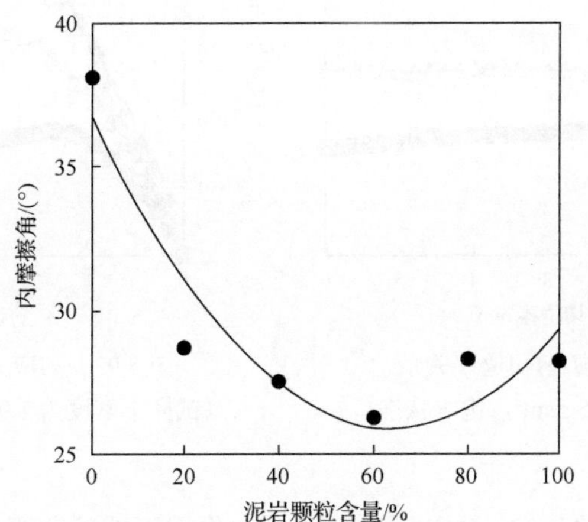

图 5.89　内摩擦角与泥岩颗粒含量的关系(饱水状态)

5.3.3　试样干密度对饱水状态抗剪强度特性的影响

1) 剪应力-剪切位移关系

对试验数据进行整理，得出饱水状态砂泥岩颗粒混合料在不同试样干密度条件下的剪应力-剪切位移关系如图 5.90～图 5.93 所示。

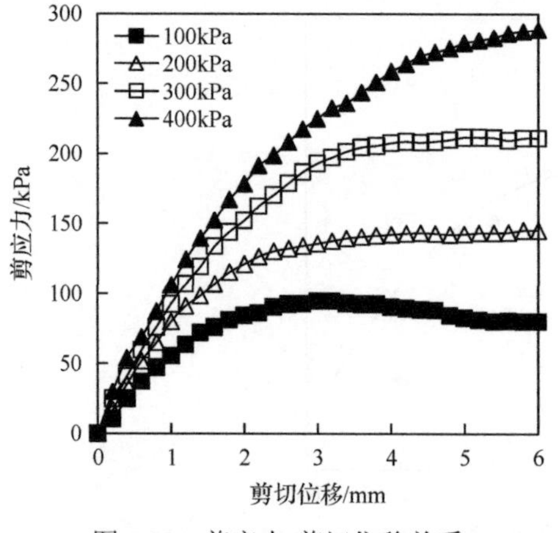

图 5.90 剪应力-剪切位移关系
(试样干密度为 1.75g/cm³，饱水状态)

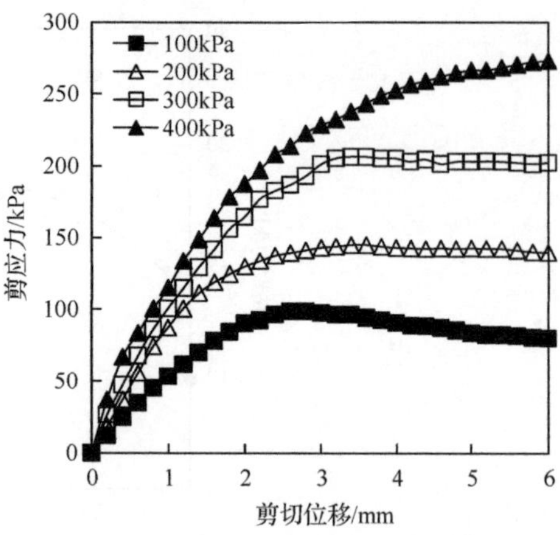

图 5.91 剪应力-剪切位移关系
(试样干密度为 1.80g/cm³，饱水状态)

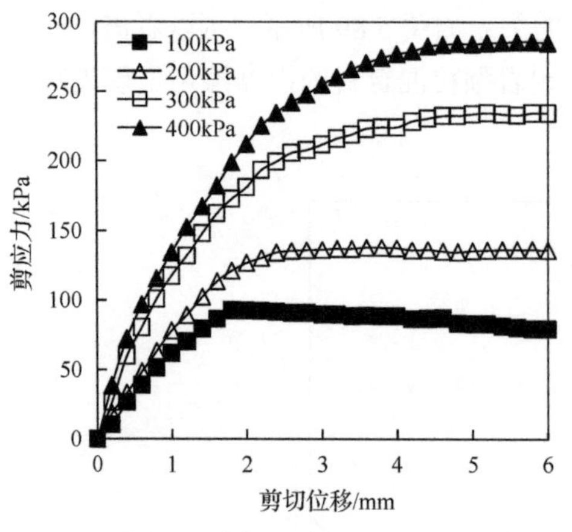

图 5.92 剪应力-剪切位移关系
(试样干密度为 1.85g/cm³，饱水状态)

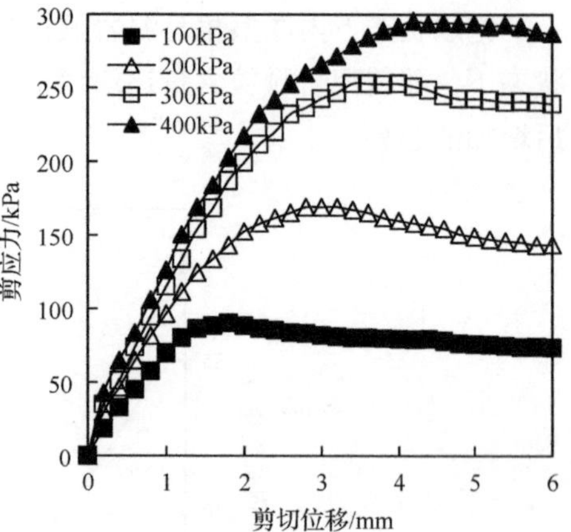

图 5.93 剪应力-剪切位移关系
(试样干密度为 1.90g/cm³，饱水状态)

2)抗剪强度线

根据图 5.90～图 5.93，得出不同轴向应力作用下的抗剪强度，如表 5.15 所示。

表 5.15 不同轴向应力作用下饱水状态的抗剪强度(不同试样干密度条件下)

试样干密度/(g/cm³)	抗剪强度/kPa			
	轴向应力 100kPa	轴向应力 200kPa	轴向应力 300kPa	轴向应力 400kPa
1.75	90.42	142.21	207.56	258.40
1.80	90.83	143.14	205.50	252.82
1.85	88.16	137.38	224.00	274.20
1.90	79.53	159.87	252.77	291.86

在轴向应力为 100kPa 条件下，试样干密度为 1.90g/cm^3 的抗剪强度比试样干密度为 1.75g/cm^3 时减小了 12%；在轴向应力为 200kPa 条件下，试样干密度为 1.90g/cm^3 时的抗剪强度比试样干密度为 1.75g/cm^3 时增大了 12.4%；在轴向应力为 300kPa 条件下，试样干密度为 1.90g/cm^3 时的抗剪强度比试样干密度为 1.75g/cm^3 时增大了 21.8%；在轴向应力为 400kPa 条件下，试样干密度为 1.90g/cm^3 时的抗剪强度比试样干密度为 1.75g/cm^3 时增大了 12.9%。

不同试样干密度条件下，饱水状态砂泥岩颗粒混合料的抗剪强度线如图 5.94～图 5.97 所示。

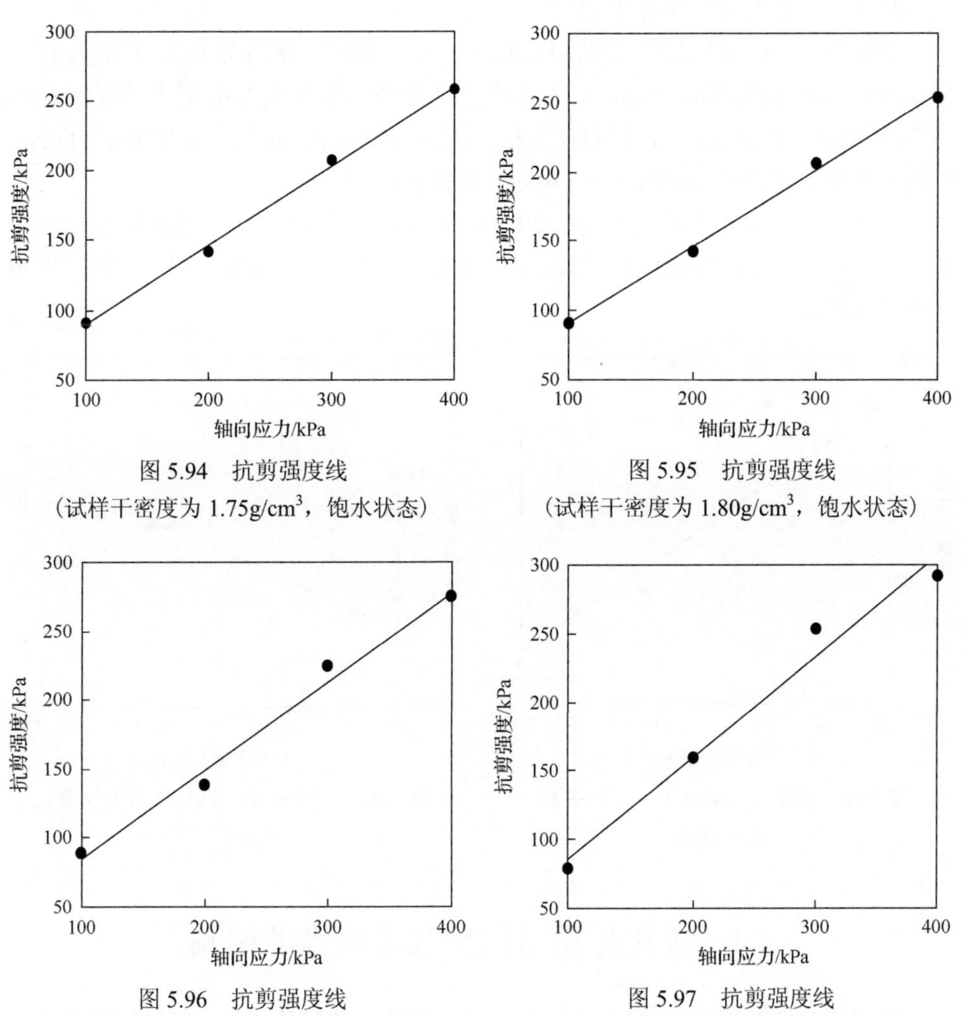

图 5.94　抗剪强度线
（试样干密度为 1.75g/cm^3，饱水状态）

图 5.95　抗剪强度线
（试样干密度为 1.80g/cm^3，饱水状态）

图 5.96　抗剪强度线
（试样干密度为 1.85g/cm^3，饱水状态）

图 5.97　抗剪强度线
（试样干密度为 1.90g/cm^3，饱水状态）

3) 试样干密度对黏聚力的影响

根据图 5.94～图 5.97 中的拟合直线，得出试样干密度为 1.75g/cm^3、1.80g/cm^3、1.85g/cm^3 和 1.90g/cm^3 时，砂泥岩颗粒混合料的黏聚力分别为 32.32kPa、35.99kPa、19.75kPa 和 13.53kPa。通过对比分析，在饱水状态下，试样干密度为 1.90g/cm^3 时的黏聚力比试样干密度为 1.75g/cm^3 时降低约为 58.1%。

黏聚力与试样干密度的关系如图 5.98 所示。可以看出，在试样干密度较低的情况下，黏聚力的变化范围较小，当试样干密度超过 1.80g/cm^3 后，黏聚力降低较为明显。

4) 试样干密度对内摩擦角的影响

根据图 5.94～图 5.97 中的拟合直线，得出试样干密度分别为 1.75g/cm^3、1.80g/cm^3、1.85g/cm^3 和 1.90g/cm^3 时，砂泥岩颗粒混合料的内摩擦角分别为 29.65°、28.74°、32.81°和 36.13°。通过对比分析，在饱水状态下，试样干密度为 1.90g/cm^3 时的内摩擦角比试样干密度为 1.75g/cm^3 时增加约 21.9%。

内摩擦角与试样干密度的关系如图 5.99 所示。可以看出，在试样干密度较小的情况下，内摩擦角的变化范围较小，当试样干密度超过 1.80g/cm^3 后，内摩擦角增加较为明显。

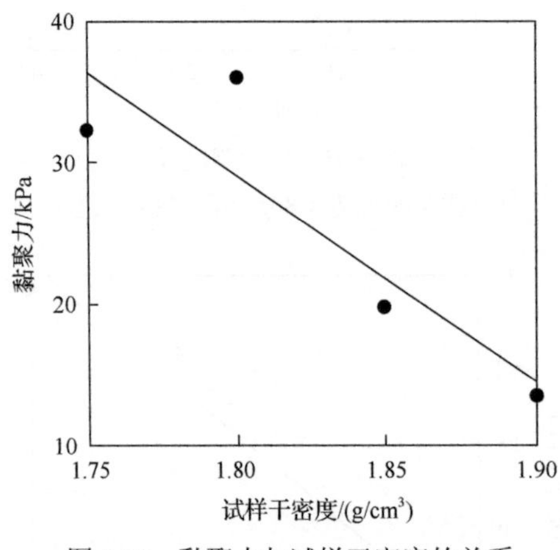

图 5.98 黏聚力与试样干密度的关系（饱水状态）

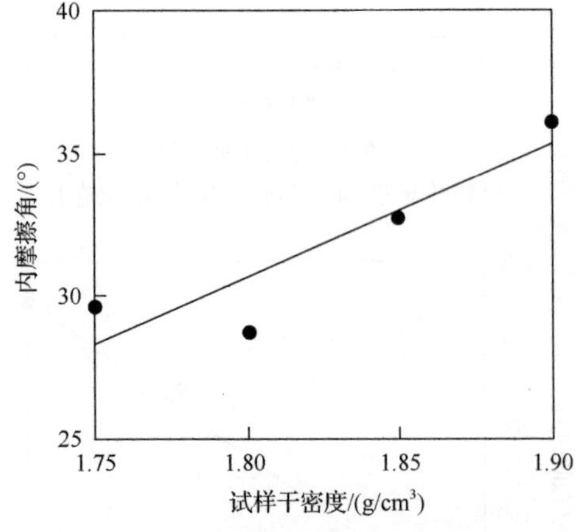

图 5.99 内摩擦角与试样干密度的关系（饱水状态）

5.4 湿化作用对抗剪强度特性的影响

对比 5.2 节和 5.3 节相同试验土料、试样条件下的试验结果，可以得到湿化作用对砂泥岩颗粒混合料抗剪强度的影响，本节对此进行分析。

5.4.1　湿化作用对不同颗粒级配试样抗剪强度特性的影响

图 5.100～图 5.103 给出了砂泥岩颗粒混合料在饱水状态和天然状态下的黏聚力与 d_{50}、d_{60}、C_c、C_u 的关系。

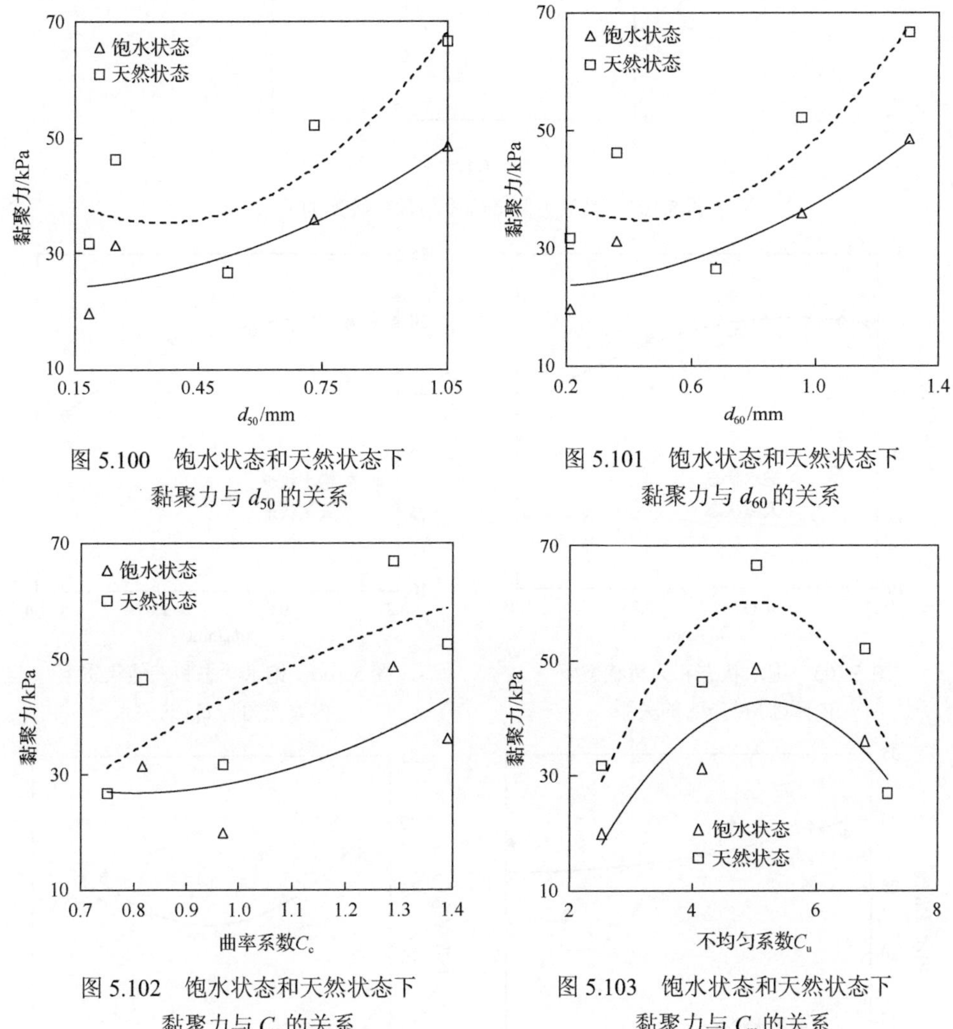

图 5.100　饱水状态和天然状态下黏聚力与 d_{50} 的关系

图 5.101　饱水状态和天然状态下黏聚力与 d_{60} 的关系

图 5.102　饱水状态和天然状态下黏聚力与 C_c 的关系

图 5.103　饱水状态和天然状态下黏聚力与 C_u 的关系

通过分析不同颗粒级配对应的黏聚力，得出饱水状态下相对天然状态下的黏聚力降低幅度与颗粒级配的关系，如图 5.104 所示。可以看出，除了颗粒级配 3 外，湿化作用主要使黏聚力显著降低。

图 5.105～图 5.108 给出了砂泥岩颗粒混合料在饱水状态与天然状态下的内摩擦角与 d_{50}、d_{60}、C_c、C_u 的关系。

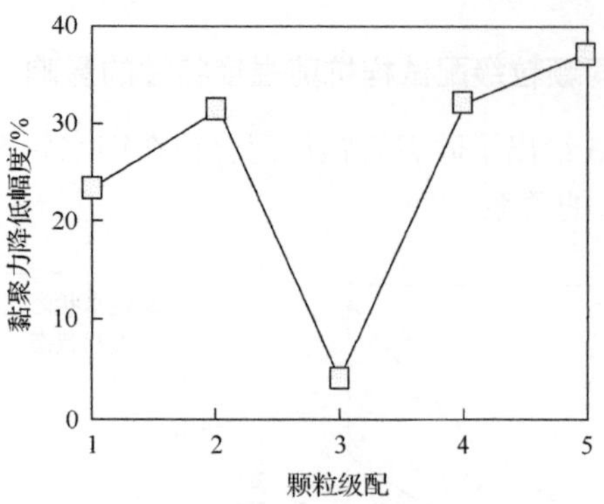

图 5.104　黏聚力降低幅度与颗粒级配的关系

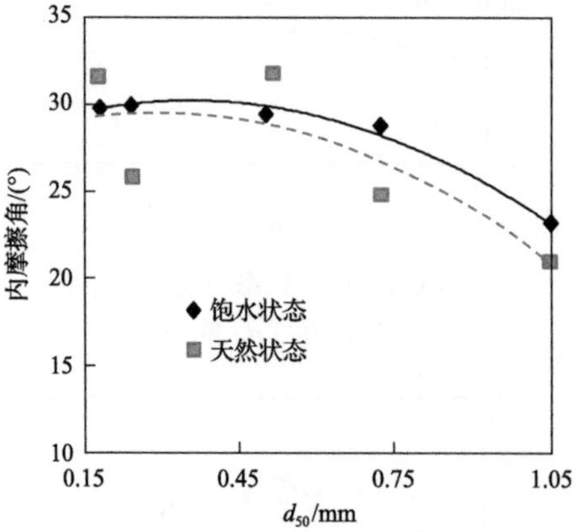

图 5.105　饱水状态和天然状态下内摩擦角与 d_{50} 的关系

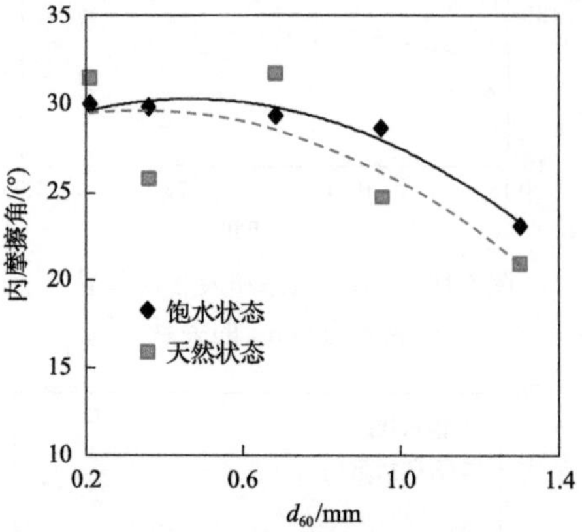

图 5.106　饱水状态和天然状态下内摩擦角与 d_{60} 的关系

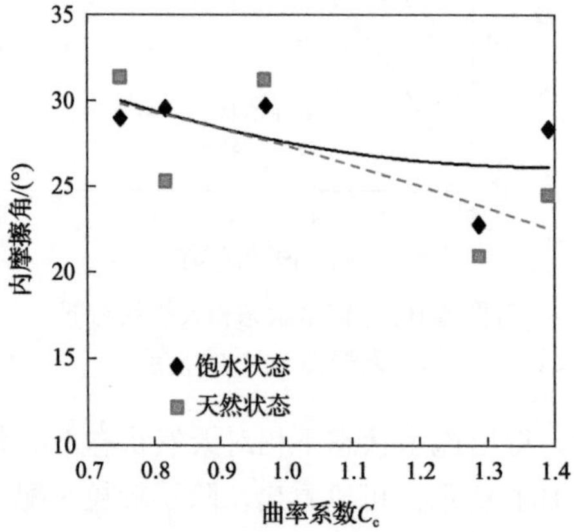

图 5.107　饱水状态和天然状态下内摩擦角与 C_c 的关系

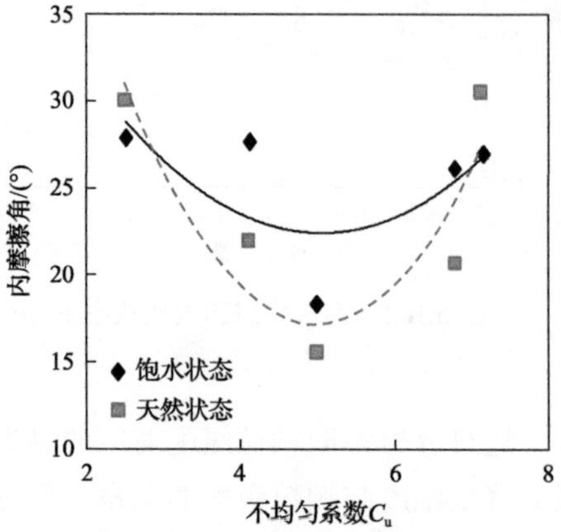

图 5.108　饱水状态和天然状态下内摩擦角与 C_u 的关系

通过分析不同颗粒级配对应的内摩擦角，得到饱水状态下相对天然状态下的内摩擦角增加幅度与颗粒级配的关系，如图 5.109 所示。可以看出，湿化作用对不同颗粒级配试样内摩擦角的影响不同。

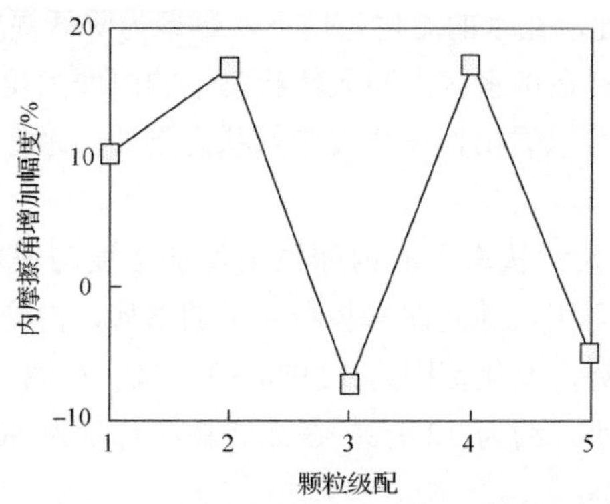

图 5.109　内摩擦角增加幅度与颗粒级配的关系

砂泥岩颗粒混合料的颗粒级配不同，意味着粗颗粒与细颗粒的含量不同，当粗颗粒含量较少时，细颗粒作为试样的主要组成部分，砂泥岩颗粒混合料较为密实，粗颗粒逐渐混合在细颗粒之间，但未呈现一种密实状态，因此细颗粒之间通过浸泡饱水作用，充盈整个试样，最终使得砂泥岩颗粒混合料在水的湿化作用下，黏聚力整体呈现降低的趋势，内摩擦角有增有降的趋势。

5.4.2　湿化作用对不同泥岩颗粒含量试样抗剪强度特性的影响

砂泥岩颗粒混合料在饱水状态和天然状态下的黏聚力与泥岩颗粒含量的关系如图 5.110 所示。可以看出，试样在饱和状态下的黏聚力普遍比在天然状态下的小。

饱水状态下相对天然状态下的黏聚力降低幅度与泥岩颗粒含量的关系如图 5.111 所示。可以看出，随着泥岩颗粒含量的增加，黏聚力降低幅度呈先减小

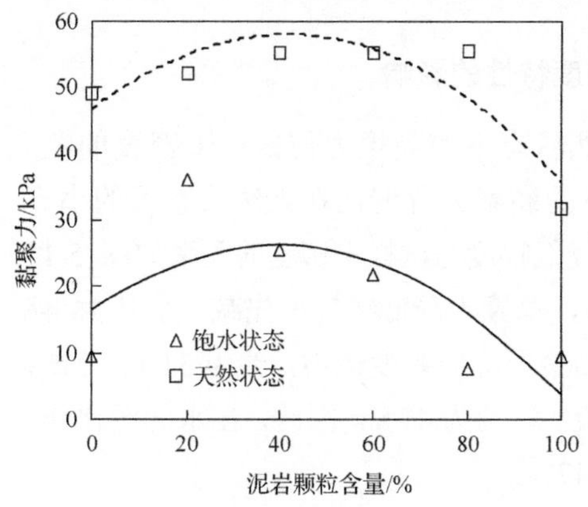

图 5.110　饱水状态和天然状态下黏聚力与泥岩颗粒含量的关系

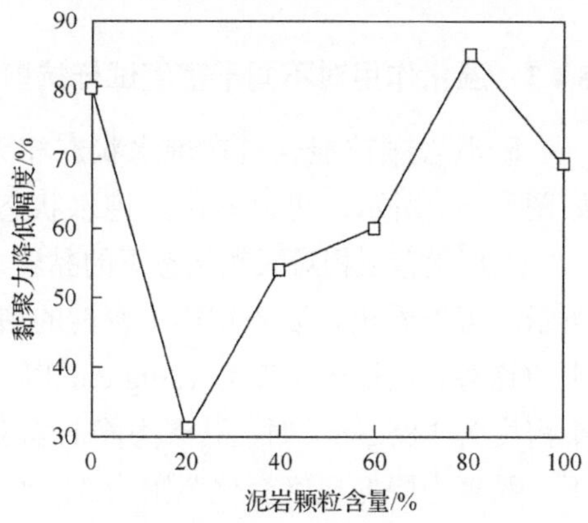

图 5.111　黏聚力降低幅度与泥岩颗粒含量的关系

后增大再减小的趋势，变化范围为 31.1%～85.9%。在泥岩颗粒含量为 20%时，黏聚力降低幅度最小，约为 31.1%；在泥岩颗粒含量为 80%时，黏聚力降低幅度最大，约为 85.9%。因此，在水的湿化作用下，黏聚力降低幅度较大。

砂泥岩颗粒混合料在饱水状态和天然状态下的内摩擦角与泥岩颗粒含量的关系如图 5.112 所示。可以看出，试样在饱水状态下的内摩擦角普遍比在天然状态下的大。

饱水状态下相对天然状态下的内摩擦角增加幅度与泥岩颗粒含量的关系如图 5.113 所示。可以看出，随着泥岩颗粒含量的增加，内摩擦角增加幅度呈先减小后增加再减小的趋势，变化范围为 12.9%～32.2%。在泥岩颗粒含量为 40%时，内摩擦角增加幅度最小，约为 12.9%；在泥岩颗粒含量为 80%时，内摩擦角增加幅度最大，约为 32.2%。

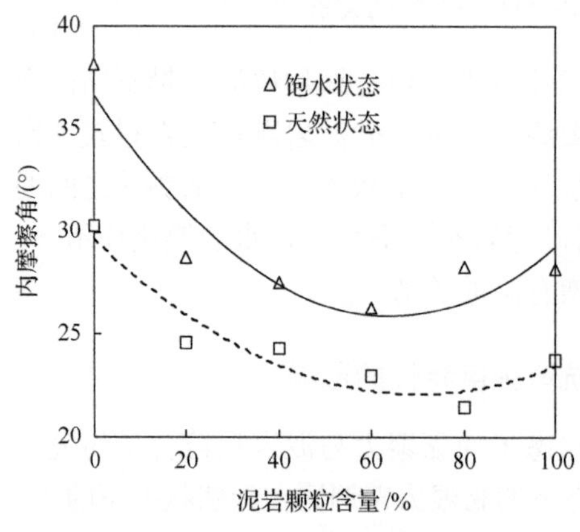

图 5.112　饱水状态和天然状态下内摩擦角与泥岩颗粒含量的关系

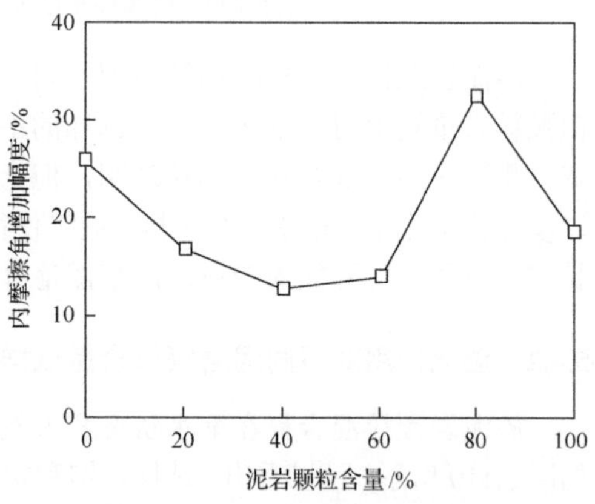

图 5.113　内摩擦角增加幅度与泥岩颗粒含量的关系

5.4.3　湿化作用对不同干密度试样抗剪强度特性的影响

砂泥岩颗粒混合料在饱水状态和天然状态下的黏聚力与试样干密度的关系如图 5.114 所示。可以看出，饱水状态下的黏聚力普遍比在天然状态下的小。

饱水状态下相对天然状态下的黏聚力降低幅度与试样干密度的关系如图 5.115 所示。可以看出，随着试样干密度的增加，黏聚力降低幅度呈先减小后增大再减小的趋势。试样干密度为 1.80g/cm^3 时，黏聚力降低幅度最小，约为 31.1%，试样干密度为 1.85g/cm^3 时，黏聚力降低幅度最大，约为 47%。因此，在水的湿化作用下，黏聚力降低幅度变化范围为 31.1%～47%。

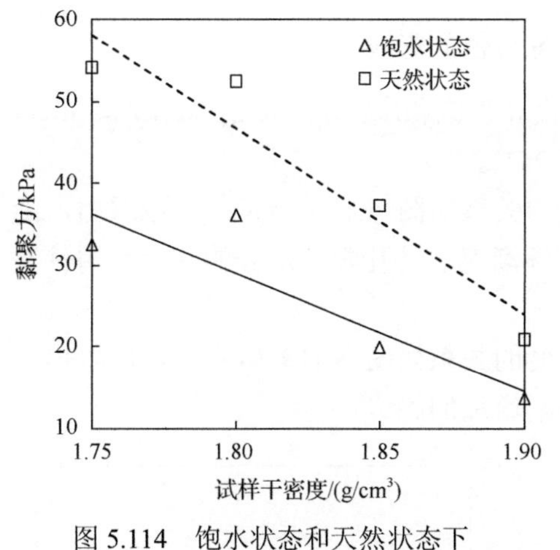

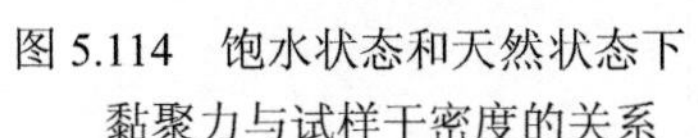
图 5.114　饱水状态和天然状态下黏聚力与试样干密度的关系

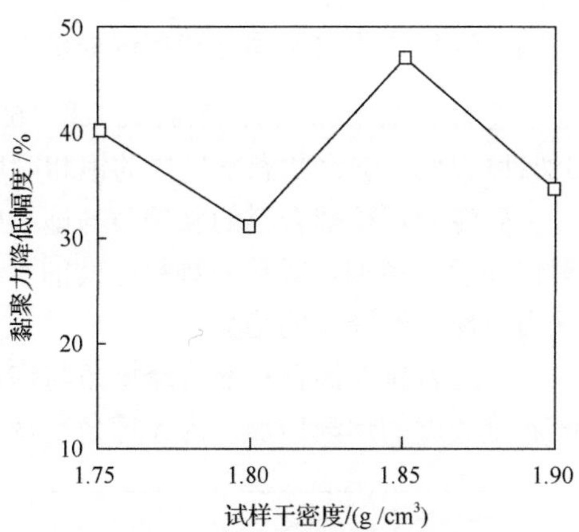

图 5.115　黏聚力降低幅度与试样干密度的关系

砂泥岩颗粒混合料在饱水状态和天然状态下的内摩擦角与试样干密度的关系如图 5.116 所示。可以看出，饱水状态下的内摩擦角普遍比在天然状态下的大。

饱水状态下相对天然状态下的内摩擦角增加幅度与试样干密度的关系如图 5.117 所示。可以看出，随试样干密度的增加，内摩擦角增加幅度呈逐渐降低的趋势。试样干密度为 1.90g/cm^3 时，内摩擦角增加幅度最小，约 7.73%；试样干密度为 1.75g/cm^3 时，内摩擦角增加幅度最大，约为 51.8%。

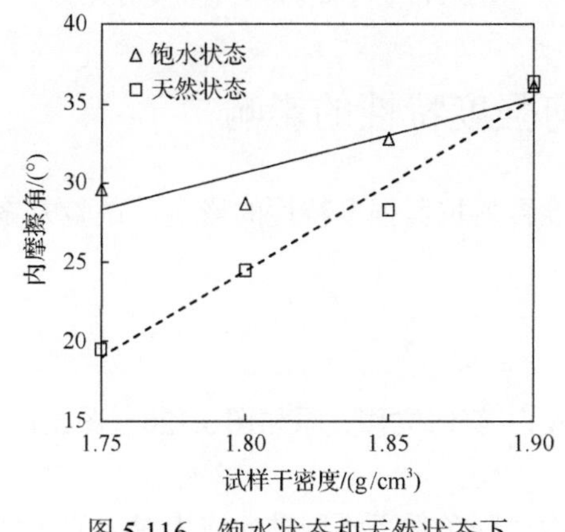

图 5.116　饱水状态和天然状态下内摩擦角与试样干密度的关系

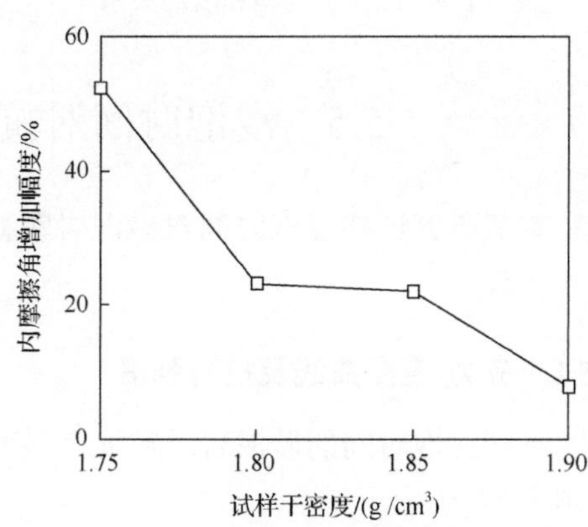

图 5.117　内摩擦角增加幅度与试样干密度的关系

在饱水条件下，土体颗粒之间的孔隙被水体逐渐充盈，试样在刚开始剪切过程中，土体的剪切破坏主要是受到挤压，水体逐渐被挤出的过程，从而导致土体黏聚力比天然状态下的低。

5.4.4　湿化作用对不同饱和度试样抗剪强度特性的影响

将含水率 4%、8%、10%、12%和 16%换算为饱和度，分别为 21%、40%、50%、58%和 75%，饱水状态下试样的饱和度取 95%。

砂泥岩颗粒混合料的黏聚力与饱和度的关系如图 5.118 所示。可以看出，随着饱和度的增加，颗粒与颗粒之间的水体逐渐充盈其孔隙，水分的润滑作用使黏聚力呈现逐渐降低的趋势。

砂泥岩颗粒混合料的内摩擦角与饱和度的关系如图 5.119 所示。可以看出，随着饱和度的逐渐增加，内摩擦角呈现逐渐增加的趋势。

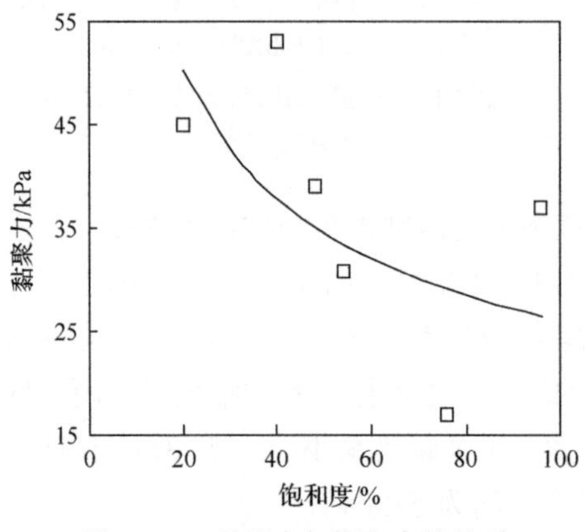

图 5.118　黏聚力与饱和度的关系

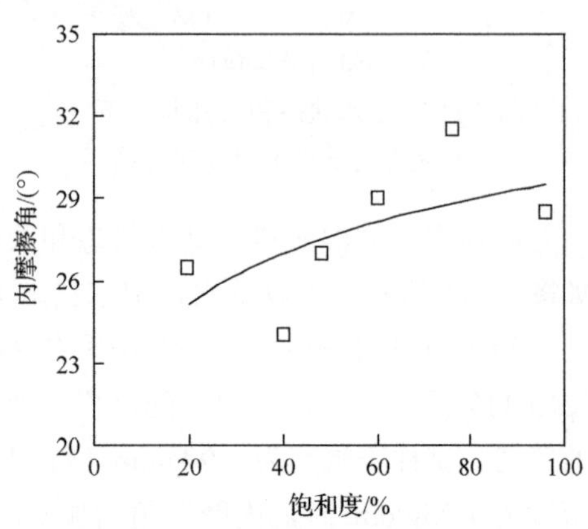

图 5.119　内摩擦角与饱和度的关系

5.5　浸泡时间对抗剪强度特性的影响

本节研究试样浸泡时间对砂泥岩颗粒混合料抗剪强度特性的影响，试验方案见表 5.5。

5.5.1　应力-应变曲线及抗剪强度

不同浸泡时间的砂泥岩颗粒混合料剪应力-剪切位移关系如图 5.120～图 5.124 所示。

根据图 5.120～图 5.124，可得不同浸泡时间条件下不同轴向应力对应的抗剪强度，如表 5.16 所示。

选取浸泡时间分别为 24h 和 384h 进行分析。在轴向应力为 100kPa 条件下，浸泡时间为 384h 时的抗剪强度比浸泡时间为 24h 时减小了 11.5%；在轴向应力为 200kPa 条件下，浸泡时间为 384h 时的抗剪强度比浸泡时间为 24h 时增加了 2.6%；在轴向应力为 300kPa 条件下，浸泡时间为 384h 时的抗剪强度比浸泡时间为 24h

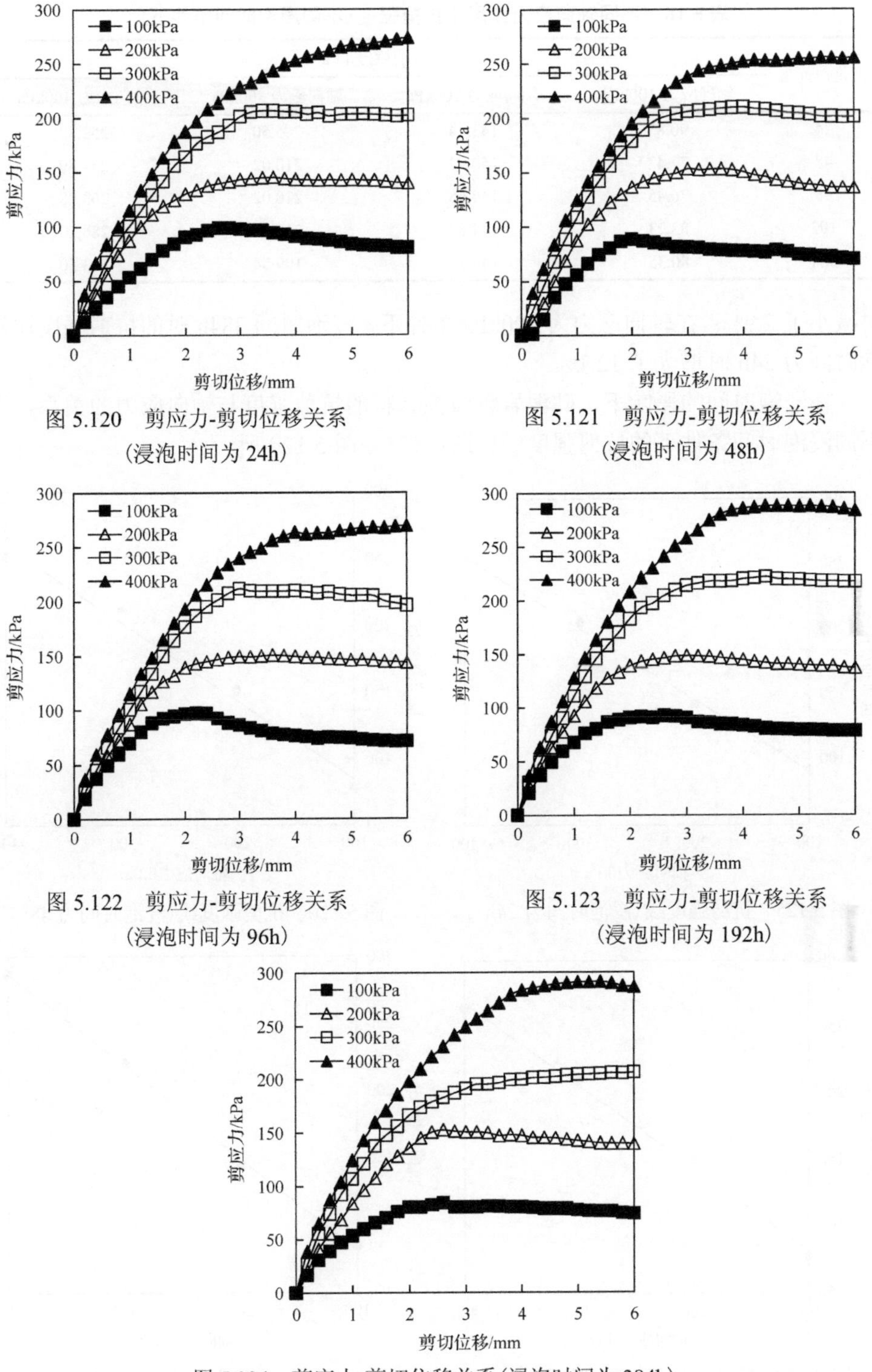

图 5.120　剪应力-剪切位移关系（浸泡时间为 24h）

图 5.121　剪应力-剪切位移关系（浸泡时间为 48h）

图 5.122　剪应力-剪切位移关系（浸泡时间为 96h）

图 5.123　剪应力-剪切位移关系（浸泡时间为 192h）

图 5.124　剪应力-剪切位移关系（浸泡时间为 384h）

表 5.16　不同轴向应力作用下抗剪强度(不同浸泡时间条件下)

浸泡时间/h	抗剪强度/kPa			
	轴向应力 100kPa	轴向应力 200kPa	轴向应力 300kPa	轴向应力 400kPa
24	90.83	143.14	205.50	252.82
48	77.47	150.77	210.02	251.89
96	76.45	149.65	210.02	263.98
192	83.23	144.82	219.89	286.10
384	80.35	146.86	199.54	283.50

时减小了 2.9%；在轴向应力为 400kPa 条件下，浸泡时间 384h 时的抗剪强度比浸泡时间为 24h 时增大了 12.1%。

在浸泡时间的影响下，砂泥岩颗粒混合料的抗剪强度与轴向应力的关系，即不同浸泡时间条件下的抗剪强度线如图 5.125～图 5.129 所示。

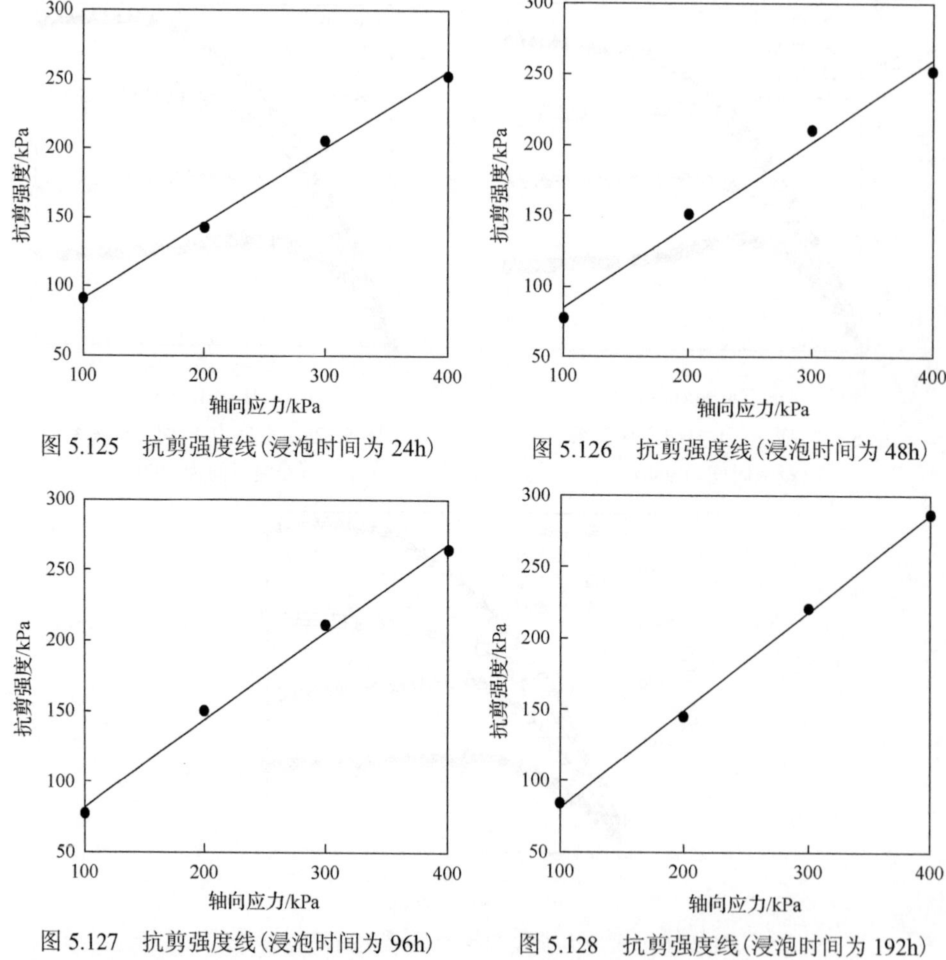

图 5.125　抗剪强度线(浸泡时间为 24h)

图 5.126　抗剪强度线(浸泡时间为 48h)

图 5.127　抗剪强度线(浸泡时间为 96h)

图 5.128　抗剪强度线(浸泡时间为 192h)

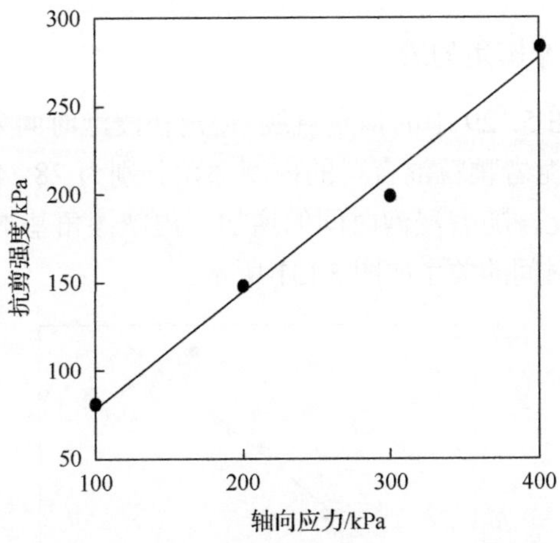

图 5.129　抗剪强度线(浸泡时间为 384h)

5.5.2　浸泡时间对黏聚力的影响

根据图 5.125～图 5.129 中的拟合直线，得出在浸泡时间分别为 24h、48h、96h、192h 和 384h 时，砂泥岩颗粒混合料的黏聚力分别为 35.99kPa、26.91kPa、19.28kPa、12.59kPa 和 12.03kPa。因此，随着浸泡时间的增加，黏聚力逐渐减小。

黏聚力与浸泡时间的关系如图 5.130 所示。可以看出，浸泡时间越长，黏聚力越低。但随着浸泡时间逐渐加大，当浸泡时间大于 192h 后，黏聚力降低趋势不是很明显。

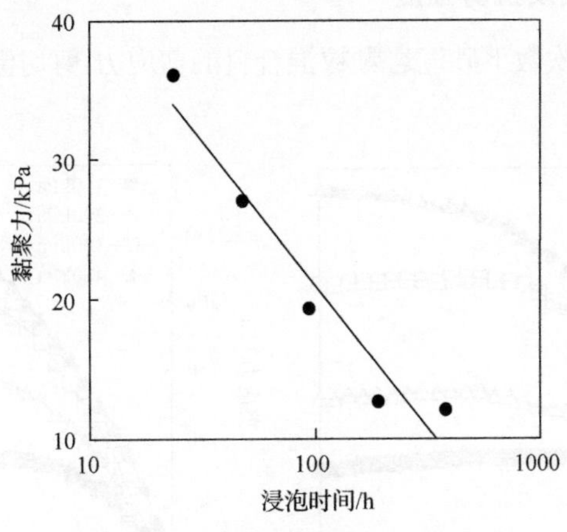

图 5.130　黏聚力与浸泡时间的关系

随着浸泡时间逐渐增加，水的溶解作用对胶结物质的破坏力使其黏聚力逐渐降低。另外，在水的湿化作用下，泥岩颗粒的逐渐崩解对黏聚力逐渐降低也起到一个主导作用。

5.5.3 浸泡时间对内摩擦角的影响

根据图 5.125～图 5.129 中的拟合直线，得出在浸泡时间分别为 24h、48h、96h、192h 和 384h 时，砂泥岩颗粒混合料的内摩擦角分别为 28.74°、30.22°、31.92°、34.36°和 33.51°。因此，随着浸泡时间的增加，内摩擦角基本上逐渐增大。

内摩擦角与浸泡时间的关系如图 5.131 所示。

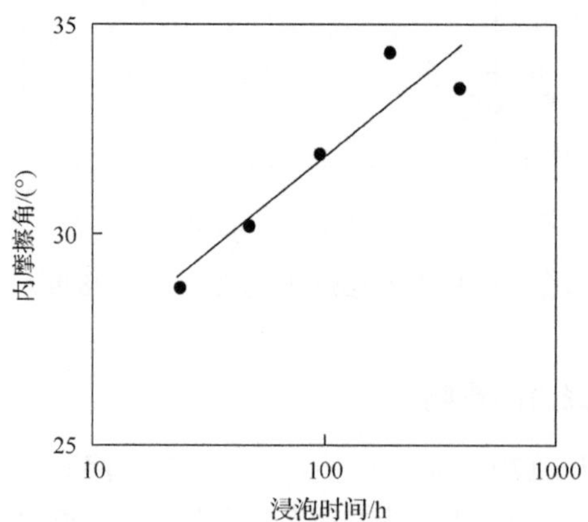

图 5.131 内摩擦角与浸泡时间的关系

5.6 周期性浸泡次数对抗剪强度特性的影响

5.6.1 应力-应变曲线及抗剪强度

不同周期性浸泡次数下砂泥岩颗粒混合料的剪应力-剪切位移关系如图 5.132～图 5.135 所示。

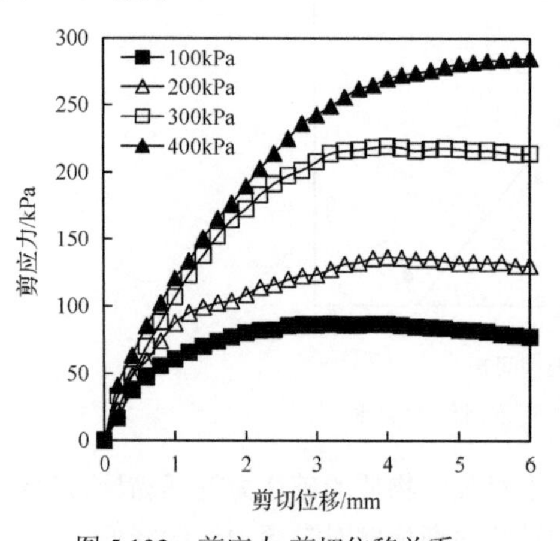

图 5.132 剪应力-剪切位移关系（周期性浸泡 1 次）

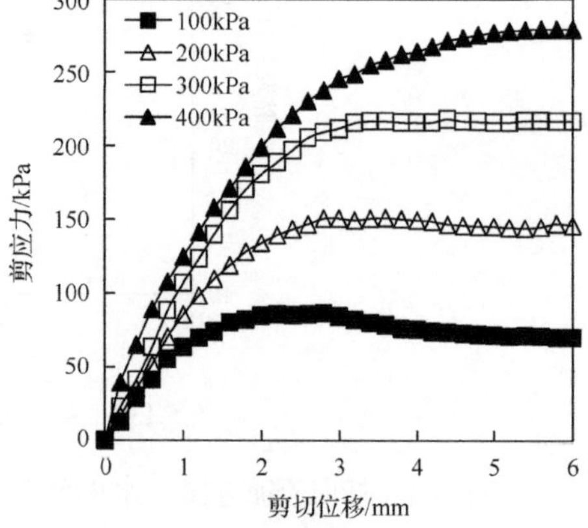

图 5.133 剪应力-剪切位移关系（周期性浸泡 3 次）

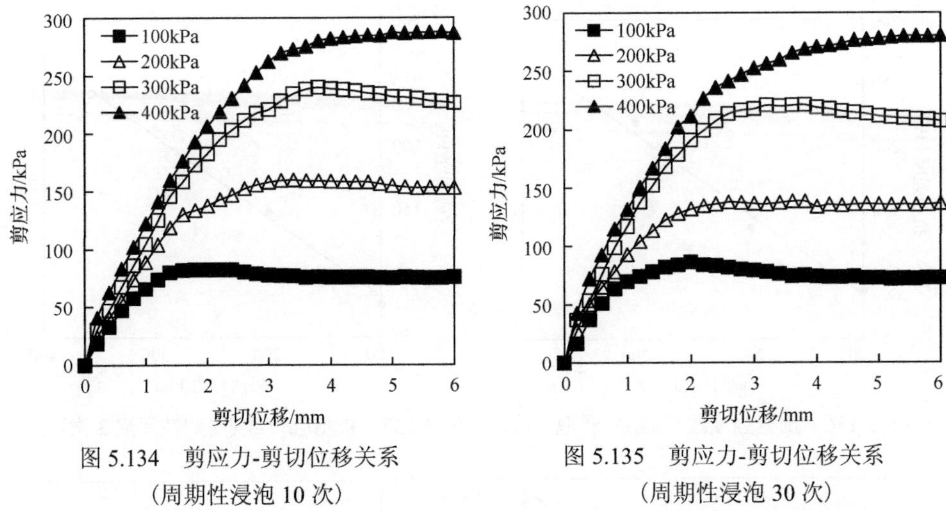

图 5.134　剪应力-剪切位移关系（周期性浸泡 10 次）

图 5.135　剪应力-剪切位移关系（周期性浸泡 30 次）

根据图 5.132～图 5.135，得到不同周期性浸泡次数条件下，不同轴向应力对应的抗剪强度，如表 5.17 所示。

表 5.17　不同轴向应力作用下的抗剪强度(不同周期性浸泡次数条件下)

周期性浸泡次数	抗剪强度/kPa			
	轴向应力 100kPa	轴向应力 200kPa	轴向应力 300kPa	轴向应力 400kPa
0	90.83	150.02	198.31	226.80
1	86.72	136.64	219.27	269.56
3	75.42	149.65	215.98	263.98
10	75.83	158.57	238.59	281.64
30	74.19	133.85	218.86	271.23

以轴向应力为 100kPa 为例，随着周期性浸泡次数逐渐增加，与周期性浸泡 0 次的抗剪强度相比，周期性浸泡 1 次的抗剪强度减小了 4.5%，周期性浸泡 3 次的抗剪强度减小了 17.0%，周期性浸泡 10 次的抗剪强度减小了 16.5%，周期性浸泡 30 次的抗剪强度减小了 18.3%。

不同周期性浸泡次数条件下砂泥岩颗粒混合料的抗剪强度线如图 5.136～图 5.139 所示。

5.6.2　周期性浸泡次数对黏聚力的影响

根据图 5.136～图 5.139 中的拟合直线，得出在周期性浸泡次数分别为 0 次、1 次、3 次、10 次和 30 次时，砂泥岩颗粒混合料的黏聚力分别为 55.68kPa、20.26kPa、

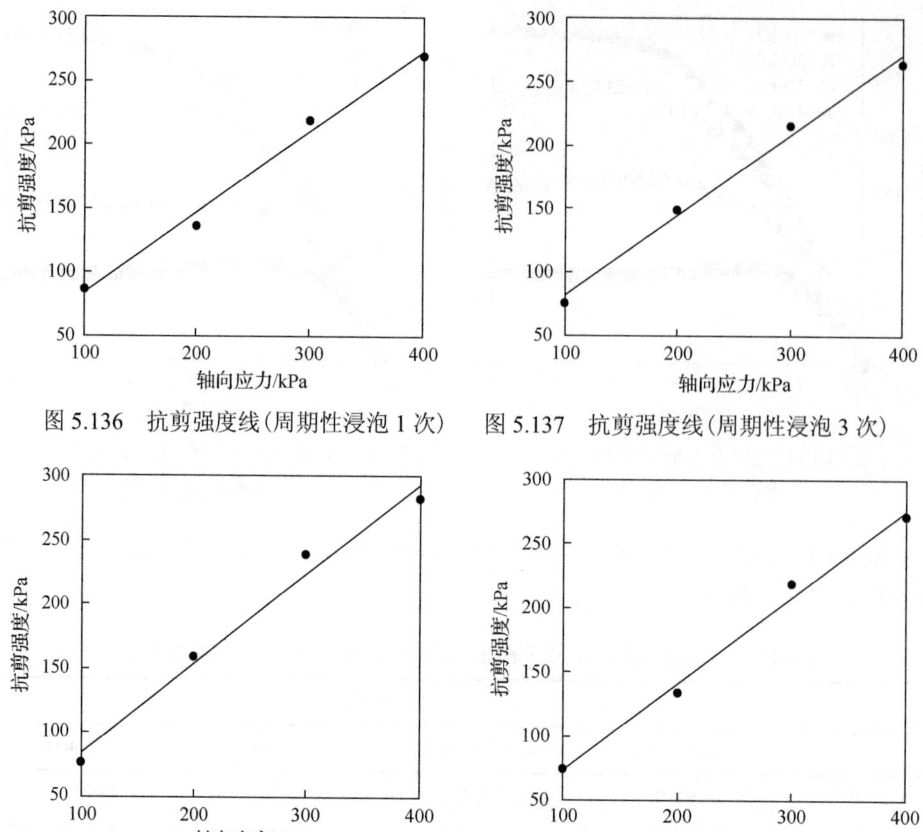

图 5.136　抗剪强度线(周期性浸泡 1 次)　　图 5.137　抗剪强度线(周期性浸泡 3 次)

图 5.138　抗剪强度线(周期性浸泡 10 次)　　图 5.139　抗剪强度线(周期性浸泡 30 次)

18.25kPa、14.30kPa 和 5.50kPa。由此可见，随着周期性浸泡次数的增大，黏聚力逐渐减小。以周期性浸泡 0 次为基准点，周期性浸泡 1 次时，黏聚力降低了 63.6%；周期性浸泡 3 次时，黏聚力降低了 67.2%；周期性浸泡 10 次时，黏聚力降低了 74.3%；周期性浸泡 30 次时，黏聚力降低了 90.1%。

黏聚力与周期性浸泡次数的关系如图 5.140 所示。可以看出，在不同的周期性浸泡次数下，黏聚力变化的趋势均较为显著，受颗粒润滑、颗粒软化、颗粒破碎和颗粒重新排列等因素综合影响，尤其是在周期性浸泡 1 次、3 次和 10 次时黏聚力变化趋势较大，整体呈现逐渐降低的现象。这主要是由于土体在浸水润滑土体及进行加热烘干的过程中，土体颗粒之间不仅宏观上会发生变化，微观上也存在一些差异，从而导致随着周期性浸泡次数的逐渐增大，土体的黏聚力出现逐渐降低的趋势。

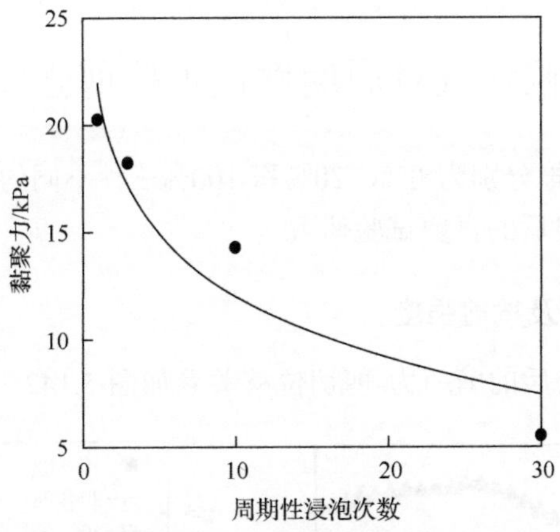

图 5.140　黏聚力与周期性浸泡次数的关系

5.6.3　周期性浸泡次数对内摩擦角的影响

根据图 5.136～图 5.139 中的拟合直线，得出在周期性浸泡次数分别为 0 次、1 次、3 次、10 次和 30 次时，砂泥岩颗粒混合料的内摩擦角分别为 21.40°、32.26°、32.29°、34.89°和 34.06°。由此可见，随着周期性浸泡次数的增大，内摩擦角逐渐增大。以周期性浸泡 0 次为基准点，周期性浸泡 1 次时，内摩擦角增大了 50.7%；周期性浸泡 3 次时，内摩擦角增大了 50.9%；周期性浸泡 10 次时，内摩擦角增大了 63.0%；周期性浸泡 30 次时，内摩擦角增大了 59.2%。

内摩擦角与周期性浸泡次数的关系如图 5.141 所示。可以看出，随着周期性浸泡次数的逐渐增大，内摩擦角呈现逐渐增大的趋势，但增大趋势逐渐减缓。这主要是由于土体的颗粒级配、试样干密度等因素均保持不变，颗粒的摩擦力与粗糙度变化的范围较小。

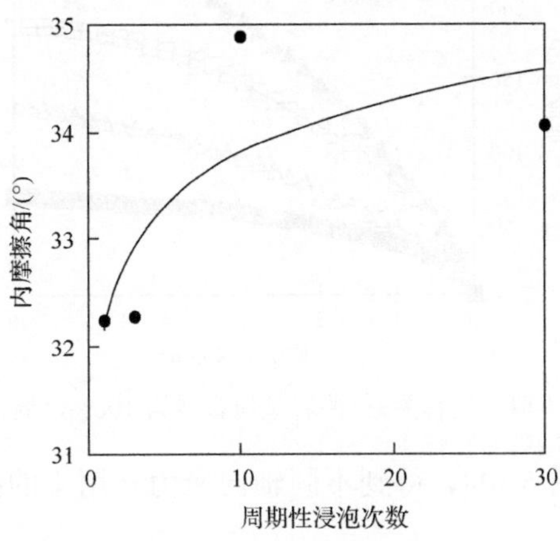

图 5.141　内摩擦角与周期性浸泡次数的关系

5.7　泥岩颗粒含量对周期性饱水抗剪强度特性的影响

选取泥岩颗粒含量分别为 0%、20%和 100%三种不同的砂泥岩颗粒混合料，进行 10 次周期性浸泡后的直剪试验研究。

5.7.1　应力-应变曲线及抗剪强度

周期性浸泡 10 次后的剪应力-剪切位移关系如图 5.142～图 5.144 所示。

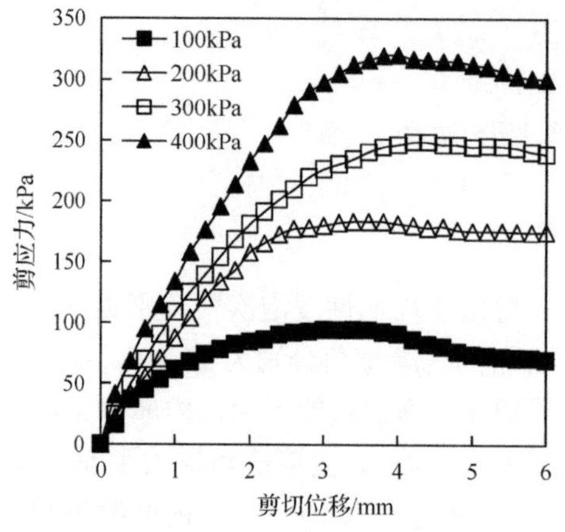

图 5.142　剪应力-剪切位移关系
（泥岩颗粒含量为 0%，周期性浸泡 10 次）

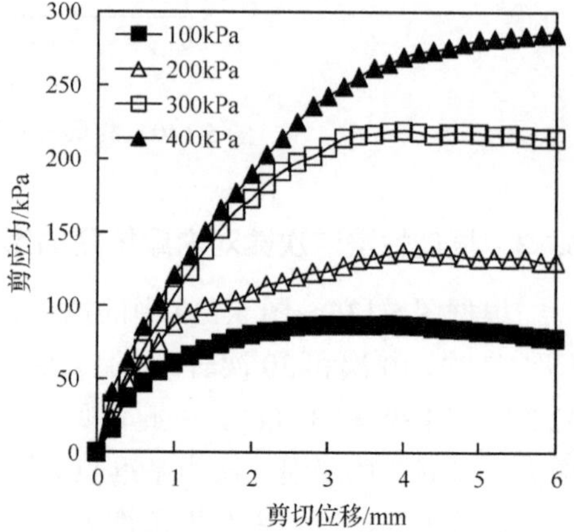

图 5.143　剪应力-剪切位移关系
（泥岩颗粒含量为 20%，周期性浸泡 10 次）

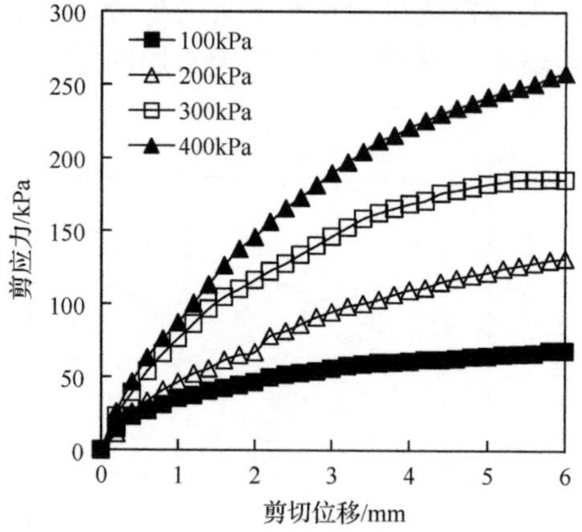

图 5.144　剪应力-剪切位移关系（泥岩颗粒含量为 100%，周期性浸泡 10 次）

根据图 5.142～图 5.144，得到不同轴向应力作用下的抗剪强度，如表 5.18 所示。

表 5.18　不同轴向应力作用下周期性浸泡 10 次后的抗剪强度(不同泥岩颗粒含量条件下)

泥岩颗粒含量/%	抗剪强度/kPa			
	轴向应力 100kPa	轴向应力 200kPa	轴向应力 300kPa	轴向应力 400kPa
0	91.04	181.25	246.60	319.93
20	86.72	136.64	219.27	269.56
100	60.62	109.50	168.51	221.04

选取泥岩颗粒含量为 0%与 100%进行分析。在轴向应力为 100kPa 条件下，泥岩颗粒含量为 100%时的抗剪强度比泥岩颗粒含量为 0%时减小约 33.4%；在轴向应力为 200kPa 条件下，泥岩颗粒含量为 100%时的抗剪强度比泥岩颗粒含量为 0%时减小约 39.6%；在轴向应力为 300kPa 条件下，泥岩颗粒含量为 100%时的抗剪强度比泥岩颗粒含量为 0%时减小了约 31.7%；在轴向应力为 400kPa 条件下，泥岩颗粒含量为 100%时的抗剪强度比泥岩颗粒含量为 0%时减小了约 30.9%。

周期性浸泡 10 次条件下，不同泥岩颗粒含量的砂泥岩颗粒混合料抗剪强度线如图 5.145～图 5.147 所示。

5.7.2　泥岩颗粒含量对黏聚力的影响

根据图 5.145～图 5.147 中的拟合直线，得出在周期性浸泡 10 次条件下，泥岩颗粒含量分别为 0%、20%和 100%时，砂泥岩颗粒混合料的黏聚力分别为 21.70kPa、20.26kPa 和 4.86kPa，可见泥岩颗粒含量为 100%(即纯泥岩)填料的黏聚力最小。

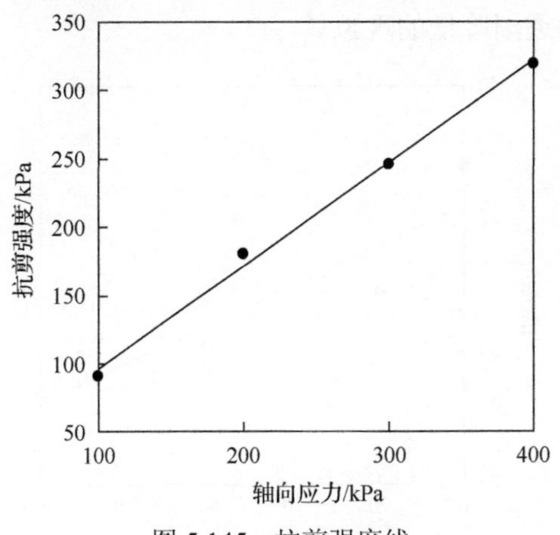

图 5.145　抗剪强度线
(泥岩颗粒含量为 0%，周期性浸泡 10 次)

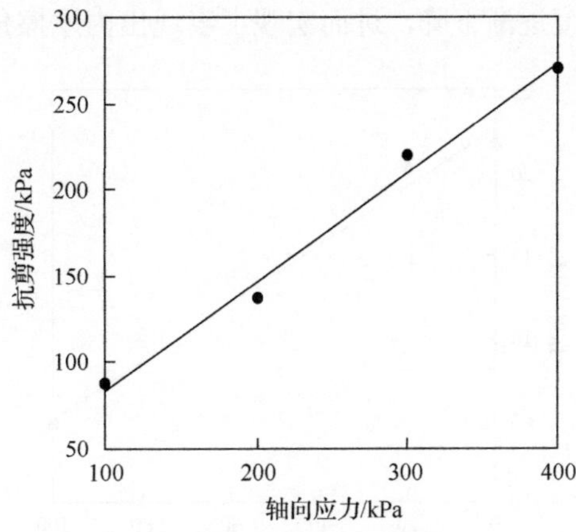

图 5.146　抗剪强度线
(泥岩颗粒含量为 20%，周期性浸泡 10 次)

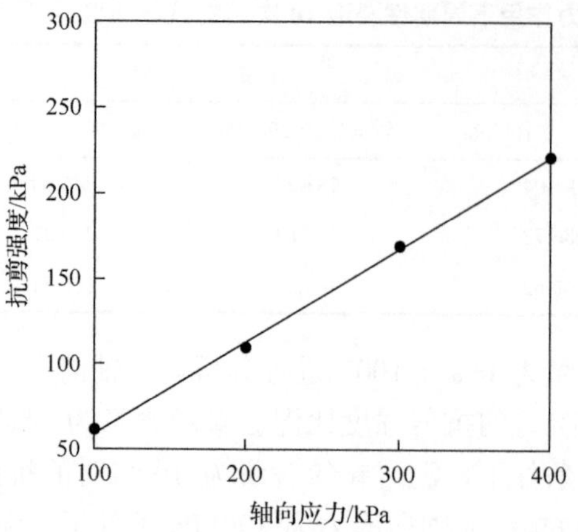

图 5.147　抗剪强度线(泥岩颗粒含量为 100%，周期性浸泡 10 次)

黏聚力与泥岩颗粒含量的关系如图 5.148 所示。可以看出，由于周期性浸泡的原因，试样产生了劣化现象，且随着泥岩颗粒含量的增加，试样在周期性浸泡过程中产生的劣化现象更加明显，从而导致黏聚力出现逐渐降低的现象。

5.7.3　泥岩颗粒含量对内摩擦角的影响

根据图 5.145～图 5.147 中的拟合直线，得出在周期性浸泡 10 次条件下，泥岩颗粒含量分别为 0%、20%和 100%时，砂泥岩颗粒混合料的内摩擦角分别为 36.94°、32.26°和 28.38°，可见纯泥岩填料的内摩擦角最小。

内摩擦角与泥岩颗粒含量的关系如图 5.149 所示。可以看出，随着泥岩颗粒含量的增加，由于颗粒软化、颗粒破碎等一系列原因，颗粒之间的摩擦力和粗糙度逐渐下降，进而宏观上表现出内摩擦角逐渐降低的现象。

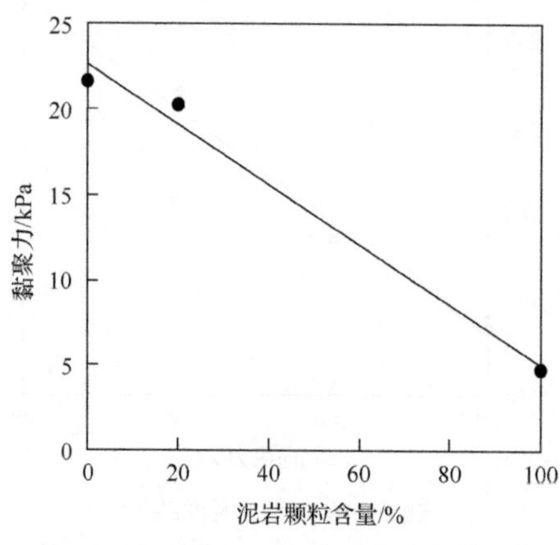

图 5.148　黏聚力与泥岩颗粒含量的关系
(周期性浸泡 10 次)

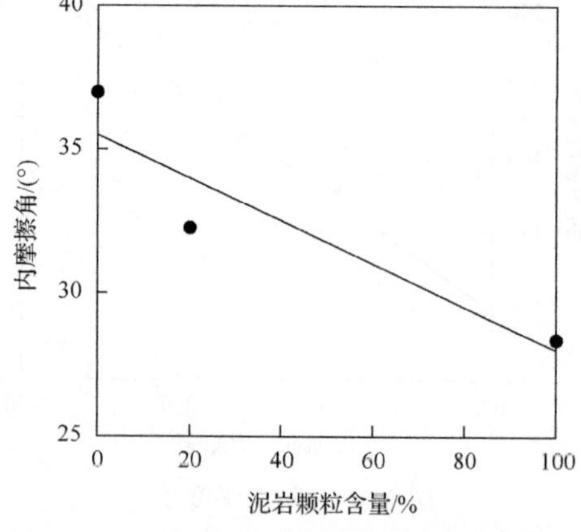

图 5.149　内摩擦角与泥岩颗粒含量的关系
(周期性浸泡 10 次)

5.8　往复剪切次数对周期性饱水抗剪强度特性的影响

选取泥岩颗粒含量 20%、颗粒级配 2 的砂泥岩颗粒混合料，对干密度为 1.80g/cm^3 及含水率为 4%、8%、10%、12%和 16%的试样进行往复剪切试验。

5.8.1　应力-应变曲线及抗剪强度

含水率为 4%时不同轴向应力条件下的砂泥岩颗粒混合料剪应力-剪切位移关系如图 5.150～图 5.153 所示。

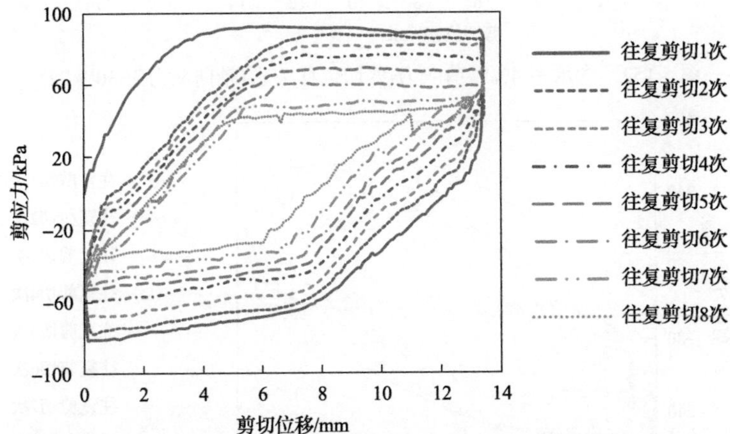

图 5.150　含水率 4%时剪应力-剪切位移关系(轴向应力为 100kPa)

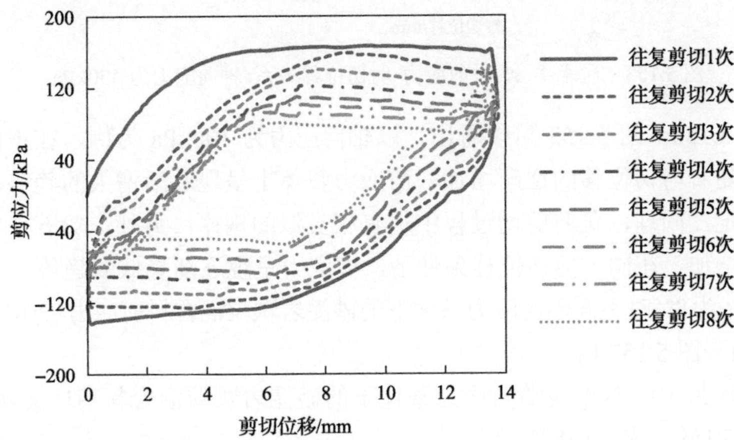

图 5.151　含水率 4%时剪应力-剪切位移关系(轴向应力为 200kPa)

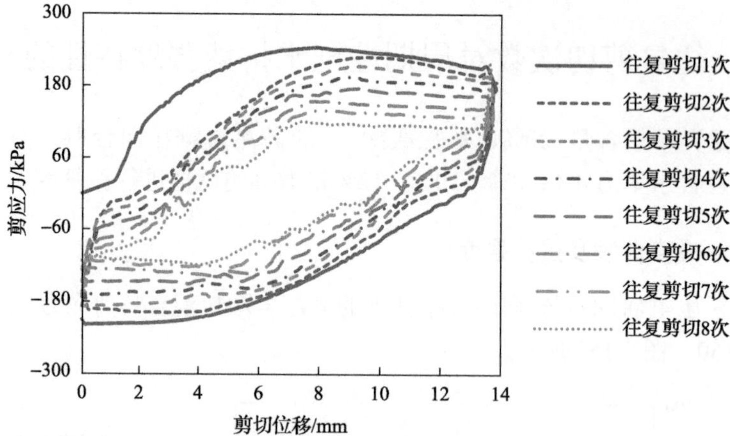

图 5.152　含水率 4%时剪应力-剪切位移关系(轴向应力为 300kPa)

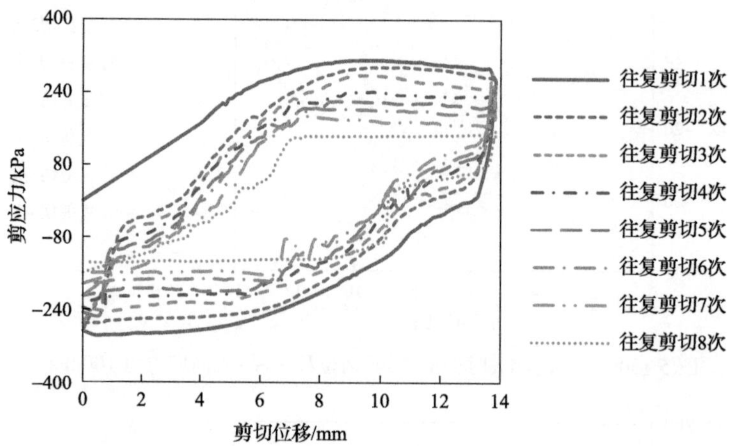

图 5.153　含水率 4%时剪应力-剪切位移关系(轴向应力为 400kPa)

从图 5.150～图 5.153 可以看出，以轴向应力为 100kPa 为例，在正向剪切的过程中，随着剪切位移的逐渐增加，剪应力整体上呈现逐渐增大的趋势，最后趋于相对稳定，同理，负向剪切过程中也有相类似的规律。另外，随着往复剪切次数的逐渐增加，在同一剪切位移条件下，剪应力呈现逐渐降低的趋势。

含水率为 8%时不同轴向应力条件下的砂泥岩颗粒混合料剪应力-剪切位移关系如图 5.154～图 5.157 所示。

含水率为 10%时不同轴向应力条件下的砂泥岩颗粒混合料剪应力-剪切位移关系如图 5.158～图 5.161 所示。

含水率为 12%时不同轴向应力条件下的砂泥岩颗粒混合料剪应力-剪切位移关系如图 5.162～图 5.165 所示。

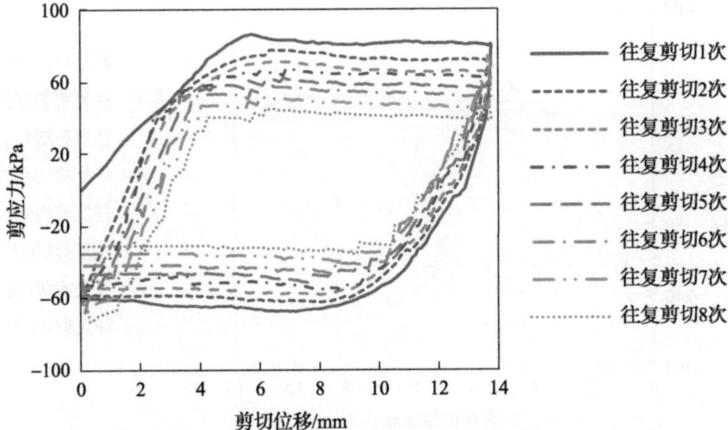

图 5.154　含水率 8%时剪应力-剪切位移关系(轴向应力为 100kPa)

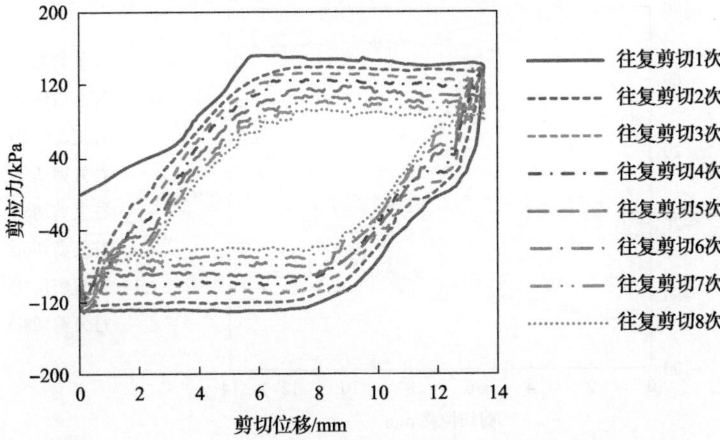

图 5.155　含水率 8%时剪应力-剪切位移关系(轴向应力为 200kPa)

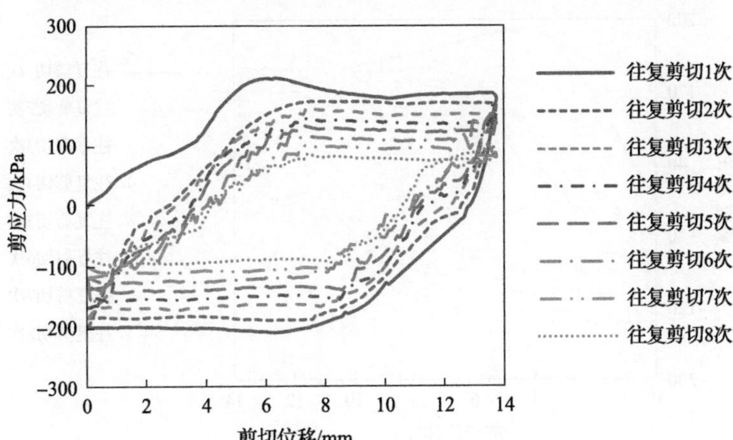

图 5.156　含水率 8%时剪应力-剪切位移关系(轴向应力为 300kPa)

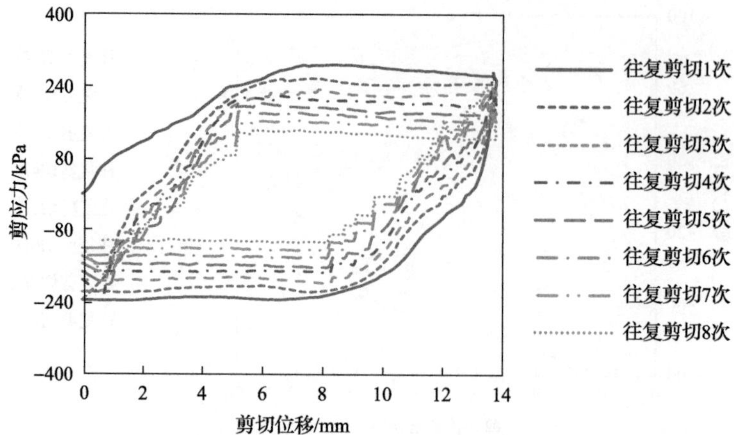

图 5.157　含水率 8%时剪应力-剪切位移关系(轴向应力为 400kPa)

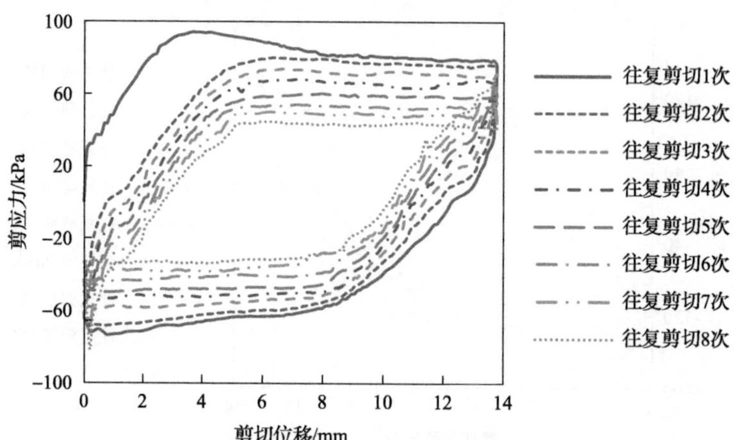

图 5.158　含水率 10%时剪应力-剪切位移关系(轴向应力为 100kPa)

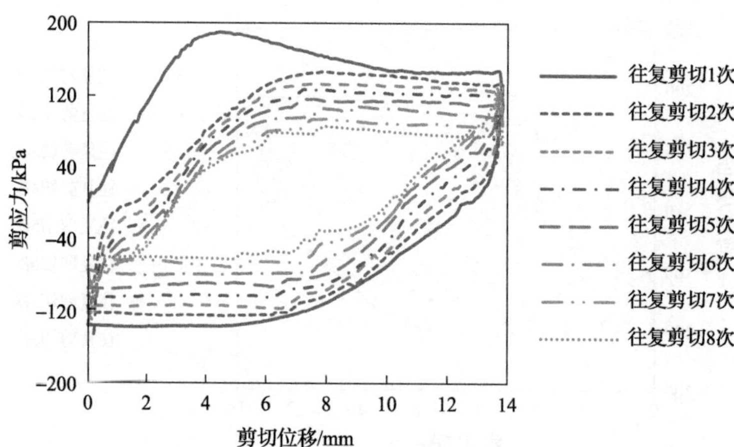

图 5.159　含水率 10%时剪应力-剪切位移关系(轴向应力为 200kPa)

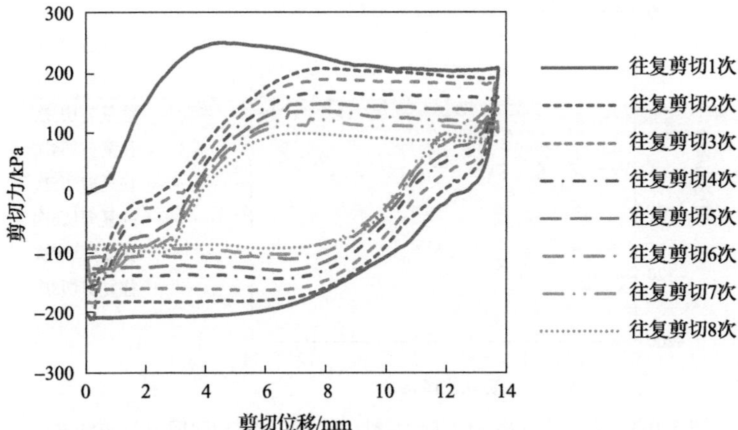

图 5.160　含水率 10%时剪应力-剪切位移关系(轴向应力为 300kPa)

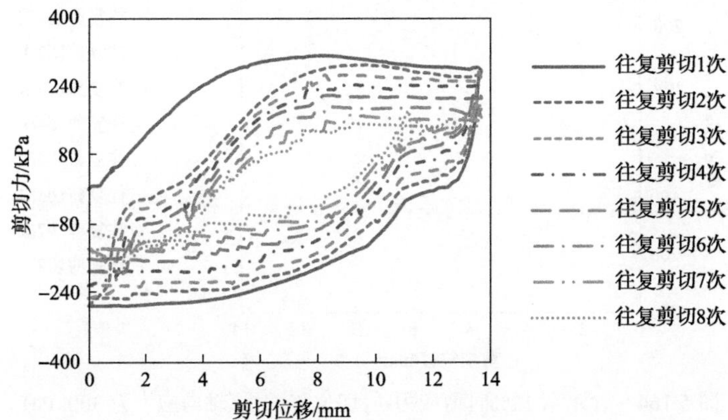

图 5.161　含水率 10%时剪应力-剪切位移关系(轴向应力为 400kPa)

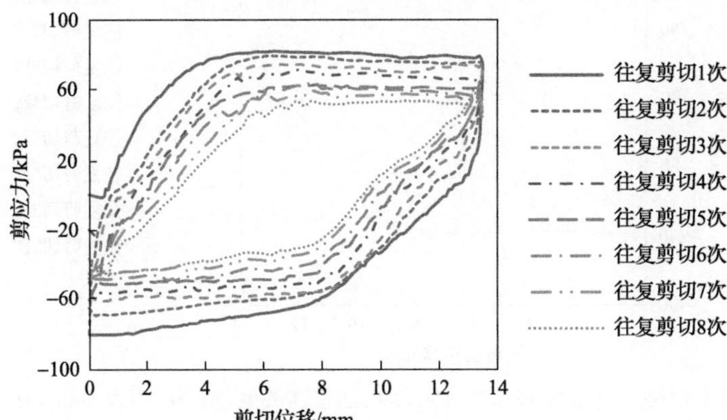

图 5.162　含水率 12%时剪应力-剪切位移关系(轴向应力为 100kPa)

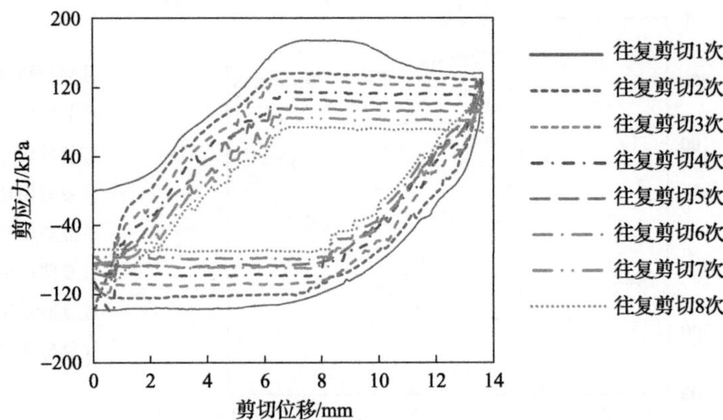

图 5.163　含水率 12%时剪应力-剪切位移关系(轴向应力为 200kPa)

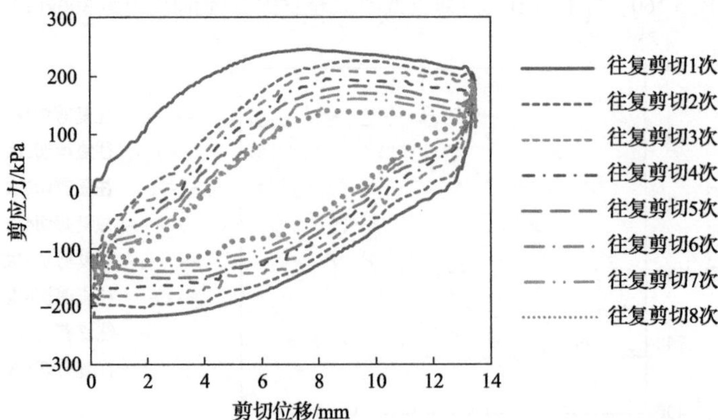

图 5.164　含水率 12%时剪应力-剪切位移关系(轴向应力为 300kPa)

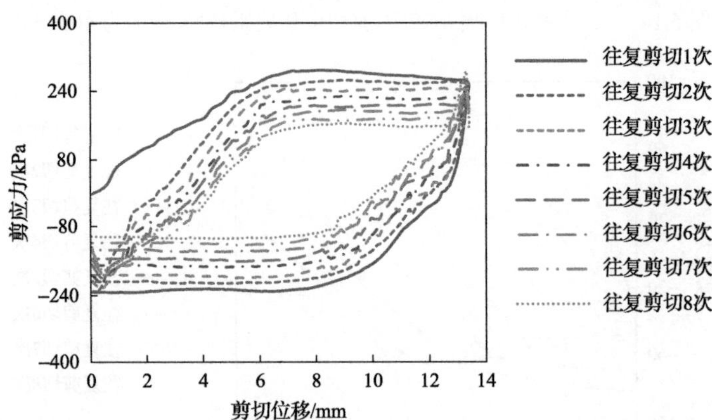

图 5.165　含水率 12%时剪应力-剪切位移关系(轴向应力为 400kPa)

试样含水率为 16%时不同轴向应力条件下的砂泥岩颗粒混合料剪应力-剪切位移关系如图 5.166～图 5.169 所示。

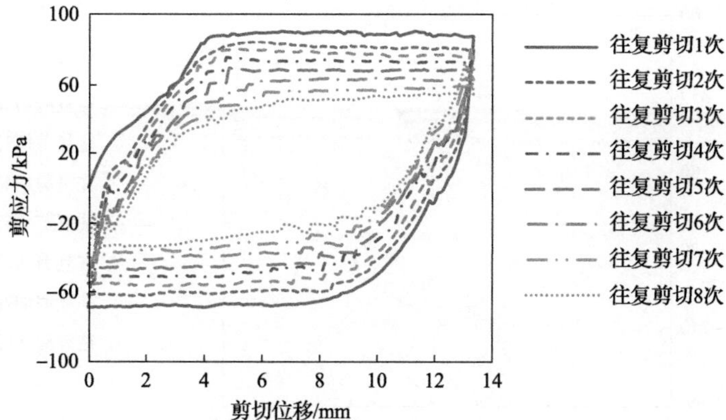

图 5.166　含水率 16%时剪应力-剪切位移关系(轴向应力为 100kPa)

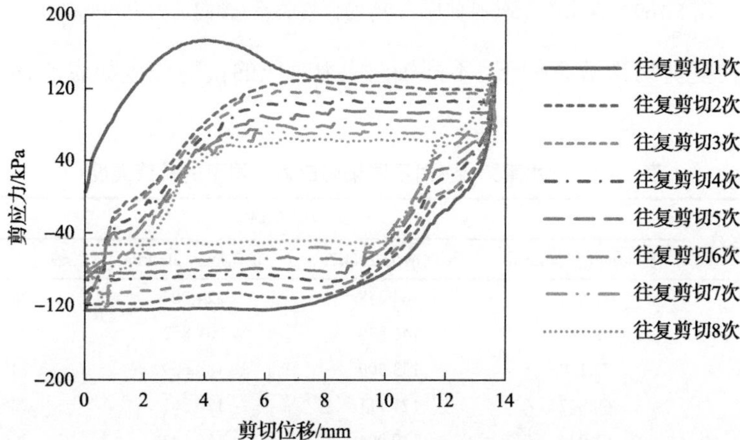

图 5.167　含水率 16%时剪应力-剪切位移关系(轴向应力为 200kPa)

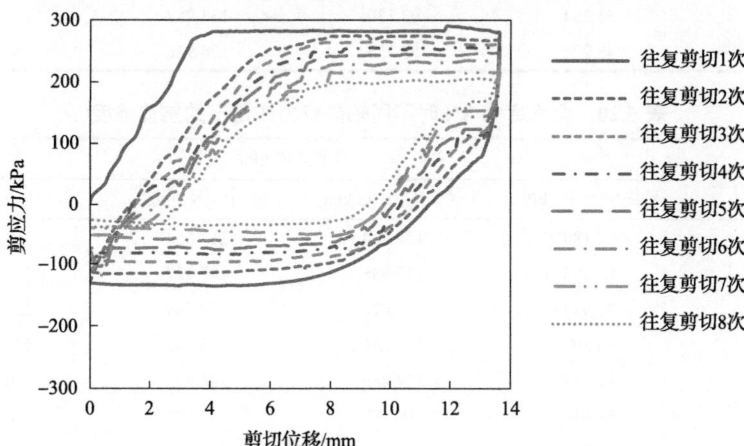

图 5.168　含水率 16%时剪应力-剪切位移关系(轴向应力为 300kPa)

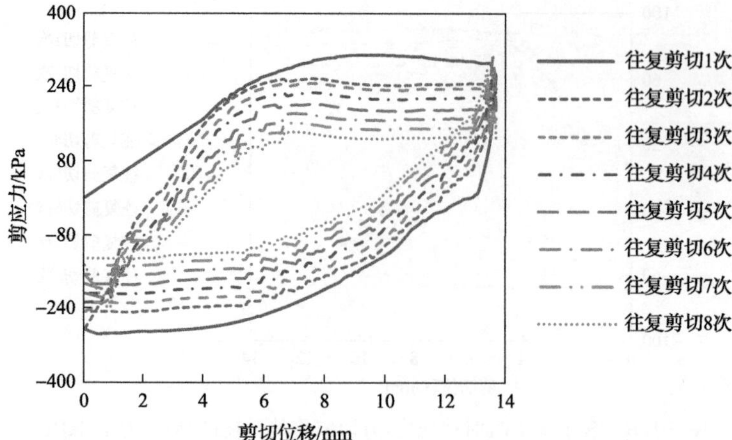

图 5.169　含水率 16%时剪应力-剪切位移关系(轴向应力为 400kPa)

不同往复剪切次数条件下，不同轴向应力对应的抗剪强度如表 5.19～表 5.23 所示。

表 5.19　含水率为 4%时不同轴向应力作用下的抗剪强度

往复剪切次数	抗剪强度/kPa			
	轴向应力 100kPa	轴向应力 200kPa	轴向应力 300kPa	轴向应力 400kPa
1	97.615	164.258	224.707	288.146
2	82.877	141.830	201.852	259.738
3	77.110	133.500	188.609	245.854
4	69.847	121.111	176.861	225.989
5	61.944	110.004	156.142	206.551
6	56.818	103.810	150.802	196.298
7	51.264	93.130	134.782	176.861
8	48.274	85.226	124.956	164.259

表 5.20　含水率为 8%时不同轴向应力作用下的抗剪强度

往复剪切次数	抗剪强度/kPa			
	轴向应力 100kPa	轴向应力 200kPa	轴向应力 300kPa	轴向应力 400kPa
1	97.188	158.064	217.658	276.612
2	81.595	135.636	187.327	241.154
3	71.983	122.820	172.589	220.862
4	64.507	111.286	156.782	202.066
5	62.158	104.450	148.879	196.298
6	53.614	96.547	134.782	176.861
7	48.701	81.168	127.519	157.423
8	44.002	81.592	113.849	149.734

表 5.21　含水率为 10%时不同轴向应力作用下的抗剪强度

往复剪切次数	抗剪强度/kPa			
	轴向应力 100kPa	轴向应力 200kPa	轴向应力 300kPa	轴向应力 400kPa
1	93.984	189.463	246.494	308.011
2	89.285	145.248	217.872	279.175
3	79.673	142.471	199.289	263.582
4	71.983	127.519	178.142	241.582
5	59.381	110.858	158.705	210.182
6	58.740	108.295	156.782	207.619
7	56.254	103.810	153.365	202.920
8	54.254	95.266	141.830	190.958

表 5.22　含水率为 12%时不同轴向应力作用下的抗剪强度

往复剪切次数	抗剪强度/kPa			
	轴向应力 100kPa	轴向应力 200kPa	轴向应力 300kPa	轴向应力 400kPa
1	97.402	175.152	249.698	323.604
2	79.886	139.694	222.785	267.854
3	74.974	137.772	201.425	259.738
4	71.770	134.141	194.590	257.388
5	65.362	121.538	179.851	235.814
6	61.517	114.276	167.889	222.358
7	55.536	105.305	157.850	207.192
8	54.895	103.596	152.510	205.483

表 5.23　含水率为 16%时不同轴向应力作用下的抗剪强度

往复剪切次数	抗剪强度/kPa			
	轴向应力 100kPa	轴向应力 200kPa	轴向应力 300kPa	轴向应力 400kPa
1	90.353	170.666	283.874	309.079
2	83.945	127.733	258.029	275.330
3	79.673	120.257	248.203	266.573
4	74.760	107.227	228.125	256.106
5	68.566	94.838	203.134	247.562
6	62.585	82.022	183.055	235.174
7	56.390	71.556	163.190	215.950
8	53.827	63.866	142.258	205.056

不同含水率条件下抗剪强度与往复剪切次数的关系如图 5.170～图 5.174 所示。

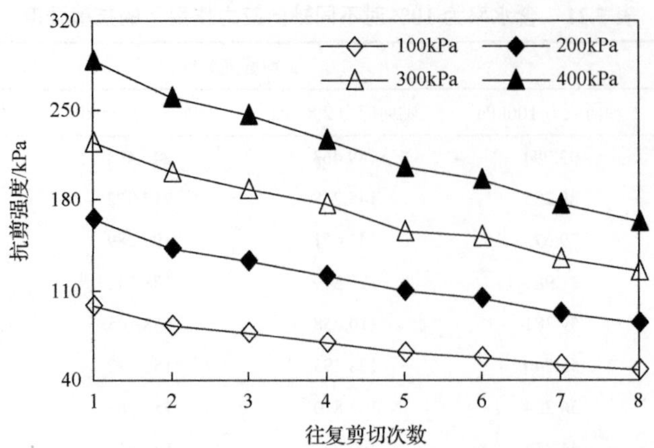

图 5.170　抗剪强度与往复剪切次数的关系(含水率为 4%)

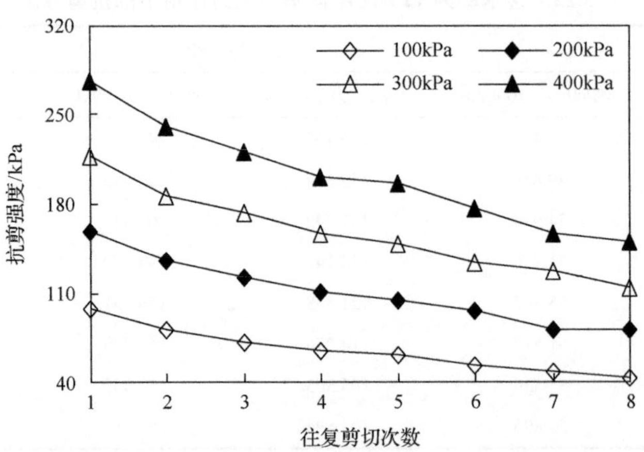

图 5.171　抗剪强度与往复剪切次数的关系(含水率为 8%)

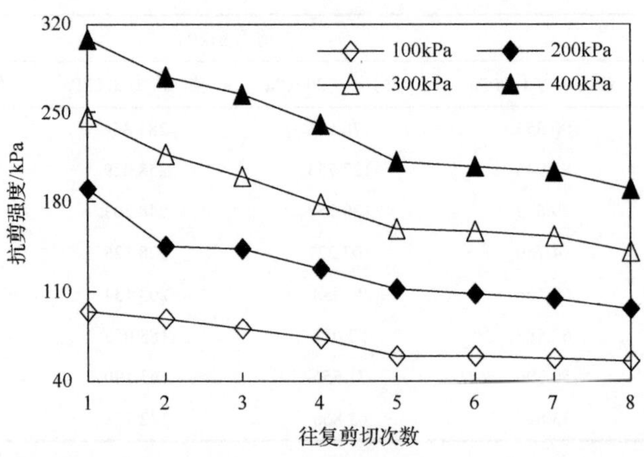

图 5.172　抗剪强度与往复剪切次数的关系(含水率为 10%)

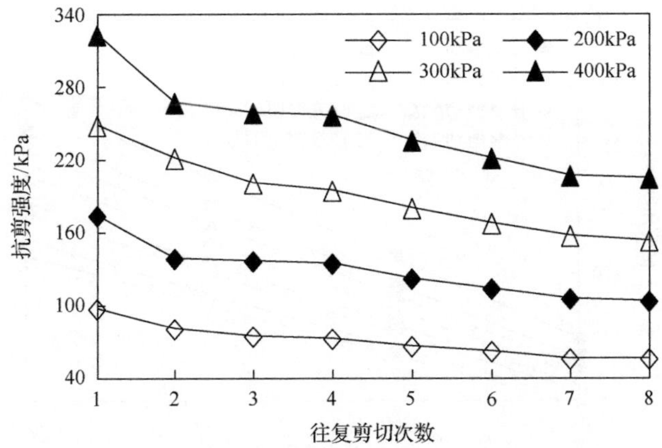

图 5.173　抗剪强度与往复剪切次数的关系(含水率为 12%)

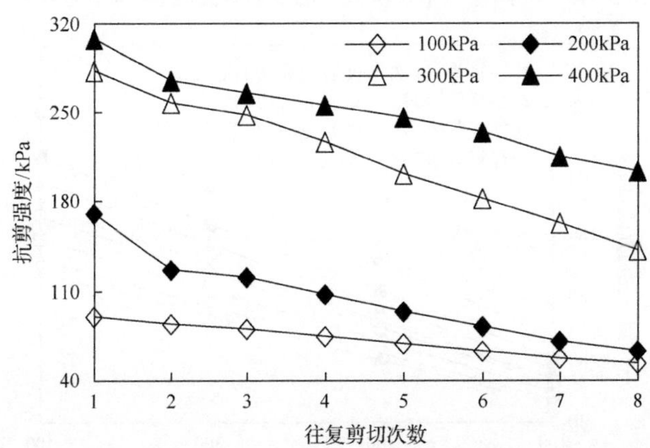

图 5.174　抗剪强度与往复剪切次数的关系(含水率为 16%)

从图 5.170～图 5.174 可以看出，在含水率为 4%条件下，随着往复剪切次数的逐渐增加，抗剪强度呈现逐渐降低的趋势。同时，随着轴向应力的增大，抗剪强度也呈现增大的趋势，相邻轴向应力之间的抗剪强度增大幅度大体上相同。在含水率为 8%、10%和 12%条件下的变化规律与上述相似，不再赘述。在含水率为 16%条件下，相邻轴向应力之间的抗剪强度变化幅度相差较大。

选取含水率为 4%，以轴向应力为 100kPa 为例进行分析。与往复剪切 1 次的抗剪强度相比，往复剪切 2 次时的抗剪强度减小了 15.1%；往复剪切 3 次时的抗剪强度减小了 21%；往复剪切 4 次时的抗剪强度减小了 28.4%；往复剪切 5 次时的抗剪强度减小了 36.5%；往复剪切 6 次时的抗剪强度减小了 41.8%；往复剪切 7 次时的抗剪强度减小了 47.5%；往复剪切 8 次时的抗剪强度减小了 50.5%。

不同往复剪切次数条件下砂泥岩颗粒混合料的抗剪强度线如图 5.175～图 5.179 所示。

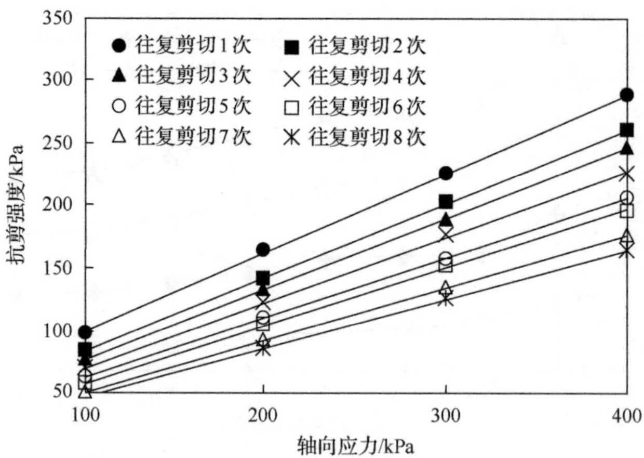

图 5.175　不同往复剪切次数下的抗剪强度线(含水率为 4%)

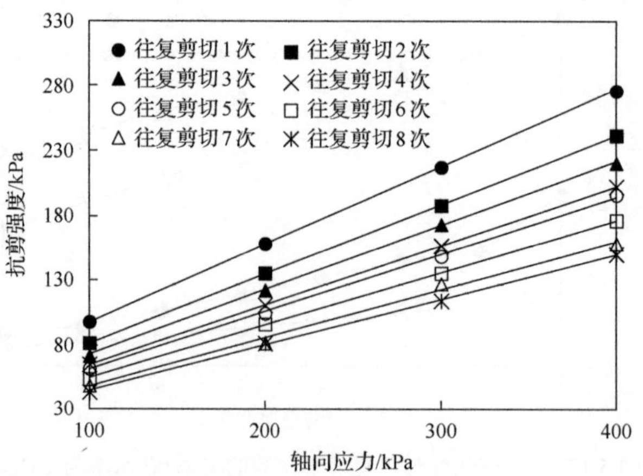

图 5.176　不同往复剪切次数下的抗剪强度线(含水率为 8%)

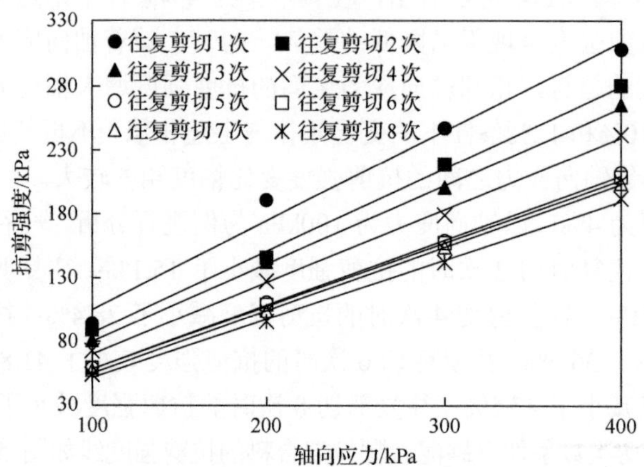

图 5.177　不同往复剪切次数下的抗剪强度线(含水率为 10%)

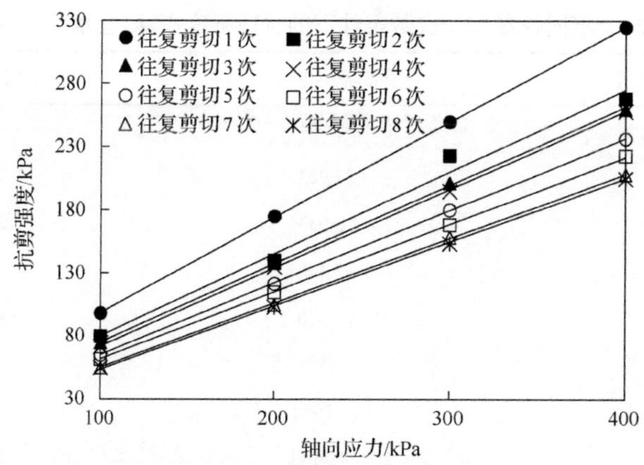

图 5.178　不同往复剪切次数下的抗剪强度线(含水率为 12%)

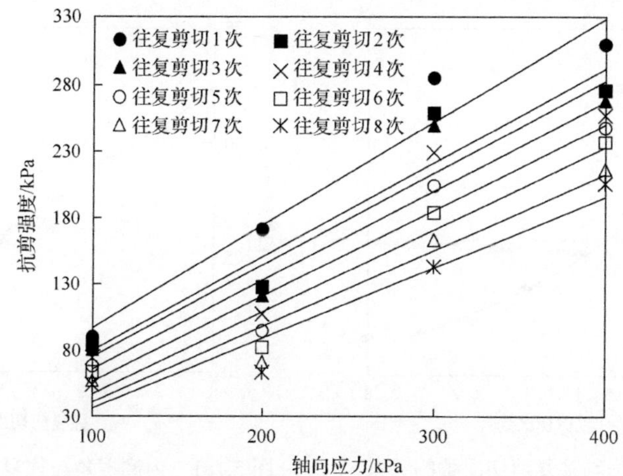

图 5.179　不同往复剪切次数下的抗剪强度线(含水率为 16%)

从图 5.175～图 5.179 可以看出，随着往复剪切次数的逐渐增加，抗剪强度线逐渐向右下方倾斜移动。

5.8.2　抗剪强度指标

1) 含水率 4%时的抗剪强度指标

含水率为 4%时不同往复剪切次数条件下的抗剪强度指标如表 5.24 所示。

含水率为 4%时，砂泥岩颗粒混合料在往复剪切作用下的黏聚力与往复剪切次数的关系如图 5.180 所示。可以看出，在往复剪切次数较低的情况下，黏聚力的减小速率较快，随着往复剪切次数的逐渐增加，黏聚力降低幅度越来越小。

含水率为 4%时，砂泥岩颗粒混合料在往复剪切作用下的内摩擦角与往复剪切次数的关系如图 5.181 所示。可以看出，随着往复剪切次数的逐渐增加，内摩擦角呈现逐渐降低的趋势。

表 5.24　不同往复剪切次数条件下的抗剪强度指标(含水率为 4%)

往复剪切次数	黏聚力/kPa	内摩擦角/(°)
1	35.671	32.293
2	23.923	30.566
3	20.933	29.306
4	17.408	27.664
5	13.670	25.641
6	10.573	24.957
7	9.399	22.704
8	8.758	21.191

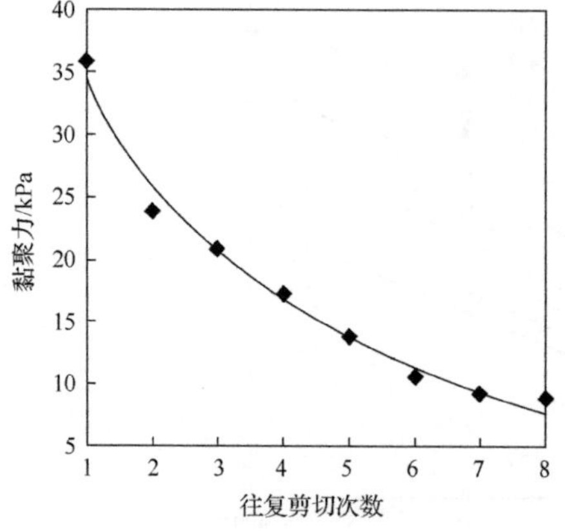

图 5.180　黏聚力与往复剪切次数的关系(含水率为 4%)

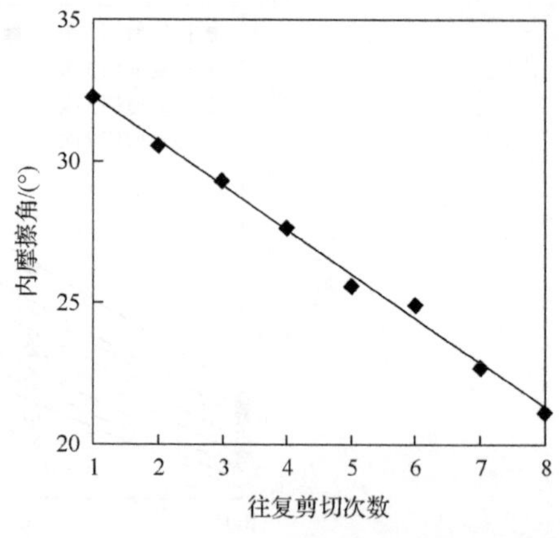

图 5.181　内摩擦角与往复剪切次数的关系(含水率为 4%)

在泥岩颗粒含量为 20%的砂泥岩颗粒混合料中，砂岩颗粒与泥岩颗粒不均匀分布，导致材料的均一性产生一定的变化，因此土体第 1 次往复剪切的黏聚力较大。另外，随着往复剪切次数的逐渐增加，土体中颗粒之间的摩擦、滚动以及上下剪切盒的不断错动等综合作用，导致土体的剪切面产生一定的变化，从而使其黏聚力和内摩擦角均不断减小。

2)含水率 8%时的抗剪强度指标

含水率为 8%时，不同往复剪切次数条件下的抗剪强度指标如表 5.25 所示。

含水率为 8%时，砂泥岩颗粒混合料在往复剪切作用下的黏聚力与往复剪切次数的关系如图 5.182 所示，内摩擦角与往复剪切次数的关系如图 5.183 所示。

表 5.25　不同往复剪切次数条件下的抗剪强度指标(含水率为 8%)

往复剪切次数	黏聚力/kPa	内摩擦角/(°)
1	37.914	30.875
2	28.836	27.941
3	22.962	26.400
4	19.117	24.617
5	16.234	24.079
6	13.457	22.195
7	10.573	20.430
8	9.932	19.259

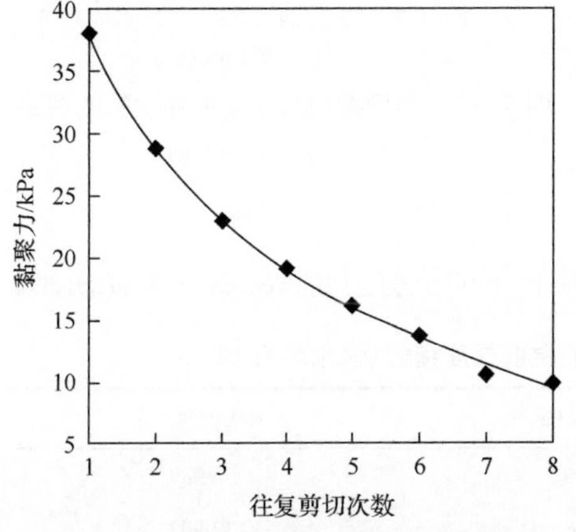

图 5.182　黏聚力与往复剪切次数的关系(含水率为 8%)

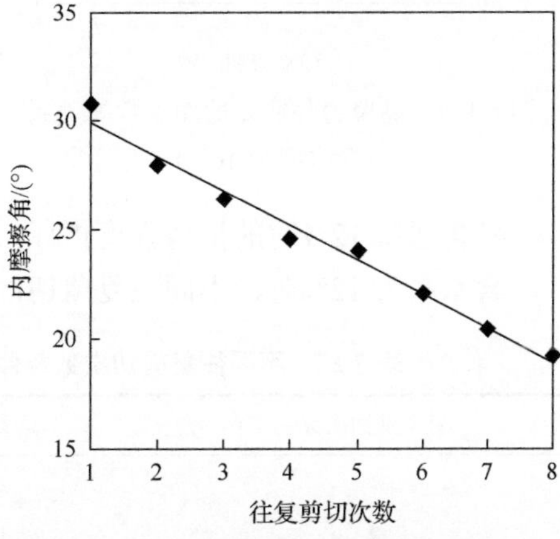

图 5.183　内摩擦角与往复剪切次数的关系(含水率为 8%)

3) 含水率 10%时的抗剪强度指标

含水率为 10%时，不同往复剪切次数条件下的抗剪强度指标如表 5.26 所示。

表 5.26　不同往复剪切次数条件下的抗剪强度指标(含水率为 10%)

往复剪切次数	黏聚力/kPa	内摩擦角/(°)
1	34.710	34.957
2	22.321	32.713
3	19.117	31.321
4	14.952	29.223
5	9.719	26.579
6	9.078	26.340
7	7.049	26.036
8	6.408	24.546

含水率为 10%时，砂泥岩颗粒混合料在往复剪切作用下的黏聚力与往复剪切次数的关系如图 5.184 所示，内摩擦角与往复剪切次数的关系如图 5.185 所示。

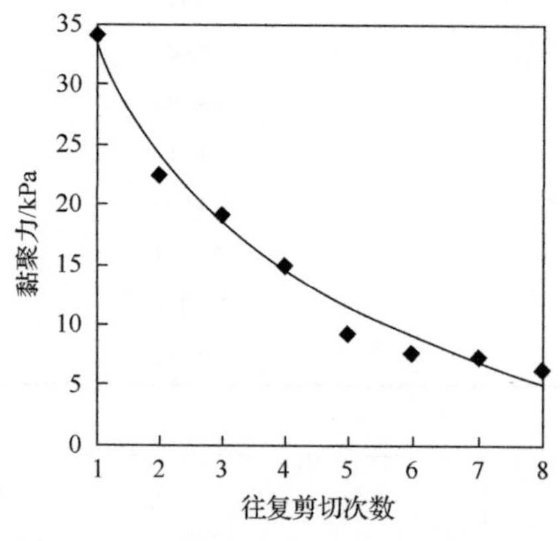

图 5.184 黏聚力与往复剪切次数的关系（含水率为 10%）

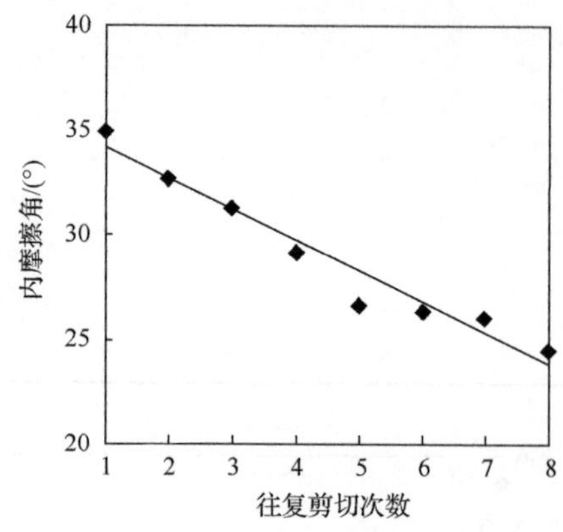

图 5.185 内摩擦角与往复剪切次数的关系（含水率为 10%）

4) 含水率 12%时的抗剪强度指标

含水率为 12%时，不同往复剪切次数条件下的抗剪强度指标如表 5.27 所示。

表 5.27 不同往复剪切次数条件下的抗剪强度指标(含水率为 12%)

往复剪切次数	黏聚力/kPa	内摩擦角/(°)
1	23.176	36.987
2	15.806	32.903
3	13.991	31.712
4	10.146	31.687
5	8.224	29.670
6	7.476	28.196
7	4.592	26.908
8	3.952	26.597

含水率为 12%时，砂泥岩颗粒混合料在往复剪切作用下的黏聚力与往复剪切次数的关系如图 5.186 所示，内摩擦角与往复剪切次数的关系如图 5.187 所示。

5) 含水率 16%时的抗剪强度指标

含水率为 16%时，不同往复剪切次数条件下的抗剪强度指标如表 5.28 所示。

含水率为 16%时，砂泥岩颗粒混合料在往复剪切作用下的黏聚力与往复剪切次数的关系如图 5.188 所示。内摩擦角与往复剪切次数的关系如图 5.189 所示。

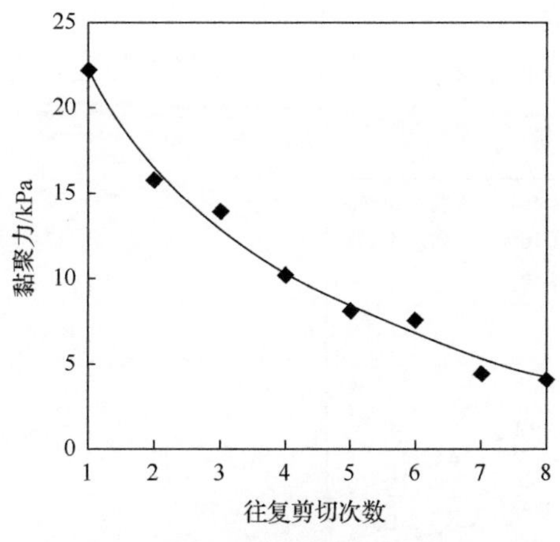

图 5.186　黏聚力与往复剪切次数的关系（含水率为 12%）

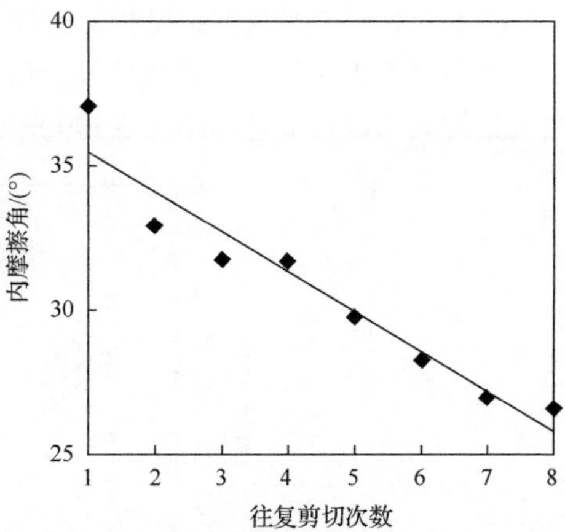

图 5.187　内摩擦角与往复剪切次数的关系（含水率为 12%）

表 5.28　不同往复剪切次数条件下的抗剪强度指标（含水率为 16%）

往复剪切次数	黏聚力/kPa	内摩擦角/(°)
1	21.146	37.575
2	10.146	35.165
3	6.548	34.551
4	0.320	33.620
5	—	32.834
6	—	31.749
7	—	29.696
8	—	28.017

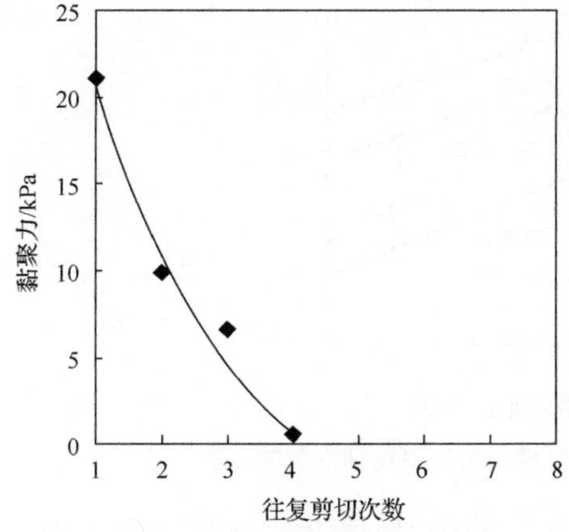

图 5.188　黏聚力与往复剪切次数的关系（含水率为 16%）

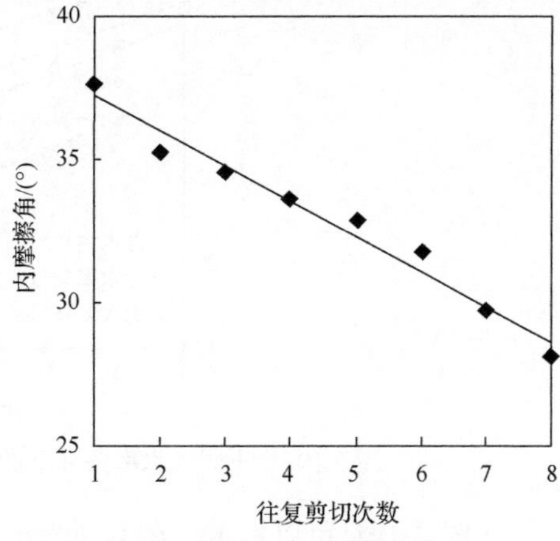

图 5.189　内摩擦角与往复剪切次数的关系（含水率为 16%）

6) 不同含水率时抗剪强度指标对比分析

对不同含水率的砂泥岩颗粒混合料试样在往复剪切作用下的黏聚力与往复剪切次数的关系进行汇总，如图 5.190 所示。

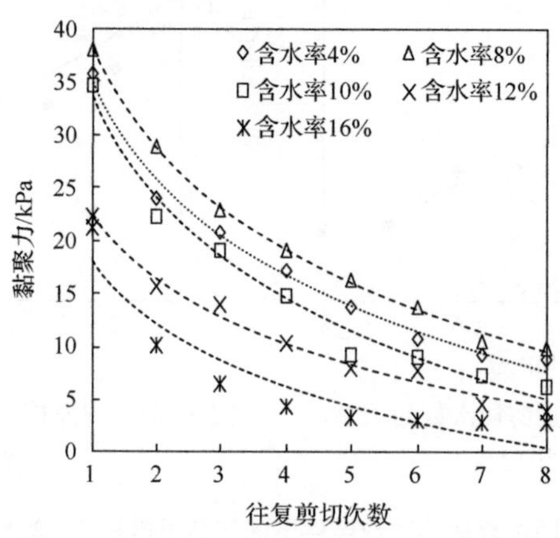

图 5.190　不同含水率条件下的黏聚力与往复剪切次数的关系

从图 5.190 可以看出，随着往复剪切次数的逐渐增加，不同含水率条件下的黏聚力均呈现出逐渐降低的趋势；在相同往复剪切次数下，黏聚力随着含水率的增加呈现先增大后减小的趋势，即含水率为 4%～8%时，黏聚力逐渐增大；当含水率超过 8%时，黏聚力呈现逐渐降低的趋势。

对不同含水率的砂泥岩颗粒混合料试样在往复剪切作用下的内摩擦角与往复剪切次数的关系进行汇总，如图 5.191 所示。

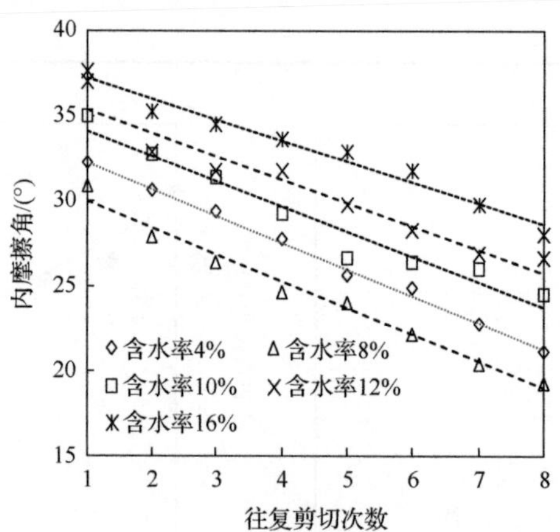

图 5.191　不同含水率条件下的内摩擦角与往复剪切次数的关系

从图 5.191 可以看出，在不同含水率条件下的内摩擦角均呈现随着往复剪切次数的逐渐增加而降低的趋势；在相同往复剪切次数下，内摩擦角随着含水率的增加呈现先减小后增大的趋势，即含水率为 4%～8%时，内摩擦角逐渐降低；当含水率超过 8%时，内摩擦角呈现逐渐增大的趋势。

在往复剪切次数相同的条件下，当含水率小于 8%时，适当的水分会让颗粒之间的接触更加紧密，从而增加颗粒之间的摩擦力；当含水率超过 8%后，土体之间有一定的结合水膜，且结合水膜对砂泥岩颗粒混合料颗粒之间的咬合力产生重要的影响，使得土体产生软化现象。

5.9　本章小结

采用室内直剪试验，探究了不同因素对砂泥岩颗粒混合料抗剪强度的影响，得到以下结论：

(1) 试样的特征粒径、干密度和泥岩颗粒含量对抗剪强度存在影响。黏聚力随着特征粒径 d_{50}、d_{60} 的增加呈先减小后增大的趋势，随着曲率系数 C_c、不均匀系数 C_u 的增加呈现先增大后减小的趋势，内摩擦角变化趋势恰好相反；随着泥岩颗粒含量的增加，黏聚力呈现先增大后减小的趋势，内摩擦角呈现先减小后增大的趋势；随着试样干密度的增加，黏聚力呈现减小的趋势，内摩擦角呈现逐渐增大的趋势；随着含水率的增加，黏聚力呈现先增大后减小的趋势，内摩擦角呈现先减小后增大的趋势。

(2) 浸泡时间对抗剪强度存在影响。浸泡时间越长，黏聚力越低，内摩擦角越大。

(3) 周期性浸泡次数对抗剪强度存在影响。随着周期性浸泡次数的增加，黏聚力、内摩擦角均呈现逐渐降低的趋势。

(4) 往复剪切次数对抗剪强度存在影响。在相同的含水率条件下，随往复剪切次数的增加，黏聚力和内摩擦角均逐渐降低。

参考文献

[1] Matsuoka H, Liu S, Sun D, et al. Development of a new in-situ direct shear test [J]. Geotechnical Testing Journal, 2001, 24(1): 92-101.

[2] Xu W J, Hu R L, Tan R J. Some geomechanical properties of soil-rock mixtures in the Hutiao gorge area, China [J]. Géotechnique, 2007, 57(3): 255-264.

[3] Xu W J, Xu Q, Hu R L. Study on the shear strength of soil-rock mixture by large scale direct shear test [J]. International Journal of Rock Mechanics and Mining Sciences, 2011, 48(8): 1235-1247.

[4] Araei A A, Soroush A, Rayhani M. Large-scale triaxial testing and numerical modeling of rounded and angular rockfill materials [J]. Transaction A: Civil Engineering, 2009, 17(3): 169-183.

[5] Shi W C, Zhu J G, Chiu C F, et al. Strength and deformation behavior of coarse-grained soil by true triaxial tests [J]. Journal of Central South University of Technology, 2010, 17(5): 1095-1102.

[6] Guo P. Modified direct shear test for anisotropic strength of sand [J]. Journal of Geotechnical and Geoenvironmental Engineering, 2008, 134(9): 1311-1318.

[7] Asadzadeh M, Soroush A. Direct shear testing on a rockfill material [J]. The Arabian Journal for Science and Engineering, 2009, 34(2): 378-396.

[8] Salazar A, Sáez E, Pardo G. Modeling the direct shear test of a coarse sand using the 3D discrete element method with a rolling friction model [J]. Computers and Geotechnics, 2015, 67: 83-93.

[9] Shi J W, Ng C W W, Chen Y H. Three-dimensional numerical parametric study of the influence of basement excavation on existing tunnel [J]. Computers and Geotechnics, 2015, 63: 146-158.

[10] Shi J W, Wang Y, Ng C W W. Numerical parametric study of joint rotation angle induced in jointed pipelines due to tunneling-induced ground movement [J]. Canadian Geotechnical Journal, 2016, 53(12): 2058-2071.

[11] Xu W J, Wang S, Zhang H Y, et al. Discrete element modelling of a soil-rock mixture used in an embankment dam [J]. International Journal of Rock Mechanics and Mining Sciences, 2016, 86: 141-156.

[12] Dine B S E, Dupla J C, Frank R, et al. Mechanical characterization of matrix coarse-grained soils with a large-sized triaxial device [J]. Canadian Geotechnical Journal, 2010, 47(4): 425-438.

[13] Chen Z B, Zhu J G, Jian W B. Quick triaxial consolidated drained test on gravelly soil [J]. Geotechnical Testing Journal, 2015, 38(6): 985-995.

[14] Xiao Y, Liu H, Chen Y, et al. Particle size effects in granular soils under true triaxial conditions [J]. Géotechnique, 2014, 64(8): 667-672.

[15] Cabalar A F, Dulundu K, Tuncay K. Strength of various sands in triaxial and cyclic direct shear tests [J]. Engineering Geology, 2013, 156: 92-102.

[16] Gallage C, Uchimura T. Direct shear testing on unsaturated silty soils to investigate the effects of drying and wetting on shear strength parameters at low suction [J]. Journal of Geotechnical and Geoenvironmental Engineering, 2016, 142(3): 04015081.

[17] Nam S, Gutierrez M, Diplas P, et al. Determination of the shear strength of unsaturated soils using the multistage direct shear test [J]. Engineering Geology, 2011, 122(3-4): 272-280.

[18] Vallejo L E, Mawby R. Porosity influence on shear strength of granular material-clay mixtures [J]. Engineering Geology, 2000, 58(2): 125-136.

[19] Guan G S, Rahardjo H, Choon L E. Shear strength equations for unsaturated soil under drying and wetting [J]. Journal of Geotechnical and Geoenvironmental Engineering, 2010, 136(4): 594-606.

[20] Kim U G, Zhuang L, Kim D, et al. Evaluation of cyclic shear strength of mixtures with sand and different types of fines [J]. Marine Georesources & Geotechnology, 2017, 35 (4) : 447-455.

[21] Park S S, Jeong S W. Effect of specimen size on undrained and drained shear strength of sand [J]. Marine Georesources & Geotechnology, 2015, 33 (4) : 361-366.

[22] Trauner L, Dolinar B, Mišič M. Relationship between the undrained shear strength, water content, and mineralogical properties of fine-grained soils [J]. International Journal of Geomechanics, 2005, 5 (4) : 350-355.

[23] 中华人民共和国建设部. 土的工程分类标准(GB/T 50145—2007) [S]. 北京: 中国计划出版社, 2007.

[24] ASTM Standard D2487-11. Standard practice for classification of soils for engineering purposes (Unified Soil Classification System). Annual Book of ASTM Standards. [S]. West Conshohocken: ASTM International, 2011.

[25] 张钧堂, 王俊杰, 姬雪竹, 等. 浸泡时间对砂泥岩颗粒混合料抗剪强度的影响[J]. 水电能源科学, 2016, 34 (5) : 157-159.

[26] 张其光, 张丙印, 孙国亮, 等. 堆石料风化过程中的抗剪强度特性[J]. 水力发电学报, 2016, 35 (11) : 112-119.

[27] 顾欢达, 顾熙. 干湿循环作用下发泡颗粒轻质土的稳定性[J]. 公路, 2005, (5) : 125-128.

[28] 杨和平, 肖夺. 干湿循环效应对膨胀土抗剪强度的影响[J]. 长沙理工大学学报(自然科学版), 2005, 2 (2) : 1-5.

[29] 姚兆明, 黄茂松, 张宏博. 长期循环荷载下粉细砂的累积变形特性[J]. 同济大学学报(自然科学版), 2011, 39 (2) : 204-208.

[30] 梁越, 卢孝志, 郝建云. 内河码头回填料压缩-渗流耦合特性试验[J]. 水利水电科技进展, 2014, 34 (6) : 70-75, 81.

第 6 章　疏干状态三轴强度及变形特性

岩土工程中的风化作用是岩土工程中不可忽视的重要内容[1]。岩土工程的风化主要是指降雨、暴晒、浸泡、温度变化及这些影响因素之间的循环交替等对土体的劣化作用[2]。对于岩土工程设计，如何对周期性饱水作用对土体的劣化进行测试、计算等显得尤为重要。刘增利等[3]在研究冻土单轴压缩应力-应变曲线中发现，饱和和非饱和试样均存在不同程度的损伤，制样产生的不密实区域或者土颗粒空洞称为初始损伤，基于这种观点，他们提出冻土的损伤由塑性损伤和微裂纹损伤组成。王海俊等[4, 5]在总结堆石料干湿循环试验成果的基础上得到扣除湿化变形的干湿循环作用对体积应变产生的影响规律。曹光栩等[6]研究了碎石料的干湿循环次数与变形的关系，并结合现场水文气象资料提出了碎石料干湿循环变形预测的简化数学方法。颗粒破碎是周期性饱水劣化的主要机理之一。王俊杰等[7]的研究表明，粗粒料的长期变形中颗粒破碎问题是不容忽视的，颗粒破碎可导致粗粒料的抗剪强度降低，在周期性饱水作用过程中，粗粒料的颗粒破碎更加显著。

在一定应力状态下经过一定次数的周期性饱水作用后，砂泥岩颗粒混合料三轴试样可以在疏干状态下继续进行三轴剪切试验直至破坏，以研究周期性饱水作用对其疏干状态强度变形特性的影响；也可以在饱水状态下继续进行三轴剪切试验直至破坏，以研究周期性饱水作用对其饱水状态强度变形特性的影响。本章研究周期性饱水作用对疏干状态砂泥岩颗粒混合料强度变形特性的影响。

6.1　试验土料及试验方案

6.1.1　试验土料

采用中型 GDS 三轴仪开展砂泥岩颗粒混合料的三轴试验研究，试样尺寸为直径 101mm、高 200mm。根据《土工试验规程》（SL 237—1999）[8]规定：“试验模型的边长或者截面直径不应小于试样粒径特征值 d_{85} 的 4～6 倍”，试样最大粒径取为 20mm。试验土料比现场填料的粒径小，可能会导致试验结果与现场测试结果有一定差异。由于缺乏现场试验资料，仅针对最大粒径为 20mm 的室内试验成果进行分析。将人工破碎后的砂岩颗粒、泥岩颗粒采用标准筛(孔径为 20mm、10mm、5mm、2mm、1mm、0.5mm、0.25mm 及 0.075mm)进行筛分，每次筛分时间为 20min。将筛分好的砂岩颗粒、泥岩颗粒采用防潮的塑料袋分别进行装袋、封口，并放置于室内干燥环境中保存。试验土料颗粒级配曲线如图 6.1 所示。试验土料中各粒组颗粒含量及特征值如表 6.1 所示。

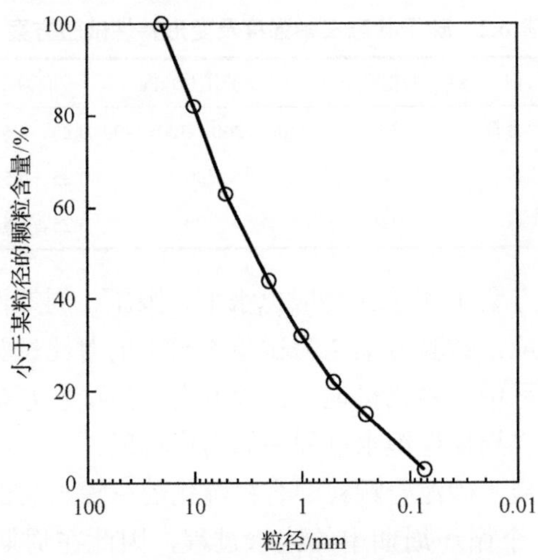

图 6.1　试验土料颗粒级配曲线(疏干状态)

表 6.1　试验土料中各粒组颗粒含量及特征值

粒组粒径/mm	各粒组颗粒含量/%	特征值	数值
10～20	18	d_{10}/mm	0.177
5～10	19	d_{30}/mm	0.9
2～5	19	d_{50}/mm	2.947
1～2	12	d_{60}/mm	4.526
0.5～1	10	C_c	1.011
0.25～0.5	7	C_u	25.56
0.075～0.25	12	G_c/%	38.58
<0.075	3	分类名称	SW

注：C_c 为曲率系数；C_u 为不均匀系数；G_c 为砾粒含量；SW 表示级配良好的砂。

砂岩颗粒与泥岩颗粒质量比例为 8∶2，采用精度为 0.01g 的电子计量称，按级配曲线中各粒组的含量称取砂岩颗粒和泥岩颗粒进行混合。通过击实试验测得试验土料的最大干密度为 2.01g/cm^3，最小干密度为 1.78g/cm^3。制样干密度为 1.92g/cm^3，制样含水率为 8%。

6.1.2 试验方案

为了研究应力水平、围压及周期性饱水次数对砂泥岩颗粒混合料劣化的影响，分别对纯砂岩颗粒料、纯泥岩颗粒料和砂泥岩颗粒混合料进行不同围压、不同应力水平及不同周期性饱水次数的三轴压缩试验研究。具体试验方案如表 6.2 所示。

表 6.2 疏干状态三轴强度及变形特性试验方案

试验方案编号	试验土料名称	泥岩颗粒含量/%	试验围压/kPa	应力水平	周期性饱水次数
1	砂泥岩颗粒混合料	20	100、200、300、400	0.25、0.5、0.75	0.5、1、5、10、20
2	纯砂岩颗粒料	0	200	0.25、0.5、0.75	0.5、1、5、10、20
3	纯泥岩颗粒料	100	200	0.25、0.5、0.75	0.5、1、5、10、20

表 6.2 中，试验方案 1 用于研究应力水平、围压、周期性饱水次数对砂泥岩颗粒混合料的劣化效应；试验方案 2 为试验方案 1 的对比试验，用于研究纯砂岩颗粒在周期性饱水过程中的劣化机理；试验方案 3 为试验方案 1、2 的对比试验，用于研究纯泥岩颗粒在周期性饱水过程中的劣化机理。

在试验过程中开展了砂泥岩颗粒混合料湿化的三轴压缩试验研究，湿化是周期性饱水过程中第一个循环周期中的饱水过程，因此在周期性饱水过程中将湿化过程定义为第 0.5 次周期性饱水循环。这与部分学者的定义有所差别，王海俊等[4, 5]认为湿化应变是独立的，并在周期性饱水的变形中扣除了湿化变形。

6.1.3 试样安装

试验使用 GDS 土动三轴试验仪，如图 6.2 所示。

图 6.2 GDS 土动三轴试验仪

装样前，确定三轴试验仪器压力室底座高于压力室内腔边缘，压力室饱水试样进水口、压力室进水口处于关闭状态，将承膜筒沿三轴试验仪器压力室底座边缘推移至透水石与底座重合。然后，翻起橡皮膜的上端及下端，并取出承膜筒，用橡皮圈将橡皮膜下端扎紧于压力室底座上。随后，将试样帽放置于试样上部，并用软毛刷自下向上轻轻刷试样与橡胶膜间的气泡。同样，用橡皮圈将橡皮膜上端与试样帽扎紧。最后将试样帽上的进气排水口与孔压阀门(有别于孔压控制器阀门)连通，将孔压进口作为饱水、通气进口。

清洗压力室罩的止水圈，并用洗耳球汲取少许脱气水于止水圈处，起初始润滑作用。降低压力室底座至适当高度，装上压力室罩。压力室罩安放后，缓慢升高压力室底座至将要接近压力室活塞，使活塞杆刚好接触试样帽；同时，调整压力室顶部螺丝将活塞对准试样帽中心，并对称、均匀地旋紧螺丝。随后，关闭孔压控制器阀门、围压控制器阀门，打开孔压出口阀门、压力室排气孔、压力室进水开关，即向压力室充脱气水。当压力室内注满水时，关闭排气孔，关闭压力室进水开关。

试验过程中所使用的水为经加热冷却处理的脱气水。盛装脱气水的塑料桶放置在焊制钢架上方，将其采用软管与三轴试验仪器压力室进水开关连接，水头差为 1m。

6.1.4　试验设置及运行

采用土体三轴试验中的固结排水剪切试验方法(CD 剪切)研究砂泥岩颗粒混合料的周期性饱水劣化效应，即整个试验过程中保持孔隙水压力为零，孔隙水出口阀门始终处于开启状态。完成了试验的装样后，打开 GDS 三轴仪器的电脑终端控制软件，根据该试验目的要求进行设置，整体分为 6 个阶段：施加围压阶段、应力水平剪切阶段、停机变形阶段、周期性饱水阶段、全剪切阶段及卸压升轴阶段。

(1) 施加围压阶段。根据试验方案要求，施加的围压为 100kPa、200kPa、300kPa 及 400kPa 四种状态，如图 6.3 所示。

在施加围压过程中，保持试样中的孔隙水压力为 0，由轴向加压杆件施加的偏应力为初始值不变。加压的时间均为 30min，初始围压施加完成后，均在该围压应力状态下继续保持 15min。整体施加围压阶段共需要 45min。

(2) 应力水平剪切阶段。确定该试样所处的应力水平状态，进而计算在该应力状态下所施加的轴向偏应力值。根据试验要求，应力水平设定为 0.25、0.5、0.75。试验过程中保持初始围压不变，孔隙水压力为 0，采用应力控制的剪切方式。由于试验仪器为应变控制式，需要先将应变控制为 0.1mm/min 的剪切速率换算成应力控制的方式，再设置剪切时间，大概为 60min，不同应力水平对应的剪切时间有所区别。该阶段设置界面如图 6.4 所示。

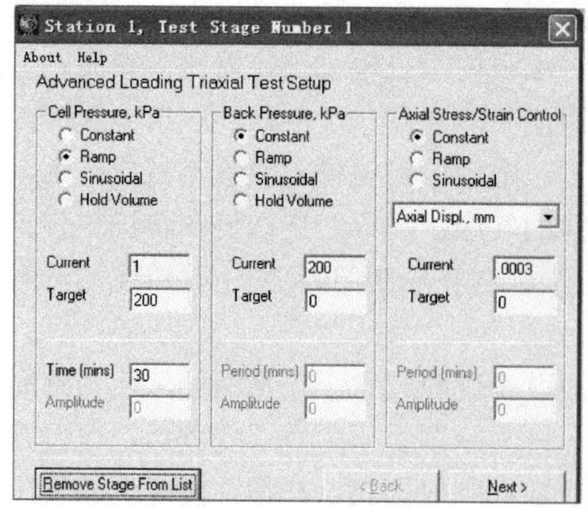

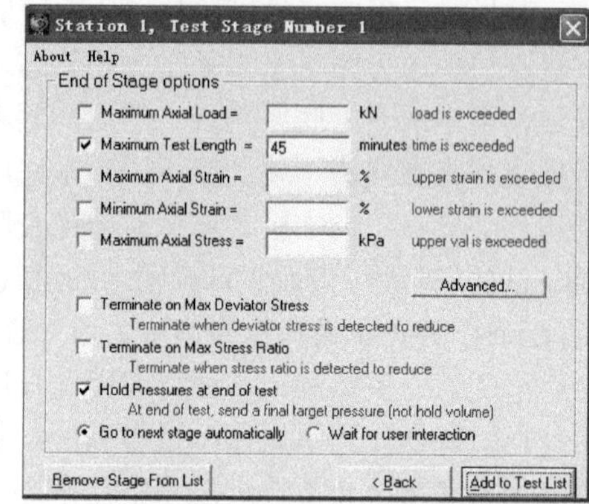

图 6.3　施加围压阶段设置界面

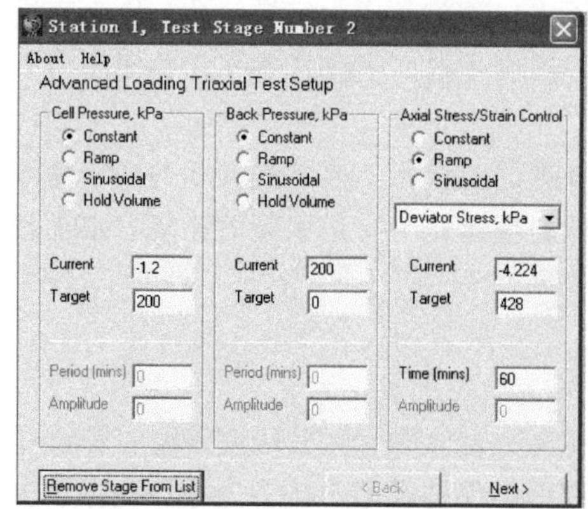

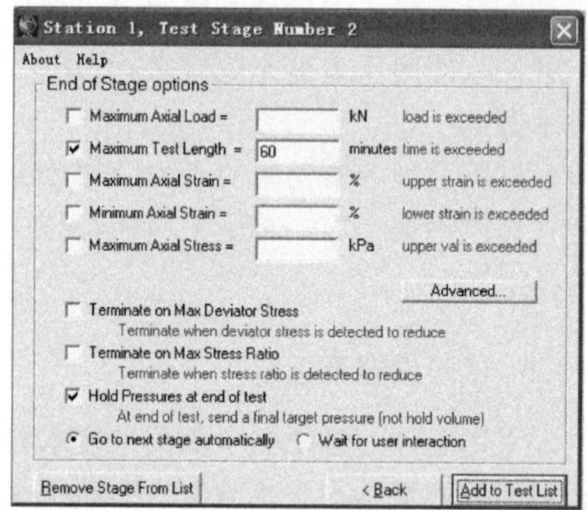

图 6.4　应力水平剪切阶段设置界面

应力水平为 0.25 是指在相同围压条件下，该试样所处的偏应力值为相同周期性饱水次数试样偏应力峰值的 25%。例如，试样所处围压为 200kPa，应力水平为 0.25，周期性饱水 5 次的偏应力计算方法为：先应查询所处围压 200kPa、应力水平为 0.25、周期性饱水 5 次的试样偏应力峰值，将该峰值乘以 0.25，即得到应力水平为 0.25 时的偏应力值。其他应力水平的偏应力值采用相同的计算方法。

(3) 停机变形阶段。保持围压、孔隙水压力及偏应力不变，让试样轴向变形稳定，该阶段设置为 30min。

(4) 周期性饱水阶段。根据周期性饱水标准试验结果，确定周期性饱水阶段饱水时间为 2h，疏干阶段通入热气时间为 2h，即一次完整的周期性饱水过程。多个循环时重复上述步骤，在该过程中，保持初始围压、孔隙水压力及偏应力不变。

(5) 全剪切阶段。在周期性饱水完成后，保持围压及孔隙水压力不变，通过位移控制(变形速率为 0.1mm/min)施加偏应力，直到剪切变形至少达到试样高度的

15%即完成剪切试验。

(6) 卸压升轴阶段。当试样剪切完成后，停止剪切，设置将围压在 20min 内降为 0，将压力室内轴向加压杆在 20min 内升高至初始位移点，即完成试验。

6.2　湿化试验结果及分析

6.2.1　应力-应变曲线及体积应变-轴向应变关系

轴向应变以压缩为正，体积应变以剪缩为正，反之为负。

按照湿化试验方案，将围压为 100kPa、200kPa、300kPa 和 400kPa，剪应力水平为 0.25、0.5 和 0.75 的单线法湿化试验应力-应变曲线进行整理，如图 6.5～图 6.9 所示(应力-应变曲线中已经扣除了停机变形部分，以下试验数据处理方法相同，不再赘述)。其中，应力水平 S 定义为当前偏应力($\sigma_1-\sigma_3$)与偏应力峰值$(\sigma_1-\sigma_3)_f$之比。当应力水平为 0 时，采用单线法和双线法两种方法可获得该条件下的湿化应变[7]。

体积应变与轴向应变之间的关系如图 6.10～图 6.14 所示。

采用单线法进行试验时，很容易产生轴向应变测试不准确的情况，这是由于三轴压缩试验的试样帽上倒圆锥体空腔与三轴仪圆锥体螺旋顶杆(用于应力、应变数据采集)之间的接触很难控制到刚好接触。此时轴向应力难以控制到 0。当采用双线法时，可将饱水试样及干态试样的初始轴向应力控制为同一个很小的应力值，可保证此时应力状态一致，即认为是应力水平为 0。本章采用双线法进行应力水平为 0 时的湿化试验。

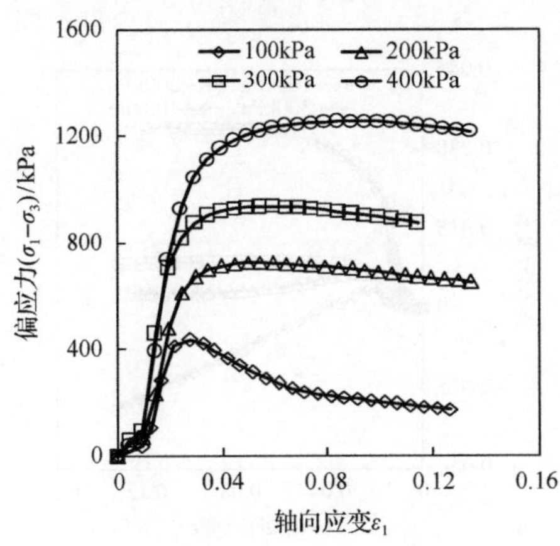

图 6.5　湿化试验应力-应变曲线(干态试样)

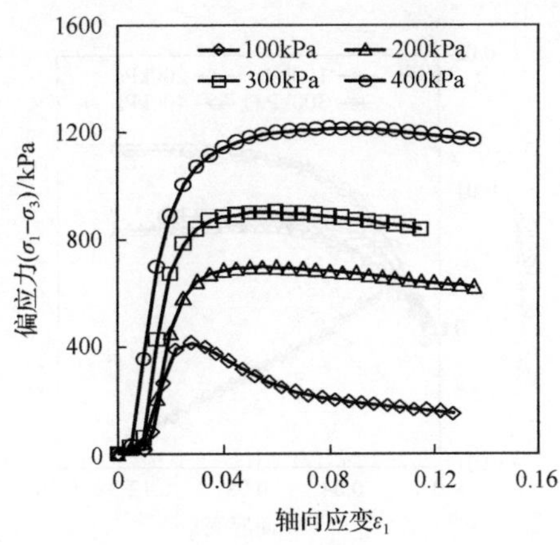

图 6.6　湿化试验应力-应变曲线(饱水试样)

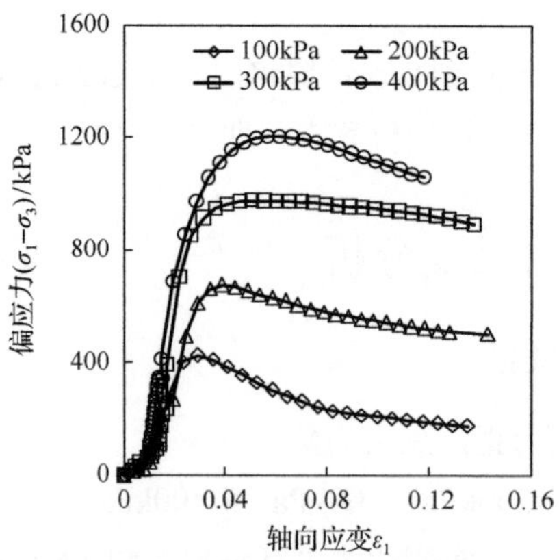

图 6.7　湿化试验应力-应变曲线（S=0.25）

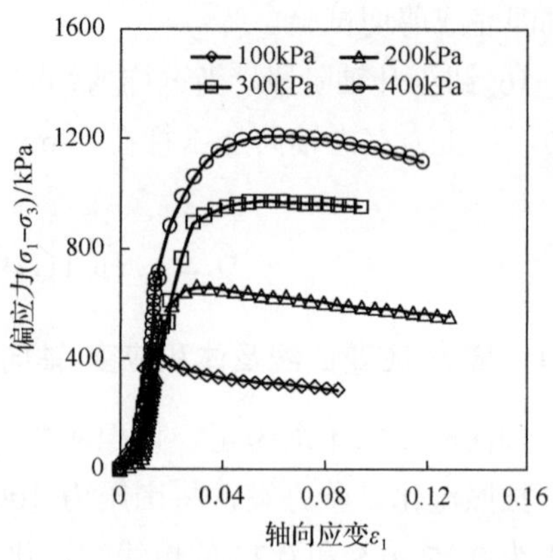

图 6.8　湿化试验应力-应变曲线（S=0.5）

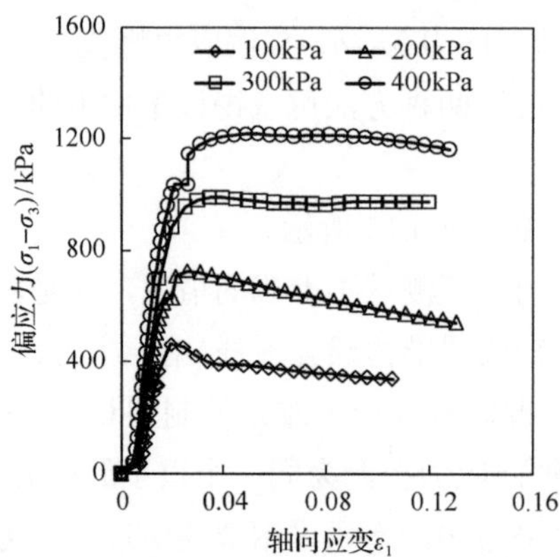

图 6.9　湿化试验应力-应变曲线（S=0.75）

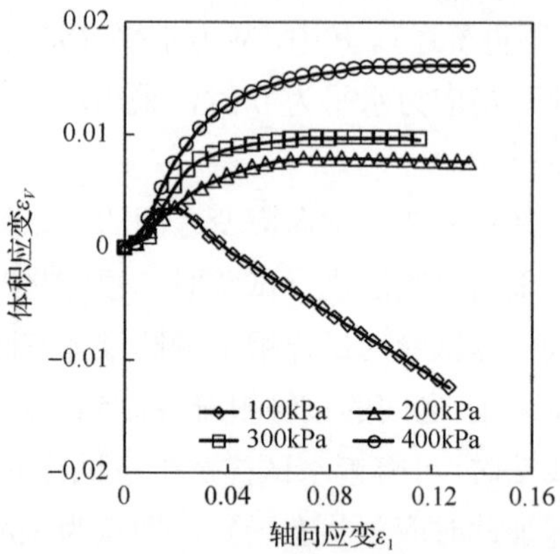

图 6.10　湿化试验体积应变-轴向应变关系（干态试样）

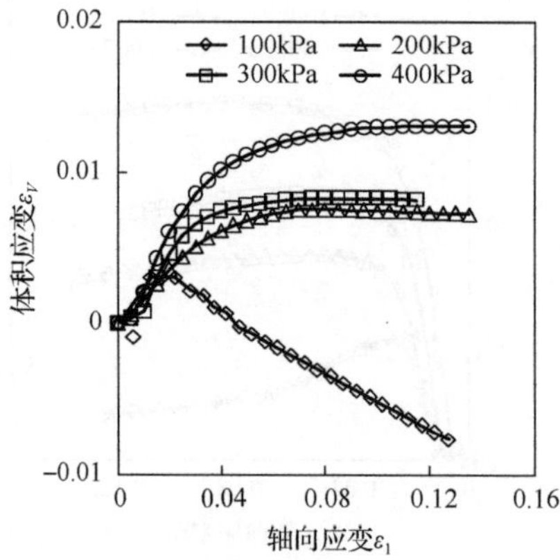

图 6.11　湿化试验体积应变-轴向应变关系（饱水试样）

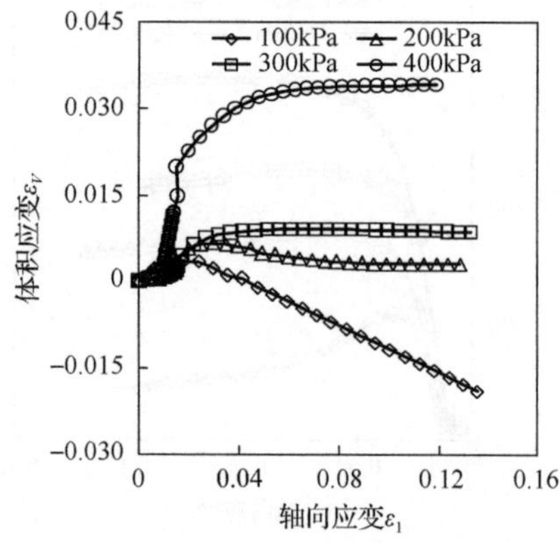

图 6.12　湿化试验体积应变-轴向应变关系（S=0.25）

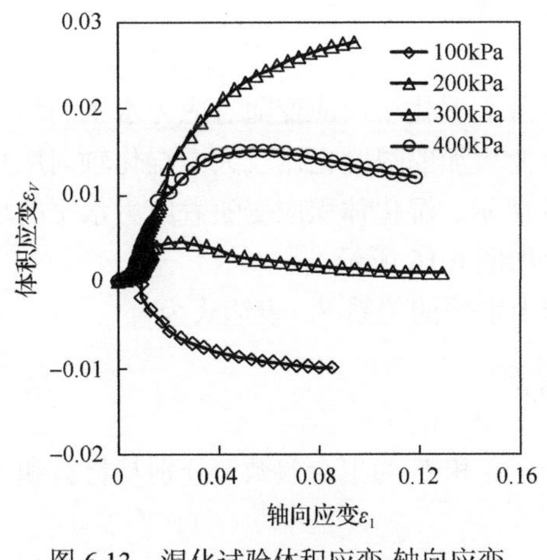

图 6.13　湿化试验体积应变-轴向应变关系(S=0.5)

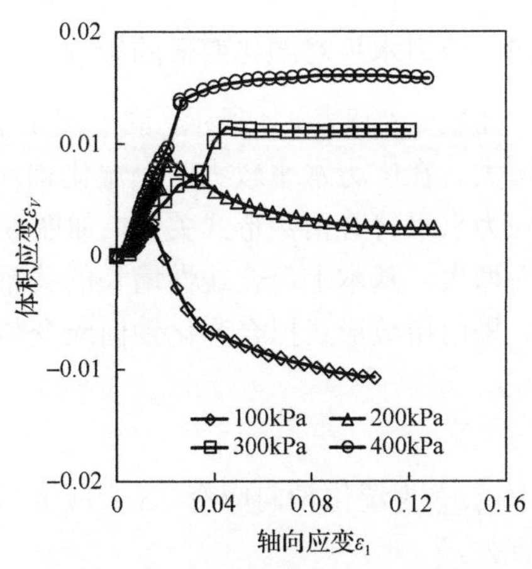

图 6.14　湿化试验体积应变-轴向应变关系(S=0.75)

从应力-应变曲线中可以看出，几乎所有的应力-应变曲线均是软化型的。单线法湿化应变在应力-应变曲线中可以清楚地体现出来。在应力-应变曲线中，偏应力数值不变，轴向应变增加的水平段即为湿化应变，在应力水平为 0.75 时，湿化轴向应变比较大，在图中相对明显。在应力水平为 0 时，双线法湿化应变取为相同应力条件下饱水试样与干态试样轴向应变的差值。各围压条件下应力水平不同时的湿化轴向应变如表 6.3 所示，湿化体积应变如表 6.4 所示。

表 6.3　湿化轴向应变

围压/kPa	湿化轴向应变/10^{-2}			
	$S=0$	$S=0.25$	$S=0.5$	$S=0.75$
100	0.017	0.020	0.025	0.046
200	0.033	0.045	0.063	0.227
300	0.042	0.127	0.197	0.500
400	0.066	0.150	0.211	0.526

表 6.4　湿化体积应变

围压/kPa	湿化体积应变/10^{-2}			
	$S=0$	$S=0.25$	$S=0.5$	$S=0.75$
100	0.030	0.033	0.034	0.053
200	0.055	0.070	0.070	0.205
300	0.074	0.192	0.207	0.289
400	0.144	0.271	0.250	0.383

6.2.2　应力水平对湿化变形的影响

如表 6.3 和表 6.4 所示，同一围压情况下，湿化轴向应变随着应力水平的增大而增大。在应力水平较大时，湿化轴向应变增加的幅度也比较大。湿化轴向应变与应力水平符合指数形式关系，如图 6.15 所示。湿化体积应变随着应力水平的增大而增大，基本上符合线性增长的关系，如图 6.16 所示。

采用指数形式拟合湿化轴向应变与应力水平的关系[9]，表达式为

$$\varepsilon_1^{\mathrm{w}} = a_1 \mathrm{e}^{b_1 S} \tag{6.1}$$

式中，$\varepsilon_1^{\mathrm{w}}$ 为湿化轴向应变；S 为应力水平；a_1 和 b_1 为拟合参数，分别与材料和围压有关。

不同围压下，湿化轴向应变与应力水平指数关系的拟合参数如表 6.5 所示。可见 R^2 在 0.868～0.976，拟合程度较好。

采用线性关系拟合湿化体积应变与应力水平的关系，表达式为

$$\varepsilon_V^{\mathrm{w}} = a_2 S + b_2 \tag{6.2}$$

式中，$\varepsilon_V^{\mathrm{w}}$ 为湿化体积应变；a_2 和 b_2 为拟合参数分别与材料和围压有关。

不同围压下，湿化体积应变与应力水平线性关系的拟合参数如表 6.6 所示。可见 R^2 在 0.684～0.924，拟合程度较好。

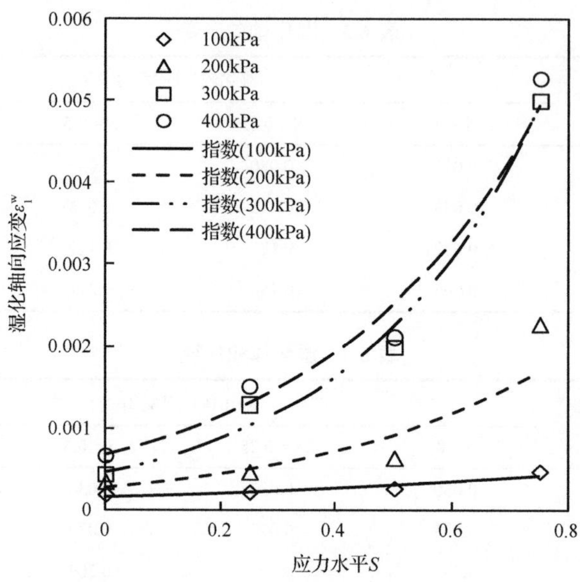

图 6.15　湿化轴向应变与应力水平的关系

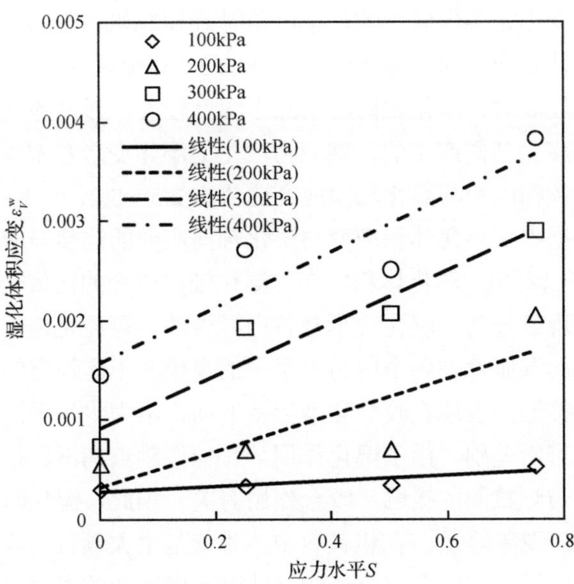

图 6.16　湿化体积应变与应力水平的关系

表 6.5　湿化轴向应变与应力水平指数关系的拟合参数

围压/kPa	a_1	b_1	R^2
100	0.015	1.277	0.893
200	0.027	2.444	0.868
300	0.046	3.147	0.976
400	0.067	2.628	0.974

表 6.6　湿化体积应变与应力水平线性关系的拟合参数

围压/kPa	a_2	b_2	R^2
100	0.028	0.026	0.759
200	0.180	0.032	0.684
300	0.263	0.091	0.924
400	0.278	0.157	0.843

6.2.3　湿化体积应变-轴向应变关系

从图 6.15 和图 6.16 可以看出，围压越大，湿化轴向应变和湿化体积应变越大；应力水平越高，湿化轴向应变与湿化体积应变越大，但增大的幅度并不一致。在高应力水平时，湿化轴向应变增大幅度比湿化体积应变增大幅度要大。

这就表明，在湿化过程中，体积应变与轴向应变的比值并不是常数。例如，在湿化变形本构关系中，殷宗泽等[10]假定湿化体积应变为湿化轴向应变的 3 倍，即认为土体湿化变形是各向同性的。李广信[11]在研究堆石料的湿化变形时发现，松散堆石料湿化体积应变约为湿化轴向应变的 3 倍，湿化变形可近似为各向同性，但在试样密实度较高时，湿化轴向应变减小幅度较大。彭凯等[12]认为，湿化变形是由球应力和偏应力共同产生的，球应力产生的湿化变形基本符合各向同性，偏应力产生的湿化体积应变与湿化轴向应变比值为 2.5～3.2。

本章试验数据中，湿化体积应变与湿化轴向应变的比值与应力水平的关系如图 6.17 所示。可以看出，湿化体积应变与湿化轴向应变的比值随着应力水平的增大而降低。这种现象表明，湿化变形是各向异性的，可能是由于湿化过程中，砂泥岩颗粒混合料的湿胀性在各个应力水平中的表现并不是恒定的。土体在剪切过程中，颗粒间的接触力表现在咬合和摩擦两方面，应力水平不同时，颗粒间的咬合、摩擦作用也有所差别。由于湿化作用，颗粒接触点润滑、接触的棱角软化甚至断裂等表现均与颗粒间的接触、咬合作用有关。因此，湿化时表现出不同的颗粒排列、颗粒破碎现象等[13]。在粗粒料中，骨架是由大颗粒组成的，在低应力水平时，大颗粒之间不一定完全充分接触，此时轴向应变的变化可能会表现出一定的跳跃性。

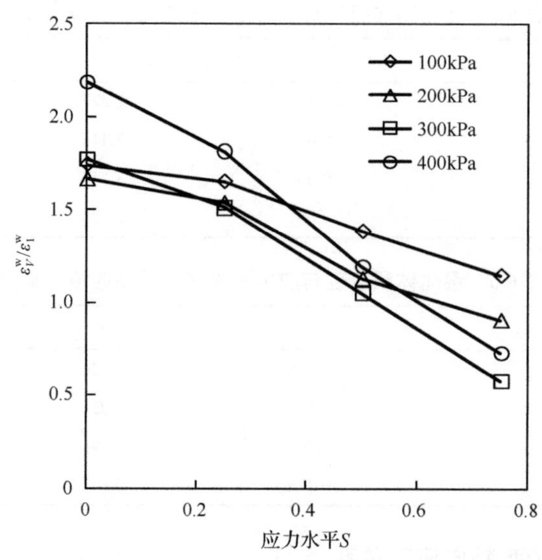

图 6.17　湿化体积应变与轴向应变的比值与应力水平的关系

6.2.4　湿化对抗剪强度的影响

在土石坝、路基填方、机场高填方等工程变形失稳问题中，假定为服从平面应变问题来分析是合理可靠的[14]，大多数的数值分析均采用没有考虑中主应力影响的强度准则。国内外研究表明，小主应力为常数的平面应变试验与围压为常数的三轴试验相比，黏聚力提高了 11.76%～12.50%，内摩擦角提高了 7.61%～7.75%，且数值相对稳定[15]。如果用非线性抗剪强度指标，常规三轴试验和平面应变试验的抗剪角均随着 $\lg\dfrac{\sigma_3}{P_a}$ 的增大而减小，平面应变试验的初始抗剪角比常规三轴试验大 6.9%，抗剪角随围压的降低幅度比常规三轴试验大 15.3%[16]。如果不考虑中主应力的影响，工程中将低估材料的强度，计算结果偏于安全。由于试验条件限制，对砂泥岩颗粒混合料的三轴压缩试验只能采用常规三轴试验进行研究，本章假定试验条件符合平面应变试验[17]，从安全角度上说，是基本合理的。

采用非线性抗剪强度指标对砂泥岩颗粒混合料的固结排水剪切试验数据进行处理，即

$$\varphi=\varphi_0-\Delta\varphi\lg\frac{\sigma_3}{P_a} \tag{6.3}$$

式中，φ 为抗剪角；φ_0 为初始抗剪角，即围压 σ_3 与大气压 P_a 相同时的抗剪角；$\Delta\varphi$ 为抗剪角随围压的降低幅度。

抗剪角计算公式为

$$\varphi=\arcsin\frac{(\sigma_1-\sigma_3)_f}{(\sigma_1+\sigma_3)_f} \tag{6.4}$$

式中，$(\sigma_1-\sigma_3)_f$ 为偏应力峰值，kPa；$(\sigma_1+\sigma_3)_f$ 分别为大主应力和小主应力的峰值之和，kPa。

在每个围压下的三轴压缩试验均可得出一个与莫尔圆相切且通过原点的抗剪强度线，其倾角即抗剪角。将湿化条件下砂泥岩颗粒混合料的偏应力及围压进行整理，得到抗剪角及非线性抗剪强度指标如表 6.7 所示。

表 6.7　砂泥岩颗粒混合料湿化后的抗剪角及非线性抗剪强度指标

应力水平	抗剪角/(°)				非线性抗剪强度指标	
	围压 100kPa	围压 200kPa	围压 300kPa	围压 400kPa	φ_0/(°)	$\Delta\varphi$/(°)
0(干燥)	58.29	54.43	52.16	52.25	57.98	10.73
0(饱水)	53.64	50.98	48.63	48.80	53.52	8.75
0.25	54.17	50.55	49.96	48.68	53.89	8.84
0.5	54.58	50.17	49.90	48.77	54.09	9.37
0.75	55.44	51.71	50.16	48.90	55.29	10.83

从表 6.7 可以看出，在同一应力水平条件下，围压增大时，抗剪角逐渐减小，抗剪强度表现出非线性，这一性质与许多粗粒料固结排水剪切试验结果类似[16]。

若以饱水试样的非线性抗剪强度指标为基础值，则初始抗剪角 φ_0 随着应力水平的增大而增大，如图 6.18 所示；抗剪角随着围压的降低幅度同样随着应力水平的增大而增大，如图 6.19 所示。当应力水平为 0.75 时，非线性抗剪强度指标比干态试样的稍大一些。

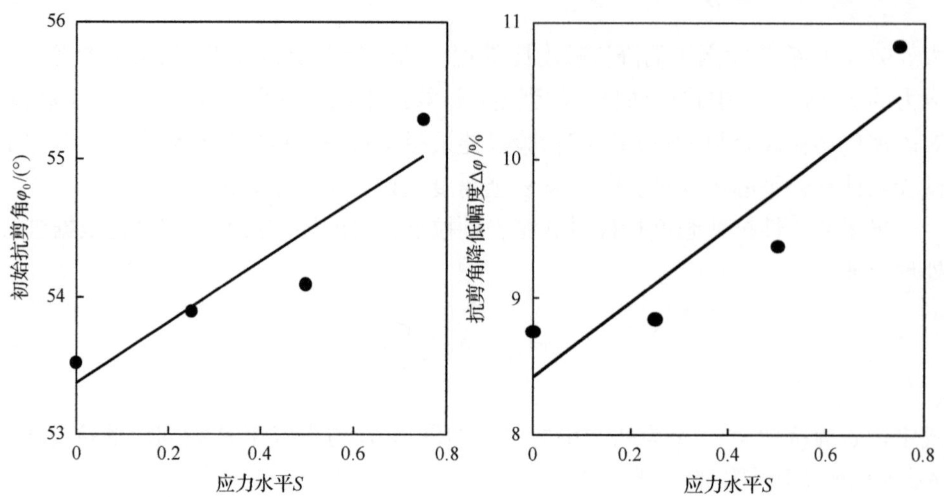

图 6.18　初始抗剪角 φ_0 与应力水平的关系　图 6.19　抗剪角降低幅度 $\Delta\varphi$ 与应力水平的关系

以饱水状态为基准，线性拟合非线性抗剪强度指标与应力水平的关系为

$$\varphi_0 = 2.204S + 53.37, \quad R^2 = 0.863 \tag{6.5}$$

$$\Delta\varphi = 2.714S + 8.428, \quad R^2 = 0.828 \tag{6.6}$$

朱俊高等[18]对坝体堆石体的板岩堆石料进行大型三轴湿化试验，结果显示，应力水平不同的湿化对抗剪强度的影响比较小，表明坝体堆石体抗剪强度参数与应力水平无关，可按照各向等压条件的三轴强度进行设计。本章试验结果中，饱水状态初始抗剪角均小于干态试验的初始抗剪角，且应力水平越低，初始抗剪角与饱水试样的初始抗剪角越接近；应力水平越大，初始抗剪角越大。左永振等[19]在粗粒料的湿化试验中得出类似本章规律的结论，湿化后的粗粒料黏聚力和内摩擦角均大于饱水状态的抗剪强度参数值，但应力水平为 0.84 时，内摩擦角略有增大，与干态试样的抗剪强度参数接近。程展林等[9]在堆石料的湿化试验中发现偏应力峰值与湿化时的应力水平有关，提出单独采用干态参数或者湿态参数作为设计参数均是不合理的。

本章采用了非线性抗剪强度指标，其重点描述了颗粒之间的摩擦特性，而忽略土料中的黏聚力。湿化使颗粒本身浸水软化，水在颗粒间充当了润滑作用，导致摩擦减少，饱水状态非线性抗剪强度参数小于干态试验值。而应力水平越高，湿化时颗粒间的接触、摩擦应力越大，可能造成颗粒棱角断裂、颗粒破碎及颗粒重排列等现象，这些现象均与土体颗粒本身的密实度、强度、形状等有关。试验土料中掺入了 20%的泥岩颗粒，从母岩性质上可以看出，泥岩颗粒属软岩料，其强度性质比砂岩差许多，颗粒的破碎程度也与砂岩不一致。另外，在湿化过程中，颗粒是否完全充分地湿化也可能影响颗粒破碎、颗粒重排列等现象。许多研究中均采用湿化时间为 1h，其试样内部的饱和度达到何种程度不得而知，本章采用湿化时间为 2h，饱和度基本上可以达到 0.85。因此，认为本章得到的结论(饱水状态时非线性抗剪强度小于干态时)是合理的。

应力水平越大，所产生的颗粒破碎现象越严重。Lee 等[20]提出了强度分量理论，将实测强度分为滑动摩擦分量、颗粒破碎和重排列引起的摩擦分量以及剪胀效应引起的摩擦分量。剪胀效应引起的摩擦分量导致实测强度减小，而颗粒破碎及重排列现象引起的摩擦分量导致实测强度增大。砂泥岩颗粒混合料湿化试验过程中，颗粒破碎现象所产生的摩擦分量对实测强度的贡献是比较大的，可以抵消剪胀产生的摩擦分量，应力水平越高，颗粒破碎越严重，使得非线性抗剪强度随着应力水平的增大而增大。

6.2.5　湿化对残余强度的影响

残余强度一般是采用直剪试验[21]、往复剪切试验[22]、环剪试验[21]、三轴试验[23]得到的应变软化稳定时的应力，它与试样本身性质、含水率、密实度、胶结、粗颗粒含量及试验围压等有关。米海珍等[24]通过三轴试验研究灰土残余强度与围压的关系，总结出残余强度随着围压增长而线性增大。

本章将应力-应变曲线中软化阶段趋于平缓的应力定义为残余强度。将湿化试验残余强度进行整理，如表 6.8 所示。可以看出，随着围压的增大，砂泥岩颗粒混合料湿化后的残余强度也是增大的。残余强度与应力水平的关系并不明显，在围压为 100kPa 和 300kPa 情况下，残余强度随着应力水平的增大而增大，而其余两个围压情况下，变化规律并不明显。

表 6.8　砂泥岩颗粒混合料湿化后的残余强度

围压/kPa	残余强度/kPa				
	$S=0$(干燥)	$S=0$(饱水)	$S=0.25$	$S=0.5$	$S=0.75$
100	182.62	150.66	182.11	291.05	341.48
200	667.23	621.70	529.74	559.28	546.17
300	893.54	839.17	895.67	956.45	975.65
400	1232.20	1171.81	1074.53	1122.11	1167.33

残余强度与峰值强度(即偏应力峰值)之间存在一定的关系，将残余强度与峰值强度的比值定义为残余系数 λ，如表 6.9 所示。

表 6.9　砂泥岩颗粒混合料湿化后的残余系数

围压/kPa	残余系数					λ 平均值
	$S=0$(干燥)	$S=0$(饱水)	$S=0.25$	$S=0.5$	$S=0.75$	
100	0.32	0.36	0.42	0.66	0.73	0.50
200	0.77	0.89	0.78	0.84	0.75	0.81
300	0.79	0.93	0.91	0.98	0.98	0.92
400	0.82	0.96	0.89	0.92	0.95	0.91

从表 6.9 可以看出，残余系数随着围压的增大而增大，但与应力水平的关系并不显著，各应力水平下残余系数平均值与围压的关系如图 6.20 所示。

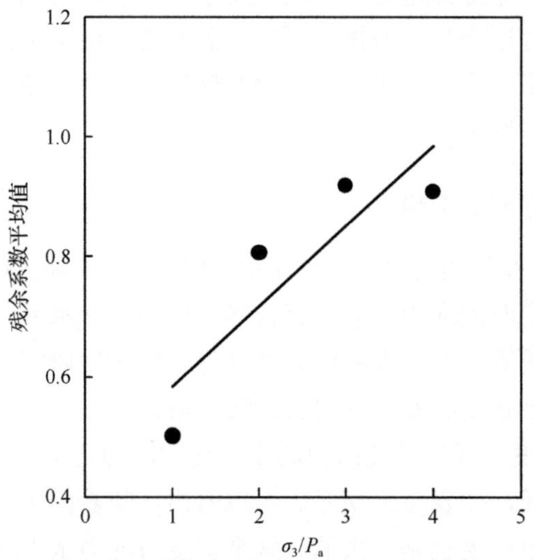

图 6.20　残余系数平均值与围压的关系

将平均残余系数与围压和大气压比值进行拟合，得到

$$\lambda=0.134\frac{\sigma_3}{P_a}+0.448\,,\quad R^2=0.781 \tag{6.7}$$

刘动等[21]对剪切试验后的试样进行拆卸、切片，发现试样达到残余强度后，剪切面上的颗粒产生定向排列现象，且粗颗粒表面有明显的摩擦痕迹。这些现象表明，在试样剪切达到软化阶段时，颗粒破碎、棱角剥落及颗粒定向排列等

现象明显。因此，有充分理由相信砂泥岩颗粒混合料在应变软化阶段也伴随着颗粒破碎、颗粒重排列等现象，且这些现象与围压有一定的关系。

6.2.6　湿化对弹性模量的影响

保华富等[25]在对天生桥水电站的粗粒料进行湿化试验时，发现邓肯-张模型计算出来的弹性模量 E_t 随着围压的增大而增大，随着应力水平的增大而迅速减小，且认为湿化对弹性模量 E_t 的影响在小应力水平下比较显著。本章采用邓肯-张模型计算湿化前的弹性模量 E_t，在湿化后采用割线模量 E_k 进行计算。由于应力水平为 0 时，应力-应变曲线属于全剪切试验曲线，因此只取弹性模量 E_t。对于应力水平为 0.25、0.5 和 0.75 的应力-应变曲线，可获得湿化后的割线模量 E_k。

将各围压、应力水平下的弹性模量 E_t 和割线模量 E_k 列于表 6.10。

表 6.10　砂泥岩颗粒混合料湿化后的弹性模量和割线模量

应力水平	不同围压下的弹性模量/MPa				不同围压下的割线模量/MPa			
	100kPa	200kPa	300kPa	400kPa	100kPa	200kPa	300kPa	400kPa
0(干燥)	50.99	64.91	75.13	84.55	—	—	—	—
0(饱水)	35.74	32.01	39.86	52.94	—	—	—	—
0.25	33.05	51.03	88.75	74.53	34.63	30.4	47.58	44.09
0.5	32.91	56.47	59.67	87.69	37.85	47.99	51.53	46.91
0.75	42.31	69.54	52.1	92.76	20.73	47.15	47.8	57.8

从表 6.10 可以看出，随着围压的增大，同一应力水平下的弹性模量也增大；围压为 100kPa 和 400kPa 时，弹性模量基本上随着应力水平的增大而增大；相同应力水平下，割线模量基本上随着围压的增大而增大。但割线模量与应力水平之间并不存在一定的规律性，且割线模量基本上比弹性模量小。

6.3　砂泥岩颗粒混合料试验结果及分析

6.3.1　应力-应变曲线及体积应变-轴向应变关系

按照试验方案，对砂泥岩颗粒混合料进行三轴压缩试验。不同应力水平下周期性饱水 1 次的应力-应变曲线如图 6.21～图 6.23 所示，体积应变-轴向应变关系如图 6.24～图 6.26 所示。

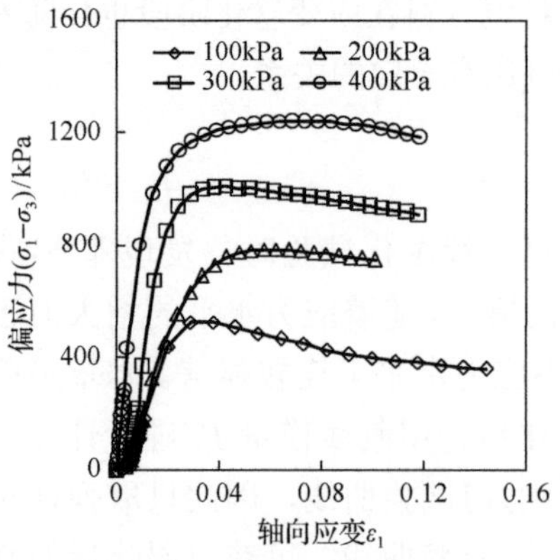

图 6.21　周期性饱水 1 次的应力-应变曲线（S=0.25）

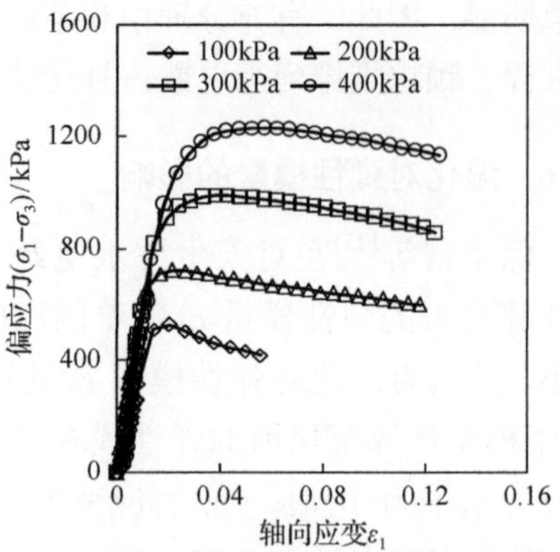

图 6.22　周期性饱水 1 次的应力-应变曲线（S=0.5）

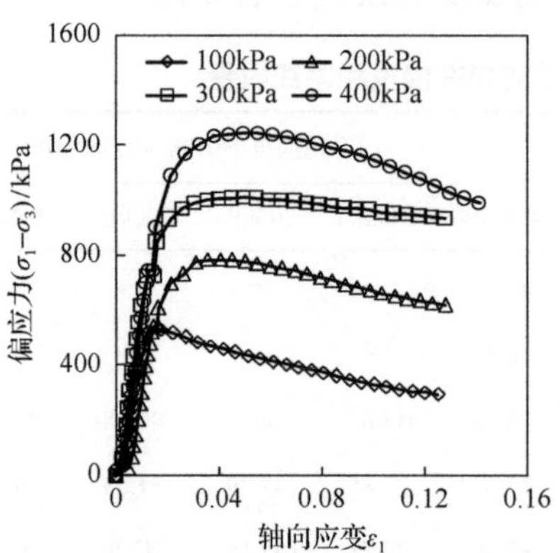

图 6.23　周期性饱水 1 次的应力-应变曲线（S=0.75）

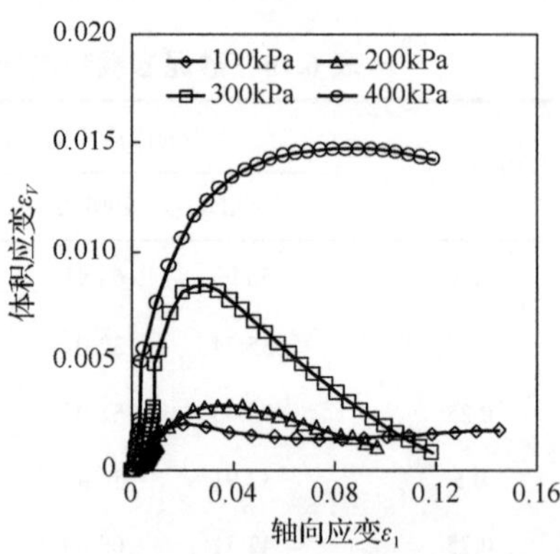

图 6.24　周期性饱水 1 次的体积应变-轴向应变关系（S=0.25）

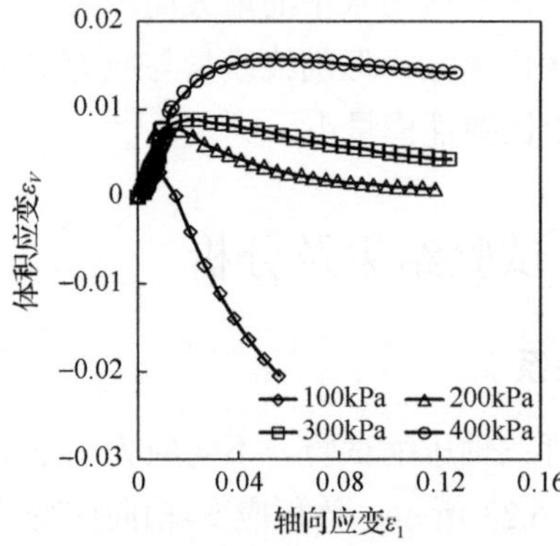

图 6.25　周期性饱水 1 次的体积应变-轴向应变关系（S=0.5）

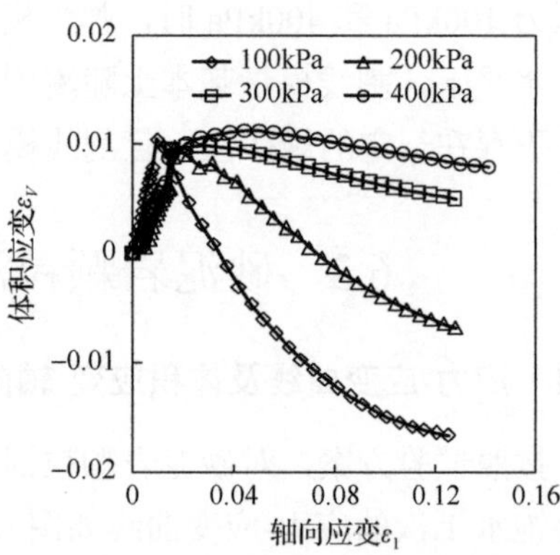

图 6.26　周期性饱水 1 次的体积应变-轴向应变关系（S=0.75）

不同应力水平下周期性饱水 5 次的应力-应变曲线如图 6.27～图 6.29 所示，体积应变-轴向应变关系如图 6.30～图 6.32 所示。

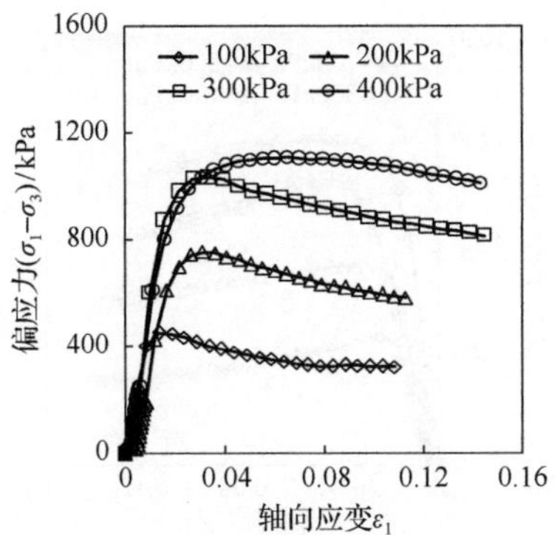

图 6.27　周期性饱水 5 次的应力-应变曲线（S=0.25）

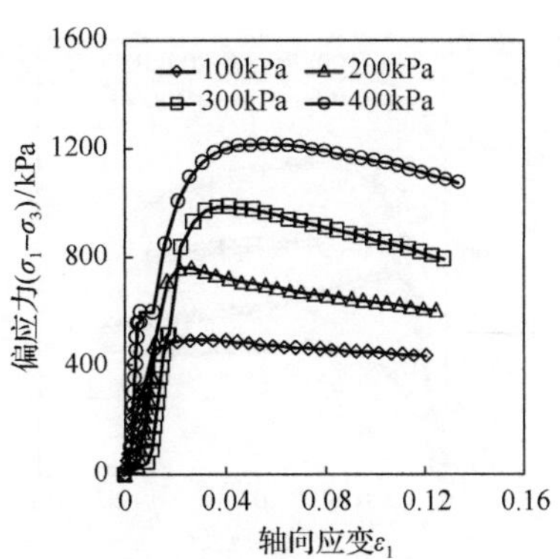

图 6.28　周期性饱水 5 次的应力-应变曲线（S=0.5）

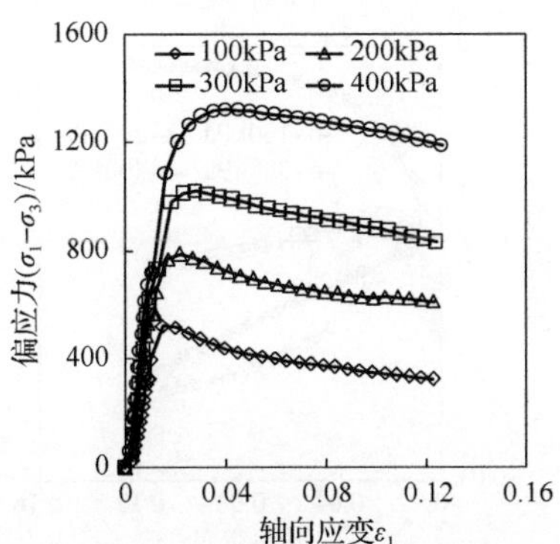

图 6.29　周期性饱水 5 次的应力-应变曲线（S=0.75）

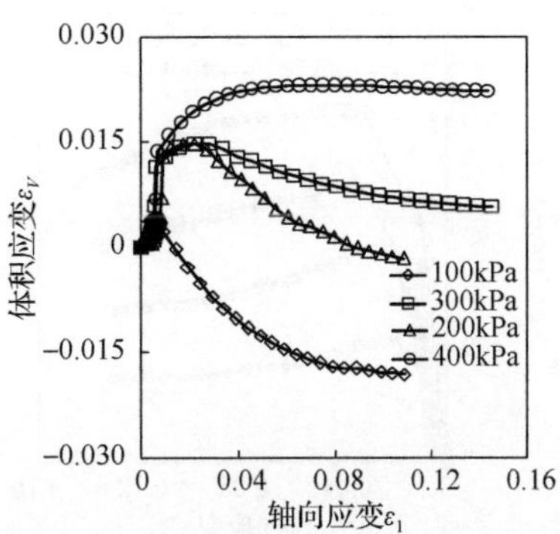

图 6.30　周期性饱水 5 次的体积应变-轴向应变关系（S=0.25）

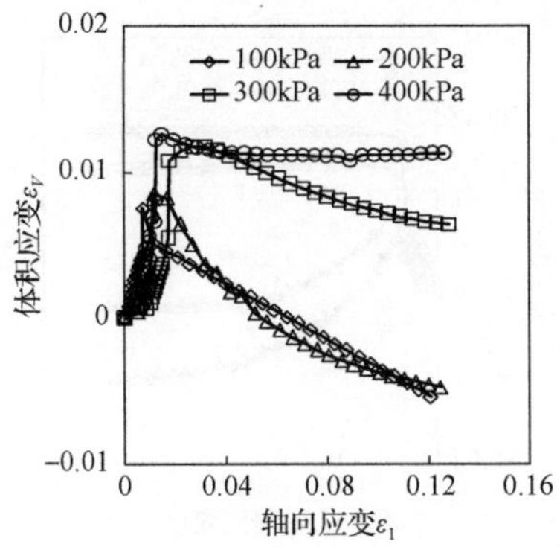

图 6.31　周期性饱水 5 次的体积应变-轴向应变关系（S=0.5）

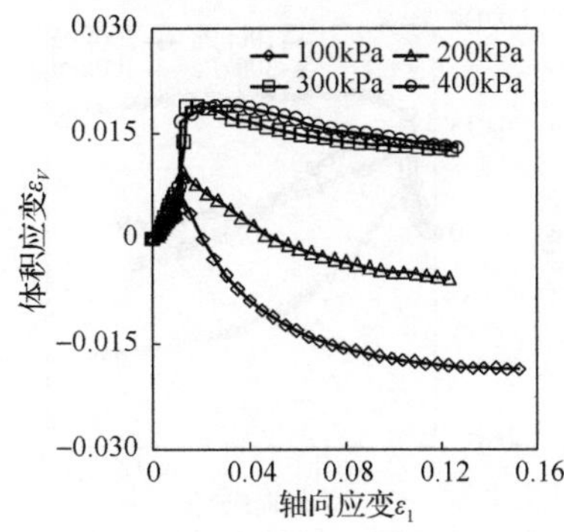

图 6.32　周期性饱水 5 次的体积应变-轴向应变关系（S=0.75）

不同应力水平下周期性饱水 10 次的应力-应变曲线如图 6.33～图 6.35 所示，体积应变-轴向应变关系如图 6.36～图 6.38 所示。

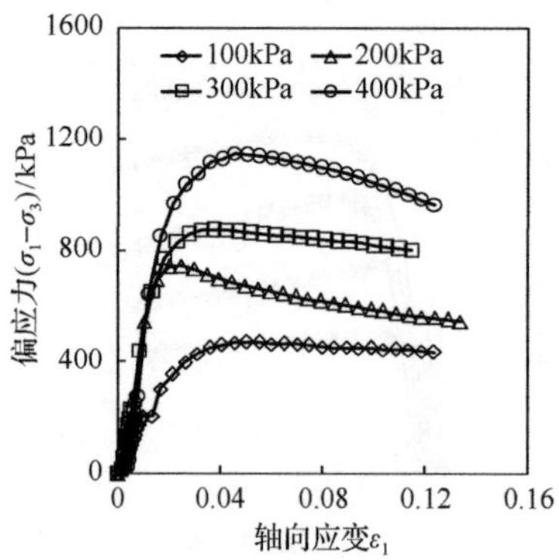

图 6.33　周期性饱水 10 次的应力-应变曲线（S=0.25）

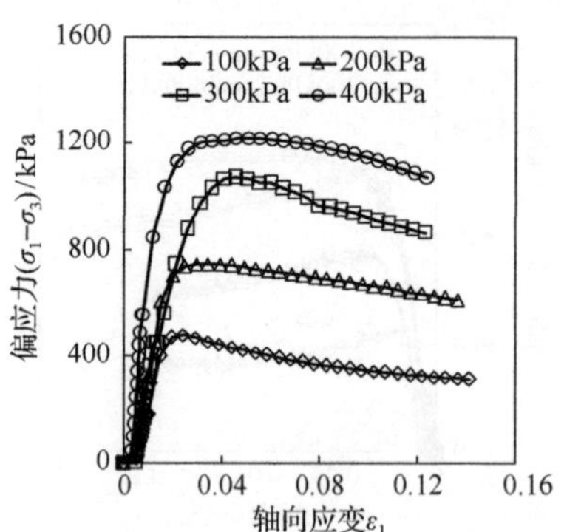

图 6.34　周期性饱水 10 次的应力-应变曲线（S=0.5）

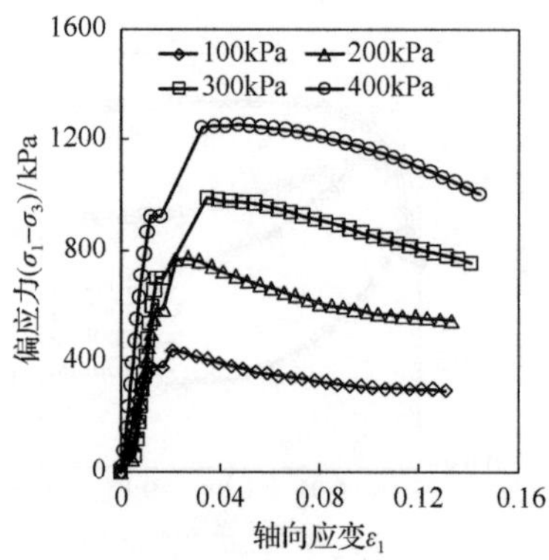

图 6.35　周期性饱水 10 次的应力-应变曲线（S=0.75）

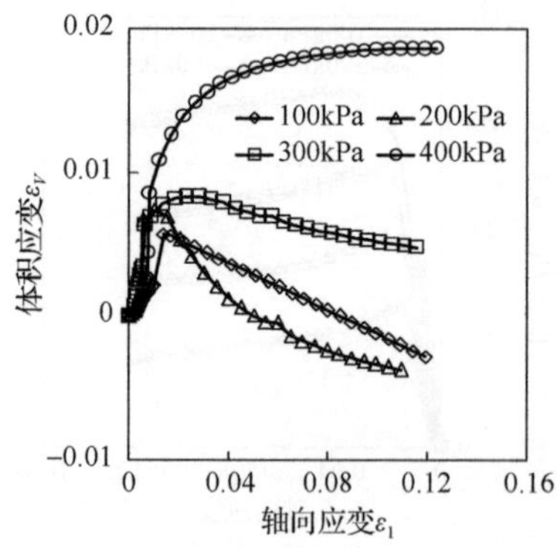

图 6.36　周期性饱水 10 次的体积应变-轴向应变关系（S=0.25）

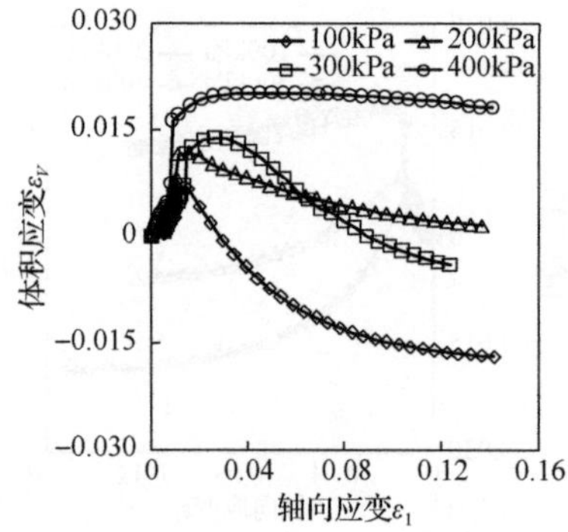

图 6.37　周期性饱水 10 次的体积应变-轴向应变关系（S=0.5）

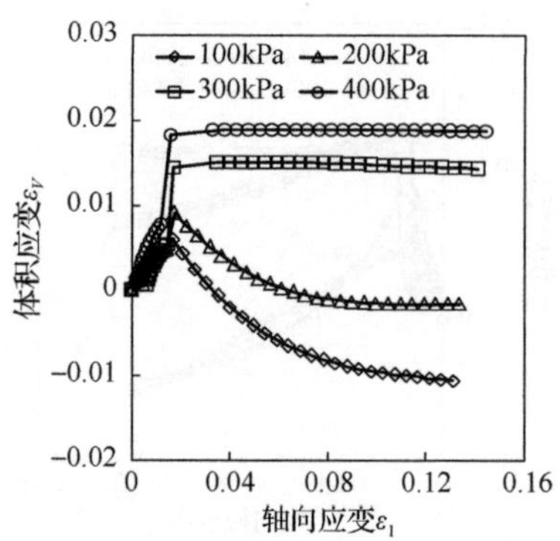

图 6.38　周期性饱水 10 次的体积应变-轴向应变关系（S=0.75）

不同应力水平下周期性饱水 20 次的应力-应变曲线如图 6.39～图 6.41 所示，体积应变-轴向应变关系如图 6.42～图 6.44 所示。

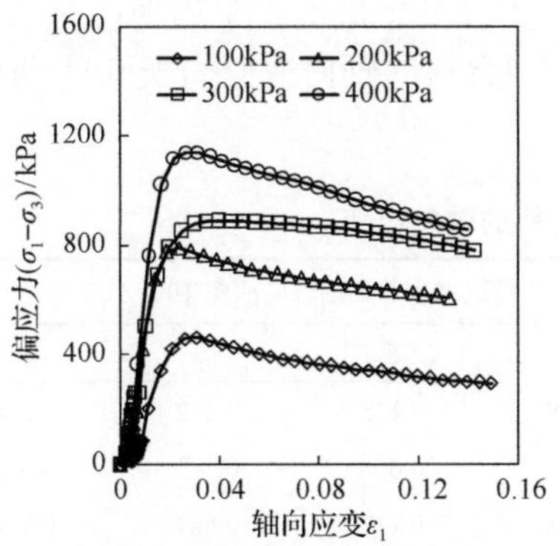

图 6.39　周期性饱水 20 次的应力-应变曲线（S=0.25）

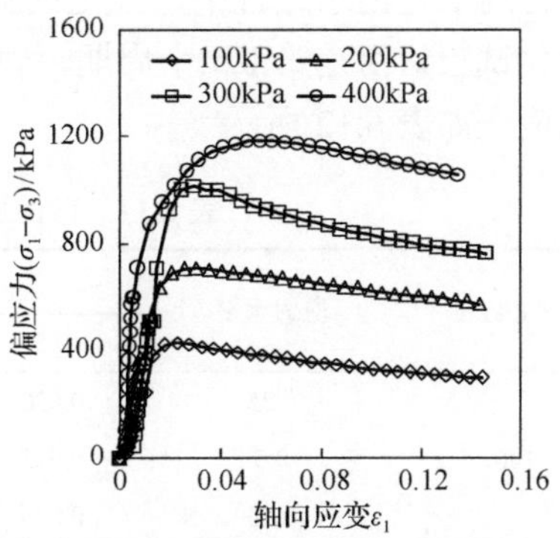

图 6.40　周期性饱水 20 次的应力-应变曲线（S=0.5）

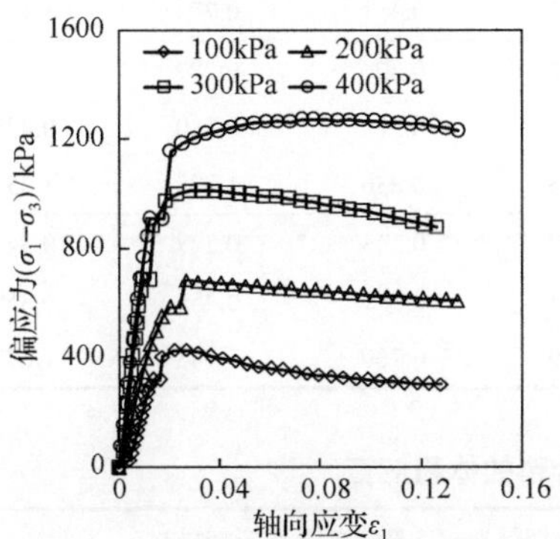

图 6.41　周期性饱水 20 次的应力-应变曲线（S=0.75）

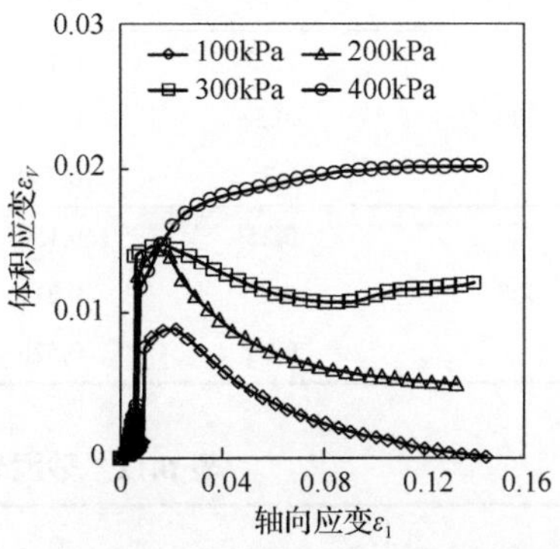

图 6.42　周期性饱水 20 次的体积应变-轴向应变关系（S=0.25）

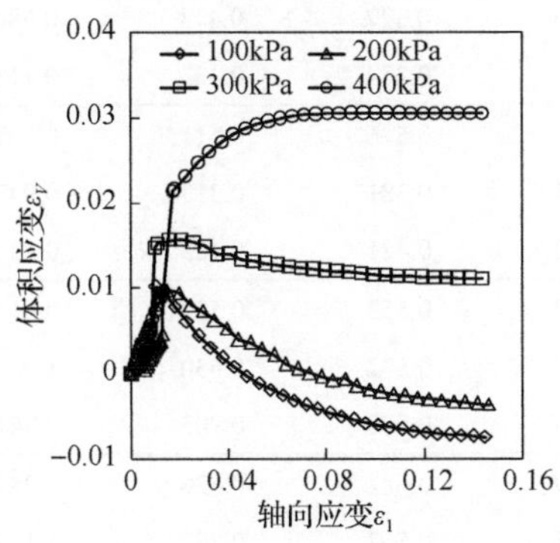

图 6.43　周期性饱水 20 次的体积应变-轴向应变关系（S=0.5）

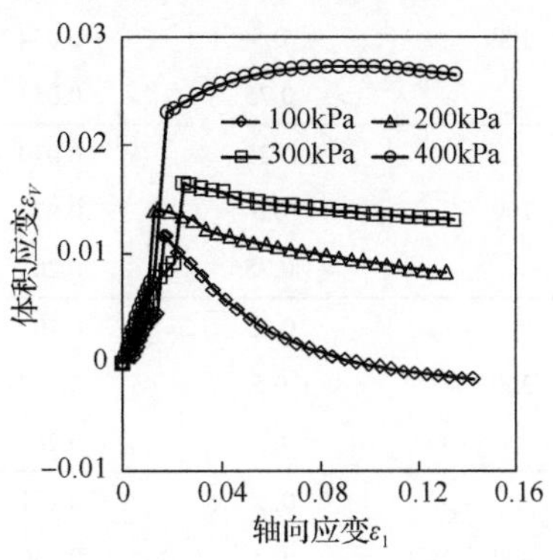

图 6.44　周期性饱水 20 次的体积应变-轴向应变关系（S=0.75）

6.3.2 轴向应变劣化规律及其演化方程

在周期性饱水过程中，湿化试验属于第一次循环中的前半个周期，因此本章将湿化试验认为是第 0.5 个周期。砂泥岩颗粒混合料的轴向应变如表 6.11 所示，体积应变如表 6.12 所示。

表 6.11　砂泥岩颗粒混合料的轴向应变

围压/kPa	应力水平	不同周期性饱水次数下的轴向应变/10^{-2}				
		0.5	1	5	10	20
100	0.25	0.020	0.079	0.128	0.212	0.278
	0.5	0.025	0.083	0.098	0.183	0.322
	0.75	0.046	0.198	0.239	0.684	0.964
200	0.25	0.045	0.143	0.176	0.230	0.254
	0.5	0.063	0.110	0.139	0.227	0.395
	0.75	0.227	0.377	0.451	0.773	1.160
300	0.25	0.127	0.165	0.206	0.287	0.428
	0.5	0.197	0.274	0.316	0.380	0.439
	0.75	0.500	0.755	0.836	1.095	1.351
400	0.25	0.150	0.207	0.243	0.277	0.341
	0.5	0.211	0.331	0.391	0.456	0.859
	0.75	0.526	0.689	0.760	1.148	1.672

表 6.12　砂泥岩颗粒混合料的体积应变

围压/kPa	应力水平	不同周期性饱水次数下的体积应变/10^{-2}				
		0.5	1	5	10	20
100	0.25	0.033	0.157	0.248	0.356	0.512
	0.5	0.034	0.036	0.327	0.413	0.680
	0.75	0.053	0.262	0.274	0.433	0.718
200	0.25	0.070	0.246	0.576	0.511	0.962
	0.5	0.070	0.204	0.381	0.313	0.947
	0.75	0.205	0.282	0.421	0.425	0.736
300	0.25	0.192	0.200	0.552	0.550	0.813
	0.5	0.207	0.300	0.532	0.630	1.020
	0.75	0.289	0.373	0.500	0.903	0.841
400	0.25	0.271	0.269	0.682	0.830	1.287
	0.5	0.250	0.285	0.567	0.887	1.199
	0.75	0.383	0.425	0.927	1.047	1.511

砂泥岩颗粒混合料的轴向应变与周期性饱水次数的关系如图 6.45～图 6.47 所示。可以看出，周期性饱水过程中，轴向应变随着周期性饱水次数的增大而先增大后趋于稳定。

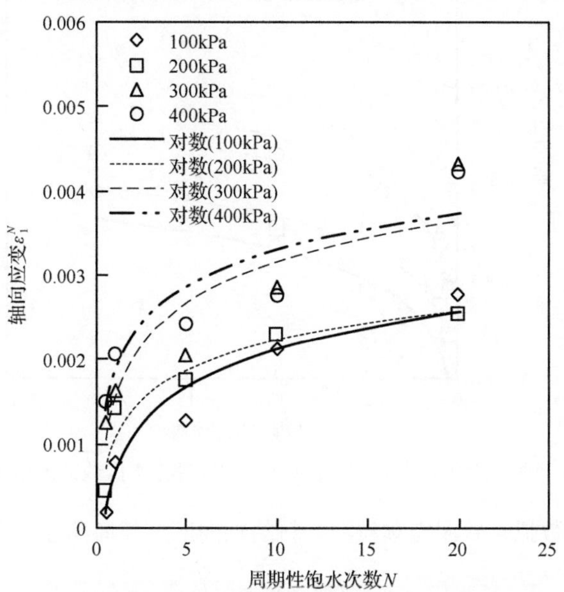

图 6.45　砂泥岩颗粒混合料轴向应变与周期性饱水次数的关系(S=0.25)

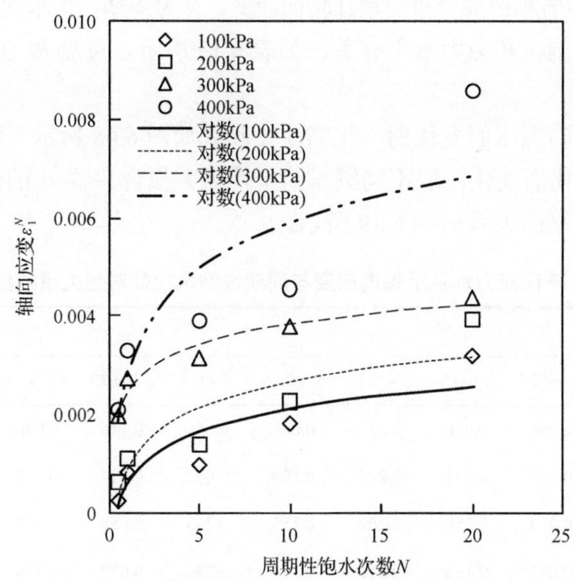

图 6.46　砂泥岩颗粒混合料轴向应变与周期性饱水次数关系(S=0.5)

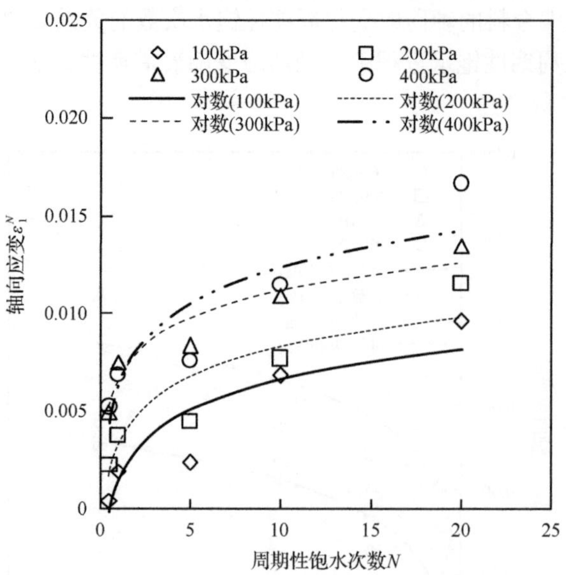

图 6.47 砂泥岩颗粒混合料轴向应变与周期性饱水次数的关系(S=0.75)

采用对数函数拟合砂泥岩颗粒混合料的轴向应变与周期性饱水次数的关系，即

$$\varepsilon_1^N = a\ln N + b \tag{6.8}$$

式中，ε_1^N 为砂泥岩颗粒混合料的累计轴向应变；N 为周期性饱水次数；a 和 b 为拟合参数，分别与围压和应力水平有关，如表 6.13 所示。可见 R^2 在 0.740～0.946，拟合程度较好。

拟合参数 a 随围压的变化而产生微小变动，如图 6.48 所示。可假定拟合参数 a 不随围压的变化而变化，取不同围压的平均值为拟合参数 a 的值。拟合参数 a 平均值与应力水平的关系如图 6.49 所示。

表 6.13 不同应力水平下轴向应变与周期性饱水次数对数关系的拟合参数

围压/kPa	a			b			R^2		
	$S=0.25$	$S=0.5$	$S=0.75$	$S=0.25$	$S=0.5$	$S=0.75$	$S=0.25$	$S=0.5$	$S=0.75$
100	0.064	0.066	0.225	0.063	0.058	0.146	0.946	0.806	0.830
200	0.050	0.075	0.219	0.106	0.092	0.324	0.917	0.798	0.830
300	0.070	0.058	0.200	0.155	0.248	0.658	0.838	0.950	0.906
400	0.063	0.136	0.256	0.184	0.280	0.629	0.796	0.740	0.801

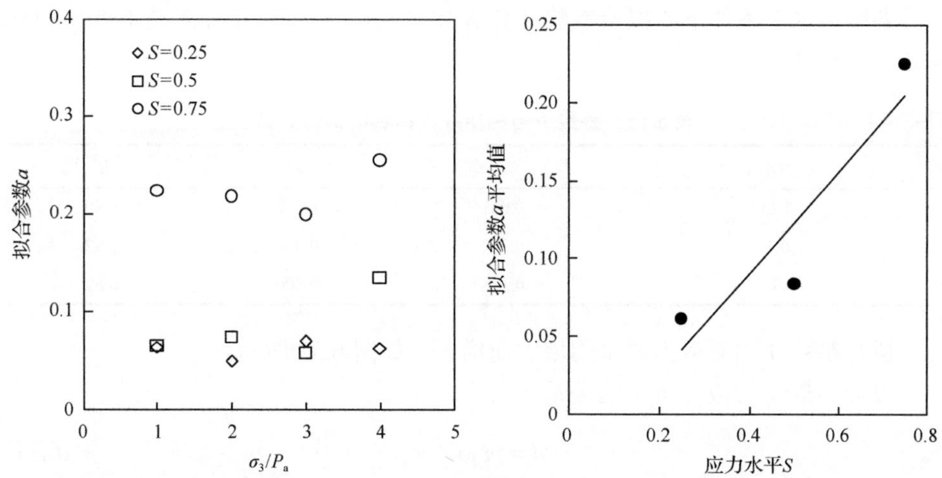

图 6.48　拟合参数 a 与围压的关系　　图 6.49　拟合参数 a 平均值与应力水平的关系

拟合参数 a 平均值与应力水平 S 的关系式为

$$a = fS + d \tag{6.9}$$

式中，f 和 d 为拟合参数，分别为 0.326 和−0.039，相关系数 R^2 为 0.849。

拟合参数 b 随着围压的增大而增大，如图 6.50 所示。线性拟合参数 b 与围压的关系式为

$$b = A\frac{\sigma_3}{P_a} + B \tag{6.10}$$

式中，A 和 B 分别为拟合参数。

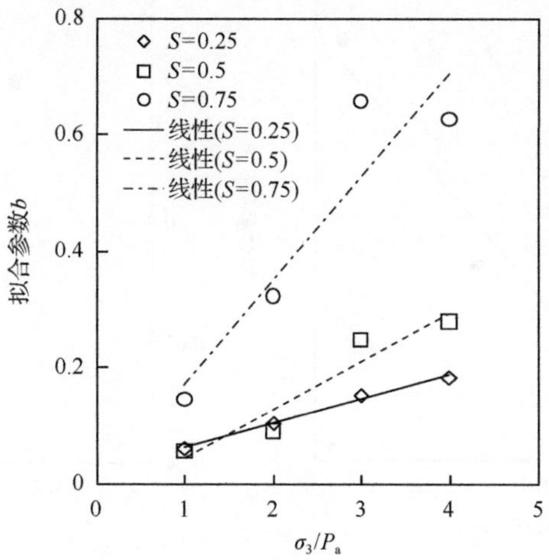

图 6.50　拟合参数 b 与围压的关系

各应力水平条件下的拟合参数 A 和 B 如表 6.14 所示。可见 R^2 在 0.89～0.99，拟合程度较好。

表 6.14 参数 b 与围压线性拟合的拟合参数

应力水平	A	B	R^2
0.25	0.041	0.024	0.99
0.5	0.082	–0.036	0.92
0.75	0.178	–0.006	0.89

拟合参数 A 随着应力水平的增大而增大，如图 6.51 所示。

拟合参数 A 与应力水平的关系式为

$$A = m_A S + n_A \tag{6.11}$$

式中，m_A 和 n_A 为拟合参数，分别为 0.274 和–0.036。

将拟合参数 B 与应力水平的关系采用线性拟合，如图 6.52 所示，结果并不理想，R^2 约为 0.25。不同应力水平时，B 值为–0.036～0.024，变化范围并不大，取 B 的平均值作为不同应力水平条件下的 B 值，则 B 值为–0.006，可以认为拟合参数 B 只与围压有关，与应力水平无关。通过这一假定可减少模型参数，使模型计算简便。为了简化计算，假定拟合参数 b 只与围压有关，与应力水平无关。

通过以上分析，将式(6.10)改写为

$$b = A\frac{\sigma_3}{P_a} \tag{6.12}$$

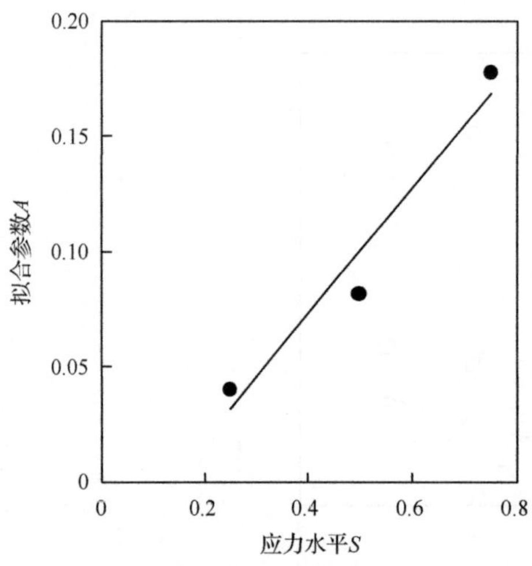

图 6.51 拟合参数 A 与应力水平的关系

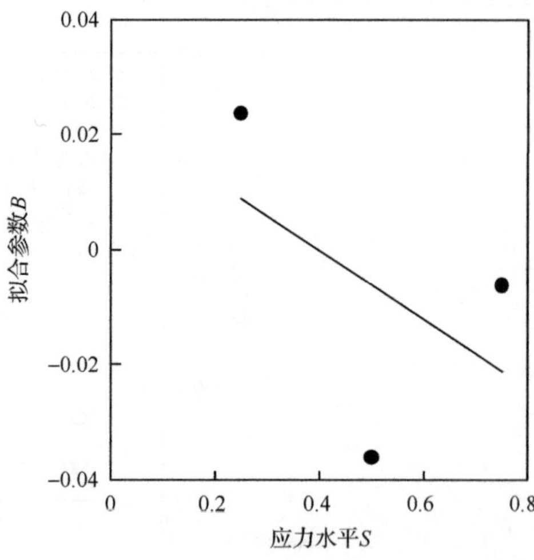

图 6.52 拟合参数 B 与应力水平的关系

各应力水平下的拟合参数 A 如表 6.15 所示。将表 6.15 中的 A 值采用式(6.11)进行拟合，则得到 m_A=0.254，n_A=−0.028，R^2=0.87，拟合程度较好，可认为假定(拟合参数 b 只与围压有关，与应力水平无关)是基本合理的。

表 6.15　拟合参数 b 与围压线性拟合的拟合参数(经过原点)

应力水平	A	R^2
0.25	0.049	0.945
0.5	0.070	0.894
0.75	0.176	0.867

将式(6.9)、式(6.11)和式(6.12)代入式(6.8)，可得砂泥岩颗粒混合料的轴向应变演化方程为

$$\varepsilon_1^N=(fS+d)\ln N+(m_A S+n_A)\frac{\sigma_3}{P_{\mathrm{a}}} \tag{6.13}$$

从式(6.13)中可总结出砂泥岩颗粒混合料的轴向应变劣化规律，即轴向应变随着周期性饱水次数的增加而增大，增大的速率($fS+d$)与应力水平有关，应力水平越大，增大的速率越大；在周期性饱水次数相同的情况下，轴向应变与应力水平和围压均有关，轴向应变随着围压和应力水平的增大而增大。

从砂泥岩颗粒混合料轴向应变劣化规律及演化方程上看，以本章的周期性饱水 20 次为例，为了便于分析，将各应力水平下的轴向应变进行平均。

围压为 100kPa 时，周期性饱水 1 次的轴向应变增加了 0.12%，周期性饱水 5 次的轴向应变增加了 0.36%，周期性饱水 20 次的轴向应变增加了 0.52%，前 5 次周期性饱水轴向应变增加幅度占 20 次周期性饱水轴向应变增加幅度的 69.23%。

围压为 200kPa 时，周期性饱水 1 次的轴向应变增加了 0.21%，周期性饱水 5 次的轴向应变增加了 0.26%，周期性饱水 20 次的轴向应变增加了 0.60%，前 5 次周期性饱水轴向应变增加幅度占 20 次周期性饱水轴向应变增加幅度的 43.33%。

围压为 300kPa 时，周期性饱水 1 次的轴向应变增加了 0.40%，周期性饱水 5 次的轴向应变增加了 0.45%，周期性饱水 20 次的轴向应变增加了 0.739%，前 5 次周期性饱水轴向应变增加幅度占 20 次周期性饱水轴向应变增加幅度的 60.89%。

围压为 400kPa 时，周期性饱水 1 次的轴向应变增加了 0.41%，周期性饱水 5 次的轴向应变增加了 0.47%，周期性饱水 20 次的轴向应变增加了 0.96%，前 5 次周期性饱水轴向应变增加幅度占 20 次周期性饱水轴向应变增加幅度的 48.96%。

总体上，周期性饱水 20 次之后，轴向应变平均增加幅度较小。说明前几次周期性饱水对砂泥岩颗粒混合料轴向应变的劣化程度较大。周期性饱水的轴向应变增加可能危及填方工程上的结构物，若该填土工程在年调节库区中，工程监测人

员需对工程建设完成后前 5 年的变形进行重点观测。

6.3.3 体积应变劣化规律及其演化方程

不同应力水平下砂泥岩颗粒混合料体积应变与周期性饱水次数的关系如图 6.53～图 6.55 所示。可以看出，砂泥岩颗粒混合料的体积应变随着周期性饱水次数的增大而先增大后趋于稳定。

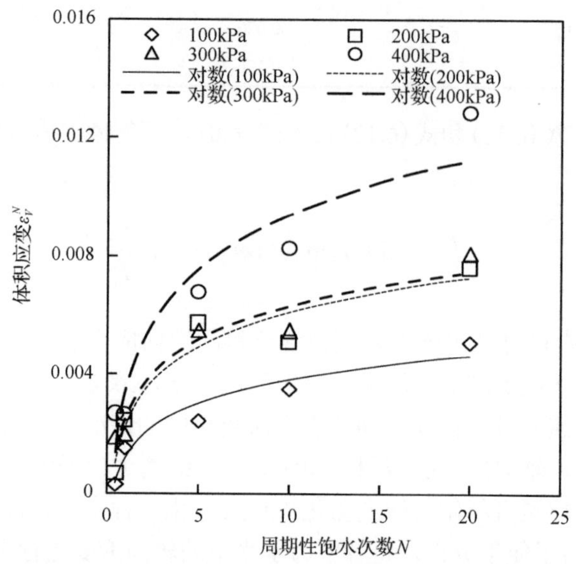

图 6.53 砂泥岩颗粒混合料体积应变与周期性饱水次数的关系(S=0.25)

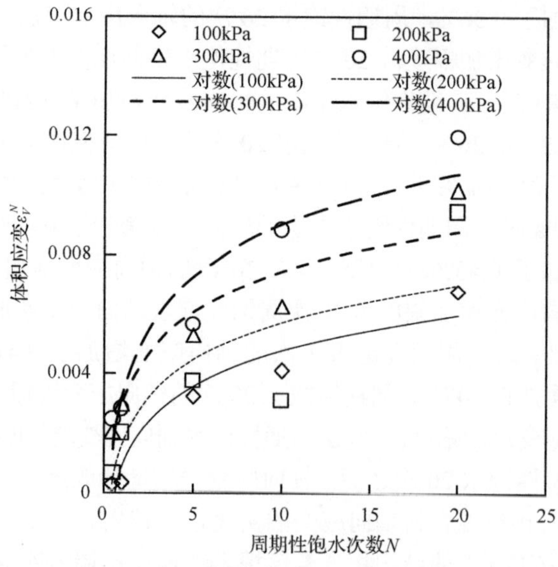

图 6.54 砂泥岩颗粒混合料体积应变与周期性饱水次数的关系(S=0.5)

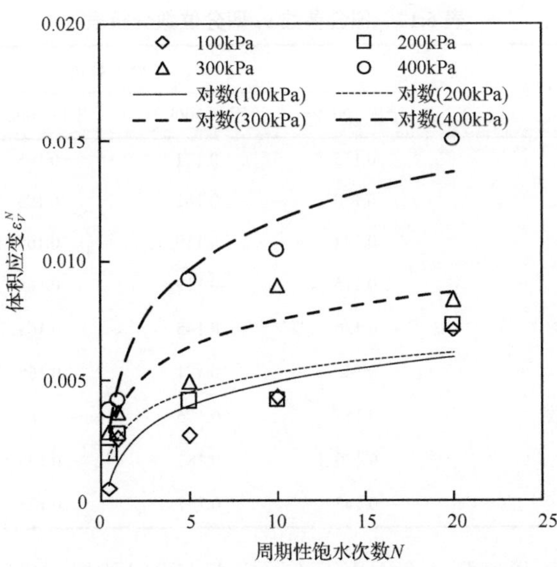

图 6.55　砂泥岩颗粒混合料体积应变与周期性饱水次数的关系(S=0.75)

采用对数函数拟合砂泥岩颗粒混合料的体积应变与周期性饱水次数的关系，即

$$\varepsilon_V^N = a_V \ln N + b_V \tag{6.14}$$

式中，ε_V^N 为砂泥岩颗粒混合料累计体积应变；a_V 和 b_V 为拟合参数，分别与围压和应力水平有关，如表 6.16 所示。可见 R^2 在 0.696～0.944，拟合程度较好。

表 6.16　砂泥岩颗粒混合料的体积应变与周期性饱水次数对数关系的拟合参数

围压/kPa	a_V			b_V			R^2		
	$S=0.25$	$S=0.5$	$S=0.75$	$S=0.25$	$S=0.5$	$S=0.75$	$S=0.25$	$S=0.5$	$S=0.75$
100	0.115	0.17	0.144	0.118	0.086	0.168	0.942	0.086	0.168
200	0.171	0.181	0.119	0.22	0.158	0.256	0.934	0.158	0.256
300	0.165	0.195	0.165	0.256	0.295	0.375	0.936	0.295	0.375
400	0.262	0.25	0.294	0.34	0.326	0.493	0.913	0.326	0.493

对拟合参数 a_V 进行四分位数分析，如表 6.17 所示。相同围压下，三个应力水平条件下的拟合参数 a_V 最大值与最小值相差不大，与平均值的差别较小，可认为不同应力水平对拟合参数 a_V 的影响较小。因此，本章采用相同围压、不同应力水平条件下的平均值作为拟合参数 a_V 的计算值。

表 6.17　拟合参数 a_V 四分位数分析表

应力水平及分位数	拟合参数 a_V			
	围压 100kPa	围压 200kPa	围压 300kPa	围压 400kPa
0.25	0.115	0.171	0.165	0.262
0.5	0.170	0.181	0.195	0.250
0.75	0.144	0.119	0.165	0.294
最小值	0.115	0.119	0.165	0.250
上四分位数	0.130	0.145	0.165	0.256
中分位数	0.144	0.171	0.165	0.262
下四分位数	0.157	0.176	0.180	0.278
最大值	0.170	0.181	0.195	0.294
平均值	0.143	0.157	0.175	0.269

从表 6.16 中可以得到各个围压下不同应力水平时的拟合参数 a_V 四分位图，如图 6.56 所示。

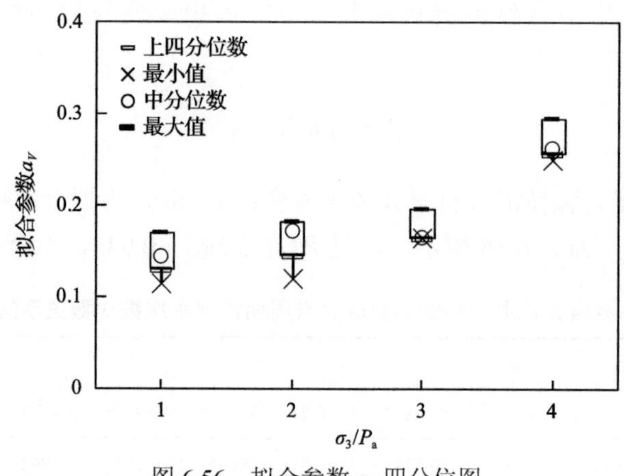

图 6.56　拟合参数 a_V 四分位图

假定拟合参数 a_V 与应力水平无关，其平均值随着围压的增大而增大，如图 6.57 所示。

拟合参数 a_V 与围压的关系为

$$a_V = f_V \frac{\sigma_3}{P_a} + d_V \tag{6.15}$$

式中，f_V 和 d_V 为拟合参数，分别为 0.039 和 0.087。R^2=0.81，拟合程度较好。

拟合参数 b_V 与围压的关系如图 6.58 所示。

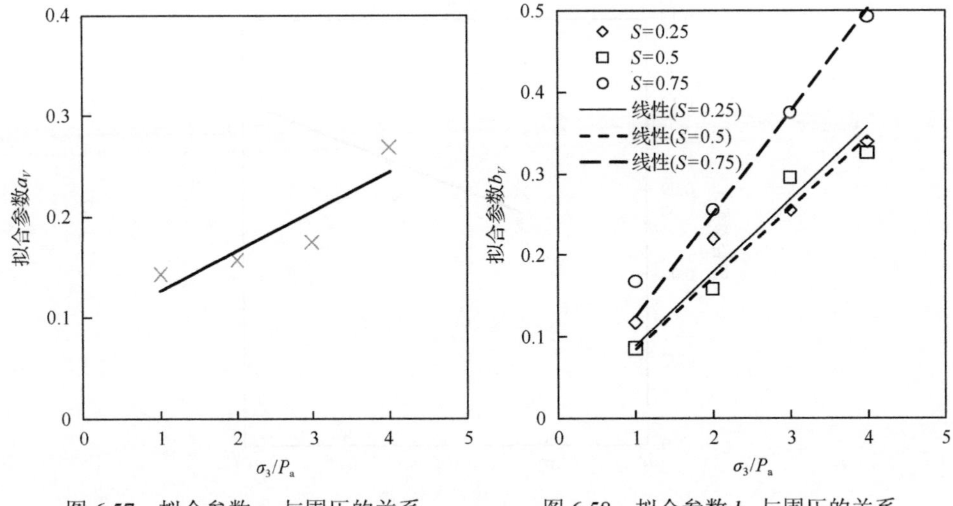

图 6.57　拟合参数 a_V 与围压的关系　　图 6.58　拟合参数 b_V 与围压的关系

参照砂泥岩颗粒混合料的轴向应变规律，采用经过原点的线性关系拟合参数 b_V 与围压的关系，即

$$b_V = A_V \frac{\sigma_3}{P_a} \tag{6.16}$$

式(6.16)中的拟合参数 A_V 与应力水平有关，如表 6.18 所示。可见 R^2 在 0.88～0.97，拟合程度较好。

表 6.18　拟合参数 b_V 与围压线性关系的拟合参数

应力水平	A_V	R^2
0.25	0.089	0.88
0.5	0.086	0.95
0.75	0.125	0.97

拟合参数 A_V 随着应力水平的增大而增大，如图 6.59 所示。

采用线性关系拟合 A_V 与应力水平 S 的关系，即

$$A_V = m_V S + n_V \tag{6.17}$$

式中，m_V 和 n_V 为拟合参数，分别为 0.072 和 0.064，R^2 为 0.69。

将式(6.15)～式(6.17)代入式(6.14)，可得砂泥岩颗粒混合料的体积应变演化方程为

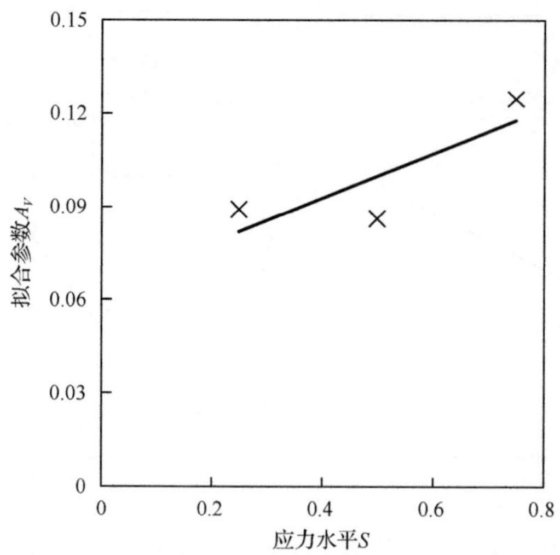

图 6.59　拟合参数 A_V 与应力水平的关系

$$\varepsilon_V^N = \left(f_V \frac{\sigma_3}{P_\text{a}} + d_V \right) \ln N + \left(m_V S + n_V \right) \frac{\sigma_3}{P_\text{a}} \tag{6.18}$$

从式(6.18)可对周期性饱水过程中的体积应变规律进行总结，即砂泥岩颗粒混合料的体积应变随着周期性饱水次数的增大而增大，呈对数型增长，最终趋于平缓；且增长速率与围压有关，围压越大，增长速率越大；相同周期性饱水次数、相同围压情况下，体积应变随着应力水平的增大呈线性增大。

6.3.4　非线性抗剪强度劣化规律及其演化方程

堆石料在水的软化和湿化作用下，抗剪强度会有一定的变化，一般认为堆石料的抗剪强度经过水的作用后产生某种程度的下降。张丙印等[26]在堆石料的风化作用过程中发现，当轴向应力为 50kPa 时，有侧限压缩的抗剪强度先减小后趋于平缓，当轴向应力大于 50kPa 时，抗剪强度则先增大后趋于稳定。也就是说，有侧限压缩的抗剪强度与所施加的轴向应力有关。他们还提出堆石料风化过程中存在临界应力，当轴向应力大于临界应力时，风化会提高堆石料的抗剪强度，当轴向应力小于临界应力时，风化会降低堆石料的抗剪强度。其机理是由于颗粒劣化与高压压密试样的综合作用，应力较低时，颗粒劣化占主导作用，应力较高时，压密作用使得抗剪强度增大。

在砂泥岩颗粒混合料中压实所产生的压密效果、颗粒破碎与土料的密实度、泥岩颗粒含量等有关[7]。刘新荣等[27]在研究砂岩经周期性饱水劣化时，发现砂岩的三轴抗压强度随着周期性饱水次数的增大而降低。在岩石块体的周期性饱水过程中，大多数学者均认为周期性饱水的抗压强度是呈规律性劣化的[28]。本节对砂泥岩颗粒混合料的非线性抗剪强度规律进行总结。

从试验结果中获得的周期性饱水 0 次(干燥状态)、0 次(饱水状态)、0.5 次、1 次、5 次、10 次及 20 次的偏应力峰值如表 6.19 所示。可以看出，偏应力峰值随着围压的增大而增大，且基本上随着周期性饱水次数的增大而减小。

表 6.19　不同周期性饱水次数下的偏应力峰值

围压/kPa	应力水平	不同周期性饱水次数下的偏应力峰值/kPa						
		0(干燥)	0(饱水)	0.5	1	5	10	20
100	0.25	570.08	413.52	428.52	528.18	454.47	471.00	467.45
	0.5	570.08	413.52	440.38	530.40	500.00	482.68	430.53
	0.75	570.08	413.52	466.78	532.89	523.52	440.46	429.46
200	0.25	871.91	696.59	677.88	786.06	755.44	747.33	794.15
	0.5	871.91	696.59	662.05	724.00	765.53	747.86	711.89
	0.75	871.91	696.59	729.85	786.58	790.08	775.44	685.67
300	0.25	1126.89	902.08	979.86	1012.88	1000.00	1018.79	1150.00
	0.5	1126.89	902.08	976.28	992.25	989.30	1076.07	1222.05
	0.75	1126.89	902.08	991.89	1010.94	1023.17	990.93	1014.27
400	0.25	1510.67	1215.29	1206.86	1244.14	1120.00	1150.50	1140.06
	0.5	1510.67	1215.29	1213.57	1232.94	1221.45	1221.54	1185.78
	0.75	1510.67	1215.29	1223.24	1246.56	1323.19	1256.16	1274.07

为了反映砂泥岩颗粒混合料经受周期性饱水的劣化作用，采用非线性抗剪强度对不同围压、不同周期性饱水次数、不同应力水平下的偏应力峰值进行分析，按照式(6.4)计算所得的抗剪角如表 6.20 所示。可以看出，抗剪角随着围压的增大而减小。为了便于分析各围压情况下抗剪角的劣化规律，假定抗剪角与应力水平无关，这与魏松等[29]的认识一致，从试验结果看也是基本合理的。

表 6.20　不同周期性饱水次数下的抗剪角

围压/kPa	应力水平	不同周期性饱水次数下的抗剪角/(°)						
		0(干燥)	0(饱水)	0.5	1	5	10	20
100	0.25	58.29	53.64	54.17	57.23	55.05	55.58	55.46
	0.5	58.29	53.64	54.58	57.29	56.44	55.93	54.24
	0.75	58.29	53.64	55.44	57.35	57.10	54.58	54.21
200	0.25	54.43	50.98	50.55	52.86	52.25	52.08	53.02
	0.5	54.43	50.98	50.17	51.59	52.45	52.09	51.32
	0.75	54.43	50.98	51.71	52.87	52.94	52.65	50.73

续表

围压/kPa	应力水平	不同周期性饱水次数下的抗剪角/(°)						
		0(干燥)	0(饱水)	0.5	1	5	10	20
300	0.25	52.16	48.63	49.96	50.49	50.28	50.58	52.48
	0.5	52.16	48.63	49.90	50.16	50.11	51.44	53.41
	0.75	52.16	48.63	50.16	50.46	50.65	50.14	50.51
400	0.25	52.25	48.80	48.68	49.18	47.46	47.90	47.75
	0.5	52.25	48.80	48.77	49.03	48.88	48.88	48.40
	0.75	52.25	48.80	48.90	49.21	50.16	49.33	49.56

取相同围压、不同应力水平下的抗剪角平均值进行分析，如图 6.60 所示。可以看出，抗剪角随着周期性饱水次数的增大呈对数型减小，降低速率与围压有关。

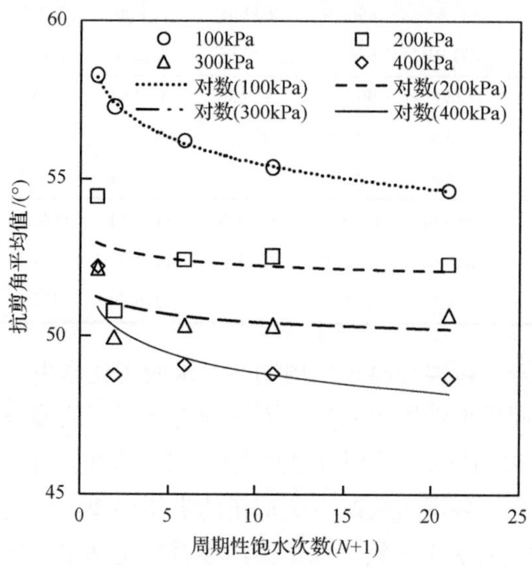

图 6.60　周期性饱水作用下抗剪角劣化规律

采用非线性抗剪强度指标对不同周期性饱水次数、不同应力水平下的抗剪角进行分析，按照式(6.3)计算所得非线性抗剪强度指标如表 6.21 所示。

由于周期性饱水过程是干燥—饱水—疏干的过程，因此将周期性饱水 0 次(干燥状态)的非线性强度指标作为周期性饱水的抗剪强度基础值也是基本合理的。从表 6.21 可以看出，初始抗剪角基本上随着周期性饱水次数的增大而减小。

将相同周期性饱水次数、不同应力水平条件下的初始抗剪角和抗剪角降低幅度取平均值，并通过式(6.19)和式(6.20)计算每个初始抗剪角及抗剪角降低幅度与平均值的误差，结果如表 6.21 所示。

表 6.21　不同周期性饱水次数、不同应力水平下的非线性抗剪强度指标

周期性饱水次数	初始抗剪角/(°)			平均值/(°)	误差/%		
	$S=0.25$	$S=0.5$	$S=0.75$		$S=0.25$	$S=0.5$	$S=0.75$
0(干燥)	57.98	57.98	57.98	57.98	0	0	0
1	57.10	56.76	57.20	57.02	0.14	–0.46	0.32
5	55.40	56.36	56.85	56.20	–1.42	0.28	1.16
10	55.71	55.86	54.80	55.46	0.45	0.72	–1.19
20	55.89	54.34	53.83	54.69	2.19	–0.64	–1.57
周期性饱水次数	抗剪角降低幅度/(°)			平均值/(°)	误差/%		
	$S=0.25$	$S=0.5$	$S=0.75$		$S=0.25$	$S=0.5$	$S=0.75$
0(干燥)	9.42	9.42	9.42	9.42	0	0	0
1	13.52	13.75	13.72	13.66	–1.02	0.66	0.41
5	12.00	12.73	11.98	12.24	–1.96	4.00	–2.12
10	12.11	10.93	9.06	10.70	13.18	2.15	–15.33
20	11.09	7.26	7.48	8.61	28.80	–15.68	–13.12

$$E_{\varphi}=\frac{\varphi_0-\bar{\varphi}_0}{\bar{\varphi}_0}\times 100\% \tag{6.19}$$

$$E_{\Delta\varphi}=\frac{\Delta\varphi-\Delta\bar{\varphi}}{\Delta\bar{\varphi}}\times 100\% \tag{6.20}$$

式中，E_{φ} 为初始抗剪角与平均值的误差，%；$E_{\Delta\varphi}$ 为抗剪角降低幅度与平均值的误差，%；$\bar{\varphi}_0$ 为初始抗剪角平均值，°；$\Delta\bar{\varphi}$ 为抗剪角降低幅度平均值，°。

从表 6.21 可以看出，初始抗剪角误差较小，均小于 5%。以 5%作为误差控制条件[29]，可认为初始抗剪角与应力水平无关。魏松等[29]在研究粗粒料湿化变形时发现莫尔-库仑抗剪强度指标即黏聚力和内摩擦角与应力水平无关。左永振等[30]在粗粒料的湿化试验中也发现类似的结论，认为湿化后的内摩擦角与黏聚力与湿化前相差不大。这一结论与文献[25]和[26]所得结论类似。周期性饱水对砂泥岩颗粒混合料的劣化作用主要表现在颗粒的润滑、颗粒破碎、颗粒重排列等。

假定周期性饱水过程中的初始抗剪角与应力水平无关，只与周期性饱水次数有关。初始抗剪角平均值与 lg(N+1)的关系如图 6.61 所示。可以看出，初始抗剪角平均值随着周期性饱水次数的增大而减小。初始抗剪角反映了颗粒间的摩擦及粗糙程度，经周期性饱水的劣化作用，砂泥岩颗粒混合料产生了颗粒破碎、颗粒软化等作用，导致摩擦力和粗糙度下降，宏观上表现为初始抗剪角减小。

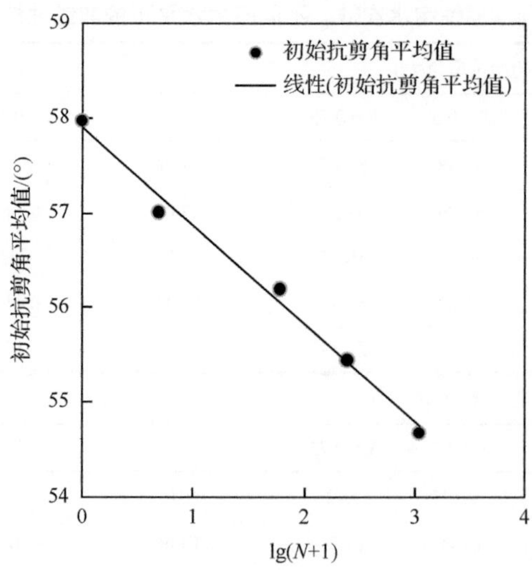

图 6.61　初始抗剪角平均值与 lg(N+1)的关系

从表 6.21 还可以看出，相同围压、不同应力水平下抗剪角降低幅度在周期性饱水 10 次前与平均值的误差也小于 5%，周期性饱水大于 10 次之后，误差增大，最大误差达 28.8%，最小误差为 2.15%。不同应力水平条件下误差有正有负值，且与应力水平的关系并不明显。如果将误差控制在 5%以内，则可认为抗剪角降低幅度在周期性饱水 10 次以内是与应力水平无关的。为了简化计算，将这一假定推至周期性饱水 20 次以内，即假定抗剪角降低幅度在周期性饱水 20 次内均与应力水平无关，这一假定与初始抗剪角和应力水平的关系是相符合的，因此可认为该假定基本上是合理的。

抗剪角降低幅度的平均值与 ln(N+1)的关系如图 6.62 所示。抗剪角降低幅度平均值随着周期性饱水次数的增大呈先增大后减小的趋势。

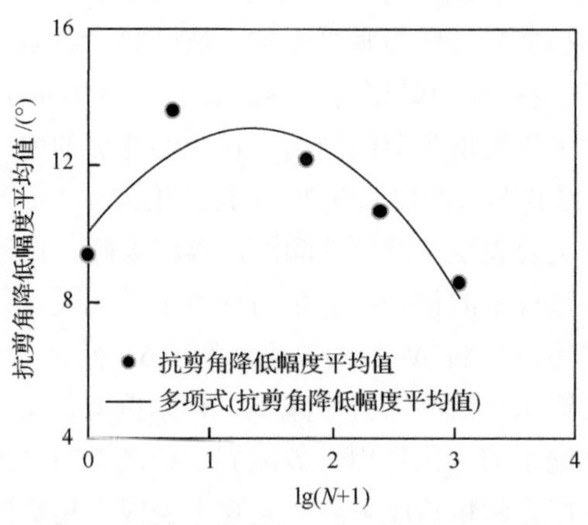

图 6.62　抗剪角降低幅度平均值与 lg(N+1)的关系

采用线性函数拟合初始抗剪角平均值与周期性饱水次数的关系，即

$$\overline{\varphi}_0 = m_{\varphi}\ln(N+1) + n_{\varphi} \tag{6.21}$$

式中，m_{φ} 和 n_{φ} 为拟合参数，与应力水平无关，分别为–1.036 和 57.91。R^2=0.99，拟合程度较好。

采用二次函数拟合抗剪角降低幅度平均值与周期性饱水次数的关系，即

$$\Delta\overline{\varphi} = m_{\Delta\varphi}\ln^2(N+1) + n_{\Delta\varphi}\ln(N+1) + d_{\Delta\varphi} \tag{6.22}$$

式中，$m_{\Delta\varphi}$、$n_{\Delta\varphi}$ 和 $d_{\Delta\varphi}$ 为拟合参数，与应力水平无关，分别为–1.713、4.597 和 10.05。R^2=0.84，拟合程度较好。

将式(6.21)和式(6.22)代入式(6.3)，可得砂泥岩颗粒混合料的抗剪角演化方程为

$$\varphi_N = m_{\varphi}\ln(N+1) + n_{\varphi} - \left[m_{\Delta\varphi}\ln^2(N+1) + n_{\Delta\varphi}\ln(N+1) + d_{\Delta\varphi}\right]\lg\frac{\sigma_3}{P_{\mathrm{a}}} \tag{6.23}$$

式中，φ_N 为砂泥岩颗粒混合料经第 N 次周期性饱水后的抗剪角，°；m_{φ}、n_{φ}、$m_{\Delta\varphi}$、$n_{\Delta\varphi}$ 和 $d_{\Delta\varphi}$ 为拟合参数，均与应力水平无关。

以周期性饱水 20 次为例，与干燥状态下的非线性抗剪角进行对比，分析砂泥岩颗粒混合料抗剪角的变化规律。

围压为 100kPa 时，周期性饱水 1 次后抗剪角降低了 1.72%，周期性饱水 5 次后降低了 3.59%，周期性饱水 20 次后抗剪角降低了 6.27%，前 5 次周期性饱水抗剪角降低幅度占 20 次周期性饱水降低幅度的 57.26%。

围压为 200kPa 时，周期性饱水 1 次后抗剪角降低了 6.65%，周期性饱水 5 次后抗剪角降低了 3.59%，周期性饱水 20 次后抗剪角降低了 3.96%，前 5 次周期性饱水抗剪角降低幅度占 20 次周期性饱水降低幅度的 90.66%。

围压为 300kPa 时，周期性饱水 1 次后抗剪角降低了 4.13%，周期性饱水 5 次后抗剪角降低了 3.44%，周期性饱水 20 次后抗剪角降低了 3.76%，前 5 次周期性饱水抗剪角降低幅度占 20 次周期性饱水降低幅度的 91.49%。

围压为 400kPa 时，周期性饱水 1 次后抗剪角降低了 6.62%，周期性饱水 5 次后抗剪角降低了 5.95%，周期性饱水 20 次后抗剪角降低了 6.78%，前 5 次周期性饱水抗剪角降低幅度占 20 次周期性饱水降低幅度的 87.76%。

总体上，周期性饱水 20 次之后，与干燥状态相比，抗剪角平均降低了 4.94%；说明前几次周期性饱水对砂泥岩颗粒混合料抗剪强度的劣化程度较大。在砂泥岩颗粒混合料涉水岸坡填筑工程设计时，若以 20 年为设计标准，可将抗剪角设计值降低 4.94%。周期性饱水抗剪角降低可能导致变形增大及稳定性降低，危及填方

工程上的结构物，若该填土工程在年调节库区中，工程监测人员需对工程建设完成后前 5 年的强度及变形劣化进行重点观测。

6.3.5 周期性饱水作用对残余强度的影响

残余应力定义为：应力-应变软化型曲线中的软化阶段应力恒定时，认为该应力即残余应力[31]，又称为残余强度。在灰土的残余强度研究中发现，灰土残余强度随着周期性饱水作用先减小后增大，这与灰土的养护方法有关，其强度变化机理为周期性饱水时灰土中的钙质、胶结等发生了变化[31]。这种变化仅在灰土、混凝土等需要养护的试件中才可能发生，对于砂泥岩颗粒混合料而言，周期性饱水作用对其颗粒粒径组成、颗粒软化等产生影响，其残余强度的变化规律并不明确。

砂泥岩颗粒混合料在不同围压、不同应力水平条件下的残余强度如表 6.22 所示。可以看出，残余强度随着围压的增大而增大，随应力水平的变化趋势并不明显。

表 6.22 不同周期性饱水次数下的残余强度

周期性饱水次数	围压/kPa	残余强度/kPa		
		$S=0.25$	$S=0.5$	$S=0.75$
0.5	100	182.11	291.05	341.48
	200	529.74	559.28	546.17
	300	895.67	956.45	975.65
	400	1074.53	1122.11	1167.33
1	100	367.53	421.54	324.51
	200	740.88	621.89	663.89
	300	922.15	858.48	952.69
	400	1186.76	1194.62	1052.22
5	100	319.77	324.89	299.89
	200	573.49	607.21	613.20
	300	817.06	795.21	835.79
	400	1114.44	1076.95	1190.53
10	100	274.28	324.32	300.77
	200	565.01	630.04	554.05
	300	876.16	876.00	743.20
	400	920.40	1013.88	979.81
20	100	316.34	301.61	303.94
	200	609.09	586.05	609.69
	300	817.38	935.36	880.20
	400	860.35	1058.98	1242.09

计算得到的残余系数如表 6.23 所示，并求得平均值及误差。可以看出，残余系数基本上随着围压的增大而增大；在相同围压下，残余系数与应力水平的关系并不明显。从误差上看，残余系数与平均值的误差绝对值基本上小于 5%，部分数据残余系数误差绝对值超过 10%。

表 6.23　不同周期性饱水次数下的残余系数

周期性饱水次数	围压/kPa	残余系数			平均值	误差/%		
		$S=0.25$	$S=0.5$	$S=0.75$		$S=0.25$	$S=0.5$	$S=0.75$
0.5	100	0.42	0.66	0.73	0.60	–30.00	10.00	21.67
	200	0.78	0.84	0.75	0.79	–1.27	6.33	–5.06
	300	0.91	0.98	0.98	0.96	–5.21	2.08	2.08
	400	0.89	0.92	0.95	0.92	–3.26	0	3.26
1	100	0.70	0.79	0.61	0.70	0	12.86	–12.86
	200	0.94	0.86	0.84	0.88	6.82	–2.27	–4.55
	300	0.91	0.87	0.94	0.91	0	–4.40	3.30
	400	0.95	0.97	0.84	0.92	3.26	5.15	–8.70
5	100	0.70	0.88	0.57	0.72	–2.78	22.22	–20.83
	200	0.76	0.79	0.78	0.78	–2.56	1.28	0
	300	0.79	0.80	0.82	0.80	–1.25	0	2.50
	400	0.91	0.88	0.90	0.90	1.11	–2.22	0
10	100	0.60	0.67	0.68	0.65	–7.69	3.08	4.62
	200	0.76	0.84	0.71	0.77	–1.30	9.09	–7.79
	300	0.86	0.81	0.75	0.81	6.17	0	–7.41
	400	0.80	0.83	0.78	0.80	0	3.75	–2.50
20	100	0.68	0.70	0.71	0.70	–2.86	0	1.43
	200	0.77	0.82	0.89	0.83	–7.23	–1.21	7.23
	300	0.92	0.77	0.87	0.85	8.24	–9.41	2.35
	400	0.75	0.89	0.97	0.87	–13.79	2.30	11.49

在低围压(100kPa)时，不同应力水平条件下试验得到的残余系数误差较大。在高围压时，不同应力水平条件下试验得到的残余系数误差较小。不同围压下，残余系数与应力水平的关系并不明显，且误差基本在 10%以内，因此假定不同围压下，残余系数与应力水平无关是基本合理的[29]。因此，取不同应力水平下残余系数的平均值进行分析。

残余系数与围压的关系如图 6.63 所示。采用幂函数拟合残余系数与围压的关系，即

$$\lambda = k_1 \sigma_3^{k_2} \tag{6.24}$$

式中，λ 为残余系数；k_1 和 k_2 为拟合参数。

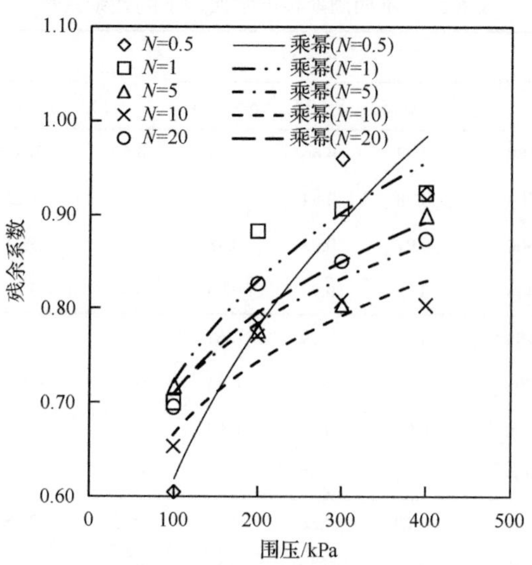

图 6.63　残余系数与围压的关系

将各周期性饱水次数下的拟合参数列入表 6.24。

表 6.24　残余系数与围压幂函数关系的拟合参数

周期性饱水次数	k_1	k_2	R^2
0.5	0.133	0.333	0.93
1	0.258	0.201	0.88
5	0.359	0.147	0.90
10	0.319	0.159	0.89
20	0.330	0.165	0.93

拟合参数 k_1 随着周期性饱水次数的增加而增大，如图 6.64 所示。拟合参数 k_1 与周期性饱水次数 N 的关系为

$$k_1 = m_{k_1} \ln N + n_{k_1}, \quad R^2=0.709 \tag{6.25}$$

式中，m_{k_1} 和 n_{k_1} 为拟合参数，分别为 0.048 和 0.219。

拟合参数 k_2 随着周期性饱水次数的增大而减小，如图 6.65 所示。拟合参数

k_2 与周期性饱水次数 N 的关系为

$$k_2 = m_{k_2} N^{n_{k_2}}, \quad R^2=0.679 \tag{6.26}$$

式中，m_{k_2} 和 n_{k_2} 为拟合参数，分别为 0.238 和–0.17。

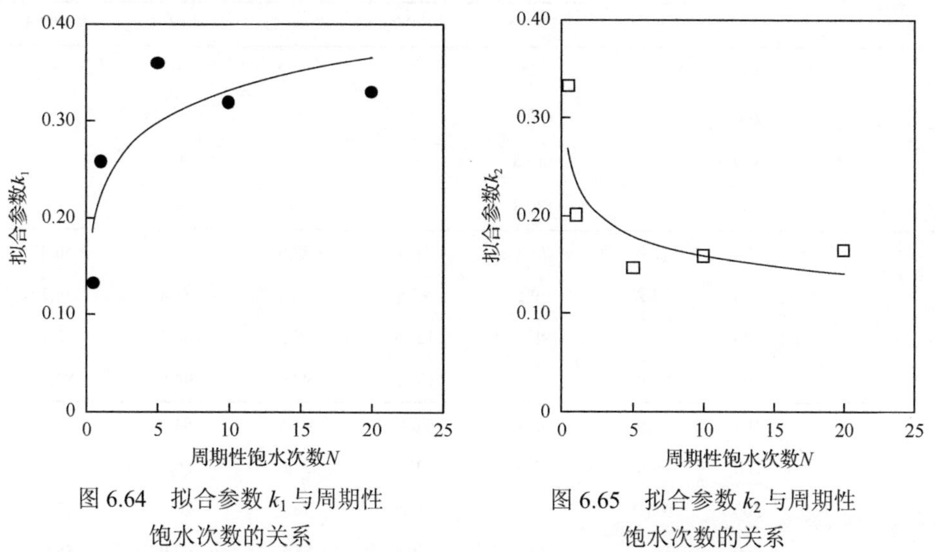

图 6.64　拟合参数 k_1 与周期性饱水次数的关系

图 6.65　拟合参数 k_2 与周期性饱水次数的关系

将式(6.25)和式(6.26)代入式(6.24)，可得周期性饱水作用下残余系数的演化方程为

$$\lambda_N = \left(m_{k_1} \ln N + n_{k_1}\right) \sigma_3^{m_{k_2} N^{n_{k_2}}} \tag{6.27}$$

6.3.6　周期性饱水作用对弹性模量的影响

尤明庆[32]在研究岩石弹性模量与围压的关系时，提出弹性模量与围压之间并不存在明显的关系，认为宏观均匀或具有局部缺陷的岩石试件的弹性模量与围压无关。由湿化试验可知，砂泥岩颗粒混合料的弹性模量表现出随围压增大而增大的变化趋势。不同周期性饱水次数下砂泥岩颗粒混合料的弹性模量与割线模量如表 6.25 所示。

从表 6.25 可以看出，在相同周期性饱水次数、相同应力水平条件下，弹性模量和割线模量基本上均随着围压的增大而增大。试样颗粒之间存在摩擦力，施加围压时，颗粒的摩擦力表现出来的抗剪能力有所区别，围压越大，表现出来的抗剪能力越大。

从表 6.25 还可以看出，在相同应力水平、相同围压条件下，弹性模量与周期性饱水次数的关系不明显，这与本章试验方法有关。由于试验中的周期性饱水是在一定应力水平条件下完成的，而应力-应变曲线的直线段基本上是在应力水平0.25之前，因此弹性模量未受到周期性饱水的影响。

表 6.25　不同周期性饱水次数下砂泥岩颗粒混合料的弹性模量和割线模量

周期性饱水次数	围压/kPa	弹性模量/MPa			割线模量/MPa		
		$S=0.25$	$S=0.5$	$S=0.75$	$S=0.25$	$S=0.5$	$S=0.75$
0	100	—	78.6	—	—	—	—
	200	—	100.0	—	—	—	—
	300	—	115.8	—	—	—	—
	400	—	130.3	—	—	—	—
1	100	73.0	72.7	68.4	59.6	51.0	50.4
	200	74.2	99.1	77.5	66.5	61.4	59.7
	300	94.6	98.3	127.8	99.8	66.3	72.1
	400	86.0	110.6	136.2	99.6	94.6	80.7
5	100	71.9	93.4	76.8	47.5	64.0	39.7
	200	69.0	97.3	101.1	59.6	56.3	38.7
	300	100.2	94.2	110.3	76.4	70.2	75.4
	400	99.1	106.2	130.1	85.1	65.9	88.0
10	100	78.7	43.7	83.6	37.0	43.2	33.6
	200	81.6	60.5	92.1	52.7	48.3	44.8
	300	116.6	93.2	122.3	72.1	72.4	75.4
	400	113.1	70.7	120.6	75.3	67.7	62.8
20	100	80.7	47.2	82.1	48.0	32.3	38.5
	200	80.5	54.8	84.6	49.4	45.2	31.4
	300	104.1	109.3	112.9	57.3	80.8	48.3
	400	111.2	63.3	124.6	73.6	64.7	72.6

割线模量是在周期性饱水之后取得的，随着周期性饱水次数的增大而减小，如图 6.66 所示。割线模量与应力水平的关系并不明显，可采用不同应力水平下的割线模量平均值进行分析。

采用对数函数拟合割线模量与周期性饱水次数的关系，即

$$E_k = m_E \ln N + n_E \tag{6.28}$$

式中，E_k 为割线模量，MPa；m_E 和 n_E 为拟合参数，均与围压有关，而与应力水平无关。

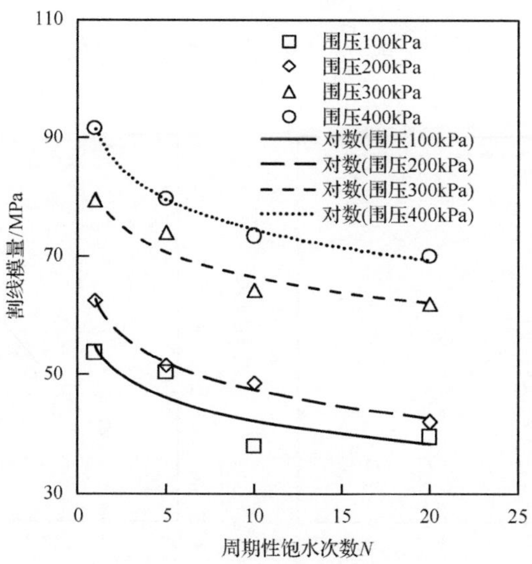

图 6.66　割线模量与周期性饱水次数的关系

将各周期性饱水次数下的拟合参数列入表 6.26。

表 6.26　割线模量与周期性饱水次数对数关系的拟合参数

围压/kPa	m_E	n_E	R^2
100	–5.38	54.68	0.78
200	–6.62	62.59	0.99
300	–6.11	80.45	0.56
400	–7.41	91.46	0.99

拟合参数 m_E 随着围压的增大而减小，如图 6.67 所示。拟合参数 m_E 与围压的关系为

$$m_E = a_m \frac{\sigma_3}{P_a} + b_m, \quad R^2=0.71 \tag{6.29}$$

式中，a_m 和 b_m 为拟合参数，分别为–0.558 和–4.985。

拟合参数 n_E 随着围压的增大而增大，如图 6.68 所示，拟合参数 n_E 与围压的关系为

$$n_E = a_n \frac{\sigma_3}{P_a} + b_n, \quad R^2=0.98 \tag{6.30}$$

式中，a_n 和 b_n 为拟合参数，分别为 12.82 和 40.24。

将式(6.29)和式(6.30)代入式(6.28)，可得周期性饱水作用下割线模量的演化方程为

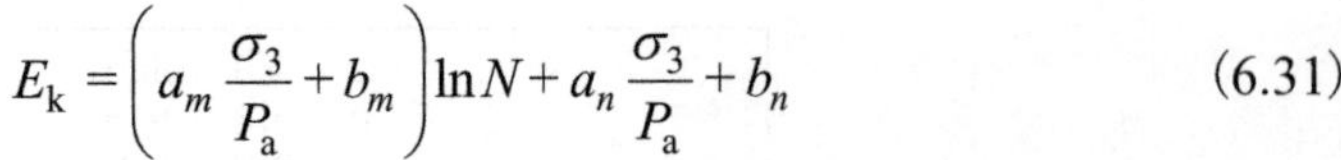

$$E_k = \left(a_m \frac{\sigma_3}{P_a} + b_m\right)\ln N + a_n \frac{\sigma_3}{P_a} + b_n \tag{6.31}$$

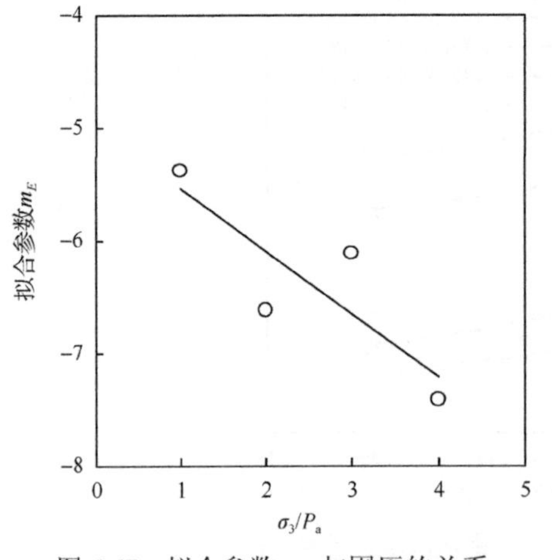

图 6.67 拟合参数 m_E 与围压的关系

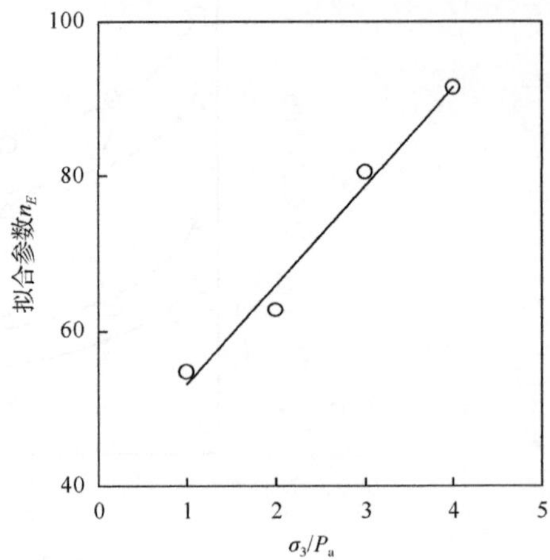

图 6.68 拟合参数 n_E 与围压的关系

6.4 纯砂岩颗粒料试验结果及分析

6.4.1 应力-应变曲线及体积应变-轴向应变关系

按照试验方案，对纯砂岩颗粒料进行三轴压缩试验，围压为 200kPa，应力水平为 0.25、0.5 和 0.75，周期性饱水次数分别为 0 次(干燥状态)、0.5 次(湿化试验)、1 次、5 次、10 次和 20 次。

周期性饱水 0 次的应力-应变曲线如图 6.69 所示，体积应变-轴向应变关系如图 6.70 所示。

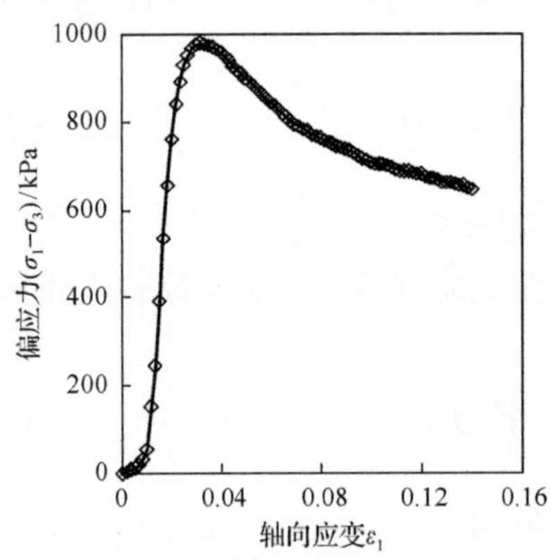

图 6.69 周期性饱水 0 次(干燥状态)的应力-应变曲线(纯砂岩颗粒料)

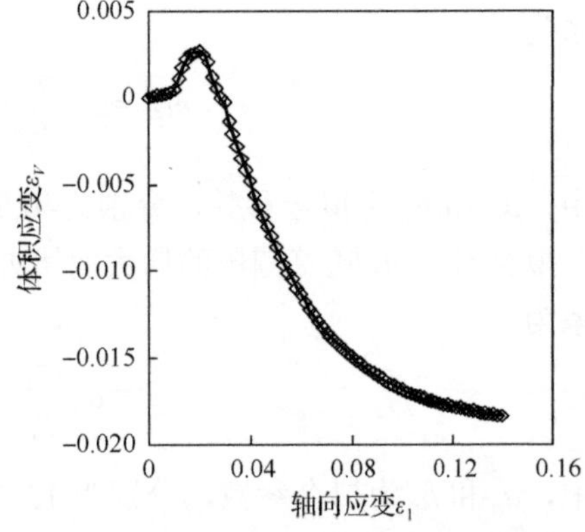

图 6.70 周期性饱水 0 次(干燥状态)的体积应变-轴向应变关系(纯砂岩颗粒料)

周期性饱水 0.5 次的应力-应变曲线如图 6.71 所示，体积应变-轴向应变关系如图 6.72 所示。

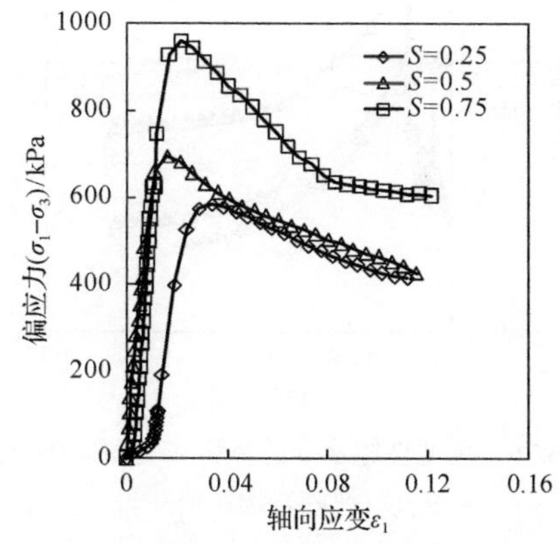

图 6.71　周期性饱水 0.5 次(湿化试验)的应力-应变曲线(纯砂岩颗粒料)

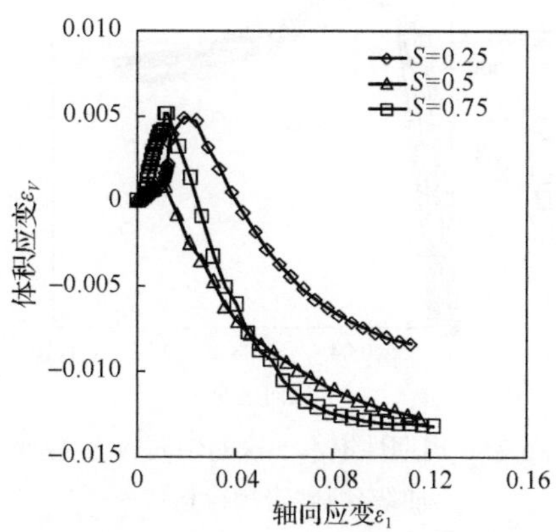

图 6.72　周期性饱水 0.5 次(湿化试验)的体积应变-轴向应变关系(纯砂岩颗粒料)

周期性饱水 1 次的应力-应变曲线如图 6.73 所示，体积应变-轴向应变关系如图 6.74 所示。

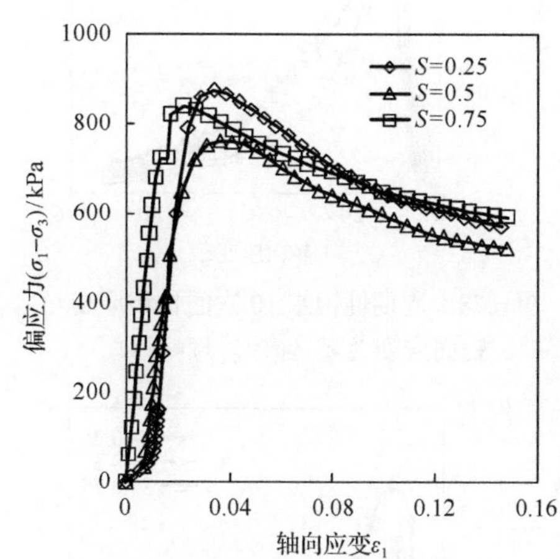

图 6.73　周期性饱水 1 次的应力-应变曲线(纯砂岩颗粒料)

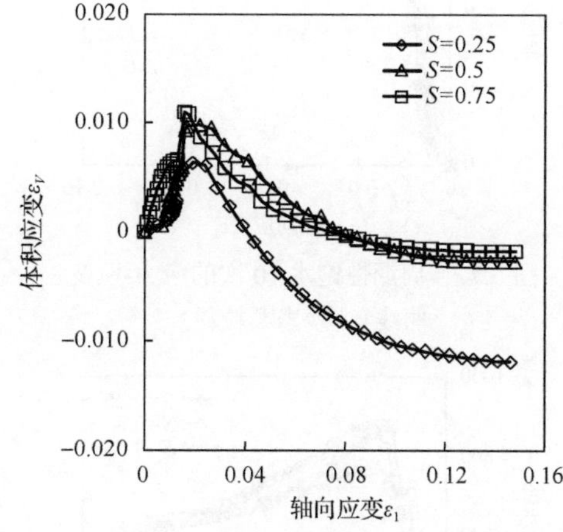

图 6.74　周期性饱水 1 的体积应变-轴向应变关系(纯砂岩颗粒料)

周期性饱水 5 次的应力-应变曲线如图 6.75 所示，体积应变-轴向应变关系如图 6.76 所示。

周期性饱水 10 次的应力-应变曲线如图 6.77 所示，体积应变-轴向应变关系如图 6.78 所示。

周期性饱水 20 次的应力-应变曲线如图 6.79 所示，体积应变-轴向应变关系如图 6.80 所示。

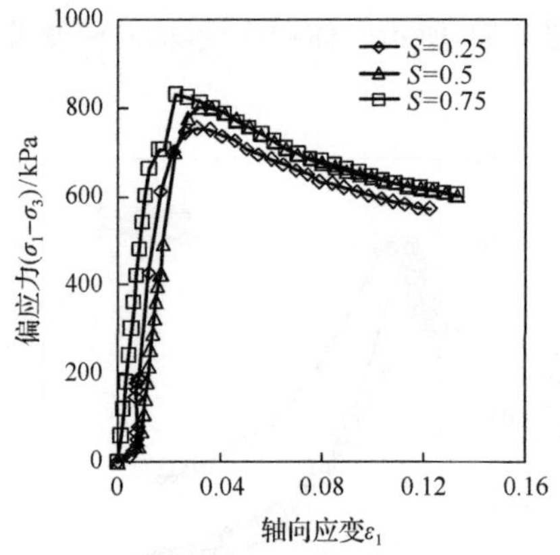

图 6.75　周期性饱水 5 次的轴向应力-应变曲线(纯砂岩颗粒料)

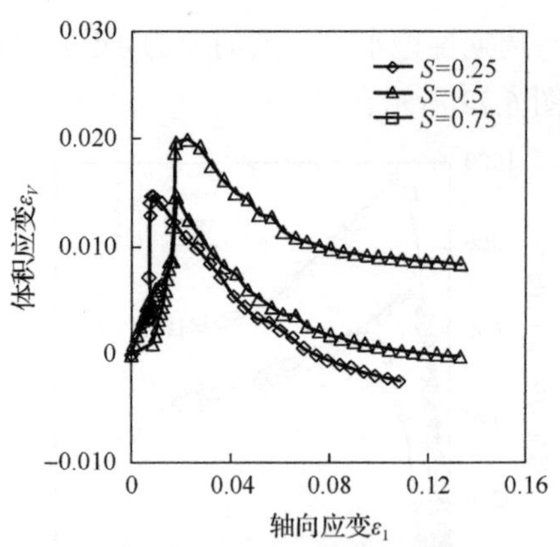

图 6.76　周期性饱水 5 的体积应变-轴向应变关系(纯砂岩颗粒料)

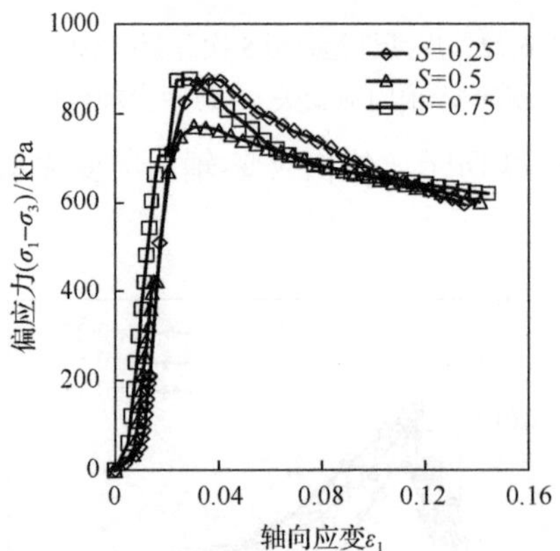

图 6.77　周期性饱水 10 次的应力-应变曲线(纯砂岩颗粒料)

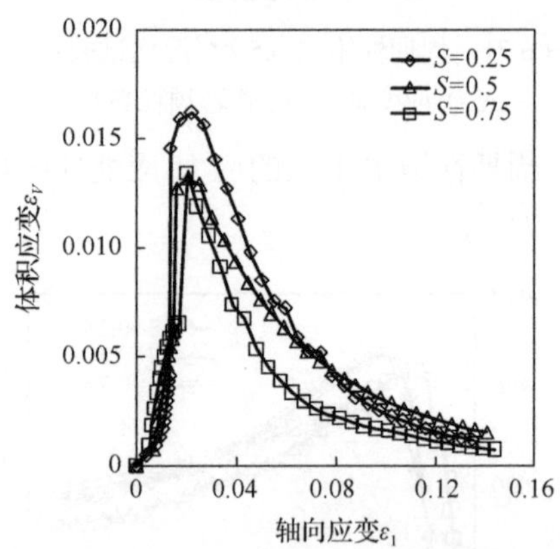

图 6.78　周期性饱水 10 次的体积应变-轴向应变关系(纯砂岩颗粒料)

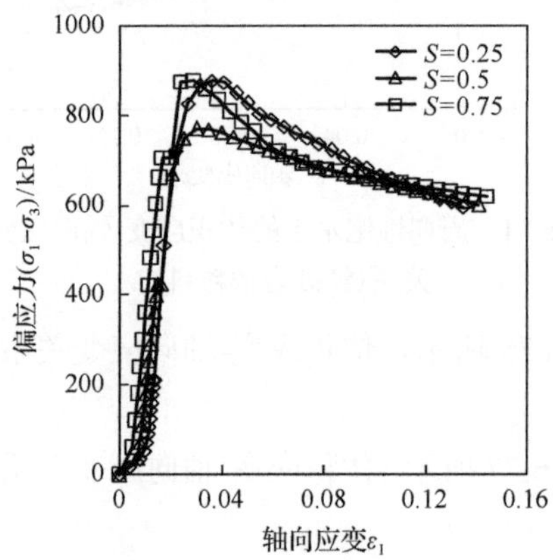

图 6.79　周期性饱水 20 次的应力-应变曲线(纯砂岩颗粒料)

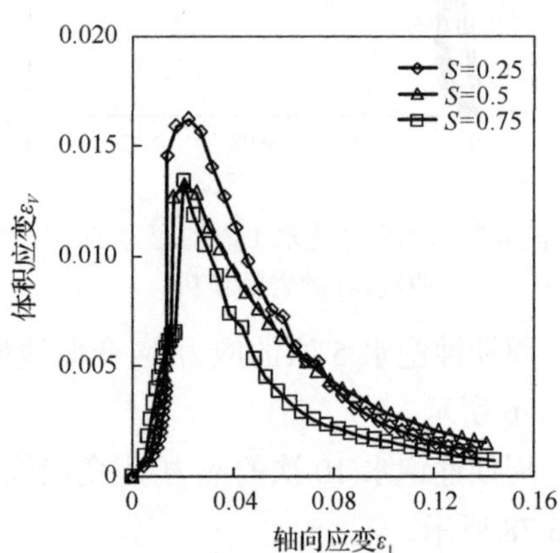

图 6.80　周期性饱水 20 次的体积应变-轴向应变关系(纯砂岩颗粒料)

从图 6.69～图 6.80 可以看出，纯砂岩颗粒料的应力-应变曲线均为应变软化型，体积应变随着轴向应变的增大先增大后减小，且表现出剪胀现象。随着周期性饱水次数的增大，剪胀性逐渐减弱。

6.4.2　轴向应变劣化规律及其演化方程

纯砂岩颗粒料周期性饱水作用下的轴向应变如表 6.27 所示，轴向应变与周期性饱水次数关系如图 6.81 所示。

表 6.27　纯砂岩颗粒料周期性饱水作用下的轴向应变

周期性饱水次数	轴向应变/10^{-2}		
	$S=0.25$	$S=0.5$	$S=0.75$
0.5	0.018	0.004	0.054
1	0.024	0.094	0.280
5	0.033	0.137	0.164
10	0.030	0.123	0.331
20	0.081	0.110	0.564

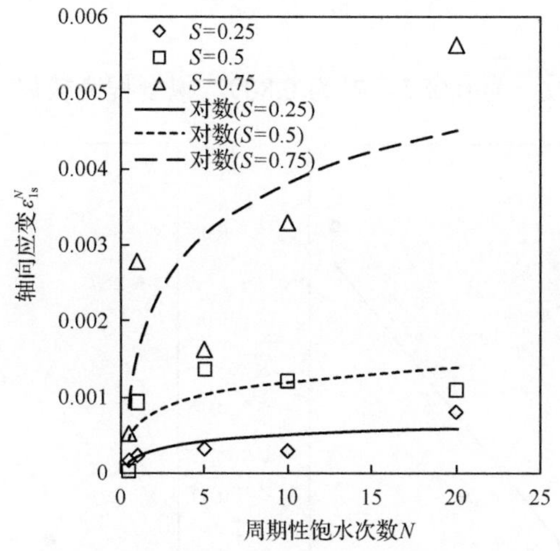

图 6.81　纯砂岩颗粒料轴向应变与周期性饱水次数的关系

从表 6.27 和图 6.81 可以看出，不同应力水平条件下，纯砂岩颗粒料轴向应变随着周期性饱水次数的增加先增大后趋于稳定，呈对数型关系。

采用对数函数对纯砂岩颗粒料轴向应变与周期性饱水次数进行拟合，拟合公式为

$$\varepsilon_{1s}^{N} = a_{1s}\ln N + b_{1s} \tag{6.32}$$

式中，ε_{1s}^{N} 为纯砂岩颗粒料累计轴向应变；a_{1s} 和 b_{1s} 为拟合参数。

根据砂泥岩颗粒混合料的轴向应变劣化规律，认为拟合参数 a_{1s} 与应力水平有关，与围压无关；而拟合参数 b_{1s} 与应力水平和围压均有关。拟合参数如表 6.28 所示。可以看出，拟合参数 a_{1s} 和 b_{1s} 分别随着应力水平的增大而增大，R^2 在 0.58～0.63。

表 6.28　纯砂岩颗粒料的轴向应变与周期性饱水次数对数关系的拟合参数

应力水平	a_{1s}	b_{1s}	R^2
0.25	0.012	0.021	0.61
0.5	0.025	0.061	0.58
0.75	0.098	0.156	0.63

拟合参数 a_{1s} 与应力水平的关系如图 6.82 所示，可线性拟合为

$$a_{1s}=f_{1s}S+d_{1s} \tag{6.33}$$

式中，f_{1s} 和 d_{1s} 为拟合参数，分别为 0.172 和–0.041。R^2 为 0.86，拟合程度较好。

拟合参数 b_{1s} 与围压及应力水平的关系如图 6.83 所示，参照式(6.12)，线性拟合为

$$b_{1s}=A_s\frac{\sigma_3}{P_a}S \tag{6.34}$$

式中，A_s 为拟合参数，为 0.087。R^2 为 0.809，拟合程度较好。

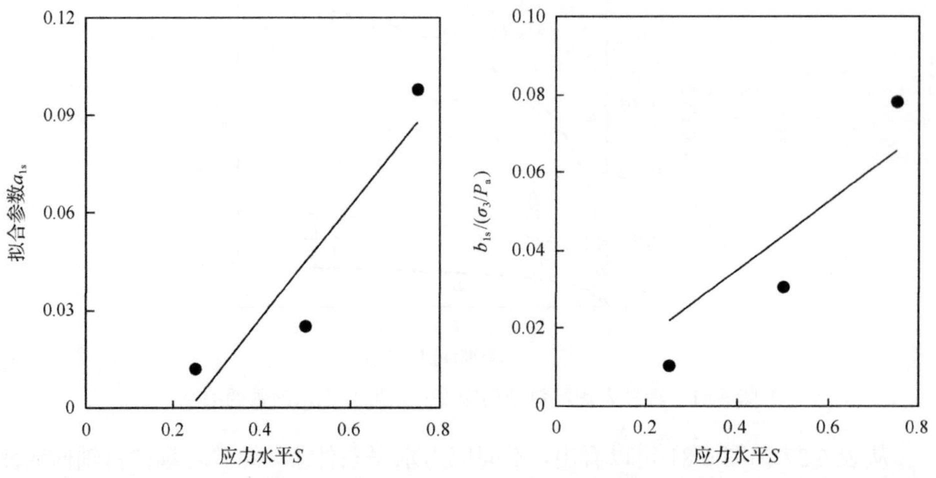

图 6.82　拟合参数 a_{1s} 与应力水平的关系　　图 6.83　拟合参数 b_{1s} 与围压及应力水平的关系

将式(6.33)和式(6.34)代入式(6.32)，可得纯砂岩颗粒料的轴向应变演化方程为

$$\varepsilon_{1s}^N=\left(f_{1s}S+d_{1s}\right)\ln N+A_s\frac{\sigma_3}{P_a}S \tag{6.35}$$

6.4.3　体积应变劣化规律及其演化方程

纯砂岩颗粒料周期性饱水作用下的体积应变如表 6.29 所示，体积应变与周期性饱水次数的关系如图 6.84 所示。

从图 6.84 可以看出，纯砂岩颗粒料的体积应变随着周期性饱水次数的增大先增大后趋于平缓，可采用对数函数进行拟合，拟合方程为

表 6.29　纯砂岩颗粒料周期性饱水作用下的体积应变

周期性饱水次数	体积应变/10^{-2}		
	$S=0.25$	$S=0.5$	$S=0.75$
0.5	0.013	0.006	0.094
1	0.161	0.334	0.439
5	0.272	0.681	0.592
10	0.471	0.653	0.688
20	0.610	0.800	1.180

$$\varepsilon_{V\mathrm{s}}^{N}=a_{V\mathrm{s}}\ln N+b_{V\mathrm{s}} \tag{6.36}$$

式中，$\varepsilon_{V\mathrm{s}}^{N}$ 为纯砂岩颗粒料累计体积应变；$a_{V\mathrm{s}}$ 和 $b_{V\mathrm{s}}$ 为拟合参数，分别与围压和应力水平有关。

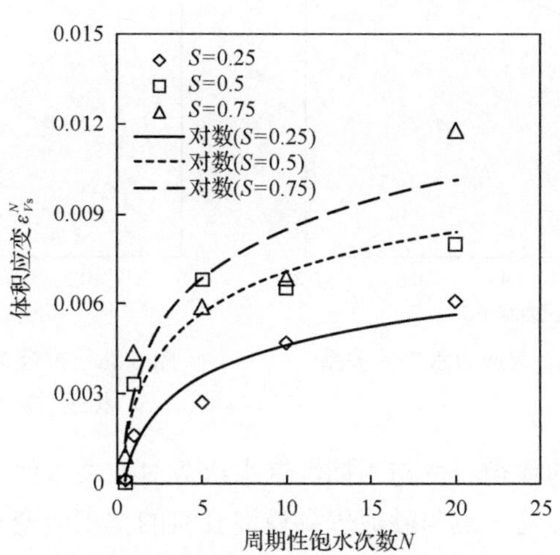

图 6.84　纯砂岩颗粒料的体积应变与周期性饱水次数的关系

纯砂岩颗粒料的体积应变与周期性饱水次数对数关系的拟合参数如表 6.30 所示。可以看出，拟合参数 $a_{V\mathrm{s}}$ 和 $b_{V\mathrm{s}}$ 随着应力水平的增大而增大，R^2 在 0.868～0.95，拟合程度较好。

表 6.30　纯砂岩颗粒料的体积应变与周期性饱水次数对数关系的拟合参数

应力水平	a_{Vs}	b_{Vs}	R^2
0.25	0.149	0.119	0.950
0.5	0.199	0.247	0.914
0.75	0.237	0.303	0.868

拟合参数 a_{Vs} 和应力水平的关系如图 6.85 所示，可采用线性拟合为

$$a_{Vs}=f_{Vs}S+d_{Vs} \tag{6.37}$$

式中，f_{Vs} 和 d_{Vs} 为拟合参数，分别为 0.176 和 0.107。R^2 为 0.99，拟合程度较好。

拟合参数 b_{Vs} 与围压及应力水平的关系如图 6.86 所示，参照式(6.34)，采用线性拟合为

$$b_{Vs}=A_{Vs}\frac{\sigma_3}{P_a}S \tag{6.38}$$

式中，A_{Vs} 为拟合参数，为 0.217。R^2 为 0.91，拟合程度较好。

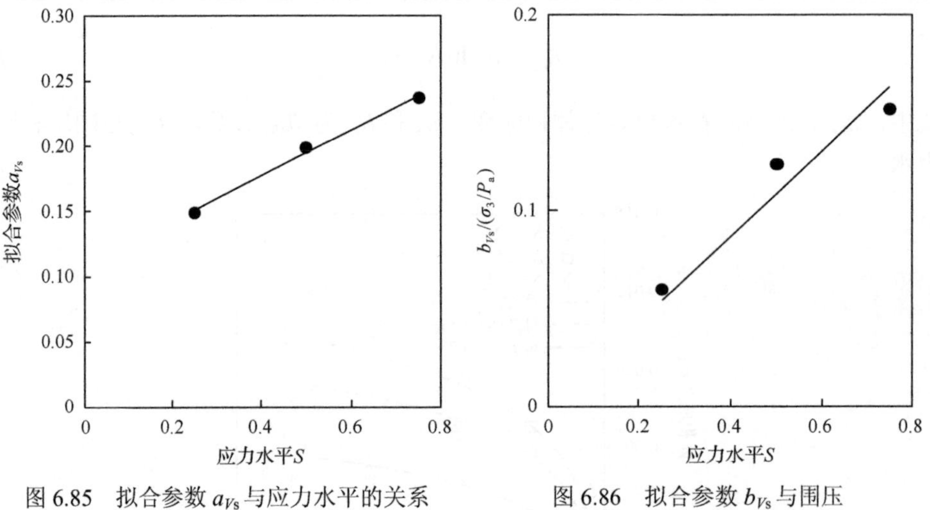

图 6.85　拟合参数 a_{Vs} 与应力水平的关系

图 6.86　拟合参数 b_{Vs} 与围压及应力水平的关系

纯砂岩颗粒料的体积应变与周期性饱水次数对数关系的拟合参数均随着应力水平的增大而增大。这一点与砂泥岩颗粒混合料的体积应变与周期性饱水次数对数关系的拟合参数有区别，可以从应力-应变曲线中得到解释。围压为 200kPa 时，无论周期性饱水次数多少，砂泥岩颗粒混合料体积应变-轴向应变曲线均表现出剪胀性，且这种剪胀性随着周期性饱水次数的变化不明显。而纯砂岩颗粒料体积应变随着轴向应变的增大先增大后减小，且表现出剪胀现象，且随着周期性饱水次数的增大，剪胀性逐渐减弱，应力水平越大，剪胀性越小。

产生这种区别的原因可能有：①纯砂岩颗粒料的颗粒破碎、重排列等现象与砂泥岩颗粒混合料有所区别；②纯砂岩颗粒料与砂泥岩颗粒混合料在应力作用下的劣化机制不同。孙国亮等[2]在研究不同应力条件下的堆石料风化时，发现不同材料、不同应力条件下的劣化机制并不相同，劣化表现在颗粒劣化和材料压密两个方面。在一定应力条件下，软弱材料的颗粒劣化作用比压密作用要强，而坚硬材料的压密作用比颗粒劣化作用对劣化的贡献要小。砂泥岩颗粒混合料中掺入的泥岩颗粒为软弱材料，其颗粒劣化作用比较大，颗粒破碎现象严重；而纯砂岩颗粒料的颗粒重排列现象比颗粒破碎现象严重，经历周期性饱水后，重排列现象逐渐趋于稳定，剪胀性逐渐减弱。

将式(6.37)和式(6.38)代入式(6.36)，可得到纯砂岩颗粒料的体积应变演化方程为

$$\varepsilon_{V\mathrm{s}}^{N}=\left(f_{V\mathrm{s}}S+d_{V\mathrm{s}}\right)\ln N+A_{V\mathrm{s}}\frac{\sigma_3}{P_\mathrm{a}}S \tag{6.39}$$

6.4.4 非线性抗剪强度劣化规律及其演化方程

对纯砂岩颗粒料的周期性饱水试验过程中的抗剪强度规律进行总结，提取围压为 200kPa 时，周期性饱水次数 0 次(干燥状态)、0.5 次(湿化状态)、1 次、5 次、10 次及 20 次的偏应力峰值，如表 6.31 所示。为了便于对比分析，采用类似于式(6.19)和式(6.20)的公式计算偏应力峰值的平均值和误差，一并列入表 6.31 中。

表 6.31　纯砂岩颗粒料在不同周期性饱水次数下的偏应力峰值

周期性饱水次数	偏应力峰值/kPa			平均值/kPa	误差/%		
	$S=0.25$	$S=0.5$	$S=0.75$		$S=0.25$	$S=0.5$	$S=0.75$
0(干燥)	—	981.00	—	981.00	—	0	—
0.5	584.09	696.38	624.85	635.11	–8.03	9.65	–1.62
1	876.13	762.34	841.43	826.63	5.99	–7.78	1.79
5	755.44	802.98	831.22	796.55	–5.16	0.81	4.35
10	877.60	770.99	877.80	842.13	4.21	–8.45	4.24
20	863.86	833.14	841.87	846.29	2.08	–1.55	–0.52

从表 6.31 可以看出，偏应力峰值由干燥状态到湿化后降低非常明显，周期性饱水作用下的偏应力峰值明显小于干燥状态下。从不同应力水平的偏应力峰值与平均值的误差可以看出，误差不超过 10%。因此，应力水平对偏应力峰值的影响较小[29]，可假定偏应力峰值与应力水平无关。

为了反映纯砂岩颗粒料的劣化作用，按照式(6.4)计算纯砂岩颗粒料的抗剪

角，如表 6.32 所示。可以看出，相同周期性饱水次数时，不同应力水平下的抗剪角差别不大，误差均在 5%以内，因此可认为应力水平对抗剪角无影响。

表 6.32　纯砂岩颗粒料不同周期性饱水次数下的抗剪角

周期性饱水次数	抗剪角/(°)			平均值/(°)	误差/%		
	$S=0.25$	$S=0.5$	$S=0.75$		$S=0.25$	$S=0.5$	$S=0.75$
0-干燥	—	56.17	—	56.17	—	0	—
0.5	48.15	50.98	49.25	49.46	–2.65	3.07	–0.43
1	54.50	52.39	53.90	53.60	1.68	–2.26	0.56
5	52.25	53.19	53.71	53.05	–1.51	–0.26	1.24
10	54.53	52.56	54.53	53.87	1.23	–2.43	1.23
20	54.29	53.75	53.90	53.98	0.57	–0.43	–0.15

排除湿化试验结果(周期性饱水 0.5 次)，不同应力水平下纯砂岩颗粒料的抗剪角平均值随着周期性饱水次数的增大先减小后趋于平缓，如图 6.87 所示。

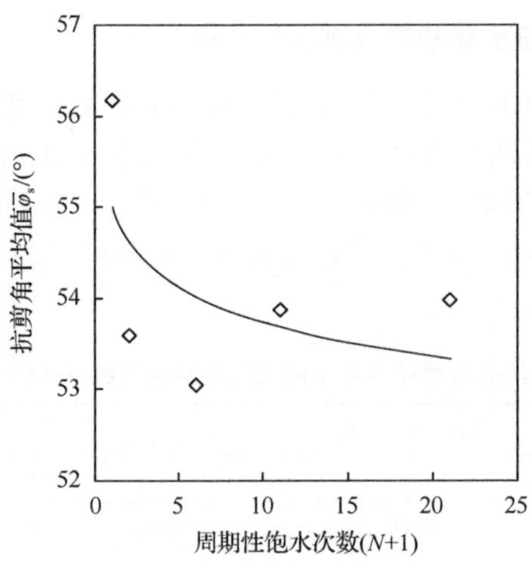

图 6.87　纯砂岩颗粒料的抗剪角平均值与周期性饱水次数的关系

采用幂函数拟合抗剪角与周期性饱水次数的关系，即纯砂岩颗粒料的抗剪角的演化方程为

$$\overline{\varphi}_{\mathrm{s}} = m_{\varphi\mathrm{s}}\left(N+1\right)^{n_{\varphi\mathrm{s}}} \tag{6.40}$$

式中，$\overline{\varphi}_{\mathrm{s}}$ 为不同应力水平下的抗剪角平均值；$m_{\varphi\mathrm{s}}$ 和 $n_{\varphi\mathrm{s}}$ 为拟合参数，与应力水平无关，分别为 54.99 和–0.01，R^2=0.327。幂函数拟合只能表达纯砂岩颗粒料的抗剪角随着周期性饱水次数的变化趋势，数值上有一定的差距。

从表 6.32 还可以看出，周期性饱水 1 次之后，抗剪角平均值为 53.05°～53.98°，差别非常小。因此，可将不同周期性饱水次数(N≥1)的抗剪角平均值作为周期性饱水后的抗剪角，即认为周期性饱水次数对纯砂岩颗粒料抗剪角无影响(围压 200kPa 时)。周期性饱水 1 次之后的抗剪角平均值为 53.63°，比干燥状态下的抗剪角 56.17°降低了 4.54%。

6.4.5 周期性饱水作用对残余强度的影响

纯砂岩颗粒料在不同周期性饱水次数下的残余强度如表 6.33 所示。

表 6.33　纯砂岩颗粒料在不同周期性饱水次数下的残余强度

周期性饱水次数	残余强度/kPa			平均值/kPa	误差/%		
	$S=0.25$	$S=0.5$	$S=0.75$		$S=0.25$	$S=0.5$	$S=0.75$
0(干燥)	—	647.43	—	647.43	—	0	—
0.5	381.22	427.87	605.25	471.45	–19.14	–9.24	28.38
1	571.83	524.85	593.14	563.27	1.52	–6.82	5.30
5	573.49	617.83	617.00	602.77	–4.86	2.50	2.36
10	596.55	602.14	619.31	606.00	–1.56	–0.64	2.20
20	636.67	612.13	600.27	616.36	3.30	–0.69	–2.61

从表 6.33 中的误差可以看出，除了湿化试验，周期性饱水作用下不同应力水平的残余强度相差不大，误差基本上在 5%以内。因此，认为应力水平对残余强度的影响可忽略。

残余系数可定义为不同应力水平下的平均残余强度与不同应力水平下的平均偏应力峰值之比，将不同周期性饱水次数下的残余系数列入表 6.34。

表 6.34　纯砂岩颗粒料在不同周期性饱水次数下的残余系数

周期性饱水次数	残余系数 λ	平均值	误差/%
0(干燥)	0.66	0.72	–8.33
0.5	0.74	0.72	2.78
1	0.68	0.72	–5.88
5	0.76	0.72	5.56
10	0.72	0.72	0
20	0.73	0.72	1.39

从表 6.34 可以看出，纯砂岩颗粒料的残余系数平均值为 0.72，各周期性饱水次数下的残余系数与平均值的误差绝对值为 0%～8.33%，误差较小，可认为周期性饱水作用对纯砂岩颗粒料残余系数的影响较小。

6.4.6 周期性饱水作用对弹性模量的影响

将围压为 200kPa 时，周期性饱水作用下纯砂岩颗粒料的弹性模量与割线模量如表 6.35 所示。

表 6.35　周期性饱水作用下纯砂岩颗粒料的弹性模量和割线模量

周期性饱水次数	弹性模量/MPa			割线模量/MPa		
	$S=0.25$	$S=0.5$	$S=0.75$	$S=0.25$	$S=0.5$	$S=0.75$
0(干燥)	—	109.34	—	—	—	—
0.5	110.02	87.89	120.37	57.11	40.71	41.89
1	95.03	151.25	138.90	76.92	68.16	59.72
5	116.55	108.17	103.27	47.70	63.06	54.70
10	130.84	101.83	99.86	43.25	46.39	36.38
20	116.18	85.24	97.58	45.17	40.38	39.44

从表 6.35 可以看出，纯砂岩颗粒料的弹性模量与应力水平和周期性饱水次数的关系均不明显，可将平均值作为纯砂岩颗粒料的弹性模量。割线模量随着周期性饱水次数的增大而减小，与应力水平的关系并不明显，可采用不同应力水平下的割线模量平均值进行分析，纯砂岩颗粒料割线模量与周期性饱水次数的关系如图 6.88 所示。

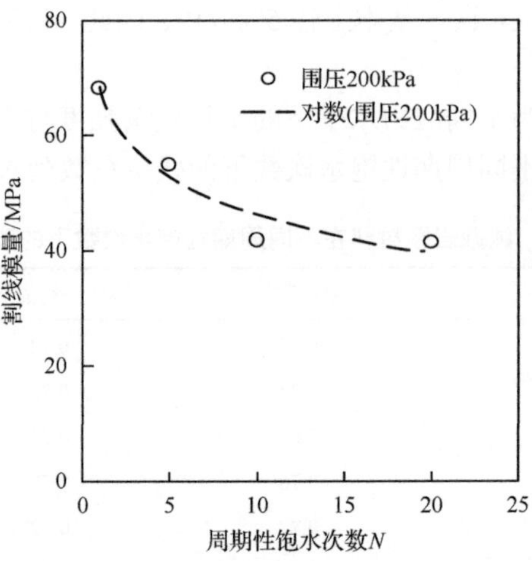

图 6.88　纯砂岩颗粒料的割线模量与周期性饱水次数的关系

采用对数函数拟合纯砂岩颗粒料割线模量与周期性饱水次数的关系，即

$$E_{\mathrm{ks}} = m_{Es}\ln N + N_{Es} \tag{6.41}$$

式中，E_{ks} 为割线模量，MPa；m_{Es} 和 n_{Es} 为拟合参数，分别为-9.58 和 68.32。R^2=0.943。

6.5　纯泥岩颗粒料试验结果及分析

6.5.1　应力-应变曲线及体积应变-轴向应变关系

按照试验方案，对纯泥岩颗粒料进行三轴压缩试验，围压为 200kPa，应力水平为 0.25、0.5 和 0.75，周期性饱水次数为 0 次(干燥状态)、0.5 次(湿化试验)、1 次、5 次、10 次和 20 次。

周期性饱水 0 次(干燥状态)的应力-应变曲线如图 6.89 所示，体积应变-轴向应变关系如图 6.90 所示。

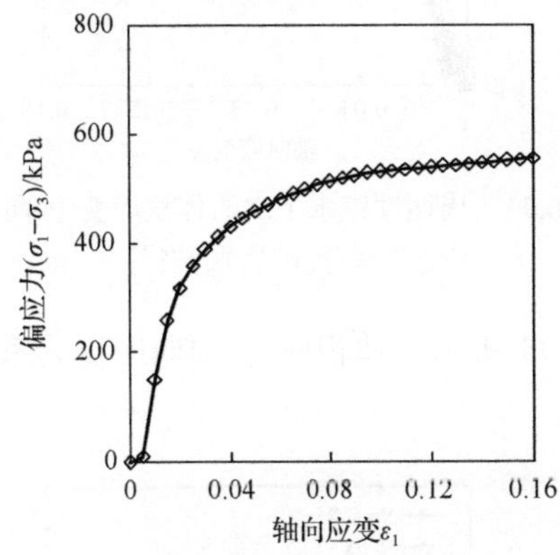

图 6.89　周期性饱水 0 次(干燥状态)的应力-应变曲线(纯泥岩颗粒料)

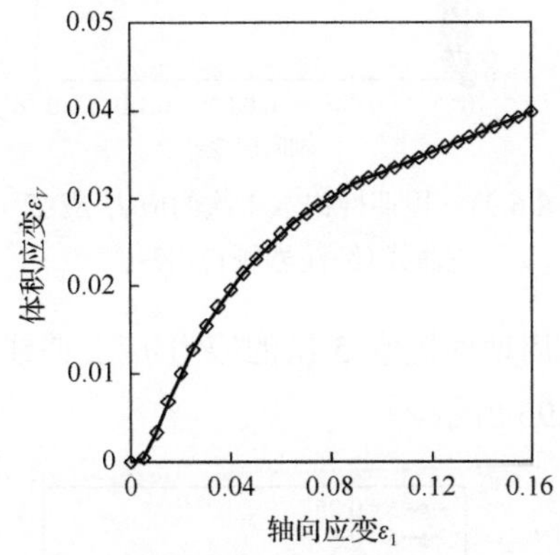

图 6.90 周期性饱水 0 次(干燥状态)的体积应变-轴向应变关系(纯泥岩颗粒料)

周期性饱水 0.5 次(湿化试验)的应力-应变曲线如图 6.91 所示，体积应变-轴向应变关系如图 6.92 所示。

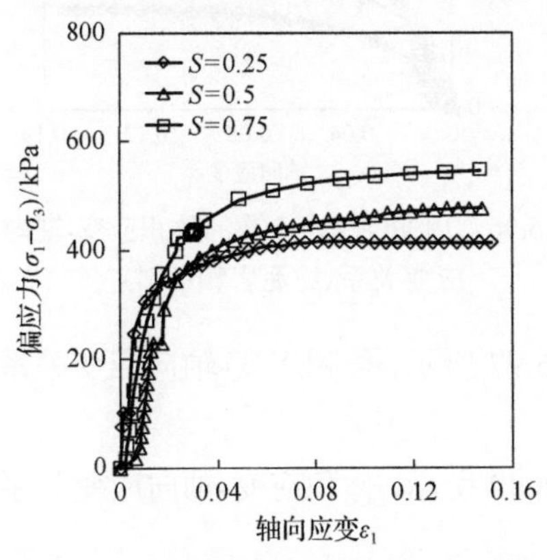

图 6.91　周期性饱水 0.5 次(湿化试验)的应力-应变曲线(纯泥岩颗粒料)

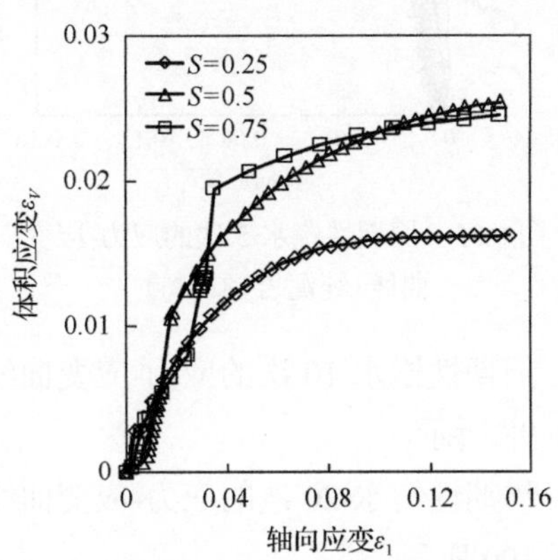

图 6.92　周期性饱水 0.5 次(湿化试验)的体积应变-轴向应变关系(纯泥岩颗粒料)

周期性饱水 1 次的应力-应变曲线如图 6.93 所示，体积应变-轴向应变关系如图 6.94 所示。

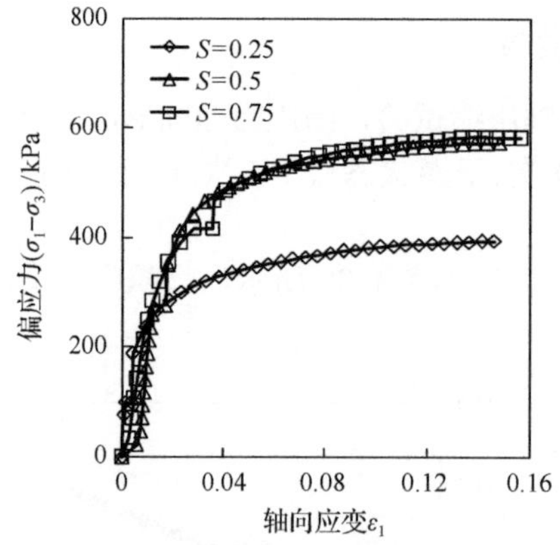

图 6.93 周期性饱水 1 次的应力-应变曲线(纯泥岩颗粒料)

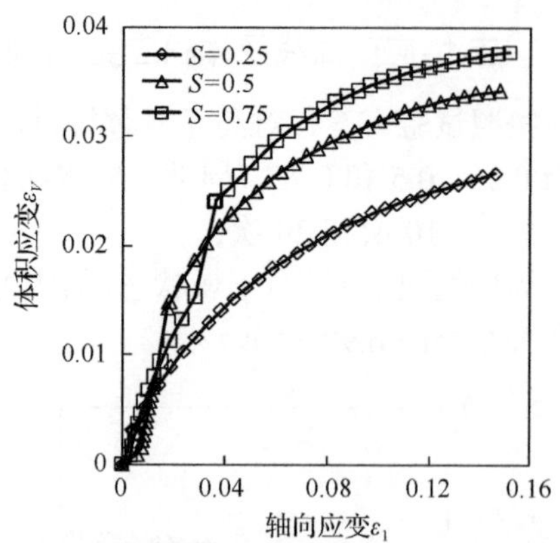

图 6.94 周期性饱水 1 次的体积应变-轴向应变关系(纯泥岩颗粒料)

周期性饱水 5 次的应力-应变曲线如图 6.95 所示，体积应变-轴向应变关系如图 6.96 所示。

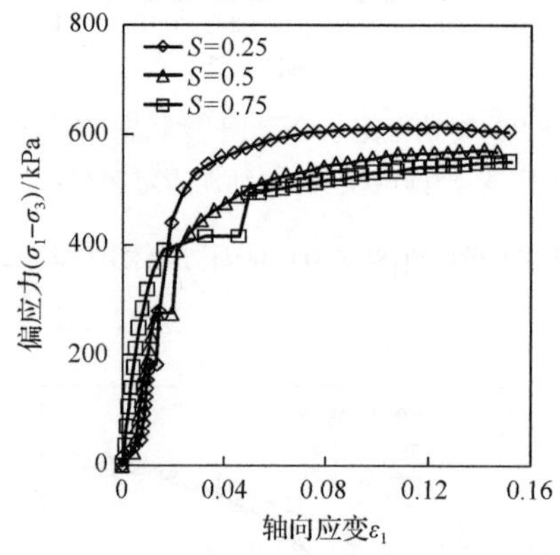

图 6.95 周期性饱水 5 次的应力-应变曲线(纯泥岩颗粒料)

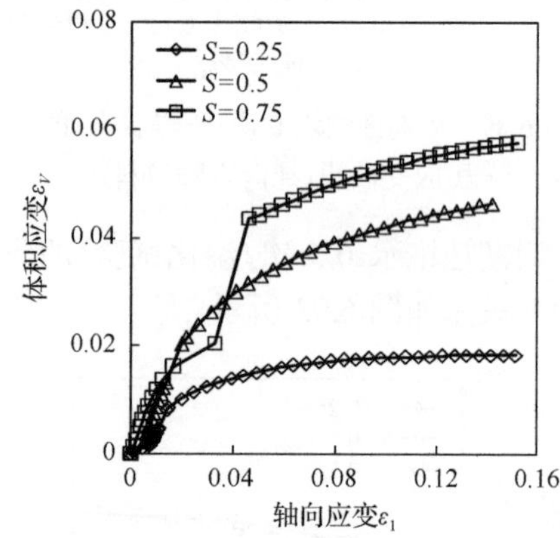

图 6.96 周期性饱水 5 次的体积应变-轴向应变关系(纯泥岩颗粒料)

周期性饱水 10 次的应力-应变曲线如图 6.97 所示，体积应变-轴向应变关系如图 6.98 所示。

周期性饱水 20 次的应力-应变曲线如图 6.99 所示，体积应变-轴向应变关系如图 6.100 所示。

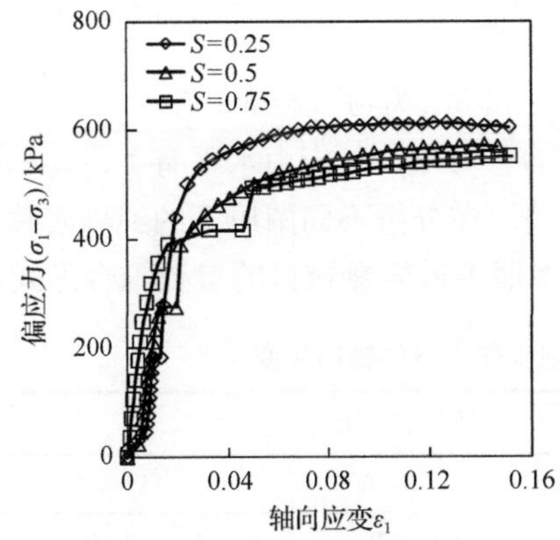

图 6.97　周期性饱水 10 次的应力-应变曲线(纯泥岩颗粒料)

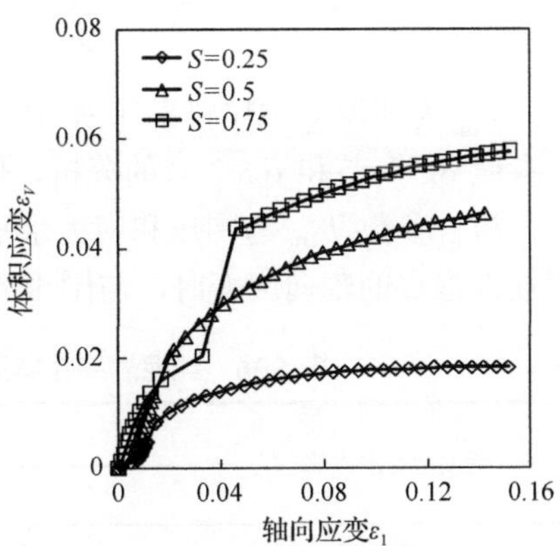

图 6.98　周期性饱水 10 次的体积应变-轴向应变关系(纯泥岩颗粒料)

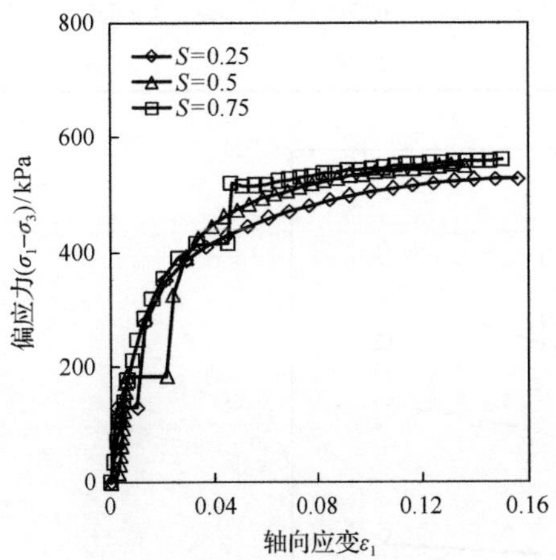

图 6.99　周期性饱水 20 次的应力-应变曲线(纯泥岩颗粒料)

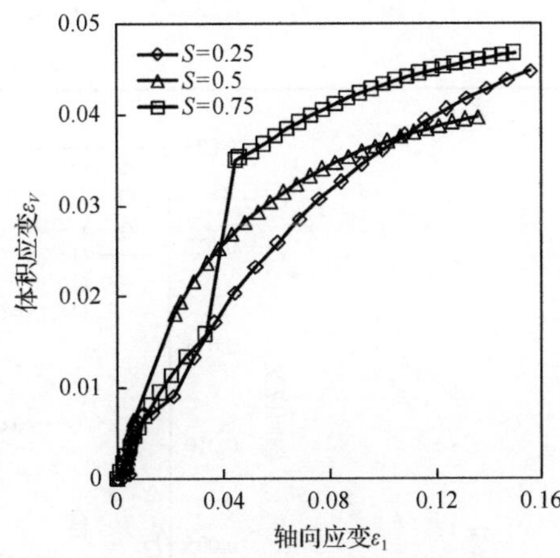

图 6.100　周期性饱水 20 次的体积应变-轴向应变关系(纯泥岩颗粒料)

从图 6.89～图 6.100 可以看出，纯泥岩颗粒料周期性饱水作用的应力-应变曲线均为硬化型。体积应变随着轴向应变的增大而增大，表现出一定的剪缩现象。

6.5.2　轴向应变劣化规律及其演化方程

纯泥岩颗粒料周期性饱水作用下的轴向应变如表 6.36 所示，轴向应变与周期性饱水次数的关系如图 6.101 所示。

从表 6.36 和图 6.101 可以看出，不同应力水平条件下，纯泥岩颗粒料轴向应变随着周期性饱水次数的增加先增大后趋于稳定，呈对数型关系。可采用对数函数对纯泥岩颗粒料轴向应变与周期性饱水次数进行拟合，拟合公式为

$$\varepsilon_{1m}^{N} = a_{1m} \ln N + b_{1m} \tag{6.42}$$

式中，ε_{1m}^{N}为纯泥岩颗粒料累计轴向应变；a_{1m}和b_{1m}为拟合参数。

参照 6.5.1 节和 6.5.2 节的分析，假定拟合参数a_{1m}与应力水平有关，与围压无关；拟合参数b_{1m}与围压和应力水平均有关，在分析不同围压下的纯砂岩颗粒料周期性饱水的轴向应变时，与围压的关系参照纯砂岩颗粒料的参数拟合形式。

表 6.36　纯泥岩颗粒料周期性饱水作用下的轴向应变

周期性饱水次数	轴向应变/10^{-2}		
	$S=0.25$	$S=0.5$	$S=0.75$
0.5	0.234	0.386	0.545
1	0.280	0.490	0.769
5	0.302	0.588	0.651
10	0.492	0.878	1.555
20	0.580	1.540	2.019

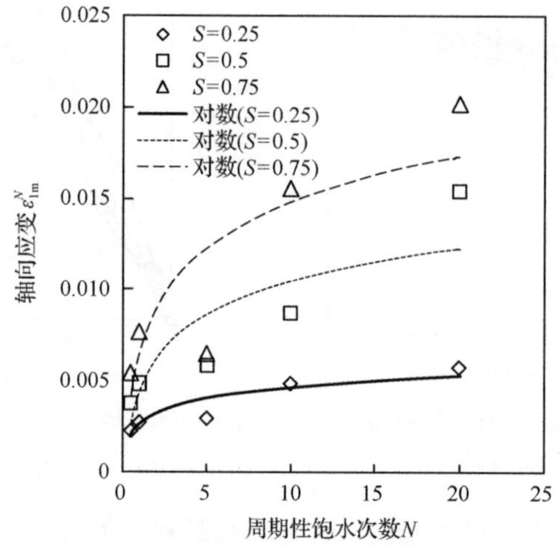

图 6.101　纯泥岩颗粒料的轴向应变与周期性饱水次数的关系

拟合参数如表 6.37 所示。R^2为 0.725～0.83，拟合程度较好。

表 6.37　纯泥岩颗粒料的轴向应变与周期性饱水次数对数关系的拟合参数

应力水平	a_{1m}	b_{1m}	R^2
0.25	0.088	0.268	0.830
0.5	0.258	0.454	0.745
0.75	0.354	0.666	0.725

从表 6.37 可以看出，拟合参数 a_{1m} 和 b_{1m} 均随着应力水平的增大而增大，可通过线性函数拟合参数 a_{1m} 和 b_{1m} 与应力水平的关系，如图 6.102 和图 6.103 所示。

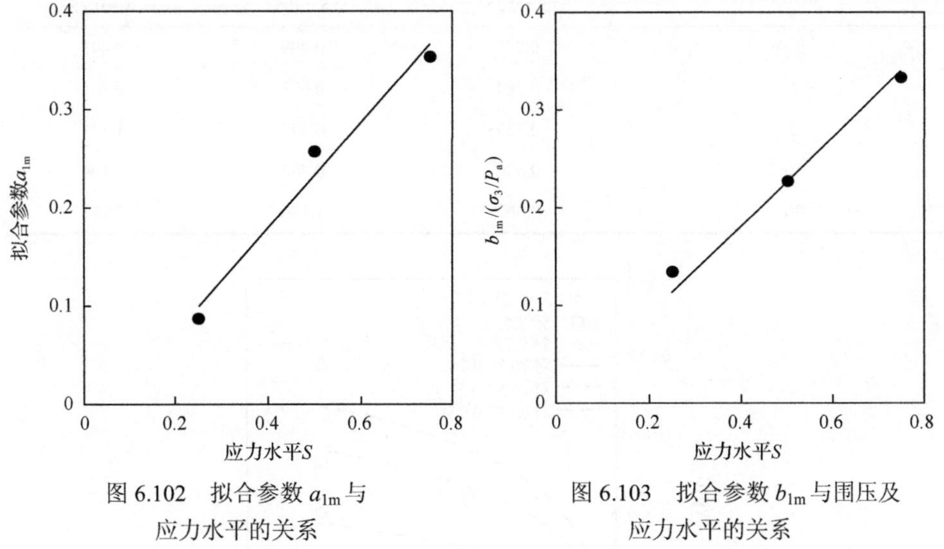

图 6.102　拟合参数 a_{1m} 与应力水平的关系

图 6.103　拟合参数 b_{1m} 与围压及应力水平的关系

拟合参数 a_{1m} 与应力水平的线性关系为

$$a_{1m}=f_{1m}S+d_{1m} \tag{6.43}$$

式中，f_{1m} 和 d_{1m} 为拟合参数，分别为 0.532 和–0.032。R^2 为 0.974，拟合程度较好。

拟合参数 b_{1m} 与围压及应力水平的关系为

$$b_{1m}=A_m\frac{\sigma_3}{P_a}S \tag{6.44}$$

式中，A_m 为拟合参数，为 0.453。R^2 为 0.976，拟合程度较好。

将式(6.43)和式(6.44)代入式(6.42)，可得纯泥岩颗粒料的轴向应变演化方程为

$$\varepsilon_{1m}^N=\left(f_{1m}S+d_{1m}\right)\ln N+A_m\frac{\sigma_3}{P_a}S \tag{6.45}$$

6.5.3　体积应变劣化规律及其演化方程

纯泥岩颗粒料周期性饱水作用下的体积应变如表 6.38 所示，体积应变与周期性饱水次数的关系如图 6.104 所示。

表 6.38　纯泥岩颗粒料周期性饱水作用下的体积应变

周期性饱水次数	体积应变/10^{-2}		
	$S=0.25$	$S=0.5$	$S=0.75$
0.5	0.225	0.499	0.443
1	0.284	0.673	0.855
5	0.329	0.693	1.321
10	0.606	0.762	2.104
20	0.660	1.156	1.911

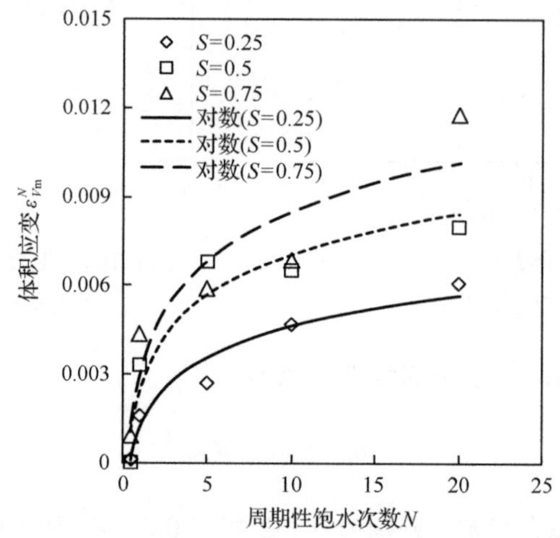

图 6.104　纯泥岩颗粒料的体积应变与周期性饱水次数的关系

从表 6.38 和图 6.104 可以看出，纯泥岩颗粒料的体积应变随着周期性饱水次数的增大而先增大后趋于平缓，可采用对数函数进行拟合，拟合方程为

$$\varepsilon_{Vm}^N = a_{Vm}\ln N + b_{Vm} \tag{6.46}$$

式中，ε_{Vm}^N 为纯泥岩颗粒料累计体积应变；a_{Vm} 和 b_{Vm} 为拟合参数，分别与围压和应力水平有关系。

拟合参数如表 6.39 所示。R^2 为 0.725～0.915，拟合程度较好。

表 6.39　纯泥岩颗粒料的体积应变与周期性饱水次数对数关系的拟合参数

应力水平	a_{Vm}	b_{Vm}	R^2
0.25	0.117	0.275	0.846
0.5	0.133	0.590	0.725
0.75	0.430	0.791	0.915

从表 6.39 可以看出，拟合参数 $a_{V\mathrm{m}}$ 和 $b_{V\mathrm{m}}$ 随着应力水平的增大而增大，可通过线性函数拟合 $a_{V\mathrm{m}}$ 和 $b_{V\mathrm{m}}$ 与应力水平的关系，如图 6.105 和图 6.106 所示。

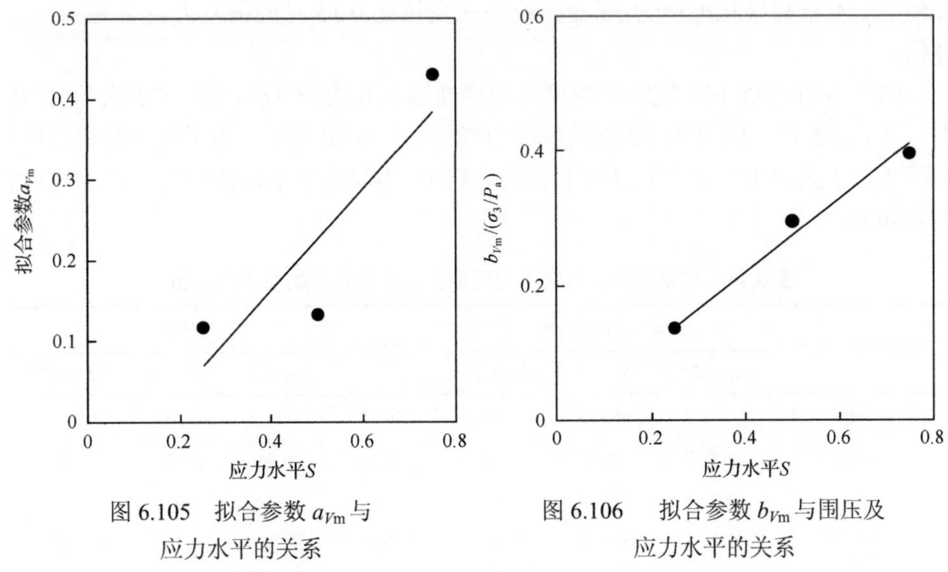

图 6.105　拟合参数 $a_{V\mathrm{m}}$ 与应力水平的关系

图 6.106　拟合参数 $b_{V\mathrm{m}}$ 与围压及应力水平的关系

拟合参数 $a_{V\mathrm{m}}$ 和应力水平的关系为

$$a_{V\mathrm{m}}=f_{V\mathrm{m}}S+d_{V\mathrm{m}} \tag{6.47}$$

式中，$f_{V\mathrm{m}}$ 和 $d_{V\mathrm{m}}$ 为拟合参数，分别为 0.626 和–0.086。R^2 为 0.788，拟合程度较好。

参数 $b_{V\mathrm{m}}$ 与围压及应力水平的关系可拟合为

$$b_{V\mathrm{m}}=A_{V\mathrm{m}}\frac{\sigma_3}{P_\mathrm{a}}S \tag{6.48}$$

式中，$A_{V\mathrm{m}}$ 为拟合参数，为 0.546。R^2 为 0.979，拟合程度较好。

将式(6.47)和式(6.48)代入式(6.46)，可得纯泥岩颗粒料的体积应变演化方程为

$$\varepsilon_{V\mathrm{m}}^{N}=\left(f_{V\mathrm{m}}S+d_{V\mathrm{m}}\right)\ln N+A_{V\mathrm{m}}\frac{\sigma_3}{P_\mathrm{a}}S \tag{6.49}$$

6.5.4　非线性抗剪强度劣化规律

纯泥岩颗粒料三轴试验的应力-应变曲线表现出硬化型。通常松散的砂土试验表现出硬化型应力-应变曲线，伴随试样体积的剪缩，孔隙比减小[33]。当采用塑性

理论描述硬化型的应力-应变曲线时，应力空间中屈服面是增大的。通常采用应变达到某一定值(0.15～0.2)时来定义试样的破坏，试样破坏时的应力即偏应力峰值[33]。本章将硬化型应力-应变曲线中应变达到 0.15 时的偏应力定义为偏应力峰值。

围压为 200kPa 时，纯泥岩颗粒料周期性饱水 0 次(干燥状态)、0.5 次(湿化状态)、1 次、5 次、10 次及 20 次的偏应力峰值如表 6.40 所示。为了便于对比分析，采用类似于式(6.19)和式(6.20)的公式计算偏应力峰值的平均值和误差，一并列入表 6.40 中。

表 6.40 纯泥岩颗粒料在不同周期性饱水次数下的偏应力峰值

周期性饱水次数	偏应力峰值/kPa			平均值/kPa	误差/%		
	$S=0.25$	$S=0.5$	$S=0.75$		$S=0.25$	$S=0.5$	$S=0.75$
0(干燥)	—	556.92	—	556.92	—	0	—
0.5	418.37	442.84	399.46	420.22	–0.44	5.38	–4.94
1	392.91	573.90	585.17	517.33	–24.05	10.93	13.11
5	613.73	569.57	548.78	577.36	6.30	–1.35	–4.95
10	601.69	508.08	544.08	551.28	9.14	–7.84	–1.31
20	529.54	546.32	557.66	544.51	–2.75	0.33	2.42

从表 6.40 可以看出，纯泥岩颗粒料偏应力峰值由干燥状态到湿化降低非常明显，降低了 24.54%，周期性饱水作用下的偏应力峰值明显小于干燥状态下。从不同应力水平的偏应力峰值与平均值的误差可以看出，误差基本上不超过 10%(除周期性饱水 1 次外)。因此，可认为纯泥岩颗粒料在周期性饱水作用下，应力水平对偏应力峰值的影响较小，可假定偏应力峰值与应力水平无关。

为反映纯泥岩颗粒料的劣化作用，按照式(6.4)计算纯泥岩颗粒料的抗剪角，如表 6.41 所示。可以看出，相同周期性饱水次数时，不同应力水平下的抗剪角差别

表 6.41 纯泥岩颗粒料不同周期性饱水次数下的抗剪角

周期性饱水次数	抗剪角/(°)			平均值/(°)	误差/%		
	$S=0.25$	$S=0.5$	$S=0.75$		$S=0.25$	$S=0.5$	$S=0.75$
0(干燥)	—	47.37	—	47.37	—	0	—
0.5	42.58	43.54	41.79	42.64	–0.14	2.11	–1.99
1	41.50	47.87	48.18	45.85	–9.49	4.41	5.08
5	48.96	47.74	47.13	47.94	2.13	–0.42	–1.69
10	48.64	45.85	46.99	47.16	3.14	–2.78	–0.36
20	46.54	47.06	47.39	47.00	–0.98	0.13	0.83

不大，误差基本在 5%以内，因此可认为应力水平对抗剪角无影响，可采用不同应力水平下的抗剪角平均值进行分析。相对于干燥状态下，湿化后抗剪角降低了 9.99%；周期性饱水 1 次后抗剪角降低了 3.21%；周期性饱水 5 次后，抗剪角增加了 1.20%；而周期性饱水 10 次、20 次后抗剪角几乎与干燥状态时相差不大。

湿化和周期性饱水 1 次使得纯泥岩颗粒料抗剪角降低，是泥岩颗粒劣化导致的。而后期的抗剪角增大可能是泥岩颗粒破碎，大颗粒破碎成小颗粒，小颗粒填充了孔隙，使得试样密度增大、孔隙比减小，从而导致纯泥岩颗粒料的抗剪角增大。

纯泥岩颗粒料抗剪角平均值与周期性饱水次数的关系如图 6.107 所示。可以看出，纯泥岩颗粒料的抗剪角与周期性饱水次数的关系比较离散，很难看出其规律性。孙国亮等[2]在研究高轴向应力(大于 50kPa)下风化对堆石料抗剪强度的影响中，发现堆石料破坏剪应力随着周期性饱水次数的增大先增大后趋于平缓，呈双曲线变化趋势。在周期性饱水过程中(广义上为风化过程)，颗粒的强度、排列、颗粒级配及试样的密度(孔隙比)等均会产生变化。而抗剪角是试样内部颗粒发生变化的综合反应。不可否认，纯泥岩颗粒料的颗粒强度发生了劣化，并伴随颗粒破碎、重排列等现象。

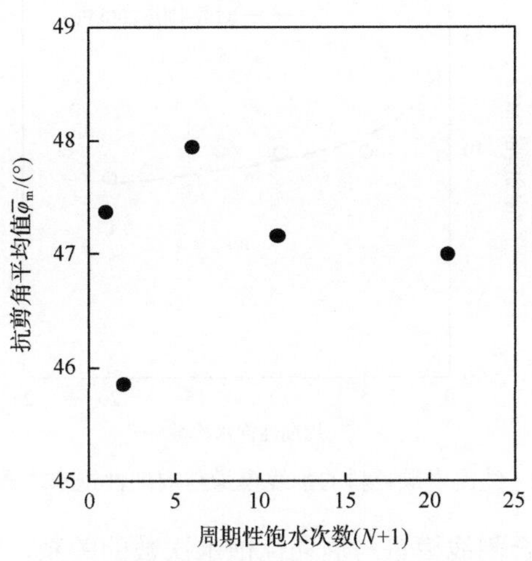

图 6.107　纯泥岩颗粒料抗剪角平均值与周期性饱水次数的关系

6.5.5　周期性饱水作用对弹性模量的影响

围压为 200kPa 时，周期性饱水作用下纯泥岩颗粒料的弹性模量与割线模量如表 6.42 所示。

表 6.42　不同周期性饱水次数下纯泥岩颗粒料的弹性模量和割线模量

周期性饱水次数	弹性模量/MPa			割线模量/MPa		
	$S=0.25$	$S=0.5$	$S=0.75$	$S=0.25$	$S=0.5$	$S=0.75$
0-干燥	—	23.94	—	—	—	—
0.5	22.68	22.87	24.44	12.01	8.36	5.38
1	20.27	24.76	24.18	13.20	13.04	14.04
5	23.88	22.66	28.45	12.71	6.84	10.34
10	25.68	25.68	29.83	10.30	9.11	10.38
20	20.94	25.89	28.63	9.32	9.31	7.83

从表 6.42 可以看出，纯泥岩颗粒料的弹性模量与应力水平和周期性饱水次数的关系均不明显，可将平均值作为纯泥岩颗粒料的弹性模量。纯泥岩颗粒料的割线模量基本上随着周期性饱水次数的增大而减小，这与周期性饱水的劣化作用有关；而割线模量与应力水平的关系并不明显，可采用不同应力水平下的割线模量平均值进行分析，如图 6.108 所示。

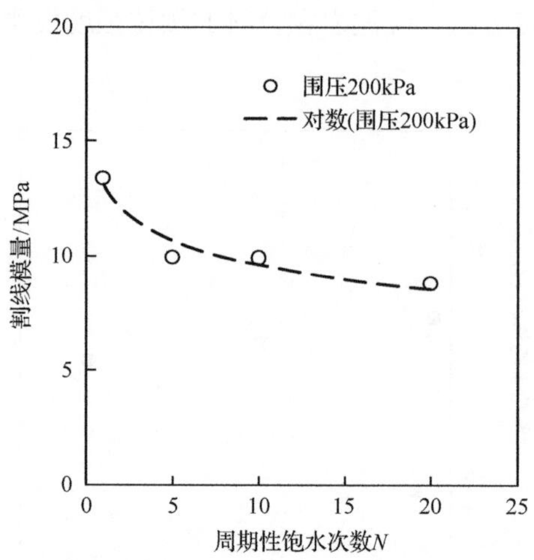

图 6.108　纯泥岩颗粒料的割线模量与周期性饱水次数的关系

采用对数函数拟合割线模量与周期性饱水次数的关系，即

$$E_{\mathrm{km}}=m_{E\mathrm{m}}\ln N+n_{E\mathrm{m}} \tag{6.50}$$

式中，E_{km} 为纯泥岩颗粒料的割线模量，MPa；$m_{E\mathrm{m}}$ 和 $n_{E\mathrm{m}}$ 为拟合参数，分别为–1.50 和 13.14。R^2=0.939。

围压为 200kPa 时砂泥岩颗粒混合料的割线模量与周期性饱水次数的拟合参数分别为 –6.62 和 62.59（见表 6.26），纯砂岩颗粒料的拟合参数分别为 –9.58 和 68.32。

纯泥岩颗粒料的拟合参数 m_{Em} 为–1.5，比砂泥岩颗粒混合料和纯砂岩颗粒料的都大；拟合参数 n_{Em} 为 13.14，比砂泥岩颗粒混合料和纯砂岩颗粒料的都小。砂泥岩颗粒混合料的割线模量综合了纯砂岩颗粒料和纯泥岩颗粒料的特性，但并非简单地按照混合比例加权平均。

6.6 本章小结

砂泥岩颗粒混合料的强度及变形的劣化问题是一个复杂且对仪器精度、试验方法要求较高的研究课题。本章基于提出的砂泥岩颗粒混合料的周期性饱水试验方法，进行了砂泥岩颗粒混合料、纯砂岩颗粒料和纯泥岩颗粒料的三轴压缩试验，研究了轴向应变、体积应变、非线性抗剪强度、残余系数、弹性模量和割线模量的劣化规律及其演化方程，得到以下结论：

(1) 根据湿化试验，获得了砂泥岩颗粒混合料在不同应力水平、不同围压下的应力-应变曲线及其湿化应变，分析了湿化状态轴向应变、体积应变和非线性抗剪强度等与应力水平的关系。湿化状态轴向应变与应力水平成正比，轴向应变与体积应变的比值随着应力水平的增大呈线性减小的规律；应力水平越低，湿化状态抗剪角与饱水试样的初始抗剪角越接近；应力水平越高，抗剪角越大，但不超过干燥状态试样的抗剪角；将残余系数定义为残余强度与偏应力峰值的比值，试验结果显示，湿化的残余系数随着围压的增大而增大，与应力水平无关。

(2) 砂泥岩颗粒混合料的轴向应变及体积应变均随着周期性饱水次数的增大先增大后趋于稳定，且与应力水平和围压有关；砂泥岩颗粒混合料的抗剪角随着周期性饱水次数的增大呈对数型减小，且与围压有关，初始抗剪角随着周期性饱水次数的增大而线性减小，抗剪角随围压的降低幅度与 $\ln(N+1)$ 呈先增大后减小的二次曲线关系；残余系数随围压的增大而增大，与围压呈幂函数关系。

(3) 开展了围压为 200kPa 的纯砂岩颗粒料、纯泥岩颗粒料的三轴试验，其中，纯砂岩颗粒料的应力-应变曲线为软化型，而纯泥岩颗粒料的应力-应变曲线为硬化型。纯砂岩颗粒料、纯泥岩颗粒料的轴向应变和体积应变均随着周期性饱水次数的增大呈对数型增长关系，与应力水平和围压均有关。

参考文献

[1] 沈珠江. 抗风化设计-未来岩土工程设计的一个重要内容[J]. 岩土工程学报, 2004, 26(5): 866-869.

[2] 孙国亮, 张丙印, 张其光, 等. 不同环境条件下堆石料变形特性的试验研究[J]. 岩土力学, 2010, 31(5): 1413-1419.

[3] 刘增利, 李洪升, 朱元林. 冻土单轴压缩损伤特征与细观损伤测试[J]. 大连理工大学学报, 2002, 42(2): 223-227.

[4] 王海俊, 殷宗泽. 堆石料长期变形的室内试验研究[J]. 水利学报, 2007, 38(8): 914-919.

[5] 王海俊, 殷宗泽. 堆石流变试验及双屈服面流变模型的研究[J]. 岩土工程学报, 2008, 30(7): 959-963.

[6] 曹光栩, 宋二祥, 徐明. 碎石料干湿循环变形试验及计算方法[J]. 哈尔滨工业大学学报, 2011, 43(10): 98-104.

[7] 王俊杰, 方绪顺, 邱珍锋. 砂泥岩颗粒混合料工程特性研究[M]. 北京: 科学出版社, 2016.

[8] 中华人民共和国水利部. 土工试验规程(SL 237—1999)[S]. 北京: 中国水利水电出版社, 1999.

[9] 程展林, 左永振, 丁红顺, 等. 堆石料湿化特性试验研究[J]. 岩土工程学报, 2010, 32(2): 243-247.

[10] 殷宗泽, 赵航. 土坝浸水变形分析[J]. 岩土工程学报, 1990, 12(2): 1-8.

[11] 李广信. 堆石料的湿化试验和数学模型[J]. 岩土工程学报, 1990, 12(5): 58-64.

[12] 彭凯, 朱俊高, 王观琪. 堆石料湿化变形三轴试验研究[J]. 中南大学学报(自然科学版), 2010, 41(5): 1953-1960.

[13] Wang J J, Qiu Z F, Deng W J, et al. Effects of mudstone particle content on shear strength of a crushed sandstone–mudstone particle mixture [J]. Marine Georesources & Geotechnology, 2016, 34(4): 395-402.

[14] 路德春, 姚仰平, 周安楠. 土体平面应变条件下的主应力关系[J]. 岩石力学与工程学报, 2006, 25(11): 2320-2326.

[15] 石修松, 程展林. 堆石料平面应变条件下统一强度理论参数研究[J]. 岩石力学与工程学报, 2011, 30(11): 2244-2253.

[16] 施维成, 朱俊高, 张博, 等. 粗粒土在平面应变条件下的强度特性研究[J]. 岩土工程学报, 2011, 33(12): 1974-1979.

[17] 程展林, 姜景山, 丁红顺, 等. 粗粒土非线性剪胀模型研究[J]. 岩土工程学报, 2010, 32(3): 460-467.

[18] 朱俊高, Alsakran M A, 龚选, 等. 某板岩粗粒料湿化特性三轴试验研究[J]. 岩土工程学报, 2013, 35(1): 170-174.

[19] 左永振, 程展林, 姜景山, 等. 粗粒料湿化变形后的抗剪强度分析[J]. 岩土力学, 2008, 29(S1): 559-562.

[20] Lee K L, Seed H B. Drained strength characteristics of sands [J]. Journal of the Soil Mechanics and Foundations Division, 1967, 93(6): 119-141.

[21] 刘动, 陈晓平. 滑带土残余强度的室内试验与参数反分析[J]. 华南理工大学学报(自然科学版), 2014, 42(2): 81-87.

[22] 赵阳, 周辉, 冯夏庭, 等. 高压力下层间错动带残余强度特性和颗粒破碎试验研究[J]. 岩土力学, 2012, 33(11): 3299-3305.

[23] 王强, 李冬青. 胶结粗粒土强度变形特性研究[J]. 水电能源科学, 2010, 28(10): 44-46.

[24] 米海珍, 王昊, 高春, 等. 灰土的浸水强度及残余强度的试验研究[J]. 岩土力学, 2010, 31(9): 2781-2785.

[25] 保华富, 屈智炯. 粗粒料的湿化特性研究[J]. 成都科技大学学报, 1989, (1): 23-30.

[26] 张丙印, 孙国亮, 张宗亮. 堆石料的劣化变形和本构模型[J]. 岩土工程学报, 2010, 32(1): 98-103.

[27] 刘新荣, 傅晏, 王永新, 等. 水-岩相互作用对库岸边坡稳定的影响研究[J]. 岩土力学, 2009, 30(3): 613-616, 627.

[28] 汤连生, 张鹏程, 王思敬. 水-岩化学作用的岩石宏观力学效应的试验研究[J]. 岩石力学与工程学报, 2002, 21(4): 526-531.

[29] 魏松, 朱俊高. 粗粒土料湿化变形三轴试验研究[J]. 岩土力学, 2007, 28(8): 1609-1614.

[30] 左永振, 程展林, 姜景山, 等. 粗粒料湿化变形后的抗剪强度分析[J]. 岩土力学, 2008, 29(s1): 559-562.

[31] 米海珍, 朱浩稳, 王昊. 三轴试验下二八灰土强度的变化规律[J]. 兰州理工大学学报, 2009, 35(4): 117-120.

[32] 尤明庆. 岩石试样的杨氏模量与围压的关系[J]. 岩石力学与工程学报, 2003, 22(1): 53-60.

[33] 李广信. 高等土力学[M]. 北京: 清华大学出版社, 2006.

第 7 章　饱水状态三轴强度及变形特性

本章对在一定应力状态下经过一定次数周期性饱水作用后的砂泥岩颗粒混合料三轴试样继续进行饱水状态下的三轴剪切试验直至破坏，以研究周期性饱水作用对其饱水状态强度及变形特性的影响。本章试验研究采用的试验仪器、试样尺寸等与第 6 章相同。

周期性饱水作用对饱水状态砂泥岩颗粒混合料强度及变形特性的影响体现在多个方面[1~5]，为便于分析，本章把主要的影响因素分为砂泥岩颗粒混合料试样特征(如试验土料的颗粒级配、泥岩颗粒含量及三轴试样的密实度等)和周期性饱水三轴试验条件(如周期性饱水次数、应力水平及围压等)两类，通过室内三轴试验开展研究，探讨周期性饱水作用下饱水状态砂泥岩颗粒混合料的三轴强度及变形特性。

7.1　试验土料及试验方案

7.1.1　试验土料

试验土料制备方法与第 6 章相同，在此不再赘述。试验土料的颗粒级配曲线如图 7.1 所示。

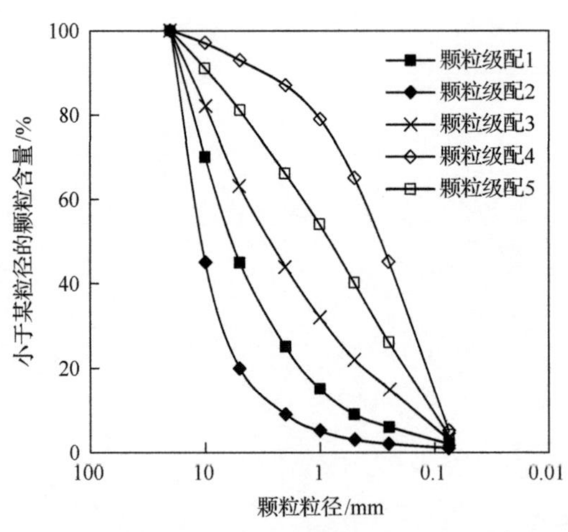

图 7.1　试验土料的颗粒级配曲线(饱水状态)

各粒组颗粒粒径分布如表 7.1 所示，各颗粒级配曲线的特征值如表 7.2 所示。

表 7.1　试验土料的颗粒粒径分布

粒径/mm	各粒组颗粒含量/%				
	颗粒级配 1	颗粒级配 2	颗粒级配 3	颗粒级配 4	颗粒级配 5
20～10	55.0	30.0	18.0	9.0	3.0
10～5	25.0	25.0	19.0	10.0	4.0
5～2	11.0	20.0	19.0	15.0	6.0
2～1	4.0	10.0	12.0	12.0	8.0
1～0.5	2.0	6.0	10.0	14.0	14.0
0.5～0.25	1.0	3.0	7.0	14.0	20.0
0.25～0.075	1.0	4.0	12.0	22.0	40.0
＜0.075	1.0	2.0	3.0	4.0	5.0

表 7.2　各颗粒级配曲线的特征值

颗粒级配	特征粒径/mm				特征值			分类名称
	d_{10}	d_{30}	d_{50}	d_{60}	C_c	C_u	G_c/%	
1	2.273	7.000	10.909	12.727	1.694	5.600	80.92	GW
2	0.583	2.750	6.000	8.000	1.621	13.714	56.67	GW
3	0.177	0.900	2.947	4.526	1.011	25.560	38.58	SW
4	0.123	0.321	0.857	1.500	0.561	12.222	20.25	SP
5	0.097	0.184	0.313	0.438	0.802	4.516	7.50	SP

注：d_{10}、d_{30}、d_{50}和 d_{60}分别为颗粒级配曲线图 7.1 上纵坐标为 10%、30%、50%和 60%时对应的粒径值。C_c为曲率系数；C_u为不均匀系数；G_c为砾粒含量。GW 表示级配良好的砾；SW 表示级配良好的砂；SP 表示级配不好的砂[6]。

7.1.2　试验步骤

试样和仪器安装好后，进行电脑端软件操作，打开软件界面输入试样各项参数及试验控制过程。

(1) 选择单一目录后保存文件格式为.gds，数据保存类型为线性且每隔 30s 保存一个数据，如图 7.2 所示。

(2) 进行试样各项参数设置。首先确定试验为固结排水三轴试验(CD)，然后输入试样的高度(200mm)和直径(101mm)(由于制样过程中会存在一定的误差，具体的参数以制样后测定为准)，如图 7.3 所示。

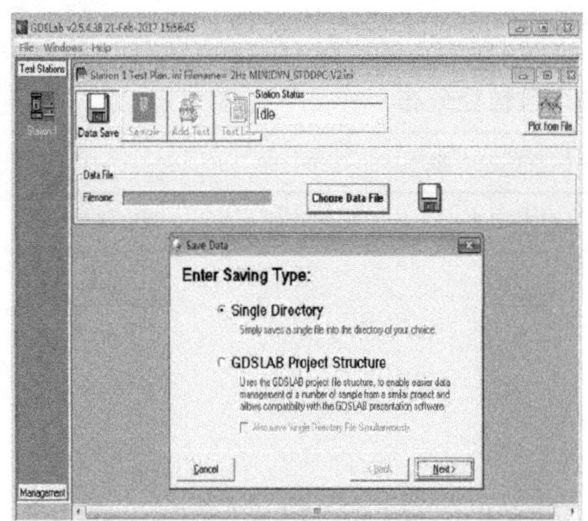

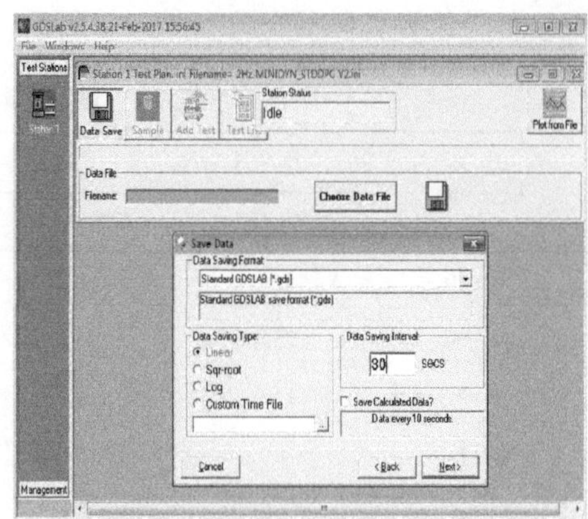

图 7.2　试验数据读取方式参数设置

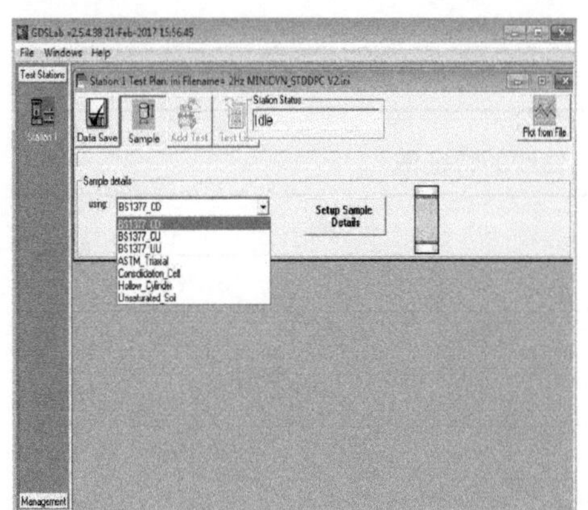

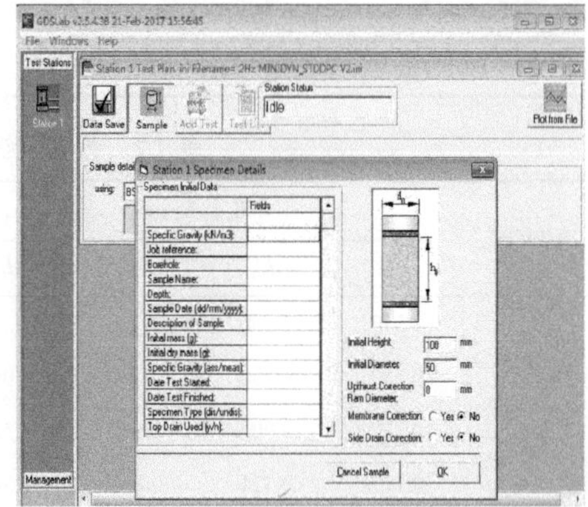

图 7.3　试样参数设置

(3) 建立控制试验过程步骤。试验过程主要分五步：①加围压；②让试样处于应力水平状态；③在一定围压和偏应力下进行周期性饱水循环；④在饱水情况下进行剪切；⑤卸压升轴。

7.1.3　试验方案

为了研究试样特征、试验条件对周期性饱水砂泥岩颗粒混合料饱水状态三轴强度及变形特性的影响，确定试验方案如表 7.3 所示。试验共 26 组，为了使结果更准确，每组 3 个平行试验，共 78 个试样。

表 7.3 中试验方案 1、2 用于研究周期性饱水对不同试样特征的砂泥岩颗粒混合料饱水状态三轴强度及变形特性的影响；试验方案 3、4 用于研究周期性饱水对不同试验条件下砂泥岩颗粒混合料饱水状态三轴强度及变形特性的影响。

表 7.3　饱水状态三轴强度及变形特性试验方案

试验方案编号	泥岩颗粒含量/%	试样干密度/(g/cm^3)	颗粒级配	围压/kPa	应力水平	周期性饱水次数	试样个数
1	0	1.72、1.82、1.92、2.02	3	200	0.5	5	12
		1.92	1、2、4、5	200	0.5	5	12
		1.92	3	200	0.5	5	3
2	20	1.92	3	200	0.5	5	3
3	0	1.92	3	200	0.5	1、10、20	9
		1.92	3	100、300、400	0.5	5	9
		1.92	3	200	0.25、0.75	5	6
4	20	1.92	3	200	0.5	1、10、20	9
		1.92	3	100、300、400	0.5	5	9
		1.92	3	200	0.25、0.75	5	6

7.2　试样特征对三轴强度及变形特性的影响

在控制周期性饱水次数、围压和应力水平相同条件下，改变砂泥岩颗粒混合料的颗粒级配、泥岩颗粒含量和试样干密度，研究试样特征对周期性饱水砂泥岩颗粒混合料饱水状态三轴强度及变形特性的影响。本节试验中，试样经受的周期性饱水次数均为 5 次，围压均为 200kPa，应力水平均为 0.5。

7.2.1　干密度的影响

试样干密度大小对土体三轴强度及变形特性存在影响是众所周知的[7~10]。采用干密度分别为 1.72g/cm^3、1.82g/cm^3、1.92g/cm^3 和 2.02g/cm^3 的纯砂岩颗粒料试样，研究试样干密度对周期性饱水纯砂岩颗粒料饱水状态三轴强度及变形特性的影响。

1. *应力-应变曲线*

不同干密度的纯砂岩颗粒料的应力-应变曲线如图 7.4～图 7.7 所示。

从图 7.4～图 7.7 可以看出，应力-应变曲线可分为四个阶段，即压密阶段、周期性饱水变形阶段、局部剪损阶段和应变软化阶段。从应力-应变曲线中可以得到试样的偏应力峰值及对应的轴向应变，如表 7.4 和表 7.5 所示。

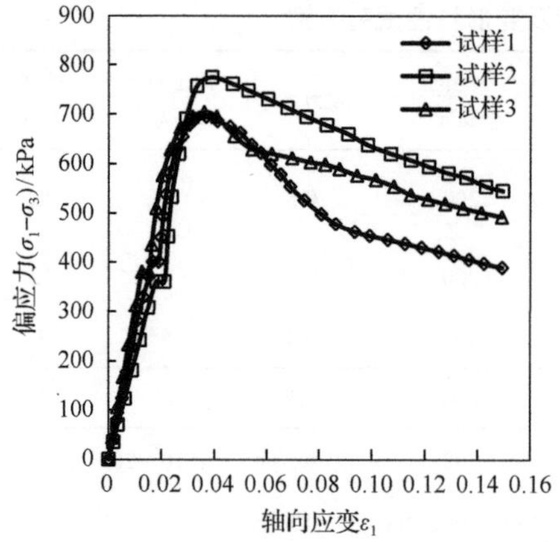

图 7.4 纯砂岩颗粒料应力-应变曲线(干密度为 $1.72g/cm^3$)

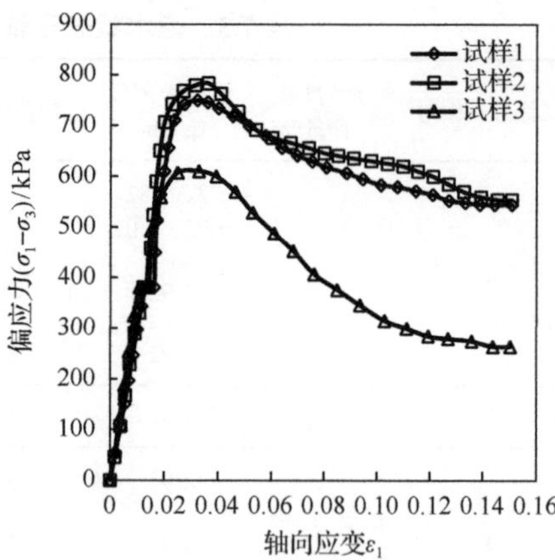

图 7.5 纯砂岩颗粒料应力-应变曲线(干密度为 $1.82g/cm^3$)

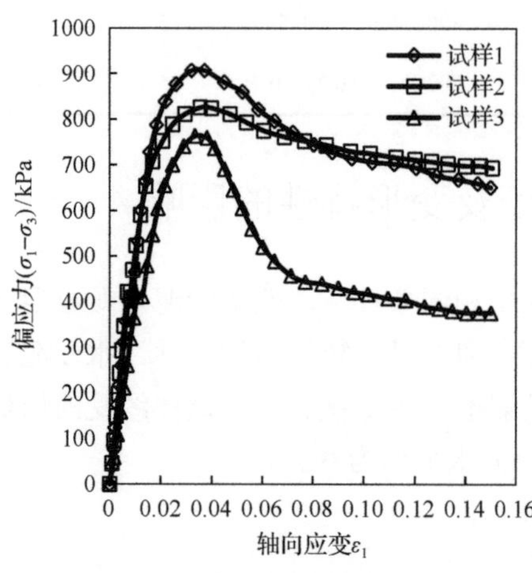

图 7.6 纯砂岩颗粒料应力-应变曲线(干密度为 $1.92g/cm^3$)

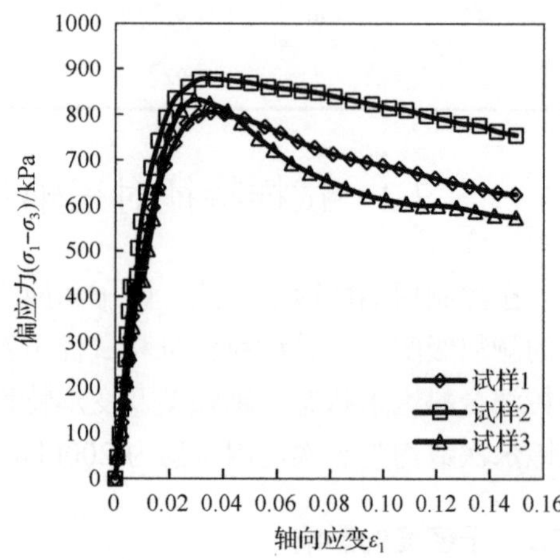

图 7.7 纯砂岩颗粒料应力-应变关系(干密度为 $2.02g/cm^3$)

表 7.4 不同干密度纯砂岩颗粒料的偏应力峰值

试样编号	偏应力峰值/kPa			
	干密度 $1.72g/cm^3$	干密度 $1.82g/cm^3$	干密度 $1.92g/cm^3$	干密度 $2.02g/cm^3$
1	695.09	749.36	906.68	804.29
2	775.33	783.05	825.32	877.17
3	704.85	610.17	763.24	832.49
平均值	725.09	714.19	831.75	836.98

表 7.5　不同干密度纯砂岩颗粒料偏应力峰值处的轴向应变

试样编号	轴向应变/10^{-2}			
	干密度 1.72g/cm^3	干密度 1.82g/cm^3	干密度 1.92g/cm^3	干密度 2.02g/cm^3
1	3.675	3.223	3.208	3.510
2	3.898	3.620	3.557	3.115
3	3.932	3.272	3.338	2.912
平均值	3.835	3.372	3.368	3.179

从表 7.4 和表 7.5 可以看出，纯砂岩颗粒料的偏应力峰值平均值基本上随着试样干密度的增大而增大；偏应力峰值处的轴向应变平均值随着试样干密度的增大而减小。

2. 体积应变-轴向应变关系

不同干密度的纯砂岩颗粒料体积应变-轴向应变关系如图 7.8～图 7.11 所示。需要说明的是，图 7.9 中试样 3 和图 7.11 中试样 1 的体积应变随着轴向应变的增大持续增大，可能是由于剪切过程中橡皮膜出现破裂或局部漏水，导致压力室水浸入试样并沿排水管流出，因此这两个试验获得的体积应变和轴向应变应该在分析中剔除。

从图 7.8～图 7.11 所示的体积应变-轴向应变关系中可以得到试样的体积应变峰值和体积应变峰值处的轴向应变，如表 7.6 和表 7.7 所示。

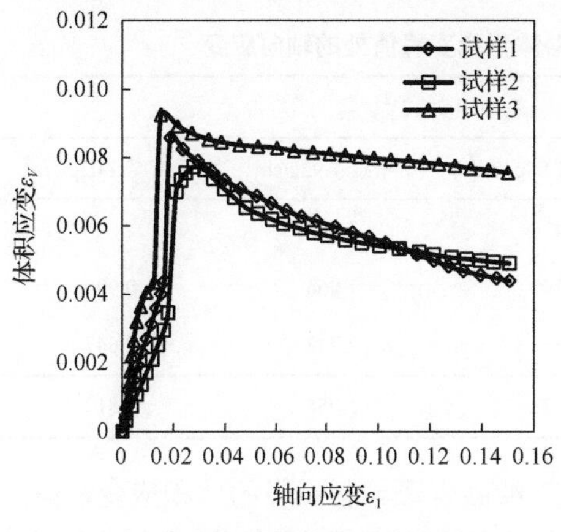

图 7.8　纯砂岩颗粒料体积应变-轴向应变关系(干密度为 1.72g/cm^3)

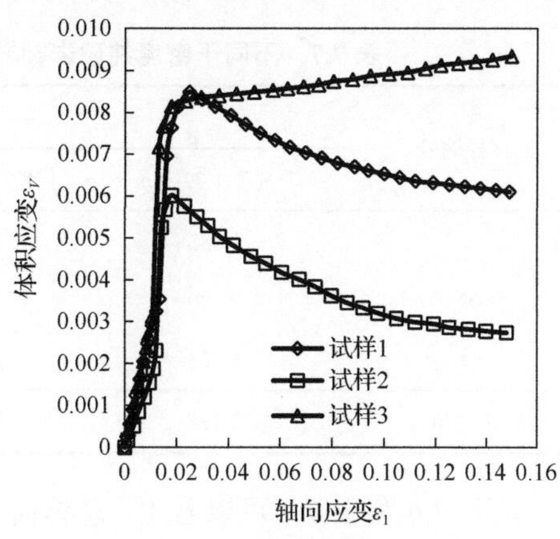

图 7.9　纯砂岩颗粒料体积应变-轴向应变关系(干密度为 1.82g/cm^3)

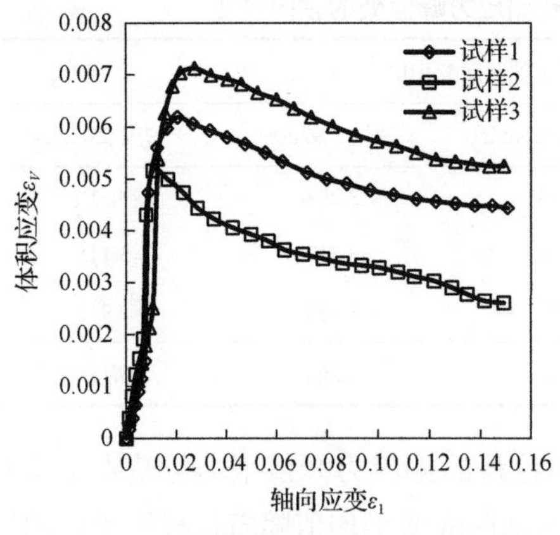

图 7.10　纯砂岩颗粒料体积应变-轴向应变关系(干密度为 1.92g/cm³)

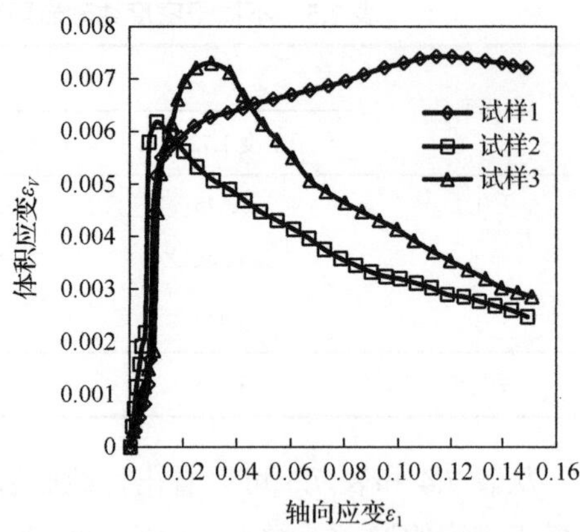

图 7.11　纯砂岩颗粒料体积应变-轴向应变关系(干密度为 2.02g/cm³)

表 7.6　不同干密度纯砂岩颗粒料的体积应变峰值

试样编号	体积应变峰值/10^{-2}			
	干密度 1.72g/cm³	干密度 1.82g/cm³	干密度 1.92g/cm³	干密度 2.02g/cm³
1	0.857	0.848	0.620	—
2	0.772	0.601	0.516	0.618
3	0.925	—	0.712	0.729
平均值	0.851	0.725	0.616	0.674

表 7.7　不同干密度纯砂岩颗粒料体积应变峰值处的轴向应变

试样编号	轴向应变/10^{-2}			
	干密度 1.72g/cm³	干密度 1.82g/cm³	干密度 1.92g/cm³	干密度 2.02g/cm³
1	1.882	2.476	2.057	—
2	2.780	1.790	1.066	0.990
3	1.923	—	2.742	2.647
平均值	2.195	2.133	1.955	1.819

从表 7.6 和表 7.7 可以看出，总体而言，纯砂岩颗粒料试样的体积应变峰值平均值和体积应变峰值对应的轴向应变平均值均随着干密度的增大而减小。表明试样干密度越大，或者孔隙率越小，同等应力状态下的变形也就越小。

7.2.2　颗粒级配的影响

研究表明[11~14]，颗粒分布特征对土体强度及变形特性是存在影响的。针对纯砂岩颗粒料，设计了如图 7.1 所示的 5 个颗粒级配制备试验土料。需要说明的是，颗粒级配 1 试验土料的试验均以失败告终，部分试验在试样制备过程中就破损了橡皮膜，部分试样的橡皮膜在试验中破损，因此本节的分析仅针对颗粒级配 2、3、4 和 5 试验土料。

1. 应力-应变曲线

不同颗粒级配的纯砂岩颗粒料应力-应变曲线如图 7.12～图 7.15 所示。

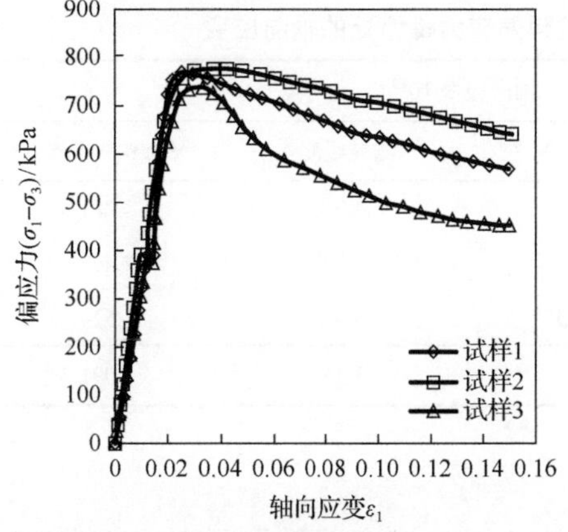

图 7.12　纯砂岩颗粒料应力-应变曲线(颗粒级配 2)

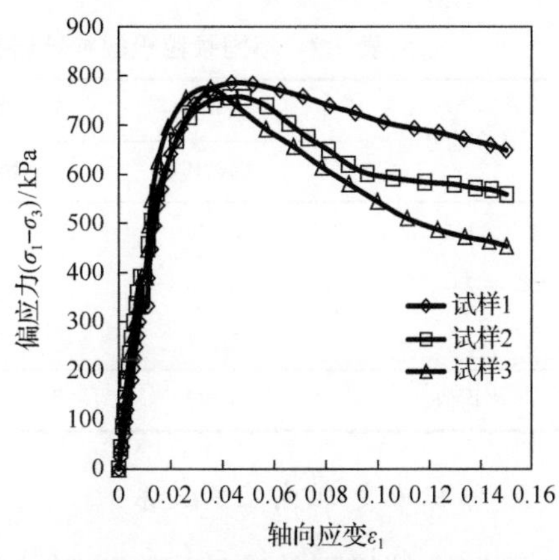

图 7.13　纯砂岩颗粒料应力-应变曲线(颗粒级配 3)

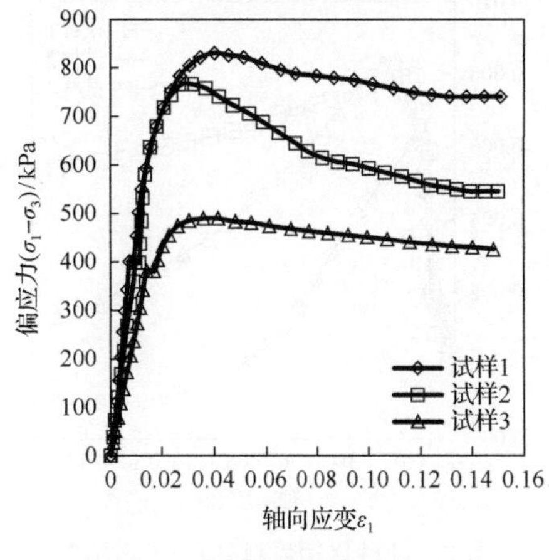

图 7.14　纯砂岩颗粒料应力-应变曲线(颗粒级配 4)

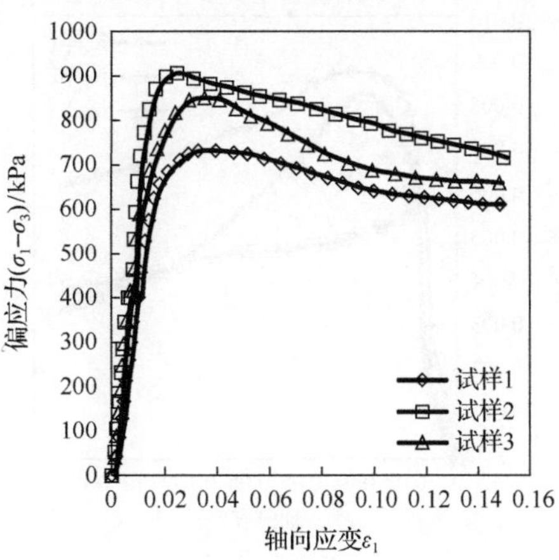

图 7.15　纯砂岩颗粒料应力-应变曲线(颗粒级配 5)

从图 7.12～图 7.15 所示的应力-应变曲线中可以得到试样的偏应力峰值和偏应力峰值处的轴向应变，如表 7.8 和表 7.9 所示。

表 7.8　不同颗粒级配纯砂岩颗粒料的偏应力峰值

试样编号	偏应力峰值/kPa			
	颗粒级配 2	颗粒级配 3	颗粒级配 4	颗粒级配 5
1	769.23	766.55	830.77	731.37
2	776.39	852.19	765.86	906.49
3	737.38	781.87	489.32	849.59
平均值	761.00	800.20	695.32	829.15

表 7.9　不同颗粒级配纯砂岩颗粒料偏应力峰值处的轴向应变

试样编号	轴向应变/10^{-2}			
	2 颗粒级配	颗粒级配 3	颗粒级配 4	颗粒级配 5
1	2.546	3.112	4.010	3.281
2	3.713	4.138	2.782	2.467
3	3.331	3.356	3.610	3.524
平均值	3.197	3.535	3.467	3.091

2. 体积应变-轴向应变关系

不同颗粒级配的纯砂岩颗粒料体积应变-轴向应变关系如图 7.16～图 7.19 所示。

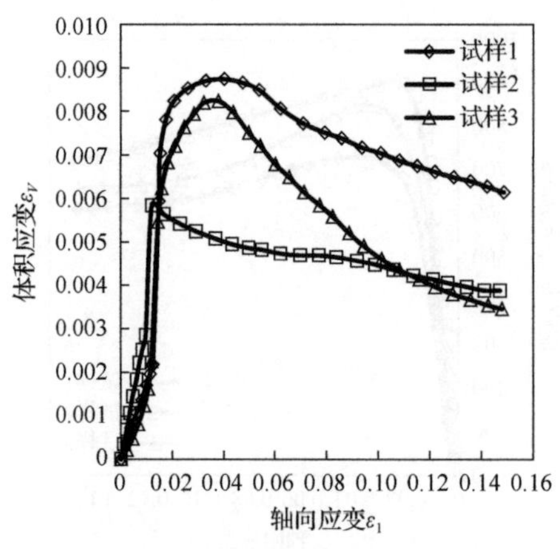

图 7.16　纯砂岩颗粒料体积应变-轴向应变关系(颗粒级配 2)

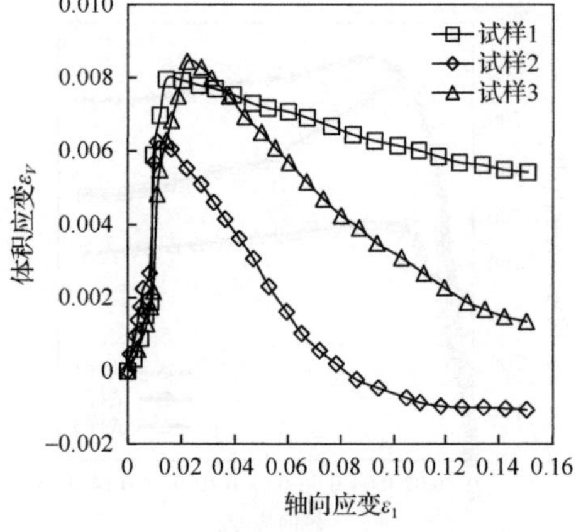

图 7.17　纯砂岩颗粒料体积应变-轴向应变关系(颗粒级配 3)

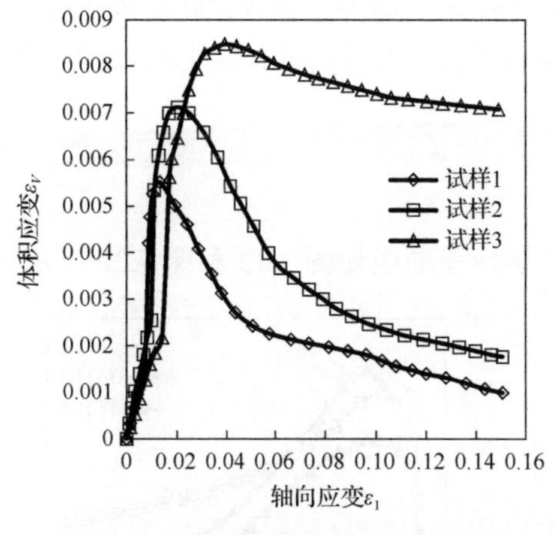

图 7.18　纯砂岩颗粒料体积应变-轴向应变关系(颗粒级配 4)

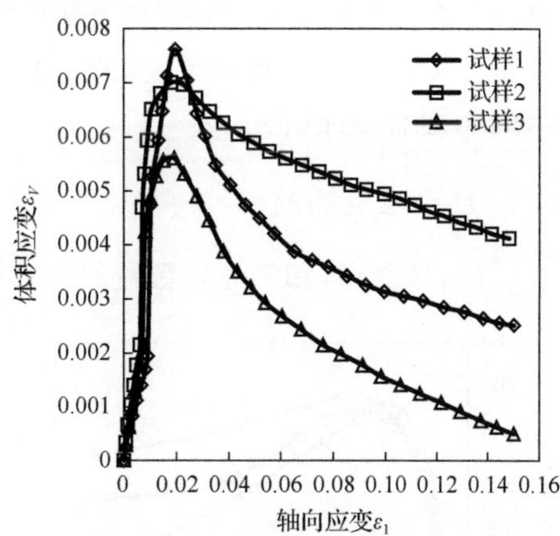

图 7.19　纯砂岩颗粒料体积应变-轴向应变关系(颗粒级配 5)

从图 7.16～图 7.19 所示的体积应变-轴向应变关系中可以得到试样的体积应变峰值和体积应变峰值处的轴向应变，如表 7.10 和表 7.11 所示。

表 7.10　不同颗粒级配纯砂岩颗粒料的体积应变峰值

试样编号	体积应变峰值/10^{-2}			
	颗粒级配 2	颗粒级配 3	颗粒级配 4	颗粒级配 5
1	0.874	0.623	0.551	0.761
2	0.584	0.793	0.712	0.699
3	0.823	0.848	0.847	0.559
平均值	0.760	0.755	0.703	0.673

表 7.11　不同颗粒级配纯砂岩颗粒料体积应变峰值处的轴向应变

试样编号	轴向应变/10^{-2}			
	颗粒级配 2	颗粒级配 3	颗粒级配 4	颗粒级配 5
1	4.000	1.104	1.330	1.957
2	1.214	1.432	2.032	1.807
3	3.771	2.168	3.952	1.920
平均值	2.995	1.568	2.438	1.895

7.2.3　泥岩颗粒含量的影响

砂泥岩颗粒混合料中，泥岩颗粒含量对土体的压实特性、渗透特性、强度及变形特性均存在影响[15~17]。为了研究试验土料中泥岩颗粒含量对周期性饱水砂泥岩颗粒混合料饱水状态三轴强度及变形特性的影响，制备了纯砂岩颗粒料(泥岩颗粒含量为 0%)和泥岩颗粒含量 20%的砂泥岩颗粒混合料两种试验土料(均采用颗粒级配 3)进行对比研究。

1. 应力-应变曲线

纯砂岩颗粒料和砂泥岩颗粒混合料应力-应变曲线如图 7.13 和图 7.20 所示。

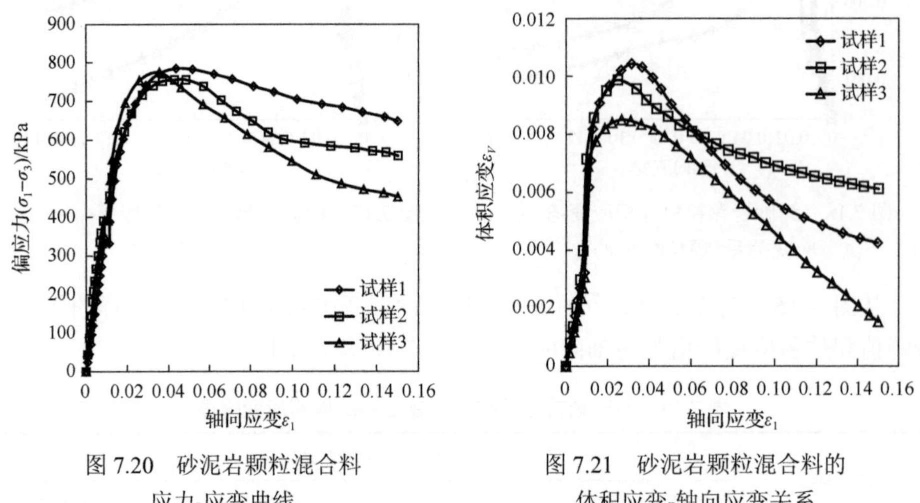

图 7.20　砂泥岩颗粒混合料应力-应变曲线

图 7.21　砂泥岩颗粒混合料的体积应变-轴向应变关系

从图 7.13 和表 7.8 可以看出，纯砂岩颗粒料的偏应力峰值平均值为 800.20kPa；从图 7.20 可以看出，砂泥岩颗粒混合料的偏应力峰值平均值为 771.41kPa。因此，掺入泥岩颗粒后，偏应力峰值有所降低。这是由于泥岩的抗压强度比砂岩低，同等应力条件下泥岩颗粒更容易破碎。

从图 7.13 和表 7.9 可以看出，纯砂岩颗粒料的偏应力峰值处的轴向应变平均值为 0.03535；从图 7.20 可以看出，砂泥岩颗粒混合料的偏应力峰值处的轴向应变平均值为 0.041。因此，掺入泥岩颗粒后，在相同应力状态下的轴向应变有所增大。

2. 体积应变-轴向应变关系

纯砂岩颗粒料和砂泥岩颗粒混合料体积应变-轴向应变关系曲线如图 7.17 和图 7.21 所示。

从图 7.17、表 7.10 和表 7.11 可以看出，纯砂岩颗粒料的体积应变峰值平均值为 0.00755，体积应变峰值处的轴向应变平均值为 0.01568；从图 7.21 可以看出，砂泥岩颗粒混合料的体积应变峰值平均值为 0.010，体积应变峰值处的轴向应变平均值为 0.026。因此，掺入泥岩颗粒后，砂泥岩颗粒混合料的体积应变峰值和体积应变峰值处的轴向应变均增大，这是因为泥岩颗粒比砂岩颗粒更容易破碎。

7.3　试验条件对三轴强度及变形特性的影响

在控制试验土料和试样特征相同的条件下，改变周期性饱水次数、围压和应力水平，研究试验条件对周期性饱水砂泥岩颗粒混合料饱水状态三轴强度及变形特性的影响。本节试验中，试验土料为纯砂岩颗粒料和泥岩颗粒含量 20%的砂泥岩颗粒混合料，试验土料采用颗粒级配 3，试样干密度均为 1.92g/cm^3。

7.3.1　周期性饱水次数的影响

周期性饱水次数对砂岩和泥岩的工程特性存在影响[18]，对砂泥岩颗粒混合料的强度及变形特性也必然存在影响。为了研究周期性饱水次数对纯砂岩颗粒料和砂泥岩颗粒混合料饱水状态三轴强度及变形特性的影响，本节试验中，围压为 200kPa，应力水平为 0.5，周期性饱水次数为 1 次、5 次、10 次和 20 次共 4 种。

1. 应力-应变曲线

1) 纯砂岩颗粒料

对于纯砂岩颗粒料，周期性饱水 5 次的应力-应变关系如图 7.13 所示，周期性饱水 1 次、10 次和 20 次的应力-应变曲线如图 7.22～图 7.24 所示。

从图 7.22～图 7.24 所示的应力-应变曲线中可以得到试样的偏应力峰值和偏

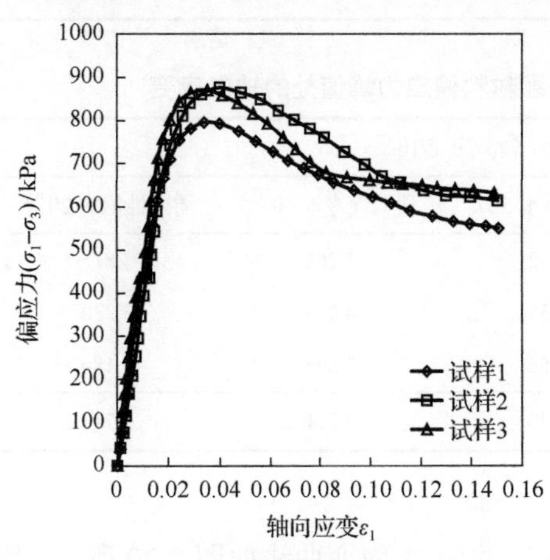

图 7.22　纯砂岩颗粒料应力-应变曲线(周期性饱水 1 次)

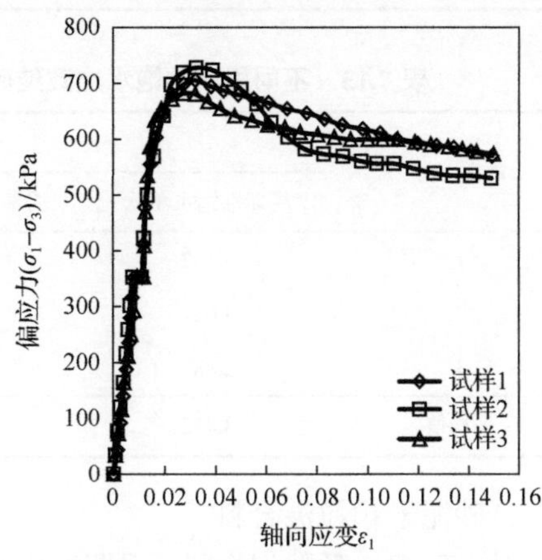

图 7.23　纯砂岩颗粒料应力-应变曲线(周期性饱水 10 次)

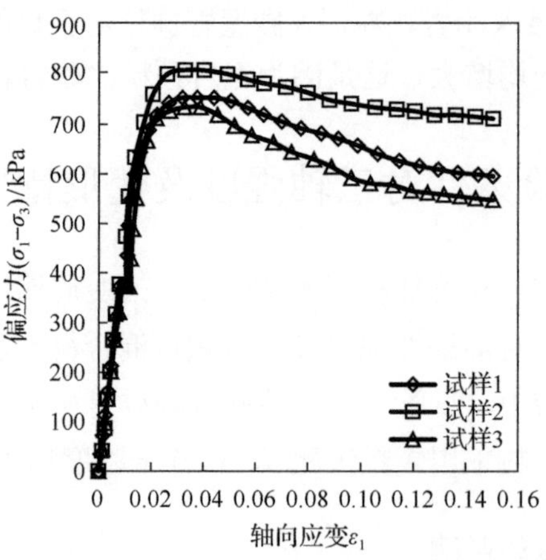

图 7.24　纯砂岩颗粒料应力-应变曲线(周期性饱水 20 次)

应力峰值处的轴向应变，如表 7.12 和表 7.13 所示。为便于比较，表中也列出了周期性饱水次数为 5 次的试验结果。

表 7.12　不同周期性饱水次数纯砂岩颗粒料的偏应力峰值

试样编号	偏应力峰值/kPa			
	周期性饱水 1 次	周期性饱水 5 次	周期性饱水 10 次	周期性饱水 20 次
1	795.70	766.55	748.94	705.31
2	876.16	852.19	804.41	727.75
3	850.18	781.87	729.64	681.66
平均值	840.68	800.20	761.00	704.91

表 7.13　不同周期性饱水次数纯砂岩颗粒料偏应力峰值处的轴向应变

试样编号	轴向应变/10^{-2}			
	周期性饱水 1 次	周期性饱水 5 次	周期性饱水 10 次	周期性饱水 20 次
1	3.392	3.112	3.202	3.815
2	4.021	4.138	4.034	3.230
3	2.883	3.356	3.896	4.180
平均值	3.432	3.535	3.711	3.742

2) 砂泥岩颗粒混合料

对于砂泥岩颗粒混合料，周期性饱水 5 次的应力-应变曲线如图 7.20 所示，周期性饱水 1 次、10 次和 20 次的应力-应变曲线如图 7.25～图 7.27 所示。

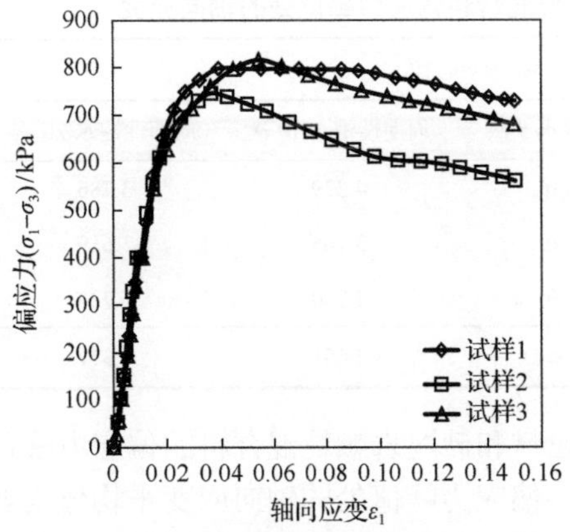

图 7.25　砂泥岩颗粒混合料应力-应变曲线(周期性饱水 1 次)

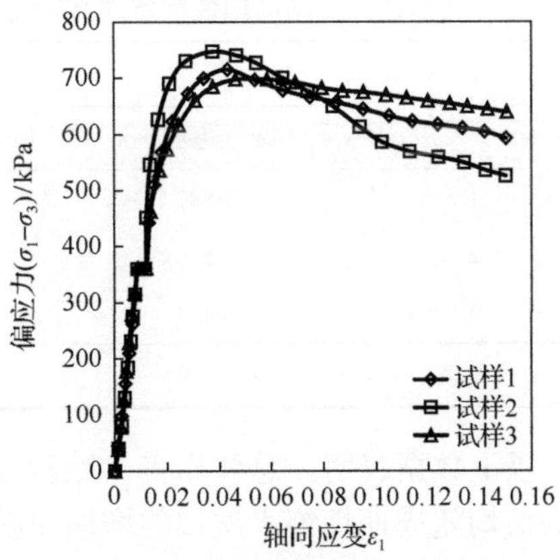

图 7.26　砂泥岩颗粒混合料应力-应变曲线(周期性饱水 10 次)

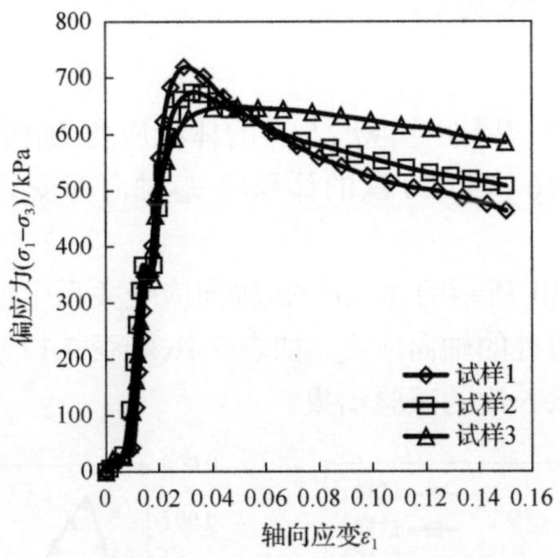

图 7.27　砂泥岩颗粒混合料应力-应变曲线(周期性饱水 20 次)

砂泥岩颗粒混合料的偏应力峰值和偏应力峰值处的轴向应变如表 7.14 和表 7.15 所示。为便于比较，表中也列出了周期性饱水次数为 5 次的试验结果。

表 7.14　不同周期性饱水次数砂泥岩颗粒混合料的偏应力峰值

试样编号	偏应力峰值/kPa			
	周期性饱水 1 次	周期性饱水 5 次	周期性饱水 10 次	周期性饱水 20 次
1	797.91	783.68	714.50	719.48
2	745.87	755.85	746.44	674.28
3	815.69	774.71	696.85	648.34
平均值	786.49	771.41	719.26	680.70

表 7.15　不同周期性饱水次数砂泥岩颗粒混合料偏应力峰值处的轴向应变

试样编号	轴向应变/10^{-2}			
	周期性饱水 1 次	周期性饱水 5 次	周期性饱水 10 次	周期性饱水 20 次
1	3.887	4.350	4.329	3.786
2	3.616	4.276	3.765	3.619
3	4.433	3.539	5.860	5.726
平均值	3.979	4.055	4.651	4.377

以上数据表明，总体而言，纯砂岩颗粒料和砂泥岩颗粒混合料的偏应力峰值平均值均随周期性饱水次数的增加而减小，偏应力峰值处的轴向应变平均值均随着周期性饱水次数的增加而增大。这是由于随着周期性饱水次数的增加，试验土料颗粒受损更严重或者颗粒破碎更多。

2. 体积应变-轴向应变关系

1)纯砂岩颗粒料

对于纯砂岩颗粒料，周期性饱水 5 次的体积应变-轴向应变关系如图 7.17 所示，周期性饱水 1 次、10 次和 20 次的体积应变-轴向应变关系如图 7.28～图 7.30 所示。

从图 7.28～图 7.30 所示的体积应变-轴向应变关系中可以得到试样的体积应变峰值和体积应变峰值处的轴向应变，如表 7.16 和表 7.17 所示。为便于比较，表中也列出了周期性饱水 5 次的试验结果。

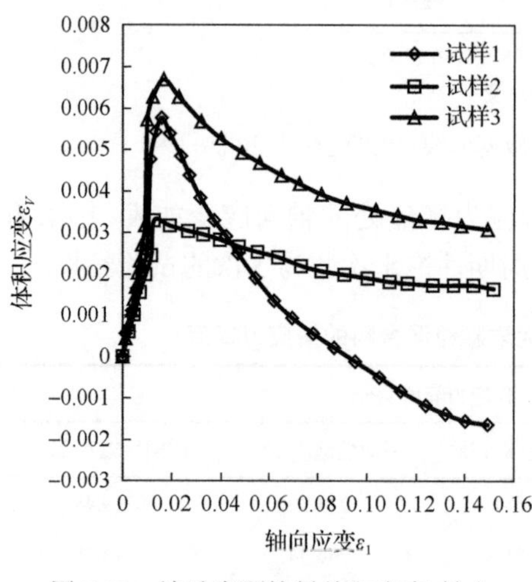

图 7.28　纯砂岩颗粒料体积应变-轴向应变关系(周期性饱水 1 次)

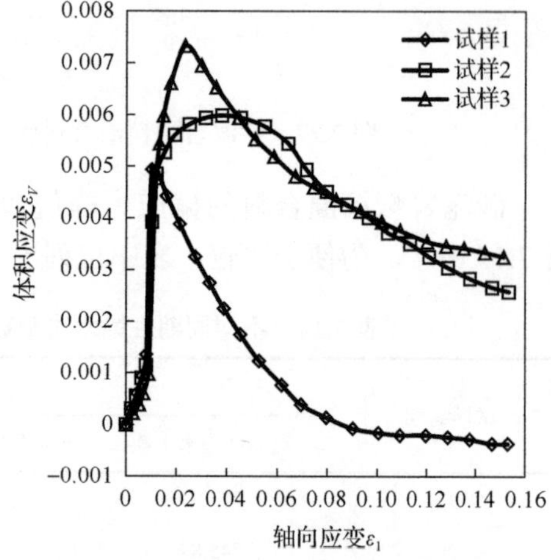

图 7.29　纯砂岩颗粒料体积应变-轴向应变关系(周期性饱水 10 次)

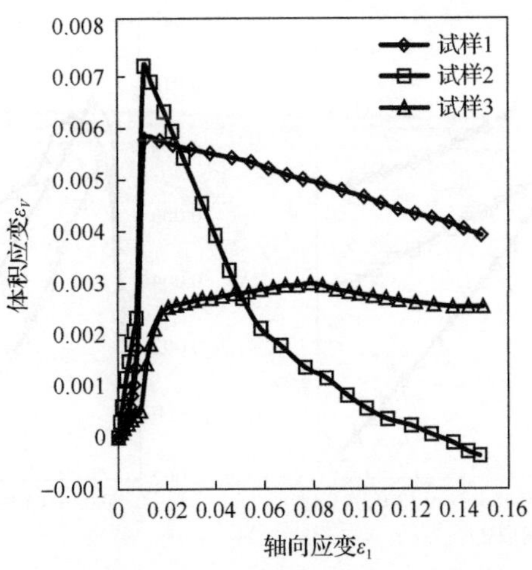

图 7.30　纯砂岩颗粒料体积应变-轴向应变关系(周期性饱水 20 次)

表 7.16　不同周期性饱水次数纯砂岩颗粒料的体积应变峰值

试样编号	体积应变峰值/10^{-2}			
	周期性饱水 1 次	周期性饱水 5 次	周期性饱水 10 次	周期性饱水 20 次
1	0.577	0.623	0.493	0.579
2	0.329	0.793	0.598	0.721
3	0.669	0.848	0.732	0.298
平均值	0.525	0.755	0.608	0.533

表 7.17　不同周期性饱水次数纯砂岩颗粒料体积应变峰值处的轴向应变

试样编号	轴向应变/10^{-2}			
	周期性饱水 1 次	周期性饱水 5 次	周期性饱水 10 次	周期性饱水 20 次
1	1.595	1.104	1.103	1.119
2	1.282	1.432	3.805	1.094
3	1.677	2.168	2.332	7.856
平均值	1.518	1.568	2.413	3.356

从表 7.16 和表 7.17 可以看出，体积应变峰值平均值随周期性饱水次数的增大先增大后减小，体积应变峰值处的轴向应变平均值随周期性饱水次数的增加而增大。

2) 砂泥岩颗粒混合料

对于砂泥岩颗粒混合料，周期性饱水 5 次的体积应变-轴向应变关系如图 7.21 所示，周期性饱水 1 次、10 次和 20 次的体积应变-轴向应变关系如图 7.31～图 7.33 所示。

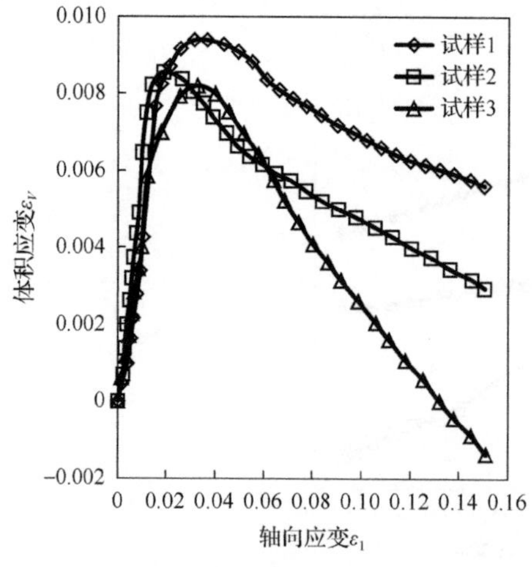

图 7.31　砂泥岩颗粒混合料体积应变-轴向应变关系(周期性饱水 1 次)

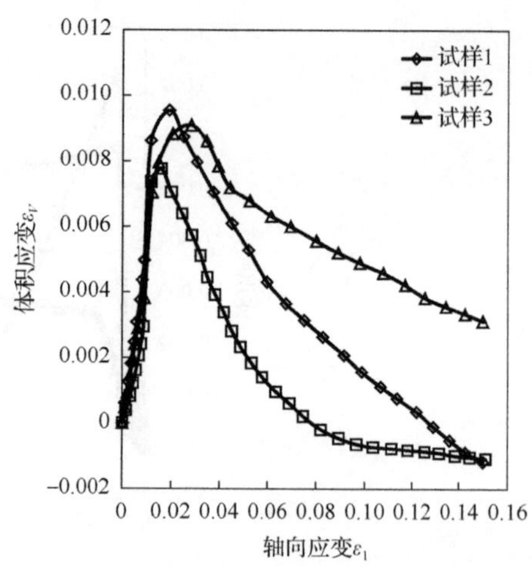

图 7.32　砂泥岩颗粒混合料体积应变-轴向应变关系(周期性饱水 10 次)

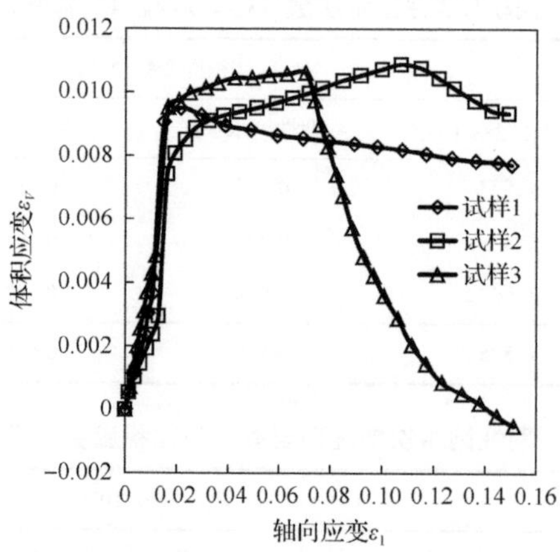

图 7.33　砂泥岩颗粒混合料体积应变-轴向应变关系(周期性饱水 20 次)

从图 7.31～图 7.33 的体积应变-轴向应变关系中可以得到试样的体积应变峰值和体积应变峰值处的轴向应变，如表 7.18 和表 7.19 所示。为便于比较，表中也列出了周期性饱水 5 次的试验结果。

表 7.18　不同周期性饱水次数砂泥岩颗粒混合料的体积应变峰值

试样编号	体积应变峰值/10^{-2}			
	周期性饱水 1 次	周期性饱水 5 次	周期性饱水 10 次	周期性饱水 20 次
1	0.938	1.044	0.953	0.947
2	0.855	0.987	0.776	1.086
3	0.819	0.850	0.703	1.059
平均值	0.871	0.960	0.811	1.031

表 7.19　不同周期性饱水次数纯砂泥岩颗粒混合料体积应变峰值处的轴向应变

试样编号	轴向应变/10^{-2}			
	周期性饱水 1 次	周期性饱水 5 次	周期性饱水 10 次	周期性饱水 20 次
1	3.646	3.159	1.904	2.152
2	1.884	2.489	1.583	10.751
3	3.262	2.216	1.469	7.398
平均值	2.931	2.621	1.652	6.767

从表 7.18 和表 7.19 可以看出，体积应变峰值及体积应变峰值处的轴向应变与周期性饱水次数没有明显的规律性。

与纯砂岩颗粒料相比，由于泥岩颗粒的掺入，在相同周期性饱水次数下，砂泥岩颗粒混合料的体积应变峰值平均值有所增大，体积应变峰值处的轴向应变平均值也有所增大。

7.3.2　应力水平的影响

为了研究应力水平对周期性饱水纯砂岩颗粒料和砂泥岩颗粒混合料饱水状态三轴强度及变形特性的影响，本节试验中，周期性饱水次数为 5 次，围压为 200kPa，应力水平为 0.25、0.5 和 0.75 共 3 种。

1. 应力-应变曲线

1) 纯砂岩颗粒料

对于纯砂岩颗粒料，应力水平为 0.5 的应力-应变曲线如图 7.13 所示，应力水平为 0.25 和 0.75 的应力-应变曲线如图 7.34 和图 7.35 所示。

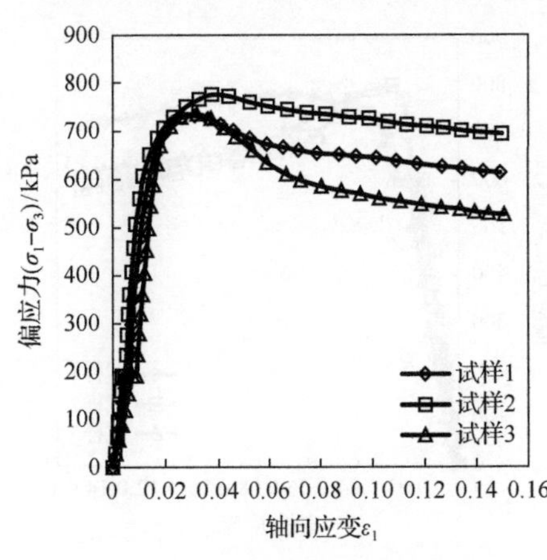

图 7.34　纯砂岩颗粒料应力-应变曲线(应力水平为 0.25)

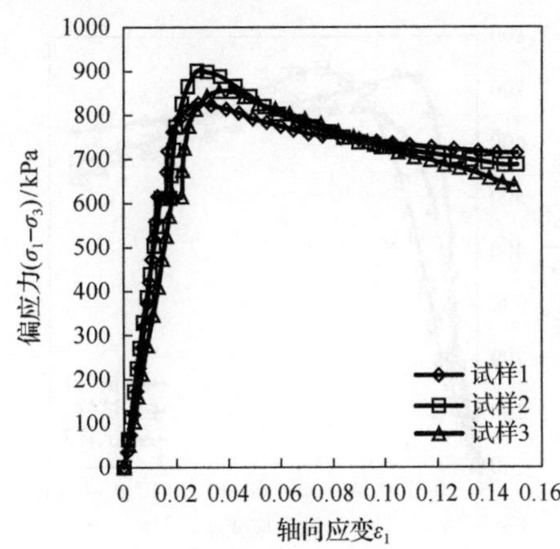

图 7.35　纯砂岩颗粒料应力-应变曲线(应力水平为 0.75)

从图 7.34 和图 7.35 的应力-应变曲线中可以得到试样的偏应力峰值和偏应力峰值处的轴向应变，如表 7.20 和表 7.21 所示。为便于比较，表中也列出了应力水平为 0.5 的试验结果。

表 7.20　不同应力水平纯砂岩颗粒料的偏应力峰值

试样编号	偏应力峰值/kPa		
	$S=0.25$	$S=0.5$	$S=0.75$
1	731.23	766.55	826.44
2	775.45	852.19	900.34
3	734.58	781.87	854.05
平均值	747.09	800.23	860.28

表 7.21　不同应力水平纯砂岩颗粒料偏应力峰值处的轴向应变

试样编号	轴向应变/10^{-2}		
	$S=0.25$	$S=0.5$	$S=0.75$
1	3.114	3.112	2.823
2	3.761	4.138	2.775
3	3.195	3.356	3.624
平均值	3.357	3.535	3.074

从表 7.20 和表 7.21 可以看出，纯砂岩颗粒料的偏应力峰值随着应力水平的增加而增大，偏应力峰值处的轴向应变与应力水平的关系没有明显的规律性。

2) 砂泥岩颗粒混合料

对于砂泥岩颗粒混合料，应力水平为 0.5 的应力-应变曲线如图 7.20 所示，应力水平为 0.25 和 0.75 的应力-应变曲线如图 7.36 和图 7.37 所示。

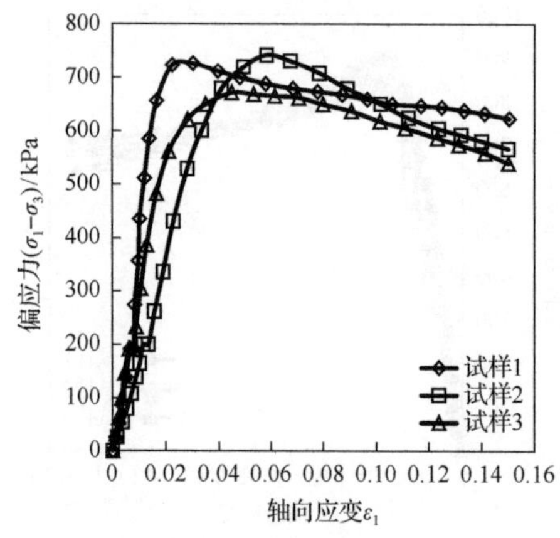

图 7.36　砂泥岩颗粒混合料应力-应变曲线（应力水平为 0.25）

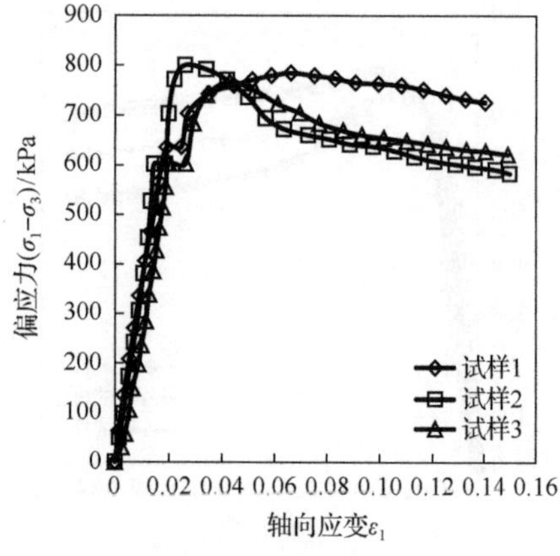

图 7.37　砂泥岩颗粒混合料应力-应变关系（应力水平为 0.75）

从图 7.36 和图 7.37 的应力-应变曲线中可以得到试样的偏应力峰值和偏应力峰值处的轴向应变，如表 7.22 和表 7.23 所示。为便于比较，表中也列出了应力水平为 0.5 的试验结果。

表 7.22　不同应力水平砂泥岩颗粒混合料的偏应力峰值

试样编号	偏应力峰值/kPa		
	$S=0.25$	$S=0.5$	$S=0.75$
1	726.47	783.68	783.81
2	742.86	755.85	799.36
3	671.35	774.71	765.89
平均值	713.56	771.41	783.02

表 7.23　不同应力水平砂泥岩颗粒混合料偏应力峰值处的轴向应变

试样编号	轴向应变/10^{-2}		
	$S=0.25$	$S=0.5$	$S=0.75$
1	3.031	4.350	6.619
2	5.827	4.276	2.621
3	4.487	3.539	4.306
平均值	4.448	4.055	4.515

从表 7.22 可以看出，砂泥岩颗粒混合料的偏应力峰值随着应力水平的增加而增大，但相比纯砂岩颗粒料(表 7.20)，在同等应力水平条件下，砂泥岩颗粒混合料的偏应力峰值较小。从表 7.23 可以看出，砂泥岩颗粒混合料偏应力峰值处的轴向应变与应力水平的关系并不明显，相比表 7.21 所示的纯砂岩颗粒料，在相同应力水平条件下，砂泥岩颗粒混合料的轴向应变略大些。

2. 体积应变-轴向应变关系

1) 纯砂岩颗粒料

对于纯砂岩颗粒料，应力水平为 0.5 的体积应变-轴向应变关系如图 7.17 所示，应力水平为 0.25 和 0.75 的体积应变-轴向应变关系如图 7.38 和图 7.39 所示。

从图 7.38 和图 7.39 的体积应变-轴向应变关系中可以得到试样的体积应变峰值和体积应变峰值处的轴向应变值，如表 7.24 和表 7.25 所示。为便于比较，表中也列出了应力水平为 0.5 的试验结果。

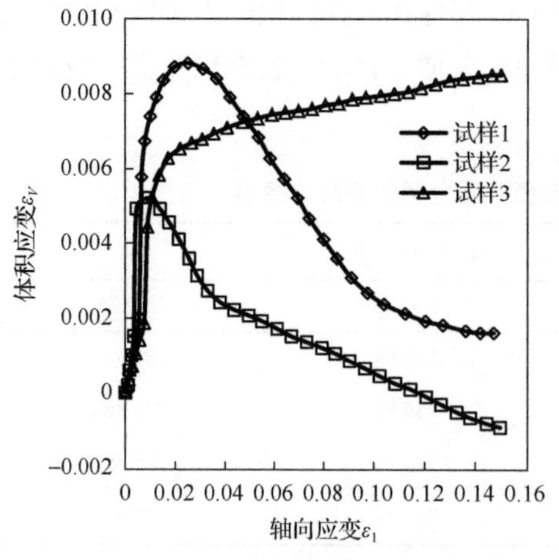

图 7.38　纯砂岩颗粒料体积应变-轴向应变关系(应力水平为 0.25)

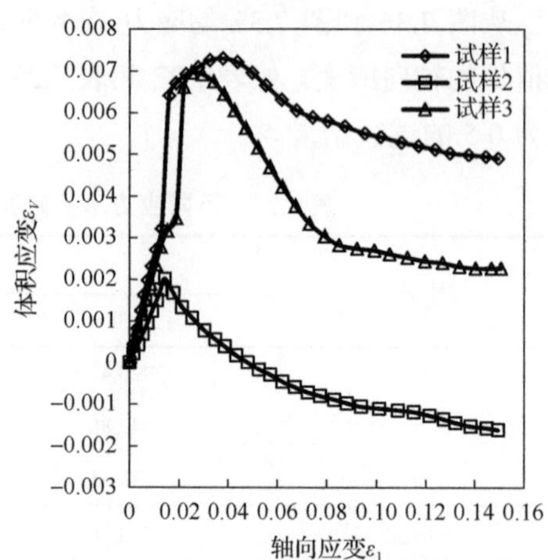

图 7.39　纯砂岩颗粒料体积应变-轴向应变关系(应力水平为 0.75)

表 7.24　不同应力水平纯砂岩颗粒料的体积应变峰值

试样编号	体积应变峰值/10^{-2}		
	$S=0.25$	$S=0.5$	$S=0.75$
1	0.881	0.623	0.729
2	0.521	0.793	0.201
3	0.850	0.848	0.695
平均值	0.751	0.755	0.542

表 7.25　不同应力水平纯砂岩颗粒料的体积应变峰值处的轴向应变

试样编号	轴向应变/10^{-2}		
	$S=0.25$	$S=0.5$	$S=0.75$
1	2.255	1.104	3.809
2	0.936	1.432	1.426
3	—	2.168	2.514
平均值	1.596	1.568	2.583

2)砂泥岩颗粒混合料

对于砂泥岩颗粒混合料，应力水平为 0.5 的体积应变-轴向应变关系如图 7.21 所示，应力水平为 0.25 和 0.75 的体积应变-轴向应变关系如图 7.40 和图 7.41 所示。

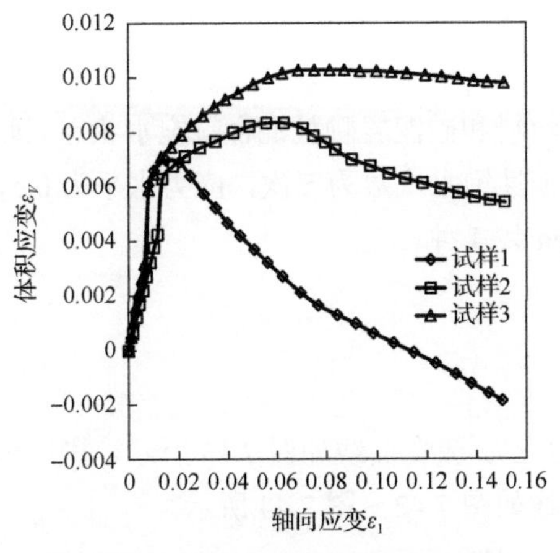

图 7.40　砂泥岩颗粒混合料体积应变-轴向应变关系(应力水平为 0.25)

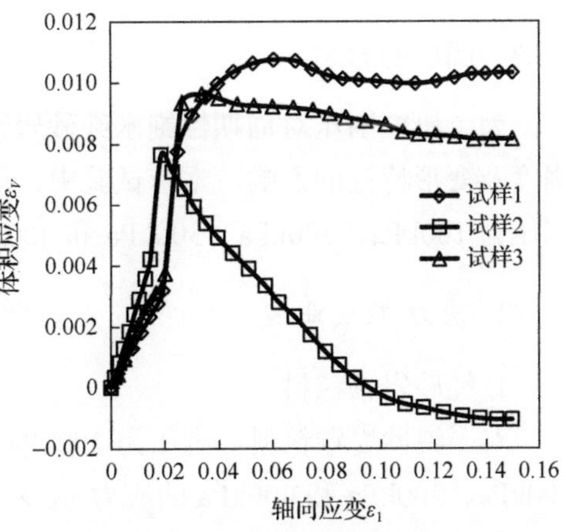

图 7.41　砂泥岩颗粒混合料体积应变-轴向应变关系(应力水平为 0.75)

从图 7.40 和图 7.41 的体积应变-轴向应变关系中可以得到试样的体积应变峰值和体积应变峰值处的轴向应变，如表 7.26 和表 7.27 所示。为便于比较，表中也列出了应力水平为 0.5 的试验结果。

表 7.26　不同应力水平砂泥岩颗粒混合料的体积应变峰值

试样编号	体积应变峰值/10^{-2}		
	$S=0.25$	$S=0.5$	$S=0.75$
1	0.700	1.044	1.074
2	0.834	0.987	0.763
3	1.027	0.850	0.963
平均值	0.854	0.960	0.933

表 7.27　不同应力水平砂泥岩颗粒混合料的体积应变峰值处的轴向应变

试样编号	轴向应变/10^{-2}		
	$S=0.25$	$S=0.5$	$S=0.75$
1	1.494	3.159	6.050
2	5.576	2.489	1.876
3	6.887	2.216	3.389
平均值	4.652	2.621	3.772

对比分析可知，纯砂岩颗粒料和砂泥岩颗粒混合料的体积应变峰值均随应力水平的增加先增大后减小，偏应力峰值处的轴向应变与应力水平没有明显关系，同一应力水平下砂泥岩颗粒混合料的体积应变峰值比纯砂岩颗粒料高。

7.3.3　围压的影响

为了研究围压对周期性饱水纯砂岩颗粒料和砂泥岩颗粒混合料饱水状态三轴强度及变形特性的影响，本节试验中，周期性饱水次数为 5 次，应力水平为 0.5，围压为 100kPa、200kPa、300kPa 和 400kPa 共 4 种。

1. 应力-应变曲线

1)纯砂岩颗粒料

对于纯砂岩颗粒料，围压为 200kPa 的应力-应变曲线如图 7.13 所示，围压为 100kPa、300kPa 和 400kPa 的应力-应变曲线如图 7.42～图 7.44 所示。

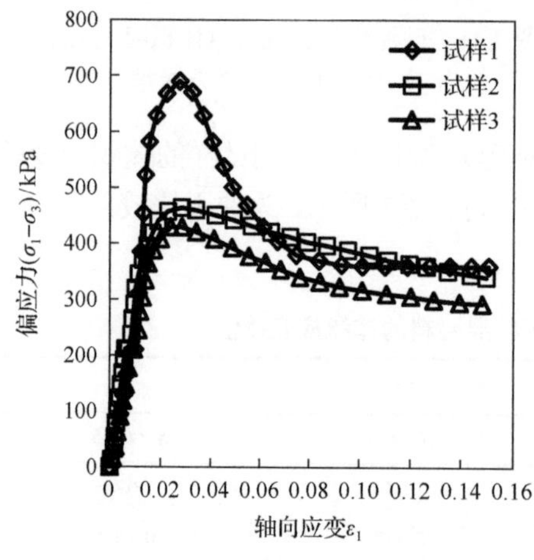

图 7.42　纯砂岩颗粒料应力-应变曲线(围压为 100kPa)

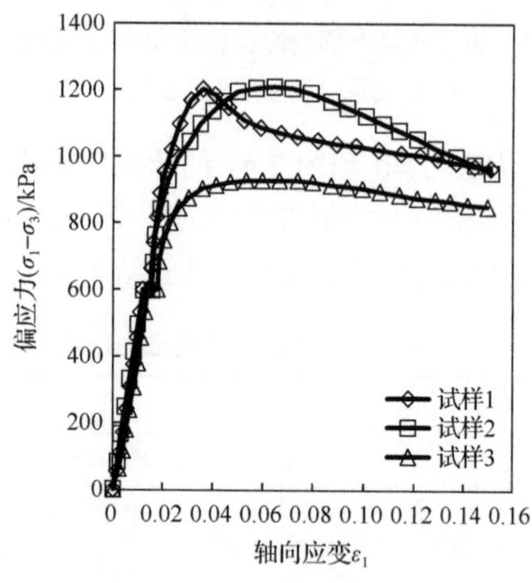

图 7.43　纯砂岩颗粒料应力-应变曲线(围压为 300kPa)

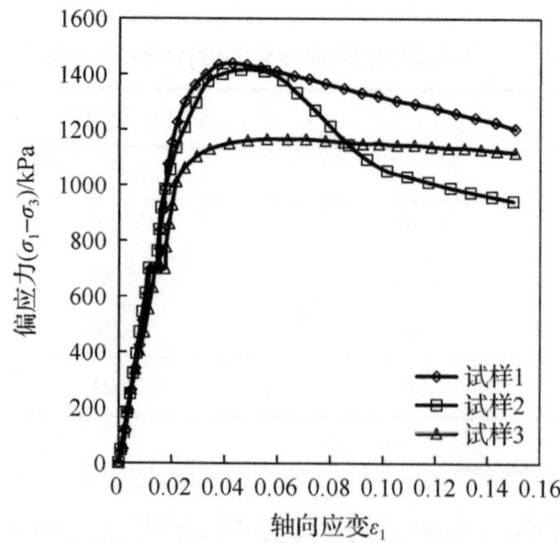

图 7.44　纯砂岩颗粒料应力-应变曲线(围压为 400kPa)

从图 7.42～图 7.44 的应力-应变曲线中可以得到试样的偏应力峰值和偏应力峰值处的轴向应变，如表 7.28 和表 7.29 所示。为便于比较，表中也列出了围压为 200kPa 的试验结果。

表 7.28 不同围压纯砂岩颗粒料的偏应力峰值

试样编号	偏应力峰值/kPa			
	围压 100kPa	围压 200kPa	围压 300kPa	围压 400kPa
1	690.25	766.55	1201.95	1437.88
2	463.36	852.19	1210.29	1405.46
3	428.15	781.87	928.38	1166.29
平均值	527.25	800.20	1113.54	1336.54

表 7.29 不同围压纯砂岩颗粒料偏应力峰值处的轴向应变

试样编号	轴向应变/10^{-2}			
	围压 100kPa	围压 200kPa	围压 300kPa	围压 400kPa
1	2.771	3.112	3.525	6.751
2	2.865	4.138	6.023	4.588
3	2.415	3.356	5.290	5.590
平均值	2.684	3.535	4.946	5.643

从表 7.28 和表 7.29 可以看出，纯砂岩颗粒料的偏应力峰值随着围压的增大而增加。这是由于围压越大，试样侧向束缚力越强。

图 7.45 给出了纯砂岩颗粒料偏应力峰值平均值与围压的关系。可以看出，偏应力峰值平均值与围压的线性关系较好。

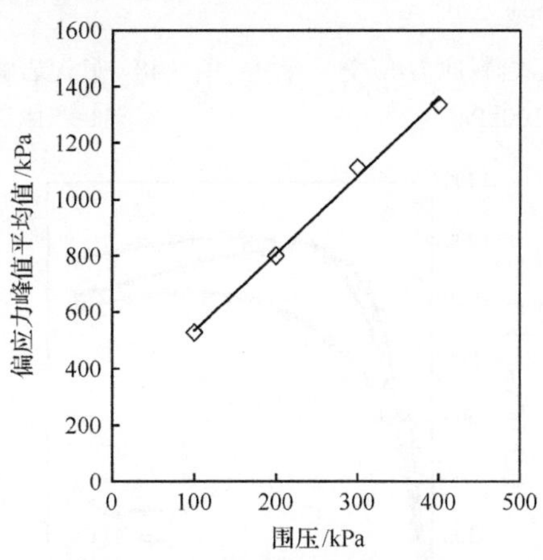

图 7.45 纯砂岩颗粒料偏应力峰值平均值与围压的关系

依据如图 7.46 所示的莫尔圆和莫尔-库仑强度准则，可得纯砂岩颗粒料的线性抗剪强度指标为黏聚力 c=30.4kPa，内摩擦角 φ=38.84°。

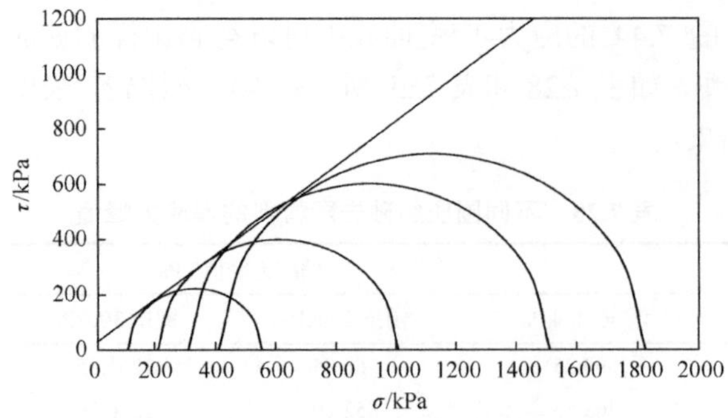

图 7.46　纯砂岩颗粒料的抗剪强度线

2) 砂泥岩颗粒混合料

对于砂泥岩颗粒混合料，围压为 200kPa 的应力-应变曲线如图 7.20 所示，围压为 100kPa、300kPa 和 400kPa 的应力-应变曲线如图 7.47～图 7.49 所示。

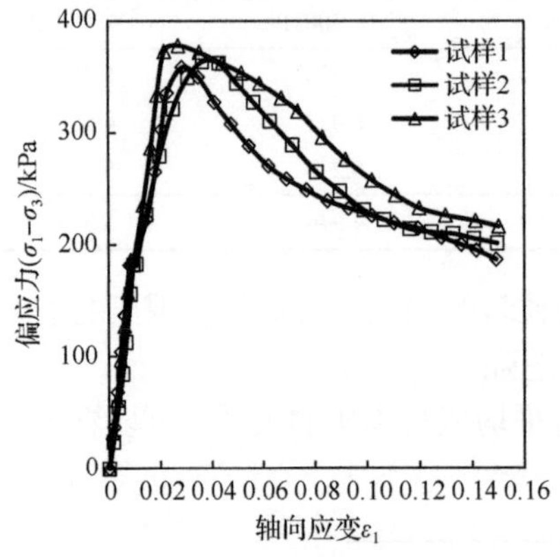

图 7.47　砂泥岩颗粒混合料应力-应变曲线(围压为 100kPa)

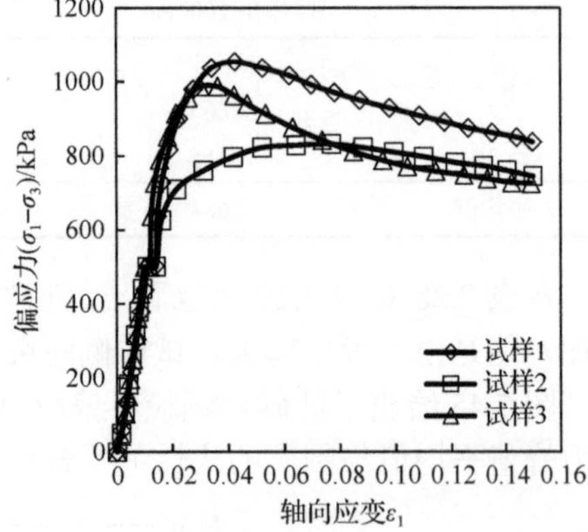

图 7.48　砂泥岩颗粒混合料应力-应变曲线(围压为 300kPa)

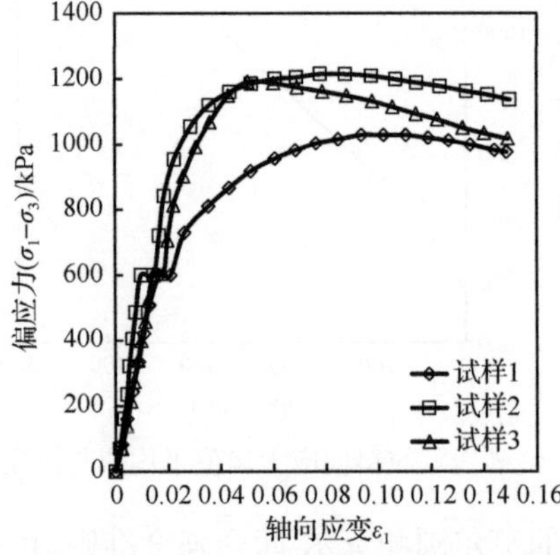

图 7.49　砂泥岩颗粒混合料应力-应变曲线(围压为 400kPa)

从图 7.47～图 7.49 的应力-应变曲线中可以得到试样的偏应力峰值和偏应力峰值处的轴向应变，如表 7.30 和表 7.31 所示。为便于比较，表中也列出了围压为 200kPa 的试验结果。

表 7.30　不同围压砂泥岩颗粒混合料的偏应力峰值

试样编号	偏应力峰值/kPa			
	围压 100kPa	围压 200kPa	围压 300kPa	围压 400kPa
1	359.33	783.68	1053.89	1027.86
2	364.46	755.85	831.41	1214.25
3	377.28	774.71	986.26	1191.44
平均值	367.02	771.41	957.19	1144.52

表 7.31　不同围压砂泥岩颗粒混合料偏应力峰值处的轴向应变

试样编号	轴向应变/10^{-2}			
	围压 100kPa	围压 200kPa	围压 300kPa	围压 400kPa
1	2.859	4.350	4.646	6.671
2	3.663	4.276	7.698	7.787
3	2.720	3.539	3.635	5.036
平均值	3.081	4.055	5.326	6.498

从表 7.30 和表 7.31 可以看出，在相同围压、周期性饱水次数和应力水平条件下，砂泥岩颗粒混合料的偏应力峰值比纯砂岩颗粒料小，这也表明了掺入泥岩颗粒的影响。

砂泥岩颗粒混合料偏应力峰值平均值与围压的关系如图 7.50 所示。可以看出，可见围压与偏应力峰值平均值的线性关系较好。

依据如图 7.51 所示的莫尔圆和莫尔-库仑强度准则，可得砂泥岩颗粒混合料的线性抗剪强度指标为黏聚力 c=35.1kPa，内摩擦角 φ=35.7°。与纯砂岩颗粒料相比，掺入泥岩颗粒后，黏聚力有所增大，而内摩擦角略有减小。

2. 体积应变-轴向应变关系

1）纯砂岩颗粒料

对于纯砂岩颗粒料，围压为 200kPa 的体积应变-轴向应变关系如图 7.17 所示，围压为 100kPa、300kPa 和 400kPa 的体积应变-轴向应变关系如图 7.52～图 7.54 所示。

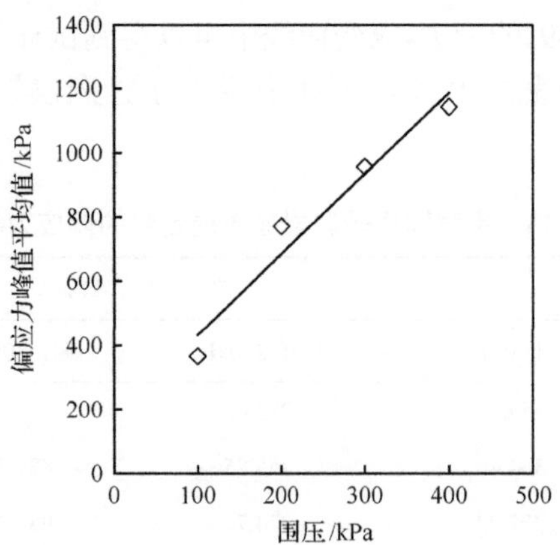

图 7.50　砂泥岩颗粒混合料偏应力峰值平均值与围压的关系

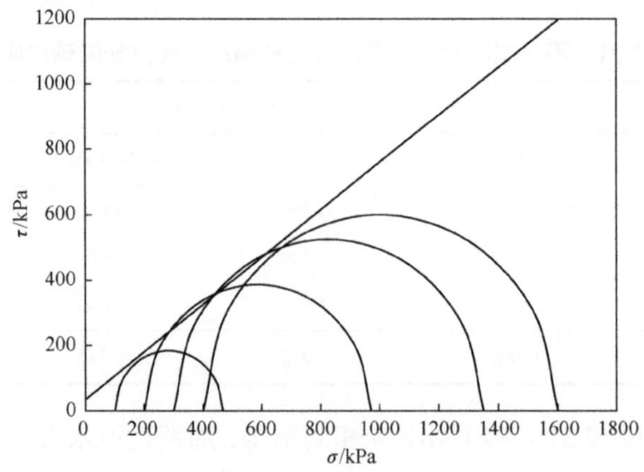

图 7.51　砂泥岩颗粒混合料的抗剪强度线

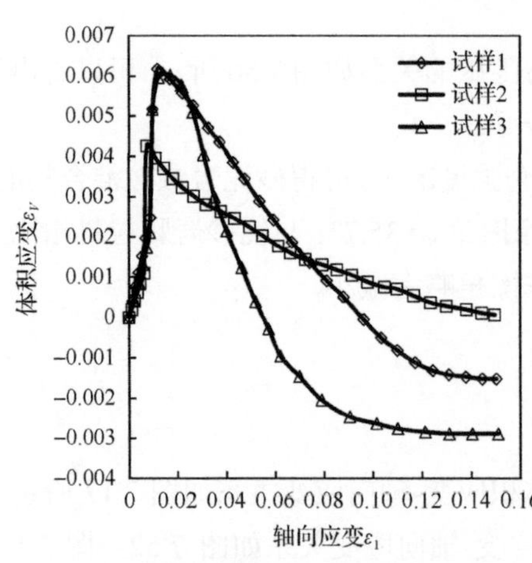

图 7.52　纯砂岩颗粒料的体积应变-轴向应变关系(围压为 100kPa)

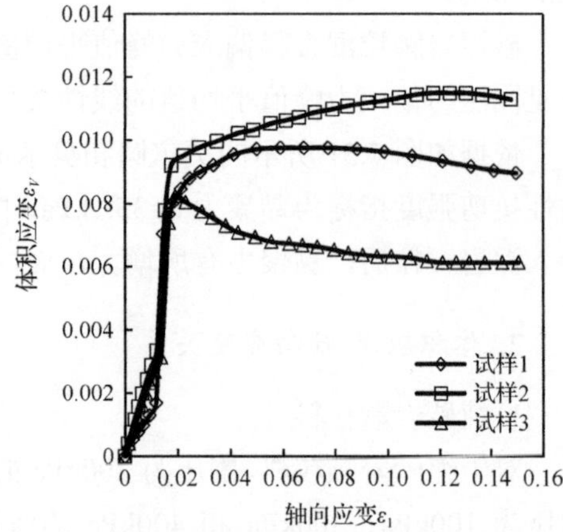

图 7.53　纯砂岩颗粒料的体积应变-轴向应变关系(围压为 300kPa)

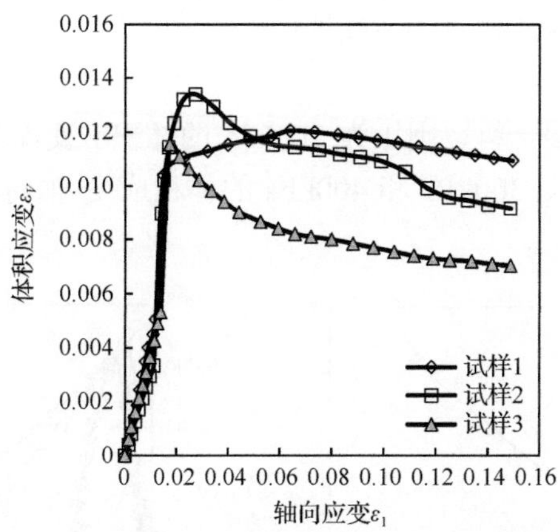

图 7.54 纯砂岩颗粒料的体积应变-轴向应变关系(围压为 400kPa)

从图 7.52～图 7.54 的体积应变-轴向应变关系中可以得到试样的体积应变峰值和体积应变峰值处的轴向应变，如表 7.32 和表 7.33 所示。为了便于比较，表中也列出了围压为 200kPa 的试验结果。

表 7.32 不同围压纯砂岩颗粒料的体积应变峰值

试样编号	体积应变峰值/10^{-2}			
	围压 100kPa	围压 200kPa	围压 300kPa	围压 400kPa
1	0.617	0.623	0.972	1.204
2	0.426	0.793	1.149	1.339
3	0.601	0.848	0.825	1.154
平均值	0.548	0.755	0.982	1.232

表 7.33 不同围压纯砂岩颗粒料体积应变峰值处的轴向应变

试样编号	轴向应变/10^{-2}			
	围压 100kPa	围压 200kPa	围压 300kPa	围压 400kPa
1	1.189	1.104	4.992	6.414
2	0.732	1.432	9.896	2.738
3	1.718	2.168	1.892	1.984
平均值	1.213	1.568	5.593	3.712

从表 7.32 可以看出，纯砂岩颗粒料的体积应变峰值总体上随着围压的增加而增大。

图 7.55 给出了纯砂岩颗粒料体积应变峰值平均值与围压的关系。可以看出，

随围压增大，体积应变峰值平均值线性增大。

2)砂泥岩颗粒混合料

对于砂泥岩颗粒混合料，围压为 200kPa 的体积应变-轴向应变关系如图 7.21 所示，围压为 100kPa、300kPa 和 400kPa 的体积应变-轴向应变关系如图 7.56～图 7.58 所示。

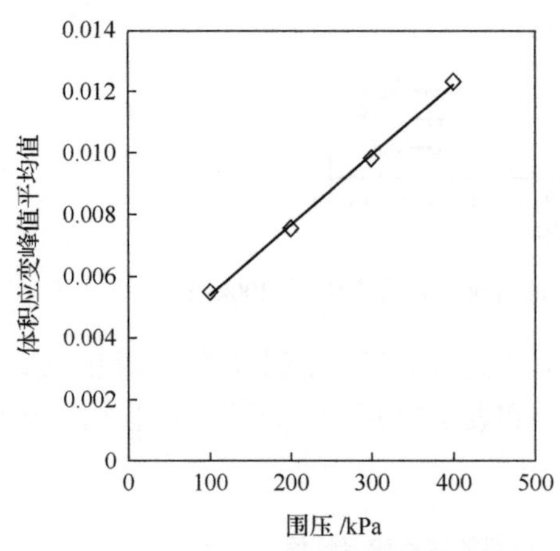

图 7.55　纯砂岩颗粒料体积应变峰值平均值与围压的关系

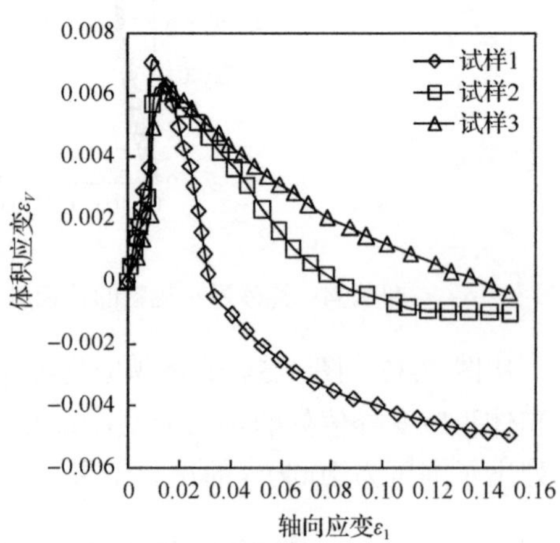

图 7.56　砂泥岩颗粒混合料的体积应变-轴向应变关系(围压为 100kPa)

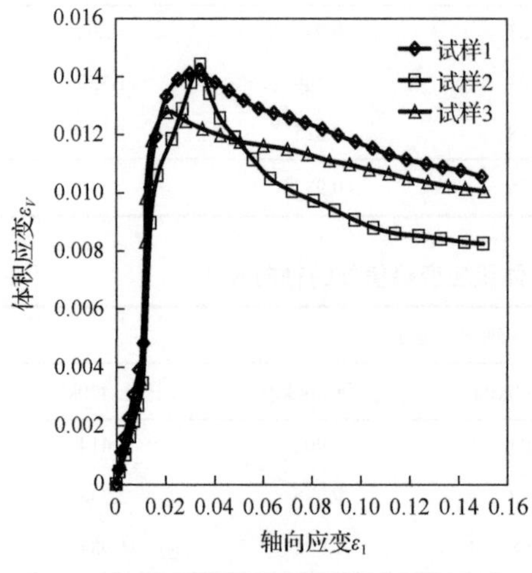

图 7.57　砂泥岩颗粒混合料的体积应变-轴向应变关系(围压为 300kPa)

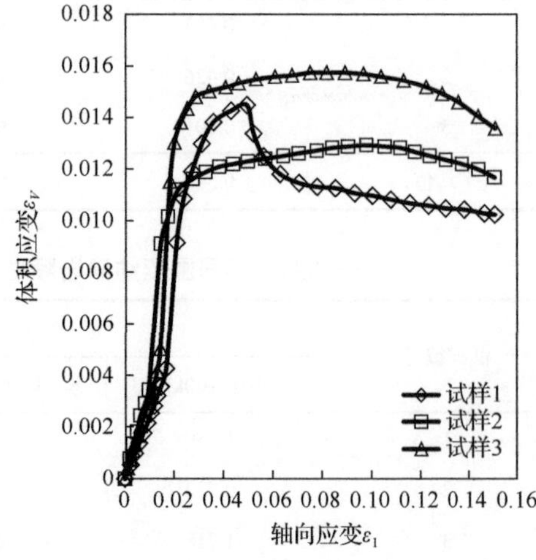

图 7.58　砂泥岩颗粒混合料的体积应变-轴向应变关系(围压为 400kPa)

从图 7.56～图 7.58 的体积应变-轴向应变关系中可以得到试样的体积应变峰值和体积应变峰值处的轴向应变，如表 7.34 和表 7.35 所示。为便于比较，表中也列出了围压为 200kPa 的试验结果。

表 7.34　不同围压砂泥岩颗粒混合料的体积应变峰值

试样编号	体积应变峰值/10^{-2}			
	围压 100kPa	围压 200kPa	围压 300kPa	围压 400kPa
1	0.595	1.044	1.411	1.247
2	0.723	0.987	1.042	1.292
3	0.630	0.850	1.277	1.573
平均值	0.649	0.960	1.243	1.371

表 7.35　不同围压砂泥岩颗粒混合料体积应变峰值处的轴向应变

试样编号	轴向应变/10^{-2}			
	围压 100kPa	围压 200kPa	围压 300kPa	围压 400kPa
1	0.898	3.159	3.006	4.938
2	1.749	2.489	3.450	9.802
3	1.374	2.216	2.093	7.536
平均值	1.340	2.621	2.850	7.425

与纯砂岩颗粒料相比，砂泥岩颗粒混合料的体积应变峰值较大，这是因为掺入的泥岩颗粒在试验中更容易破碎。

图 7.59 给出了砂泥岩颗粒混合料体积应变峰值平均值与围压的关系。可以看出，体积应变峰值平均值与围压的线性关系较好。

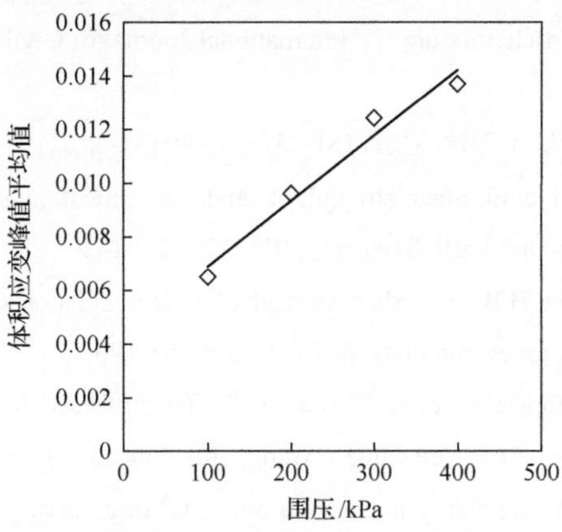

图 7.59　砂泥岩颗粒混合料体积应变峰值平均值与围压的关系

7.4 本章小结

本章研究了试样特征和试验条件对饱水状态纯砂岩颗粒料和砂泥岩颗粒混合料的三轴强度及变形特性的影响，得到以下结论：

(1)纯砂岩颗粒料的偏应力峰值随着干密度的增大而增大，体积应变峰值随着干密度的增大而减小；掺入20%泥岩颗粒后，砂泥岩颗粒混合料的偏应力峰值有所降低，体积应变峰值略有增大。

(2)纯砂岩颗粒料和砂泥岩颗粒混合料的偏应力峰值均随应力水平、围压的增大而增大，随周期性饱水次数的增大而减小；体积应变峰值随着围压的增大而增大。

参考文献

[1] Wang J J, Liu M N, Qiu Z F, et al. Effects of wetting-drying cycles on strain-stress relationship from triaxial test of a mudstone mixture [J]. Geotechnical and Geological Engineering, 2019, 37(2): 1039-1045.

[2] Wang J J, Zhou Y F, Wu X, et al. Effects of soaking and cyclic wet-dry actions on shear strength of an artificially mixed sand [J]. KSCE Journal of Civil Engineering, 2019, 23(4): 1617-1625.

[3] Wang J J, Zhang J, Qiu Z F, et al. Effects of periodic saturation on stress-strain relationship of a sandstone mixture [J]. Marine Georesources & Geotechnology, 2019, 37(1): 109-115.

[4] Wang J J, Qiu Z F, Bai J, et al. Deformation of a sandstone-mudstone particle mixture induced by periodic saturation [J]. Marine Georesources & Geotechnology, 2018, 36(4): 494-503.

[5] Tang S C, Wang J J, Qiu Z F, et al. Effects of wet-dry cycle on the shear strength of a sandstone-mudstone particle mixture [J]. International Journal of Civil Engineering, 2019, 17(6): 921-933.

[6] 中华人民共和国水利部. 土工试验规程(SL 237—1999)[S]. 北京: 中国水利水电出版社, 1999.

[7] Wang J J, Guo J J, Bai J, et al. Shear strength of sandstone-mudstone particle mixture from direct shear test [J]. Environmental Earth Sciences, 2018, 77(12): 442.

[8] Wang J J, Zhang H P, Wen H B, et al. Shear strength of an accumulation soil from direct shear test [J]. Marine Georesources & Geotechnology, 2015, 33(2): 183-190.

[9] Wang J J, Zhang H P, Tang S C, et al. Closure to “Effects of Particle Size Distribution on Shear Strength of Accumulation Soil” by Jun-Jie Wang, Hui-Ping Zhang, Sheng-Chuan Tang, and Yue Liang [J]. Journal of Geotechnical and Geoenvironmental Engineering, 2015, 141(1): 07014031.

[10] Wang J J, Zhang H P, Tang S C, et al. Effects of particle size distribution on shear strength of accumulation soil [J]. Journal of Geotechnical and Geoenvironmental Engineering, 2013, 139(11): 1994-1997.

[11] Wang J J, Cheng Y Z, Zhang H P, et al. Effects of particle size on compaction behavior and particle crushing of crushed sandstone-mudstone particle mixture [J]. Environmental Earth Sciences, 2015, 73(12): 8053-8059.

[12] Wang J J, Yang Y, Zhang H P. Effects of particle size distribution on compaction behavior and particle crushing of a mudstone particle mixture [J]. Geotechnical and Geological Engineering, 2014, 32(4): 1159-1164.

[13] Wang J J, Zhang H P, Liu M W, et al. Compaction behaviour and particle crushing of a crushed sandstone particle mixture [J]. European Journal of Environmental and Civil Engineering, 2014, 18(5): 567-583.

[14] Wang J J, Zhao D, Liang Y, et al. Angle of repose of landslide debris deposits induced by 2008 Sichuan Earthquake [J]. Engineering Geology, 2013, 156: 103-110.

[15] Wang J J, Zhang H P, Deng D P, et al. Effects of mudstone particle content on compaction behavior and particle crushing of a crushed sandstone-mudstone particle mixture[J]. Engineering Geology, 2013, 167: 1-5.

[16] Wang J J, Qiu Z F, Deng W J, et al. Effects of mudstone particle content on shear strength of a crushed sandstone-mudstone particle mixture [J]. Marine Georesources & Geotechnology, 2016, 34(4): 395-402.

[17] 王俊杰, 方绪顺, 邱珍锋. 砂泥岩颗粒混合料工程特性研究[M]. 北京: 科学出版社, 2016.

[18] Huang S Y, Wang J J, Qiu Z F, et al. Effects of cyclic wetting-drying conditions on elastic modulus and compressive strength of sandstone and mudstone [J]. Processes, 2018, 6(12): 234.

第 8 章　劣化机理及劣化演化过程

第 2 章的研究表明，周期性饱水作用对砂岩和泥岩具有显著的劣化效应，表现为岩石的吸水率随周期性饱水次数的增大而增大，单轴抗压强度及弹性模量随周期性饱水次数的增大而减小，基于此提出了总劣化度的概念用于定量描述周期性饱水作用对砂岩和泥岩的劣化效应。第 4～7 章的研究表明，周期性饱水作用对砂泥岩颗粒混合料(包括纯砂岩颗粒料、纯泥岩颗粒料和砂泥岩颗粒混合料)也具有显著的劣化效应，表现为砂泥岩颗粒混合料的强度随周期性饱水作用而降低，相同应力状态下试样的变形增大。

从机理上讲，周期性饱水作用对砂泥岩颗粒混合料存在劣化影响至少有两方面的原因：一是砂岩颗粒和泥岩颗粒在周期性饱水作用下发生软化，颗粒强度降低，第 2 章对砂岩、泥岩的周期性饱水试验研究成果就能够充分说明此机理；二是在周期性饱水三轴剪切试验过程中，相比未经受周期性饱水作用的砂泥岩颗粒混合料，有更多的颗粒发生了破碎，应该从颗粒破碎角度揭示周期性饱水砂泥岩颗粒混合料的劣化机理。

堆石料的颗粒破碎及其对工程特性的影响不容忽视[1]。颗粒破碎是指岩土颗粒在外部荷载作用下产生结构的破坏或破损，分裂成粒径相等或不等的多个颗粒的现象[2]，与颗粒粒径、颗粒形状、颗粒级配、应力状态、应力路径、孔隙比、颗粒硬度及含水率等有关，最明显的表现是试验前后颗粒级配曲线的变化[3]。王俊杰等[4~8]对室内标准击实试验、常规三轴剪切试验过程中砂泥岩颗粒混合料的颗粒破碎问题进行了系统研究。刘恩龙等[9]的研究表明[9]，堆石料的抗剪强度包线在高围压下为非线性的主要原因是高应力条件下颗粒破碎现象比较严重。

颗粒破碎是周期性饱水砂泥岩颗粒混合料劣化的重要原因，为了揭示周期性饱水砂泥岩颗粒混合料的劣化机理，开展周期性饱水作用下的颗粒破碎试验研究是行之有效的方法。本章基于颗粒破碎试验，结合周期性饱水作用对砂泥岩颗粒混合料强度及变形特性的影响规律，探究周期性饱水作用劣化砂泥岩颗粒混合料的机理，揭示劣化作用随周期性饱水次数增大的演化过程。

8.1　颗粒破碎特征

8.1.1　颗粒破碎试验方法

将周期性饱水砂泥岩颗粒混合料三轴剪切试验完成后的试样取出，并放入贴有对应试样标签的塑料袋中。将贴有标签的塑料袋中的土样移至铁质托盘，并使用橡皮锤轻轻将大块土料捣散，平铺至铁质托盘中；随后将托盘放入数显鼓风恒温干燥箱中，设置烘干温度为 105℃，烘干时长为 24h。烘干结束后，将土料自然冷却。采用标准振筛机对冷却的土料进行颗粒筛分，标准筛孔径为 20mm、10mm、5mm、2mm、1mm、0.5mm、0.25mm 及 0.075mm，筛分时间为 20min。

标准振筛机筛分完成后，分取每一圆孔筛的土样于铁质托盘中，采用精度为 0.01g 的电子计量称量测每一粒径组内的土样质量，并详细记录围压、应力水平、周期性饱水次数、岩性等数据。随后，将所有粒组的质量进行累加，得到土料质量；将该土料质量与试验前的质量相比，计算质量损失率。

8.1.2　颗粒破碎量化方法

描述颗粒破碎现象的量化指标必须能够反映试验过程中颗粒破碎的实际情况[10]。对于形状不规则的颗粒组成的土料，研究某一个颗粒的形状、大小的变化是不现实的，而土料是由许多性质不同的颗粒组成的，试样的变形、强度等宏观特性是土料中每个颗粒力学特性的综合效应。因此，迟世春等[11]从统计学的角度上，将土料各粒组颗粒含量的变化用于分析颗粒破碎现象。

Lee 等[12]采用特征粒径 d_{15} 的变化率来描述颗粒破碎对级配曲线的影响，类似的，Lade 等[13]采用特征粒径 d_{10}。这种量化方法仅描述了级配曲线中某一个点的粒径变化，不能从整体上反映各种粒组的颗粒破碎[14]。为了改进这一缺陷，Marsal[15]建议采用颗粒破碎前后两种颗粒级配曲线中各粒组颗粒含量的绝对差值之和来描述颗粒破碎现象，并定义为破碎率 B_g。破碎率克服了采用单一粒径颗粒描述颗粒破碎的缺陷，由于采用质量的绝对差值，这种方法扩大了大粒径颗粒破碎对颗粒级配的影响。

假设颗粒是可以完全破碎的，即大颗粒可以破碎成小颗粒，直至粒径为 0.075mm，认为粒径小于 0.075mm 的颗粒是不能破碎的。通过这一假定，Hardin[2]引入颗粒破碎势 B_p 和颗粒相对破碎率的概念来描述颗粒破碎现象。颗粒相对破碎率 B_r 计算公式为[2]

$$B_r = \frac{B_t}{B_p} \times 100\% \tag{8.1}$$

式中，B_r为颗粒相对破碎率，%；B_t为颗粒破碎总量，为粒径大于 0.075mm 的颗粒试验前后两种颗粒级配曲线之间的面积；B_p为试验前的颗粒级配曲线破碎势，是粒径大于 0.075mm 的颗粒级配曲线与累计颗粒质量分数为 100%竖线之间所包围的面积。

秦月等[16]采用相对颗粒破碎率来描述钙质砂的颗粒破碎规律。严格来说，这种思路也存在一定的缺陷，Coop 等[17]认为某一级配的土料破碎到一个阶段后，会形成颗粒级配稳定的土料，发生再次破碎非常困难，并不是无限制破碎至粒径为 0.075mm 以下的粉粒。分形理论的引入使得颗粒破碎量化指标更加完善[18]。

Marsal[15]提出了颗粒破碎率B_g概念作为研究颗粒破碎的量化指标，该颗粒破碎率通过几种颗粒粒径试验前后的变化来描述颗粒破碎。该参数可以表征相应应力下颗粒破碎的程度，其定义为试验前后各粒组颗粒含量之差的正值之和，即

$$B_g = \sum \Delta W_k \tag{8.2}$$

式中，$\Delta W_k > 0$，$\Delta W_k = W_{k,i} - W_{f,i}$，$W_{k,i}$为试验前颗粒级配曲线上$i$级粒组的颗粒含量，$W_{f,i}$为试验后颗粒级配曲线上$i$级粒组的颗粒含量。

为了研究方便，本章对第 6 章周期性饱水三轴试验试样(试样在疏干状态下进行三轴剪切直至破坏)的颗粒破碎进行定量研究，采用 Hardin[2]提出的颗粒破碎势B_p和颗粒相对破碎率B_r来衡量颗粒破碎；对第 7 章周期性饱水三轴试验试样(试样在饱水状态下进行三轴剪切直至破坏)的颗粒破碎进行定量研究，采用 Marsal[15]提出的颗粒破碎率B_g来衡量颗粒破碎。

8.1.3　疏干状态砂泥岩颗粒混合料试样颗粒破碎试验结果

制样过程中的击实产生的颗粒破碎现象不容忽视[4]，周期性饱水过程中所产生的颗粒破碎为试验结果中扣除了击实产生的这部分颗粒破碎。对周期性饱水砂泥岩颗粒混合料的三轴剪切试验之后的土料进行筛分试验，获得各土料的颗粒级配(各粒组颗粒含量)及该颗粒级配的颗粒破碎势，如表 8.1 所示。

从表 8.1 中试验前及击实后的颗粒级配及颗粒破碎势可以看出，击实造成了颗粒破碎，击实所产生的颗粒破碎是不容忽视的。本章采用击实后的颗粒破碎势作为颗粒破碎率计算的基础值，以消除击实的影响。试验中还发现了粒径小于 0.075mm 的颗粒具有一定的损失，这可能是由于颗粒筛分不完全或者残留在搬运过程中的仪器、包装等物体上，也可能是由于经过多次周期性饱水而流失。但总体来说，损失的细颗粒质量占总质量的比例不超过 2%，作为筛分试验，这在可接受的范围内。

表 8.1　疏干状态砂泥岩颗粒混合料的颗粒级配及颗粒破碎势

周期性饱水次数	围压/kPa	应力水平	各粒组颗粒含量/%								颗粒破碎势
			20～10mm	10～5mm	5～2mm	2～1mm	1～0.5mm	0.5～0.25mm	0.25～0.075mm	<0.075mm	
0-试验前	—	—	18.0	19.0	19.0	12.0	10.0	7.0	12.0	3.0	1.4282
0-击实后	—	—	17.2	18.7	18.6	11.6	9.7	7.1	12.4	4.7	1.3912
0.5	100	0.25	13.6	20.9	18.5	7.4	8.6	10.7	21.1	0.4	1.3175
		0.50	11.7	18.2	19.6	7.6	8.3	11.2	22.5	1.0	1.2615
		0.75	12.2	19.6	20.3	6.3	6.4	13.5	22.4	2.4	1.2534
	200	0.25	12.3	17.0	18.9	7.2	8.0	10.9	21.4	1.0	1.2694
		0.50	12.4	19.0	17.7	7.2	7.8	13.7	19.4	2.9	1.2597
		0.75	12.8	17.7	17.2	7.6	5.8	15.5	19.2	2.2	1.2583
	300	0.25	11.3	21.0	18.1	8.3	3.0	15.1	19.2	3.1	1.2694
		0.50	10.2	19.8	20.5	6.6	6.7	15.0	19.2	2.2	1.2605
		0.75	11.3	18.1	17.9	6.4	5.5	13.3	25.9	0.5	1.2173
	400	0.25	11.0	20.6	19.8	5.3	7.5	14.1	21.2	0.5	1.2760
		0.50	12.5	18.7	18.2	6.9	6.1	12.4	22.3	2.8	1.2459
		0.75	9.6	20.6	17.9	7.2	7.2	13.6	19.6	3.7	1.2337
1	100	0.25	12.6	19.7	18.4	7.4	7.7	10.5	21.7	0.9	1.2917
		0.50	12.2	19.5	18.6	7.6	8.2	11.4	21.4	1.1	1.2801
		0.75	14.0	17.8	18.7	7.5	8.1	11.5	21.9	0.5	1.2897
	200	0.25	13.7	18.1	18.5	7.3	7.6	12.1	21.2	1.5	1.2802
		0.50	12.2	18.1	18.3	6.9	7.4	12.5	23.7	0.8	1.2457
		0.75	11.8	18.6	19.4	6.4	7.6	12.1	23.4	0.8	1.2533
	300	0.25	10.9	20.2	20.0	6.3	7.1	14.4	18.7	1.8	1.2799
		0.50	12.6	19.1	19.9	5.7	7.0	12.3	23.3	0.2	1.2769
		0.75	11.7	18.1	19.1	6.8	7.2	14.8	22.6	0.5	1.2455
	400	0.25	11.7	18.7	19.8	8.1	8.0	12.9	18.0	2.8	1.2774
		0.50	12.9	18.7	16.3	9.1	5.0	16.0	18.5	3.3	1.2567
		0.75	10.8	20.5	20.4	6.2	7.4	12.1	22.3	1.2	1.2679
5	100	0.25	13.0	19.7	18.4	7.0	7.0	12.9	21.6	0.3	1.2919
		0.50	11.2	19.7	19.5	6.8	6.7	13.3	22.4	0.5	1.2653
		0.75	11.9	19.0	18.4	6.3	7.6	12.6	24.0	0.3	1.2513
	200	0.25	12.4	19.5	19.3	6.0	7.8	13.5	21.1	0.2	1.2873
		0.50	11.6	19.6	18.7	6.6	6.5	14.8	23.0	0.4	1.2535
		0.75	11.2	19.2	18.4	5.9	5.2	13.5	24.9	0.5	1.2350

续表

周期性饱水次数	围压/kPa	应力水平	各粒组颗粒含量/%								颗粒破碎势
			20～10mm	10～5mm	5～2mm	2～1mm	1～0.5mm	0.5～0.25mm	0.25～0.075mm	＜0.075mm	
5	300	0.25	10.2	19.7	19.4	6.8	7.4	12.7	22.0	1.8	1.2434
		0.50	9.5	20.9	18.8	6.9	5.2	15.4	20.1	2.5	1.2438
		0.75	9.8	20.2	18.8	6.5	6.7	14.9	21.2	2.2	1.2335
	400	0.25	10.9	21.1	20.4	6.8	8.2	14.2	20.9	1.7	1.2653
		0.50	10.7	19.5	18.5	6.5	5.3	15.3	23.1	1.1	1.2316
		0.75	9.5	21.1	18.5	5.9	5.9	14.9	23.7	0.5	1.2325
10	100	0.25	10.7	20.4	20.2	6.2	5.3	13.8	21.7	1.6	1.2618
		0.50	9.0	21.1	20.1	6.6	4.0	13.7	23.1	2.5	1.2286
		0.75	10.0	21.0	19.1	6.2	5.5	13.4	22.9	2.0	1.2397
	200	0.25	9.6	20.5	20.6	6.3	5.6	13.8	21.9	1.7	1.2485
		0.50	9.2	20.4	20.1	6.2	5.5	14.2	23.0	1.5	1.2311
		0.75	10.0	20.1	19.4	6.1	4.8	15.0	23.0	1.6	1.2313
	300	0.25	9.2	20.9	19.4	6.4	5.2	15.1	21.9	1.9	1.2335
		0.50	10.0	19.7	18.9	6.7	5.7	15.4	21.9	2.3	1.2234
		0.75	9.3	18.3	19.7	7.2	7.6	14.8	17.0	7.1	1.1974
	400	0.25	9.6	20.1	17.9	8.0	2.8	16.1	20.4	4.5	1.2106
		0.50	10.6	19.9	18.2	6.6	4.1	18.0	18.0	4.3	1.2081
		0.75	9.2	18.9	15.2	5.0	5.1	19.0	22.1	0.6	1.1933
20	100	0.25	11.2	18.6	17.9	8.0	3.7	15.3	20.3	5.1	1.2105
		0.50	10.2	17.4	19.7	7.2	7.3	15.3	16.6	6.8	1.2052
		0.75	7.9	21.3	17.5	5.5	4.2	16.3	21.4	4.3	1.1859
	200	0.25	10.6	19.0	18.4	6.9	3.6	16.9	22.4	3.3	1.2042
		0.50	9.8	21.6	16.6	4.9	3.5	17.6	22.2	3.9	1.1968
		0.75	10.6	17.4	16.9	6.0	8.5	14.4	25.7	1.5	1.1765
	300	0.25	10.5	16.3	15.8	9.2	4.7	16.7	17.9	4.1	1.2028
		0.50	11.3	17.8	18.1	6.8	3.5	17.0	23.1	3.5	1.1909
		0.75	10.7	19.1	18.2	6.8	8.7	15.1	25.7	1.9	1.1888
	400	0.25	10.8	17.8	17.7	6.2	6.8	14.6	26.5	0.4	1.1941
		0.50	9.9	18.0	18.1	7.1	4.7	16.2	22.6	3.4	1.1853
		0.75	8.6	19.4	18.7	6.8	4.9	15.5	23.1	3.0	1.1885

基于击实后的颗粒破碎势，计算出周期性饱水作用下各颗粒级配曲线的颗粒相对破碎率，如表 8.2 所示。

表 8.2　疏干状态砂泥岩颗粒混合料的颗粒相对破碎率

围压/kPa	应力水平	颗粒相对破碎率/%				
		周期性饱水 0.5 次	周期性饱水 1 次	周期性饱水 5 次	周期性饱水 10 次	周期性饱水 20 次
100	0.25	5.30	7.15	7.13	9.30	12.99
	0.50	9.32	7.98	9.05	11.68	13.37
	0.75	9.90	7.29	10.05	10.89	14.75
200	0.25	8.75	7.97	7.47	10.25	13.44
	0.50	9.45	10.46	9.90	11.51	13.97
	0.75	9.55	9.91	11.22	11.49	15.43
300	0.25	8.75	8.00	10.62	11.34	13.54
	0.50	9.39	8.22	10.59	12.06	14.40
	0.75	12.50	10.47	11.33	13.93	14.55
400	0.25	8.28	8.18	9.05	12.98	14.17
	0.50	10.44	9.67	11.47	13.16	14.80
	0.75	11.32	8.86	11.40	14.22	14.57

8.1.4　疏干状态纯砂岩颗粒料试样颗粒破碎试验结果

对周期性饱水纯砂岩颗粒料的三轴剪切试验之后的土料进行筛分试验，获得各土料的颗粒级配、颗粒破碎势及颗粒相对破碎率，如表 8.3 和 8.4 所示(三轴试验中的围压为 200kPa)。

表 8.3　疏干状态纯砂岩颗粒料的颗粒级配及颗粒破碎势

周期性饱水次数	应力水平	各粒组颗粒含量/%								颗粒破碎势
		20～10mm	10～5mm	5～2mm	2～1mm	1～0.5mm	0.5～0.25mm	0.25～0.075mm	＜0.075mm	
0-试验前	—	18.0	19.0	19.0	12.0	10.0	7.0	12.0	3.0	1.4282
0-击实后	—	17.5	18.1	19.0	12.4	9.7	8.3	11.6	3.5	1.4077
0.5	0.25	19.8	12.6	21.8	9.3	9.2	9.2	15.2	3.0	1.3676
	0.50	19.3	12.7	21.0	10.1	9.3	9.3	15.4	3.0	1.3581
	0.75	20.4	11.5	20.6	8.0	8.9	10.0	16.9	3.7	1.3312
1	0.25	18.9	15.3	20.9	7.0	6.1	11.4	14.6	5.7	1.3429
	0.50	17.5	14.2	17.5	11.9	9.0	9.9	15.7	4.2	1.3157
	0.75	17.6	13.6	20.5	7.1	8.2	9.5	17.9	5.6	1.2879
5	0.25	16.9	13.2	20.0	7.2	9.2	12.3	16.5	4.8	1.2821
	0.50	18.2	10.6	21.1	7.4	8.5	9.9	18.5	5.8	1.2726
	0.75	14.4	19.6	15.9	7.1	6.6	13.6	15.1	7.8	1.2630
10	0.25	14.4	16.8	20.0	6.0	7.9	13.2	15.1	6.5	1.2726
	0.50	15.8	13.4	20.9	7.4	8.3	9.1	18.9	6.2	1.2644
	0.75	14.0	16.6	19.3	6.3	8.0	13.6	15.9	6.4	1.2563
20	0.25	14.5	18.2	19.8	5.6	5.3	13.6	17.2	5.9	1.2749
	0.50	13.9	17.7	19.9	6.8	6.2	13.0	16.6	5.9	1.2552
	0.75	15.5	11.4	17.1	8.3	10.5	12.9	18.8	5.5	1.2442

表 8.4　疏干状态纯砂岩颗粒料的颗粒相对破碎率

应力水平	颗粒相对破碎率/%				
	周期性饱水 0.5 次	周期性饱水 1 次	周期性饱水 5 次	周期性饱水 10 次	周期性饱水 20 次
0.25	2.85	4.61	8.93	9.60	9.44
0.50	3.52	6.54	9.60	10.18	10.84
0.75	5.44	8.51	10.28	10.75	11.62

表 8.4 是基于击实后的颗粒破碎势计算的颗粒相对破碎率。从表中可以看出，颗粒相对破碎率随着周期性饱水次数的增大而增大。相同周期性饱水次数情况下，颗粒相对破碎率随着应力水平的增大而增大，这与周期性饱水砂泥岩颗粒混合料的颗粒破碎率变化趋势是一致的；但相同应力条件下，纯砂岩颗粒料的颗粒相对破碎率比砂泥岩颗粒混合料的小。

上述情况说明，在纯砂岩颗粒料中掺入纯泥岩颗粒后，颗粒破碎增大了。

8.1.5　疏干状态纯泥岩颗粒料试样颗粒破碎试验结果

对周期性饱水纯泥岩颗粒料的三轴剪切试验之后的土料进行了筛分试验，获得各土料的颗粒级配、颗粒破碎势及颗粒相对破碎率，如表 8.5 和表 8.6(三轴试验中的围压为 200kPa)。

表 8.5　疏干状态纯泥岩颗粒料的颗粒级配及颗粒破碎势

周期性饱水次数	应力水平	各粒组颗粒含量/%								颗粒破碎势
		20～10mm	10～5mm	5～2mm	2～1mm	1～0.5mm	0.5～0.25mm	0.25～0.075mm	<0.075mm	
0-试验前	—	18.0	19.0	19.0	12.0	10.0	7.0	12.0	3.0	1.4282
0-击实后	—	17.2	18.0	18.7	13.0	9.7	8.3	11.6	3.5	1.4029
0.5	0.25	11.3	12.2	25.7	9.2	13.4	7.1	12.7	8.4	1.2498
	0.50	9.1	10.5	25.0	13.3	14.3	6.7	8.7	9.1	1.2438
	0.75	11.7	17.6	20.7	7.2	6.2	13.9	16.7	5.9	1.2256
1	0.25	11.9	18.5	21.8	7.4	6.6	14.6	18.0	7.4	1.2464
	0.50	11.5	20.3	16.4	7.3	6.8	14.0	15.6	8.0	1.2290
	0.75	8.6	11.0	25.1	13.9	14.8	7.6	10.3	9.5	1.2158
5	0.25	11.4	17.8	19.9	7.0	6.2	14.5	17.5	5.8	1.2310
	0.50	8.9	11.2	24.6	12.5	14.0	8.5	9.7	8.9	1.2279
	0.75	9.4	15.1	22.4	9.5	12.0	9.7	15.4	8.7	1.1976
10	0.25	8.9	10.8	23.8	14.1	15.2	7.1	8.6	9.3	1.2336
	0.50	9.0	8.3	23.6	13.9	15.9	7.0	8.6	9.7	1.2061
	0.75	7.8	9.7	26.2	13.4	17.3	7.5	11.5	10.0	1.1815
20	0.25	8.6	11.3	24.6	14.4	15.3	7.1	9.0	9.6	1.2301
	0.50	8.6	11.3	26.7	8.0	12.8	7.2	13.6	10.7	1.1817
	0.75	7.6	11.8	23.8	11.3	15.4	7.6	10.8	11.6	1.1723

表 8.6　疏干状态纯泥岩颗粒料的颗粒相对破碎率

应力水平	颗粒相对破碎率/%				
	周期性饱水 0.5 次	周期性饱水 1 次	周期性饱水 5 次	周期性饱水 10 次	周期性饱水 20 次
0.25	10.91	12.64	12.25	12.07	12.31
0.50	11.34	12.39	12.47	14.03	15.77
0.75	11.15	13.33	14.63	15.78	16.43

从表 8.6 可以看出，周期性饱水纯泥岩颗粒料的颗粒相对破碎率(消除击实的影响)随着周期性饱水次数的增大而增大。围压为 200kPa 时，相同周期性饱水次数情况下，颗粒相对破碎率基本上随着应力水平的增大而增大，这与周期性饱水砂泥岩颗粒混合料、纯砂岩颗粒料的颗粒相对破碎率变化趋势是一致的；但相同应力条件下，纯泥岩颗粒料的颗粒相对破碎率比砂泥岩颗粒混合料和纯砂岩颗粒料的大。纯泥岩颗粒料的颗粒强度比较软弱，导致颗粒相对破碎率升高，颗粒强度对颗粒相对破碎率的影响是不能忽略的。

8.1.6　饱水状态砂泥岩颗粒混合料试样颗粒破碎试验结果

1) 周期性饱水次数对颗粒破碎的影响

对不同周期性饱水次数砂泥岩颗粒混合料三轴剪切试验之后的土料进行筛分试验，获得各土料的颗粒级配及颗粒相对破碎率，如表 8.7 所示。

表 8.7　饱水状态砂泥岩颗粒混合料的颗粒级配及颗粒相对破碎率(不同周期性饱水次数)

周期性饱水次数	各粒组颗粒含量/%								颗粒相对破碎率/%
	20～10mm	10～5mm	5～2mm	2～1mm	1～0.5mm	0.5～0.25mm	0.25～0.075mm	<0.075mm	
试验前	18.00	19.00	19.00	12.00	10.00	7.00	12.00	3.00	—
1	12.68	18.35	17.96	7.23	7.62	13.64	21.69	0.81	16.35
5	11.95	18.95	18.32	6.94	6.13	14.92	22.24	0.52	18.19
10	10.35	19.86	19.77	6.31	4.89	16.08	21.54	1.21	20.24
20	9.78	21.12	17.31	5.24	5.98	17.11	20.05	3.41	20.69

从表 8.7 可以看出，砂泥岩颗粒混合料粒径为 20～10mm 的颗粒破碎最严重，这可能是由于在试验中粒径较大的颗粒相对容易破碎。粒径小于 0.075mm 的颗粒反而几乎比试验前减小，这可能是由于烘干之前一部分泥岩颗粒黏附在橡皮膜上，并且筛分时发现即使烘干后，很多泥岩颗粒依然黏附在一起形成稍微大的颗粒。

2) 围压对颗粒破碎的影响

对不同围压周期性饱水砂泥岩颗粒混合料三轴剪切试验之后的土料进行筛分试验，获得各试样的颗粒级配及颗粒相对破碎率，如表 8.8 所示。

表 8.8　饱水状态砂泥岩颗粒混合料的颗粒级配及颗粒相对破碎率(不同围压)

围压/kPa	各粒组颗粒含量/%								颗粒相对破碎率/%
	20～10mm	10～5mm	5～2mm	2～1mm	1～0.5mm	0.5～0.25mm	0.25～0.075mm	<0.075mm	
试验前	18.00	19.00	19.00	12.00	10.00	7.00	12.00	3.00	—
100	11.83	20.62	18.51	7.53	7.94	12.08	20.46	1.01	15.18
200	11.95	18.95	18.32	6.94	6.13	14.92	22.24	0.52	18.19
300	9.88	20.03	18.36	6.14	5.36	15.01	23.04	2.32	19.94
400	9.15	21.24	19.64	5.34	5.94	16.54	21.32	0.91	21.66

从表 8.8 可以看出，砂泥岩颗粒混合料的颗粒相对破碎率随着围压的增大而增大。

3)应力水平对颗粒破碎的影响

对不同应力水平周期性饱水砂泥岩颗粒混合料三轴剪切试验之后的土料进行筛分试验，获得各土料的颗粒级配及颗粒相对破碎率，如表 8.9 所示。

表 8.9　饱水状态砂泥岩颗粒混合料的颗粒级配及颗粒相对破碎率(不同应力水平)

应力水平	各粒组颗粒含量/%								颗粒相对破碎率/%
	20～10mm	10～5mm	5～2mm	2～1mm	1～0.5mm	0.5～0.25mm	0.25～0.075mm	<0.075mm	
试验前	18.00	19.00	19.00	12.00	10.00	7.00	12.00	3.00	—
0.25	11.74	19.25	19.41	6.08	7.41	14.26	20.88	0.92	16.85
0.50	11.95	18.95	18.32	6.94	6.13	14.92	22.24	0.52	18.19
1.00	10.53	19.68	18.77	5.59	5.87	15.34	23.12	1.05	20.19

从表 8.9 可以看出，砂泥岩颗粒混合料的颗粒相对破碎率随着应力水平的增大而增大。

8.1.7　饱水状态纯砂岩颗粒料试样颗粒破碎试验结果

1)干密度对颗粒破碎的影响

对不同干密度周期性饱水纯砂岩颗粒料三轴剪切试验之后的土料进行筛分试验，获得各土料的颗粒级配及颗粒相对破碎率，如表 8.10 所示。

从表 8.10 可以看出，纯砂岩颗粒料的颗粒相对破碎率随着干密度的增加而增大，当干密度从 1.72g/cm^3 增加到 1.82g/cm^3 时，颗粒相对破碎率增幅最大，约 25%。在四种不同干密度的纯砂岩颗粒料中，主要发生颗粒破碎的粒径在 20～5mm 和 2～0.5mm，颗粒破碎最严重的主要分布在 10～5mm 粒组。这可能是因为在制样时，击实使大颗粒出现一定程度的破碎或者即将破碎的状态，随着干密度的增加，大颗粒总质量也相应增大，制样器的容积不变，为了使纯砂岩颗粒料完全击入制样器，击实功和击实次数增加，导致更多的颗粒破碎，特别是大颗粒。

表 8.10　饱水状态纯砂岩颗粒料的颗粒级配及颗粒相对破碎率（不同干密度）

干密度/(g/cm³)	各粒组颗粒含量/%								颗粒相对破碎率/%
	20～10mm	10～5mm	5～2mm	2～1mm	1～0.5mm	0.5～0.25mm	0.25～0.075mm	<0.075mm	
试验前	18.00	19.00	19.00	12.00	10.00	7.00	12.00	3.00	—
1.72	17.01	14.95	18.82	7.54	8.94	10.17	18.81	3.83	10.74
1.82	18.57	12.77	19.91	6.76	8.06	13.18	16.05	4.97	13.41
1.92	16.74	13.21	20.53	7.88	7.03	11.87	17.26	5.56	14.14
2.02	14.66	15.09	19.47	7.14	7.14	14.82	16.91	4.77	14.97

2）颗粒级配对颗粒破碎的影响

对不同颗粒级配纯砂岩颗粒料三轴剪切试验之后的土样进行筛分试验，获得各土料的颗粒级配及颗粒相对破碎率，如表 8.11 所示。

表 8.11　饱水状态纯砂岩颗粒料的颗粒级配及颗粒相对破碎率（不同颗粒级配）

颗粒级配	状态	各粒组颗粒含量/%								颗粒相对破碎率/%
		20～10mm	10～5mm	5～2mm	2～1mm	1～0.5mm	0.5～0.25mm	0.25～0.075mm	<0.075mm	
2	试验前	30.00	25.00	20.00	10.00	6.00	3.00	4.00	2.00	—
	试验后	20.76	19.92	18.75	10.28	11.25	7.12	7.64	4.23	15.57
3	试验前	18.00	19.00	19.00	12.00	10.00	7.00	12.00	3.00	—
	试验后	17.03	11.35	19.17	8.08	8.58	15.05	16.06	4.66	13.96
4	试验前	9.00	10.00	15.00	12.00	14.00	14.00	22.00	4.00	—
	试验后	7.13	7.52	13.23	10.11	12.89	17.41	25.33	6.42	9.12
5	试验前	3.00	4.00	6.00	8.00	14.00	20.00	40.00	5.00	—
	试验后	3.08	3.16	5.76	7.82	11.89	25.51	35.26	7.51	8.11

从表 8.11 可以看出，不同颗粒级配的纯砂岩颗粒料的颗粒相对破碎率不同。大粒径颗粒占比越小，颗粒相对破碎率越小，这是由于大粒径颗粒相对于小粒径颗粒在制样击实作用和周期性饱水作用后的三轴剪切过程中更容易破碎。通常，粒径为 20～5mm 都会发生破碎，所以其含量会比试验前降低；但颗粒级配 5 中粒径为 20～10mm 的含量却增大，这可能是由于试验过程中细颗粒黏附在橡皮膜上造成细颗粒质量的损失，或者经过烘干后有些颗粒还继续黏附在一起形成了大颗粒。

3）周期性饱水次数对颗粒破碎的影响

对不同周期性饱水次数纯砂岩颗粒料三轴剪切试验之后的土料进行筛分试验，获得各土料的颗粒级配及颗粒相对破碎率，如表 8.12 所示。

表 8.12　饱水状态纯砂岩颗粒料的颗粒级配及颗粒相对破碎率(不同周期性饱水次数)

周期性饱水次数	各粒组颗粒含量/%								颗粒相对破碎率/%
	20～10mm	10～5mm	5～2mm	2～1mm	1～0.5mm	0.5～0.25mm	0.25～0.075mm	<0.075mm	
试验前	18.00	19.00	19.00	12.00	10.00	7.00	12.00	3.00	—
1	17.54	13.07	17.44	9.16	8.14	13.58	15.68	5.48	12.65
5	17.03	11.35	19.17	8.08	8.58	15.05	16.06	4.66	13.96
10	15.17	15.51	20.12	7.32	6.21	12.24	17.72	5.71	14.79
20	14.27	17.33	21.68	7.07	5.69	11.19	15.95	6.83	14.64

总体而言，纯砂岩颗粒料的颗粒相对破碎率随着周期性饱水次数的增加而增大。与表 8.7 相比可知，在同一周期性饱水次数条件下，砂泥岩颗粒混合料的颗粒相对破碎率比纯砂岩颗粒料高。随着周期性饱水次数的增加，砂泥岩颗粒混合料的颗粒相对破碎率变化范围为 16.35%～20.69%，纯砂岩颗粒料的颗粒相对破碎率变化范围为 12.65%～14.64%。

4) 围压对颗粒破碎的影响

对不同围压周期性饱水纯砂岩颗粒料三轴剪切试验之后的土样进行筛分试验，获得各土料的颗粒级配及颗粒相对破碎率，如表 8.13 所示。

表 8.13　饱水状态纯砂岩颗粒料的颗粒级配及颗粒相对破碎率(不同围压)

围压/kPa	各粒组颗粒含量/%								颗粒相对破碎率/%
	20～10mm	10～5mm	5～2mm	2～1mm	1～0.5mm	0.5～0.25mm	0.25～0.075mm	<0.075mm	
试验前	18.00	19.00	19.00	12.00	10.00	7.00	12.00	3.00	—
100	18.62	16.51	17.24	7.46	7.55	13.98	15.89	2.76	11.48
200	17.03	11.35	19.17	8.08	8.58	15.05	16.06	4.66	13.96
300	16.71	14.77	20.22	6.49	6.76	12.64	17.32	5.11	14.27
400	16.87	11.17	19.82	7.95	7.87	12.41	17.77	6.15	15.14

从表 8.13 可以看出，纯砂岩颗粒料的颗粒相对破碎率随着围压的增大而增大。与表 8.8 相比可知，同一围压状态下，砂泥岩颗粒混合料的颗粒相对破碎率比纯砂岩颗粒料的大。

5) 应力水平对颗粒破碎的影响

对不同应力水平周期性饱水纯砂岩颗粒料三轴剪切试验之后的土料进行筛分试验，获得各土料的颗粒级配及颗粒相对破碎率，如表 8.14 所示。

从表 8.14 可以看出，纯砂岩颗粒料的颗粒相对破碎率随着应力水平的增大而增大。与表 8.9 相比可知，同一应力水平作用下，砂泥岩颗粒混合料的颗粒相对破碎率比纯砂岩颗粒料的大。

表 8.14　饱水状态纯砂岩颗粒料的颗粒级配及颗粒相对破碎率(不同应力水平)

应力水平	各粒组颗粒含量/%								颗粒相对破碎率/%
	20～10mm	10～5mm	5～2mm	2～1mm	1～0.5mm	0.5～0.25mm	0.25～0.075mm	＜0.075mm	
试验前	18.00	19.00	19.00	12.00	10.00	7.00	12.00	3.00	—
0.25	16.94	13.31	20.41	7.89	8.11	14.31	16.22	2.94	12.81
0.50	17.03	11.35	19.17	8.08	8.58	15.05	16.06	4.66	13.96
1.00	14.47	19.19	16.66	6.81	6.78	13.73	15.85	6.51	14.28

8.2　周期性饱水作用对颗粒破碎的影响

本节以疏干状态砂泥岩颗粒混合料三轴试验试样颗粒破碎试验结果为基础，研究周期性饱水试验条件(围压、应力水平、周期性饱水次数)对颗粒相对破碎率的影响。由于试验数量的限制，因素围压和应力水平的分析仅针对砂泥岩颗粒混合料。

8.2.1　围压对颗粒破碎的影响

魏松等[19]在研究粗粒料湿化时发现颗粒相对破碎率与围压呈幂函数关系，秦尚林等[20]在对绢云母片岩的三轴试验中也发现了类似的幂函数关系。

将本章疏干状态砂泥岩颗粒混合料三轴试验结果进行整理，得到颗粒相对破碎率与围压的关系，如图 8.1～图 8.5 所示。可以看出，颗粒相对破碎率随着围压的增大而增大。

采用幂函数拟合试验结果，拟合公式为

$$B_r = K_b \left(\frac{\sigma_3}{P_a} \right)^{n_b} \tag{8.3}$$

式中，K_b 和 n_b 为拟合参数。

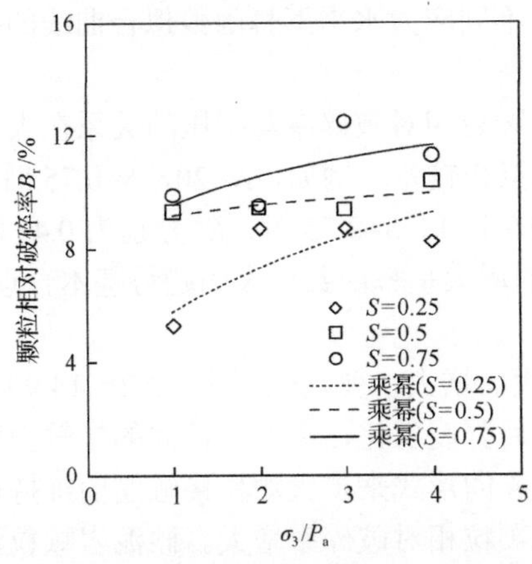

图 8.1　颗粒相对破碎率 B_r 与围压的关系(N=0.5)

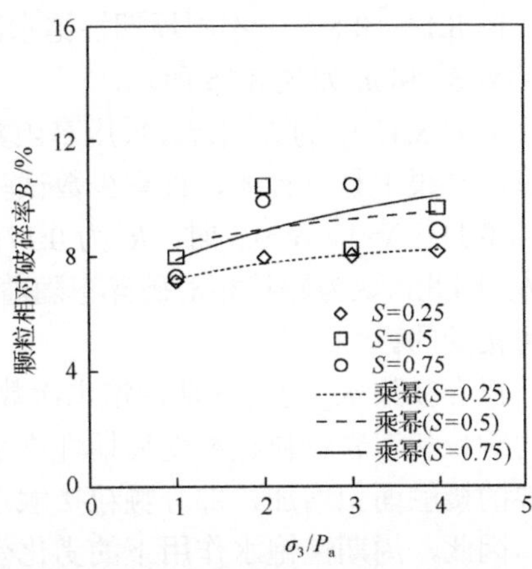

图 8.2　颗粒相对破碎率 B_r 与围压的关系(N=1)

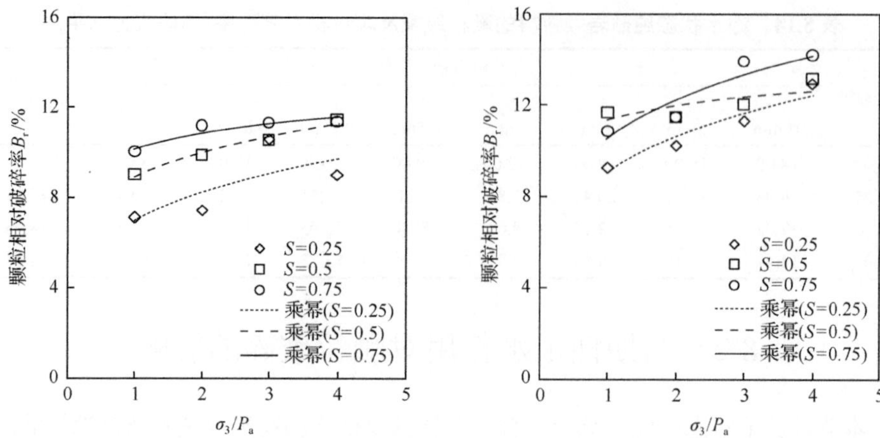

图 8.3　颗粒相对破碎率 B_r 与围压的关系(N=5)　图 8.4　颗粒相对破碎率 B_r 与围压的关系(N=10)

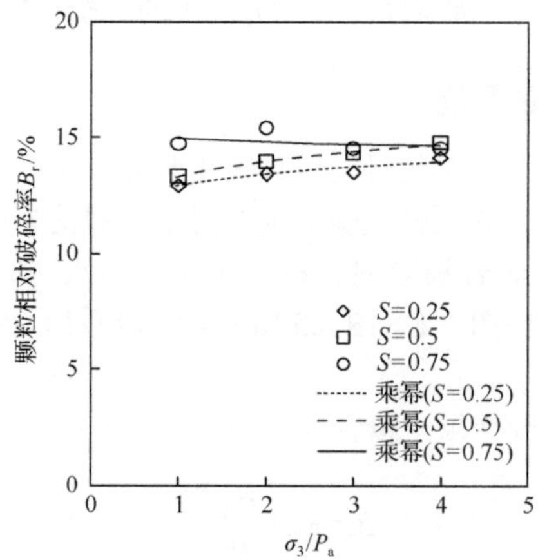

图 8.5　颗粒相对破碎率 B_r 与围压的关系(N=20)

图 8.1～图 8.5 中不同周期性饱水次数、不同应力水平下幂函数拟合曲线的拟合参数 K_b 和 n_b 如表 8.15 所示。

从表 8.15 中的 R^2 来看，采用幂函数拟合颗粒相对破碎率与围压的关系在大多数试验结果中是可行的，仅有少数试验数据拟合较差。例如，N=20，S=0.75 时，R^2 为 0.11；N=1，S=0.5 时，R^2 为 0.17；N=0.5 和 1，S=0.75 时，R^2 分别为 0.47 和 0.46。因此，认为颗粒相对破碎率随着围压的增大呈幂函数增大的趋势基本合理，是可接受的。

拟合参数 K_b 随着周期性饱水次数的增大而增大，变化范围为 5.82～14.99。砂岩颗粒和泥岩颗粒在经受周期性饱水作用后强度劣化，克服颗粒间的接触力所需要的接触面积增加，部分颗粒接触点以破碎的形式来扩大颗粒接触面而维持稳定。因此，周期性饱水作用下的劣化效应使颗粒相对破碎率增大。砂泥岩颗粒混合料的拟合参数 K_b(5.82～14.99) 比粗粒料[11]的 (0.117) 大，这可能由两方面的原因

表 8.15　不同周期性饱水次数、不同应力水平下幂函数拟合曲线的拟合参数

应力水平	周期性饱水次数	K_b	n_b	R^2
0.25	0.5	5.82	0.34	0.70
	1	7.25	0.09	0.89
	5	7.00	0.24	0.60
	10	9.08	0.23	0.93
	20	12.93	0.06	0.88
0.5	0.5	9.17	0.06	0.50
	1	8.42	0.09	0.17
	5	8.96	0.17	0.97
	10	11.38	0.08	0.57
	20	13.33	0.07	0.99
0.75	0.5	9.61	0.14	0.47
	1	7.85	0.18	0.46
	5	10.21	0.09	0.86
	10	10.62	0.21	0.88
	20	14.99	0.01	0.11

引起：一是土料本身的颗粒破碎性质有区别，砂泥岩颗粒混合料中混合了纯泥岩颗粒，而纯泥岩颗粒的强度低，颗粒破碎性质强，导致砂泥岩颗粒混合料的拟合参数 K_b 高于粗粒料；二是试验围压不同，本章采用的围压均小于 400kPa，而魏松等[19]在粗粒料的试验中采用的最小围压为 300kPa、最大围压为 1200kPa，在颗粒相对破碎率与围压的拟合关系中，本章试验曲线适用于低围压情况。

8.2.2　应力水平对颗粒破碎的影响

将本章疏干状态砂泥岩颗粒混合料三轴试验结果进行整理，得到颗粒相对破碎率与应力水平的关系，如图 8.6～图 8.10 所示。

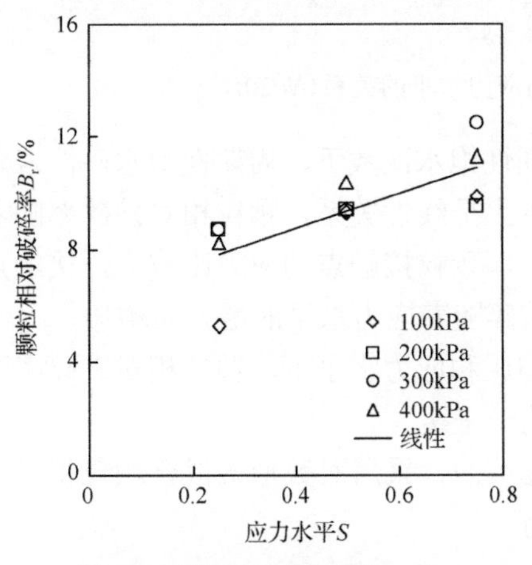

图 8.6　颗粒相对破碎率 B_r 与应力水平的关系(N=0.5)

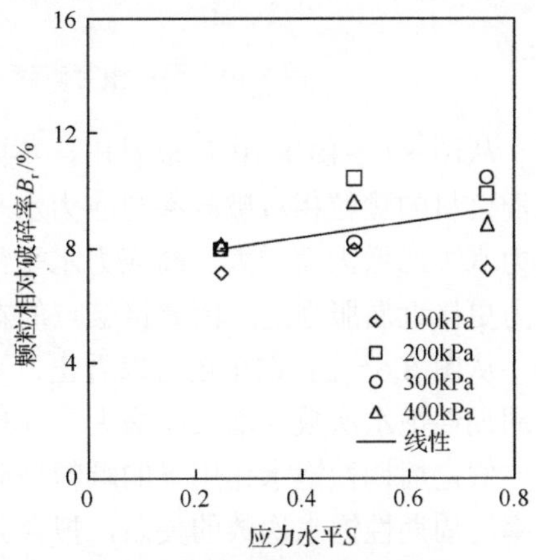

图 8.7　颗粒相对破碎率 B_r 与应力水平的关系(N=1)

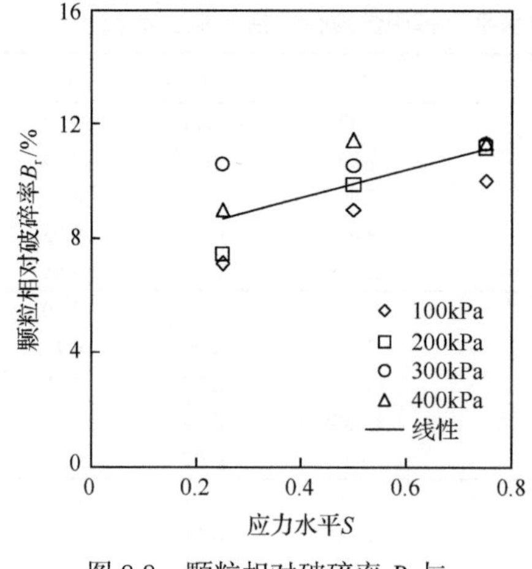

图 8.8　颗粒相对破碎率 B_r 与应力水平的关系（N=5）

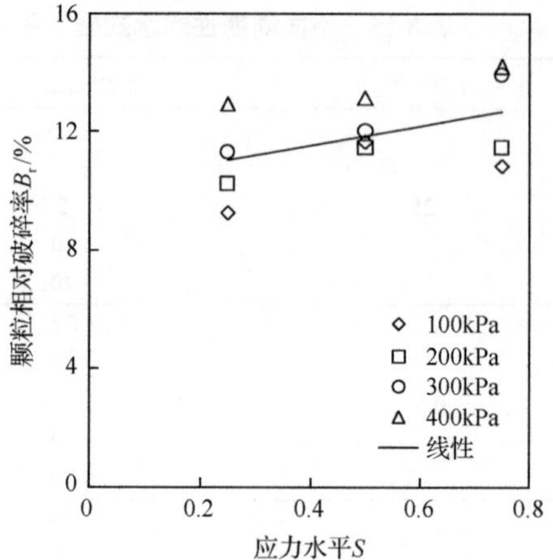

图 8.9　颗粒相对破碎率 B_r 与应力水平的关系（N=10）

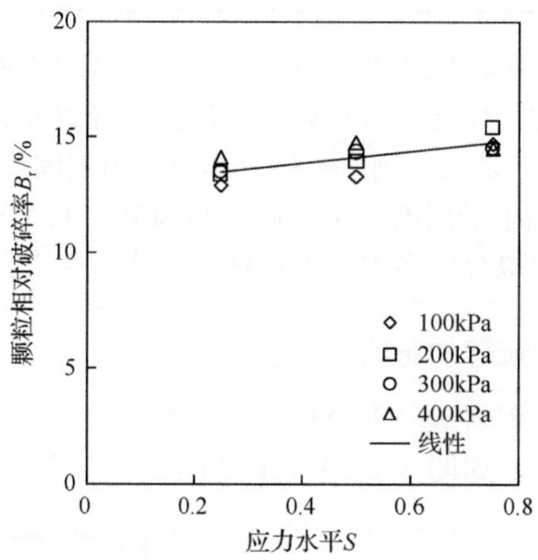

图 8.10　颗粒相对破碎率 B_r 与应力水平的关系（N=20）

从图 8.6～图 8.10 可以看出，不同周期性饱水次数下，周期性饱水砂泥岩颗粒混合料的颗粒相对破碎率与应力水平基本上呈线性关系，颗粒相对破碎率随着应力水平的增大而增大。高应力水平情况下，颗粒接触点的应力比较大，接触点应力更接近屈服强度，因此接触点的颗粒破碎随着应力水平的增大而增加。

从图 8.6～图 8.10 还可以看出，不同围压和应力水平下，颗粒相对破碎率随着周期性饱水次数的增大而增大，并最终趋于平缓。

假定周期性饱水作用下的颗粒破碎是连续的，采用对数形式拟合颗粒相对破碎率与周期性饱水次数的关系，拟合公式为

$$B_r = a_b \ln N + b_b \tag{8.4}$$

式中，a_b 和 b_b 为拟合参数，分别与围压和应力水平有关，如表 8.16 所示。R^2 在 0.46～0.88。

表 8.16　不同应力水平、不同围压下对数函数拟合曲线的拟合参数

应力水平	围压/kPa	a_b	b_b	R^2
0.25	100	1.67	6.29	0.78
	200	1.07	8.25	0.48
	300	1.33	8.80	0.88
	400	1.63	8.50	0.80
0.5	100	1.16	8.84	0.67
	200	0.94	9.89	0.65
	300	1.40	9.19	0.82
	400	1.23	10.37	0.85
0.75	100	1.34	8.92	0.59
	200	1.30	9.90	0.75
	300	0.75	11.62	0.46
	400	1.23	10.54	0.66

从表 8.16 可以看出，不同应力水平条件下，拟合参数 b_b 基本上随着围压的增大而增大，且随着应力水平的增大而增大。拟合参数 b_b 与围压的关系如图 8.11 所示。

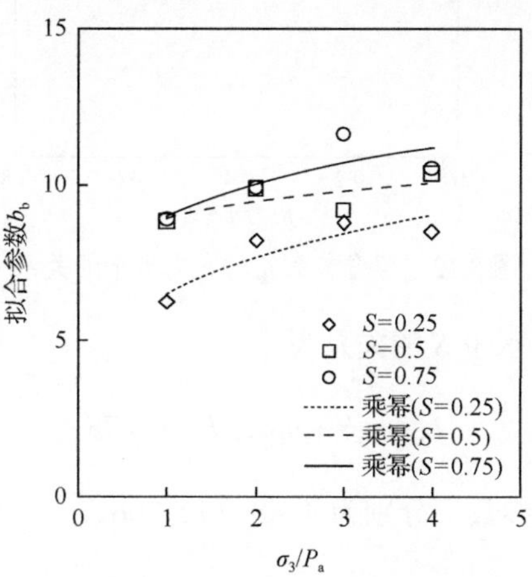

图 8.11　拟合参数 b_b 与围压的关系

从图 8.11 可以看出，拟合参数 b_b 随着围压的增大而增大，可采用幂函数拟合参数 b_b 与围压的关系，即

$$b_b = f_b\left(\frac{\sigma_3}{P_a}\right)^{d_b} \tag{8.5}$$

式中，f_b和 d_b为拟合参数。

不同应力水平下的拟合参数 f_b和 d_b如表 8.17 所示。可以看出，拟合参数 f_b随着应力水平的增大而增大。应力水平在 0.25～0.75 变化时，拟合参数 d_b为 0.087～0.233，且变化规律不明显，变化范围较小。因此，可采用平均值 0.158 作为参数 d_b的值。

表 8.17　不同应力水平下幂函数拟合曲线的拟合参数

应力水平	f_b	d_b	R^2
0.25	6.558	0.233	0.832
0.5	8.912	0.087	0.537
0.75	9.012	0.155	0.709

拟合参数 f_b与应力水平的关系如图 8.12 所示。

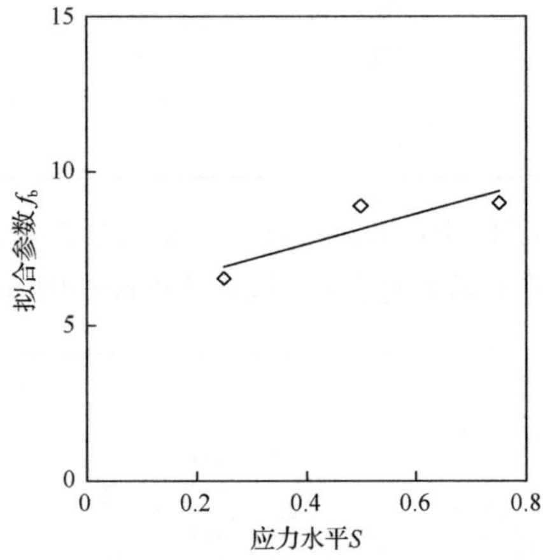

图 8.12　拟合参数 f_b与应力水平的关系

拟合参数 f_b与应力水平 S 的关系为

$$f_b = m_b S + n_{bb}, \quad R^2 = 0.78 \tag{8.6}$$

式中，m_b和 n_{bb}为拟合参数，分别为 4.908 和 5.706。

8.2.3　周期性饱水次数对颗粒破碎的影响

1) 砂泥岩颗粒混合料

为了分析疏干状态周期性饱水砂泥岩颗粒混合料的颗粒破碎变化趋势，将试验结果进行整理，得到不同围压下颗粒相对破碎率与周期性饱水次数的关系，如图 8.13～图 8.16 所示。

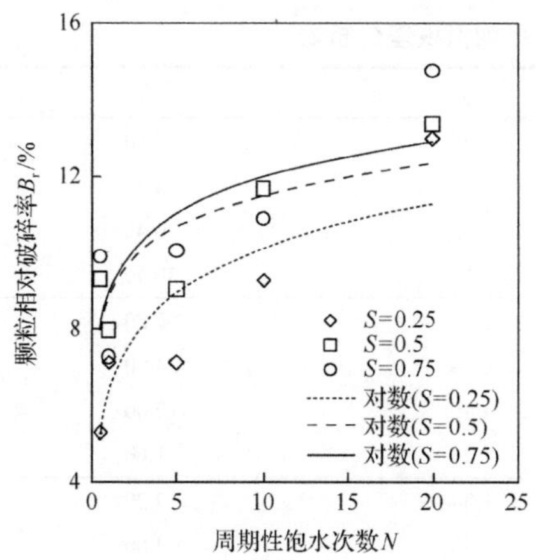

图 8.13　颗粒相对破碎率 B_r 与周期性饱水次数的关系(围压为 100kPa)

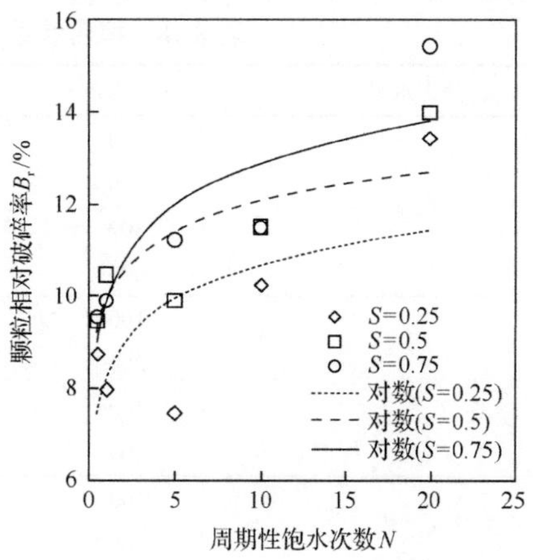

图 8.14　颗粒相对破碎率 B_r 与周期性饱水次数的关系(围压为 200kPa)

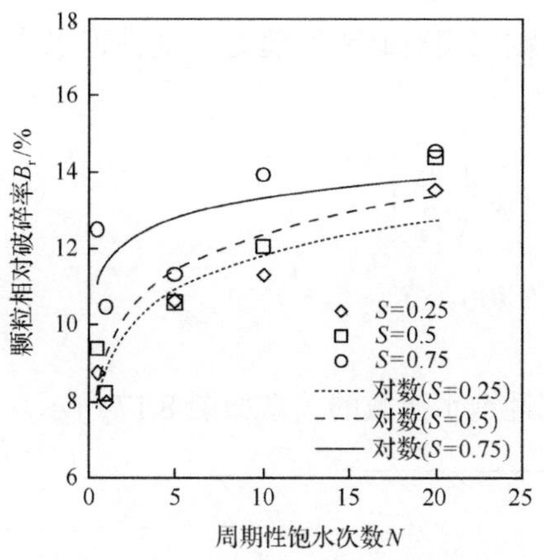

图 8.15　颗粒相对破碎率 B_r 与周期性饱水次数的关系(围压为 300kPa)

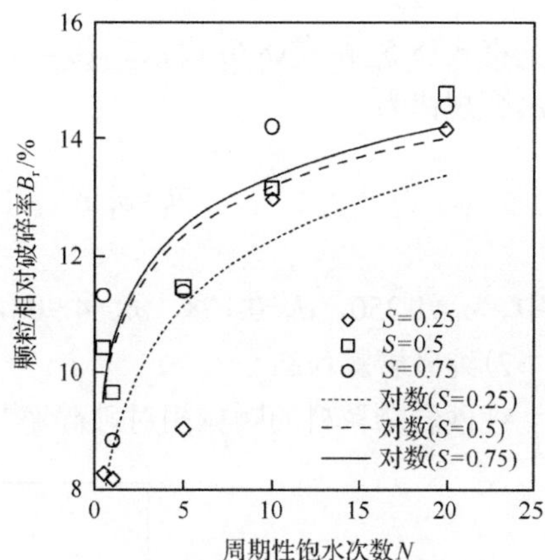

图 8.16　颗粒相对破碎率 B_r 与周期性饱水次数的关系(围压为 400kPa)

表 8.16 中颗粒相对破碎率与周期性饱水次数的对数函数的拟合参数 a_b 与围压和应力水平的关系并不明显，可通过误差处理将拟合参数 a_b 与其平均值(由表 8.16 计算得到，为 1.25)进行对比，如表 8.18 所示。

从表 8.18 可以看出，部分数据误差超过 10%，最大误差达到 40.20%，但大部分数据与平均值的误差均在 10%以内。这可能是试验偶然误差造成的，由于筛分试验之前的土料经过了搬运、烘干、捣碎等步骤，这些步骤本身可能造成颗粒破碎，因此本章试验方法不能完全排除搬运、烘干、捣碎所造成的颗粒破碎的影响。但目前对大量的土料进行颗粒破碎分析时一般采用筛分法，这种试验方法和试验条件的先进性和合理性基本上是认可的。本章将这些误差较大的试验数据认为是偶然误差造成的也是基本合理、可以接受的。因此，在试验组数比较大的情况下，采用平均值作为试验值也是符合统计规律的。

表 8.18　拟合参数 a_b 及其平均值误差分析表

应力水平	围压/kPa	a_b	误差
0.25	100	1.67	33.60
	200	1.07	−14.40
	300	1.33	6.40
	400	1.63	30.40
0.5	100	1.16	−7.20
	200	0.94	−24.80
	300	1.40	12.00
	400	1.23	−1.60
0.75	100	1.34	7.20
	200	1.30	4.00
	300	0.75	−40.00
	400	1.23	−1.60

将式(8.5)和式(8.6)代入式(8.4)，可得颗粒相对破碎率随着周期性饱水次数的演变规律为

$$B_r = a_b \ln N + \left(m_b S + n_{bb}\right)\left(\frac{\sigma_3}{P_a}\right)^{d_b} \tag{8.7}$$

式中，a_b=1.250，d_b=0.158，m_b=4.908，n_{bb}=5.706。

2)纯砂岩颗粒料

纯砂岩颗粒料的颗粒相对破碎率与周期性饱水次数的关系如图 8.17 所示。

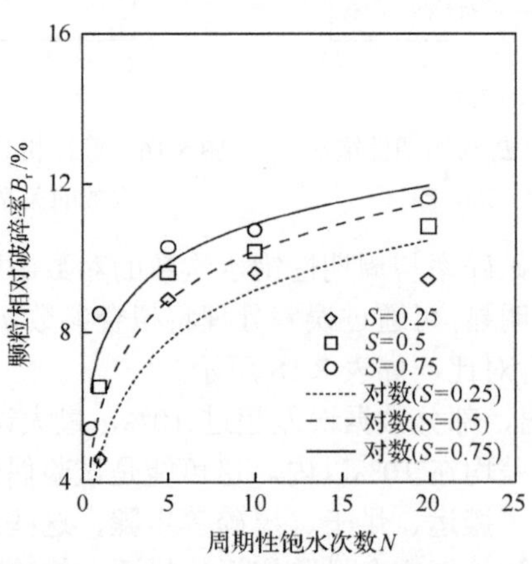

图 8.17　纯砂岩颗粒料的颗粒相对破碎率与周期性饱水次数的关系

从图 8.17 可以看出，周期性饱水纯砂岩颗粒料的颗粒相对破碎率随周期性饱水次数的增大逐渐增大，也可采用对数函数拟合公式(8.4)对其进行拟合。应力水平为 0.25、0.5 和 0.75 时，其拟合参数 a_b 分别为 1.947、1.907 和 1.948，平均值为

1.934，比砂泥岩颗粒混合料拟合参数平均值(1.25)增大了 54.72%。拟合参数 a_b 代表了周期性饱水次数对颗粒相对破碎率的影响程度，因此可认为纯砂岩颗粒料对周期性饱水作用更加敏感，随着周期性饱水次数的增加，纯砂岩颗粒料的颗粒相对破碎率的增大幅度更大。

3)纯泥岩颗粒料

纯泥岩颗粒料的颗粒相对破碎率与周期性饱水次数的关系如图 8.18 所示。

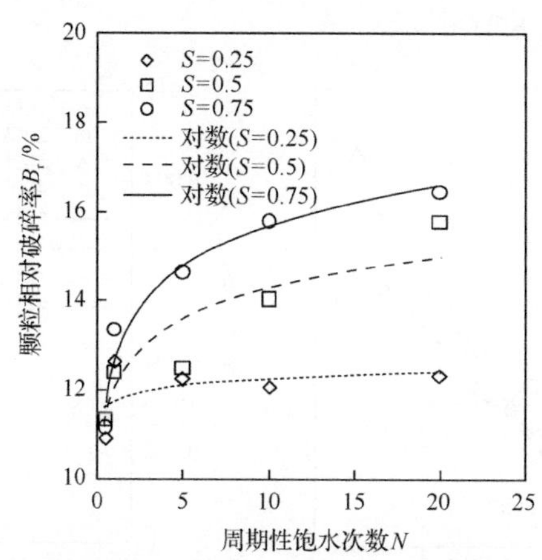

图 8.18　纯泥岩颗粒料的颗粒相对破碎率与周期性饱水次数的关系

从图 8.18 中可以清楚地看到，随周期性饱水次数的增大，纯泥岩颗粒料的颗粒相对破碎率逐渐增大，也可采用式(8.4)所示的对数函数进行拟合，拟合参数 a_b 代表周期性饱水次数对颗粒相对破碎率的影响程度。在应力水平为 0.25、0.5 和 0.75 时，纯泥岩颗粒料拟合参数 a_b 分别为 0.210、1.009 和 1.322，拟合参数随着应力水平的增大而增大，说明纯泥岩颗粒料周期性饱水过程中的颗粒破碎受应力水平的影响较大。当应力水平较低(0.25 和 0.5)时，纯泥岩颗粒料拟合参数 a_b 的值比砂泥岩颗粒混合料的小；当应力水平为 0.75 时，纯泥岩颗粒料拟合参数 a_b 的值比砂泥岩颗粒混合料的大；且无论应力水平如何，周期性饱水纯泥岩颗粒料拟合参数 a_b 的值均比纯砂岩颗粒料的小。

综上所述，在周期性饱水作用下，纯砂岩颗粒料、纯泥岩颗粒料和砂泥岩颗粒混合料的颗粒破碎规律不一致。低应力水平时，纯泥岩颗粒料在湿化和前几次周期性饱水过程中发生的颗粒破碎比较大，后期的周期性饱水过程中颗粒破碎逐渐趋于稳定。应力水平相同条件下，纯砂岩颗粒料在湿化试验、前几次周期性饱水过程中的颗粒破碎比较小，但后期周期性饱水过程中颗粒破碎逐渐增大，且增加幅度比纯泥岩颗粒料和砂泥岩颗粒混合料均大一些。相对于纯砂岩颗粒料，纯泥岩颗粒料在周期性饱水过程中颗粒破碎发生时间更早、速度更快，颗粒相对破碎率更高，且更容易达到稳定状态。

8.3　颗粒破碎对三轴强度及变形特性的影响

8.3.1　颗粒破碎对轴向应变的影响

为了分析周期性饱水砂泥岩颗粒混合料的轴向应变与颗粒相对破碎率之间的关系，将不同应力水平、不同围压下的轴向应变与颗粒相对破碎率之间的关系进行整理，如图 8.19～图 8.21 所示。

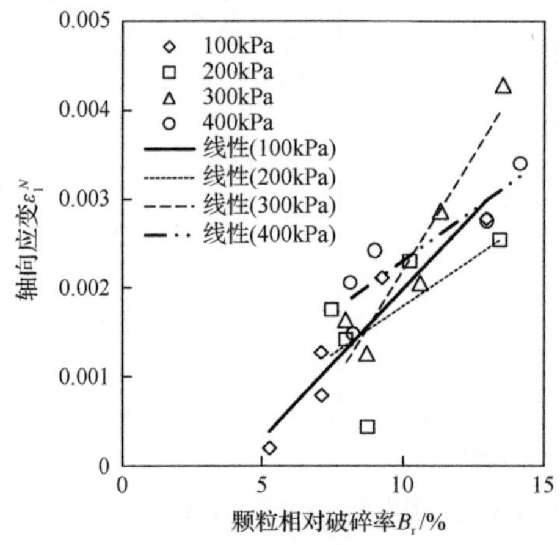

图 8.19　轴向应变与颗粒相对破碎率的关系（S=0.25）

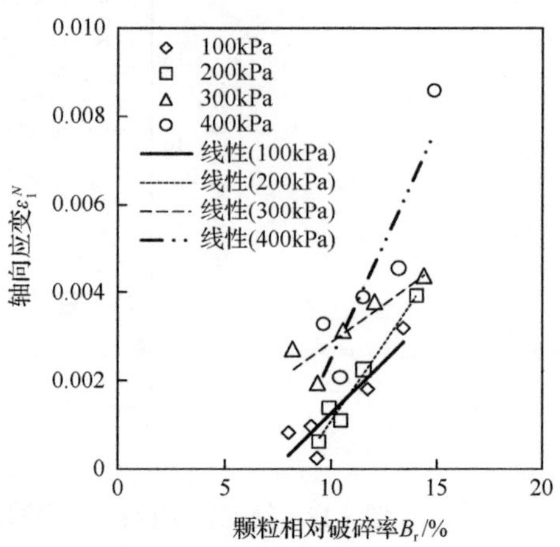

图 8.20　轴向应变与颗粒相对破碎率的关系（S=0.5）

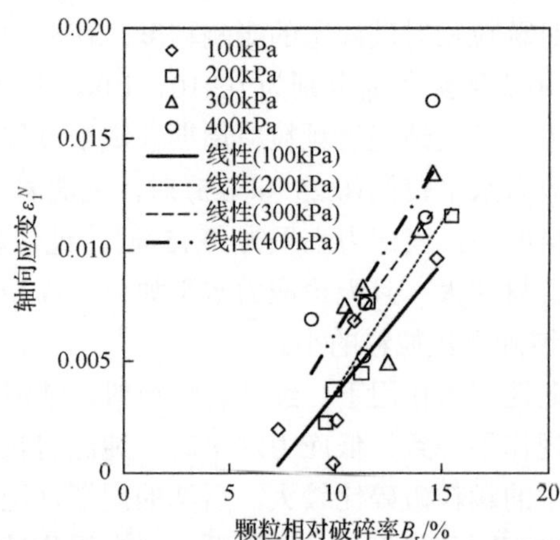

图 8.21　轴向应变与颗粒相对破碎率的关系（S=0.75）

从图 8.19～图 8.21 可以看出，轴向应变随着颗粒相对破碎率的增大而增大，基本上呈线性增长；不同应力水平和围压下，轴向应变与颗粒相对破碎率可采用线性函数拟合，相关性较好。

轴向应变与颗粒相对破碎率的拟合关系为

$$\varepsilon_1^N = K_{\varepsilon_1\text{-B}} B_r + b_{\varepsilon_1\text{-B}} \tag{8.8}$$

式中，$K_{\varepsilon_1\text{-B}}$和$b_{\varepsilon_1\text{-B}}$为拟合参数，分别与围压和应力水平有关。

拟合参数如表 8.19 所示。可以看出，拟合参数$K_{\varepsilon_1\text{-B}}$与围压和应力水平均有关，如图 8.22 和图 8.23 所示。

表 8.19　不同围压和应力水平下线性拟合斜率 $K_{\varepsilon_1\text{-B}}$

围压/kPa	$K_{\varepsilon_1\text{-B}}$		
	S=0.25	S=0.5	S=0.75
100	0.033	0.047	0.118
200	0.021	0.071	0.152
300	0.051	0.034	0.134
400	0.022	0.105	0.158

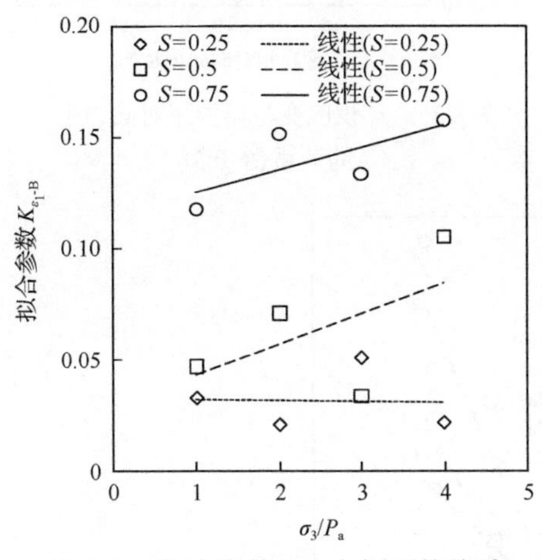

图 8.22　拟合参数 $K_{\varepsilon_1\text{-B}}$ 与围压的关系

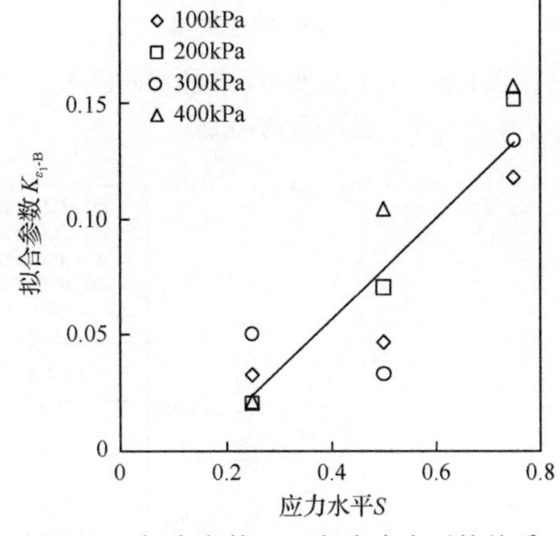

图 8.23　拟合参数 $K_{\varepsilon_1\text{-B}}$ 与应力水平的关系

从图 8.22 可以看出，拟合参数$K_{\varepsilon_1\text{-B}}$随着围压的增大而增大。但在低应力水平下，几乎不变；在较高应力水平下，拟合参数$K_{\varepsilon_1\text{-B}}$与围压的线性增长关系明显。

从图 8.23 可以看出，拟合参数$K_{\varepsilon_1\text{-B}}$随着应力水平的增大而增大，总体趋势明显。周期性饱水作用下的轴向应变随着颗粒相对破碎率的增加而增大，且在高应力水平下和高围压下的增大幅度也随之增大。因此，认为颗粒破碎是轴向应变的重要影响因素。

8.3.2　颗粒破碎对体积应变的影响

为了分析周期性饱水砂泥岩颗粒混合料的体积应变与颗粒相对破碎率之间的关系，将不同应力水平、不同围压下的体积应变与颗粒相对破碎率之间的关系进行整理，如图 8.24～图 8.26 所示。

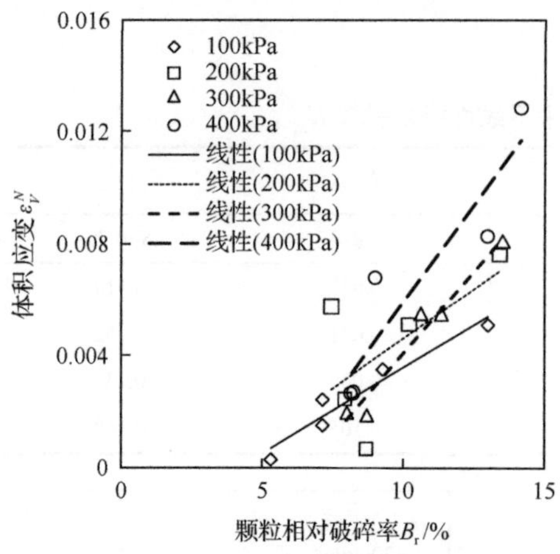

图 8.24　体积应变与颗粒相对破碎率的关系（S=0.25）

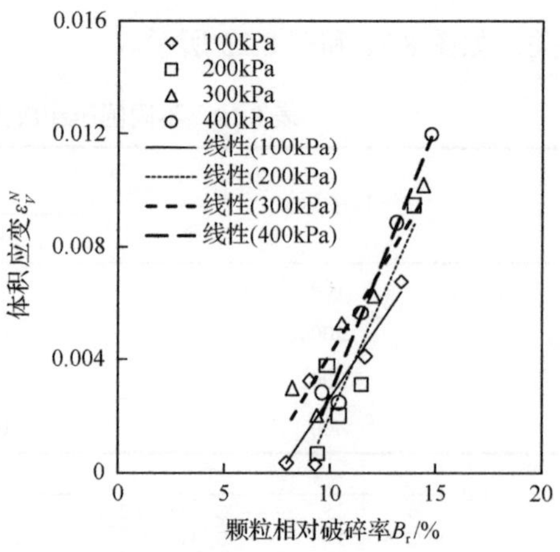

图 8.25　体积应变与颗粒相对破碎率的关系（S=0.5）

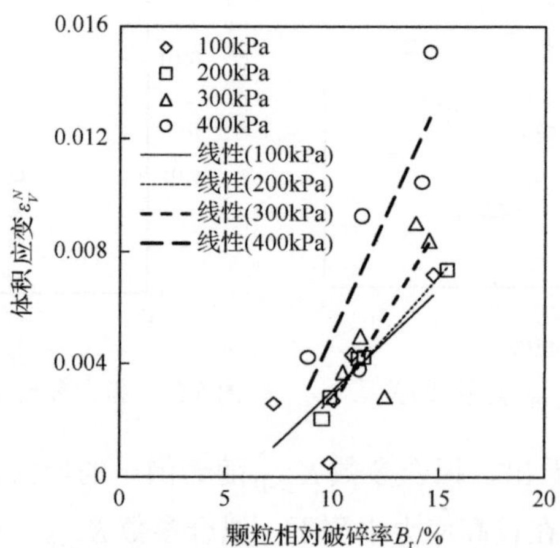

图 8.26　体积应变与颗粒相对破碎率的关系（S=0.75）

从图 8.24～图 8.26 可以看出，体积应变随着颗粒相对破碎率的增大而增大，基本上呈线性增长，可采用线性函数拟合，拟合程度较好。

体积应变与颗粒相对破碎率的拟合关系为

$$\varepsilon_V^N = K_{\varepsilon_V\text{-B}} B_r + b_{\varepsilon_V\text{-B}} \tag{8.9}$$

式中，$K_{\varepsilon_V\text{-B}}$ 和 $b_{\varepsilon_V\text{-B}}$ 为拟合参数，分别与围压和应力水平有关。

拟合参数 $K_{\varepsilon_V\text{-B}}$ 与围压和应力水平的关系如图 8.27 和图 8.28 所示。

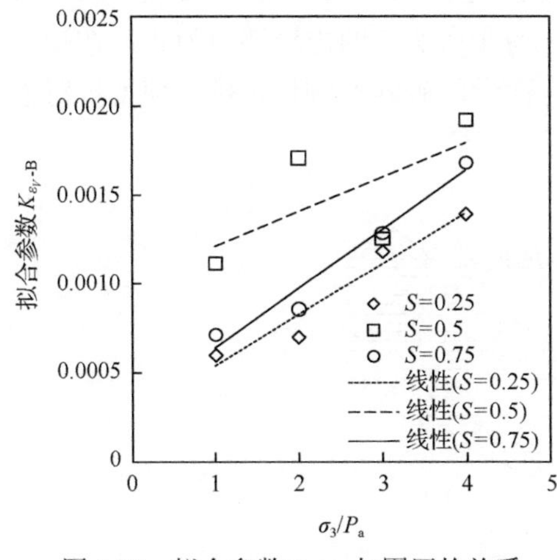

图 8.27　拟合参数 $K_{\varepsilon_V\text{-B}}$ 与围压的关系

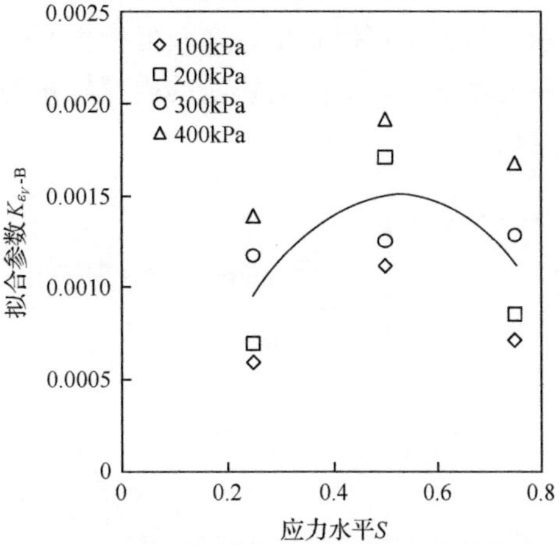

图 8.28　拟合参数 $K_{\varepsilon_V\text{-B}}$ 与应力水平的关系

从图 8.27 和图 8.28 可以看出，拟合参数 $K_{\varepsilon_V\text{-B}}$ 随着围压的增大而增大，随着应力水平的增大而先增大后减小。

随着围压的增大，体积应变随着颗粒相对破碎率的增大而增大，且增加幅度也呈增大趋势，说明随围压的增大，除了颗粒破碎对体积应变产生影响，还伴随着颗粒重排列、颗粒位置调整造成的剪胀减弱现象。

从图 8.28 可以看出，拟合参数 $K_{\varepsilon_V\text{-B}}$ 随应力水平的增大呈先增大后减小的趋势。说明在低应力水平时，存在颗粒破碎、颗粒重排列等引起的剪胀和剪缩综合效应导致体积应变增大；而在高应力水平时，颗粒破碎对体积应变产生的影响逐渐减小，颗粒重排列等现象造成的剪胀效应逐渐增大。这一点可从周期性饱水砂泥岩颗粒混合料三轴剪切的体积应变与轴向应变关系中得到证实，在高应力水平下，表现出下弯形式，即剪胀效应开始显现，但并未抵消全部的剪缩效应，剪缩效应还是占主导。

8.3.3 颗粒破碎对非线性抗剪强度的影响

土体强度在高应力水平下表现出非线性特征，这体现了土体颗粒的剪胀由颗粒破碎、颗粒重排列等造成。Lee 等[21]提出了土体抗剪强度由滑动摩擦强度、剪胀效应强度和颗粒破碎强度三部分组成，即三分量假说，即

实测抗剪强度=滑动摩擦强度±剪胀效应强度+颗粒破碎强度

因此，之前所讨论的非线性强度实质上是实测抗剪强度，已经包括了滑动摩

擦强度、剪胀效应强度和颗粒破碎强度。本章为了便于分析，将颗粒重排列引起的强度分量归类为滑动摩擦强度中。

剪胀及颗粒破碎引起的内摩擦角在强度包线上所表现的作用[22]如图 8.29 所示。从图中可以看出，在较低应力水平下，剪胀所影响的内摩擦角为正，在较高应力水平下，剪胀所影响的内摩擦角为负，而颗粒破碎及颗粒重排列使得抗剪强度增大。

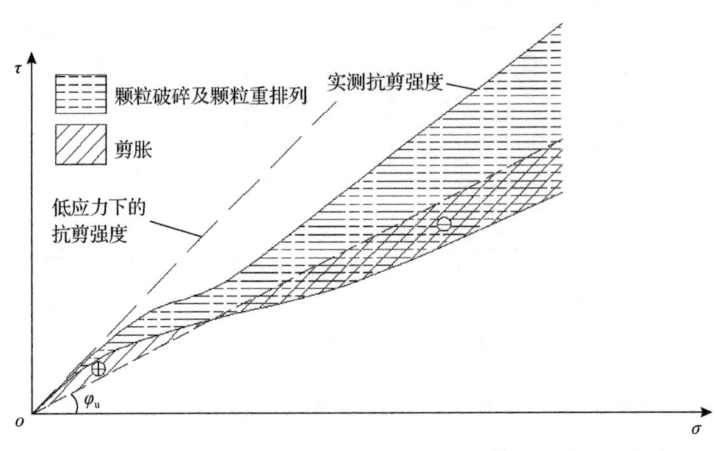

图 8.29　正应力与剪应力的关系

1) 变形能

用能量的角度解释颗粒破碎对应力-应变关系的影响已经成为研究考虑颗粒破碎的土体本构关系的热点和难点问题[23]。基于能量守恒建立的模型[24]中，将强度分量采用能量的方式表达为

变形能=弹性变形能+颗粒摩擦耗能+剪胀做功+颗粒破碎耗能

剑桥模型假定土体的颗粒摩擦耗能[25]为 $M_{\mathrm{cr}}p\mathrm{d}\varepsilon_{\mathrm{s}}^{\mathrm{p}}$，Rowe 剪胀模型假定剪胀做功[24]为 $\dfrac{2q-3p}{9}M_{\mathrm{cr}}p\mathrm{d}\varepsilon_{\mathrm{s}}^{\mathrm{p}}$，颗粒破碎耗能为 $\mathrm{d}E_{\mathrm{B}}$，而作为能量分量时，颗粒破碎耗能与临界状态线有关，颗粒破碎耗能[26]为 $\dfrac{(3-M_{\mathrm{cr}})(6+4M_{\mathrm{cr}})}{3(6+M_{\mathrm{cr}})}\mathrm{d}E_{\mathrm{B}}$，则有

$$p\mathrm{d}\varepsilon_V+p\mathrm{d}\varepsilon_{\mathrm{s}}=p\mathrm{d}\varepsilon_V^{\mathrm{e}}+p\mathrm{d}\varepsilon_{\mathrm{s}}^{\mathrm{e}}+M_{\mathrm{cr}}p\mathrm{d}\varepsilon_{\mathrm{s}}^{\mathrm{p}}+\frac{2q-3p}{9}M_{\mathrm{cr}}p\mathrm{d}\varepsilon_{\mathrm{s}}^{\mathrm{p}}+\frac{(3-M_{\mathrm{cr}})(6+4M_{\mathrm{cr}})}{3(6+M_{\mathrm{cr}})}\mathrm{d}E_{\mathrm{B}} \tag{8.10}$$

式中，$p\mathrm{d}\varepsilon_V+p\mathrm{d}\varepsilon_{\mathrm{s}}$ 为变形能；$p\mathrm{d}\varepsilon_V^{\mathrm{e}}+p\mathrm{d}\varepsilon_{\mathrm{s}}^{\mathrm{e}}$ 为弹性变形能；M_{cr} 为临界状态线斜率；ε_{s} 为偏应变。其余计算式为

$$\mathrm{d}W_{\mathrm{p}} = p\mathrm{d}\varepsilon_V^{\mathrm{p}} + p\mathrm{d}\varepsilon_{\mathrm{s}}^{\mathrm{p}} \tag{8.11}$$

$$p=\frac{\sigma_1 + 2\sigma_2}{3} \tag{8.12}$$

$$q = \sigma_1 - \sigma_3 \tag{8.13}$$

$$\mathrm{d}\varepsilon_{\mathrm{s}}=\mathrm{d}\varepsilon_1 - \frac{\mathrm{d}\varepsilon_V}{3} \tag{8.14}$$

$$3\mathrm{d}\varepsilon_1^{\mathrm{e}}=\mathrm{d}\varepsilon_V^{\mathrm{e}} \tag{8.15}$$

$$\begin{cases}\mathrm{d}\varepsilon_V^{\mathrm{p}}=\mathrm{d}\varepsilon_V - \mathrm{d}\varepsilon_V^{\mathrm{e}} \\ \mathrm{d}\varepsilon_{\mathrm{s}}^{\mathrm{p}}=\mathrm{d}\varepsilon_{\mathrm{s}} - \mathrm{d}\varepsilon_{\mathrm{s}}^{\mathrm{e}}\end{cases} \tag{8.16}$$

$\mathrm{d}W_{\mathrm{p}}$ 为塑性变形能。假定土体剪应变是不可恢复的[25]，即弹性剪应变为 0，则弹性变形能为 $p\mathrm{d}\varepsilon_V^{\mathrm{e}}$，式(8.10)变为

$$p\mathrm{d}\varepsilon_V + p\mathrm{d}\varepsilon_{\mathrm{s}}=p\mathrm{d}\varepsilon_V^{\mathrm{e}} + M_{\mathrm{cr}}p\mathrm{d}\varepsilon_{\mathrm{s}}^{\mathrm{p}} + \frac{2q-3p}{9}M_{\mathrm{cr}}p\mathrm{d}\varepsilon_{\mathrm{s}}^{\mathrm{p}} + \frac{(3-M_{\mathrm{cr}})(6+4M_{\mathrm{cr}})}{3(6+M_{\mathrm{cr}})}\mathrm{d}E_{\mathrm{B}} \tag{8.17}$$

据贾宇峰等[26]的研究，弹性体积应变计算公式为

$$\mathrm{d}\varepsilon_V^{\mathrm{e}}=c_{\mathrm{a}}p^{2/3} \tag{8.18}$$

式中，c_{a} 为压缩系数，据栗维等[27]对砂泥岩颗粒混合料的压缩试验研究成果，干密度为 1.90g/cm^3、泥岩颗粒含量为 20%的砂泥岩颗粒混合料的压缩系数可取为 0.0987。

在周期性饱水过程中，可采用 Lade 等[13]提出的阶梯式积分计算弹性变形能，即

$$E_{\mathrm{e}}=p\mathrm{d}\varepsilon_V^{\mathrm{e}} \tag{8.19}$$

为了求得颗粒破碎耗能，还需求得临界状态线方程。由于本章试验结束时均未进行到剪切临界状态，临界状态线方程并不能通过试验数据获得。米占宽等[29]在研究颗粒破碎的剪胀模型中提出临界状态线斜率与围压的关系为

$$M_{\mathrm{cr}}=\alpha_{\mathrm{M}}\left(\frac{\sigma_3}{P_{\mathrm{a}}}\right)^{n_{\mathrm{M}}} \tag{8.20}$$

式中，α_{M} 和 n_{M} 为拟合参数。由于本章未取得试验数据，仅根据堆石料试验数据

取值，即 α_M=1.9243，n_M= −0.053[28]。

需要指出的是，本章的土体变形计算公式中并未考虑颗粒摩擦与颗粒破碎之间的耦合作用，即 M_{cr} 是与滑动摩擦系数有关的函数。贾宇峰等[26]指出，这种耦合作用在高围压下可能导致上述公式计算得出的颗粒破碎耗能为负值。本章试验围压最大值为 400kPa，尚未达到产生这种影响的围压，因此采用式(8.17)计算的变形能所导致的误差在可接受的范围内。

2) 颗粒相对破碎率与塑性功的关系

颗粒破碎是不可逆的过程，塑性功是不可恢复的变形所积累的能量，因此周期性饱水过程中的塑性功与颗粒破碎有着必然的联系。塑性功即土体不可恢复的变形能，在许多学者的研究中，将可恢复的变形忽略不计。弹性剪应变相对于塑性剪应变来说是一个极小量，忽略不计是可以接受的；但弹性轴向应变在应力水平较小时却不能忽略，从图 8.29 可以看出，在应力水平较小时，曲线中存在类似于线弹性阶段的变形。假定在较低应力水平时，变形各向同性，则式(8.15)成立，通过式(8.18)即可计算出弹性轴向应变和弹性体积应变。

由式(8.11)可得，塑性功可表示为

$$W_\mathrm{p} = \int p\mathrm{d}\varepsilon_V^\mathrm{p} + p\mathrm{d}\varepsilon_\mathrm{s}^\mathrm{p} \tag{8.21}$$

式(8.21)可理解为在 p-q 平面内，塑性体积应变与正应力 p 和塑性剪应变与偏应力 q 所围成的面积之和。

由式(8.21)计算得到周期性饱水过程中的塑性功与颗粒相对破碎率的关系，如图 8.30～图 8.33 所示。

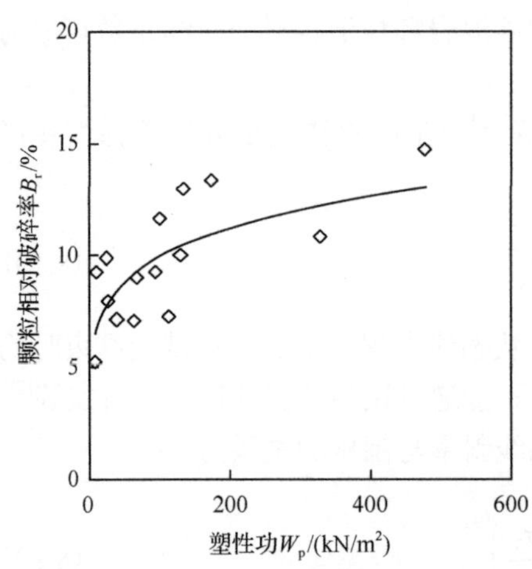

图 8.30　塑性功与颗粒相对破碎率的关系(围压为 100kPa)

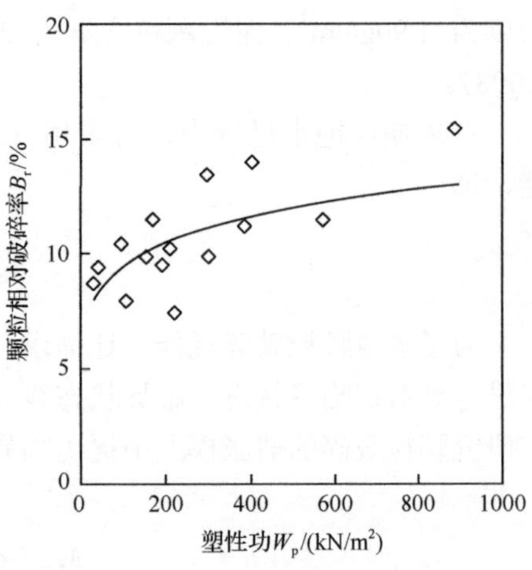

图 8.31　塑性功与颗粒相对破碎率的关系(围压为 200kPa)

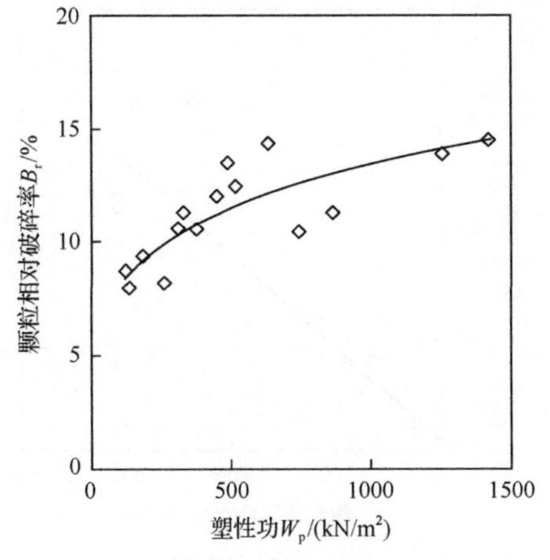

图 8.32　塑性功与颗粒相对破碎率的关系(围压为 300kPa)

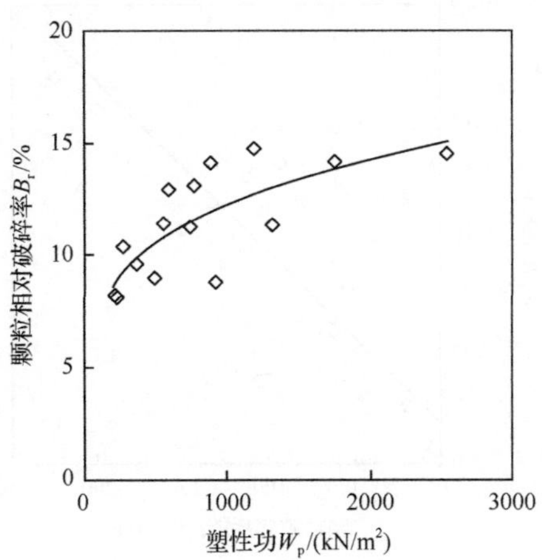

图 8.33　塑性功与颗粒相对破碎率的关系(围压为 400kPa)

图 8.30～图 8.33 中的数据点虽然表现比较离散，但从总体趋势上可以看出，周期性饱水作用下的颗粒相对破碎率随着塑性功的增大而增大，可采用幂函数进行拟合，这与许多学者的研究成果是一致的，拟合公式为

$$B_r = A_{B\text{-}W} W_p^{B_{B\text{-}W}} \tag{8.22}$$

式中，$A_{B\text{-}W}$ 和 $B_{B\text{-}W}$ 为拟合参数。

从拟合情况来看，拟合参数与围压具有一定的关系，$A_{B\text{-}W}$ 随着围压的增大而减小，$B_{B\text{-}W}$ 随着围压的增大而增大。

3) 颗粒相对破碎率与颗粒破碎耗能的关系

颗粒破碎耗能 E_B 可通过式(8.10)进行计算，得到周期性饱水作用下颗粒破碎耗能与颗粒相对破碎率的比值 E_B/E_r 与颗粒破碎耗能 E_B 的关系，如图 8.34～图 8.37 所示。

从图 8.34～图 8.37 中可以看出，周期性饱水砂泥岩颗粒混合料的颗粒破碎耗能 E_B 与颗粒相对破碎率 B_r 的比值随着颗粒破碎耗能 E_B 的增大而增大，基本上呈线性增长关系，拟合公式为

$$\frac{E_B}{B_r} = A_{E\text{-}B} E_B + B_{E\text{-}B} \tag{8.23}$$

式中，$A_{E\text{-}B}$ 和 $B_{E\text{-}B}$ 为拟合参数。

从拟合情况来看，随着围压的增大，拟合参数 $A_{E\text{-}B}$ 比较稳定，在 0.07～0.084 变化。

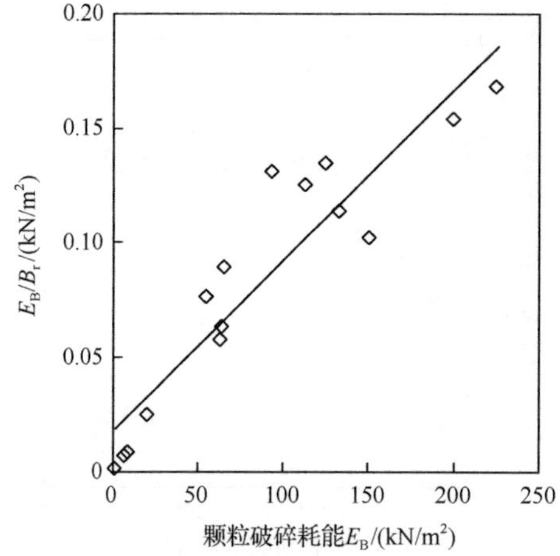

图 8.34 颗粒破碎耗能与颗粒相对破碎率的关系(围压为 100kPa)

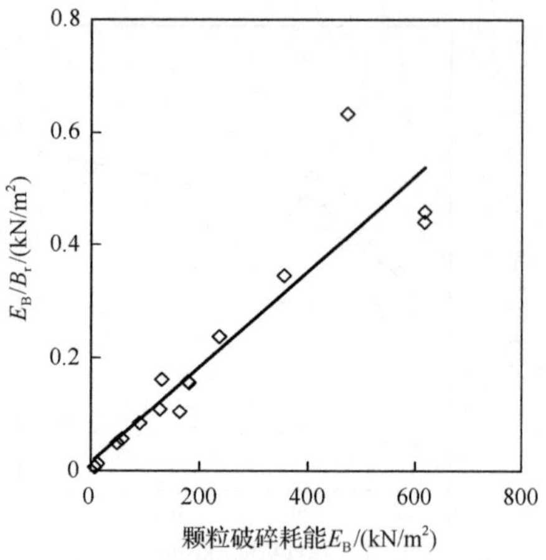

图 8.35 颗粒破碎耗能与颗粒相对破碎率的关系(围压为 200kPa)

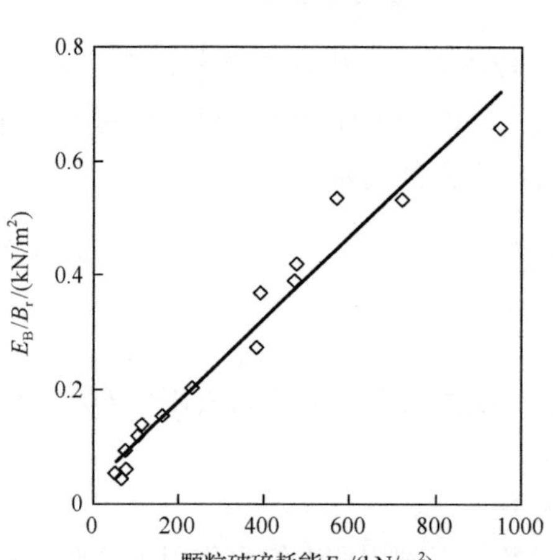

图 8.36 颗粒破碎耗能与颗粒相对破碎率的关系(围压为 300kPa)

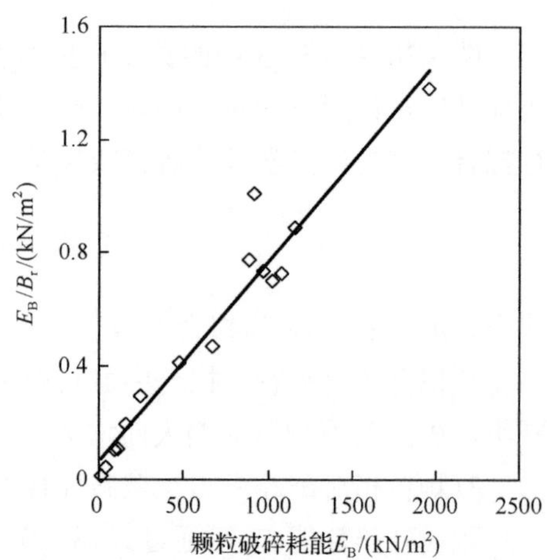

图 8.37 颗粒破碎耗能与颗粒相对破碎率的关系(围压为 400kPa)

式(8.23)可变换为

$$B_r = \frac{E_B}{A_{E\text{-}B}E_B + B_{E\text{-}B}} \tag{8.24}$$

因此，当颗粒破碎耗能趋于无穷大时，颗粒相对破碎率为 100%。

从极限值上看，式(8.23)是具有其合理性的。这一结论与强风化堆石料的三轴剪切试验结果一致，但与干燥状态砂岩粗粒料[19]试验结果有一定的差距。这可能是由于试验材料颗粒强度不同，强风化堆石料和本章采用的砂泥岩颗粒混合料均具有软弱材料的性质，而干燥状态砂岩粗粒料颗粒强度较高，颗粒破碎耗能与颗粒相对破碎率之间的关系可能并不呈双曲线函数型。

4) 颗粒破碎所引起的内摩擦角分量

Rowe[24]利用常规三轴剪切试验研究砂土的剪胀时提出的剪胀方程为

$$\frac{\sigma_1'}{\sigma_3'}=\left(1+\frac{\mathrm{d}\varepsilon_V}{\mathrm{d}\varepsilon_1}\right)\tan^2\left(45°+\frac{\varphi_{\mathrm{fb}}}{2}\right) \tag{8.25}$$

式中，φ_{fb} 为消除剪胀作用但包括颗粒破碎的土体内摩擦角(该内摩擦角已包含滑动摩擦角)。

Chen 等[29]在 Rowe 剪胀方程的基础上，引入最小比能原理，将颗粒破碎耗能作为单独部分加入以修正 Rowe 剪胀方程，即考虑颗粒破碎耗能的剪胀方程，修正的剪胀方程为

$$\frac{\sigma_1'}{\sigma_3'}=\left(1+\frac{\mathrm{d}\varepsilon_V}{\mathrm{d}\varepsilon_1}\right)\tan^2\left(45°+\frac{\varphi_{\mathrm{f}}}{2}\right)+\frac{\varsigma S_V}{\sigma_3'\mathrm{d}\varepsilon_1^{\mathrm{p}}}(1+\sin\varphi_{\mathrm{f}}) \tag{8.26}$$

式中，S_V 为破碎颗粒整体的比表面积；ς 为材料参数；φ_{f} 为消除了剪胀作用和颗粒破碎的土体内摩擦角(该内摩擦角已包含滑动摩擦角)。

式(8.26)适合作为可直接测得比表面积的刚性颗粒料的剪胀方程，然而，本章试验采用的砂泥岩颗粒混合料棱角分明，颗粒大小不一，要测得颗粒比表面积难于登天。魏松等[19]在研究颗粒破碎强度分量时也遇到了类似困难，只是根据经验，参照类似岩性的强度分量数据对砂岩粗粒料的颗粒破碎强度分量进行取值。将式(8.26)中与比表面积有关的部分作为颗粒破碎耗能，即

$$\mathrm{d}E_{\mathrm{B}}=\varsigma S_V \tag{8.27}$$

由式(8.26)和式(8.27)可得

$$\mathrm{d}E_{\mathrm{B}}=\frac{\sigma_1'\mathrm{d}\varepsilon_1^{\mathrm{p}}-\left(1+\dfrac{\mathrm{d}\varepsilon_V^{\mathrm{p}}}{\mathrm{d}\varepsilon_1^{\mathrm{p}}}\right)\tan^2\left(45°+\dfrac{\varphi_{\mathrm{f}}}{2}\right)\sigma_3'\mathrm{d}\varepsilon_1^{\mathrm{p}}}{1+\sin\varphi_{\mathrm{f}}} \tag{8.28}$$

对式(8.28)进行分段积分，并采用 p-q 平面的应力状态表示为

$$\mathrm{d}E_{\mathrm{B}}=\frac{q\mathrm{d}\varepsilon_1^{\mathrm{p}}\left[\dfrac{2}{3}+\dfrac{1}{3}\left(1+\dfrac{\mathrm{d}\varepsilon_V^{\mathrm{p}}}{\mathrm{d}\varepsilon_1^{\mathrm{p}}}\right)\tan^2\left(45°+\dfrac{\varphi_{\mathrm{f}}}{2}\right)\right]-p\mathrm{d}\varepsilon_1^{\mathrm{p}}\left[\left(1+\dfrac{\mathrm{d}\varepsilon_V^{\mathrm{p}}}{\mathrm{d}\varepsilon_1^{\mathrm{p}}}\right)\tan^2\left(45°+\dfrac{\varphi_{\mathrm{f}}}{2}\right)-1\right]}{1+\sin\varphi_{\mathrm{f}}} \tag{8.29}$$

通过式(8.29)或式(8.28)及前面计算的颗粒破碎耗能，可求得不考虑颗粒破碎和剪胀的土体内摩擦角 φ_f，通过式(8.25)即可求得不包括剪胀作用但包括颗粒破碎的土体内摩擦角 φ_{fb}，从而得到颗粒破碎强度分量 $\varphi_b=\varphi_{fb}-\varphi_f$。本章在式(8.28)的基础上，采用迭代方法计算得到 φ_f，迭代步调到1000，计算精度为 10^{-5}。φ_{fb}、φ_f 计算结果如表8.20和8.21所示。

表 8.20　φ_{fb} 计算结果

围压/kPa	应力水平	φ_{fb}/(°)				
		周期性饱水0.5次(湿化)	周期性饱水1次	周期性饱水5次	周期性饱水10次	周期性饱水20次
100	0.25	43.02	49.69	46.55	46.30	52.19
	0.5	53.08	50.64	47.56	51.50	51.76
	0.75	47.18	46.76	47.73	52.41	47.83
200	0.25	40.78	42.24	49.54	46.49	49.78
	0.5	39.55	43.06	47.84	43.70	41.82
	0.75	43.79	47.03	48.24	47.21	40.14
300	0.25	37.89	41.10	41.37	41.00	39.92
	0.5	34.64	39.32	40.35	46.00	45.24
	0.75	35.70	40.14	41.75	35.70	43.00
400	0.25	35.49	37.15	35.45	35.63	40.67
	0.5	37.02	24.85	37.57	37.31	35.67
	0.75	36.55	37.54	39.84	37.64	37.66

表 8.21　φ_f 计算结果

围压/kPa	应力水平	φ_f/(°)				
		周期性饱水0.5次(湿化)	周期性饱水1次	周期性饱水5次	周期性饱水10次	周期性饱水20次
100	0.25	42.92	46.15	42.01	38.12	45.33
	0.5	46.68	45.69	45.91	42.56	43.26
	0.75	46.08	46.33	39.07	47.83	42.93
200	0.25	39.73	38.20	43.48	42.00	43.71
	0.5	38.92	34.62	45.07	38.89	33.77
	0.75	39.57	42.47	42.72	40.33	30.48
300	0.25	34.37	36.22	37.85	36.21	34.04
	0.5	31.01	31.57	34.23	41.81	39.99
	0.75	30.89	36.27	39.86	30.27	39.02
400	0.25	32.70	29.00	31.51	31.11	36.15
	0.5	30.95	22.92	33.71	33.94	29.23
	0.75	35.84	33.72	35.83	34.24	31.41

从表 8.20 和表 8.21 可以看出，φ_{fb} 和 φ_f 均随围压的增大而减小，但与应力水平的关系并不明显。取各应力水平下的平均值分析 φ_{fb} 和 φ_f 与周期性饱水次数的关系，如图 8.38 和图 8.39 所示。

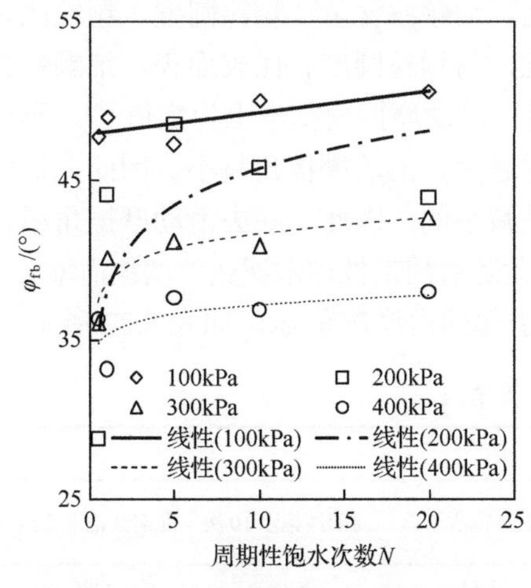

图 8.38　φ_{fb} 与周期性饱水次数的关系

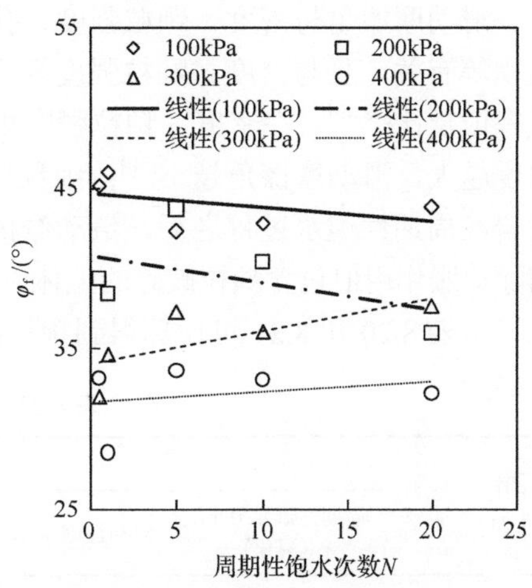

图 8.39　φ_f 与周期性饱水次数的关系

从图 8.38 可以看出，φ_{fd} 随周期性饱水次数的增加而呈指数型增大，增大速率与围压有关。从图 8.39 可以看出，φ_f 随周期性饱水次数的变化与围压相关。

砂岩、泥岩块体崩解性试验研究表明，在筛分过程中发现，当泥岩崩解物中的颗粒含有云母、长石等矿物时，筛分之后的颗粒形状棱角分明，呈针状、片状；而这些矿物含量少时，筛分后的颗粒形状为圆形，颗粒较大，这种现象非常明显，如图 8.40 所示[4]。

图 8.40　泥岩块体崩解筛分后的颗粒形状[4]

从图 8.40 还可以看出，圆形颗粒尺寸为 20～10mm，而针状、片状颗粒尺寸为 5～2mm。认真观察可以发现，20～10mm 的颗粒中矿物成分比较均匀，表面没有出现云母、长石等物质成分，而片状、针状颗粒等表面有黑斑、白点等，可能是闪长石、云母片等矿物。这种圆形颗粒的形成与筛分过程中的振动、摩擦有关，但客观上分析，泥岩块体崩解之后棱角容易剥落，在棱角处形成裂隙的可能性较大，这才导致颗粒振动筛分之后形成圆粒形状。砂岩块体的崩解试验中，这种现象非常罕见。

滑动摩擦角与密度、颗粒强度、孔隙比、细颗粒含量、颗粒圆度、颗粒比表面积等有关，且与密度、颗粒强度等成正比，与颗粒圆度、比表面积、细颗粒含量等成反比[22,30]。在密度、颗粒强度相同时，滑动摩擦角基本上为定值[28]。颗粒圆度越大，滑动摩擦角越小[30]；细颗粒含量越大，滑动摩擦角越小。因此，认为泥岩经周期性饱水过程之后，滑动摩擦角是减小的。因此，除去滑动摩擦角后、消除剪胀作用但包含颗粒破碎的土体内摩擦角随着周期性饱水次数的增加而增大。

由表 8.20 和 8.21 可计算得到颗粒破碎引起的内摩擦角 φ_b，如表 8.22 所示。

表 8.22　φ_b 计算结果

围压/kPa	应力水平	φ_b / (°)				
		周期性饱水 0.5 次（湿化）	周期性饱水 1 次	周期性饱水 5 次	周期性饱水 10 次	周期性饱水 20 次
100	0.25	0.10	3.54	4.54	8.18	6.86
	0.5	6.40	4.95	1.65	8.94	8.50
	0.75	1.10	0.43	8.66	4.58	4.90
200	0.25	1.05	4.04	6.06	4.49	6.07
	0.5	0.63	8.44	2.77	4.81	8.05
	0.75	4.22	4.56	5.52	6.88	9.66
300	0.25	3.52	4.88	3.52	4.79	5.88
	0.5	3.63	7.75	6.12	4.19	5.25
	0.75	4.81	3.87	1.89	5.43	3.98
400	0.25	2.79	8.15	3.94	4.52	4.52
	0.5	6.07	1.93	3.86	3.37	6.44
	0.75	0.71	3.82	4.01	3.40	6.25

从表 8.22 可以看出，周期性饱水作用下颗粒破碎强度分量在 0.10°～9.66°内。从本章试验结果看，不同周期性饱水次数下颗粒破碎引起的内摩擦角比较离散（见图 8.41），但从整体上看，周期性饱水作用下颗粒破碎引起的内摩擦角存在上限线和下限线，上限线和下限线均随着周期性饱水次数的增大而增大。从拟合总体趋势可以看出，周期性饱水作用下颗粒破碎引起的内摩擦角随着周期性饱水次数的增大而增大。

魏松等[19]在粗粒料的湿化试验研究中，通过岩性类比法计算得到颗粒破碎引起的内摩擦角为 0.7°～8.0°，且随着围压的增大而减小。张家铭等[31]在研究钙质砂的颗粒破碎引起的内摩擦角时，采用比表面积法进行估算，得到钙质砂颗粒破

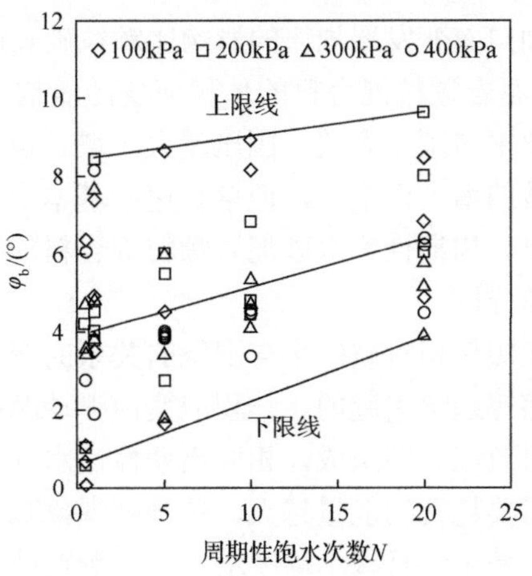

图 8.41　φ_b 与周期性饱水次数的关系

碎引起的内摩擦角为 1.84°～10.20°，且随着围压的增大而增大。但本章试验数据均未发现这两种变化趋势，颗粒破碎引起的内摩擦角与围压之间的关系并不明显。这种差异可能来自于计算方法，魏松等[19]采用岩石性质类比取值法，而张家铭等[31]采用颗粒比表面积估算法，本章采用能量法和 Rowe 剪胀方程[24]结合进行计算。

8.4　周期性饱水砂泥岩颗粒混合料的劣化机理

周期性饱水过程中的轴向应变、体积应变及非线性抗剪强度的劣化规律可从颗粒破碎规律进行解释。根据砂泥岩颗粒混合料、纯砂岩颗粒料及纯泥岩颗粒料在周期性饱水过程中的颗粒破碎规律，周期性饱水过程中的劣化机理如下：

(1) 周期性饱水砂泥岩颗粒混合料的轴向应变随周期性饱水次数的增大呈对数型增大，最终趋于平缓，且增大速率与应力水平有关，与围压无关。周期性饱水砂泥岩颗粒混合料的颗粒相对破碎率也随着周期性饱水次数的增大而增大，呈对数型关系，最终趋于平缓；在高应力水平条件下，颗粒破碎越严重，颗粒破碎耗能越大，试样骨架中的大颗粒破碎成小颗粒而填充了试样孔隙，导致试样的轴向应变增大。

在周期性饱水过程中，相对于砂泥岩颗粒混合料中的砂岩颗粒，泥岩颗粒在前几次循环中发生颗粒破碎的时间更早、速度更快，颗粒相对破碎率更高，更容易达到稳定状态；而后期纯砂岩颗粒料的颗粒相对破碎率非常有限，导致颗粒相对破碎率最终趋于平缓。

相同周期性饱水次数下，砂泥岩颗粒混合料的颗粒相对破碎率随着应力水平及围压的增大而增大，这一规律和轴向应变与周期性饱水次数的关系几乎一致，因此可认为周期性饱水砂泥岩颗粒混合料轴向应变劣化的主要原因是颗粒破碎。

试样中的剪胀效应对轴向应变发展规律的影响比颗粒破碎产生的剪缩效应小。

(2) 周期性饱水砂泥岩颗粒混合料的体积应变随着周期性饱水次数的增大呈对数型增长，且增长速率与围压有关，围压越大，增长速率越大；颗粒相对破碎率随着周期性饱水次数的增大而增大，但增长速率基本上是稳定的，与围压和应力水平的关系并不明显。周期性饱水砂泥岩颗粒混合料的体积应变劣化机理可参考轴向应变的劣化机理分析。

体积应变与围压和颗粒相对破碎率与围压的关系的变化趋势不一致，这是由颗粒重排列、滑动摩擦等趋势引起的。体积应变由滑动摩擦、颗粒破碎的剪缩效应与颗粒重排列的剪胀效应共同组成，相同周期性饱水次数下，围压越大，颗粒重排列、滑动摩擦等需要耗费的能量越大，重排列现象减小，从而导致的体积膨胀(体积应变减小)效应减小，且减小幅度增大；而颗粒破碎随围压变化的增加幅度较小。颗粒破碎造成的体积缩小效应比颗粒重排列造成的体积膨胀效应大，两者综合作用使体积应变随着围压的增大而增大。

(3) 周期性饱水砂泥岩颗粒混合料的抗剪角随着周期性饱水次数的增大而减小，初始抗剪角随着周期性饱水次数的增大也是减小的，而抗剪角降低幅度随着周期性饱水次数的增大先增大后减小。颗粒破碎引起的内摩擦角为 0.1°～9.66°，且随着周期性饱水次数的增大而增大。

周期性饱水过程对砂泥岩颗粒混合料滑动摩擦强度的影响因素造成以下几方面的劣化作用：第一，由砂岩、泥岩周期性饱水作用下的强度劣化规律可知，砂岩颗粒、泥岩颗粒自身的强度随着周期性饱水次数的增加而降低，使得滑动摩擦角减小；第二，泥岩颗粒崩解向圆形颗粒发展，使得滑动摩擦角减小；第三，颗粒破碎后，细颗粒含量增大，粗颗粒含量减小，也使得滑动摩擦角减小。但是，周期性饱水过程中体积减小，由于试样干密度增大，抗剪强度提高，然而，体积应变最大值约为 0.015，因此干密度的增大对抗剪强度提高的影响可忽略不计。总体而言，周期性饱水之后，滑动摩擦角减小。滑动摩擦角减小效应引起的内摩擦角变化比颗粒破碎效应引起的内摩擦角变化更显著，最终导致抗剪角随着周期性饱水次数的增大而减小。

由以上分析可知，周期性饱水砂泥岩颗粒混合料轴向应变、体积应变及非线性抗剪强度等的影响因素非常多，而上述分析仅是初步定性分析，尚需更深入的研究。但周期性饱水作用下的颗粒破碎是存在的，且是影响砂泥岩颗粒混合料强度及变形特性周期性饱水演化过程的重要影响因素之一，这一点不可否认。

8.5 周期性饱水砂泥岩颗粒混合料的劣化演化过程

周期性饱水砂泥岩颗粒混合料、纯砂岩颗粒料及纯泥岩颗粒料的轴向应变、体积应变、非线性抗剪强度及残余强度等随周期性饱水次数的劣化效应是一个累积的过程，每次循环对其影响的最佳衡量标准是劣化增量，即劣化速率。假定周期性饱水对轴向应变、体积应变、非线性抗剪强度及残余强度等的劣化效应是连续的，通过对周期性饱水的轴向应变、体积应变、非线性抗剪强度及残余强度演化方程函数求导即可得到对应的劣化速率表达式。

8.5.1　轴向应变劣化速率

周期性饱水砂泥岩颗粒混合料的轴向应变劣化速率为

$$\varepsilon_1^{N'}=\frac{fS+d}{N} \tag{8.30}$$

周期性饱水纯砂岩颗粒料的轴向应变劣化速率为

$$\varepsilon_{1\mathrm{s}}^{N'}=\frac{f_{1\mathrm{s}}S+d_{1\mathrm{s}}}{N} \tag{8.31}$$

周期性饱水纯泥岩颗粒料的轴向应变劣化速率为

$$\varepsilon_{1\mathrm{m}}^{N'}=\frac{f_{1\mathrm{m}}S+d_{1\mathrm{m}}}{N} \tag{8.32}$$

由式(8.30)～式(8.32)可以看出，周期性饱水砂泥岩颗粒混合料、纯砂岩颗粒料及纯泥岩颗粒料的轴向应变劣化速率均与应力水平有关，与围压无关。将与应力水平有关的系数定义为轴向应变劣化因子 C_{1x}，进行归一化处理，可得轴向应变劣化速率归一化公式为

$$\varepsilon_{1x}^{N'}=\frac{C_{1x}}{N} \tag{8.33}$$

式中，$\varepsilon_{1x}^{N'}$ 为周期性饱水材料的轴向应变劣化速率；C_{1x} 为轴向应变劣化因子，与应力水平和材料类型有关；x 表示砂泥岩颗粒混合料、纯砂岩颗粒料及纯泥岩颗粒料。

不同应力水平条件下的轴向应变劣化因子取值如表 8.23 所示。从表中可以看出，各种应力水平条件下，周期性饱水纯泥岩颗粒料的轴向应变劣化因子比砂泥岩颗粒混合料及纯砂岩颗粒料的大，砂泥岩颗粒混合料的轴向应变劣化因子比纯砂岩颗粒料的大。说明周期性饱水砂泥岩颗粒混合料的劣化效应综合了纯砂岩颗粒料和纯泥岩颗粒料的劣化效应，且其劣化因子并不是以纯砂岩颗粒料与纯泥岩颗粒料的比例来确定，混合料中的泥岩颗粒对劣化效应的贡献更大。

表 8.23　不同应力水平条件下的轴向应变劣化因子 C_{1x} 取值

材料类型	C_{1x} 表达式	f	d	C_{1x}		
				应力水平 0.25	应力水平 0.5	应力水平 0.75
砂泥岩颗粒混合料	$fS+d$	0.326	–0.039	0.043	0.124	0.206
纯砂岩颗粒料	$f_{1s}S+d_{1s}$	0.172	–0.041	0.002	0.045	0.088
纯泥岩颗粒料	$f_{1m}S+d_{1m}$	0.532	–0.032	0.101	0.234	0.367

周期性饱水砂泥岩颗粒混合料、纯砂岩颗粒料及纯泥岩颗粒料的轴向应变劣化速率如图 8.42～图 8.44 所示。

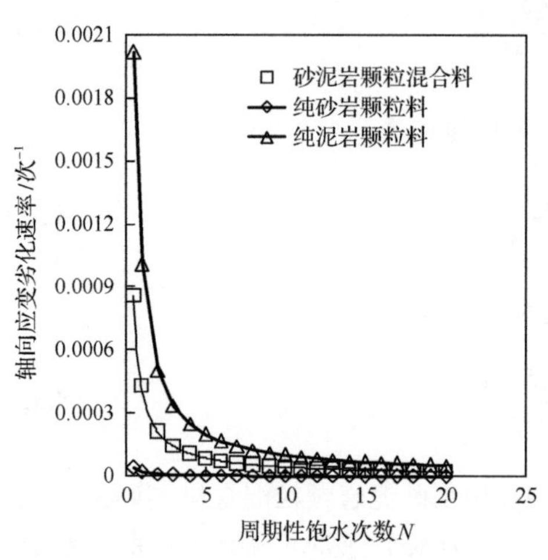

图 8.42　轴向应变劣化速率（S=0.25）

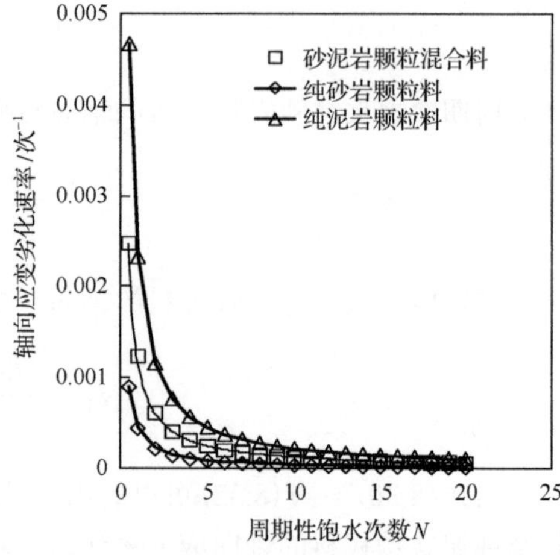

图 8.43　轴向应变劣化速率（S=0.5）

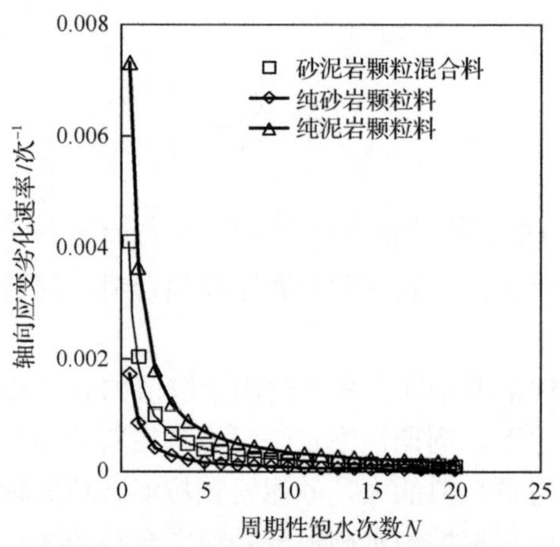

图 8.44　轴向应变劣化速率（S=0.75）

湿化和第一次周期性饱水的轴向应变劣化速率均比较大，之后随着周期性饱水次数的增加逐渐减小（仅针对本章周期性饱水 20 次而言，以下不再赘述）。

8.5.2 体积应变劣化速率

周期性饱水砂泥岩颗粒混合料的体积应变劣化速率为

$$\varepsilon_V^{N'}=\frac{f_V\dfrac{\sigma_3}{P_\mathrm{a}}+d_V}{N} \tag{8.34}$$

周期性饱水纯砂岩颗粒料的体积应变劣化速率为

$$\varepsilon_{V\mathrm{s}}^{N'}=\frac{f_{V\mathrm{s}}S+d_{V\mathrm{s}}}{N} \tag{8.35}$$

周期性饱水纯泥岩颗粒料的体积应变劣化速率为

$$\varepsilon_{V\mathrm{s}}^{N'}=\frac{f_{V\mathrm{m}}S+d_{V\mathrm{m}}}{N} \tag{8.36}$$

将与围压或应力水平有关的系数定义为周期性饱水体积应变劣化因子 C_{Vx} 进行归一化处理，可得体积应变劣化速率归一化公式为

$$\varepsilon_{Vx}^{N'}=\frac{C_{Vx}}{N} \tag{8.37}$$

式中，$\varepsilon_{Vx}^{N'}$ 为周期性饱水材料的体积应变劣化速率；C_{Vx} 为体积应变劣化因子，与应力水平和材料类型有关。

不同应力水平条件下的体积应变劣化因子取值如表 8.24 所示。从表中可以看出，在应力水平为 0.5 和 0.75 时，纯泥岩颗粒料的体积应变劣化因子比纯砂岩颗粒料的大；在应力水平为 0.25 时，纯砂岩颗粒料的体积应变劣化因子比纯泥岩颗粒料的大；砂泥岩颗粒混合料的体积应变劣化因子与围压有关，与应力水平无关，围压越大，体积应变劣化因子越大。

表 8.24 体积应变劣化因子计算表达式及参数取值

材料类型	C_{Vx} 表达式	f_V	d_V
砂泥岩颗粒混合料	$f_V\sigma_3/P_\mathrm{a}+d_V$	0.326	0.326
纯砂岩颗粒料	$f_{V\mathrm{s}}S+d_{V\mathrm{s}}$	0.172	0.172
纯泥岩颗粒料	$f_{V\mathrm{m}}S+d_{V\mathrm{m}}$	0.532	0.532

周期性饱水砂泥岩颗粒混合料、纯砂岩颗粒料和纯泥岩颗粒料的体积应变劣化速率如图 8.45～图 8.47 所示。

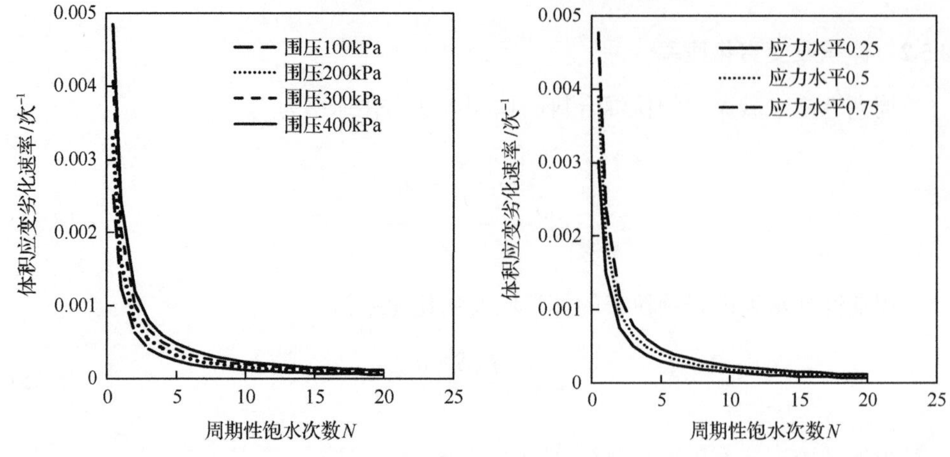

图 8.45　砂泥岩颗粒混合料的体积应变劣化速率　图 8.46　纯砂岩颗粒料的体积应变劣化速率

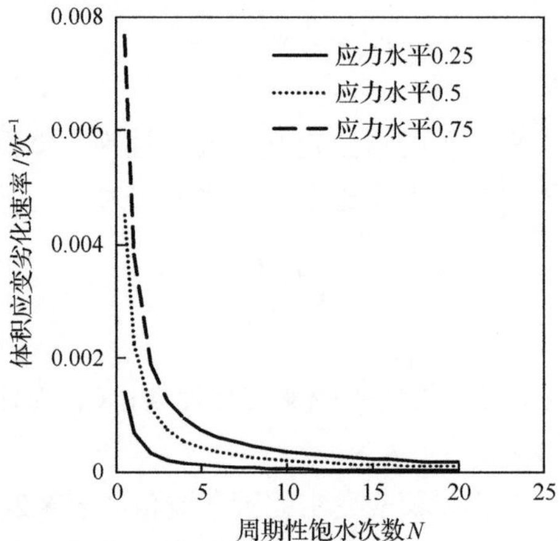

图 8.47　纯泥岩颗粒料的体积应变劣化速率

从图 8.45～图 8.47 可以看出，砂泥岩颗粒混合料、纯砂岩颗粒料及纯泥岩颗粒料在湿化和第一次周期性饱水作用时的体积应变劣化速率均比较大，之后随着周期性饱水次数的增加逐渐减小，最终趋于稳定。

8.5.3　非线性抗剪强度劣化速率

周期性饱水砂泥岩颗粒混合料的非线性初始抗剪角劣化速率为

$$\overline{\varphi}_0' = \frac{m_\varphi}{N+1} \tag{8.38}$$

周期性饱水砂泥岩颗粒混合料的抗剪角降低幅度劣化速率为

$$\Delta\overline{\varphi}_0'=\frac{2m_{\Delta\varphi}\ln\left(N+1\right)+n_{\Delta\varphi}}{N+1} \tag{8.39}$$

周期性饱水砂泥岩颗粒混合料的抗剪角劣化速率为

$$\varphi_N'=\frac{m_{\varphi}}{N+1}-\frac{2m_{\Delta\varphi}\ln\left(N+1\right)+n_{\Delta\varphi}}{N+1}\lg\frac{\sigma_3}{P_a} \tag{8.40}$$

周期性饱水纯砂岩颗粒料的抗剪角劣化速率为

$$\overline{\varphi}_s'=n_{\varphi s}m_{\varphi s}\left(N+1\right)^{n_{\varphi s}-1} \tag{8.41}$$

由式(8.40)和式(8.41)可知，周期性饱水砂泥岩颗粒混合料的抗剪角劣化速率与围压有关，与应力水平无关；而纯砂岩颗粒料的抗剪角劣化速率与围压和应力水平均无关。但这里需要指出的是，仅开展了周期性饱水纯砂岩颗粒料在不同应力水平条件下的三轴剪切试验，因此纯砂岩颗粒料的抗剪角劣化速率是否与围压有关并不明确。

砂泥岩颗粒混合料的抗剪角劣化速率如图 8.48 所示。可以看出，不同围压下的砂泥岩颗粒混合料抗剪角在第一次周期性饱水作用下的劣化速率均比较大，之后随着周期性饱水次数的增加而逐渐减小，最终趋于稳定；围压越大，砂泥岩颗粒混合料的抗剪角在周期性饱水作用下的劣化速率越大，围压越小，抗剪角劣化速率越小。

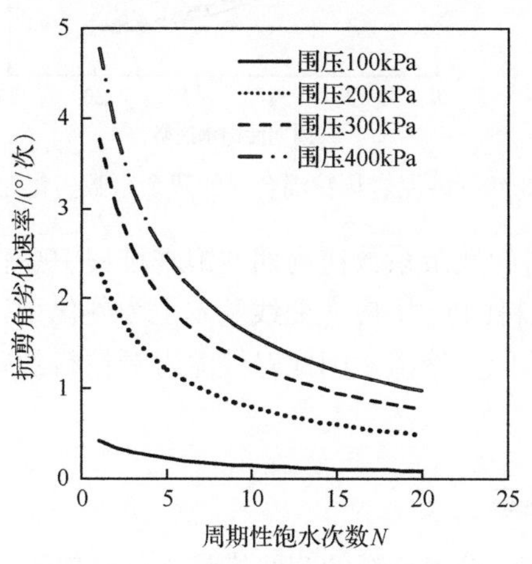

图 8.48　砂泥岩颗粒混合料的抗剪角劣化速率

8.5.4　残余系数劣化速率

对周期性饱水砂泥岩颗粒混合料的残余系数演化方程求导，得到周期性饱水

砂泥岩颗粒混合料的残余系数劣化速率为

$$\lambda'=\frac{m_{k_1}}{N}\sigma_3^{m_{k_2}N^{n_{k_2}}}+m_{k_2}^2 N^{2n_{k_2}}\left(m_{k_1}\ln N+n_{k_1}\right)^{m_{k_2}N^{n_{k_2}}}\ln\sigma_3 \tag{8.42}$$

周期性饱水砂泥岩颗粒混合料的残余系数劣化速率如图 8.49 所示。可以看出，不同围压下，砂泥岩颗粒混合料的残余系数劣化速率在第一周期性饱水作用下较大，之后随着周期性饱水次数的增加而逐渐变小，最终趋于稳定。在前 2～3 次周期性饱水作用下，围压越大，砂泥岩颗粒混合料的残余应力劣化速率越大；此后的周期性饱水作用下，围压越大，砂泥岩颗粒混合料的残余系数劣化速率越小。在周期性饱水 2～3 次时，不同围压下的残余系数劣化速率存在交叉。总体而言，不同围压下，砂泥岩颗粒混合料在周期性饱水作用下的残余系数劣化速率非常接近。

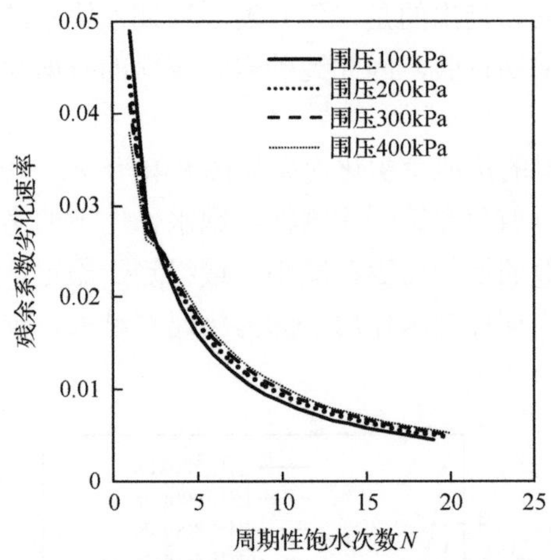

图 8.49　砂泥岩颗粒混合料的残余系数劣化速率

由于纯砂岩颗粒料的残余系数在周期性饱水过程中变化不大，其劣化速率可认为是 0。纯泥岩颗粒料的应力-应变曲线基本上为硬化型，残余强度与其取值方法有关，且比较接近偏应力峰值，因此对纯泥岩颗粒料的残余系数劣化速率讨论的意义不大。

8.5.5　割线模量劣化速率

周期性饱水砂泥岩颗粒混合料的割线模量劣化速率为

$$E'_{\rm k}=\frac{a_{\rm m}\dfrac{\sigma_3}{P_{\rm a}}+b_{\rm m}}{N}=\frac{m_{\rm E}}{N} \tag{8.43}$$

周期性饱水纯砂岩颗粒料的割线模量劣化速率为

$$E'_{\mathrm{ks}} = \frac{m_{\mathrm{Es}}}{N} \tag{8.44}$$

周期性饱水纯泥岩颗粒料的割线模量劣化速率为

$$E'_{\mathrm{km}} = \frac{m_{\mathrm{Em}}}{N} \tag{8.45}$$

由式(8.43)～式(8.45)可以看出，周期性饱水砂泥岩颗粒混合料的割线模量劣化效应与围压有关，与应力水平无关。周期性饱水纯砂岩颗粒料及纯泥岩颗粒料的割线模量劣化速率与应力水平无关。引入割线模量劣化因子 $m_{\mathrm{E}x}$，将上述劣化速率公式归一化，可得

$$E'_{\mathrm{k}x} = \frac{m_{\mathrm{E}x}}{N} \tag{8.46}$$

式中，$E_{\mathrm{k}x}$为周期性饱水材料的割线模量劣化速率；$m_{\mathrm{E}x}$为割线模量劣化因子。

割线模量劣化因子取值如表 8.25 所示。

表 8.25　割线模量劣化因子 $m_{\mathrm{E}x}$取值

材料类型	$m_{\mathrm{E}x}$			
	围压 100kPa	围压 200kPa	围压 300kPa	围压 400kPa
砂泥岩颗粒混合料	−5.38	−6.62	−6.11	−7.41
纯砂岩颗粒料	−9.58	−9.58	−9.58	−9.58
纯泥岩颗粒料	−1.50	−1.50	−1.50	−1.50

由于割线模量劣化因子是负值(见表 8.25)，即割线模量随着周期性饱水次数的增大而减小，为了看出割线模量劣化速率变化趋势，将劣化速率取绝对值进行分析，如图 8.50 所示。可以看出，割线模量劣化速率绝对值在前几次周期性饱水作用下较大，且降低比较明显，随着周期性饱水次数的增加，劣化速率绝对值逐渐减小，最终趋于恒定值。周期性饱水过程中，纯泥岩颗粒料的割线模量劣化速率绝对值最小，纯砂岩颗粒料的割线模量劣化速率绝对值最大，砂泥岩颗粒混合料在不同围压情况下的割线模量劣化速率绝对值在纯砂岩颗粒料和纯泥岩颗粒料之间。

从周期性饱水砂泥岩颗粒混合料的轴向应变、体积应变、非线性抗剪强度、残余系数、割线模量演化方程可以看出，前几次周期性饱水的劣化总量占 20 次周期性饱水劣化总量的比例大；从周期性饱水砂泥岩颗粒混合料的轴向应变、体积

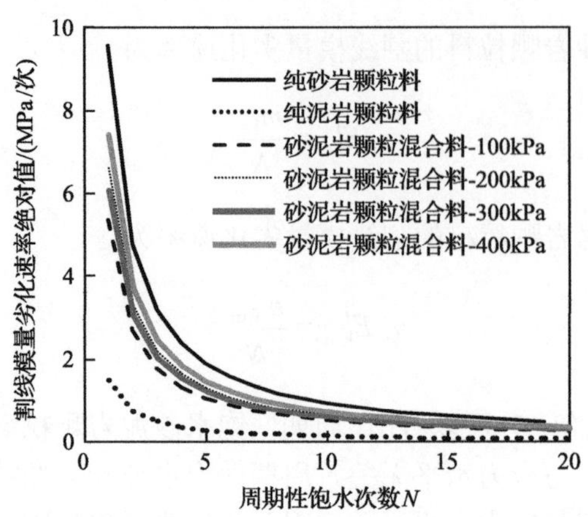

图 8.50　周期性饱水作用下割线模量劣化速率绝对值

应变、非线性抗剪强度、残余系数、割线模量的劣化速率上看，前几次周期性饱水的劣化速率比较大。因此，年调节库区中的涉水砂泥岩颗粒混合料填方工程建设完工后，前几年的变形比较大，且变形速度快，应引起监测人员的重视。

8.6　本 章 小 结

为了分析周期性饱水砂泥岩颗粒混合料的轴向应变、体积应变及非线性抗剪强度的劣化机理，开展了砂泥岩颗粒混合料、纯砂岩颗粒料及纯泥岩颗粒料的颗粒破碎试验。从颗粒破碎试验结果中获得了三种试验土料周期性饱水作用下的颗粒破碎规律，从颗粒破碎角度研究了周期性饱水砂泥岩颗粒混合料的劣化机理及劣化演化过程，得到以下结论：

(1) 根据周期性饱水砂泥岩颗粒混合料的颗粒破碎试验研究，颗粒相对破碎率随着围压的增大呈幂函数增大趋势，随着应力水平的增大呈线性增长趋势，随着周期性饱水次数的增大呈对数函数增长。体积应变和轴向应变随着颗粒相对破碎率的增大均呈线性增长趋势，且其增长幅度均与围压和应力水平有关。颗粒相对破碎率与塑性功呈对数函数关系，与颗粒破碎耗能呈双曲线函数关系。颗粒破碎引起的内摩擦角随着周期性饱水次数的增大基本呈线性增大；各种应力水平条件下，颗粒破碎引起的内摩擦角在上限线和下限线范围内。

纯泥岩颗粒料的颗粒相对破碎率比纯砂岩颗粒料的大，二者均随周期性饱水次数的增加呈对数函数增大，但增大幅度与应力水平有关。相对于纯砂岩颗粒料，纯泥岩颗粒料在周期性饱水过程中颗粒破碎发生时间更早、速度更快，颗粒相对破碎率更高，且更容易达到稳定状态。相同条件下，砂泥岩颗粒混合料的颗粒相对破碎率介于纯砂岩颗粒料和纯泥岩颗粒料之间。

(2) 周期性饱水砂泥岩颗粒混合料的轴向应变、体积应变的劣化规律与该过程中的颗粒破碎作用紧密相关；试样骨架中的大颗粒破碎成小颗粒而填充了试样孔隙，导致试样的轴向应变增大；体积应变由颗粒破碎的剪缩效应与颗粒重排列、滑动摩擦等剪胀效应共同组成，颗粒破碎造成的剪缩效应比颗粒重排列等造成的剪胀效应对体积应变的影响大。滑动摩擦角减小效应引起的内摩擦角变化比颗粒破碎效应引起的内摩擦角变化更显著，最终导致抗剪角随着周期性饱水次数的增大而减小。

(3) 周期性饱水砂泥岩颗粒混合料的轴向应变及体积应变均随着周期性饱水次数的增大先增大后趋于稳定，与周期性饱水次数呈对数函数的变化趋势，且与应力水平和围压有关；周期性饱水砂泥岩颗粒混合料的抗剪角随着周期性饱水次数的增大呈对数函数减小，且与围压有关，初始抗剪角随着周期性饱水次数的增大而线性减小，抗剪角降低幅度随周期性饱水次数的增大呈先增大后减小的二次曲线关系。

(4) 分析了周期性饱水砂泥岩颗粒混合料、纯砂岩颗粒料及纯泥岩颗粒料的轴向应变、体积应变、非线性抗剪强度、残余系数、割线模量的劣化速率，三种土料的轴向应变、体积应变非线性抗剪强度、残余系数、和割线模量在湿化和第一次周期性饱水作用时的劣化速率比较大，之后随周期性饱水次数的增加逐渐减小并趋于稳定。

参 考 文 献

[1] Lade P V, Yamamuro J A, Bopp P A. Significance of particle crushing in granular materials[J]. Journal of Geotechnical Engineering, 1996, 122(4): 309-316.

[2] Hardin B O. Crushing of soil particles[J]. Journal of Geotechnical Engineering, 1985, 111(10): 1177-1192.

[3] Xiao Y, Liu H L, Ding X M, et al. Influence of particle breakage on critical state line of rockfill material[J]. International Journal of Geomechanics, 2016, 16(1): 04015031.

[4] 王俊杰, 方绪顺, 邱珍锋. 砂泥岩颗粒混合料工程特性研究[M]. 北京: 科学出版社, 2016.

[5] Wang J J, Cheng Y Z, Zhang H P, et al. Effects of particle size on compaction behavior and particle crushing of crushed sandstone-mudstone particle mixture[J]. Environmental Earth Sciences, 2015, 73(12): 8053-8059.

[6] Wang J J, Zhang H P, Deng D P, et al. Effects of mudstone particle content on compaction behavior and particle crushing of a crushed sandstone-mudstone particle mixture[J]. Engineering Geology, 2013, 167: 1-5.

[7] Wang J J, Zhang H P, Liu M W, et al. Compaction behaviour and particle crushing of a crushed sandstone particle mixture[J]. European Journal of Environmental and Civil Engineering, 2014, 18(5): 567-583.

[8] Wang J J, Zhang H P, Deng D P. Effects of compaction effort on compaction behavior and particle crushing of a crushed sandstone-mudstone particle mixture[J]. Soil Mechanics and Foundation Engineering, 2014, 51(2): 67-71.

[9] 刘恩龙, 覃燕林, 陈生水, 等. 堆石料的临界状态探讨[J]. 水利学报, 2012, 39(5): 505-511.

[10] 张超, 展旭财, 杨春和. 粗粒料强度及变形特性的细观模拟[J]. 岩土力学, 2013, 34(7): 2077-2083.

[11] 迟世春, 周雄雄. 堆石料的湿化变形模型[J]. 岩土工程学报, 2017, 39(1): 48-55.

[12] Lee K L, Farhoomand I. Compressibility and crushing of granular soils in anisotropic triaxial compression[J]. Canadian Geotechnical Journal, 1967, 4(1): 68-86.

[13] Lade P V, Yamamuro J. Significance of particle crushing in granular materials[J]. Journal of Geotechnical Engineering, 1996, 122(4): 309-316.

[14] 刘汉龙, 孙逸飞, 杨贵, 等. 粗粒料颗粒破碎特性研究述评[J]. 河海大学学报(自然科学版), 2012, 40(4): 361-369.

[15] Marsal R J. Large scale testing of rockfill materials[J]. Journal of the Soil Mechanics and Foundations Engineering, 1967, 93(2): 27-43.

[16] 秦月, 姚婷, 汪稔, 等. 基于颗粒破碎的钙质沉积物高压固结变形分析[J]. 岩土力学, 2014, 35(11): 3123-3128.

[17] Coop M R, Sorensen K K, Frettas T B, et al. Particle breakage during shearing of a carbonate sand[J]. Geotechnique, 2004, 54(3): 157-163.

[18] Hu W, Yin Z Y, Dano C. A constitutive model for granular materials considering grain breakage[J]. Science China Technological Sciences, 2011, 54(8): 2188-2196.

[19] 魏松, 朱俊高, 钱七虎, 等. 粗粒料颗粒破碎三轴试验研究[J]. 岩土工程学报, 2009, 31(4): 533-538.

[20] 秦尚林, 杨兰强, 陈荣辉, 等. 颗粒破碎对绢云母片岩强度和变形影响的试验研究[J]. 岩石力学, 2013, 34(2): 105-109.

[21] Lee K L, Seed H B. Drained strength characteristics of sands[J]. Journal of the Soil Mechanics and Foundations DivisionIdriss, 1967, 91(6): 117-141.

[22] 黄文熙. 土的工程性质[M]. 北京: 水利电力出版社, 1983.

[23] 陈生水, 傅中志, 韩华强, 等. 一个考虑颗粒破碎的堆石料弹塑性本构模型[J]. 岩土工程学报, 2011, 33(10): 1489-1495.

[24] Rowe P W. The stress-dilatancy relations for static equilibrium of an assmbly of particles in contact[J]. Proceedings of The Royal Society A, 1962, 269: 500-527.

[25] 郭万里, 朱俊高, 钱彬, 等. 粗粒土的颗粒破碎演化模型及其试验验证[J]. 岩土力学, 2019, 40(3): 1023-1029.

[26] 贾宇峰, 迟世春, 林皋. 考虑颗粒破碎的粗粒土剪胀性统一本构模型[J]. 岩土力学, 2010, 31(5): 1381-1388.

[27] 栗维, 郝建云. 级配对砂泥岩混合料压缩特性的影响[J]. 嘉应学院学报, 2015, 33(2): 49-53.

[28] 米占宽, 李国英, 陈铁林. 考虑颗粒破碎的堆石体本构模型[J]. 岩土工程学报, 2007, 29(12): 1865-1869.

[29] Chen T J, Ueng T S. Energy aspects of particle breakage in drained shear of sands[J]. Geotechnique, 2000, 50(1): 65-72.

[30] 钱家欢, 殷宗泽. 土工原理与计算[M]. 北京: 中国水利水电出版社, 1996.

[31] 张家铭, 蒋国盛, 汪稔. 颗粒破碎及剪胀对钙质砂抗剪强度影响研究[J]. 岩土力学, 2009, 30(7): 2043-2048.

第 9 章　劣化过程数学模型

自连续性损伤因子和损伤有效应力的概念[1]提出以来，以此为基础开展的金属[2]、混凝土[3]、岩石[4]和土体[5]等材料的损伤力学本构模型研究非常多。基于损伤力学的材料力学性质的研究思路可分为三种：微细观分析法、宏观唯象学理论及统计方法。

微细观分析法是从细观或者微观尺度上对材料一些微细观结构的数量、尺寸或者排列方式等进行描述，通过现代力学试验手段观察微细观结构的变化，建立微细观结构变化与宏观力学性质的联系。这种方法的优势在于通过微细观结构的变化直观地展现出材料损伤破坏过程，在此基础上更合理地揭示其破坏机理。由于材料微观结构的复杂性、多变性，宏观的力学表现是多种内在因素繁杂多变的集合体，因此很难通过准确描述材料的损伤过程来进行全面的力学描述。

宏观唯象学理论是将宏观力学性质中某些变量作为损伤变量，从能量和连续介质力学的角度推导出材料的力学本构关系。该方法受到微观参数变化引起的宏观效应启迪，通过宏观参数直接表达材料力学行为，缺点是微观机制物理力学意义不够明确。

统计方法是将材料细观层面上的微元强度作为分析的落脚点，假定微元强度服从某一统计学上的分布函数，并且假设材料的非均匀性是造成材料非线性的实质因素。基于这两个假设，认为材料的缺陷是随机分布的，选择与材料缺陷有关联的损伤变量，运用统计学理论研究材料缺陷与损伤变量之间的关系，并通过损伤变量构建材料的分布式损伤力学本构关系。

自然沉积的土体均处于各向异性的应力状态，其强度和变形特性与各向同性应力状态下存在较大差异[6]。自剑桥模型被提出以来，这种能反映土体弹塑性变形特征的本构模型已被运用在各种土体的变形计算中，褚福永等[7]针对不同的土体、不同的应力路径改进了剑桥模型，作为研究土体某种特性的木构模型。但在剑桥模型中，并未考虑土体的各向异性特征。褚福永等[8]在研究深厚覆盖层的各向异性时发现，粗粒土固结完成后存在固有各向异性的特征，在覆盖层上建筑坝体后，这种各向异性的特性会影响覆盖层的变形特性，并提出了粗粒土 K_0 固结的弹塑性模型，用以分析初始各向异性的深厚覆盖层的变形特性。本章基于该建模思路，建立 K_0 条件下的周期性饱水砂泥岩颗粒混合料的劣化变形弹塑性模型。

为了研究周期性饱水砂泥岩颗粒混合料的劣化效应，本章借助连续损伤理论、统计学并结合统计强度理论对砂泥岩颗粒混合料的劣化规律进行描述。周期性饱水损伤的演化方程可通过土体非线性微元强度及统计学中的 Weibull 分布进行构建，从而建立周期性饱水砂泥岩颗粒混合料的劣化本构方程及演化方程，并与试验结果进行对比验证。

9.1　强度准则的讨论

强度问题是土力学中古老而经典的问题，材料的强度准则关系到岩土工程中极限平衡分析的可靠性，是极限平衡分析的基础。统计损伤力学的关键在于微元强度的选择，微元强度的选择关系着描述的力学本构关系是否符合材料的力学特征。例如，曹文贵等[9]、夏红春等[10]、刘新荣等[11]、刘树新等[12]在对岩石的统计损伤力学模型的研究中，均采用了莫尔-库仑强度理论作为微元强度理论，即

$$F = f(\sigma) = \sigma_1 - \tan^2\left(45^\circ + \frac{\varphi}{2}\right)\sigma_3 \tag{9.1}$$

或者

$$F = f(\sigma) = \sigma_1(1-\sin\varphi) - \sigma_3(1+\sin\varphi) - 2c\cos\varphi \tag{9.2}$$

莫尔-库仑强度准则反映了正应力、围压与抗剪强度的关系，能够反映岩土材料的摩擦特性，其形式简单，参数容易获得，在一定范围内具有较好的适用性。但该强度准则也存在如下不足：①未考虑中主应力的影响，这点与真三轴试验结果不一致，大多数的试验条件也不能考虑中主应力的影响，因此这一点不足之处并不是最主要的；②该强度准则中的内摩擦角与围压和平均主应力均无关。在高应力或者高围压下，含有软弱矿物颗粒的堆石料三轴试验结果表明，随着围压的增大，颗粒破碎[13]、颗粒重排列等现象严重[14]，内摩擦角随着围压的增大而改变，强度包线不再是一条直线。莫尔-库仑强度理论将强度包线假设为直线不符合实际情况，造成误差较大。

为了反映中主应力或者平均主应力的影响，曹文贵等[15]、李树春等[16]通过假定岩石微元强度服从 Drucker-Prager 强度准则，提出了基于 Drucker-Prager 强度准则的岩石统计损伤本构模型。岩石材料微元强度采用 Drucker-Prager 强度准则可表示为

$$F=\alpha_{\mathrm{I}} I_1 + J_2^{0.5} - H \tag{9.3}$$

式中，I_1、J_2 分别为应力张量第一、第二不变量；α_{I} 和 H 为与试验材料有关的常数。

$$I_1=\sigma_1+\sigma_2+\sigma_3 \tag{9.4}$$

$$J_2=\frac{1}{6}\left[(\sigma_1+\sigma_2)^2+(\sigma_1+\sigma_3)^2+(\sigma_3+\sigma_2)^2\right] \tag{9.5}$$

$$\alpha_{\mathrm{I}}=\frac{2\sin\varphi}{\sqrt{3}(3-\sin\varphi)} \tag{9.6}$$

$$H=\frac{6c\cos\varphi}{\sqrt{3}(3-\sin\varphi)} \tag{9.7}$$

采用 Drucker-Prager 强度准则的统计损伤本构模型考虑了中主应力和平均主应力的影响，且屈服面、塑性势面均与破坏面形状相似，相对比较合理。模型参数均可通过三轴试验获得，使用比较方便。但 Drucker-Prager 强度准则较为保守[16]，不能考虑围压变化导致的内摩擦角的非线性关系，限制了微元强度的使用范围。

Drucker-Prager 强度准则的统计损伤本构模型并未反映岩石剪切破坏中的机理，即细观微裂纹的开展及延伸均以张拉破坏为主，因此汤连生等[4]提出了基于 Hoek-Brown 强度准则的统计损伤本构模型，Hoek-Brown 强度准则可表达为

$$\sigma_1=\sigma_3+\sigma_{\mathrm{c}}\sqrt{\frac{m\sigma_3}{\sigma_{\mathrm{c}}}+1} \tag{9.8}$$

假设微元强度服从 Hoek-Brown 强度准则，通过变换，可得到微元强度表达式为

$$F=(\sigma_1-\sigma_3)^2-m_{\mathrm{I}}\sigma_3\sigma_{\mathrm{c}}+\sigma_{\mathrm{c}}^2 \tag{9.9}$$

式中，σ_{c} 为岩石单轴抗压强度；σ_1 和 σ_3 分别为岩石破坏时的大、小主应力；m_{I} 为材料常数。

Hoek-Brown 强度准则可以比较全面地反映岩石破坏的危险程度。王军宝等[17]研究表明，该模型在应力-应变曲线为软化型时，理论值与试验值相差较大，拟合结果并不理想。此外，曹文贵等[18]还提出了基于 von Mises 强度准则建立的统计损伤本构模型。

粗粒土与岩石的强度准则存在一定的差别，相同围压下的三轴压缩试验结果表现出来的应力-应变关系也是不相同的。无黏性土理论上不存在黏聚力，但碎石、堆石料等在具有一定密实度的情况下，颗粒之间咬合紧密，可表现出垂直切坡而

不坍塌的现象；同样，对于含水率达到一定程度的砂土，也可以垂直切坡而不坍塌。这两种现象均是由于有效应力使得颗粒间的摩擦达到一定强度，宏观上表现出具有黏聚力的现象[14]。

摩擦强度一般由颗粒间的滑动摩擦和咬合摩擦引起[14]。颗粒间的滑动摩擦是土体产生强度的主要原因。颗粒表面是粗糙的，表面可能产生自锁和咬合作用，表面凸起接触点处的应力较大，容易发生屈服或者塑性变形。颗粒间接触处尺度非常小，以致形成吸附作用力，甚至产生重结晶现象，这可能使起动摩擦力比滑动摩擦力大。颗粒表面还容易形成一层吸附膜，这种吸附膜具有润滑作用，增大了颗粒间的接触面积，使滑动摩擦力减小。由于饱和试样中的吸附膜被破坏了，同种颗粒在非饱和情况下的滑动摩擦力比饱和情况下要小。

由于颗粒间相互咬合，发生错动时形成咬合摩擦，此时，伴随着土体体积变化、颗粒重排列和颗粒破碎等现象。体积变化包括剪胀和剪缩，广义上统称为剪胀。一般认为，剪胀时土体体积是增大的，颗粒从低势能向高势能发展，需要消耗外力做功的能量。在应力-应变曲线中，剪胀一般表现出来的是软化特性[19]。广义上认为，土体剪胀发生时一般对应着土体的峰值强度，剪胀稳定时对应着残余强度。颗粒在剪胀情况下，单位体积外力克服了包括围压和轴压对体积变化的阻力做功，其所做的功可表示为

$$W=\Delta\varepsilon_1\left(\sigma_1-\sigma_3\right)_{\mathrm{f}}=\Delta\varepsilon_1\left(\sigma_1-\sigma_3\right)_{\mathrm{r}}-\Delta\varepsilon_V\sigma_3 \tag{9.10}$$

式中，W 为剪胀情况下单位体积外力所做的功；$\left(\sigma_1-\sigma_3\right)_{\mathrm{f}}$ 和 $\left(\sigma_1-\sigma_3\right)_{\mathrm{r}}$ 分别为剪胀情况和无剪胀情况时轴向应力与围压应力的差值，σ_1 和 σ_3 分别为轴向应力和围压应力；$\Delta\varepsilon_1$ 和 $\Delta\varepsilon_V$ 分别为轴向应变变化量和体积应变变化量，其中剪胀时 $\Delta\varepsilon_V$ 为负值，剪缩时为正值，即认为在剪胀和剪缩情况下，增加了 $\Delta\varepsilon_V\sigma_3$ 部分做功。

需要指出的是，应力-应变曲线中的硬化和软化与材料的剪缩和剪胀常有一定的联系，但并不是等同，即应力-应变曲线软化并不一定产生剪胀，应力-应变曲线硬化也不一定是剪缩引起的[19]。

颗粒间的咬合作用容易产生颗粒重排列和颗粒破碎现象。高围压或高应力下剪切时，由于粗颗粒间的接触点应力集中而出现屈服破碎现象和棱角颗粒局部边角出现折断或者剪断现象。特别是在高应力、颗粒较大、颗粒棱角分明、弱矿物颗粒的情况下，剪切后颗粒破碎现象严重，表现为剪切后的颗粒级配中细颗粒含量增大。另外，在高应力下，颗粒可能发生重排列现象，尤其对于针片状颗粒，而本章采用的泥岩颗粒就是典型的弱矿物且是针片状颗粒。邱珍锋等[20]针对泥岩的崩解性进行崩解试验，崩解后的颗粒形状如图 9.1 所示。

图 9.1　泥岩崩解后的颗粒形状

综上所述，砂泥岩颗粒混合料三轴剪切试验中的颗粒破碎、颗粒重排列等现象不容忽视。由于颗粒破碎、颗粒重排列，破碎的颗粒容易嵌入孔隙中，使土体很难发生剪胀，从这个角度上分析，颗粒破碎和颗粒重排列现象减小了剪胀，与不发生剪胀的土体相比，内摩擦角是相对减小的。因此，考虑围压、应力水平的情况下，线性抗剪强度对砂泥岩颗粒混合料是不适用的。对堆石料、碎石料，特别是对高填方工程填料、坝体碾压料进行分析时，土体强度包线应该考虑为非线性。

Duncan 等[21]提出，内摩擦角随着围压 σ_3 的变化而变化。通过三轴试验可以得到不同围压 σ_3 下经过原点且与莫尔圆相切的抗剪角 φ，如图 9.2 所示。

在 φ-$\lg(\sigma_3/P_a)$坐标系中将所有围压对应的 φ 值与 $\lg(\sigma_3/P_a)$进行拟合，如图 9.3 所示。拟合公式为

$$\varphi=\varphi_0-\Delta\varphi\lg\frac{\sigma_3}{P_a} \tag{9.11}$$

式中，φ 为抗剪角；φ_0 为初始抗剪角，即围压与大气压相同时的抗剪角；$\Delta\varphi$ 为抗剪角随围压降低的幅度。

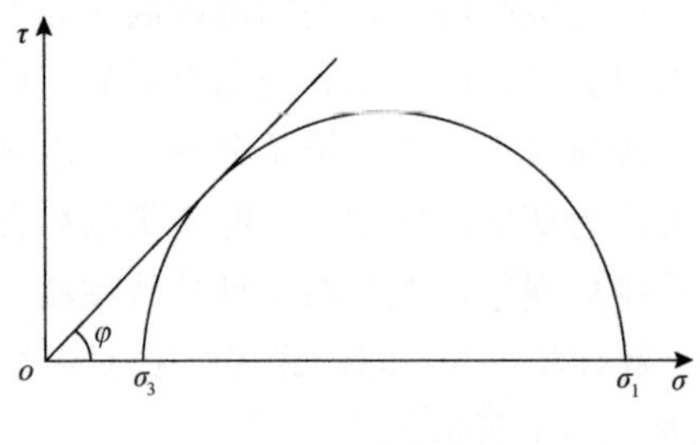

图 9.2　抗剪角取值

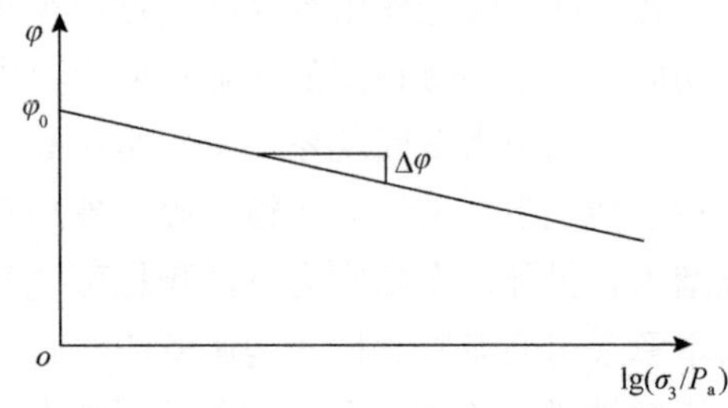

图 9.3　抗剪角与 $\lg(\sigma_3/P_a)$ 的关系

在每个围压下的三轴压缩试验均可得出一个抗剪角，该抗剪角由与莫尔圆相切且通过原点的直线倾角得到。因此，剪切破坏时的抗剪角可表示为

$$\varphi=\arcsin\frac{(\sigma_1-\sigma_3)_\mathrm{f}}{(\sigma_1+\sigma_3)_\mathrm{f}} \tag{9.12}$$

联立式(9.11)和式(9.12)即可得到

$$\sin\varphi=\frac{(\sigma_1-\sigma_3)_\mathrm{f}}{(\sigma_1+\sigma_3)_\mathrm{f}}=\sin\left(\varphi_0-\Delta\varphi\lg\frac{\sigma_3}{P_\mathrm{a}}\right) \tag{9.13}$$

整理可得

$$(\sigma_1-\sigma_3)_\mathrm{f}=(\sigma_1+\sigma_3)_\mathrm{f}\sin\left(\varphi_0-\Delta\varphi\lg\frac{\sigma_3}{P_\mathrm{a}}\right) \tag{9.14}$$

试验研究表明，采用非线性抗剪强度拟合砂泥岩颗粒混合料的强度特性是合适的[22]。常规三轴剪切试验中，围压恒定，抗剪角取值以多个恒定围压下的抗剪角为基础。本节为了使微元强度方程求解简单，假定抗剪角与围压仅存在相互独立的非线性关系，与后面推导的围压关系相互独立，为了区分，此围压均用 σ_3^φ 表示。

因此，以主应力表示的偏应力微元强度方程可假设为

$$F=(\sigma_1'+\sigma_3')\sin\left(\varphi_0-\Delta\varphi\lg\frac{\sigma_3^\varphi}{P_\mathrm{a}}\right)-(\sigma_1'-\sigma_3')_\mathrm{f} \tag{9.15}$$

式中，σ_i' 为微观有效应力，i=1，2，3。

9.2　非线性微元强度统计损伤模型

9.2.1　微元强度统计损伤模型及损伤变量

岩土材料的变形是由弹性变形和塑性变形组成的。应力水平较低时，岩土材料以线弹性变形为主，随着应力水平的提高，塑性变形成为变形的主要组成部分。基于此，曹文贵等[18]提出了岩土材料的损伤概念，认为岩土材料的变形是力学性能的转换。而从损伤的角度来说，岩土材料加载过程是由未损伤到部分损伤，再到整体损伤的过程，这种假定认为岩土材料加载过程是由线弹性向非线弹性转化的过程。大量的工程应用和试验研究表明，该假定是基本合理的[5,18,23]。为了建立土体统计损伤模型，做以下假设：①土体在剪切过程中产生损伤，土体由损伤部分和未损伤部分组成；②损伤土体和未损伤土体共同承担荷载。

土体组成结构、成分、颗粒分布等内部结构复杂，土体破坏是沿土体内部最薄弱的环节进行的[24]。由于土体内部的复杂性，很难将内部结构进行定量化处理。伍法权[25]认为岩土体内部结构微元的断裂情况服从 Weibull 分布，提出了岩石统计损伤模型。本章假定土体在受荷过程中，由土体中的微元体承担荷载，损伤断裂的微元体分布服从 Weibull 分布。如果强度假定土体中的微元数为 N_z，损伤的微元数为 n_f，则有

$$\sigma = E\varepsilon\left(1-\frac{n_f}{N_z}\right) \tag{9.16}$$

将损伤变量定义为损伤的微元数与总微元数的比值，则

$$D = \frac{n_f}{N_z} \tag{9.17}$$

将式(9.16)改写为

$$\sigma = E\varepsilon(1-D) \tag{9.18}$$

由 Lemaitre 应变等效原理可知[12]：

$$\sigma_1 = \frac{\sigma}{1-D} \tag{9.19}$$

式中，σ 为名义应力，可通过试验手段测量；D 为损伤变量。

假定土体材料宏观上各向同性；土体中微元强度 F 服从 Weibull 随机分布，可知微元强度分布密度 $P(F)$ 为

$$P(F) = \frac{m}{F_0}\left(\frac{F}{F_0}\right)^{m-1}\exp\left[-\left(\frac{F}{F_0}\right)^m\right] \tag{9.20}$$

式中，F 为微元强度函数；F_0 和 m 为 Weibull 分布参数。

土体结构的破坏可认为是由土体内部微元强度的破坏累积而成的，因此统计损伤变量可由式(9.17)和式(9.20)得到，即

$$D = \frac{n_f}{N_z} = \int_0^F P(F)\,\mathrm{d}F = 1-\exp\left[-\left(\frac{F}{F_0}\right)^m\right] \tag{9.21}$$

整理可得

$$1-D = \exp\left[-\left(\frac{F}{F_0}\right)^m\right] \tag{9.22}$$

假定微元体在损伤之前服从胡克定律[16]，则

$$\sigma_i' = E\varepsilon_i' + \mu'\left(\sigma_j' + \sigma_k'\right) \tag{9.23}$$

式中，i，j，k=1，2，3，且 $i \neq j \neq k$；σ_i'、σ_j' 和 σ_k' 分别为未损伤材料的微观有效应力；ε_i' 为未损伤材料的微观有效应变；E 为弹性模量；μ' 为根据有效应力计算的泊松比。

由损伤后的名义应变 ε_i 与未损伤部分的微观有效应变 ε_i' 变形协调可知[16]

$$\varepsilon_i = \varepsilon_i' \tag{9.24}$$

并得到

$$\mu = \mu' \tag{9.25}$$

由式(9.19)、式(9.23)、式(9.24)和式(9.25)得到

$$\sigma_i = (1-D)E\varepsilon_i + \mu\left(\sigma_j + \sigma_k\right) \tag{9.26}$$

经过公式变换可得

$$1-D = \frac{\sigma_i - \mu\left(\sigma_j + \sigma_k\right)}{E\varepsilon_i} \tag{9.27}$$

联立式(9.22)和式(9.27)，可得

$$\sigma_i = E\varepsilon_i \exp\left[-\left(\frac{F}{F_0}\right)^m\right] + \mu\left(\sigma_j + \sigma_k\right) \tag{9.28}$$

常规三轴试验过程中容易测得名义应力 σ_i 和名义应变 $\varepsilon_i (i=1,2,3)$，可将损伤变量公式用名义主应力和名义主应变表示为

$$1-D = \frac{\sigma_1 - \mu\left(\sigma_2 + \sigma_3\right)}{E\varepsilon_1} \tag{9.29}$$

常规三轴试验中有 $\sigma_2 = \sigma_3$，可得

$$1-D = \frac{\sigma_1 - 2\mu\sigma_3}{E\varepsilon_1} \tag{9.30}$$

将式(9.19)代入微元强度函数中，可得

$$F = \frac{\sigma_1 + \sigma_3}{1-D}\sin\left(\varphi_0 - \Delta\varphi \lg\frac{\sigma_3^{\varphi}}{P_{\mathrm{a}}}\right) - \frac{\sigma_1 - \sigma_3}{1-D} \tag{9.31}$$

将式(9.30)代入式(9.31)，可得微元体强度函数为

$$F=\frac{(\sigma_1+\sigma_3)E\varepsilon_1}{\sigma_1-2\mu\sigma_3}\sin\left(\varphi_0-\Delta\varphi\lg\frac{\sigma_3^{\varphi}}{P_{\mathrm{a}}}\right)-\frac{(\sigma_1-\sigma_3)E\varepsilon_1}{\sigma_1-2\mu\sigma_3} \tag{9.32}$$

将式(9.32)代入式(9.28)，可得土体微元强度随机分布的统计损伤本构方程为

$$\sigma_i=E\varepsilon_i\exp\left\{-\left[\frac{\dfrac{(\sigma_1+\sigma_3)E\varepsilon_1}{\sigma_1-2\mu\sigma_3}\sin\left(\varphi_0-\Delta\varphi\lg\dfrac{\sigma_3^{\varphi}}{P_{\mathrm{a}}}\right)-\dfrac{(\sigma_1-\sigma_3)E\varepsilon_1}{\sigma_1-2\mu\sigma_3}}{F_0}\right]\right\}+\mu\left(\sigma_j+\sigma_k\right) \tag{9.33}$$

对于常规固结排水三轴剪切试验，可得

$$\sigma_1=E\varepsilon_1\exp\left\{-\left[\frac{\dfrac{(\sigma_1+\sigma_3)E\varepsilon_1}{\sigma_1-2\mu\sigma_3}\sin\left(\varphi_0-\Delta\varphi\lg\dfrac{\sigma_3^{\varphi}}{P_{\mathrm{a}}}\right)-\dfrac{(\sigma_1-\sigma_3)E\varepsilon_1}{\sigma_1-2\mu\sigma_3}}{F_0}\right]^m\right\}+2\mu\sigma_3 \tag{9.34}$$

式(9.22)即常规三轴压缩试验的微元强度统计损伤模型，其中应力采用迭代法进行计算。

由式(9.22)和式(9.32)可以得到三轴压缩试验土体微元强度统计损伤模型的损伤变量演化方程为

$$D=1-\exp\left\{-\left[\frac{\dfrac{(\sigma_1+\sigma_3)E\varepsilon_1}{\sigma_1-2\mu\sigma_3}\sin\left(\varphi_0-\Delta\varphi\lg\dfrac{\sigma_3^{\varphi}}{P_{\mathrm{a}}}\right)-\dfrac{(\sigma_1-\sigma_3)E\varepsilon_1}{\sigma_1-2\mu\sigma_3}}{F_0}\right]^m\right\} \tag{9.35}$$

9.2.2 微元强度统计损伤模型参数确定方法

在土体微元强度统计损伤模型中，非线性初始抗剪角 φ_0、抗剪角随着围压降低的幅度 $\Delta\varphi$、弹性模量 E、泊松比 μ 是与土地本身性质有关的参数，m 和 F_0 是 Weibull 随机分布参数。与土体性质有关的参数可通过三轴压缩试验获得，随机分

布参数可采用拟合法求解。

由式(9.22)和式(9.30)可得

$$1-D=\exp\left[-\left(\frac{F}{F_0}\right)^m\right]=\frac{\sigma_1-2\mu\sigma_3}{E\varepsilon_1} \tag{9.36}$$

由式(9.36)可得

$$-\left(\frac{F}{F_0}\right)^m=\lg\frac{\sigma_1-2\mu\sigma_3}{E\varepsilon_1} \tag{9.37}$$

$$\ln\left(-\ln\frac{\sigma_1-2\mu\sigma_3}{E\varepsilon_1}\right)=m\ln F-m\ln F_0 \tag{9.38}$$

由于$\ln\left(-\ln\frac{\sigma_1-2\mu\sigma_3}{E\varepsilon_1}\right)$和 F 与主应力和主应变有关，令

$$Y=\ln\left(-\ln\frac{\sigma_1-2\mu\sigma_3}{E\varepsilon_1}\right) \tag{9.39}$$

$$x=\ln F \tag{9.40}$$

$$C=-m\ln F_0 \tag{9.41}$$

则式(9.38)可表示为

$$Y=mx+C \tag{9.42}$$

通过拟合应力-应变关系可得到系数 m 和常数 C，由式(9.41)可得到 F_0 为

$$F_0=\exp\left(-\frac{C}{m}\right) \tag{9.43}$$

9.3　应变软化统计损伤模型

在典型的粗粒料三轴剪切试验中，可将应力-应变曲线分为应变硬化型、应变软化型和过渡型三种。通常，松砂和软土的应力-应变曲线表现为硬化型，应力随着应变的增长而增大；密实度较高的黏土或砂土等的应力-应变曲线表现为软化型，当偏应力增大到一定程度时，应变增大，应力反而减小。应变软化型产生的

原因有两个：第一，剪切过程中，内部紧密排列的颗粒错动需要克服咬合摩擦而消耗能量，初期表现出高强度；第二，颗粒错动形成新排列方式，颗粒间的接触应力减小，排列松散了，抗剪性能降低，应力-应变曲线呈现出软化。许多学者研究的微元强度损伤模型[18]在应变软化方面表现并不理想，包括本章微元强度损伤模型。在损伤模型中，研究描述软化型应力-应变曲线的本构关系已经成为关键问题[26]。

损伤变量的演化方程直接影响到统计损伤模型的应力-应变曲线，大多数采用微元强度的统计损伤模型均难以表现出损伤变量的真实变化，主要表现在以下两方面：①基于微元强度的统计损伤模型一般采用式(9.30)计算损伤变量，可以看出当 $\sigma_1<2\mu\sigma_3$ 时，损伤变量小于零，这与损伤变量定义不相符。因此，许多学者采用损伤阈值来修正这一缺陷，曹文贵等[9]采用微元强度方程减去一个常数值，当微元强度小于 0 时，认为不损伤，将损伤变量假设为 0。②微元强度方程一般假设为主应力的函数，该函数均随主应力的增大呈现递增特性；而损伤变量 D 服从 Weibull 随机分布，$1-D$ 是一个指数分布的增函数，且 $1-D<1$，软化型应力-应变曲线需要得到能够描述主应力随着损伤变量的增大先增大后减小的本构方程，基于微元强度的统计损伤模型在软化阶段的模拟中均表现出脆性材料性质，这一点与本章砂泥岩颗粒混合料在软化阶段的表现并不相符。

因此，本章从土体残余强度的性质出发，首先采用统计损伤模型建立土体应变软化统计损伤模型，再将周期性饱水砂泥岩颗粒混合料的轴向应变、弹性模量、割线模量等的演化方程代入土体应变软化统计损伤模型，进而得到周期性饱水砂泥岩颗粒混合料的应变软化统计损伤模型。

9.3.1 软化型应力-应变曲线特征

葛修润等[27]采用切片、CT 等方法研究粉质黏土的三轴试验过程中发现，可将软化型应力-应变曲线按照裂隙的发展情况分为压密阶段、微裂隙萌生阶段、局部裂隙快速发展阶段、软化阶段和破坏阶段 5 个阶段。典型的土体软化型应力-应变曲线如图 9.4 所示。

压密阶段(*OA* 段)：该阶段并不非常规则，但压密阶段的弹性模量比后面阶段的小，将该阶段的割线模量称为初始割线模量，取为 E_c。

微裂隙萌生阶段(*AB* 段)：应力-应变曲线中有一小段近似可看成直线段，称为弹性阶段，在该阶段，颗粒内部稍有调整，颗粒间接触应力开始发挥功效，该阶段的割线模量为 E_{cc}。

局部裂隙快速发展阶段(*BC* 段)：该阶段为硬化阶段，在该阶段，颗粒间的接触应力增大导致颗粒破碎、颗粒重排列等。

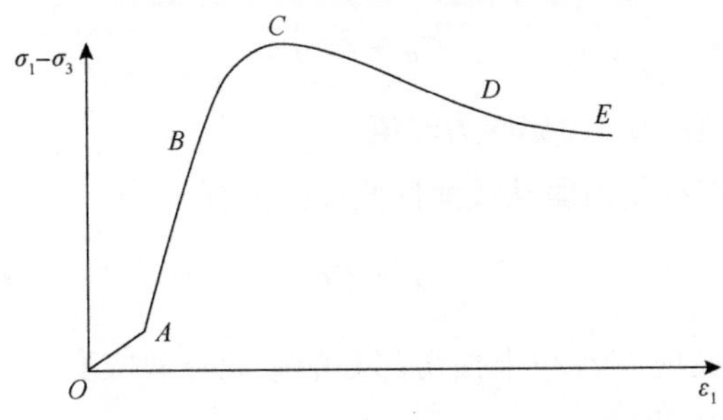

图 9.4　典型土体软化型应力-应变曲线

软化阶段(*CD* 段)：当应力超过峰值点 *C* 时，应力-应变曲线转化为软化阶段。

破坏阶段(*DE* 段)：应变增大，而应力基本不变化，残余强度即在这一阶段取值。

9.3.2　应变软化统计损伤模型及损伤变量

假定剪切的过程即土体损伤的过程，由于土体具有残余强度，损伤之后(应变软化阶段)是可以承受一定荷载的。这一观点与许多学者在建立损伤本构模型时是有区别的。Krajcinovic 等[1]、曹文贵等[18]、孙红等[28]、Chow 等[29]均假定材料内部的损伤是形成了不能承受荷载的空洞，将损伤定义为空洞的面积与原始面积的比值。为了解决这一问题，沈珠江[26]提出了双重介质模型，即假定岩土材料结构块由胶结和结构组成，两者按一定比例承担荷载。本章沿用双重介质模型并将其进行改进，认为主应力由未损伤部分材料及损伤之后的材料共同承担应力，但损伤之后的材料极限强度为残余强度，则有

$$\sigma_i = \sigma_i'\left(1-D\right)+\sigma_{ir}D \tag{9.44}$$

式中，σ_i 为宏观应力，即名义应力；σ_i' 为未损伤材料所承担的应力，属于微观有效应力；σ_{ir} 为损伤材料所承担的应力，即残余强度，当土体完全损伤时，$\sigma_i=\sigma_{ir}$，即宏观应力等于残余强度；D 为损伤变量。

岩土残余强度一般是采用直剪试验[30]、往复剪切试验[31]、环剪试验[32]、三轴试验[33]得到的应变软化稳定时的应力。残余强度与岩土试样本身性质、含水率、密实度、胶结、粗颗粒含量及试验围压等有关。米海珍等[34]通过三轴试验研究灰土残余强度与围压的关系，得出残余强度随着围压的增长线性增大。曹文贵等[35]在研究岩石的残余强度时总结了残余强度与围压的关系为

$$\frac{\sigma_{\mathrm{ir}}}{\sigma_{\mathrm{1f}}} = 0.25+0.015\sigma_3^{0.827} \tag{9.45}$$

土体残余强度与偏应力峰值之间存在以下关系：

$$\sigma_{ir} = \lambda \sigma_{1f} \tag{9.46}$$

式中，λ 为残余系数；σ_{1f} 为偏应力峰值。

假定单个颗粒在损伤前服从线弹性假设，则有

$$\sigma_i' = E\varepsilon_i' \tag{9.47}$$

由损伤后的名义应变 ε_i 与未损伤部分的微观有效应变 ε_i' 及损伤部分的应变 ε_{ir} 的变形协调原理可知

$$\varepsilon_i = \varepsilon_i' = \varepsilon_{ir} \tag{9.48}$$

得到

$$\sigma_i = E\varepsilon_i (1-D) + \sigma_{ir} D \tag{9.49}$$

三轴试验条件下，可得到损伤本构方程为

$$\sigma_1 = E\varepsilon_1 (1-D) + \lambda \sigma_{1f} D \tag{9.50}$$

Zhu 等[36]认为损伤变量是应变的函数。基于这一假定，本章也将损伤变量假设为应变的函数，克服了微元强度假定对统计损伤模型应力-应变软化部分模拟的缺陷。米海珍等[37]在研究损伤本构模型中，假定损伤变量是轴向应变的 Weibull 分布，即

$$D = 1 - \exp\left[-\left(\frac{\varepsilon_1}{a}\right)^m\right] \tag{9.51}$$

式中，a 和 m 为 Weibull 统计函数形状参数；ε_1 为轴向应变。

上述公式计算的损伤变量不再出现负值情况，不需要考虑损伤阈值的影响，使用简便，参数少，且容易获取。

将式(9.51)代入式(9.50)，可得

$$\sigma_1 = E\varepsilon_1 \exp\left[-\left(\frac{\varepsilon_1}{a}\right)^m\right] + \lambda \sigma_{1f}\left\{1 - \exp\left[-\left(\frac{\varepsilon_1}{a}\right)^m\right]\right\} \tag{9.52}$$

式(9.52)即考虑土体应变软化的统计损伤模型。

9.3.3　应变软化统计损伤模型参数确定方法

由应力-应变曲线可知，该损伤模型应符合以下四个条件：

(1) 当 $\varepsilon_1=0$ 时，$\sigma_1=0$。

(2) 当 $\varepsilon_1=0$ 时，$\dfrac{\partial \sigma_1}{\partial \varepsilon}=E_{\mathrm{c}}$。

(3) 当 $\varepsilon_1=\varepsilon_{1\mathrm{f}}$ 时，$\sigma_1=\sigma_{1\mathrm{f}}$。

(4) 当 $\varepsilon_1=\varepsilon_{1\mathrm{f}}$ 时，$\dfrac{\partial \sigma_{1\mathrm{f}}}{\partial \varepsilon}=0$。

式(9.52)自然满足条件(1)，由条件(2)可求得压密阶段的弹性模量 E_{c}。式(9.52)对应变进行偏导，可得

$$\frac{\partial \sigma_1}{\partial \varepsilon}=E\exp\left[-\left(\frac{\varepsilon_1}{a_{\mathrm{w}}}\right)^m\right]+E\varepsilon_1\exp\left[-\left(\frac{\varepsilon_1}{a_{\mathrm{w}}}\right)^m\right]\frac{-\varepsilon_1^{m-1}}{ma_{\mathrm{w}}^m}-\lambda\sigma_{1\mathrm{f}}\exp\left[-\left(\frac{\varepsilon_1}{a_{\mathrm{w}}}\right)^m\right]\frac{-\varepsilon_1^{m-1}}{ma_{\mathrm{w}}^m} \tag{9.53}$$

由条件(4)可得

$$\exp\left[-\left(\frac{\varepsilon_{1\mathrm{f}}}{a_{\mathrm{w}}}\right)^m\right]\left(E-E\frac{\varepsilon_{1\mathrm{f}}^m}{ma_{\mathrm{w}}^m}+\lambda\sigma_{1\mathrm{f}}\frac{\varepsilon_{1\mathrm{f}}^{m-1}}{ma_{\mathrm{w}}^m}\right)=0 \tag{9.54}$$

由于 $\exp\left[-\left(\dfrac{\varepsilon_{1\mathrm{f}}}{a_{\mathrm{w}}}\right)^m\right]>0$，所以有

$$E-E\frac{\varepsilon_{1\mathrm{f}}^m}{ma_{\mathrm{w}}^m}+\lambda\sigma_{1\mathrm{f}}\frac{\varepsilon_{1\mathrm{f}}^{m-1}}{ma_{\mathrm{w}}^m}=0 \tag{9.55}$$

可推出

$$E=\frac{\varepsilon_{1\mathrm{f}}^m\left(E\varepsilon_{1\mathrm{f}}-\lambda\sigma_{1\mathrm{f}}\right)}{a_{\mathrm{w}}^m m\varepsilon_{1\mathrm{f}}} \tag{9.56}$$

可推出

$$\frac{\varepsilon_{1\mathrm{f}}^m}{a_{\mathrm{w}}^m}=\frac{mE\varepsilon_{1\mathrm{f}}}{E\varepsilon_{1\mathrm{f}}-\lambda\sigma_{1\mathrm{f}}} \tag{9.57}$$

由条件(3)可得

$$\sigma_{1\mathrm{f}}=E\varepsilon_{1\mathrm{f}}\exp\left[-\left(\frac{\varepsilon_{1\mathrm{f}}}{a_{\mathrm{w}}}\right)^m\right]+\lambda\sigma_{1\mathrm{f}}\left\{1-\exp\left[-\left(\frac{\varepsilon_{1\mathrm{f}}}{a_{\mathrm{w}}}\right)^m\right]\right\} \tag{9.58}$$

得到

$$(1-\lambda)\sigma_{1f} = \exp\left[-\left(\frac{\varepsilon_{1f}}{a_w}\right)^m\right](E\varepsilon_{1f} - \lambda\sigma_{1f}) \tag{9.59}$$

整理可得

$$\frac{(1-\lambda)\sigma_{1f}}{E\varepsilon_{1f} - \lambda\sigma_{1f}} = \exp\left[-\left(\frac{\varepsilon_{1f}}{a_w}\right)^m\right] \tag{9.60}$$

两边取对数可得

$$-\ln\frac{(1-\lambda)\sigma_{1f}}{E\varepsilon_{1f} - \lambda\sigma_{1f}} = \left(\frac{\varepsilon_{1f}}{a_w}\right)^m \tag{9.61}$$

将式(9.57)代入式(9.61)，可得

$$-\ln\frac{(1-\lambda)\sigma_{1f}}{E\varepsilon_{1f} - \lambda\sigma_{1f}} = \frac{mE\varepsilon_{1f}}{E\varepsilon_{1f} - \lambda\sigma_{1f}} \tag{9.62}$$

解得

$$m = -\frac{E\varepsilon_{1f} - \lambda\sigma_{1f}}{E\varepsilon_{1f}}\ln\frac{(1-\lambda)\sigma_{1f}}{E\varepsilon_{1f} - \lambda\sigma_{1f}} \tag{9.63}$$

将 m 代入式(9.61)，可得

$$a_w = \frac{\varepsilon_{1f}}{\left[-\ln\frac{(1-\lambda)\sigma_{1f}}{E\varepsilon_{1f} - \lambda\sigma_{1f}}\right]^{\left[-\frac{E\varepsilon_{1f} - \lambda\sigma_{1f}}{E\varepsilon_{1f}}\ln\frac{(1-\lambda)\sigma_{1f}}{E\varepsilon_{1f} - \lambda\sigma_{1f}}\right]^{-1}}} \tag{9.64}$$

当考虑压密阶段时，有

$$m_c = -\frac{E_c\varepsilon_{1c} - \lambda\sigma_{1f}}{E_c\varepsilon_{1c}}\ln\frac{(1-\lambda)\sigma_{1c}}{E_c\varepsilon_{1c} - \lambda\sigma_{1c}} \tag{9.65}$$

$$a_c = \frac{\varepsilon_{1c}}{\left[-\ln\frac{(1-\lambda)\sigma_{1c}}{E_c\varepsilon_{1c} - \lambda\sigma_{1c}}\right]^{\left[-\frac{E_c\varepsilon_{1c} - \lambda\sigma_{1c}}{E_c\varepsilon_{1c}}\ln\frac{(1-\lambda)\sigma_{1c}}{E_c\varepsilon_{1c} - \lambda\sigma_{1c}}\right]^{-1}}} \tag{9.66}$$

$$D = 1 - \exp\left[-\left(\frac{\varepsilon_1}{a_c}\right)^{m_c}\right],\quad \varepsilon_1 < \varepsilon_{1c} \tag{9.67}$$

$$\sigma_1 = E_c \varepsilon_1 \exp\left[-\left(\frac{\varepsilon_1}{a_c}\right)^{m_c}\right] + \lambda \sigma_{1c} \left\{1 - \exp\left[-\left(\frac{\varepsilon_1}{a_c}\right)^{m_c}\right]\right\}, \quad \varepsilon_1 < \varepsilon_{1c} \tag{9.68}$$

将压密阶段的弹性模量取为 $E_c = \xi_0 E$，其中系数 ξ_0 为小于 1 的常数。本章通过试验结果拟合，系数 ξ_0 取为 0.55。

9.4　周期性饱水砂泥岩颗粒混合料统计损伤模型

9.4.1　基本假定

由于砂泥岩颗粒混合料的复杂性，完全从理论角度出发推导出周期性饱水砂泥岩颗粒混合料的损伤理论模型是不现实的，需假定：

(1) 在某一应力状态下的周期性饱水过程中，试样所处的应力水平保持不变。

(2) 在同一应力水平下，周期性饱水的劣化应变是连续的。

(3) 砂泥岩颗粒混合料周期性饱水引起的劣化规律符合微元强度统计损伤模型和应变软化统计损伤模型。

9.4.2　模型建立方法

由假定可知，砂泥岩颗粒混合料经受周期性性饱水之后的轴向应变为

$$\varepsilon_1^1 = \varepsilon_1^0 + \varepsilon_1^N \tag{9.69}$$

周期性饱水之后的体积应变为

$$\varepsilon_V^1 = \varepsilon_V^0 + \varepsilon_V^N \tag{9.70}$$

式中，ε_1^1 和 ε_V^1 为周期性饱水之后的轴向应变和体积应变；ε_1^0 和 ε_V^0 为周期性饱水之前的轴向应变和体积应变；ε_1^N 和 ε_V^N 为周期性饱水过程中产生的轴向应变和体积应变。

由假定 3 可知，将周期性饱水砂泥岩颗粒混合料的割线模量、弹性模量、非线性抗剪角及轴向应变的演化方程代入非线性微元强度统计损伤模型，即可得到砂泥岩颗粒混合料经受周期性饱水的非线性微元强度统计损伤模型。

同理，将周期性饱水砂泥岩颗粒混合料的非线性抗剪角、残余系数及割线模量的演化方程代入应变软化统计损伤模型，即可得到砂泥岩颗粒混合料经受周期性饱水的应变软化统计损伤模型。

9.4.3　非线性微元强度统计损伤模型

将周期性饱水砂泥岩颗粒混合料的弹性模量和轴向应变的演化方程代入非线性微元强度函数公式中，得到周期性饱水砂泥岩颗粒混合料的非线性微元强度函数为

$$F=\frac{\sigma_1+\sigma_3 E_{\mathrm{k}}^N \varepsilon_1^1}{\sigma_1-2\mu\sigma_3}\sin\varphi_N-\frac{\sigma_1-\sigma_3 E_{\mathrm{k}}^N \varepsilon_1^1}{\sigma_1-2\mu\sigma_3} \tag{9.71}$$

式中，

$$\varphi_N=m_\varphi \ln(N+1)+n_\varphi-\left[m_{\Delta\varphi}\ln^2(N+1)+n_{\Delta\varphi}\ln^2(N+1)+d_{\Delta\varphi}\right]\lg\frac{\delta_3}{P_{\mathrm{a}}} \tag{9.72}$$

$$E_{\mathrm{k}}^N=\left(a_{\mathrm{m}}\frac{\sigma_3}{P_{\mathrm{a}}}+b_{\mathrm{m}}\right)\ln N+a_{\mathrm{n}}\frac{\sigma_3}{P_{\mathrm{a}}}+b_{\mathrm{n}} \tag{9.73}$$

式中，$a_{\mathrm{m}}=-1.681$，$b_{\mathrm{m}}=-1.51$，$a_{\mathrm{n}}=8.971$，$b_{\mathrm{n}}=23.39$，$m_\varphi=-1.036$，$n_\varphi=55.91$，$m_{\Delta\varphi}=-1.713$，$n_{\Delta\varphi}=4.597$，$d_{\Delta\varphi}=10.05$。

将周期性饱水砂泥岩颗粒混合料的非线性抗剪角、弹性模量及轴向应变的演化方程代入微元强度统计损伤本构方程(9.33)，可得到周期性饱水砂泥岩颗粒混合料非线性微元强度统计损伤本构方程为

$$\sigma_i=E_{\mathrm{k}}^N \varepsilon_i^N \exp\left[-\left(\frac{\dfrac{\sigma_1+\sigma_3 E_{\mathrm{k}}^N \varepsilon_1^1}{\sigma_1-2\mu\sigma_3}\sin\varphi_N-\dfrac{\sigma_1-\sigma_3 E_{\mathrm{k}}^{\mathrm{N}} \varepsilon_1^1}{\sigma_1-2\mu\sigma_3}}{F_0}\right)^m\right]+\mu\left(\sigma_j+\sigma_k\right) \tag{9.74}$$

对于常规固结排水三轴剪切试验，可得到

$$\sigma_1=E_{\mathrm{k}}^N \varepsilon_1^1 \exp\left[-\left(\frac{\dfrac{\sigma_1+\sigma_3 E_{\mathrm{k}}^N \varepsilon_1^1}{\sigma_1-2\mu\sigma_3}\sin\varphi_N-\dfrac{\sigma_1-\sigma_3 E_{\mathrm{k}}^N \varepsilon_1^1}{\sigma_1-2\mu\sigma_3}}{F_0}\right)^m\right]+2\mu\sigma_3 \tag{9.75}$$

式(9.75)即周期性饱水砂泥岩颗粒混合料常规三轴压缩试验的非线性微元强度统计损伤模型。然而，本章应力-应变曲线中采用偏应力与轴向应变的关系表示，则式(9.75)可表达为

$$\sigma_1-\sigma_3=E_{\mathrm{k}}^{N}\varepsilon_1^1\exp\left[-\left(\frac{\dfrac{\sigma_1+\sigma_3E_{\mathrm{k}}^{N}\varepsilon_1^1}{\sigma_1-2\mu\sigma_3}\sin\varphi_N-\dfrac{\sigma_1-\sigma_3E_{\mathrm{k}}^{N}\varepsilon_1^1}{\sigma_1-2\mu\sigma_3}}{F_0}\right)^m\right]+(2\mu-1)\sigma_3 \tag{9.76}$$

由式(9.22)和周期性饱水砂泥岩颗粒混合料的弹性模量和轴向应变的演化方程可得到周期性饱水砂泥岩颗粒混合料非线性微元强度统计损伤模型的损伤变量的演化方程为

$$D=1-\exp\left[-\left(\frac{\dfrac{\sigma_1+\sigma_3E_{\mathrm{k}}^{N}\varepsilon_1^1}{\sigma_1-2\mu\sigma_3}\sin\varphi_N-\dfrac{\sigma_1-\sigma_3E_{\mathrm{k}}^{\mathrm{N}}\varepsilon_1^1}{\sigma_1-2\mu\sigma_3}}{F_0}\right)^m\right] \tag{9.77}$$

9.4.4　应变软化统计损伤模型

将周期性饱水砂泥岩颗粒混合料的非线性抗剪角、残余系数及割线模量的演化方程代入应变软化损伤本构方程(9.52)，可得周期性饱水砂泥岩颗粒混合料的应变软化统计损伤模型为

$$\lambda_N=\left(m_{\mathrm{k}_1}\ln N+n_{\mathrm{k}_1}\right)\sigma_3^{m_{\mathrm{k}_2}N^{n_{\mathrm{k}_2}}} \tag{9.78}$$

以偏应力方式表示为

$$\sigma_1-\sigma_3=E_{\mathrm{k}}^{N}\varepsilon_1^1\exp\left[-\left(\frac{\varepsilon_1^1}{a}\right)^m\right]+\lambda_N\sigma_{1\mathrm{f}}\left\{1-\exp\left[-\left(\frac{\varepsilon_1^1}{a}\right)^m\right]\right\}-\sigma_3 \tag{9.79}$$

周期性饱水砂泥岩颗粒混合料的损伤变量计算公式为

$$D=1-\exp\left[-\left(\frac{\varepsilon_1^1}{a}\right)^m\right] \tag{9.80}$$

式中，

$$a=\frac{\varepsilon_{1\mathrm{f}}}{\left[-\ln\dfrac{(1-\lambda_N)\sigma_{1\mathrm{f}}}{E_{\mathrm{k}}^{\mathrm{N}}\varepsilon_{1\mathrm{f}}-\lambda_N\sigma_{1\mathrm{f}}}\right]^{\left[-\frac{E_{\mathrm{k}}^{N}\varepsilon_{1\mathrm{f}}-\lambda_N\sigma_{1\mathrm{f}}}{E_{\mathrm{k}}^{N}\varepsilon_{1\mathrm{f}}}\ln\frac{(1-\lambda_N)\sigma_{1\mathrm{f}}}{E_{\mathrm{k}}^{N}\varepsilon_{1\mathrm{f}}-\lambda_N\sigma_{1\mathrm{f}}}\right]^{-1}}} \tag{9.81}$$

$$m = \frac{E_k^N \varepsilon_{1f} - \lambda_N \sigma_{1f}}{E_k^N \varepsilon_{1f}} \ln \frac{(1-\lambda_N)\sigma_{1f}}{E_k^N \varepsilon_{1f} - \lambda_N \sigma_{1f}} \tag{9.82}$$

$$\lambda_N = \left(m_{k_1} \ln N + n_{k_1}\right) \sigma_3^{m_{k_2} N^{n_{k_2}}} \tag{9.83}$$

式中，$m_{k_1} = 0.048$，$n_{k_1} = 0.219$，$m_{k_2} = 0.238$，$n_{k_2} = -0.17$，其余同上。

9.4.5 两种统计损伤模型验证

为了验证模型的可靠性，并分析其适用性，将周期性饱水砂泥岩颗粒混合料非线性微元强度统计损伤模型(以下简称微元强度模型，图中的理论值 1)和应变软化统计损伤模型(以下简称应变软化模型，图中的理论值 2)理论值与试验值进行对比分析。按照微元强度模型参数计算方法计算出参数 φ_N、E_N、F_0 和 m，按照应变软化模型参数计算方法计算出参数 λ_N、E_k^N、a_w、m、a_c 和 m_c。

1. 湿化条件下周期性饱水统计损伤模型验证

取湿化应力水平为 0.5、围压为 300kPa 条件下的湿化试验值与模型理论值进行对比。参数取值如表 9.1 所示，结果对比如图 9.5 所示。

表 9.1　模型参数取值(σ_3=300kPa，S=0.5)

微元强度模型参数	参数取值	应变软化模型参数	参数取值
E	90.32MPa	E	90.32MPa
E_N	80.15MPa	E_k^N	80.15MPa
μ	0.35	a_w	3.50
φ	52.16°	m	0.88
φ_N	49.90°	λ_N	0.95
F_0	76.96MPa	a_c	4.32
m	16.2	m_c	1.35

从图 9.5 可以看出，微元强度模型的理论值在应力水平 0.5 之前与试验曲线拟合较好，而应力水平大于 0.5 且除应力峰值之外的理论值均小于试验值，应变软化部分表现出比试验值下降快的特点。在应力水平 0.5 之前，应变软化模型的理论值比试验值大，但在应变软化阶段，理论值与试验值差异小，拟合较好。总体上，两种模型理论值与试验值拟合均较好，而应变软化模型能够更好地模拟应变软化阶段的应力。

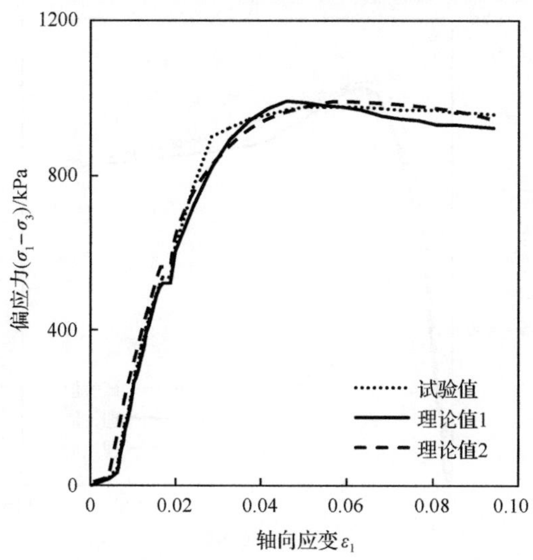

图 9.5 湿化试验值与模型理论值对比（σ_3=300kPa，S=0.5）

因此，对于涉水岸坡具有滑动带的情况，建议采用应变软化模型进行计算，而对于新建的涉水砂泥岩颗粒混合料填土工程，建议采用微元强度模型进行计算。

2. 不同应力水平条件下周期性饱水统计损伤模型验证

取围压为 300kPa、周期性饱水 5 次、应力水平为 0.25 时的试验值与模型理论值进行对比。两种模型参数取值如表 9.2 所示，结果对比如图 9.6 所示。

表 9.2 模型参数取值（σ_3=300kPa，N=5，S=0.25）

微元强度模型参数	参数取值	应变软化模型参数	参数取值
E	100.24MPa	E	100.24MPa
E_N	76.40MPa	E_k^N	76.40MPa
μ	0.35	a_w	2.30
φ	52.16°	m	0.98
φ_N	50.28°	λ_N	0.79
F_0	90.35MPa	a_c	0.85
m	14.5	m_c	5.45

从图 9.6 可以看出，在低应力水平时，两种模型均拟合较好；在高应力水平时，两种模型的理论值均比试验值小，而微元强度模型理论值在应变软化阶段的下降速度快；在应变软化阶段，应变软化模型理论值与试验值符合程度大。总体而言，应变软化模型拟合较好。

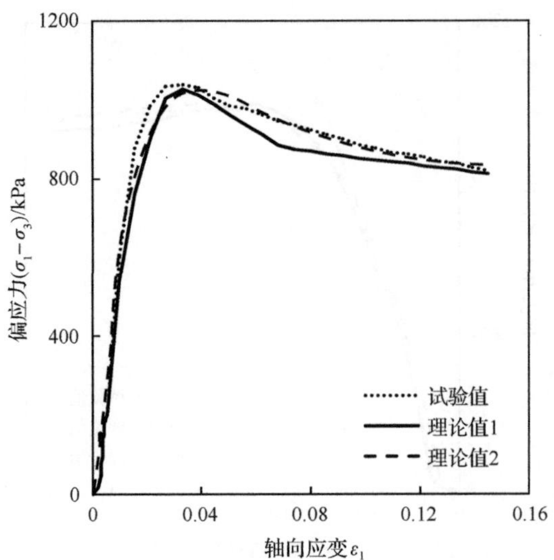

图 9.6　周期性饱水试验值与模型理论值对比(σ_3=300kPa，N=5，S=0.25)

取围压为 300kPa、周期性饱水 5 次、应力水平为 0.5 时的试验值与模型理论值进行对比。两种模型参数取值如表 9.3 所示，结果对比如图 9.7 所示。

表 9.3　模型参数取值(σ_3=300kPa，N=5，S=0.5)

微元强度模型参数	参数取值	应变软化模型参数	参数取值
E	96.24MPa	E	96.24MPa
E_N	70.21MPa	E_k^N	70.21MPa
μ	0.35	a_w	2.40
φ	52.16°	m	0.90
φ_N	50.11°	λ_N	0.80
F_0	68.85MPa	a_c	2.10
m	18.82	m_c	5.69

从图 9.7 可以看出，在应力水平为 0.5 时，应变软化模型理论值比试验值大，微元强度模型理论值与试验值比较接近。在应力水平超过 0.5 后，直到应变软化阶段，相对于微元强度模型理论值，应变软化模型理论值更接近试验值。

取围压为 300kPa、周期性饱水 5 次、应力水平为 0.75 时的试验值与模型理论值进行对比。两种模型参数取值如表 9.4 所示，结果对比如图 9.8 所示。

从图 9.8 可以看出，在低应力水平下，微元强度模型理论值比试验值小，应变软化模型理论值比计算值大；在高应力水平下，两种模型理论值均比试验值小。微元强度模型应力峰值比应变软化模型和试验值大。在软化阶段，微元强度模型理论值比应变软化模型理论值下降快，应变软化模型在该阶段模拟较好。

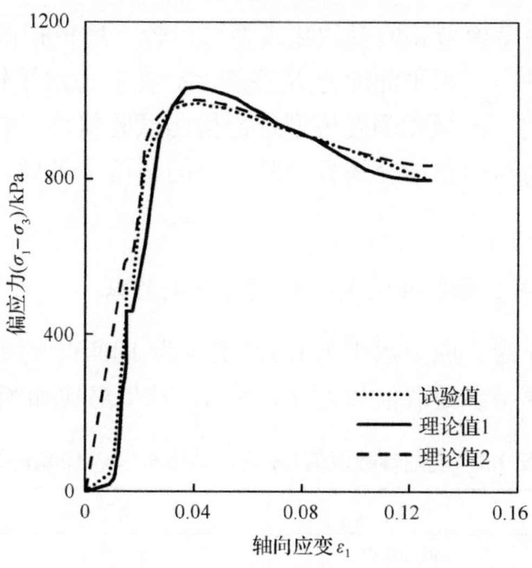

图 9.7　周期性饱水试验值与模型理论值对比(σ_3=300kPa，N=5，S=0.5)

表 9.4　模型参数取值(σ_3=300kPa，N=5，S=0.75)

微元强度模型参数	参数取值	应变软化模型参数	参数取值
E	110.03MPa	E	110.03MPa
E_N	75.35MPa	E_{k}^{N}	75.35MPa
μ	0.35	a_{w}	1.96
φ	52.16°	m	0.99
φ_N	50.65°	λ_N	0.82
F_0	96.45MPa	a_{c}	4.32
m	8.51	m_{c}	0.93

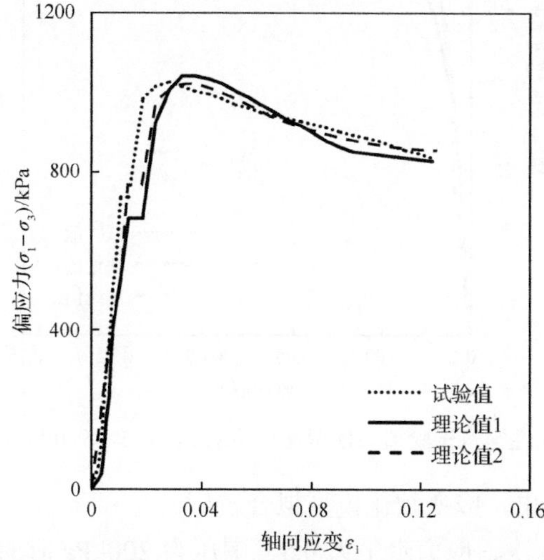

图 9.8　周期性饱水试验值与模型理论值对比(σ_3=300kPa，N=5，S=0.75)

总体上，微元强度模型和应变软化模型可以较好地模拟围压 300kPa、周期性饱水 5 次条件下各种应力水平的应力-应变关系，在应力水平较小时，应变软化模型理论值比试验值大，而微元强度模型理论值比试验值小。在应变软化阶段，应变软化模型理论值与试验值拟合较好。从安全的角度上考虑，建议采用应变软化模型进行计算。

3. 不同围压条件下周期性饱水统计损伤模型验证

取周期性饱水 5 次、应力水平为 0.5、围压为 100kPa 时的试验值与模型理论值进行对比。两种模型参数取值如表 9.5 所示，结果对比如图 9.9 所示。

表 9.5　模型参数取值（N=5，S=0.5，σ_3=100kPa）

微元强度模型参数	参数取值	应变软化模型参数	参数取值
E	93.40MPa	E	93.40MPa
E_N	64.00MPa	E_k^N	64.00MPa
μ	0.35	a_w	2.55
φ	52.16°	m	0.56
φ_N	56.44°	λ_N	0.70
F_0	79.66MPa	a_c	1.85
m	12.35	m_c	4.52

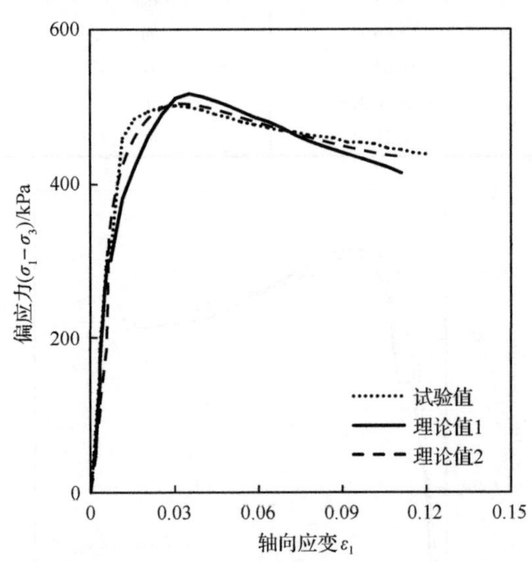

图 9.9　周期性饱水试验值与模型理论值对比（N=5，S=0.5，σ_3=100kPa）

从图 9.9 可以看出，应变软化模型拟合较好。

取周期性饱水 5 次、应力水平为 0.5、围压为 200kPa 时的试验值与模型理论值进行对比。两种模型参数取值如表 9.6 所示，结果对比如图 9.10 所示。

表 9.6　模型参数取值（N=5，S=0.5，σ_3=200kPa）

微元强度模型参数	参数取值	应变软化模型参数	参数取值
E	97.32MPa	E	97.32MPa
E_N	56.31MPa	E_k^N	56.31MPa
μ	0.35	a_w	2.10
φ	52.16°	m	0.72
φ_N	52.45°	λ_N	0.76
F_0	88.05MPa	a_c	2.20
m	16.55	m_c	4.00

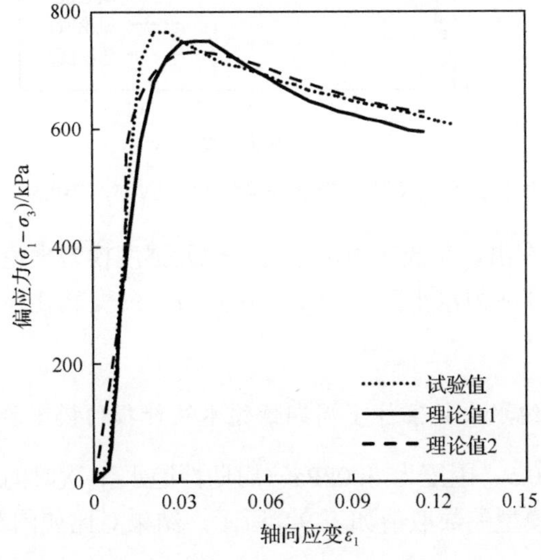

图 9.10　周期性饱水试验值与模型理论值对比（N=5，S=0.5，σ_3=200kPa）

从图 9.10 可以看出，在低应力水平时，微元强度模型拟合较好；两种模型计算的应力峰值均比试验值要小；应变软化模型在软化阶段模拟较好。

取周期性饱水 5 次、应力水平为 0.5、围压为 400kPa 时的试验值与模型理论值进行对比。两种模型参数取值如表 9.7 所示，结果对比如图 9.11 所示。

表 9.7　模型参数取值（N=5，S=0.5，σ_3=400kPa）

微元强度模型参数	参数取值	应变软化模型参数	参数取值
E	106.20MPa	E	106.20MPa
E_N	65.85MPa	E_k^N	65.85MPa
μ	0.35	a_w	2.30
φ	52.16°	m	0.75
φ_N	48.88°	λ_N	0.88
F_0	79.32MPa	a_c	2.20
m	10.32	m_c	1.30

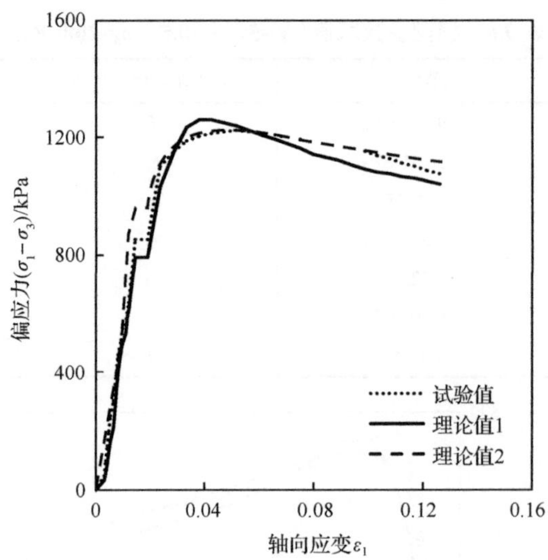

图 9.11　周期性饱水试验值与模型理论值对比(N=5，S=0.5，σ_3=400kPa)

从图 9.11 可以看出，在低应力水平时，微元强度模型理论值比应变软化模型更接近试验值。在高应力水平时到应变软化阶段，应变软化模型理论值与试验值更接近。

4. 不同周期性饱水次数条件下周期性饱水统计损伤模型验证

取应力水平为 0.5、围压为 300kPa、周期性饱水 1 次时的试验值与模型理论值进行对比。两种模型参数取值如表 9.8 所示，结果对比如图 9.12 所示。

表 9.8　模型参数取值(S=0.5，σ_3=300kPa，N=1)

微元强度模型参数	参数取值	应变软化模型参数	参数取值
E	98.25MPa	E	98.25MPa
E_N	66.32MPa	E_k^N	66.32MPa
μ	0.35	a_w	2.10
φ	52.16°	m	0.75
φ_N	49.90°	λ_N	0.87
F_0	72.46MPa	a_c	2.60
m	9.68	m_c	1.23

从图 9.12 可以看出，在低应力水平时，微元强度模型和应变软化模型理论值均与试验值非常接近。在中高应力水平时，应变软化模型理论值比试验值大，微元强度模型理论值比试验值小。从屈服阶段到应变软化阶段，应变软化模型理论值与试验值符合程度较大。

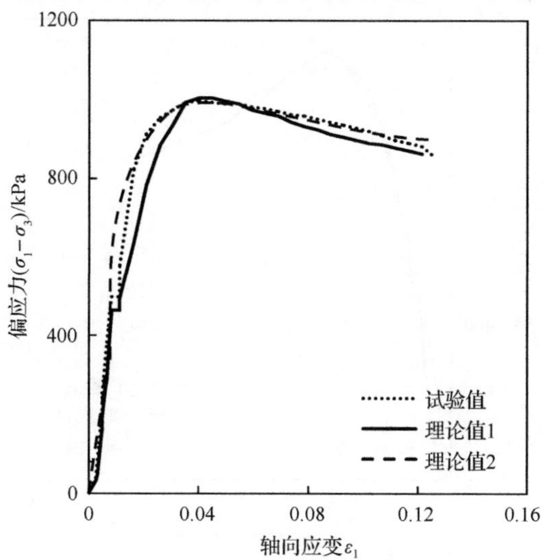

图 9.12　周期性饱水试验值与模型理论值对比(N=1，S=0.5，σ_3=300kPa)

取应力水平为 0.5、围压为 300kPa、周期性饱水 10 次时的试验值与模型理论值进行对比。两种模型参数取值如表 9.9 所示，结果对比如图 9.13 所示。

表 9.9　模型参数取值(S=0.5，σ_3=300kPa，N=10)

微元强度模型参数	参数取值	应变软化模型参数	参数取值
E	93.21MPa	E	93.21MPa
E_N	72.35MPa	E_k^N	72.35MPa
μ	0.35	a_w	2.15
φ	52.16°	m	1.23
φ_N	51.44°	λ_N	0.81
F_0	79.30MPa	a_c	3.02
m	13.63	m_c	1.50

从图 9.13 可以看出，在低应力水平时，微元强度模型理论值比应变软化模型更接近试验值。从应力水平大于 0.75 以后，应变软化模型理论值与试验值更接近。

取应力水平为 0.5、围压为 300kPa、周期性饱水 20 次时的试验值与模型理论值进行对比。两种模型参数取值如表 9.10 所示，结果对比如图 9.14 所示。

从图 9.14 可以看出，在低应力水平时，微元强度模型和应变软化模型理论值都比较接近试验值。在屈服阶段，应变软化模型理论值比试验值小，而微元强度模型理论值比试验值大，特别是在应力峰值时，微元强度模型理论值比试验值大许多。在应变软化阶段，应变软化模型理论值与试验值更接近。

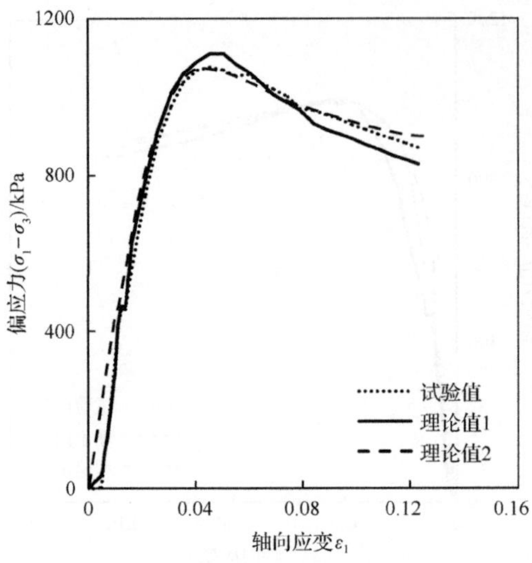

图 9.13　周期性饱水试验值与模型理论值对比（N=10，S=0.5，σ_3=300kPa）

表 9.10　模型参数取值（S=0.5，σ_3=300kPa，N=20）

微元强度模型参数	参数取值	应变软化模型参数	参数取值
E	109.26MPa	E	109.26MPa
E_N	80.76MPa	E_k^N	80.76MPa
μ	0.35	a_w	2.62
φ	52.16°	m	0.75
φ_N	53.41°	λ_N	0.77
F_0	90.37MPa	a_c	2.50
m	16.06	m_c	0.90

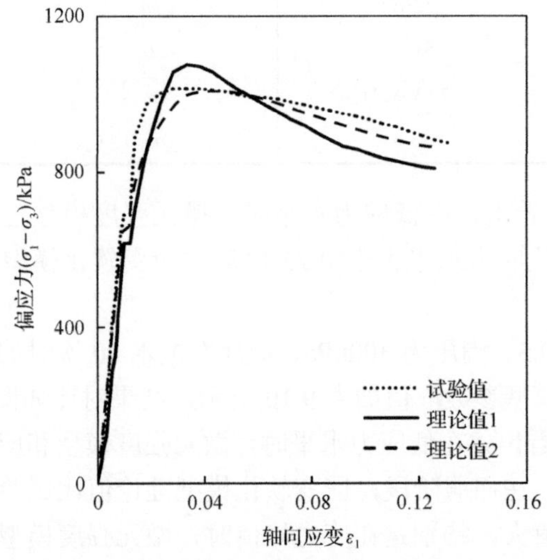

图 9.14　周期性饱水试验值与模型理论值对比（N=20，S=0.5，σ_3=300kPa）

综上所述，本章所建立的两种模型(微元强度模型和应变软化模型)均能够较好地反映周期性饱水砂泥岩颗粒混合料在不同围压、不同应力水平条件下的应力-应变曲线中几个阶段的特征，特别是应变软化模型在模拟软化阶段时表现出具有较高的仿真性能。

但在应力水平较低的情况下，两种模型计算结果均有一定的偏差，表现在应变软化模型理论值比试验值大，而微元强度模型理论值比试验值小。产生这种现象可能是以下原因造成的：压密阶段的试验曲线是一段反弧曲线，弹性参数难以描述该类型的变化；微元强度模型的推导是基于高应力水平条件下的强度非线性特征，非线性强度的参数是通过拟合试验数据得到的，因此在低应力水平时，微元强度的准则可能产生一定的误差。

9.5　周期性饱水砂泥岩颗粒混合料劣化变形弹塑性模型

9.5.1　劣化变形弹塑性模型

1. 各向异性弹塑性模型屈服面

细观及微观研究表明，黏土矿物颗粒呈片状，具有长轴方向性，在沉积过程中会形成结构性，即排列具有一定的方向性。在 K_0 固结过程中，这种方向性会随着应力的增大而更加显著：在低应力水平时，定向排列的仅仅是颗粒簇，颗粒簇中的颗粒间排列还是杂乱无章的；在高应力水平时，颗粒簇之间的结构被破坏，颗粒单元也参与定向排列，导致颗粒定向排列随着应力的增大而更加显著。由于这种定向排列结构具有方向性，应力也表现出各向异性[7]。

然而，粗粒土并不存在像黏土矿物颗粒一样的针片状结构。粗粒土是形状各异的，从泥岩颗粒的崩解试验中可以看出，颗粒崩解经筛分后，泥岩颗粒棱角分明，呈现出片状结构，大颗粒形成了扁平的结构而并非球形，如图 9.15 所示。

姜景山等[38]通过 CT 技术研究粗粒土在加载过程中接触点的变化情况时，发现粗颗粒在 K_0 固结条件下会发生颗粒破碎、转动等，且试样上部离加载板较近部位的颗粒运动幅度较大，底部的颗粒运动幅度较小，总体趋势是从不稳定向稳定位置运动，直至所有颗粒运动到能量最小的位置。粗粒土的变形与所受的应力状态有关，在 K_0 固结状态下，竖向应力比侧向应力大，在压缩条件下，主应力方向为竖直向下，从 CT 技术拍摄的图片可以看出，颗粒发生一定的转动，颗粒呈扁平状的一面会逐渐向水平方向转动，即定向角度为小主应力方向。在砂泥岩颗粒混合料各向异性渗透特性的研究中，经人工破碎的颗粒在击实之后，在固结作用下移动、转动等，其长轴方向最终的转变为垂直于大主应力方向。陈晓斌等[39]的研究中，渗透特性的各向异性模型可概化为错缝墙模型，如图 9.16 所示。

图 9.15　颗粒形状

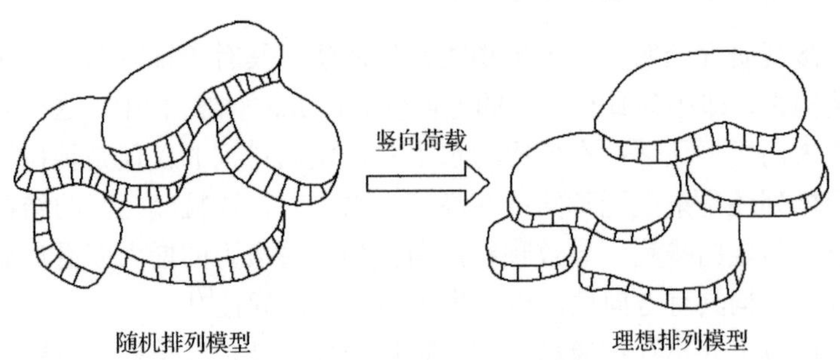

图 9.16　颗粒转动等概化模型

褚福永等[8]认为，颗粒间的接触作用主要是颗粒间的摩擦、咬合作用，随着竖向压力的增大，颗粒发生破碎、移动、转动，最终演化成定向排列的结构性，这种演化过程与图 9.16 类似。

粗粒土各向异性特性的机理与黏性土的差别较大。从组成成分上看，黏性土由矿物质组成，会形成针片状结构，其结构形态最终从颗粒簇到颗粒单元定向排列而形成各向异性。粗粒土并非如此，而是在 K_0 固结条件下，颗粒形态的长轴与主应力方向垂直，最终形成定向排列的各向异性特征。

剑桥模型被广泛应用于土体的应力变形计算中，但剑桥模型的使用尚存在局限性。为此，不少学者在其基础上研究更适用于某种特性环境下的弹塑性模型，如土体剪胀性、颗粒破碎特性、环境因素、各向异性等。

粗粒土的各向异性逐渐引起人们的重视，一般在弹塑性模型中，通过变换屈服面的倾斜角度来考虑 K_0 固结条件下的各向异性特性。修正剑桥模型中，将屈服面旋转得到屈服函数为[40]

$$p^2 - pp_c + \frac{1}{M^2}[(q - \alpha p) + \alpha p(p_c - p)] = 0 \tag{9.84}$$

式中，

$$p = \frac{1}{3}(\sigma_1 + \sigma_2 + \sigma_3) \tag{9.85}$$

$$q = \frac{1}{\sqrt{2}}\sqrt{(\sigma_1 - \sigma_2)^2 + (\sigma_1 - \sigma_3)^2 + (\sigma_2 - \sigma_3)^2} \tag{9.86}$$

式中，M 为临界状态应力比；α 为屈服面的转角，与剑桥模型屈服面转角 η 的区别如图 9.17 所示[40]。

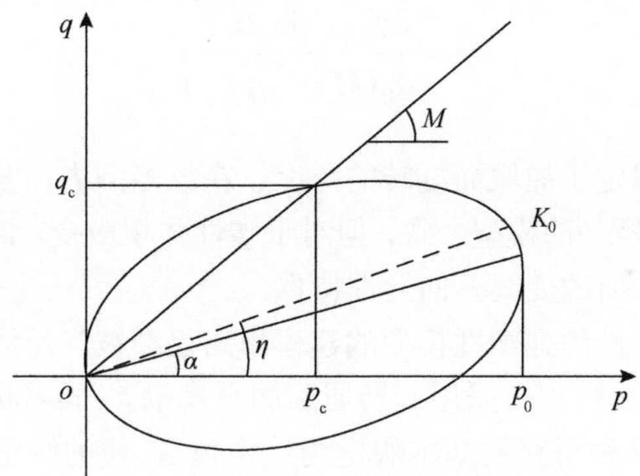

图 9.17　改进的各向异性屈服面[40]

从图 9.17 可以看出，为了更好地描述粗粒土的各向异性，认为塑性体积应变与硬化参数(即屈服面转角) α 有关，α 比剑桥模型的临界应力比小。当硬化参数接近于应力比时，土体的各向异性较为显著，硬化参数极限值为 M；当硬化参数等于 0 时，认为土体是各向同性的。该模型存在一定的不足之处：未考虑到剪应变对屈服面转角的影响。因此，Wheeler 等[40]在此基础上，提出了能够描述各向异性特性、反映塑性体积应变及剪应变对硬化准则影响的硬化参数表达式，即

$$\dot{\alpha} = u\left[\left(\frac{3\eta}{4} - \alpha\right)\left\langle \dot{\varepsilon}_V^{\mathrm{p}} \right\rangle + \beta_{\mathrm{v}}\left(\frac{\eta}{3} - \alpha\right)^2 \left|\dot{\varepsilon}_{\mathrm{s}}^{\mathrm{p}}\right|\right] \tag{9.87}$$

式中，$\langle\ \rangle$ 为 Macaulay 括号；η 为当前应力比；β_{v} 为考虑剪应变与塑性体积应变

对硬化参数影响的系数；u 为屈服面旋转角的系数。

Wheelery 等[40]的模型进行了如下假定：①硬化参数是塑性剪应变和塑性体积应变的函数；②塑性体积应变的增加使各向异性特性减弱，剪应变的增加使各向异性特性增强；③不同深度的 K_0 相同，即 K_0 与应力无关。Wheelery 等[40]的模型中，在固结后的应力加载至 $\eta = \eta_{K_{\mathrm{OCR}}}$ 之后，硬化参数不再变化，也就是说，当固结压力达到 K_0 之后，各向异性特性不随应力的增大而产生变化，这一点与上述黏土的各向异性演变机理分析并不一致[41]。为此，王立忠等[42]提出了可以描述该应力水平过后的各向异性特性变化的硬化参数，引入比例系数 r，r 与硬化参数的关系为

$$\left(\frac{\eta}{\eta_{K_{\mathrm{OCR}}}} - \alpha\right)\delta\varepsilon_{\mathrm{s}}^{\mathrm{p}} + r(-\alpha)\delta\varepsilon_{V}^{\mathrm{p}} = 0 \tag{9.88}$$

在一维压缩条件下，可求得

$$r = \frac{2\eta_{K_{\mathrm{OCR}}}(1-\alpha_0)^2}{\alpha_0(M^2 - \eta_{K_{\mathrm{OCR}}}^2)} \tag{9.89}$$

改进的模型中限定了屈服面旋转的角度，在该范围内，塑性剪应变对应的硬化参数与 Wheelery 等[40]的模型一致，但对于塑性体积应变，该硬化参数能够随着塑性体积应变的增大而改变其各向异性特性。

考虑软土各向异性的弹塑性模型的建模思路已经被广泛运用。在粗粒土的各向异性弹塑性模型的研究中，采用旋转屈服面来模拟 K_0 固结状态下的应力变形也已经逐步被肯定，这种思路的基本假定为：土体 K_0 线的倾角与屈服面的倾角基本一致。从黏土与粗粒土各向异性演化机理的分析中可以得出，无论是黏土还是粗粒土，由于 K_0 的固结作用，各向异性特征均是沿主应力方向形成一定的定向排列。

因此，假定粗粒土固结后 K_0 线的倾角与屈服面的倾角基本一致。基于此，褚福永等[8]提出了粗粒土的各向异性弹塑性模型。将剑桥模型的屈服面进行旋转，采用倾斜屈服面代替，其倾斜角度为 K_0 线的倾角，如图 9.18 所示。

该粗粒土各向异性弹塑性模型将剑桥模型的屈服面倾斜角度采用 K_0 线的倾角代替，屈服函数为

$$f = p + \frac{(q - p\eta_0)^2}{\left(M^2 - \eta_0\right)p} = p_0 \tag{9.90}$$

式中，η_0 为初始应力比。

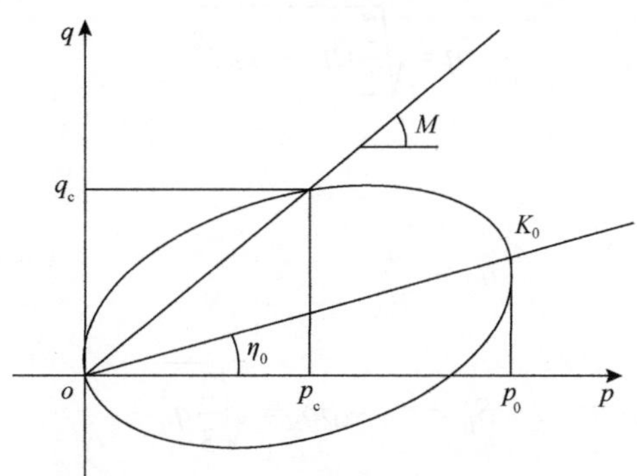

图 9.18　粗粒土各向异性弹塑性模型屈服面

该各向异性弹塑性模型还考虑了粗粒土的剪胀作用，采用相关的流动法则推导其弹塑性矩阵，并验证了模型对于粗粒土应力变形计算的准确性。

此外，剑桥模型等单屈服面模型在偏应力不变而围压减小的情况下，应力会回落到屈服面以内，单屈服面模型会认为是卸载情况。但事实并非如此，在围压降低到一定值而剪应力不变的情况下，土体会发生剪切破坏。而这种变形是不可恢复的塑性变形，也就是在剑桥模型屈服面内还存在另一个屈服面，即第二屈服面。在周期性饱水作用下，砂泥岩颗粒混合料产生了劣化变形，这种变形是不可恢复的塑性变形，这一点与剪切作用下产生的变形非常相似。因此，本章以双曲面模型为基础，对周期性饱水砂泥岩颗粒混合料的劣化变形进行描述。

殷宗泽[43]提出了双屈服面弹塑性模型，并将土体的变形分为与压缩相关的变形及与剪胀相关的变形两部分，基于这两部分变形的不同来源提出了双屈服面模型，其中，与压缩相关的屈服面为

$$p+\frac{q^2}{M_1(p+p_{\mathrm{r}})}=p_0=F(\varepsilon_V^{\mathrm{p}})=\frac{h\varepsilon_V^{\mathrm{p}}}{1-\xi\varepsilon_V^{\mathrm{p}}}p_{\mathrm{a}} \tag{9.91}$$

与剪胀相关的屈服面为

$$\frac{aq}{G}\sqrt{\frac{q}{M_2^2(p+p_{\mathrm{r}})-q}}=\varepsilon_{\mathrm{s}}^{\mathrm{p}} \tag{9.92}$$

式中，G 为弹性剪切模量。

土体经碾压填筑完成后，处于水平方向与竖直方向应力不相等的情况，即 K_0 固结、初始应力不等向应力状态。为了描述土体的各向异性特性，张坤勇等[44]通过调整硬化参数来解决各向异性问题，在殷宗泽双屈服面弹塑性模型基础上，引入各向异性应力比 η 为

$$\eta = \sqrt{\frac{3}{2}(\eta_{ij} - \eta_{ij0})^2} \tag{9.93}$$

式中，

$$\eta_{ij} = \frac{S_{ij}}{p} \tag{9.94}$$

$$S_{ij} = \sigma_{ij} - p\delta_{ij} = \sqrt{\frac{2}{3}q_0^2} \tag{9.95}$$

$$\eta_{ij0} = \frac{S_{ij0}}{p_0} \tag{9.96}$$

式中，p_0 和 q_0 分别代表 K_0 固结完成时的 p 和 q 值。

各向异性双屈服面弹塑性模型的两个屈服函数分别为

与压缩有关的第一屈服面 f_1 为

$$f_1 = \frac{p}{P_{\mathrm{a}}}\left(1 + \frac{\eta^2}{M_1}\right) - \frac{h\varepsilon_V^{\mathrm{p}}}{1 - \xi\varepsilon_V^{\mathrm{p}}} = 0 \tag{9.97}$$

与剪胀有关的第二屈服面 f_2 为

$$f_2 = \frac{ap\eta}{G}\sqrt{\frac{\eta}{M_2^2 - \eta}} - \varepsilon_{\mathrm{s}}^{\mathrm{p}} = 0 \tag{9.98}$$

式中，

$$G = k_{\mathrm{G}} P_{\mathrm{a}} \left(\frac{p}{P_{\mathrm{a}}}\right)^n \tag{9.99}$$

式中，h 和 t 为描述围压与塑性体积应变关系的参数；M_1 和 M_2 分别为与压缩和剪切有关的临界状态参数。

修正模型的屈服面方程与椭圆双屈服面方程是一致的，第一屈服面描述了与压缩有关的塑性变形，第二屈服面描述了与剪切有关的塑性变形。而在两种模型屈服面上的不同点是，修正模型将第一屈服面旋转至 K_0 线，采用 K_0 线作为该屈服面的硬化函数，并不是像剑桥模型一样沿着 p 轴硬化，从而描述土体在各向异性应力条件下的应力-应变关系。该改进的屈服面(称为各向异性模型)与椭圆双曲线屈服面的关系如图 9.19 所示。

张坤勇等[44]的修正模型中，K_0 为固定值，假定 K_0 为常量。

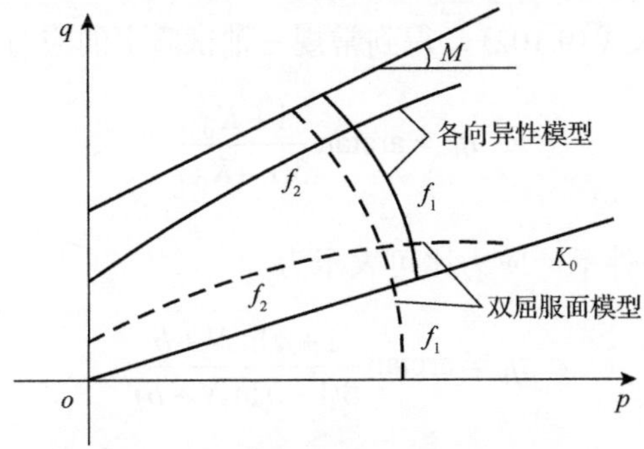

图 9.19　各向异性模型与原模型比较

在周期性饱水情况下，砂泥岩颗粒混合料的 K_0 并不是一个常数(如第 3 章所述)，而是与竖向应力、周期性饱水次数有关的函数，K_0 随着周期性饱水次数的增加而增大，最终趋于稳定，可表示为

$$K_0^N = a\ln N + b \tag{9.100}$$

式中，K_0^N 为 N 次周期性饱水作用下的静止侧压力系数；N 为周期性饱水次数；a 和 b 为拟合参数。

从第 4 章表 4.10 可知，随着周期性饱水次数的增加，当轴向应力为 50～1200kPa 时，a 从 0.0239 变化到 0.0268，当轴向应力为 1600kPa 时，a 为 0.0304，变化较小。因此，为了简化模型，本章假定侧压力系数 K_0 仅与周期性饱水次数有关，与轴向应力无关，进一步建立适用于周期性饱水砂泥岩颗粒混合料的劣化变形计算方法。

考虑到周期性饱水条件下，侧压力系数 K_0 随着周期性饱水次数的增加而增大(不考虑轴向应力的影响)，将应力比进行修正，由图 9.19 可得

$$\tan\eta_{\mathrm{k}} = \frac{q_{\mathrm{k}}}{p_{\mathrm{k}}} \tag{9.101}$$

由式(9.85)和式(9.86)可得

$$\tan\eta_{\mathrm{k}} = \frac{\dfrac{1}{\sqrt{2}}\sqrt{(\sigma_1-\sigma_2)^2+(\sigma_1-\sigma_3)^2+(\sigma_2-\sigma_3)^2}}{\dfrac{1}{3}(\sigma_1+\sigma_2+\sigma_3)_{\mathrm{k}}} \tag{9.102}$$

K_0 可以通过式(9.100)计算得到

$$K_0 = \frac{\sigma_3}{\sigma_1} \tag{9.103}$$

将式(9.103)代入式(9.102)，得到常规三轴试验中的应力比表达式为

$$\eta_{\mathrm{k}}=\arctan\frac{1+K_0}{3(1-K_0)} \tag{9.104}$$

在周期性饱水条件下，应力比可表示为

$$\eta_{\mathrm{k}}=\arctan\frac{1+a\ln N+b}{3(1-a\ln N-b)} \tag{9.105}$$

从而建立周期性饱水砂泥岩颗粒混合料各向异性的双屈服面弹塑性模型，两个屈服函数与张坤勇等[44]的修正模型一致，但应力比的概念和意义不同，另外，第一屈服面的塑性应变与周期性饱水次数有关，分别为

与压缩有关的第一屈服面 f_1：

$$f_1=\frac{p}{P_{\mathrm{a}}}\left(1+\frac{\eta_{\mathrm{k}}^2}{M_1}\right)-\frac{h\varepsilon_{VN}^{\mathrm{p}}}{1-\xi\varepsilon_{VN}^{\mathrm{p}}}=0 \tag{9.106}$$

与剪胀有关的第二屈服面 f_2：

$$f_2=\frac{ap\eta_{\mathrm{k}}}{G}\sqrt{\frac{\eta_{\mathrm{k}}}{M_2^2-\eta_{\mathrm{k}}}}-\varepsilon_{\mathrm{s}}^{\mathrm{p}}=0 \tag{9.107}$$

式中，应力比通过式(9.104)进行计算，N 为周期性饱水次数；a 和 b 为拟合参数，与应力水平有关，但本章为简化模型，将其忽略。

2. 硬化规律

周期性饱水砂泥岩颗粒混合料的劣化变形计算模型为

$$\begin{cases}\varepsilon_1^N=\varepsilon_{\mathrm{fw}}(1-\mathrm{e}^{-\beta N})\\ \varepsilon_{\mathrm{fw}}=\dfrac{\sigma_1}{a_{\mathrm{w}}+b_{\mathrm{w}}\sigma_1}\end{cases} \tag{9.108}$$

由式(9.108)得到

$$\varepsilon_1^N=\frac{\sigma_1}{a_{\mathrm{w}}+b_{\mathrm{w}}\sigma_1}(1-\mathrm{e}^{-\beta N}) \tag{9.109}$$

对于一般应力状态，可由压缩试验的周期性饱水劣化变形推导出体积应变计算方法，即

$$\varepsilon_V^N = \frac{p_{\mathrm{n}}}{a_{\mathrm{w}} + b_{\mathrm{w}} p_{\mathrm{n}}}(1 - \mathrm{e}^{-\beta N}) \tag{9.110}$$

可得

$$p_{\mathrm{n}} = \frac{a_{\mathrm{w}} \varepsilon_V^N}{(1 - \mathrm{e}^{-\beta N}) + b_{\mathrm{w}} p_{\mathrm{n}}} = \frac{\dfrac{a_{\mathrm{w}}}{1 - \mathrm{e}^{-\beta N}} \varepsilon_V^N}{1 + \dfrac{b_{\mathrm{w}}}{1 - \mathrm{e}^{-\beta N}} p_{\mathrm{n}}} \tag{9.111}$$

由土工计算原理可知，屈服函数与硬化参数的关系为

$$f(\sigma_{ij}) = k = F(H) \tag{9.112}$$

对比式(9.111)与第一屈服面可知，硬化函数为

$$F_1(H_1) = p_{\mathrm{n}} = \frac{h \varepsilon_V^{\mathrm{p}}}{1 - \xi \varepsilon_V^{\mathrm{p}}} \tag{9.113}$$

式中，

$$h = \frac{a_{\mathrm{w}}}{1 - \mathrm{e}^{-\beta N}} \tag{9.114}$$

$$\xi = -\frac{b_{\mathrm{w}}}{1 - \mathrm{e}^{-\beta N}} \tag{9.115}$$

同理，可得第二屈服面的硬化函数为

$$F_2(H_2) = \varepsilon_{\mathrm{s}}^{\mathrm{p}} \tag{9.116}$$

3. 塑性加卸载规律及流动法则

本章通过在塑性加载函数中改变加载规律，假定加载函数与环境因素有关，周期性饱水劣化变形所产生的劣化塑性应变可引入作为加载函数的一部分，而塑性应变与周期性饱水次数 N 有关，因此描述周期性饱水砂泥岩颗粒混合料劣化变形的屈服面函数可表示为

$$f_1(\sigma_{ij}, \varepsilon_{ij}^{\mathrm{p}}, N) = 0, \quad f_2(\sigma_{ij}, \varepsilon_{ij}^{\mathrm{p}}, N) = 0 \tag{9.117}$$

由一致性条件可得

$$\Delta f_1 = \frac{\partial f_1}{\partial \sigma_{ij}} \Delta \sigma_{ij} + \frac{\partial f_1}{\partial \varepsilon_V^{\mathrm{p}}} \Delta \varepsilon_{ij}^{\mathrm{p}} + \frac{\partial f_1}{\partial N} \Delta N = 0 \tag{9.118}$$

$$\Delta f_2 = \frac{\partial f_2}{\partial \sigma_{ij}} \Delta \sigma_{ij} + \frac{\partial f_2}{\partial \varepsilon_{ij}^{\mathrm{p}}} \Delta \varepsilon_{ij}^{\mathrm{p}} + \frac{\partial f_2}{\partial N} \Delta N = 0 \tag{9.119}$$

采用相关联流动法则，即塑性势函数与屈服函数一致，可得

$$\begin{cases} \mathrm{d}\varepsilon_{V1}^{\mathrm{p}} = \mathrm{d}\lambda_1 \dfrac{\partial f_1}{\partial p} \\ \mathrm{d}\varepsilon_{V2}^{\mathrm{p}} = \mathrm{d}\lambda_2 \dfrac{\partial f_2}{\partial p} \end{cases} \tag{9.120}$$

$$\begin{cases} \mathrm{d}\varepsilon_{\mathrm{s}1}^{\mathrm{p}} = \mathrm{d}\lambda_1 \dfrac{\partial f_1}{\partial q} \\ \mathrm{d}\varepsilon_{\mathrm{s}2}^{\mathrm{p}} = \mathrm{d}\lambda_2 \dfrac{\partial f_2}{\partial q} \end{cases} \tag{9.121}$$

$$\begin{cases} \mathrm{d}\lambda_1 = \dfrac{1}{H_1}\left(\dfrac{\partial f_1}{\partial \sigma_{ij}} \mathrm{d}\sigma_{ij} + \dfrac{\partial f_1}{\partial N} \mathrm{d}N \right) \\ \mathrm{d}\lambda_2 = \dfrac{1}{H_2}\left(\dfrac{\partial f_2}{\partial \sigma_{ij}} \mathrm{d}\sigma_{ij} + \dfrac{\partial f_2}{\partial N} \mathrm{d}N \right) \end{cases} \tag{9.122}$$

$$\begin{cases} H_1 = -\dfrac{\partial f_1}{\partial \varepsilon_{ij}^{\mathrm{p}}} \dfrac{\partial f_1}{\partial \sigma_{ij}} \\ H_2 = -\dfrac{\partial f_2}{\partial \varepsilon_{ij}^{\mathrm{p}}} \dfrac{\partial f_2}{\partial \sigma_{ij}} \end{cases} \tag{9.123}$$

该加载函数与周期性饱水次数有关，加载准则如下：

(1) $\dfrac{\partial f_1}{\partial \sigma_{ij}} \Delta \sigma_{ij} > 0$ 或者 $\dfrac{\partial f_1}{\partial N} \Delta N > 0$，应力方向指向屈服面以外，新应力状态使得屈服面向外发展，塑性应变逐渐增加。此时，周期性饱水作用继续。

(2) $\dfrac{\partial f_1}{\partial \sigma_{ij}} \Delta \sigma_{ij} < 0$ 或者 $\dfrac{\partial f_1}{\partial N} \Delta N \leqslant 0$，应力方向指向屈服面以内，不会产生新的屈服面，在屈服面内卸载，进入弹性卸载状态。此时，没有周期性饱水作用，仅考虑流变作用下的应力状态。

(3) $\dfrac{\partial f_1}{\partial \sigma_{ij}} \Delta \sigma_{ij} = 0$ 或者 $\dfrac{\partial f_1}{\partial N} \Delta N \leqslant 0$，应力状态还处于屈服面上，不会产生新的屈服面，不发生塑性变形，是中性卸载状态。此时，没有周期性饱水作用，仅考虑流变作用下的应力状态。

张丙印等[45]的干湿循环加载条件中，将周期性饱水次数的偏微分与应力条件偏微分相加减，这种做法并未考虑到环境作用下的劣化变形均为不可逆的塑性变形，不能与应力所产生的变形相提并论，因此该加载函数并不适应用于周期性饱水变形计算。从流变和周期性饱水劣化变形的机理上可以看出，劣化变形主要由颗粒破碎、颗粒本身的劣化产生的，这种现象是不可逆的。因此，本章的加载条件考虑到周期性饱水-疏干循环对砂泥岩颗粒混合料的劣化变形为不可恢复的塑性变形，将其列入加载条件中，可推求环境作用下不可逆的加载函数。

加载条件可推广到第二屈服面中，这里不再赘述。

9.5.2　弹塑性矩阵

土体的变形可分为弹性变形和塑性变形，其中弹性变形部分可采用胡克定律进行计算，而不可恢复的塑性变形采用弹塑性矩阵进行计算。矩阵形式表达为

$$\boldsymbol{\varepsilon} = \boldsymbol{\varepsilon}^{\mathrm{e}} + \boldsymbol{\varepsilon}^{\mathrm{p}} \tag{9.124}$$

$$\boldsymbol{\varepsilon}^{\mathrm{e}} = \boldsymbol{C}_{\mathrm{ep}}\boldsymbol{\sigma} \tag{9.125}$$

$$\boldsymbol{\varepsilon}^{\mathrm{p}} = \boldsymbol{C}_{\mathrm{p}}\boldsymbol{\sigma} \tag{9.126}$$

式中，$\boldsymbol{\varepsilon}$为总应变矩阵；$\boldsymbol{\varepsilon}^{\mathrm{e}}$为弹性应变矩阵；$\boldsymbol{\varepsilon}^{\mathrm{p}}$为塑性应变矩阵；$\boldsymbol{C}_{\mathrm{ep}}$为弹性柔度矩阵，可通过胡克定律计算得到。

$$\boldsymbol{C}_{\mathrm{ep}} = \frac{1}{E}\begin{bmatrix} 1 & -v & -v & 0 & 0 & 0 \\ -v & 1 & -v & 0 & 0 & 0 \\ -v & -v & 1 & 0 & 0 & 0 \\ 0 & 0 & 0 & 2(1+v) & 0 & 0 \\ 0 & 0 & 0 & 0 & 2(1+v) & 0 \\ 0 & 0 & 0 & 0 & 0 & 2(1+v) \end{bmatrix} \tag{9.127}$$

式中，E为弹性模量；v为泊松比。

$\boldsymbol{C}_{\mathrm{p}}$为弹塑性矩阵，计算公式为

$$\boldsymbol{C}_{\mathrm{p}} = \boldsymbol{C}_{\mathrm{ep}} + \boldsymbol{C}_{\mathrm{1p}} + \boldsymbol{C}_{\mathrm{2p}} \tag{9.128}$$

式中，$\boldsymbol{C}_{\mathrm{ep}}$为弹性柔度矩阵；$\boldsymbol{C}_{\mathrm{1p}}$、$\boldsymbol{C}_{\mathrm{2p}}$分别为第一屈服面和第二屈服面的塑性柔度矩阵，可通过屈服面函数及塑性势函数求得。

为了求得第一屈服面和第二屈服面的塑性柔度矩阵，还需将原有的坐标轴进行应力变换，在保持屈服面不变的情况下，通过引入应力张量$\tilde{\sigma}_{ij}$，将主应力空间转换为扩展 von Mises 准则，具体原理可参考文献[44]。转换后的应力空间可表示为（$\tilde{p}$，$\tilde{q}$，$\tilde{\theta}$），与原坐标轴的关系为

$$\begin{cases} \tilde{p} = p \\ \tilde{q} = q_{\mathrm{c}} = \dfrac{2I_1}{3\sqrt{(I_1 I_2 - I_3)(I_1 I_2 - 9I_3)} - 1} \\ \tilde{\theta} = \theta \end{cases} \tag{9.129}$$

式中，I_1、I_2和I_3为应力不变量的第一、第二和第三分量，计算公式为

$$\begin{cases} I_1 = \sigma_x + \sigma_y + \sigma_z = \sigma_1 + \sigma_2 + \sigma_3 \\ I_2 = (\sigma_x\sigma_y + \sigma_y\sigma_z + \sigma_z\sigma_x) - \tau_{xy}^2 - \tau_{yz}^2 - \tau_{zx}^2 = \sigma_1\sigma_2 + \sigma_2\sigma_3 + \sigma_3\sigma_1 \\ I_3 = \sigma_x\sigma_y\sigma_z + 2\tau_{xy}\tau_{yz}\tau_{zx} - \sigma_x\tau_{yz}^2 - \sigma_y\tau_{zx}^2 - \sigma_z\tau_{xy}^2 = \sigma_1\sigma_2\sigma_3 \end{cases} \tag{9.130}$$

$$\tilde{\sigma}_{ij} = \begin{cases} p\delta_{ij} + \dfrac{q_{\mathrm{c}}}{q}(\sigma_i - p\delta_{ij}), & q \neq 0 \\ \sigma_{ij}, & q = 0 \end{cases} \tag{9.131}$$

式中，δ_{ij}为克罗内克符号，计算公式为

$$\delta_{ij} = \begin{cases} 1, & i = j \\ 0, & i \neq j \end{cases} \tag{9.132}$$

则应力转换之后与压缩有关的第一屈服面f_1为

$$f_1 = \frac{\tilde{p}}{P_{\mathrm{a}}}\left(1 + \frac{\eta^2}{M_1}\right) - \frac{h\varepsilon_V^{\mathrm{p}}}{1 - \xi\varepsilon_V^{\mathrm{p}}} = 0 \tag{9.133}$$

与剪胀有关的第二屈服面f_2为

$$f_2 = \frac{a\tilde{p}\eta}{G}\sqrt{\frac{\eta}{M_2^2 - \eta}} - \varepsilon_{\mathrm{s}}^{\mathrm{p}} = 0 \tag{9.134}$$

1. 第一屈服面塑性柔度矩阵 $\boldsymbol{C}_{1\mathrm{p}}$

对第一屈服函数求偏导并采用相关联流动法则可知

$$\boldsymbol{C}_{1\mathrm{p}}=\frac{\dfrac{\partial f_1}{\partial\sigma}\dfrac{\partial g_1}{\partial\sigma}}{F'\dfrac{\partial g_1}{\partial p}} \tag{9.135}$$

由硬化函数可得到

$$F'(H)=\frac{\mathrm{d}F'}{\mathrm{d}\varepsilon_V^{\mathrm{p}}}=\frac{h}{(1-\xi\varepsilon_V^{\mathrm{p}})^2} \tag{9.136}$$

结合式(9.104)和式(9.113)，可得到

$$1-\xi\varepsilon_V^{\mathrm{p}}=\frac{h}{h+\xi F_1(H)} \tag{9.137}$$

$$F_1(H)=\frac{\tilde{p}}{P_{\mathrm{a}}}\left(1+\frac{\eta_{\mathrm{k}}^2}{M_1}\right) \tag{9.138}$$

得到

$$F_1'(H)=h\left[1+\frac{\xi}{h}F_1(H)\right]^2 \tag{9.139}$$

由相关联流动法则可得

$$\frac{\partial g_1}{\partial\sigma}=\frac{\partial f_1}{\partial\sigma}=\frac{\partial f_1}{\partial\tilde{p}}\frac{\partial\tilde{p}}{\partial\tilde{\sigma}_{mn}}\frac{\partial\tilde{\sigma}_{mn}}{\partial\sigma_{ij}}+\frac{\partial f_1}{\partial\eta_{\mathrm{k}}}\frac{\partial\eta_{\mathrm{k}}}{\partial N} \tag{9.140}$$

式中包含了周期性饱水下应力比与周期性饱水次数相关的假定，其中，

$$\frac{\partial f_1}{\partial\tilde{p}}=\frac{1}{P_{\mathrm{a}}}\left(1+\frac{\eta_{\mathrm{k}}^2}{M_1^2}\right) \tag{9.141}$$

$$\frac{\partial\tilde{p}}{\partial\tilde{\sigma}_{mn}}=\frac{1}{3}\delta_{mn} \tag{9.142}$$

$$\frac{\partial\tilde{\sigma}_{mn}}{\partial\sigma_{ij}}=\frac{1}{3}\delta_{ij}\delta_{mn}+\frac{\sigma_{ij}-p\delta_{ij}}{q}\frac{\partial q_{\mathrm{c}}}{\partial\sigma_{ij}}+\frac{q_{\mathrm{c}}}{q}\left(\delta_{im}\delta_{jn}-\frac{1}{3}\delta_{ij}\delta_{mn}\right) \tag{9.143}$$

$$\frac{\partial q_{\mathrm{c}}}{\partial\sigma_{ij}}=\sum_{m=1}^{3}\frac{\partial q_{\mathrm{c}}}{\partial I_m}\frac{\partial I_m}{\partial\sigma_{ij}} \tag{9.144}$$

$$\frac{\partial q_{\mathrm{c}}}{\partial I_1}=\frac{6\sqrt{(I_1I_2-I_3)(I_1I_2-9I_3)}+\dfrac{24I_1I_2I_3}{\sqrt{(I_1I_2-I_3)(I_1I_2-9I_3)^3}}-2}{\left[3\sqrt{(I_1I_2-I_3)(I_1I_2-9I_3)}-1\right]^2} \tag{9.145}$$

$$\frac{\partial q_{\mathrm{c}}}{\partial I_2}=\frac{24I_1^2I_3}{\sqrt{(I_1I_2-I_3)(I_1I_2-9I_3)^3}\left[3\sqrt{(I_1I_2-I_3)(I_1I_2-9I_3)}-1\right]^2} \tag{9.146}$$

$$\frac{\partial q_{\mathrm{c}}}{\partial I_3}=\frac{-24I_1^2I_2}{\sqrt{(I_1I_2-I_3)(I_1I_2-9I_3)^3}\left[3\sqrt{(I_1I_2-I_3)(I_1I_2-9I_3)}-1\right]^2} \tag{9.147}$$

$$\frac{\partial \eta_{\mathrm{k}}}{\partial N}=\frac{6a+4ab}{N[3(1-a\ln N)+b]^2+N(1+a\ln N+b)^2]} \tag{9.148}$$

$$\frac{\partial f_1}{\partial \eta_{\mathrm{k}}}\frac{\partial \eta_{\mathrm{k}}}{\partial N}=\frac{2p\eta_{\mathrm{k}}}{P_{\mathrm{a}}M_1^2}\frac{6a+4ab}{N[3(1-a\ln N)+b]^2+N(1+a\ln N+b)^2]} \tag{9.149}$$

将式(9.137)～式(9.147)代入式(9.133)，可求得第一屈服面柔度矩阵$\boldsymbol{C}_{1\mathrm{p}}$。

2. 第二屈服面塑性柔度矩阵$\boldsymbol{C}_{2\mathrm{p}}$

与第一屈服面塑性柔度矩阵类似，第二屈服面塑性柔度矩阵可表示为

$$\boldsymbol{C}_{2\mathrm{p}}=\frac{\dfrac{\partial f_2}{\partial \sigma}\dfrac{\partial g_2}{\partial \sigma}}{F_2'\dfrac{\partial f_2}{\partial p}} \tag{9.150}$$

$$g_2=f_2=\frac{a\tilde{p}\eta_{\mathrm{k}}}{G}\sqrt{\frac{\eta_{\mathrm{k}}}{M_2^2-\eta_{\mathrm{k}}}}=\varepsilon_{\mathrm{s}}^{\mathrm{p}} \tag{9.151}$$

$$F_2'=\frac{\partial f_2}{\partial \varepsilon_{\mathrm{s}}^{\mathrm{p}}}=1 \tag{9.152}$$

由相关联流动法则可得

$$\frac{\partial g_2}{\partial \sigma}=\frac{\partial f_2}{\partial \sigma}=\frac{\partial f_2}{\partial \tilde{p}}\frac{\partial \tilde{p}}{\partial \tilde{\sigma}_{mn}}\frac{\partial \tilde{\sigma}_{mn}}{\partial \sigma_{ij}}+\frac{\partial f_2}{\partial \eta_{\mathrm{k}}}\frac{\partial \eta_{\mathrm{k}}}{\partial N} \tag{9.153}$$

式中包含了周期性饱水下应力比与周期性饱水次数相关的假定，其中，

$$\frac{\partial f_2}{\partial \tilde{p}}=\frac{a\eta_{\mathrm{k}}}{G}\sqrt{\frac{\eta_{\mathrm{k}}}{M_2^2-\eta_{\mathrm{k}}}} \tag{9.154}$$

$$\frac{\partial f_2}{\partial \eta_k}\frac{\partial \eta_k}{\partial N}=\frac{3ap\eta+G}{2G^2\eta^{0.5}(M^2-\eta^{0.5})^2}\frac{6a+4ab}{N[3(1-a\ln N)+b]^2+N(1+a\ln N+b)^2]} \tag{9.155}$$

将式(9.151)～式(9.155)代入式(9.150)中可求得第二屈服面柔度矩阵 $\boldsymbol{C}_{2p}$。

3. 弹塑性矩阵 $\boldsymbol{C}_p$

对于第一屈服面，6 个自由度的各向异性塑性柔度矩阵表达为[44]

$$\boldsymbol{C}_{1p}=\frac{1}{A}\begin{bmatrix}\frac{\partial g_1}{\partial \sigma_1}\frac{\partial f_1}{\partial \sigma_1} & \frac{\partial g_1}{\partial \sigma_1}\frac{\partial f_1}{\partial \sigma_2} & \frac{\partial g_1}{\partial \sigma_1}\frac{\partial f_1}{\partial \sigma_3} & 0 & 0 & 0\\ \frac{\partial g_1}{\partial \sigma_2}\frac{\partial f_1}{\partial \sigma_1} & \frac{\partial g_1}{\partial \sigma_2}\frac{\partial f_1}{\partial \sigma_2} & \frac{\partial g_1}{\partial \sigma_2}\frac{\partial f_1}{\partial \sigma_3} & 0 & 0 & 0\\ \frac{\partial g_1}{\partial \sigma_3}\frac{\partial f_1}{\partial \sigma_1} & \frac{\partial g_1}{\partial \sigma_3}\frac{\partial f_1}{\partial \sigma_2} & \frac{\partial g_1}{\partial \sigma_3}\frac{\partial f_1}{\partial \sigma_3} & 0 & 0 & 0\\ 0 & 0 & 0 & \frac{\partial g_1}{\partial \tau_{23}}\frac{\partial f_1}{\partial \tau_{23}} & 0 & 0\\ 0 & 0 & 0 & 0 & \frac{\partial g_1}{\partial \tau_{31}}\frac{\partial f_1}{\partial \tau_{31}} & 0\\ 0 & 0 & 0 & 0 & 0 & \frac{\partial g_1}{\partial \tau_{13}}\frac{\partial f_1}{\partial \tau_{13}}\end{bmatrix} \tag{9.156}$$

同理，第二屈服面的塑性柔度矩阵为

$$\boldsymbol{C}_{2p}=\frac{1}{A}\begin{bmatrix}\frac{\partial g_2}{\partial \sigma_1}\frac{\partial f_2}{\partial \sigma_1} & \frac{\partial g_2}{\partial \sigma_1}\frac{\partial f_2}{\partial \sigma_2} & \frac{\partial g_2}{\partial \sigma_1}\frac{\partial f_2}{\partial \sigma_3} & 0 & 0 & 0\\ \frac{\partial g_2}{\partial \sigma_2}\frac{\partial f_2}{\partial \sigma_1} & \frac{\partial g_2}{\partial \sigma_2}\frac{\partial f_2}{\partial \sigma_2} & \frac{\partial g_2}{\partial \sigma_2}\frac{\partial f_2}{\partial \sigma_3} & 0 & 0 & 0\\ \frac{\partial g_2}{\partial \sigma_3}\frac{\partial f_2}{\partial \sigma_1} & \frac{\partial g_2}{\partial \sigma_3}\frac{\partial f_2}{\partial \sigma_2} & \frac{\partial g_2}{\partial \sigma_3}\frac{\partial f_2}{\partial \sigma_3} & 0 & 0 & 0\\ 0 & 0 & 0 & \frac{\partial g_2}{\partial \tau_{23}}\frac{\partial f_2}{\partial \tau_{23}} & 0 & 0\\ 0 & 0 & 0 & 0 & \frac{\partial g_2}{\partial \tau_{31}}\frac{\partial f_2}{\partial \tau_{31}} & 0\\ 0 & 0 & 0 & 0 & 0 & \frac{\partial g_2}{\partial \tau_{13}}\frac{\partial f_2}{\partial \tau_{13}}\end{bmatrix} \tag{9.157}$$

将式(9.127)、式(9.156)和式(9.157)代入式(9.128)，可求得弹塑性矩阵 $\boldsymbol{C}_{\mathrm{p}}$。

9.5.3 模型参数及确定方法

由于本章周期性饱水砂泥岩颗粒混合料劣化变形各向异性弹塑性模型是在双屈服面模型基础上改进而来的，参数取值参考殷宗泽双屈服面模型[43]取值方法。所有模型参数可通过三轴压缩试验、侧限压缩试验及本章周期性饱水试验获得，特别说明，本章周期性饱水试验方法与粗粒土、堆石料的干湿循环试验有所区别，取值时应注意试验方法的差异性。

1. 弹性参数

泊松比取值可参考第 6 章砂泥岩颗粒混合料周期性饱水三轴试验成果取值，殷宗泽[43]提出，泊松比取为常数对所计算的应力变形结果影响不大，且建议取值为 0.3。

弹性剪切模量 G 可通过式(9.99)计算得到，其中

$$k_{\mathrm{G}} = \frac{K}{1.3} \tag{9.158}$$

邓肯-张双曲线模型中，K 与压缩曲线中的初始切线模量有关，两者关系为

$$E_i = KP_{\mathrm{a}}\left(\frac{p}{P_{\mathrm{a}}}\right)^n \tag{9.159}$$

弹性模量可以近似取为初始切线模量的 2 倍，因此弹性剪切模量可表示为

$$G = \frac{E}{2(1+v)} = \frac{K}{1.3}P_{\mathrm{a}}\left(\frac{p}{P_{\mathrm{a}}}\right)^n \tag{9.160}$$

剪切模量可通过参数 K 和 n 确定，也可通过近似方法求得。在 q-ε_{s} 曲线上，初始斜率 k=2/3G，并且在对数坐标中取得 G/P_{a} 与 p/P_{a} 的线性关系，直线的斜率为 n，截距为 K。

2. 临界状态线 M_1 和 M_2

M 为邓肯-张模型中的破坏线 q_{f}-p 的斜率，可通过内摩擦角得到，即

$$M = \frac{6\sin\varphi}{3-\sin\varphi} \tag{9.161}$$

对于不同类型的土体，M_1 和 M_2 取值有所差别，根据土体的变形大小取值，大变形时 $M_1=(1.0\sim1.5)M$，小变形时 $M_2=(1.0\sim1.2)M$。M_1 是与体积应变有关的参数，M_2 是与剪切应变有关的参数，可采用以下经验公式估算得到：

$$M_1=(1+0.25\beta_\varepsilon{}^2)M \tag{9.162}$$

$$M_2=\frac{M}{R_{\mathrm{f}}^{0.25}} \tag{9.163}$$

式中，β_ε 为应力水平为 0.75 时体积应变与轴向应变之比；R_{f} 为破坏比，与邓肯-张模型参数一致。

3. 参数 a、h、ξ

参数 h 和 ξ 可通过硬化函数推导得到，计算公式参见式(9.114)和式(9.115)。

屈服面中的参数 a 为第二屈服面剪应变占总应变的比例，可通过以下方法近似估算：

$$a=0.25-0.15d_{\mathrm{s}} \tag{9.164}$$

式中，d_{s} 为应力水平达到 0.75～0.95 时，ε_V - ε_{a} 曲线中的斜率。一般将参数 a 取为 0.1～0.5，取值越大表示剪胀现象越显著，取值越小代表剪缩越显著。

4. 应力比 η_{k} 及与其他模型对比

将屈服面的转角定义为 K_0 线，由本章的 K_0 试验成果可知，周期性饱水砂泥岩颗粒混合料的侧压力系数 K_0 并非定值，而是与轴向应力、周期性饱水次数等有关。但本章为了简化模型，将其定义为仅与周期性饱水次数有关。在周期性饱水条件下，应力比可通过式(9.105)计算得到。

因此，当周期性饱水次数为 0 时，本章的周期性饱水砂泥岩颗粒混合料劣化变形各向异性弹塑性模型退化为流变模型(扣除湿化变形)的弹塑性本构模型。这是由于砂泥岩颗粒混合料流变模型中，如果采用两参数指数函数对试验结果进行拟合，再次衰减流变模型的前半段变形计算模型与周期性饱水劣化变形计算模型类似。流变计算模型及周期性饱水劣化变形计算模型为

$$\varepsilon_1=\varepsilon_{1\mathrm{f}}(1-\mathrm{e}^{bx})\text{，　流变计算模型} \tag{9.165}$$

$$\varepsilon_1^N=\varepsilon_{\mathrm{fw}}(1-\mathrm{e}^{-\beta N})\text{，　周期性饱水劣化变形计算模型} \tag{9.166}$$

由上述公式对比可得，假定试验参数 $b=-\beta$，可得到与周期性饱水劣化变形规律一致的硬化函数，将此硬化函数代入屈服函数可得到砂泥岩颗粒混合料的流变弹塑性模型。

如果假定周期性饱水次数为 0，且流变过程中的 K_0 保持恒定，则本章提出的周期性饱水砂泥岩颗粒混合料劣化变形各向异性弹塑性模型可退化为张坤勇改进的各向异性双屈服面模型。

如果假定周期性饱水次数为 0，且流变过程中的 K_0 保持恒定，且初始条件为等向固结，则应力比可写为

$$\eta=\frac{p}{q} \tag{9.167}$$

此时，修正双屈服面模型即可退化为椭圆双屈服面模型。

9.5.4 模型验证

劣化变形弹塑性模型有以下 8 个参数：M_1、M_2、h、ξ、a、k_G、n 及 η_k，对于本章周期性饱水试验结果，η_k、h 和 ξ 为与周期性饱水次数 N 有关的参数，且实际上与轴向应力也有关系。为了获得更高的精度，本章将试验中轴向应力为 1600kPa 时周期性饱水对应力系数与周期性饱水次数 N 的关系进行整理，如图 9.20 所示。可以看出，应力系数随着周期性饱水次数的增加而增大，并逐渐趋于平缓。

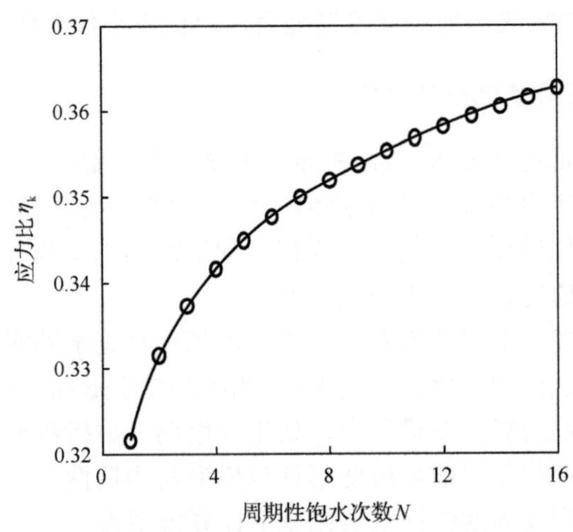

图 9.20 应力比与周期性饱水次数的关系

参数 h 和 ξ 与周期性饱水次数 N 的关系如图 9.21 和图 9.22 所示。可以看出，参数 h 随着周期性饱水次数的增加而减小，并逐步趋于平缓，参数 ξ 则刚好相反，其随着周期性饱水次数的增加而增大，并趋于平缓。在数值上，参数 ξ 与参数 h 呈比例关系，比例系数可过式(9.114)及式(9.115)计算得出。

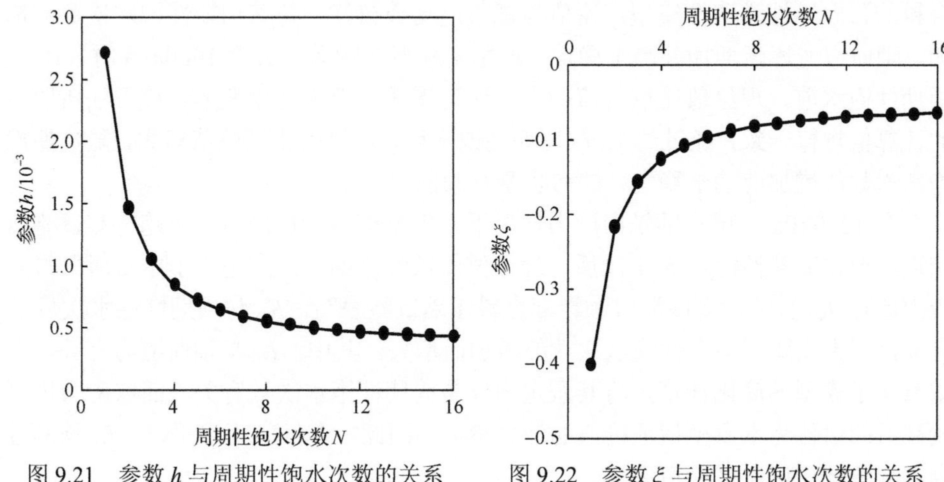

图 9.21　参数 h 与周期性饱水次数的关系　　图 9.22　参数 ξ 与周期性饱水次数的关系

对于本章轴向应力为 1600kPa 的周期性饱水试验结果，改进的周期性饱水砂泥岩颗粒混合料各向异性弹塑性模型的参数取值如表 9.11 所示，采用表中参数计算得到其他几级轴向应力下的轴向应变结果并与试验结果进行对比，如图 9.23 所示。

表 9.11　轴向应力为 1600kPa 时模型部分参数的取值

M_1	M_2	a	k_G	n
1.45	1.75	0.5	260	0.72

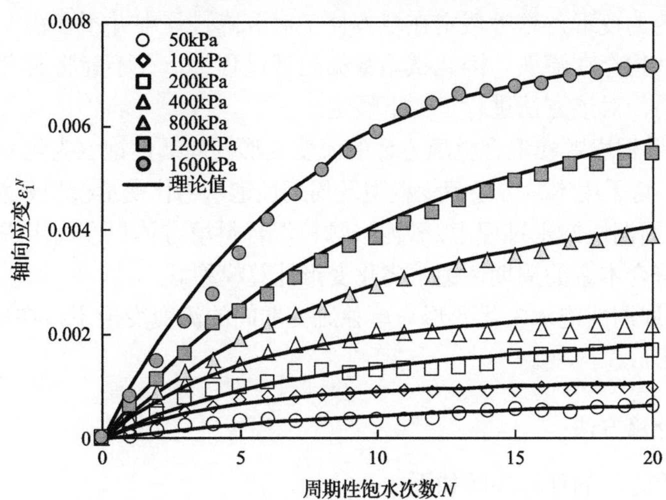

图 9.23　轴向应变试验值与模型理论值对比

从图 9.23 可以看出，轴向应力为 50～1600kPa 时，周期性饱水砂泥岩颗粒混合料的各向异性弹塑性模型理论值与试验值吻合较好。随着周期性饱水次数的增加，轴向应变逐渐增加并趋于稳定，但本章模型在轴向应力为 1600kPa 时，10 次周期性饱水前，理论值比试验值稍大，这与周期性饱水劣化变形计算方法所取得的计算值规律一致，经过约 15 次周期性饱水后，理论值比试验值略大，随周期性饱水次数的增加而趋于稳定，趋势也是合理的。

在 1200kPa 及更小的轴向应力情况下，本章模型的理论值变化趋势与试验值相近，但在周期性饱水 5 次以后，理论值比试验值偏大。这是由于本章所取得的应力比与 K_0 有关，而砂泥岩颗粒混合料压缩试验表明，K_0 与周期性饱水次数 N 有关，应力比随着周期性饱水次数的增加而增大，其中，K_0 与轴向应力有关，但本章为了模型的简化计算，将其假定为仅与周期性饱水次数有关，而取应力水平较高时的值作为本章模型理论值的计算参数。因此，在低应力水平时，K_0 预测过高，导致理论值比试验值偏大。

9.6　周期性饱水砂泥岩颗粒混合料工后变形估算方法

9.6.1　基本假定

参考曹光栩等[46]在研究粗粒土大面积填方的工后变形简化计算方法，提出砂泥岩颗粒混合料填方体的工后变形简化计算方法。该方法为简化的周期性饱水劣化变形和流变变形耦合计算方法，与曹光栩等的研究成果有一定的区别：周期性饱水过程中，将流变与周期性饱水劣化分开，单独计算周期性饱水劣化变形而得到该时间段内的变形，这种假定在填方体工后沉降过程中并不存在，不管何时，工后沉降期间均存在流变，因此试验数据处理过程中，并不能将两者分开。在建立计算方法前，对该方法进行了如下假定：

(1) 假定砂泥岩颗粒混合料填方体的流变变形及周期性饱水劣化变形与本章试验规律一致，可采用本章分段流变模型及周期性饱水劣化变形模型分别进行计算。

(2) 假定周期性饱水过程中，砂泥岩颗粒混合料填方体也在同步进行着流变过程，也就是符合本章的周期性饱水劣化变形计算模型。

(3) 假定周期性饱水劣化变形与单独流变期间的流变变形不存在相互影响，可以相互叠加形成总应变。

9.6.2　简化计算方法

简化计算方法的计算步骤如下：

(1) 在某一应力水平的土体，填筑完成后，未经周期性饱水作用时，其变形规律满足本章的分段流变规律，经过 t_1 时刻后的应变由瞬时应变 ε_0 和流变应变增量 $\Delta\varepsilon_{1t}$ 组成，$\Delta\varepsilon_{1t}$ 可从流变曲线 ε_1 中求得，假定初始时刻与流变初始时刻相同，变形过程为从图 9.24 中的 O 点经过 O' 点再到 A 点。

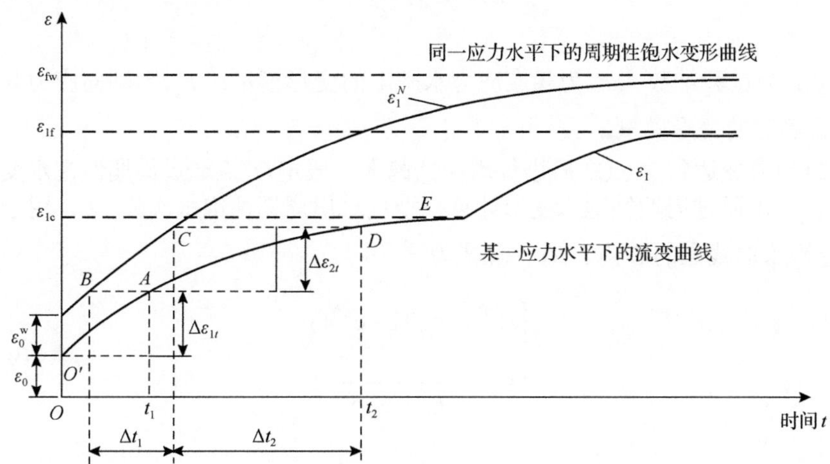

图 9.24　周期性饱水简化计算方法示意图

A 点应变 ε_{1A} 可通过式(9.168)进行计算：

$$\varepsilon_{1A} = \varepsilon_0 + \Delta\varepsilon_{1t} \tag{9.168}$$

当 $\Delta\varepsilon_{1t} < \varepsilon_{1c}$ 时，有

$$\Delta\varepsilon_{1t} = \frac{t}{a + bt} \tag{9.169}$$

当 $\Delta\varepsilon_{1t} \geqslant \varepsilon_{1c}$ 时，有

$$\Delta\varepsilon_{1t} = \varepsilon_{1c} + \varepsilon_{2i} \tag{9.170}$$

$$\varepsilon_{2i} = \frac{t - t_1}{a + b(t - t_1)} \tag{9.171}$$

$$\varepsilon_{1c} = \left(m\frac{\sigma_1}{P_a} + m_2 M + n_2 \right)\varepsilon_{1f} \tag{9.172}$$

$$\varepsilon_{1f} = m_f \frac{\sigma_1}{P_a} + m_0 M + n_{f0} \tag{9.173}$$

在单轴压缩条件下，瞬时应变计算式为[46]

$$\varepsilon_0 = \frac{\Delta\sigma_1}{E_s} \tag{9.174}$$

$$E_{\mathrm{s}} = E_{\mathrm{s0}}\left(\frac{\sigma_V}{P_{\mathrm{a}}}\right)^m \tag{9.175}$$

式中，m 为试验常数；E_{s} 为相应应力水平下的变形模量；E_{s0} 为轴向应力与大气压 P_{a} 相等时的变形模量。

(2) 当流变达到 A 点之后进行周期性饱水。假定 O' 点通过周期性饱水变形达到了 ε_{1A}，可通过周期性饱水变形计算模型反算出周期性饱水次数 N_1，用于确定周期性饱水曲线上的 B 点。N_1 计算式为

$$\begin{cases} \varepsilon_1^{NB} = \varepsilon_{\mathrm{fw}}(1-\mathrm{e}^{\beta N_1}) \\ \varepsilon_{\mathrm{fw}} = \dfrac{\sigma_1}{a_{\mathrm{w}} + b_{\mathrm{w}}\sigma_1} \end{cases} \tag{9.176}$$

$$\varepsilon_1^{NB} = \Delta\varepsilon_{1t} - \varepsilon_0^{\mathrm{w}} \tag{9.177}$$

式中，$\varepsilon_0^{\mathrm{w}}$ 为湿化应变，采用魏松等[47]建议的计算式计算，即

$$\varepsilon_0^{\mathrm{w}} = \frac{A}{3}\left(\frac{\sigma_1}{P_{\mathrm{a}}}\right)^B \tag{9.178}$$

式中，A 和 B 为试验拟合参数。

(3) 在 B 点经过 ΔN 次周期性饱水之后，在图 9.24 中为从 B 点发展到 C 点，可通过周期性饱水劣化变形计算公式计算得出劣化应变增量 $\Delta\varepsilon_{2t}$：

$$\varepsilon_1^{NC} = \frac{\sigma_1}{a_{\mathrm{w}} + b_{\mathrm{w}}\sigma_1}[1-\mathrm{e}^{\beta(N_1+\Delta N)}] \tag{9.179}$$

$$\Delta\varepsilon_{2t} = \varepsilon_1^{NC} - \varepsilon_1^{NB} \tag{9.180}$$

(4) 在经过周期性饱水 ΔN 次后，土体进入了流变阶段，从 C 点进入 D 点再通过流变曲线进行接下来的流变过程。将此前已经发生的总变形作为流变变形的起始点，找到该阶段的流变起始点 D，如图 9.24 所示。通过流变起点 D 的应变计算得到当前流变为

$$\varepsilon_{1D} = \varepsilon_0 + \Delta\varepsilon_{1t} + \Delta\varepsilon_{2t} \tag{9.181}$$

当 $\Delta\varepsilon_{1D} < \varepsilon_{1\mathrm{c}}$ 时，有

$$\Delta\varepsilon_{1D} = \frac{t}{a+bt} \tag{9.182}$$

当 $\Delta\varepsilon_{1D} \geqslant \varepsilon_{1c}$ 时，有

$$\Delta\varepsilon_{1D} = \varepsilon_{1c} + \varepsilon_{2i}^{D} \tag{9.183}$$

$$\varepsilon_{2i}^{D} = \frac{t - T_1}{a + b(t - T_1)} \tag{9.184}$$

(5) 从 D 点到 E 点之后的流变计算可分为两种，即判断是否超过衰减流变的临界应变，计算方法见步骤(1)。

(6) 重复以上步骤即可得到流变期间经受周期性饱水作用的劣化变形。如果经过多次交替循环作用，从周期性饱水劣化变形曲线中将劣化总应变换算为流变起始点应变，当该应变大于流变极限应变 ε_{1f} 时，认为此后不再发生流变，仅发生周期性饱水劣化变形。

这种简化处理方法是一种较为粗略的计算手段，周期性饱水和流变变形实际上是耦合存在的，两者相互影响，且相互影响的机理及规律非常复杂，有待更深入的研究。

9.6.3 算法举例

实际涉水工程中，砂泥岩颗粒混合料填方工程较多，但缺乏长期监测资料，不能对本章的本构模型及简化计算方法进行实测资料的验证，仅通过以下简单算例，分析砂泥岩颗粒混合料填方体在周期性饱水作用下的变形情况。

假定某机场的一处道槽区填方体采用砂泥岩颗粒混合料为填筑材料，计算点的填方高度为 40m，实际碾压厚度为每层 1m，采用曹光栩等[46]在研究碎石料填方体的沉降计算方法中提出的降雨规律，由于本章针对的是周期性饱水问题，并非一般强度降雨所能达到的一种土体饱水状态，这里将能够达到周期性饱水标准的降雨次数折半作为周期性饱水次数，如表 9.12 所示。其中，1～4 月为工后变形阶段，并未遭受到周期性饱水作用，通过本章的简化计算方法对该算例进行计算。

借鉴分层总和法，将填方体分为 k 层，如图 9.25 所示，每层中心点的应力代表该层的应力状态，分别对每层进行流变及周期性饱水劣化变形计算，分层总和法计算式为

$$S = \sum_{i=1}^{k} S_i = \sum_{i=1}^{k} (\varepsilon_{i\text{-tol}} h_i) \tag{9.185}$$

式中，k 为分层总数；$\varepsilon_{i\text{-tol}}$ 为第 i 层土层的总劣化应变；h_i 为第 i 层土层的高度。

由土力学知识可知

$$\sigma_1 = \gamma z \tag{9.186}$$

式中，γ 为重度；z 为深度。

表 9.12 年平均周期性饱水规律

月份	周期性饱水次数	累计次数	时间/d
1	0	0	30
2	0	0	61
3	0	0	91
4	0	0	122
5	2.1	2.1	152
6	2.6	4.7	183
7	5.8	10.5	213
8	1.85	12.35	243
9	1.7	14.05	274
10	0	14.05	304
11	0	14.05	335
12	0	14.05	365

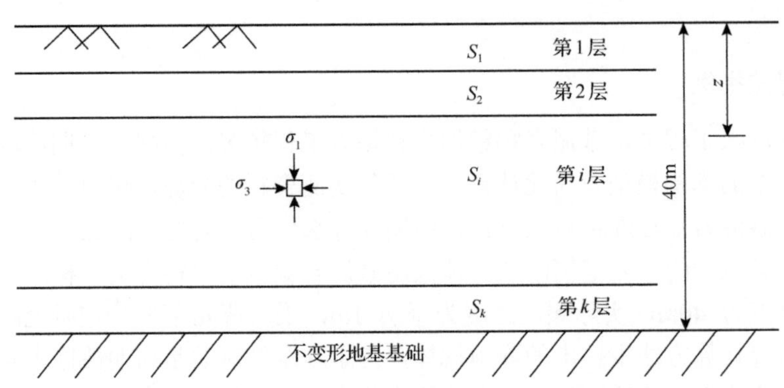

图 9.25 砂泥岩颗粒混合料填方体分层示意图

压缩变形模量 E_{s0} 根据郝建云[48]的研究成果取值。假定填方区域土体都能够饱水和疏干，即所有土体都经历了周期性饱水作用，可得到整个填方体历经一年的轴向应变规律，如图 9.26 所示。

采用各分层中心点的应力状态代表整个土层的应力状态，在 4 月，即刚施工完成时，各点的轴向应变仅在荷载的作用下进行了流变过程，流变应变值随着深度的增加而增加，数值均较小。而在 9 月，即经过了 14 次周期性饱水作用后，此时产生的劣化应变较大，且在各分层中，深度越大，轴向应力越大，土层中的应变也越大，这一点可通过第 9 章的周期性饱水劣化变形计算公式得出，随着轴向应力的增加，劣化变形增大。而 12 月的轴向应变比 9 月轴向应变也有少许增加，而增加幅度并不大。

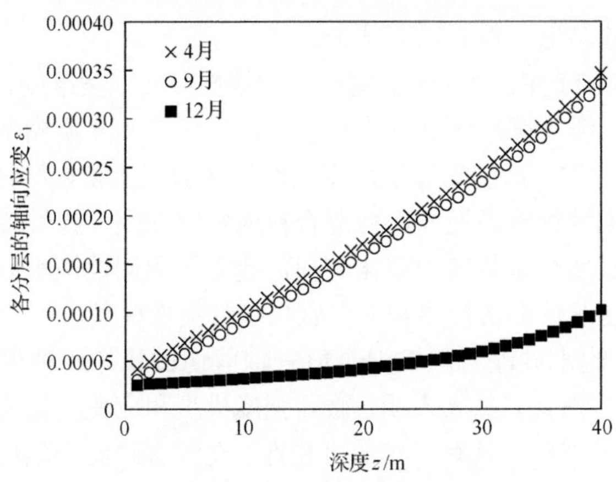

图 9.26　沿深度方向各分层的轴向应变

采用分层总和法计算每个月的沉降值，如图 9.27 所示。可以看出，在经历了周期性饱水后，砂泥岩颗粒混合料填方体的沉降变形快速增加，填方体在 4 个月内流变基本完成，沉降为 28.1cm，5 月沉降达到 55.8cm，仅在 5 月内历经了 2 次周期性饱水作用，沉降增大了 27.7cm。而在 8 月洪水期过后，工后沉降达到 74.8cm，9 月再次经历周期性饱水作用后，沉降为 76cm，变化幅度逐步减小。填方体整体历经一年的工后沉降为 77.4cm，所产生的变形较大。值得注意的是，在雨季来临时，填方体的变形突然增加较大，应及时采取措施，以保证砂泥岩颗粒混合料填方体安全渡过汛期，并采用有效的监测手段监测填方体的变形。

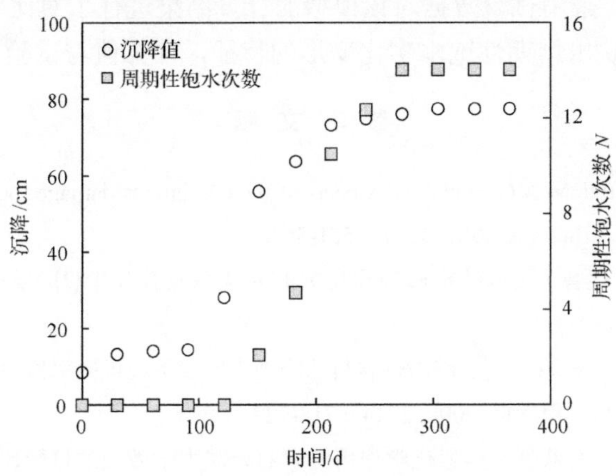

图 9.27　砂泥岩颗粒混合料填方体沉降值

9.7　本 章 小 结

本章建立了能够描述周期性饱水砂泥岩颗粒混合料劣化的数学模型，并对数学模型进行了试验验证，得到以下结论：

(1)根据土体非线性强度理论，提出了非线性微元强度准则，结合统计损伤模型，建立了非线性微元强度统计损伤模型；改进了二元介质模型，结合轴向应变的统计损伤模型，建立了考虑应力-应变曲线软化的应变软化统计损伤模型。在此基础上，引入周期性饱水砂泥岩颗粒混合料的轴向应变、弹性模量、割线模量、非线性抗剪强度及残余系数等的演化方程，建立了周期性饱水砂泥岩颗粒混合料的非线性微元强度统计损伤模型和应变软化统计损伤模型。

(2)将周期性饱水砂泥岩颗粒混合料三轴剪切试验与两种模型计算所得到的应力-应变曲线进行对比，结果表明，微元强度模型和应变软化模型均能较好地描述应力-应变曲线的特征，具有一定的可靠性。在涉水砂泥岩颗粒混合料填料工程中，高应力水平条件下，建议采用周期性饱水砂泥岩颗粒混合料的应变软化损伤模型，低应力水平下，建议采用周期性饱水砂泥岩颗粒混合料的非线性微元强度模型。

(3)通过采用旋转硬化轴的方式来反映由周期性饱水砂泥岩颗粒混合料的侧压力系数 K_0 的变化而导致的各向异性应力特性，在双屈服面弹塑性模型的基础上，引入与 K_0 有关的应力系数的概念，采用变换应力法，将双屈服面中的第一屈服面修正为反映了周期性饱水劣化轴向应变的屈服面，第二屈服面为剪切有关的屈服面，推导出一个可以反映剪胀、初始各向异性的周期性饱水砂泥岩颗粒混合料的各向异性弹塑性模型。分析了本章模型的应力比 η_k、参数 h 和 ξ 与周期性饱水次数 N 的关系，采用试验数据对该模型的计算结果进行了对比验证。结果表明，本章模型可以反映出周期性饱水劣化变形的特征，计算值与试验值吻合较好。

参考文献

[1] Krajcinovic D, Silva M A G. Statistical aspects of the continuous damage theory[J]. International Journal of Solids Structures, 1982, 18(7): 551-562.

[2] 杨凯, 金平, 范存智. 飞机结构腐蚀损伤分布及失效规律研究[J]. 航空计算技术, 2010, 40(3): 65-67.

[3] 梁正召, 唐春安, 张永彬, 等. 准脆性材料的物理力学参数随机概率模型及破坏力学行为特征[J]. 岩石力学与工程学报, 2008, 27(4): 718-727.

[4] 汤连生, 张鹏程, 王思敬. 水-岩化学作用的岩石宏观力学效应的试验研究[J]. 岩石力学与工程学报, 2002, 21(4): 526-531.

[5] 王海俊, 殷宗泽. 干湿循环作用对堆石长期变形影响的试验研究[J]. 防灾减灾工程学报, 2012, 32(4): 488-493.

[6] 孙德安, 姚仰平, 殷宗泽. 初始应力各向异性土的弹塑性模型[J]. 岩土力学, 2000, 21(3): 222-226.

[7] 褚福永, 朱俊高, 殷建华. 基于大三轴试验的粗粒土应力剪胀方程[J]. 四川大学学报(工程科学版), 2013, 45(5): 24-28.

[8] 褚福永, 朱俊高, 赵颜辉, 等. 粗粒土初始各向异性弹塑性模型[J]. 中南大学学报(自然科学版), 2012, 43(5): 1914-1919.

[9] 曹文贵, 赵明华, 刘成学. 基于统计损伤理论的摩尔-库仑岩石强度判据修正方法之研究[J]. 岩石力学与工程学报, 2005, 24(14): 2403-2408.

[10] 夏红春, 周国庆, 商翔宇. 基于 Weibull 分布的土结构接触面统计损伤软化本构模型[J]. 中国矿业大学学报, 2007, 36(6): 734-738.

[11] 刘新荣, 傅晏, 王永新, 等. 水-岩相互作用对库岸边坡稳定的影响研究[J]. 岩土力学, 2009, 30(3): 613-616, 627.

[12] 刘树新, 刘长武, 韩小刚, 等. 基于损伤多重分形特征的岩石强度 Weibull 参数研究[J]. 岩土工程学报, 2011, 33(11): 1786-1791.

[13] Wang J J, Zhang H P, Deng D P, et al. Effects of mudstone particle content on compaction behavior and particle crushing of a crushed sandstone-mudstone particle mixture[J]. Engineering Geology, 2013, 167: 1-5.

[14] 李广信. 高等土力学[M]. 北京: 清华大学出版社, 2006.

[15] 曹文贵, 赵明华, 刘成学. 岩石损伤统计强度理论研究[J]. 岩土工程学报, 2004, 26(6): 820-823.

[16] 李树春, 许江, 李克钢, 等. 基于 Weibull 分布的岩石损伤本构模型研究[J]. 湖南科技大学学报(自然科学版), 2007, 22(4): 65-68.

[17] 王军宝, 刘新荣, 李鹏. 岩石损伤软化统计本构模型[J]. 兰州大学学报(自然科学版), 2011, 47(3): 24-28.

[18] 曹文贵, 张升, 赵明华. 饱和土变形过程模拟的统计损伤方法研究[J]. 岩土力学, 2008, 29(1): 13-17.

[19] 殷宗泽. 土工原理[M]. 北京: 中国水利水电出版社, 2007.

[20] 邱珍锋, 杨洋, 伍应华, 等. 弱风化泥岩崩解特性试验研究[J]. 科学技术与工程, 2014, 14(12): 266-269, 273.

[21] Duncan J M, Chang C Y. Nonlinear analysis of stress and strain in soils[J]. Journal of the Soil Mechanics and Foundations Division, 1970, 96(SM5): 1629-1653.

[22] Wang J J, Qiu Z F, Deng W J, et al. Effects of mudstone particle content on shear strength of a crushed sandstone-mudstone particle mixture[J]. Marine Georesources & Geotechnology, 2016, 34(4): 395-402.

[23] 姚华彦, 张振华, 朱朝辉, 等. 干湿交替对砂岩力学特性影响的试验研究[J]. 岩土力学, 2010, 31(12): 3704-3708.

[24] 施维成, 朱俊高, 张博, 等. 粗粒土在平面应变条件下的强度特性研究[J]. 岩土工程学报, 2011, 33(12): 1974-1979.

[25] 伍法权. 统计岩石力学原理[M]. 武汉: 中国地质大学出版社, 1993.

[26] 沈珠江. 岩土破损力学与双重介质模型[J]. 水利水运工程学报, 2002, (4): 1-6.

[27] 葛修润, 任建喜, 蒲毅彬, 等. 岩土损伤力学宏细观试验研究[M]. 北京: 科学出版社, 2004.

[28] 孙红, 赵锡宏. 软土的弹塑性各向异性损伤分析[J]. 岩土力学, 1999, 30(3): 7-12.

[29] Chow C L, Wang J. An anisotropic theory of elasticity for continuum damage mechanics[J]. International Journal of Fracture, 1987, 33(1): 3-16.

[30] 汤罗圣, 殷坤龙, 李远耀, 等. 三峡库区某滑坡滑带土试验研究[J]. 地下空间与工程学报, 2013, 9(6): 1242-1247.

[31] 赵阳, 周辉, 冯夏庭, 等. 高压力下层间错动带残余强度特性和颗粒破碎试验研究[J]. 岩土力学, 2012, 33(11): 3299-3305.

[32] 刘动, 陈晓平. 滑带土残余强度的室内试验与参数反分析[J]. 华南理工大学学报(自然科学版), 2014, 42(2): 81-87.

[33] 任非凡, 何江洋, 王冠, 等. 基于交变移动本构模型的粗粒土动力特性数值解析[J]. 岩土力学, 2018, 39(12): 4627-4641.

[34] 米海珍, 王昊, 高春, 等. 灰土的浸水强度及残余强度的试验研究[J]. 岩土力学, 2010, 31(9): 2781-2785.

[35] 曹文贵, 赵衡, 李翔, 等. 基于残余强度变形阶段特征的岩石变形全过程统计损伤模拟方法[J]. 土木工程学报, 2012, 45(6): 139-145.

[36] Zhu S, Fu Q, Cai C, et al. Damage evolution and dynamic response of cement asphalt mortar layer of slab track under vehicle dynamic load[J]. Science China(Technological Sciences), 2014, 57(10): 1883-1894.

[37] 米海珍, 王昊, 高春, 等. 灰土的浸水强度及残余强度的试验研究[J]. 岩土力学, 2010, 31(9): 2781-2785.

[38] 姜景山, 程展林, 左永振, 等. 粗粒土 CT 三轴流变试验研究[J]. 岩土力学, 2014, 35(9): 2507-2514.

[39] 陈晓斌, 张家生, 封志鹏. 红砂岩粗粒土流变工程特性试验研究[J]. 岩石力学与工程学报, 2007, 26(3): 601-607.

[40] Wheeler S J, Naatanen A, Karstunen M, et al. An anisotropic clastoplastic model for soft clay[J]. Canadian Geotechnical Journal, 2003, 40: 403-418.

[41] 王立忠, 但汉波. K_0 固结软黏土的弹黏塑性本构模型[J]. 岩土工程学报, 2007, 29(9): 1344-1354.

[42] 王立忠, 沈恺伦. K_0固结结构性软黏土的本构模型[J]. 岩土工程学报, 2007, 29(4): 496-504.

[43] 殷宗泽. 一个土体的双屈服面应力-应变模型[J]. 岩土工程学报, 1988, 10(4): 64-71.

[44] 张坤勇, 文德宝, 马奇豪. 椭圆抛物双屈服面弹塑性模型三维各向异性修正及其试验验证[J]. 岩石力学与工程学报, 2013, 32(8): 1692-1700.

[45] 张丙印, 孙国亮, 张宗亮. 堆石料的劣化变形和本构模型[J]. 岩土工程学报, 2010, 32(1): 98-103.

[46] 曹光栩, 宋二祥, 徐明. 山区机场高填方地基工后沉降变形简化算法[J]. 岩土力学, 2011, 32(s1): 1-6.

[47] 魏松, 朱俊高, 钱七虎, 等. 粗粒料颗粒破碎三轴试验研究[J]. 岩土工程学报, 2009, 31(4): 533-538.